"十四五"普通高等教育本科系列教材

"十三五"江苏省高等学校重点教材（2019-1-071）

普通高等教育"十一五"国家级规划教材

钢结构

（第五版）

编 著 曹平周 朱召泉

主 审 石永久 童根树

中国电力出版社
CHINA ELECTRIC POWER PRESS

内 容 提 要

本书是“十三五”江苏省高等学校重点教材（编号 2019-1-071），“十四五”普通高等教育本科系列教材。全书分十章，主要内容包括概论、钢结构的材料、钢结构的连接、轴心受力构件、梁、拉弯和压弯构件、单层房屋钢结构、平面钢闸门、多层钢结构、钢结构的制作安装与防护。本书根据最新规范《建筑结构可靠性设计统一标准》（GB 50068—2018）、《工程结构通用规范》（GB 55001—2021）、《钢结构通用规范》（GB 55006—2021）等，结合钢结构行业的新技术新发展新政策编写，书中列举了丰富的例题、思考题和习题，可供读者学习和参考。同时提供大量的拓展资源，通过扫描书中二维码可在线学习。

本书可作为高等院校土木工程、水利水电工程、港口航道及海岸工程、农业水利工程等专业的本科教材，也可作为我国注册工程师（港口与航道工程）考试大纲中钢结构方面的考试参考书，还可供有关设计和施工技术人员参考。

图书在版编目（CIP）数据

钢结构/曹平周，朱召泉编著．—5版．—北京：中国电力出版社，2021.11（2024.5重印）
“十四五”普通高等教育本科系列教材 “十三五”江苏省高等学校重点教材
ISBN 978-7-5198-6040-0

Ⅰ.①钢… Ⅱ.①曹…②朱… Ⅲ.①钢结构－高等学校－教材 Ⅳ.①TU391

中国版本图书馆 CIP 数据核字（2021）第 220416 号

出版发行：中国电力出版社
地　　址：北京市东城区北京站西街 19 号（邮政编码 100005）
网　　址：http://www.cepp.sgcc.com.cn
责任编辑：霍文婵（010-63412545）
责任校对：黄　蓓　朱丽芳　王海南
装帧设计：张俊霞
责任印制：吴　迪

印　　刷：北京雁林吉兆印刷有限公司
版　　次：1999 年 10 月第一版　2021 年 11 月第五版
印　　次：2024 年 5 月北京第二十七次印刷
开　　本：787 毫米×1092 毫米　16 开本　1 插页
印　　张：25.75
字　　数：637 千字
定　　价：69.00 元

前　言

为充分发挥优质教材的示范辐射作用，加强高等教育教材建设工作，推进江苏省高等学校优质教育教学资源共享，根据《江苏省教育厅关于全面提高高等学校人才培养质量的意见》启动高等学校重点教材立项建设工作。本书第四、第五版分别入选“十二五”“十三五”江苏省高等学校重点教材。

近年来国家发布了一系列推广使用钢结构的新政策，有力地促进了钢结构行业的大发展，钢结构的应用日益广泛。为适应钢结构领域的新发展和工程建设对钢结构教学的新要求，编写了《钢结构》(第五版)。本次编写吸取了读者对《钢结构》(第四版)的珍贵意见，并聆取了专家教授的中肯建议。本书第四版 2015 年 6 月出版以来已过去 5 年有余，钢结构又有了不少新进展。第五版融入了近年来钢结构的新进展。修订的重点放在内容的更新和充实上。强化基本理论、设计概念、设计原理与最新的科研成果和新颁发及即将要颁发的规范相结合。拓展知识面，使其能适应土木建筑类和水利类相关专业对钢结构的要求。

本次修订，第一章内容根据《建筑结构可靠性设计统一标准》(GB 50068—2018)、《工程结构通用规范》(GB 55001—2021)、《钢结构通用规范》(GB 55006—2021)、《钢结构设计标准》(GB 50017—2017)、《水利水电工程钢闸门设计规范》(SL 74—2019)等一系列新颁布的规范标准作了修编，补充了钢结构的新进展。第二章增加了高强钢等新材料内容，更新了钢材的疲劳设计方法和国内外钢材对比，补充了材料选择等内容。第三～第六章和第八章主要结合第四版出版后颁布的规范中新的设计方法作了修订，充实了新型柱脚的设计方法。第七章增加了刚架采用二阶分析时，柱的稳定性计算，并结合新规范中新的设计方法对相关内容作了修订。第九章补充了结构分析方法，包括一阶弹性分析法、仅考虑 P-Δ 效应的二阶弹性分析法、直接分析设计法等，并结合新规范中新的设计方法对相关内容作了修订。第十章增加了施工新技术，充实了钢结构防腐蚀设计等。对全书例题和思考题及习题进行了充实。本书更多拓展资源，扫码在线阅读。

本书自出版二十余年来用作土木工程、水利水电工程、港口航道及海岸工程、农业水利工程等本科专业的钢结构教材，并有幸作为我国注册工程师(港口与航道工程)考试大纲中钢结构方面的考试参考书。编者希望经过这次修订后，本书能更好地满足钢结构教学的要求，并为从事钢结构工作的广大工程技术人员提供有益的参考。

本书第一、二、四、五、六、七、九、十章由曹平周教授编写，第三、八章由朱召泉教授编写，伍凯副教授参与例题校对。在编写过程中，引用了有关单位的资料，谨致谢意！

本书的修订难免存在新的不足和谬误，敬请读者批评指正。

曹平周　朱召泉

2021 年 9 月

于河海大学

第一版前言

为了适应钢结构领域的新发展和高等教育拓宽专业面的需要，我们编写了这本钢结构教材。本书着重论述钢结构的基本性能和设计原理，也注意介绍有关钢结构实际设计的基本知识和方法。工程结构设计必须遵照有关设计规范，本书以《工程结构可靠度设计统一标准》(GB 50153—92)、《钢结构设计规范》(GBJ 17—88)、《高层民用建筑钢结构技术规程》(JGJ 99—98)、《水利水电工程钢闸门设计规范》(SL 74—95)等为依据编写。

为了拓宽学生的专业面，书中论述了土木工程中的普通钢结构和水利水电工程中的水工钢结构方面的内容。全书分为概论、钢结构的材料、钢结构的连接、轴心受力构件、梁、拉弯和压弯构件、钢桁架、平面钢闸门共八章。为了培养学生分析和解决问题的能力，本书较详尽地论述了各类构件和连接的设计方法，并编入了较多的例题、习题。鉴于目前各高等学校及不同专业的教学时数不统一，教学时可根据具体情况来选择教材内容。

本书第一、二、四、五、六、七章由曹平周编写，第三、八章由朱召泉编写，并相互进行校阅，最后由曹平周总校。

限于编者的水平，书中难免有不妥之处，敬请读者批评指正。

曹平周　朱召泉

1998年5月

于河海大学

第二版前言

自本书出版以来，钢结构学科又取得了不少新进展。近年来我国相继颁发了《建筑结构可靠度设计统一标准》(GB 50068—2001)、《建筑结构荷载规范》(GB 50009—2001)、《钢结构工程施工质量验收规范》(GB 50205—2001) 等一系列相关规范，《钢结构设计规范》(GB 50017) 和《冷弯薄壁型钢结构技术规范》(GB 50018) 已基本完成修订工作，不久将会颁布执行。新的设计规范使钢结构的设计和施工等方面发生了很大变化。为了顺应这一形势的发展，我们对本书的原版进行了修订。

第二版吸取了读者对原版的宝贵意见，并聆听了一些专家教授的中肯建议。修订的重点放在内容的更新和充实上。强化基本理论和设计方法，设计原理与最新的科研成果和新颁发及即将要颁发的规范相结合。进一步拓宽了知识面，使其能适应建筑工程、水工结构工程、道路桥梁工程等领域对钢结构的要求。我国已加入 WTO，在钢结构工程中使用国外钢材将会逐年增多，因此在第二章增加了"国外钢材品种和钢号简介"一节。第三章主要结合新规范中新的设计方法作了修订。第四章结合新规范对轴心受力构件稳定计算的内容作了相应修改，并增加了受压薄板屈曲后强度的内容。第五章修改了局部稳定的计算方法，增加了考虑屈曲后强度时梁的承载力计算和支座设计。第六章增加了框架二阶分析理论及设计方法；充实了框架节点设计；增加了埋入式柱脚和外包式柱脚的设计。第七章充实了桁架节点板的设计分析；钢结构门式刚架近年来应用日趋广泛，已成为单层房屋的主要结构形式，因此增加了门式刚架的性能与设计。考虑钢结构企业正朝着集设计、制作与安装一体化的方向发展，增加了钢结构的制作、防护与安装，作为第九章；防腐和防火是钢结构的两大特殊问题，第九章在这两方面均作了较详细地介绍。附录中增加了一些新的钢材种类，如剖分 T 字钢、冷弯薄壁型钢等方面的内容。二版对例题和习题进行了修改和补充。

本书的设计公式主要是结合《钢结构设计规范》(GB 50017) 送审稿和《水利水电工程钢闸门设计规范》(SL 74—95) 编写的，因为成稿时《钢结构设计规范》(GB 50017) 尚未正式颁布，书中内容若有不妥之处，以正式颁布的《钢结构设计规范》(GB 50017) 为准。

几年来，本书作为土木工程、水利水电工程、港口航道及海岸工程、农业水利工程等本科专业的钢结构教材，得到了广大读者的认可，并有幸被指定为我国注册工程师（港口与航道工程）考试大纲中钢结构方面的考试参考书。

我们希望经过此次修订，能使本书更好地满足钢结构教学的要求，并为从事钢结构工作的广大工程技术人员提供有益的参考。

本书第一、二、四、五、六、七、九章由曹平周教授编写，第三、八章由朱召泉教授编写。在编写过程中，引用了有关单位的资料，在此表示真诚的感谢。

本书的修订难免存在新的不足和谬误，敬请读者批评指正。

曹平周　朱召泉
2002 年 6 月
于河海大学

第三版前言

为贯彻落实教育部《关于进一步加强高等学校本科教学工作的若干意见》和《教育部关于以就业为导向深化高等职业教育改革的若干意见》的精神，加强教材建设，确保教材质量，中国电力教育协会组织制订了普通高等教育“十一五”教材规划。该规划强调适应不同层次、不同类型院校，满足学科发展和人才培养的需求，坚持专业基础课教材与教学急需的专业教材并重、新编与修订相结合。本书为修订教材。

为了适应钢结构领域的新发展和社会发展对钢结构教学的新要求，吸取读者对原书第二版的珍贵意见，并聆取一些专家教授的中肯建议，编写了《钢结构》(第三版)。本次编写着重论述钢结构的基本性能和设计原理，强化基本理论和设计方法，将设计原理与最新的科研成果和新颁发的规范相结合，也介绍了有关钢结构工程设计的基本知识和方法。考虑钢结构企业正朝着集设计、制作与安装一体化的方向发展，对钢结构的制作、防护与安装作了介绍。本书以现行《工程结构可靠度设计统一标准》(GB 50153—1992)、《钢结构设计规范》(GB 50017—2003)、《冷弯薄壁型钢结构技术规范》(GB 50018—2002)、《高层民用建筑钢结构技术规程》(JGJ 99—1998)、《门式刚架轻型房屋钢结构技术规程》(CECS 102：2002)、《水利水电工程钢闸门设计规范》(SL 74—1995)、《碳素结构钢》(GB/T 700—2006)、《钢结构工程施工质量验收规范》(GB 50205—2001) 等为依据编写。

全书共分九章，主要内容为概论，钢结构的材料，钢结构的连接，轴心受力构件，梁，拉弯和压弯构件，单层房屋钢结构，平面钢闸门，钢结构的制作、防护与安装等。书中包括了土木工程中的钢结构与水利水电工程中的水工钢结构方面的内容，列举了较多的计算例题、思考题和习题，可供读者学习和参考。鉴于目前各高等学校及不同专业的教学时数不统一，教学时可根据具体情况来选择教材内容。

本书第一、二、四、五、六、七、九章及附录由曹平周教授编写，第三、八章由朱召泉教授编写。全书由清华大学石永久教授、浙江大学童根树教授主审。

本书可作为土木工程、水利水电工程、港口航道及海岸工程、农业水利工程、工程力学等专业的本科教材，并作为我国“注册土木工程师(港口与航道工程)专业考试大纲”中钢结构方面的参考书，还可作为有关设计和施工技术人员的技术参考书。编者希望经过这次修订后，本书能更好地满足钢结构教学的要求，并为从事钢结构工作的广大工程技术人员提供有益的参考。

本书已列入江苏省高等学校精品教材建设项目，在编写过程中得到了江苏省教育厅和河海大学的大力支持，在书中引用了有关单位的资料，在此深表感谢。

本书难免存在不妥之处，敬请读者和专家不吝指正。

曹平周　朱召泉

2007年12月于河海大学

第四版前言

为充分发挥优质教材的示范辐射作用，加强高等教育教材建设工作，推进江苏省高等学校优质教育教学资源共享，根据《江苏省教育厅关于全面提高高等学校人才培养质量的意见》启动高等学校重点教材立项建设工作。《钢结构》（第四版）入选“十二五”江苏省高等学校重点教材，同时列为中国电力教育协会“十三五”普通高等教育本科规划教材。本教材纳入“江苏高校品牌专业建设工程一期项目（PPZY2015B142)”。

为适应钢结构领域的新发展和社会发展对钢结构教学的新要求，编写了《钢结构》（第四版）。本次编写吸取了读者对《钢结构》（第三版）的珍贵意见，并聆取了一些专家教授的中肯建议。该书第三版 2008 年 2 月出版以来已过去 7 年有余，钢结构又有了不少新进展。第四版融入了近年来钢结构的新进展。修订的重点放在内容的更新和充实上。强化基本理论、设计概念、设计原理与最新的科研成果和新颁发及即将要颁发的规范相结合。拓展知识面，使其能适应土木建筑类和水利类相关专业对钢结构的要求。

本次修订，第一章内容作了较大充实，鉴于近年来一些没有适当分析模型的工程结构和新型结构不断涌现，既有设计理论有时难以满足工程需要，增加了试验辅助设计法。为使设计者对工程设计任务有明确认识，增加了设计内容与基本要求，补充了钢结构的新进展。第二章增加了钢材可焊性方面的量化要求，更新了钢材的疲劳设计方法，增加了防脆断设计，补充了新材料和设计要求。第三章和第四章主要结合新规范中新的设计方法作了修订。第五章增加了新的钢梁类型、钢梁腹板开孔设计，并结合新规范中新的设计方法对相关内容作了修订。第六章增加了梁与柱连接节点在柱的腹板不设置水平加劲肋设计方法、充实了新型柱脚的设计方法，并结合新规范中新的设计方法对相关内容作了修订。第七章增加了钢管桁架节点设计，并结合新规范中新的设计方法对相关内容作了修订。第八章主要结合新规范中新的设计方法对相关内容作了修订。近年来钢结构多高层建筑应用日益增多，教材增加了“多层钢结构”作为第九章。第十章增加了钢结构的施工步骤、介绍了施工新技术、增加了钢结构防护设计等。对全书例题和思考题及习题进行了充实。

本书的设计公式主要是结合《钢结构设计规范》（GB 50017—2013）的修订报批稿和《水利水电工程钢闸门设计规范》（SL 74—2013）编写的。本书成稿时《钢结构设计规范》（GB 50017—2013）的修订报批稿尚未正式颁布，书中内容若有不妥之处，以正式颁布的《钢结构设计规范》（GB 50017）为准。

本书十余年来用作土木工程、水利水电工程、港口航道及海岸工程、农业水利工程等本科专业的钢结构教材，并有幸作为我国注册工程师（港口与航道工程）考试大纲中钢结构方面的考试参考书。编者希望经过这次修订后，本书能更好地满足钢结构教学的要求，并为从事钢结构工作的广大工程技术人员提供有益的参考。

本书第一、二、四、五、六、七、九、十章由曹平周教授编写，第三、八章由朱召泉教授编写。在编写过程中，引用了有关单位和作者的资料谨致谢意。

本书的修订难免存在新的不足，敬请读者批评指正。

编　者

2015 年 5 月

于河海大学

目　录

前言
第一版前言
第二版前言
第三版前言
第四版前言
第一章　概论 …… 1
　第一节　钢结构的特点和应用 …… 1
　第二节　钢结构的设计方法 …… 3
　第三节　钢结构的发展概况 …… 16
　思考题 …… 18
第二章　钢结构的材料 …… 19
　第一节　钢结构对所用材料的要求 …… 19
　第二节　钢材的主要机械性能和工艺性能 …… 19
　第三节　影响钢材性能的主要因素 …… 23
　第四节　钢材的疲劳和防脆断设计 …… 27
　第五节　钢材的钢种、钢号及选择 …… 33
　第六节　国外钢材品种和钢号简介 …… 38
　思考题 …… 39
　习题 …… 40
第三章　钢结构的连接 …… 42
　第一节　钢结构的连接方法 …… 42
　第二节　焊接方法、焊接类型和质量级别 …… 43
　第三节　对接焊缝连接的构造和计算 …… 47
　第四节　角焊缝连接的构造和计算 …… 51
　第五节　焊接残余应力和焊缝残余变形 …… 62
　第六节　普通螺栓连接的构造和计算 …… 66
　第七节　高强度螺栓连接的性能和计算 …… 76
　思考题 …… 81
　习题 …… 82
第四章　轴心受力构件 …… 85
　第一节　概述 …… 85
　第二节　轴心受力构件的强度和刚度计算 …… 86

第三节　轴心受压构件的整体稳定 …… 89
第四节　轴心受压构件的局部稳定 …… 102
第五节　轴心受压构件设计 …… 109
思考题 …… 121
习题 …… 122
第五章　梁 …… 124
第一节　概述 …… 124
第二节　梁的强度和刚度计算 …… 126
第三节　梁的整体稳定 …… 132
第四节　梁的局部稳定 …… 138
第五节　组合梁考虑腹板屈曲后强度的计算 …… 147
第六节　钢梁的设计 …… 150
第七节　梁的拼接、连接和支座设计 …… 165
思考题 …… 170
习题 …… 171
第六章　拉弯和压弯构件 …… 173
第一节　概述 …… 173
第二节　拉弯、压弯构件的强度和刚度计算 …… 175
第三节　压弯构件的整体稳定 …… 177
第四节　实腹式压弯构件的局部稳定 …… 188
第五节　压弯构件的截面设计和构造要求 …… 191
第六节　梁与柱的连接和构件的拼接 …… 196
第七节　柱脚设计 …… 203
思考题 …… 216
习题 …… 217
第七章　单层房屋钢结构 …… 219
第一节　概述 …… 219
第二节　重型钢结构厂房结构设计 …… 221
第三节　门式刚架轻型房屋钢结构设计 …… 251
思考题 …… 270
习题 …… 271
第八章　平面钢闸门 …… 273
第一节　概述 …… 273
第二节　平面钢闸门的组成和结构布置 …… 274
第三节　平面钢闸门的结构设计 …… 280
第四节　平面钢闸门的零部件设计 …… 290
第五节　平面钢闸门的埋设部件 …… 300
第六节　设计例题——露顶式平面钢闸门设计 …… 302

思考题…………………………………………………………………………………………… 316
第九章　多层钢结构………………………………………………………………………… 317
第一节　多层建筑钢结构的组成与结构体系……………………………………………… 317
第二节　多层钢结构的结构分析…………………………………………………………… 319
第三节　多层钢结构的结构设计…………………………………………………………… 326
思考题…………………………………………………………………………………………… 341
第十章　钢结构的制作安装与防护………………………………………………………… 342
第一节　钢结构的制作……………………………………………………………………… 342
第二节　钢结构的防护……………………………………………………………………… 348
第三节　钢结构的安装……………………………………………………………………… 356
思考题…………………………………………………………………………………………… 359
附录一　构件的稳定………………………………………………………………………… 360
附录二　型钢和螺栓规格及截面特性……………………………………………………… 364
附录三　矩形弹性薄板承受均载的弯应力系数 k ………………………………………… 395
附录四　钢闸门自重估算公式……………………………………………………………… 397
附录五　材料的摩擦系数…………………………………………………………………… 398
附录六　轴套的容许压力及混凝土的容许应力…………………………………………… 399
附录七　钢桁架施工图（见文后插页）
参考文献……………………………………………………………………………………… 400

第一章　概　　论

第一节　钢结构的特点和应用

一、钢结构的特点

钢结构是用钢材制造而成的工程结构。通常它由型钢、钢板、钢索等材料加工，采用焊接、螺栓等连接方式而形成不同的结构形式。钢结构与钢筋混凝土结构、砌体结构等都属于按材料划分的工程结构的不同分支。钢结构与其他结构相比，具有下列特点：

(1) 可靠性高。钢结构的材料性能可靠性高，钢材在钢厂生产时，整个过程可严格控制，质量比较稳定，性能可靠；钢结构的设计计算结果可靠性高，钢材组织均匀，接近于各向同性匀质体，钢材的物理力学特性与工程力学对材料性能所作的基本假定符合较好，钢结构的实际工作性能比较符合目前采用的理论计算结果，计算结果可靠；钢结构制作与安装质量可靠，钢构件一般在专业工厂制作，成品精度高，采用现场安装，施工质量易于保证。

(2) 材料的强度高，钢结构自重轻。钢材与混凝土、砖石材料相比，虽然钢材的重力密度大，但它的强度和弹性模量及强度与重力密度之比要高得多。在同样的受力条件下，钢结构构件的截面积要小得多，结构的自重轻。自重轻，便于运输和安装，基础的负荷减小，可降低地基与基础部分的造价。上部结构质量轻，地震作用就小，有利于抗震，且基础的负荷减小，可降低地基与基础部分的造价。

(3) 钢材的塑性和韧性好。钢材的塑性好，钢结构在一般条件下不会因超载等而突然断裂。破坏前一般都会产生显著的变形，易于被发现，可及时采取补救措施，避免重大事故发生。钢材的韧性好，钢结构对动力荷载的适应性强，具有良好的吸能能力，抗震性能优越。

(4) 钢结构制作与安装工业化和智能建造程度高。钢结构一般在专业工厂制作，易实现机械化和自动化及智能制造，生产效率和产品精度高，是工程结构中工业化和智能制造程度最高的结构。构件制造完成后，运至施工现场拼装成结构。拼装可采用安装方便的螺栓连接或现场焊接机器人焊接，有时还可在地面拼装成较大的单元，采用现场大型设备吊装等。施工对环境污染小，建设施工周期短，可尽快发挥投资的经济效益。钢结构连接方便，便于加固、改建和拆迁。

(5) 钢结构密闭性好。钢结构采用焊接连接时可制成水密性和气密性较好的常压和高压容器结构和输水或输气管道等。

(6) 普通钢材的耐锈蚀性差。在没有腐蚀性介质的一般环境中，钢结构经除锈后再进行合格的防腐涂装后，锈蚀问题并不严重。但在潮湿和有腐蚀性介质的环境中，钢结构容易锈蚀，需定期维护。目前国内外正在研发多种高性能防腐涂料和抗锈蚀性能良好的耐候钢（也称耐大气腐蚀钢），较好地解决了钢结构耐锈蚀性差的问题。我国近期建设的一些大桥已采用的防腐涂料具有 50 年的抗腐蚀性能，耐候钢也已在一些工程中得到应用。

（7）普通结构钢材耐热但不耐火。普通结构钢材受热温度在200℃以内时，其主要力学性能变化很小，具有较好的耐热性能；但是当温度超过200℃时，材料力学性能变化较大，强度随温度升高而下降；当温度达600℃时屈服强度不足常温时的1/3；温度继续升高时，钢材的承载力几乎完全丧失，所以钢材不耐火。当温度在250℃左右时，钢材的塑性和韧性降低，破坏时常呈脆性断裂。考虑一定的安全储备，当结构构件表面长期受辐射热温度≥150℃时，需采取隔热防护措施。当有防火要求时，要采取防火措施，如在钢结构的构件外表面喷涂防火涂料或包防火板等。采用耐火钢也是提高钢结构耐火性能的一种方法，我国已在一些工程应用了耐火钢。钢结构耐火性能差的问题，正在加速改进中。

（8）钢材在低温时脆性增大。严寒环境的钢结构应选用低温韧性钢。

二、钢结构的应用范围

应根据钢结构的特点，注意扬长避短，合理使用钢结构。在土木工程和水利水电工程及桥梁工程等中，钢结构的主要应用范围如下：

1. 大跨度结构

随着结构跨度增大，结构自重在全部荷载中所占比重也越大，减轻自重可获得明显的经济效益。钢结构自重轻，已成为大跨度结构的主要结构形式。我国近年来建设的大型体育场馆、剧院、飞机场航站楼、火车站站房等大型公共建筑的屋盖几乎全部为钢结构，如国家体育场、国家大剧院、各大型机场航站楼、各大型火车站站房等。

大跨度桥梁大多采用钢结构，目前世界跨度最大的桥梁是跨度1 991m的日本明石海峡悬索桥。2020年10月通车的武汉杨泗港长江大桥主跨1 700m，为我国目前跨度最大的双层公路钢桁架悬索桥。先后于2020年7月和12月通车的沪苏通和五峰山长江大桥主跨均为1 092m，为目前世界跨度最大的公铁两用钢桁架斜拉桥。目前市政桥梁和许多高速公路桥梁也采用了钢结构。

目前世界上最大跨度的通水通航钢结构渡槽为我国的引江济淮淠河总干渠钢桁架结构双线3跨渡槽，总宽约60m，水深达5.05m，主跨跨度110m。

2. 高层建筑

高层建筑已成为现代化城市的一个标志。钢结构重量轻和抗震性能好的特点对高层建筑具有重要意义。钢材强度高则构件截面尺寸小，可提高有效使用面积。重量轻可大大减轻构件、基础和地基所承受的荷载，降低基础工程等的造价，且有利于抗震。目前世界最高建筑为迪拜哈利法塔，162层，高度为828m。我国的上海中心大厦125层，高度为632m。台北101大楼地上101层，高度为508m。

3. 工业建筑

当工业建筑的跨度和柱距较大，或者设有大吨位吊车会产生大的动力荷载时，往往部分或全部采用钢结构。为了尽快发挥投资效益，缩短建设周期，我国的普通工业建筑大量采用了钢结构。

4. 轻型结构

当自重是主要荷载时，常采用冷成型薄壁型钢或轻型钢制成的轻型钢结构，包括轻型门式刚架房屋钢结构、冷成型薄壁型钢结构、钢管结构和拱形波纹屋盖结构。轻型钢结构已广泛用于仓库、办公楼、工业厂房、住宅、体育馆等公共设施。

5. 高耸结构

高耸结构主要有塔架和桅杆等，它们的高度大，横截面尺寸较小，风荷载和地震作用常常为主要作用，自重对结构的影响较大，常采用钢结构。广州电视塔结构主体高 450m，加上 160m 的天线，总高度达 610m。日本东京电视塔天空树高度为 634m。火箭发射架大多也采用钢结构。

6. 活动式结构

如水利水电工程中的水工钢闸门、升船机等，可充分发挥钢结构重量轻的特点，降低启闭设备的造价和运转所耗费的动力。一些钢闸门为动水启闭，可发挥钢材塑性和韧性好的性能。三峡水利枢纽工程的永久船闸为双线五级连续梯级船闸，闸门孔口净宽 34m，钢闸门高近 40m，共 24 扇门，每扇门重达 820 多 t。三峡工程的升船机承船厢轮廓尺寸为 132.0m×23.4m×10.0m，一次可载一艘 3 000t 级客轮，船舶过坝时间约 40min，最大提升重量为 1.55 万 t，提升高度为 113m。

7. 可拆卸或移动的结构

钢结构可采用便于拆装的螺栓连接，一些临时建筑和钢栈桥、流动式展览馆、移动式平台等采用钢结构，可发挥钢结构重量轻，便于运输和安装与拆卸方便的优点。我国建造的蓝鲸二号半潜式双钻塔海上深水钻井平台长 117m，宽 92.7m，高 118m，自重 43 725t，能抵御 12 级台风，最大作业水深 3.6km、最大钻井深度 15km。

8. 容器和大直径管道

利用钢结构密闭性好的特点，可制成储罐、输油（气、原料）管道、水工压力管道、石油化工塔等。三峡水利枢纽工程中的发电机组采用的压力钢管内径达 12.4m，钢管壁厚达 60mm。

9. 抗震要求高的结构

钢结构自重轻，受到地震作用较小，钢材塑性和韧性好，是国内外历次地震中损坏最轻的结构形式，在抗震设防高烈度区宜优先选用钢结构。

10. 急需早日交付使用的工程或运输条件差的工程

可发挥钢结构施工工期短和重量轻便于运输的特点。

11. 特种结构

主要有纪念性建筑（如北京的世纪坛）、城市大型雕塑、钢水塔、钢烟囱等。

综上所述，钢结构是在各种工程中广泛应用的一种重要的结构形式。终止使用的钢结构可拆除异地重建或用作炼钢材料，钢结构符合可持续发展要求。钢结构在工程建设中将会发挥日益重要的作用，具有广阔的应用发展前景。

第二节 钢结构的设计方法

一、结构设计的目的

任何结构都是为了完成所要求的某些功能而设计的。工程结构必须具备下列功能：

（1）安全性。在正常施工和正常使用时，能承受可能出现的设计荷载范围内的各种作用。当发生火灾时，在规定的时间内正常发挥功能。当发生爆炸、撞击、罕遇地震等偶然事件及人为失误时，结构能保持必需的整体稳固性，不出现与起因不相称的破坏后果。对重要的结构，应采取必要的措施，防止出现结构的连续倒塌；对一般的结构，宜采取适当的措施，防止出现结构的连续倒塌。

（2）适用性。结构在正常使用条件下具有良好的工作性能。

（3）耐久性。结构在正常使用和维护条件下具有能达到设计工作年限的耐久性能。

结构的安全性、适用性、耐久性总称为结构的可靠性。结构设计的目的是在满足可靠性要求的前提下，保证所设计的结构和结构构件在施工和使用过程中，结构符合可持续发展要求，技术先进、安全适用、经济合理，并确保质量。要实现这一目的，必须借助于合理的设计方法。

二、设计方法

1. 影响结构可靠性的因素与设计方法

对于一般工程结构，影响结构可靠性的因素可以归纳为荷载效应和结构抗力两个基本变量。以 S 表示荷载效应，指荷载、温度变化、基础不均匀沉降、地震等对结构和结构构件作用引起的结构或构件的内力、变形等。以 R 表示结构的抗力，指结构或构件承受荷载效应的能力，如承载力、刚度等。Z 为表示结构完成预定功能状态的函数，简称功能函数。

$$Z = R - S \tag{1-1}$$

当 $Z>0$ 时，结构能满足预定功能的要求，处于可靠状态；当 $Z<0$ 时，结构不能实现预定功能，处于失效状态；当 $Z=0$ 时，结构处于可靠与失效的临界状态，一旦超过这一状态，结构将不再能满足设计要求，因此它也称为极限状态。

影响 S 的主要因素是各种荷载或作用的取值，而各种作用并非都是确定值，大多是随机变量，有的还是与时间有关的随机过程。同时施加在结构上的各单个作用对结构的共同影响，应通过作用组合（荷载组合）来考虑。影响 R 的主要因素有结构材料的力学性能、结构的几何参数和抗力的计算模式等，它们基本上也都是随机变量。例如，钢厂提供的材料，其性能存在差异；在制作和安装中，结构的尺寸也存在偏差；计算抗力所采用的基本假设和方法难以完全精确。随机性因素的量值是不确定的，但却服从概率和统计规律，采用概率理论来处理随机变量是最适宜的方法。

在我国的《建筑结构可靠性设计统一标准》（GB 50068）中指出，有条件时可采用基于可靠指标的方法进行设计，可靠指标宜采用考虑基本变量概率分布类型的一次二阶矩方法进行计算。考虑设计人员的习惯，通常采用以概率理论为基础，根据规定的可靠度指标，由作用的代表值、材料性能与几何参数的标准值和各相应分项系数构成的极限状态表达式进行设计（简称概率极限状态设计法）。分项系数是按照目标可靠指标 β 并考虑工程经验确定的，因而计算结果能满足可靠度的要求。采用的设计表达式使结构设计仍可按传统的方式进行。

当缺乏统计资料时，工程结构设计可根据可靠的工程经验和必要的试验研究进行，也可采用容许应力或单一安全系数等经验方法进行。《钢结构设计标准》（GB 50017）中除疲劳设计采用容许应力法外，其余应采用以概率理论为基础的极限状态设计方法，用分项系数设计表达式进行计算。

2. 概率极限状态设计法

结构设计的极限状态可分为承载能力极限状态、正常使用极限状态和耐久性极限状态。

承载能力极限状态。当结构或结构构件出现下列状态之一时，就认定为超过了承载能力极限状态：①整个结构或其一部分作为刚体失去平衡（如倾覆等）；②结构构件或连接因超过材料强度而破坏，或因过度变形而不适于继续承载；③结构转变为机动体系；④结构或结构构件丧失稳定性；⑤地基丧失承载力而破坏；⑥结构因局部破坏而发生连续倒塌；⑦结构或结构构件发生疲劳破坏。

正常使用极限状态。当结构或结构构件出现下列状态之一时，就认定为超过了正常使用极限状态：①影响正常使用或外观的变形；②影响正常使用的局部损坏；③影响正常使用的振动；④影响正常使用的其他特定状态。

耐久性极限状态。当结构或结构构件出现下列状态之一时，就认定为超过了耐久性极限状态：①影响承载能力和正常使用的材料性能劣化；②影响耐久性能的裂缝、变形、缺口、外观、材料削弱等；③影响耐久性能的其他特定状态。

采用“可靠度”来定量地描述结构的可靠性。结构可靠度定义为“结构在规定的设计使用年限内，在规定的条件下，完成预定功能的概率”。设计使用年限是指“设计规定的结构和结构构件不需进行大修即可按预定目的使用的年限”。设计使用年限应按表1-1采用，表中未列出工程结构的设计使用年限应符合国家现行标准的有关规定。超过了设计使用年限，结构虽仍然可能继续使用，但其可靠概率将有所减小。规定的条件是指结构必须满足正常设计、正常施工、正常使用和正常维护条件。以 P_r 和 P_f 分别表示结构的可靠度和失效概率，则有

$$\left.\begin{aligned} P_f &= P(Z<0) \\ P_r &= P(Z\geqslant 0) = 1-P_f \end{aligned}\right\} \tag{1-2}$$

表1-1　　设计使用年限分类

类别	设计使用年限（年）	示例
1	5	临时性结构
2	25	易于替换的结构构件
3	50	普通房屋和构筑物、公路中桥和高速公路与一级公路的小桥、永久性港口建筑物
4	100	纪念性建筑和特别重要的结构、铁路桥、大和特大公路桥及高速公路与一级公路的中桥

可见结构可靠度的计算可以转换为结构失效概率的计算。由于结构失效概率的计算涉及的基本变量具有不定性，作用在结构上的荷载潜在出现高值的可能性，材料性能也潜在出现低值的可能性，也就无法保证所设计的结构绝对可靠（失效概率为零）。当结构的失效概率小到某一公认的大家可以接受的程度，就认为该结构是安全可靠的，即可靠性满足要求。

图1-1表示功能函数 Z 的概率密度 $f(Z)$ 曲线，失效概率可用图中的阴影区面积来表示，计算公式为

$$P_f = P(Z<0) = \int_{-\infty}^{0} f(Z)\mathrm{d}Z \tag{1-3}$$

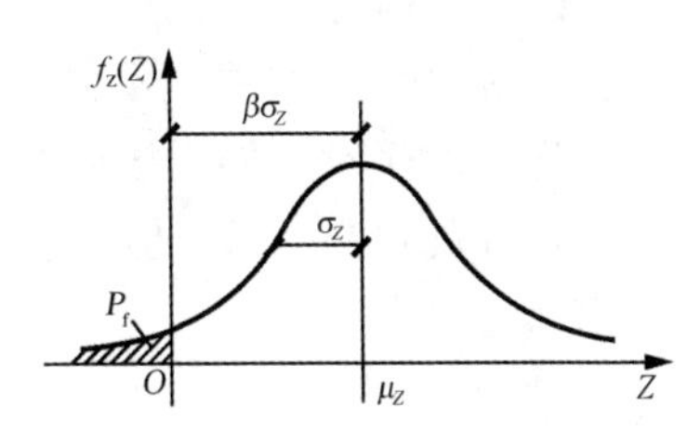

图1-1　Z 的概率密度曲线

由于目前尚难求出 Z 的理论概率分布，难以用积分法求得结构的失效概率，因此采用简化方法。由图1-1可见阴影区的面积与 Z 的平均值 μ 和标准差 σ_Z 的大小有关。增

大μ，曲线右移，阴影区的面积将减小；减小σ_Z，曲线将变高变窄，阴影区的面积也将减小。现将曲线的对称轴至纵轴的距离表示成σ_Z的倍数，即令

$$\beta = \mu_Z / \sigma_Z \tag{1-4}$$

β大，则失效概率就小。故β和失效概率一样，可作为衡量结构可靠度的一个指标，称为可靠指标。

设S和R服从正态分布，则Z也服从正态分布。可知

$$\left.\begin{aligned} \mu_Z &= \mu_R - \mu_S \\ \sigma_Z &= \sqrt{\sigma_R^2 + \sigma_S^2} \end{aligned}\right\} \tag{1-5}$$

式中　μ_R、σ_R——R的平均值和标准差；

　　　μ_S、σ_S——S的平均值和标准差。

由于σ_Z为正值，失效概率可写为

$$P_f = P(Z < 0) = P\left(\frac{Z}{\sigma_Z} < 0\right) = P\left(\frac{Z - \mu_Z}{\sigma_Z} < -\frac{\mu_Z}{\sigma_Z}\right) \tag{1-6}$$

因为$\frac{Z-\mu_Z}{\sigma_Z}$服从标准正态分布，用$\varphi(\cdot)$表示标准正态分布函数，则有

$$P_f = \phi\left(-\frac{\mu_Z}{\sigma_Z}\right)$$

即

$$P_f = \phi(-\beta) \tag{1-7}$$

可见已知β后即可由标准正态分布函数值的表中查得P_f。确定β并不要求知道S和R的分布，只要得到它们的平均值和标准差，就可由式（1-5）和式（1-4）算得β值。

当S和R不服从正态分布时，可作当量正态变换，求出其当量正态分布的平均值和标准差后，就可按正态随机变量一样对待。

由于上述的β值计算避开了Z的全分布推求，只采用分布的特征值一阶原点矩（平均值）μ_Z和二阶中心矩（方差）σ_Z来表示，其中最高阶为二；且把影响结构满足功能要求的各个随机变量归纳和简化为两个基本变量S和R，并遵循线性关系（一次式），所以称这种方法为考虑基本变量概率分布类型的一次二阶矩极限状态设计方法。这种方法在结构可靠度分析中还存在一定近似性，故也称为近似概率极限状态设计法。

结构设计应依一预先规定的可靠指标作为依据，称其为目标可靠指标，也称为设计可靠指标。设计可靠指标的选择直接影响结构造价、维修费用以及失效后果等，失效后果不仅涉及生命财产的损失，有时还会产生严重社会影响。从理论上说应根据结构构件的重要性、破坏性质及失效后果，优化确定。但这些因素现还难以找到合理的定量分析方法。目前是选取采用以前设计方法的具有代表性的结构或构件，求出隐含在它们中的可靠指标，经过综合分析后，确定结构设计时采用的目标可靠指标。这种方法从整体上继承已有的可靠度水准，稳妥可行，称其为校准法。不同的工程结构，如建筑结构与水工结构等，具有不同的目标可靠指标。对于承载能力极限状态，《建筑结构可靠性设计统一标准》（GB 50068）规定的结构构件的可靠指标β值不应小于表1-2中的值，与β值相应的失效概率P_f也在表1-2中给出。

表 1-2　结构构件承载能力极限状态设计时采用的可靠指标 $\beta(P_f)$ 值

构件类型	安全等级		
	一级	二级	三级
延性破坏	3.7 (1.08×10^{-4})	3.2 (6.87×10^{-4})	2.7 (3.47×10^{-3})
脆性破坏	4.2 (1.34×10^{-5})	3.7 (1.08×10^{-4})	3.2 (6.87×10^{-4})

注　当承受偶然作用时，结构构件的可靠指标应符合专门规范的规定。

表 1-2 中的结构安全等级，是根据结构破坏可能产生的后果（危及人的生命、造成经济损失、产生社会影响等）很严重、严重或不严重，划分为一、二或三级。重要的工业与民用建筑为一级，如影剧院、体育馆及高层建筑；一般的工业与民用建筑为二级；次要的建筑物为三级。对特殊的建筑物，其安全等级应见专门规定。建筑物中各类结构构件的安全等级，宜与整个结构的安全等级相同。对其中部分结构构件的安全等级可进行调整，但不得低于三级。延性破坏指结构或构件在破坏前有明显变形或其他预兆的破坏类型，也称为塑性破坏；脆性破坏指结构或构件在破坏前无明显变形或其他预兆的破坏类型。

钢结构连接是以破坏强度而不是屈服作为承载能力的极限状态，其可靠指标 β 值应比构件为高，一般可取 4.5。对于正常使用极限状态设计时采用的 β 值，宜根据其可逆程度确定，一般可取 $\beta=0\sim1.5$。

结构设计应考虑下列四种状况：持久设计状况，指结构正常使用情况；短暂设计状况，指结构出现的临时情况，如施工与维修；偶然设计状况，指结构出现的异常情况，如遭受火灾、爆炸、撞击等；地震设计状况，指结构遭受地震情况。四种状况均应进行承载能力极限状态设计。对于持久设计状况，尚应进行正常使用极限状态设计，并宜进行耐久性极限状态设计。对于短暂与地震设计状况，可根据需要进行正常使用极限状态设计。对偶然设计状况，可不进行正常使用与耐久性极限状态设计。

进行承载能力极限状态设计时，对于持久设计状况（不包括结构疲劳设计）或短暂设计状况，应采用作用的基本组合；对于偶然设计状况应采用作用的偶然组合；对于地震设计状况采用地震组合，参照相关结构抗震设计规范进行计算。

进行正常使用极限状态设计时，把产生超越正常使用要求的作用卸除后，该作用产生的后果不可以或可以恢复的正常使用极限状态分别称为不可逆或可逆正常使用极限状态，分别采用标准组合或频遇组合。在设计基准期内被超越的总时间占设计基准期的比率较小或较大的作用值分别称为可变作用的频遇值或准永久值。对于长期效应是决定性因素的正常使用极限状态设计，采用准永久组合。组合值、频遇值和准永久值可通过对可变作用标准值的折减来表示，即分别对可变作用的标准值乘以不大于 1 的组合值系数 ψ_c、频遇值系数 ψ_f 和准永久值系数 ψ_q。

《钢结构设计标准》(GB 50017) 中对承载能力极限状态采用应力表达式。抗力采用结构不同受力状态时材料的强度设计值 R。钢材的抗拉、抗压和抗弯强度设计值 f 为钢材的屈服强度标准值除以抗力分项系数 γ_R。为了计算简便，取 γ_R 为定值，应使得所设计的构件的实际 β 值与目标可靠指标的偏差最小。Q235 钢构件 $\gamma_R=1.090$；Q355、Q390、厚度≤40mm 的 Q420、Q460 钢，取 $\gamma_R=1.125$；厚度>40～100mm 的 Q420、Q460 钢，取 $\gamma_R=1.180$；Q355GJ 钢的厚度分别为≤40mm 和>40～60mm 及>60～100mm 时，分别取 γ_R 为

1.059 和 1.095 及 1.120；铸钢件取 $\gamma_R=1.282$。取钢材的抗剪强度设计值 $f_v=f/\sqrt{3}$。钢材端面承压（刨平顶紧）强度设计值 f_{ce} 取钢材的抗拉强度 f_u 除以承压抗力分项系数 γ_{Rce}，碳素结构钢和低合金高强度结构钢及铸钢件的 γ_{Rce} 分别取 1.150 和 1.175 及 1.538。

（1）基本组合。

1）对于基本组合，应按下列极限状态设计表达式中最不利值确定

$$\gamma_0\left(\gamma_G\sigma_{GK}+\gamma_{Q1}\sigma_{Q1K}+\sum_{i=2}^{n}\psi_{ci}\gamma_{Qi}\sigma_{QiK}\right)\leqslant R \tag{1-8}$$

$$\gamma_0\left(\gamma_G\sigma_{GK}+\sum_{i=1}^{n}\psi_{ci}\gamma_{Qi}\sigma_{QiK}\right)\leqslant R \tag{1-9}$$

式中 γ_0——结构重要性系数，对于安全等级为一级或设计使用年限为 100 年及以上者，不应小于 1.1；二级或设计使用年限为 50 年的结构，不应小于 1.0；设计使用年限为 25 年的结构，可取 0.95；三级或设计使用年限为 5 年的结构，应 ≥0.9。

γ_G——永久荷载分项系数，当永久荷载效应对结构构件的承载能力不利时取 1.3，当永久荷载效应对结构构件的承载能力有利时，不应大于 1.0。

γ_{Q1}、γ_{Qi}——第 1 个和第 i 个可变荷载的分项系数，当可变荷载效应对结构构件的承载能力不利时，取 1.5；当可变荷载效应对结构构件的承载能力有利时，应取为 0。

σ_{GK}——永久荷载标准值在结构构件截面或连接中产生的应力。

σ_{Q1K}、σ_{QiK}——在基本组合中起控制作用的一个可变荷载和第 i 个可变荷载的标准值在结构构件截面或连接中产生的应力。

ψ_{ci}——为第 i 个可变荷载的组合系数，取值见荷载规范。

2）对于排架、框架结构，式（1-8）可采用下列简化承载能力极限状态设计表达式

$$\gamma_0\left(\gamma_G\sigma_{GK}+\psi\sum_{i=1}^{n}\gamma_{Qi}\sigma_{QiK}\right)\leqslant R \tag{1-10}$$

式中 ψ——简化设计表达式中采用的荷载组合系数，当只有一个可变荷载时，取 $\psi=1.0$，其他情况取 $\psi=0.9$。

（2）偶然组合。偶然组合的极限状态设计表达式宜按下列原则确定：偶然作用的代表值不乘以分项系数；与偶然作用同时出现的可变荷载，应根据观测资料和工程经验采用适当的代表值。具体的设计表达式和各种系数，应符合专门规范的规定。

钢材的设计用强度指标见表 1-3；焊缝强度指标见表 1-4：螺栓连接的强度指标见表 1-5。钢材和铸钢件的物理性能指标应按表 1-6 采用。

表 1-3　钢材的设计用强度指标　N/mm^2

钢材牌号		钢材的厚度或直径（mm）	强度设计值			屈服强度 f_y	抗拉强度 f_u
			抗拉、抗压和抗弯 f	抗剪 f_v	端面承压（刨平顶紧）f_{ce}		
碳素结构钢	Q235	≤16	215	125	320	235	370
		>16，≤40	205	120		225	
		>40，≤100	200	115		215	

续表

钢材牌号		钢材的厚度或直径（mm）	强度设计值 抗拉、抗压和抗弯 f	强度设计值 抗剪 f_v	强度设计值 端面承压（刨平顶紧） f_{ce}	屈服强度 f_y	抗拉强度 f_u
低合金高强度结构钢	Q355	≤16	305	175	400	355	470
		>16，≤40	295	170		345	
		>40，≤63	290	165		335	
		>63，≤80	280	160		325	
		>80，≤100	270	155		315	
	Q390	≤16	345	200	415	390	490
		>16，≤40	330	190		380	
		>40，≤63	310	180		360	
		>63，≤100	295	170		340	
	Q420	≤16	375	215	440	420	520
		>16，≤40	355	205		410	
		>40，≤63	320	185		390	
		>63，≤80	305	175		370	
		>80，≤100	300	175		360	
	Q460	≤16	410	235	460	460	550
		>16，≤40	390	225		450	
		>40，≤63	355	205		430	
		>63，≤80	340	195		410	
		>80，≤100	340	195		400	
建筑结构用钢板	Q345GJ	>16，≤50	325	190	415	345	490
		>50，≤100	300	175		335	
非焊接结构用铸钢件	ZG230-450	≤100	180	105	290		
	ZG270-500		210	120	325		
	ZG310-570		240	140	370		
焊接结构用铸钢件	ZG230-450H	≤100	180	105	290		
	ZG270-480H		210	120	310		
	ZG300-500H		235	135	325		
	ZG340-550H		265	150	355		

注　1. 表中直径指实芯棒材，厚度系指计算点的钢材或钢管壁厚度，轴心受力构件系指截面中较厚板件的厚度；

2. 结构用无缝钢管壁厚>30mm时，表中Q235钢材的 $f=195$，$f_v=115$，$f_y=205$；Q355钢材的 $f=260$，$f_v=150$，$f_y=295$；Q420钢材的 $f=340$，$f_V=195$，$f_y=380$，其余指标按表取值，Q390和Q460钢材按表中板厚（>40，≤63）取值；

3. 冷弯型材和冷弯钢管强度设计值见《冷弯型钢结构技术规范》（GB 50018）。

4. 表中未列钢材的指标见《钢结构设计标准》（GB 50017）。

表 1-4　　焊缝强度指标　　N/mm²

焊接方法和焊条型号	构件钢材		对接焊缝强度设计值				角焊缝强度设计值	对接焊缝抗拉强度 f_u^w	角焊缝抗拉、抗压和抗剪强度 f_u^f
	钢号	厚度或直径（mm）	抗压 f_c^W	焊缝质量为下列等级时，抗拉 f_t^W		抗剪 f_v^W	抗拉、抗压和抗剪 f_f^W		
				一、二级	三级				
自动焊、半自动焊、E43 型焊条手工焊	Q235	≤16	215	215	185	125	160	415	240
		>16，≤40	205	205	175	120			
		>40，≤100	200	200	170	115			
自动焊、半自动焊和 E50、E55 型焊条手工焊	Q355	≤16	305	305	260	175	200	480（E50）540（E55）	280（E50）315（E55）
		>16，≤40	295	295	250	170			
		>40，≤63	290	290	245	165			
		>63，≤80	280	280	240	160			
		>80，≤100	270	270	239	155			
	Q390	≤16	345	345	295	200	200（E50）220（E55）		
		>16，≤40	330	330	280	190			
		>40，≤63	310	310	265	180			
		>63，≤100	295	295	250	170			
自动焊、半自动焊和 E55、E60 型焊条手工焊	Q420	≤16	375	375	320	215	220（E55）240（E60）	540（E55）590（E60）	315（E55）340（E60）
		>16，≤40	355	355	300	205			
		>40，≤63	320	320	270	185			
		>63，≤80	305	305	260	175			
		>80，≤100	300	300	255	175			
自动焊、半自动焊和 E55、E60 型焊条手工焊	Q460	≤16	410	410	350	235	220（E55）240（E60）		
		>16，≤40	390	390	330	225			
		>40，≤63	355	355	300	205			
		>63，≤100	340	340	290	195			
自动焊、半自动焊和 E50、E55 型焊条手工焊	Q345GJ	>16，≤35	310	310	280	265	200	480（E50）540（E55）	280（E50）315（E55）
		>35，≤50	290	290	245	170			
		>50，≤100	285	285	240	165			

注　1. 对接焊缝在受压区的抗弯强度设计值取 f_c^W，在受拉区的抗弯强度设计值取 f_t^W。

2. 表中厚度系指计算点的钢材厚度，对轴心受力构件系指截面中较厚板件的厚度。

3. 计算下列情况的连接时，表中规定的强度设计值应乘以相应的折减系数；几种情况同时存在时，其折减系数应连乘：①施工条件较差的高空安装焊缝乘以系数 0.9；②进行无垫板的单面施焊对接焊缝的连接计算和按轴心受力计算的单角钢单面连接时应乘折减系数 0.85。

4. 表中未列钢材的焊缝指标见《钢结构设计标准》(GB 50017)。

表 1-5　　螺栓连接的强度指标　　N/mm²

螺栓的性能等级、锚栓和构件钢材的牌号		强度设计值										
		普通螺栓						锚栓	承压型连接高强度螺栓			高强度螺栓的抗拉强度 f_u^b
		C级螺栓			A级、B级螺栓							
		抗拉 f_t^b	抗剪 f_v^b	承压 f_c^b	抗拉 f_t^b	抗剪 f_v^b	承压 f_c^b	抗拉 f_t^a	抗拉 f_t^b	抗剪 f_v^b	承压 f_c^b	
普通螺栓	4.6、4.8级	170	140	—	—	—	—	—	—	—	—	—
	5.6级	—	—	—	210	190	—	—	—	—	—	—
	8.8级	—	—		400	320	—	—	—	—	—	—
锚栓	Q235	—	—		—	—	—	140	—	—	—	—
	Q355	—	—		—	—	—	180	—	—	—	—
	Q390	—	—		—	—	—	185	—	—	—	—
承压型连接高强度螺栓	8.8级	—	—		—	—	—	—	400	250	—	830
	10.9级	—	—		—	—	—	—	500	310	—	1 040
构件	Q235	—	—	305	—	—	405	—	—	—	470	—
	Q355	—	—	385	—	—	510	—	—	—	590	—
	Q390	—	—	400	—	—	530	—	—	—	615	—
	Q420	—	—	425	—	—	560	—	—	—	655	—
	Q460	—	—	450	—	—	595	—	—	—	695	—
	Q345GJ	—	—	400	—	—	530	—	—	—	615	—

注　A级螺栓用于 $d \leqslant 24$mm 和 $L \leqslant 10d$ 或 $L \leqslant 150$mm（按较小值）的螺栓；B级螺栓用于 $d > 24$mm 和 $L > 10d$ 或 $L > 150$mm（按较小值）的螺栓；d 为公称直径，L 为螺栓公称长度。

表 1-6　　钢材和铸钢件的物理性能指标

钢材种类	弹性模量 E（N/mm²）	剪切模量 G（N/mm²）	线膨胀系数 α（以每℃计）	质量密度 ρ（kg/m³）
钢材和铸钢件	206×10^3	79×10^3	12×10^{-6}	7 850

对于正常使用极限状态，钢结构设计只考虑荷载的持久效应组合，其设计表达式为

$$W = W_{GK} + W_{Q1K} + \sum_{i=2}^{n} \psi_{ci} W_{QiK} \leqslant [W] \tag{1-11}$$

式中　W——结构或构件产生的变形值；

W_{GK}——永久荷载的标准值在结构或构件产生的变形值；

W_{Q1K}、W_{QiK}——第1个和第 i 个可变荷载的标准值在结构或构件产生的变形值；

$[W]$——结构或构件的容许变形值。

上述设计方法是《钢结构设计标准》（GB 50017）采用的方法。对于直接承受动力荷载的结构，在计算强度和稳定性时，动力荷载设计值应乘动力系数；在计算疲劳和变形时，动力荷载标准值不应乘动力系数。它不仅适用于房屋和一般构筑物钢结构的设计，而且也适用于水工建筑物的水上部分钢结构的设计。

3. 容许应力设计法

水利水电工程中的水工钢结构种类较多，主要有钢闸门、压力钢管、启闭机和拦污栅

等。根据《工程结构可靠度设计统一标准》(GB 50153)，这些结构也应采用“以分项系数表达的概率极限状态设计法”，这是当前国际上结构设计的先进方法。但要达到这一步，必须通过一系列大规模调查，获取统计资料，确定一系列分项系数。目前对于水工钢结构而言，由于所涉及的荷载效应和结构抗力的影响因素比较复杂，统计资料不足，还不具备采用以分项系数表达的概率极限状态设计法的条件。因此现行水工钢结构的各专门设计规范，如《水利水电工程钢闸门设计规范》(SL 74)、《水电站压力钢管设计规范》(SL 281) 等，仍按容许应力方法进行设计。

容许应力设计法是要求结构在荷载标准值下产生的应力不超过规定的容许应力。设计时将影响结构设计的诸因素取为定值，用一个安全系数 K 来考虑设计诸因素变异的影响，衡量结构的安全度。其设计表达式为

$$\sigma \leqslant f_k / K = [\sigma] \tag{1-12}$$

式中 σ——按荷载的标准值与构件截面公称尺寸（设计尺寸）所计算的应力；

f_k——材料的标准强度，取为钢材的屈服强度标准值；

$[\sigma]$——容许应力。

早期的 K 值凭经验确定，现在确定 K 值时考虑了荷载和材料强度的不定性，用概率方法分别确定荷载系数 k_1 和材料强度安全系数 k_2。对于荷载的特殊变异、结构受力状况和工作条件、施工制造条件等特殊情况，根据实践经验引入调整系数 k_3。K 值按下式计算

$$K = k_1 k_2 k_3 \tag{1-13}$$

这种容许应力设计法实质上属半概率半经验极限状态设计法。这种方法除了某些系数仍需凭经验确定外，另一不足点是没有考虑荷载效应和材料抗力的联合概率分布和失效概率。一次二阶矩极限状态设计方法弥补了这一不足。本书主要结合《水利水电工程钢闸门设计规范》(SL 74) 介绍容许应力设计法，其他采用此方法设计的钢结构的设计原理是相同的，但在具体工程设计时，容许应力值、各种影响系数及特殊要求等见相应的专门设计规范。

《水利水电工程钢闸门设计规范》(SL 74) 中的钢材尺寸分组见表 1-7；钢材的容许应力见表 1-8；焊缝的容许应力见表 1-9；普通螺栓连接的容许应力见表 1-10；机械零件的容许应力见表 1-11。对于下列情况，表 1-7～表 1-10 的数值应乘以下列调整系数：

(1) 大、中型工程的工作闸门及重要的事故闸门 0.90～0.95。

(2) 在较高水头下经常局部开启的大型闸门 0.85～0.90。

(3) 规模巨大且在高水头下操作而工作条件又特别复杂的工作闸门 0.80～0.85。

上述调整系数不连乘。对于特殊情况，另行考虑。

表 1-7　钢材的尺寸分组

组别	钢材厚度或直径 (mm)	
	Q235	Q355、Q390、Q420、Q460
第一组	≤16	≤16
第二组	>16～40	>16～40
第三组	>40～60	>40～63
第四组	>60～100	>63～80
第五组	>100～150	>80～100
第六组	>150～200	>100～150

表 1-8 **钢材的容许应力** N/mm²

应力种类	符号	碳素结构钢						低合金结构钢																							
		Q235						Q355						Q390						Q420						Q460					
		第1组	第2组	第3组	第4组	第5组	第6组	第1组	第2组	第3组	第4组	第5组	第6组	第1组	第2组	第3组	第4组	第5组	第6组	第1组	第2组	第3组	第4组	第5组	第6组	第1组	第2组	第3组	第4组	第5组	第6组
抗拉、抗压和抗弯	$[\sigma]$	160	150	145	145	130	125	230	225	220	215	210	195	245	240	235	225	225	215	260	260	250	245	245	235	285	280	275	265	255	255
抗剪	$[\tau]$	95	90	85	85	75	75	135	135	130	125	125	115	145	140	140	135	135	125	155	155	150	145	145	140	170	165	165	155	155	150
局部承压	$[\sigma_{cd}]$	240	225	215	215	195	185	345	335	330	320	315	290	365	360	350	335	320	315	390	390	375	365	365	350	425	420	410	395	395	380
局部紧接承压	$[\sigma_{cj}]$	120	110	110	110	95	95	170	170	165	160	155	145	180	180	175	165	160	155	195	195	185	180	180	175	210	210	205	195	195	190

注 1. 局部承压应力不乘调整系数；
2. 局部承压是指构件腹板的小部分表面受局部荷载的挤压或端面承压（磨平顶紧）等情况；
3. 局部紧接承压是指可动性小的铰在接触面的投影平面上的压应力。

表 1-9 **焊缝的容许应力** N/mm²

应力种类	符号	Q235				Q355						Q390						Q420						Q460					
		第1组	第2组	第3组	第4组	第1组	第2组	第3组	第4组	第5组	第6组	第1组	第2组	第3组	第4组	第5组	第6组	第1组	第2组	第3组	第4组	第5组	第6组	第1组	第2组	第3组	第4组	第5组	第6组
抗压	$[\sigma_c^h]$	160	150	145	145	285	280	275	265	265	255	245	240	235	225	225	215	260	260	250	245	245	235	285	280	275	265	265	255
抗拉一类、二类焊缝	$[\sigma_l^h]$	160	150	145	145	285	280	275	265	265	255	245	240	235	225	225	215	260	260	250	245	245	235	285	280	275	265	265	255
抗拉三类焊缝	$[\sigma_l^h]$	135	125	120	120	225	220	220	210	210	200	195	190	185	180	180	170	200	200	200	195	195	185	225	220	220	210	210	200
抗剪	$[\tau^h]$	95	90	85	85	170	165	165	155	155	150	145	140	140	135	135	125	155	155	150	145	145	140	170	165	165	155	155	150
抗拉、抗压和抗剪	$[\tau_l^h]$	110	105	100	100	195	195	190	185	185	170	170	165	160	155	155	150	180	180	175	170	170	160	195	195	190	185	185	170

注 1. 焊缝分类应符合 GB/T 14173 的规定；
2. 仰焊焊缝的容许应力按本表降低 20%；
3. 安装焊缝的容许应力按本表降低 10%。

表 1 - 10　　普通螺栓连接的容许应力　　N/mm²

螺栓的性能等级、锚栓和构件	应力种类	符号	螺栓和锚栓的性能等级或钢号					构件的钢号		
			Q235	Q355	4.6 级、4.8 级	5.6 级	8.8 级	Q235	Q355	Q390
A 级、B 级螺栓	抗拉	$[\sigma_l^l]$				150	310			
	抗剪	$[\tau^l]$				115	230			
C 级螺栓	抗拉	$[\sigma_l^l]$	125	180	125					
	抗剪	$[\tau^l]$	95	135	95					
锚栓	抗拉	$[\sigma_l^d]$	105	145						
构件	承压	$[\sigma_c^l]$						240	340	365

注　1. A 级、B 级螺栓见表 1 - 5；

2. 螺孔制备应符合 GB/T 14173 规定；

3. 当 Q235 钢和 Q355 钢制作的螺栓直径＞40mm 时，螺栓的容许应力应分别降低 4%和 6%。

表 1 - 11　　机械零件的容许应力　　N/mm²

应力种类	符号	碳素结构钢	低合金高强度结构钢				优质碳素结构钢		铸造碳钢				合金铸钢			合金结构钢	
		Q235	Q355	Q390	Q420	Q460	35	45	ZG230 - 450	ZG270 - 500	ZG310 - 570	ZG340 - 640	ZG50 Mn2	ZG35 CrlMo	ZG34 Cr2Ni2 Mo	42CrMo	40Cr
抗拉、抗压和抗弯	$[\sigma]$	100	145	155	170	180	135	155	100	115	135	145	195	170 (215)	(295)	(365)	(320)
抗剪	$[\tau]$	60	85	90	100	110	80	90	60	70	80	85	115	100 (130)	(175)	(220)	(190)
局部承压	$[\sigma_{cd}]$	150	215	230	255	270	200	230	150	170	200	215	290	255 (320)	(440)	(545)	(480)
局部紧接承压	$[\sigma_{cj}]$	80	115	120	135	140	105	125	80	90	105	115	155	135 (170)	(235)	(290)	(255)
孔壁抗拉	$[\sigma_k]$	115	165	175	195	200	155	175	115	130	155	165	225	195 (245)	(340)	(420)	(365)

注　1. 括号内为调质处理后的数值。

2. 孔壁抗拉容许应力是指固定结合的情况；若系活动结合，则应按表值降低 20%。

3. 表列“合金结构钢”的容许应力，适用于截面板厚≤25mm。如因厚度影响，屈服强度有减少时，各类容许应力，可按屈服点减少比例予以减少。

4. 表列铸造碳钢的容许应力，适用于厚度≤100mm 的铸钢件。

4. 试验辅助设计法（简称试验设计法）

以试验数据的统计评估为依据，与概率设计和分项系数设计概念相一致的设计方法。下列情况下可采用试验辅助设计法：规范没有规定或超出规范适用范围的情况；计算参数不能确切反映工程实际的特定情况；现有设计方法可能导致不安全或设计结构过于保守的情况；新型结构（或构件）、新材料的应用或新的设计公式的建立；规范规定的特定情况。

应预先进行定性分析，确定所考虑结构或结构构件性能的可能临界区域和相应极限状态标志。根据定性分析，制定试验方案。试验方案应包括试验目的、试件的选取和制作，以及试验实施和评估等所有必要的说明。试件应采用与构件实际加工相同的工艺制作。

在评估试验结果时，应将试件的性能和失效模式与理论预测值进行对比，当偏离预测值过大时，应分析原因，并做补充试验。试验的评估结果仅对所考虑的试验条件有效，不宜将其外推应用。按试验结果确定设计值时，应考虑试验数量的影响，还应通过适当的换算或修正系数考虑试验条件与结构实际条件的不同，应包括尺寸效应、时间效应、试件的边界条件、环境条件、工艺条件等主要因素。

应根据已有的分布类型及参数信息，以统计方法为基础对试验结果进行评估。在统计学中主要有经典学派和贝叶斯学派，相应评估方法分别称为经典统计方法和贝叶斯统计方法，详见统计学。贝叶斯学派认为重要的先验信息是可能得到的，应充分利用，其评估方法以先验信息为基础，以实际观测数据为条件的一种参数评估方法。如果没有关于平均值的先验知识，可采用经典统计方法进行设计值估算。若已有关于平均值的先验知识，可采用“贝叶斯法”推断材料性能、模型参数或抗力的设计值。两种统计方法的计算公式见《工程结构可靠性设计统一标准》(GB 50513)。

先确定标准值，然后除以分项系数，必要时要考虑换算系数的影响。评估时应考虑试验数据的离散性、与试验数据相关的统计不确定性和先验的统计知识。

三、设计内容与基本要求

1. 设计内容

普通钢结构设计应包括下列内容：①结构方案设计，包括结构选型、构件布置；②材料选用及截面选择；③作用及作用效应分析；④结构的极限状态验算；⑤结构、构件及连接的构造；⑥制作、运输、安装、防腐和防火等要求；⑦满足特殊要求结构的专门性能设计。

2. 设计基本要求

在钢结构设计中贯彻执行国家的技术经济政策，做到技术先进、安全适用、经济合理、保证质量。进行钢结构设计时，应合理选择材料、结构方案和构造措施，满足结构构件在运输、安装和使用过程中的强度、稳定性和刚度要求，并符合防火、防腐蚀要求。宜采用通用和标准化构件，当考虑结构部分构件替换可能性时，应提出相应的要求。钢结构的构造应便于制作、运输、安装、维护并使结构受力简单明确，减少应力集中，避免材料三向受拉。以受风载为主的空腹结构，应尽量减少受风面积。

计算结构或构件的强度、稳定性以及连接的强度时，应采用荷载设计值；计算疲劳时，应采用荷载标准值。对于直接承受动力荷载的结构：在计算强度和稳定性时，动力荷载设计值应乘以动力系数；在计算疲劳和变形时，动力荷载标准值不乘动力系数。

在钢结构设计文件中，应注明所采用的规范、建筑结构设计使用年限、抗震设防烈度、钢材牌号、连接材料的型号（或钢号）和设计所需的附加保证项目。应注明螺栓防松构造要求、端面刨平顶紧部位、钢结构最低防腐蚀设计年限和防护要求及措施、对施工的要求。对焊接连接，应注明焊缝熔透和质量等级及承受动荷载的特殊构造要求；对高强度螺栓连接，应注明预拉力、摩擦面处理和抗滑移系数；对抗震设防的钢结构，应注明焊缝及钢材的特殊要求。

钢结构设计出图通常分设计图和施工详图两阶段，设计图由设计单位提供，施工详图通常由钢结构制造公司根据设计图编制，有时也会由设计单位代为编制。也有一些有设计能力的钢结构公司参与设计图的编制。设计图是提供制造厂编制施工详图的依据，应表示清楚设计依据、荷载资料（包括地震作用）、技术数据、材料选用及材质要求、设计要求（包括制造和安装、焊缝质量检验的等级、涂装及运输等）、结构布置、构件截面选用以及结构的主要节点构造等，主要材料应列表表示。施工详图又称加工图或放样图，深度须能满足车间直接制造加工，不完全相同的零构件单元须单独绘制表达，并应附有详尽的材料表。

第三节 钢结构的发展概况

钢结构在我国有悠久的历史。最早的钢结构是铁索桥和宗教铁塔。我国陕西汉中攀河铁索桥，建于公元前 206 年西汉时期。英国 1779 年建造了一座铁索桥，俄国 1824 年开始建铁索桥，美国 1851 年开始建铁索桥。我国现存最早的钢桥为建于 1705 年的四川大渡河泸定铁索桥，净跨 100m，宽 2.7m，由 9 根桥面铁链（上铺木版）和 4 根手扶铁链组成，每根铁链重约 1.6t。中国第一座铁路钢桥是 1906 年建成的由英国人设计，比利时人建造的唐山运河铁路桥。由中国人自行设计建造的铁路钢桥是 1902～1909 年詹天佑主持建造的京张铁路桥，121 座，累计长 1 951m，最大跨度 33.5m；1937 年由茅以升主持建造了杭州钱塘江公铁两用大桥。现存的古铁塔有建于 967 年的广州光孝寺 7 层铁塔、建于 1061 年的湖北玉泉寺 13 层铁塔等。它们表明了我国古代建筑和冶金技术的高度水平。

1949 年我国的钢材产量只有十几万 t，直到 20 世纪 80 年代，我国的钢产量一直远不能满足我国经济建设的需要，钢结构仅限于用于钢筋混凝土结构不能代替的结构。20 世纪 80 年代后我国钢材产量快速增长，1996 年我国钢材的年产突破 1 亿 t，2020 年我国钢材产量达 12 亿 t。我国钢材产量已位居世界第一，高的钢产量为发展钢结构提供了物质基础。

1957 年建成我国第一座跨长江公铁两用武汉长江大桥，大桥为钢桁架桥，长 1 670m。1968 年建成南京长江大桥，大桥为钢桁架桥，长 6 772m，它开创了我国自力更生建设大型桥梁的新纪元。1959 年 9 月建成的人民大会堂，中央大厅屋盖采用了跨度 60.9m，高度为 7m 的钢桁架。1968 年建成首都体育馆，屋盖为平板钢网架，长 112.9m，宽 99m。1975 年建成上海体育馆，屋面为圆形钢网架，跨度 110m；1975 年建成兵马俑 1 号坑钢结构，结构形式为三铰拱，跨度 72m。

近年来我国钢结构的设计、制造和安装水平快速提高，钢结构得到大量应用，造型新颖的建筑不断涌现，建筑的高度和跨度不断刷新，一些工程在规模上和技术上已达到世界领先水平。一系列的规范和规程的颁发及计算机技术的应用发展，为我国的钢结构发展提供了必要的技术支持。钢结构是环保型的、易于产业化和可再次利用或者说可持续发展的结构，积极合理地扩大在工程中的应用是社会发展的需要。国家从政策上积极支持发展钢结构，发布的中国建筑技术政策、建筑业推广应用新技术、建设事业技术政策纲要等文件均在促进钢结构的持续发展。钢结构的创新是无休止的，它激发和推动人类在建筑史上不断创造奇迹，是人类挑战大自然的本能，是人类社会进步、科学技术发展的必然结果。钢结构的发展主要会体现在下列几方面：

1. 完善改进设计方法和计算理论

目前普通钢结构采用的概率极限状态设计方法计算的可靠度还只是构件或某一截面的可靠度，应向以整个结构体系可靠度分析为目标的结构设计发展。一些钢结构专门规范采用的仍然是容许应力设计法，应向采用概率极限状态设计法推进。

钢结构的计算理论，如稳定计算、塑性设计、优化设计、钢结构抗震、钢结构抗火设计以及在动力荷载作用下的性能等，研究在深化。

2. 开发研究和推广应用高性能钢材

研究强度更高的钢材及其合理使用。采用高强度钢材，可以用较少的材料做成功效较高的结构，对于跨度大、荷载大的结构和移动式结构极为有利。2020 年 10 月 01 日开始实施的《高强钢结构设计标准》(JGJ/T 483) 已列入 Q500、Q550、Q620 和 Q690 钢。Q500 和 Q690 桥梁钢已先后用于沪苏通长江公路铁路两用大桥和江汉七桥等工程。

研发和推广应用经济断面钢材。薄壁 H 型钢、大尺寸冷（热）成型圆钢管和方钢管等，不断完善系列产品与应用标准。

积极开发价廉物美的耐火钢与扩大工程应用。普通钢结构耐火性能差，设计要求在构件表面涂覆适当厚度的隔热防火材料。这种做法不但增加建设成本和可能造成环境污染，并减少了建筑物的有效空间。在钢材冶炼中掺入 Cr、Mo、Nb 等元素进行合金化处理后，使钢材在 600℃1～3 小时内的屈服强度大于室温屈服强度的 2/3，称其为耐火钢，我国颁布了《耐火结构用钢板及钢带》(GB/T 28415)。采用耐火钢可省去或减薄防火涂料，已用于中国残疾人体育艺术培训基地等工程建设。无涂装耐候钢已用于官厅湖悬索桥等，含镍高耐候钢在中马友谊大桥应用。

研发高性能耐候钢和涂料等。锈蚀是钢材的一大弱点，在钢材冶炼中掺入 Cu、Ni、Ti、Cr、P 等元素，能提高钢材的耐腐蚀能力，称其为耐候钢（耐大气腐蚀钢），我国颁布了《耐候结构钢》(GB/T 4171)。不锈钢结构具有优越的耐腐蚀性能，已用于南京园博园等工程。我国颁布了《不锈钢结构技术规程》(CECS 400)，为不锈钢结构的工程应用提供了技术支持。研究生产新的高性能耐候钢和涂料，如海洋环境耐候钢、有机或无机以及不锈钢板覆层的复合钢材等。

低屈服点钢研发与应用。钢材的屈强比越低，材料破断前产生稳定塑性变形的能力越高，吸震性能越好。我国已开发研究生产出了低屈强比耐震结构钢，并用于工程中的耗能构件等。我国的《低屈服点钢应用技术规程》正在编制中。

研发低温韧性钢。严寒环境的钢结构应选用低温韧性钢，采用低温环境下的焊接技术。马鞍山钢铁集团已生产 Q420 级超低温韧性热轧 H 型钢，−60℃的冲击韧性为 250～300J/cm^2。工程设计可参照《耐低温热轧 H 型钢》(YB/T 4619) 和《船舶及海洋工程用低温韧性钢》(GB/T 37602) 等。

3. 结构形式的革新

随着新材料的研发和设计理念和方法的改进，新的结构体系不断涌现，一些新型结构如巨型结构、空间网格结构、薄壁型钢结构、预应力钢结构、悬挂结构、钢—混凝土组合结构、钢—混凝土混合结构、索膜结构、索网结构、索支结构和其他杂交结构，以及装配式钢结构建筑体系等，在我国得到快速发展。它们耗钢量低，性能优越，能适应新颖的建筑造型，具有美好的发展前景。超大跨度钢结构桥梁也在不断刷新纪录。

4. 提高制造工业水平和安装技术水平

随着工业互联网、人工智能、信息化技术及BIM技术的不断发展，不断提升钢结构智能化建造水平，实现环保、绿色制造是实现产业升级换代的必由之路。加强科学管理和质量控制，提高劳动生产率，改进钢结构制造的工艺和设备更新，提高机械化和自动化以及智能建造水平。促进结构形成系列化、标准化、产品化，实现工厂化批量生产，作为产品投放市场。创造具有中国特色的施工技术和成套工法，强化自动化设备研发，不断提高我国的钢结构安装技术水平。

思考题

1. 钢结构的合理应用范围是什么？各发挥了钢结构的哪些特点？
2. 容许应力设计法与概率极限状态设计法各有何特点？
3. 我国与发达国家在钢结构领域的主要差距有哪些？
4. 钢结构有哪些优点和缺点？设计中如何克服或扬长避短？
5. 什么是极限状态？怎样判别结构是否超过了承载力极限状态和正常使用极限状态？
6. 应采用荷载的什么值进行承载力极限状态的计算？
7. 应采用荷载的什么值进行正常使用极限状态的计算？
8. 钢结构设计的目的是什么？如何实现这个目的？
9. 什么是结构的可靠性和可靠度？钢结构可靠度要求是什么？
10. 分项系数 γ_G、γ_Q、γ_R分别代表什么？应如何取值？
11. 举例说明你参观过的钢结构工程，它们有哪些特点？你有何评价？
12. 你对我国钢结构今后的发展有什么看法？
13. 试验辅助设计法主要用于那些情况？调查举例那些工程采用了这种设计方法。
14. 普通钢结构工程的设计内容有哪些？调查某实际工程的设计内容有哪些？
15. 调查某实际钢结构工程的设计出图情况，有哪些特殊性？
16. 调查某实际钢结构工程主要发挥了哪些钢结构的优点？

第二章 钢结构的材料

第一节 钢结构对所用材料的要求

一、结构钢材的断裂破坏形式

要深入了解钢结构的性能，应从钢结构的材料入手，掌握钢材在不同应力状态、生产过程和使用条件下的工作性能，能够根据结构特点选择合适的钢材，既要保证结构满足使用要求和安全可靠，又尽可能地节约钢材和降低造价。

钢结构采用的钢材主要破坏方式是断裂，通常是在受拉状态下发生的，可分为塑性断裂和脆性断裂两种方式。钢材在产生很大的变形以后发生的断裂破坏称为塑性断裂，也称为延性断裂。破坏发生时应力达抗拉强度 f_u，构件有明显的颈缩现象。由于塑性断裂发生前有明显的变形，并且有较长的变形持续时间，因而易及时发现和补救。在钢结构中未经发现和补救而真正发生的塑性断裂是很少见的。结构或构件没有出现警示性的塑性变形而突然发生的断裂称为脆性断裂，也称为非延性断裂。脆性断裂发生时的应力常小于钢材的屈服强度 f_y，断口平直，呈有光泽的晶粒状。由于破坏前变形很小且突然发生，事先不易发现和采取补救措施，因而危险性很大。

二、钢结构对所用材料的要求

钢材的种类繁多，碳素钢有上百种，合金钢有三百余种，性能差别很大，以满足不同用途的需要。用以建造钢结构的钢材称为结构钢，它必须满足下列要求：

（1）屈服强度 f_y和抗拉强度 f_u较高。钢结构设计把 f_y作为强度承载力极限状态的标志。f_y高可降低钢材用量，减轻结构自重。f_u是钢材抗拉断能力的极限，f_u高可增加结构的安全保障。

（2）塑性和韧性好。塑性好的钢材在静载和动载作用下有较大的变形能力，既可减轻结构脆性破坏的倾向，又能通过较大的塑性变形调整局部应力，使应力分布趋于平缓，对结构塑性设计具有重要意义。韧性好表示在动力荷载作用下破坏时可吸收较大能量，可提高结构的抗震性能和抵抗重复荷载作用下防止脆性破坏的能力。

（3）良好的加工性能。材料应适合冷、热加工，具有良好的可焊性（焊缝和附近金属不产生裂纹，其冲击韧性、延伸率和力学性能不低于母材），不致因这些加工而对结构的强度、塑性和韧性等造成较大的不利影响。

（4）耐久性好。在长期和反复可变荷载作用下钢材能保持良好的力学性能，耐腐蚀性能好。

（5）价格便宜。

此外，根据结构的具体工作条件，有时还要求钢材具有适应低温、高温等环境的能力。

第二节 钢材的主要机械性能和工艺性能

钢材的主要机械性能（也称力学性能）通常是指钢厂生产供应的钢材在标准条件下拉

伸、冷弯和冲击等单独作用下显示出的各种机械性能。它们由相应试验得到，试验采用的试件的制作和试验方法都必须按照各相关国家标准规定进行。工艺性能是指钢材经受冷和热加工及焊接性能。

一、单向拉伸时的性能

结构钢材的主要强度指标和变形性能是根据钢材单向拉伸试验确定的。图 2-1（a）所示钢结构所用碳素结构钢 Q235 和低合金结构钢 Q355 的标准试件在室温以满足静力加载的加载速度一次加载所得钢材的应力 σ-应变 ε 曲线，简化光滑曲线示于图 2-1（b）。由此曲线显示的钢材机械性能如下：

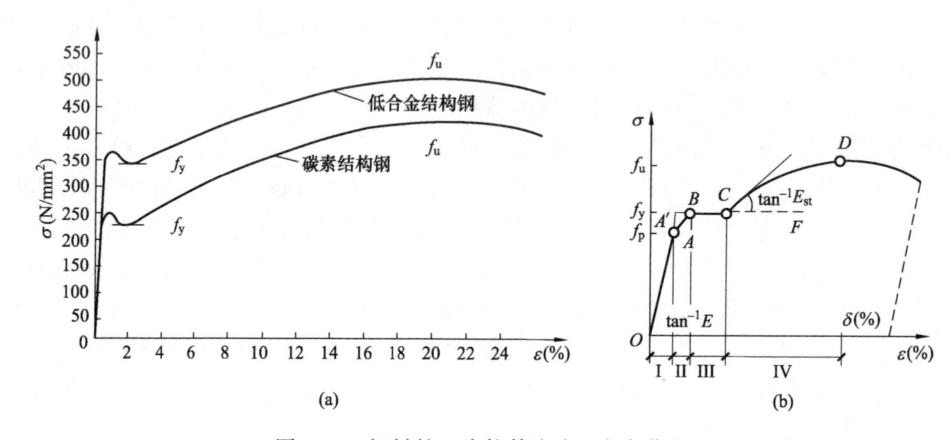

图 2-1　钢材的一次拉伸应力-应变曲线

（a）钢材拉伸试验的应力—应变曲线；（b）钢材的简化应力—应变曲线

Ⅰ—弹性阶段；Ⅱ—弹塑性阶段；Ⅲ—塑性阶段；Ⅳ—应变硬化阶段

（1）弹性阶段［2-1（b）中 OA 段］。试验表明，当应力 σ 小于比例极限 f_p（A 点）时，σ 与 ε 呈线性关系，称该直线的斜率 E 为钢材的弹性模量。在钢结构设计中，对所有钢材统一取 $E=2.06\times10^5\text{N/mm}^2$。当应力 σ 不超过某一应力值 f_e 时，卸除荷载后试件的变形将完全恢复。钢材的这种性质称为弹性，称 f_e 为弹性极限。在 σ 达到 f_e 之前钢材处于弹性变形阶段，简称弹性阶段。f_e 略高于 f_p，二者极其接近，因而通常取比例极限 f_p 和弹性极限 f_e 值相同，并用比例极限 f_p 表示。标准试件的比例极限与构件整体试验所得的比例极限会有差别，这是由构件中的残余应力造成的。

（2）弹塑性阶段［2-1（b）中 AB 段］。在 AB 段，变形由弹性变形和塑性变形组成，其中弹性变形在卸载后恢复为零，而塑性变形则不能恢复，成为残余变形。称此阶段为弹塑性变形阶段，简称弹塑性阶段。在此阶段，σ 与 ε 呈非线性关系，称 $E_t=\mathrm{d}\sigma/\mathrm{d}\varepsilon$ 为切线模量。E_t 随应力增大而减小，当 σ 达时 f_y 时，E_t 为零。

（3）塑性阶段（屈服阶段）［2-1（b）中 BC 段］。当 σ 达时 f_y后，应力保持不变而应变持续发展，形成水平线段，即屈服平台 BC。这时犹如钢材屈服于所施加的荷载，故称为屈服阶段。实际上，由于加载速度及试件状况等试验条件的不同，屈服开始时总是形成曲线上下波动，波动最高点称上屈服点，最低点称下屈服点。下屈服点的数值对试验条件不敏感，所以钢结构设计时取下屈服点作为钢材的屈服强度 f_y。对碳含量较高的钢或高强度钢及热处理钢材，常没有明显的屈服点，这时规定取对应于残余应变 $\varepsilon_y=0.2\%$时的应力 $\sigma_{0.2}$ 作为钢材的屈服点，常称为条件屈服点或屈服强度。为简单划一，钢结构设计中常不区分钢材的屈服点或条件屈服点，而统一称作屈服强度 f_y。考虑 σ 达到 f_y 后钢材暂时不能承受更大的荷载，且伴随产生很大的变形，因此钢结构设计取 f_y 作为强度极限承载应力标准。

（4）强化阶段［图 2-1（b）中 CD 段］：钢材经历了屈服阶段较大的塑性变形后，金属内部晶粒排列发生变化，产生了继续承受增长荷载的能力，应力～应变曲线又开始上升，一直到 D 点，称为钢材的强化阶段。称试件能承受的最大拉应力 f_u 为钢材的抗拉强度。在这个阶段的变形模量称为强化模量，它比弹性模量低得多。取 f_y 作为强度极限承载力的标志，f_u 就成为材料的强度储备。

结构钢材应力达到 f_y 时的应变（$\varepsilon_y \approx 0.15\%$）与 f_p 时的应变（$\varepsilon_y \approx 0.1\%$）较接近，可以认为在应力达到 f_y 之前，钢材近于理想弹性体，在应力达到 f_y 之后，塑性应变范围很大（$\varepsilon_y \approx 0.15\% \sim 2.5\%$）而应力保持不增长，接近理想塑性体。因此可把钢材视为理想弹塑性体，取其应力～应变曲线如图 2-2 所示。钢结构塑性设计是以材料为理想弹塑性体的假设为依据的，虽然忽略了强化阶段的有利因素，但要求 $f_y/f_u \leqslant 0.85$，来保证塑性设计应有的转动能力。有屈服平台且平台末端的应变较大，可通过较大的塑性变形来保证截面上的应力最后都能达到 f_y，因此强度计算时不考虑应力集中和残余应的影响，轴心受力构件计算截面应力按均匀分布计算。

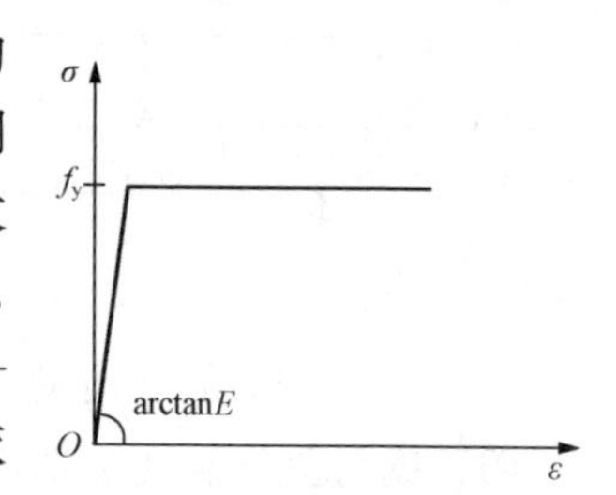

图 2-2　理想弹塑性体的应力-应变曲线

（5）颈缩阶段［图 2-1（b）中 D 点以后区段］：当应力达到 f_u后，在承载能力最弱的截面处，横截面急剧收缩，且荷载下降直至拉断破坏。

试件被拉断后原标距长度的伸长值与试件原标距长度 l_0 之比的百分数称为伸长率 δ。对于圆形截面或矩形截面试件，令 d_0＝圆的直径或 $d_0=\sqrt{4A_0/\pi}$（A_0 为矩形截面面积），当 $l_0/d_0=10$ 或 5 时，伸长率 δ 分别采用 δ_{10} 或 δ_5 表示，$\delta_5 > \delta_{10}$。伸长率反映钢材在单向受拉断裂前的塑性变形能力。

试件被拉断后颈缩区的断面面积缩小值与原断面面积比值的百分数称为断面收缩率 Ψ，反映颈缩区所能产生的最大塑性变形能力，也是衡量钢材塑性变形能力的一个指标。

钢材的 f_y、f_u 和 δ 被认为是承重钢结构对钢材要求所必须的三项基本机械性能指标。

二、钢材的冷弯性能

钢材的冷弯性能由冷弯试验来确定，试验按照现行《金属材料　弯曲试验方法》（GB/T 232）的要求进行。试验时按照规定的弯心直径在试验机上用冲头加压（图 2-3），使试件弯成 180°，若试件外表面不出现裂纹和分层，即为合格。冷弯试验不仅能直接反映钢材的弯曲变形能力和塑性性能，还能显示钢材内部的冶金缺陷（如分层、非金属夹渣等）状况，是判别钢材塑性变形能力及冶金质量的综合指标。重要结构中需要有良好的冷、热加工性能时，应有冷弯合格保证。

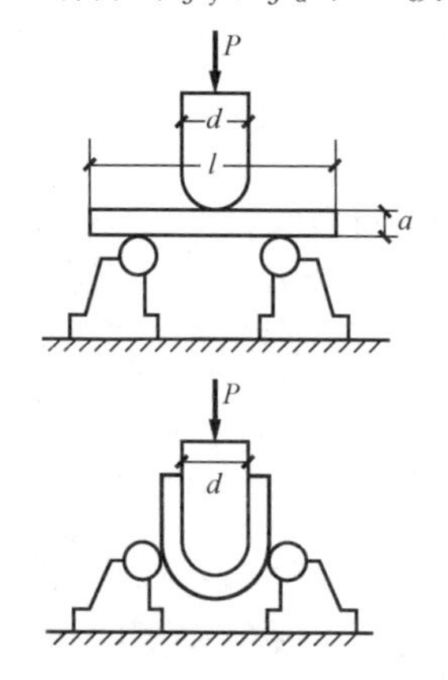

图 2-3　钢材冷弯试验示意图

三、钢材的冲击韧性

钢材的冲击韧性是指钢材在冲击荷载作用下断裂时吸收机

械能的能力，是衡量钢材抵抗可能因低温、应力集中、冲击荷载作用等而致脆性断裂能力的一项机械性能。在实际结构中，脆性断裂总是发生在有缺口高峰应力的地方。因此，最有代表性的是钢材的缺口冲击韧性，简称冲击韧性。现行国家标准如《碳素结构钢》（GB/T 700）规定钢材的冲击韧性采用夏比试验法，试验按照现行《金属夏比缺口试验方法》（GB/T 229）的要求进行，试验采用有 V 形缺口的标准试件，在冲击试验机上进行（图 2 - 4）。冲击韧性值用击断试样所需的冲击功 A_{kV}表示，单位为 J。

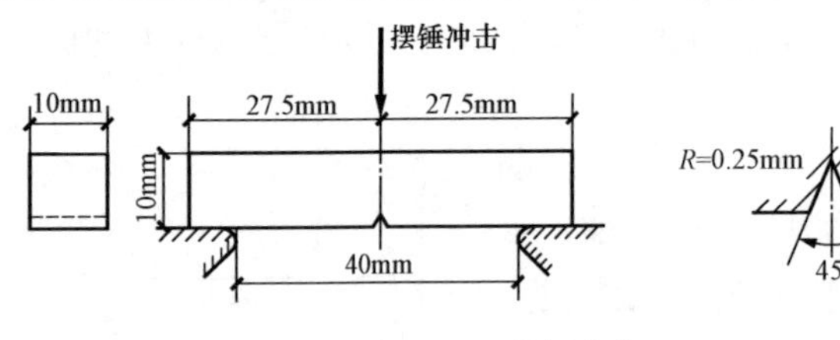

图 2 - 4　冲击试验

钢材的冲击韧性值与试验温度有关，当温度低于某一负温值时，冲击韧性值将急剧降低。因此在寒冷地区建造的直接承受动力荷载的钢结构，除应有常温冲击韧性的保证外，尚应依钢材的类别，使其具有－20℃或－40℃的冲击韧性保证。

四、钢材受压和受剪时的性能

钢材在单向受压（短试件）时，受力性能基本上与单向受拉相同。受剪的情况也相似，但剪切屈服点 τ_y 及抗剪强度 τ_u 均低于 f_y 和 f_u；剪变模量 G 也低于弹性模量 E。

五、钢材的可焊性

可焊性是指结构钢材在采用一定的焊接方法、焊接材料、焊接工艺参数焊接后，获得合格焊缝的难易程度。钢材的可焊性主要与含碳量、碳当量 C_{eq}、板厚、钢材的屈服强度等有关。钢材的碳当量数值取决于钢材的化学成分，将此类元素含量等效折算为碳含量。对于含碳量≥0.18%的非调质钢，碳当量按下式计算

$$C_{eq}=[C+Mn/6+(Cr+Mo+V)/5+(Ni+Cu)/15]\times 100\% \qquad (2-1)$$

式中，C、Mn、Cr、Mo、V、Ni、Cu 为钢中该元素含量。

钢结构工程焊接难度分为 A、B、C、D 四个难度等级，划分见表 2 - 1。针对不同难度情况，钢结构制作和安装企业应具备与焊接难度相适应的技术条件。

表 2 - 1　　钢结构工程焊接难度等级划分

影响因素 焊接难度等级	板厚（mm）	标称屈服强度	受力状态	碳当量 C_{eq}（%）
A 易	$t\leqslant30$	≤295MPa	一般静载拉、压	≤0.38
B 一般	$30<t\leqslant60$	＞295～370MPa	静载且板厚方向受拉或间接动载	$0.38<C_{eq}\leqslant0.45$
C 较难	$60<t\leqslant100$	＞370～420MPa	直接动载、抗震设防烈度大于等于 8 度	$0.45<C_{eq}\leqslant0.50$
D 难	$t>100$	＞420MPa		$C_{eq}>0.50$

当焊接难度为 B 级一般难度时，需要采取预热措施，使焊缝和热影响区缓慢冷却，防止产生淬硬裂纹，并注意制定合适焊接工艺。当碳当量大于 0.45 时，淬硬倾向更明显，需采用较高的预热温度和严格的工艺措施来获得合格焊缝。

第三节 影响钢材性能的主要因素

通常结构钢既有较高的强度，又有很好的塑性和韧性，是理想的承重结构材料。但是，有很多因素会影响钢材的机械性能，引起塑性和韧性降低，促使发生脆性破坏。

一、化学成分的影响

钢由许多化学成分组成，化学成分及含量直接影响钢材的组织构造，导致钢材的机械性能改变。钢的主要化学成分是铁和少量的碳，此外还有锰、硅等有利元素，以及难以除尽的有害元素硫和磷等。碳素结构钢由纯铁（约占99%）、碳和杂质元素组成，合金钢除上述元素外还有特意添加用以改善钢材性能的某些合金元素，如锰和钒等。

碳是使钢材获得足够强度的主要元素。碳含量提高，则钢材强度提高，但同时塑性、韧性、冷弯性能、可焊性及抗腐蚀能力下降。按碳含量区分，小于0.25%的为低碳钢，大于0.6%的为高碳钢，二者之间的为中碳钢。为使结构钢具有良好的综合性能，它的碳含量不能过高，一般碳含量不应超过0.22%，对于焊接结构，应低于0.2%。钢结构中的高强度螺栓和预应力钢索的含碳量通常高于0.25%。

锰、硅和铝是钢材中的有利元素，它们都是炼钢时的脱氧剂。适量的硅可提高钢材的强度，而对塑性、韧性、冷弯性能和可焊性无显著的不良影响。但过量的硅将降低钢材的塑性、韧性、抗腐蚀能力和可焊性。含适量的锰，可提高钢的强度同时不影响钢的塑性和冲击韧性，且可消除硫对钢的热脆影响。但锰含量过高，会使钢材的可焊性降低。故应对锰和硅的含量有限制。铝能使钢材晶粒细化，提高低温韧性，C、D和E级低合金结构钢要求铝的含量不小于0.015%。

钒是冶炼锰钒合金钢时特意添加的一种元素，既能提高钢材的强度和抗腐蚀能力，又能保持良好的塑性和韧性。添加铌、钛、铬、镍都可提高钢材的强度。

硫、磷和氧是钢中的有害成分，它们降低钢材的塑性、韧性、可焊性和疲劳性能。硫和磷分别可在高温和低温时使钢材变脆，分别称为热脆和冷脆。一般硫和磷的含量应不超过0.05%和0.045%，质量等级高（E、D级）、高性能建筑用钢板和抗层间撕裂钢（Z向钢）的要求更高。但是，磷可提高钢材的强度和抗腐蚀性。可使用的高磷钢，其磷含量可达0.12%，这时应减小钢材中的含碳量，以保持一定的塑性和韧性。氧使钢材发生热脆，其含量必须严加控制。

二、钢材生产过程的影响

钢结构主要使用氧气顶吹转炉生产的钢材，电炉主要冶炼特种钢。钢材生产过程的影响包括冶炼时的浇铸方法、轧制和热处理等的影响。

1. 钢的浇铸方法

早期的钢浇铸方法是将熔炼好的钢水注入铸模做成钢锭，浇注钢锭时要在炉中或盛钢桶中加入脱氧剂以消除氧。因脱氧程度或方法不同，把钢分为沸腾钢、半镇静钢、镇静钢和特殊镇静钢。沸腾钢是在钢水中加入弱脱氧剂锰铁进行脱氧，氧与其中的碳等化合生成一氧化碳等气体大量逸出，致使钢液产生“沸腾”，故称沸腾钢。沸腾钢生产周期短，成本低。但冷却后钢内气泡和夹杂较多，可降低钢材的冲击韧性、抗冷脆性能和抗疲劳性能。镇静钢是在钢液中加入适量的强脱氧剂硅和锰等，进行较彻底脱氧。钢液是在平静状态下凝固，故称镇静钢。镇静钢的性能优于沸腾钢，强度和塑性也略高。特殊镇静钢是用硅脱氧后再用更强的脱氧剂铝补充脱氧，所得钢材的冲击韧性特别是低温冲击韧性都较高。

先进的连铸技术已成为我国的主导浇铸方法，是把钢水注入连续浇铸机做成钢坯，浇铸和脱氧同时进行，产品中没有沸腾钢，质量高。连铸省去模铸的切头和切尾等损耗，金属收得率提高15%以上，节省热能耗70%以上，连铸机械化与自动化程度高，降低了劳动强度，生产成本降低10%以上。

2. 钢材的轧制

传统的钢材轧制是将钢锭（坯）加热至1 200～1 300℃，通过轧钢机将其轧成所需形状和尺寸的钢材，称为热轧型钢。轧钢机的压力作用可使钢锭中的小气泡和裂纹弥合，并使组织密实。钢材的压缩比（钢坯与轧成钢材厚度之比）愈大时，其强度和冲击韧性也愈高。因此设计规范对于不同厚度分组的钢材，采用不同的强度设计值。钢水中的非金属夹杂物在钢材轧制过程中会造成钢材分层，设计时应尽量避免垂直于钢板面受拉，以防止层间撕裂。

连铸连轧是把由连铸机生产出来的高温钢坯，不需要清理和再加热，经过短时均热和保温处理，直接进入热连轧机组轧制成型的钢材轧制工艺。简化了生产工艺，金属收得率高，钢材性能好，能耗低，机械化和自动化生产程度高。

热机械轧制（TMCP - Thermo Mechanical Control Process）是在一定温度范围内，控制钢材轧制变形的轧制工艺。其钢材微观结构均匀，晶粒细化，具有优异的力学性能、防脆断性能和抗疲劳性能，以及良好的耐蚀性和焊接性能。我国热机械轧制钢材产能逐年提高，已在桥梁等工程中大量应用。

3. 热处理

我国的结构用钢通常按照热轧状态交付使用，高强度螺栓要热处理，水工闸门的滚轮、轨道等需要热处理。轧制后的钢材若再经过热处理可得到调质钢，主要在取得高强度的同时能具有良好的塑性和韧性，有时实现构件表面具有较高的硬度，提高耐磨性能。热处理常用下列方式：

（1）淬火：把钢材加热到900℃以上，放入水或油中快速冷却。硬度和强度提高，但塑性和韧性降低。

（2）正火：把钢材加热至临界温度以上，并保温一段时间后，在空气中缓慢冷却。可改善钢材组织和塑性，降低碳当量，并提高冲击韧性（－20℃时可保证冲击功值不小于40J，比热轧状态钢提高15%以上）。如果钢材在终止轧制时控制温度在该范围内，可得到正火效果，称为正火轧制。

（3）回火：把淬火后的钢材加热至500～650℃，并保温一段时间后，在空气中缓慢冷却。可减小脆性，提高钢的综合性能。

三、温度的影响

普通结构钢材的机械性能随温度的变化而有所变化，如图2-5所示。在正温度范围内（0℃以上），温度升高不超过200℃时，钢材的性能变化不大。因此钢结构所受辐射温度应不超过200℃，考虑留有一定裕度，设计时取≤150℃，超过时应采取隔热保护措施。在250℃左右，钢材的f_y、f_u略有提高，但塑性和韧性均下降，此时钢材破坏常呈脆性破坏特征，钢材表面氧化膜呈现蓝色，称为蓝脆。钢材应避免在蓝脆温度范围内进行热加工。当温度在260～320℃时，钢材有徐变现象。当温度超过300℃时，钢材的f_u、f_y和E开始显著下降，而δ显著增大。当温度超过400℃时，钢材的f_u、f_y和E都急剧降低，达600℃时钢材的屈服强度和弹性模量通常分别仅为常温时的1/3和40%，结构基本丧失承载能力。为满足抗火要求，需要采取防火措施。采用耐火钢可不采用或大幅度减少防火材料的使用。

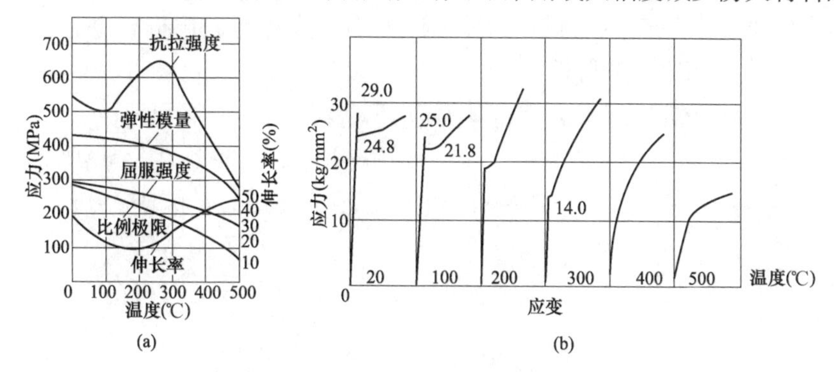

图2-5　温度对钢材力学性能的影响

（a）碳素结构钢高温力学性能；（b）碳素结构钢高温下应力-应变曲线

在负温度范围内（0℃以下），随着温度降低，钢材的强度虽有提高，但塑性和韧性降低，材料逐渐变脆，这种性质称为低温冷脆。图2-6是钢材冲击韧性与温度的关系曲线。由图可见，材料由塑性破坏转变为脆性破坏是在一个温度区间 $T_1 \sim T_2$ 内完成的，称此温度区间为钢材的脆性转变温度区，其间曲线反弯点所对应的温度 T_0 称为脆性转变温度。设计选用钢材时应使其脆性转变温度的下限温度 T_1 低于结构所处的工作环境温度，即可保证钢结构低温工作的安全。每种钢材的脆性转变温度区需由大量的试验和统计分析确定。

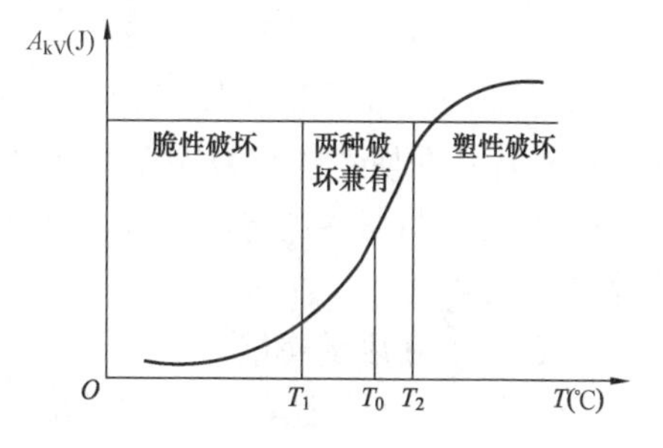

图2-6　钢材冲击韧性与温度的关系曲线

四、冷加工硬化和时效硬化

钢材在常温下加工称为冷加工。冷拉、冷弯、冲孔、机械剪切等冷加工使钢材产生很大的塑性变形，从而使 f_y 提高，但同时降低了钢材的塑性和韧性，这种现象称为冷加工硬化（应变硬化）。普通钢结构设计时，一般不利用冷加工硬化造成的强度提高，而且对直接承受动力荷载的钢结构还应设法消除冷加工硬化的影响，如将局部硬化部分用刨边或扩钻予以消除。

冷成形型钢结构由于钢板经历冷轧或冷弯加工，实际构件截面冷加工区域的 f_y、f_u 都有提高，设计时允许利用这一提高。

在高温时溶化于纯铁体中的少量氮和碳，随时间的增长逐渐从纯铁体中析出，形成自由氮化物和碳化物存在于纯铁体晶粒间的滑动面上，阻碍了纯铁体晶粒间的滑移，从而使钢材的强度提高，塑性和韧性下降。这种现象称为时效硬化。不同种类钢材的时效硬化过程可从几小时到数十年。为加快测定钢材时效后的性能，可先使钢材产生10%的塑性变形，再加热到200～300℃，然后冷却到室温进行试验。这样可使时效在几小时内完成，称为人工时效。有些重要结构要求对钢材进行人工时效，然后测定其冲击韧性，以保证结构具有长期的抗脆性破坏能力。

五、复杂应力状态的影响

在单向拉力作用下，当单向应力达到屈服点 f_y 时，钢材屈服而进入塑性状态。在复杂应力如平面或立体应力（图2-7）作用下，钢材的屈服并不只取决于某一方向的应力，而是由反映各方向应力综合影响的某个“应力函数”，即所谓的“屈服条件”来确定。根据材料强度理论的研究和试验验证，能量强度理论能较好地阐明接近于理想弹—塑性体的结构钢材的弹—塑性工作状态。在复杂应力状态下，钢材的屈服条件可以用折算应力 σ_{eq} 与钢材在单向应力时的屈服点 f_y 相比较来判断

$$\sigma_{eq}=\sqrt{\sigma_x^2+\sigma_y^2+\sigma_z^2-(\sigma_x\sigma_y+\sigma_y\sigma_z+\sigma_z\sigma_x)+3(\tau_{xy}^2+\tau_{yz}^2+\tau_{zx}^2)} \tag{2-2}$$

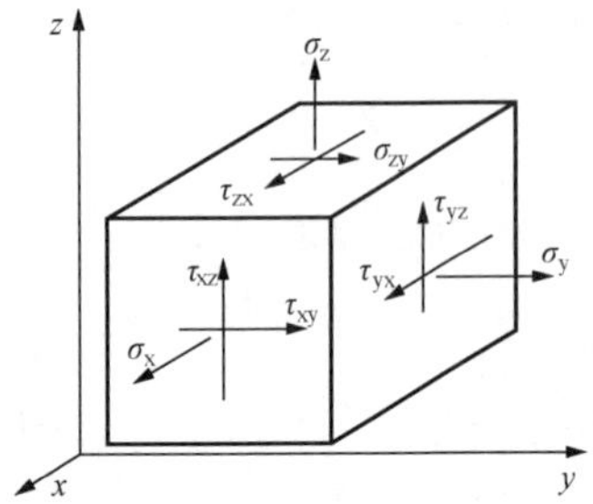

当 $\sigma_{eq}<f_y$ 时，为弹性状态；$\sigma_{eq}\geqslant f_y$ 时，为塑性状态（屈服）。

在一般梁中，只存在正应力 σ 和剪应力 τ，则上式成为

$$\sigma_{eq}=\sqrt{\sigma^2+3\tau^2} \tag{2-3}$$

而在纯剪时，$\sigma=0$，取 $\sigma_{eq}=f_y$，可得

$$\tau=f_y/\sqrt{3}=0.58f_y \tag{2-4}$$

即剪应力达到 $0.58f_y$ 时，钢材进入塑性状态。所以钢结构设计规范取钢材的抗剪强度设计值为抗拉强度设计值的 0.58 倍。

图 2-7　复杂应力状态

若复杂应力状态采用主应力 σ_1、σ_2、σ_3 来表示，则折算应力为

$$\sigma_{eq}=\sqrt{\frac{1}{2}[(\sigma_1-\sigma_2)^2+(\sigma_2-\sigma_3)^2+(\sigma_3-\sigma_1)^2]} \tag{2-5}$$

由上式可见，当钢材处于同号三向主应力（σ_1、σ_2、σ_3）作用，且彼此相差不大（$\sigma_1\approx\sigma_2\approx\sigma_3$）时，即使各主应力很高，材料也很难进入屈服和有明显的变形。但是由于高应力的作用，聚集在材料内的体积改变应变能很大，因而材料一旦破坏，便呈现出无明显变形征兆的脆性破坏特征。

六、应力集中的影响

钢结构的构件中有时存在着孔洞、槽口、凹角、截面的厚度和宽度的突然改变以及钢材内部缺陷等。此时，构件中的应力分布变得很不均匀，在缺陷或截面变化处附近将产生局部高峰应力，其余部位应力较低且分布极不均匀（图 2-8），这种现象称为应力集中。截面的高峰应力与净截面的平均应力之比称为应力集中系数，其值取决于截面突然改变的急剧程度。力学分析表明，在应力高峰区域存在着同号的双向或三向应力。由能量强度理论得知，这种同号的双向或三向应力场有使钢材变脆的趋势。

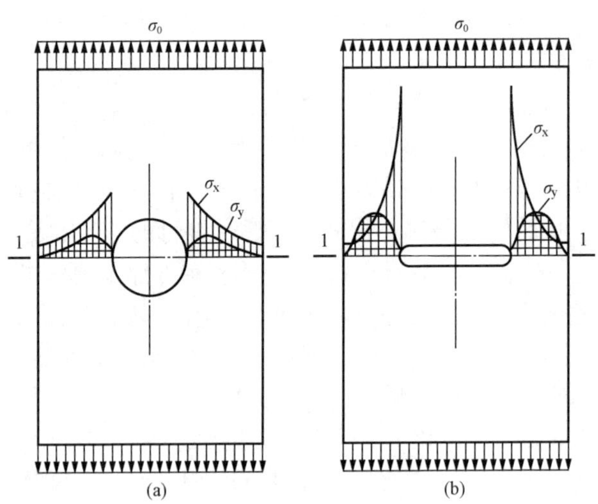

图 2-8　孔洞的应力集中

（a）钢板开圆孔；（b）钢板开长圆孔

σ_x—沿 1—1 纵向应力；σ_y—沿 1—1 横向应力

应力集中系数越大，变脆的倾向亦愈严重。但由于结构钢材塑性较好，在静力荷载作用时，能使应力进行重分布，直到构件全截面的应力都达到屈服强度。因此，应力集中一般不影响构件的静力极限承载力，设计时可不考虑其影响。但在负温下或动力荷载作用下工作的结构，

应力集中的不利影响将十分突出，往往是引起脆性断裂的根源，特别是由厚钢板组成的结构，因此在设计中应采取措施避免或减小应力集中，并选用质量优良的钢材。

七、荷载作用速度的影响

钢材承受可变荷载作用时，荷载变化速度会引起钢材的应变速率发生变化，钢材的力学性能会随应变速率发生变化。当钢材的应变速率$<10^{-3}/s$时，钢材的力学性能变化不大。土木建筑中除爆炸、冲撞和强烈地震作用外，其他可变荷载（如车辆、吊车等）作用引起的应变速率一般都不超过$10^{-3}/s$，这些可变荷载可在考虑动力系数后，按静态荷载作用进行结构计算。但对高次反复可变荷载作用的结构还需进行疲劳验算。

在钢结构的设计、制造、安装和使用过程中，应积极采取措施，减小或消除上述促使钢材转脆的各种因素的影响，防止脆性断裂的发生。

第四节　钢材的疲劳和防脆断设计

一、钢材疲劳的概念

钢材在反复荷载作用下，在应力低于钢材抗拉强度甚至低于屈服点时突然断裂，称为钢材的疲劳或疲劳破坏。疲劳破坏时没有明显变形，属于脆性破坏。钢材中难免存在微观裂纹或类似的缺陷，钢构件在反复荷载作用下，截面改变处的应力高峰区也会产生微观裂纹。在多次反复荷载作用下，受拉区的微观裂纹不断开展和闭合，形成光滑区，构件有效截面面积逐渐减小，应力集中越来越严重。当荷载反复循环达一定次数n（疲劳寿命）时，裂纹扩展使得净截面承载力不足以承受外力作用时，构件突然断裂，断口截面呈现光滑区和粗糙区。可见钢结构疲劳破坏一般经历裂纹扩展和最后迅速断裂两个阶段。

反复荷载作用产生的应力重复一周称为一个循环（图 2 - 9）。应力循环特征常用应力比值$\rho=\sigma_{min}/\sigma_{max}$来表示，$\sigma_{max}$和$\sigma_{min}$分别表示每次应力循环中的最大和最小应力，以拉应力为正。图 2 - 9 中（a）、（b）、（c）所示$\rho=-1$、$\rho=1$、$\rho=0$时的应力循环分别称为完全对称循环、静荷载和脉冲循环作用。$\Delta\sigma=\sigma_{max}-\sigma_{min}$称为应力幅，表示应力变化的幅度。构件截面的平均用力$\sigma_m=(\sigma_{max}+\sigma_{min})/2$，任一循环应力都可表示成为平均用力与应力幅的完全对称循环应力的叠加。

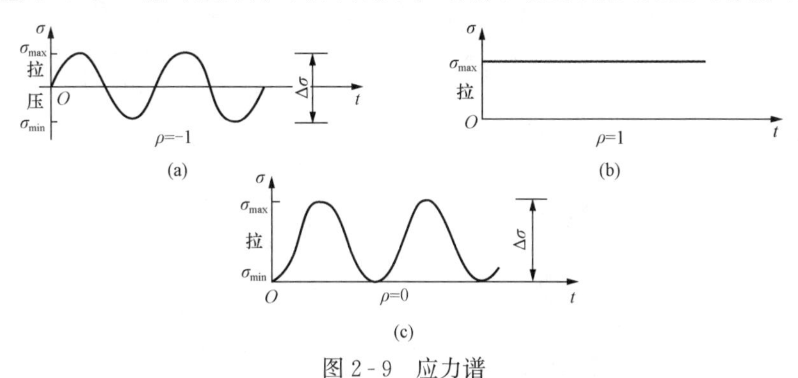

图 2 - 9　应力谱

（a）完全对称循环；（b）静荷载作用；（c）脉冲循环

焊接结构在焊缝及相邻区域存在较大的残余拉应力，值会高达钢材的屈服强度f_y。焊缝中存在的焊接缺陷（如夹渣、孔洞等）常成为裂纹开展的起源。当反复荷载作用时，焊接钢梁受拉翼缘的实际应力为施加荷载产生的弯曲正应力与残余应力联合作用。因最大残余拉应力的区域应力已达 f_y，在外加应力由 σ_{min} 增大到 σ_{max} 的过程中，该处的应力保持 f_y 并不增大。当外加应力由 σ_{max} 减小到 σ_{min} 时，该处的应力将由 f_y 减小到 $f_y-\Delta\sigma$。可见在焊接结构中，由于残余应力的影响，在最有可能出现疲劳裂纹的应力高峰所在部位，无论外加应力循环中的 σ_{max} 和 σ_{min} 为多大，ρ 为何值，其实际应力都变化在 f_y 与 $f_y-\Delta\sigma$ 之间。试验表明，导致焊接结构发生疲劳破坏的主要因素是焊缝部位应力幅反复作用的结果。因此，《钢结构设计标准》（GB 50017）疲劳计算采用了应力幅的表达式。

非焊接结构的残余应力比焊接结构小，其抗疲劳性能也比焊接结构好。试验表明，非焊接结构的疲劳寿命不仅与应力幅有关，还与最大名义应力 σ_{max} 和名义应力比 $\sigma_{min}/\sigma_{max}$ 有关。《钢结构设计标准》（GB 50017）把疲劳计算公式中的应力幅调整为折算应力幅，以反映其实际工作情况。

对于一定的疲劳寿命 n，不同构件和连接发生疲劳破坏时的应力幅值大小主要取决于构造形式。应力集中大的构造形式，其破坏时的应力幅值就小。造成疲劳破坏的原因是正应力幅和剪应力幅，《钢结构设计标准》（GB 50017）根据构造形式引起的应力集中程度，借鉴国外经验，把承受正应力幅的构件和连接分成 14 类，表示为 Z1～Z14，把承受剪应力幅的构件和连接分成 3 类，表示为 J1～J3，见表 2-2，疲劳破坏时的应力幅随类别增大而减小。

表 2-2　疲劳计算的构件和连接分类

项次	种类	简图	说明	类别
1	非焊接的构件和连接		无连接处的母材、轧制型钢	Z1
2			无连接处的钢板 （1）两边为轧制边或刨边 （2）两侧为自动、半自动切割边	Z1 Z2
3			螺栓连接处的母材：高强度螺栓摩擦型连接应力以毛截面面积计算；其他螺栓连接应力以净截面面积计算 铆钉连接处的母材：连接应力以净截面面积计算	Z2 Z4
4	纵向传力焊缝的构件和连接		无垫板的纵向对接焊缝附近的母材，焊缝符合二级焊缝标准	Z2
5			有连续垫板的纵向自动对接焊缝附近的母材 （1）无起弧、灭弧 （2）有起弧、灭弧	Z4 Z5
6			翼缘连接焊缝附近的母材，翼缘板与腹板的连接焊缝 自动焊，二级 T 形对接与角接组合焊缝； 自动焊，角焊缝，外观质量标准符合二级； 手工焊，角焊缝，外观质量标准符合二级	Z2 Z4 Z5
7			仅单侧施焊的手工或自动对接焊缝附近的母材，焊缝符合二级焊缝标准，翼缘与腹板很好贴合	Z5

续表

项次	种类	简图	说明	类别
8	横向传力焊缝的构件和连接	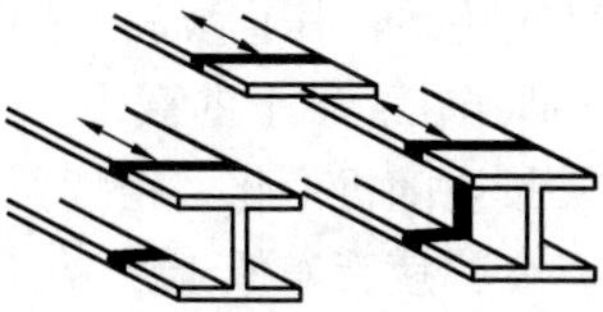	横向对接焊缝附近的母材，轧制梁对接焊缝附近的母材，符合《钢结构工程施工质量验收标准》(GB 50205）的 （1）一级焊缝，且经加工、磨平 （2）一级焊缝	 Z2 Z4
9	非传力焊缝的构件和连接	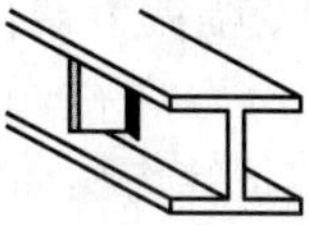	横向加劲肋端部附近的母材 （1）肋端焊缝不断弧（采用回焊） （2）肋端焊缝断弧	 Z5 Z6
10		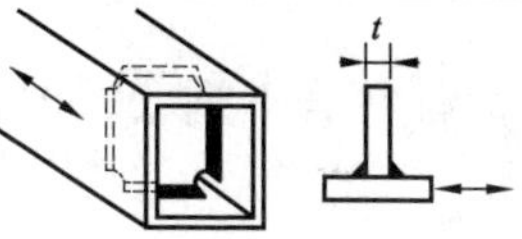	横向焊接附件附近的母材 （1）$t \leqslant 50$mm （2）$50 < t \leqslant 80$mm	 Z7 Z8
11	钢管截面的构件和连接	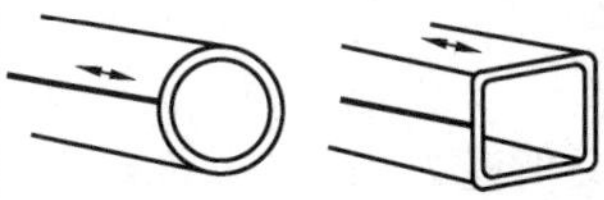	钢管纵向自动焊缝的母材 （1）无焊接起弧、灭弧点 （2）有焊接起弧、灭弧点	 Z3 Z6
12		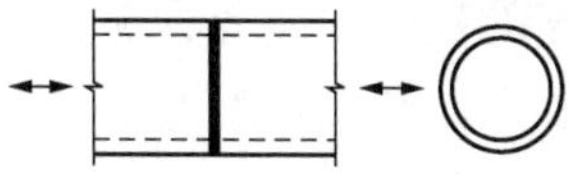	圆管端部对接焊缝附近的母材，焊缝平滑过渡的一级焊缝，余高不大于焊缝宽度的10% （1）圆管壁厚 $8\text{mm} < t \leqslant 12.5$mm （2）圆管壁厚 $t \leqslant 8$mm	 Z6 Z8
13		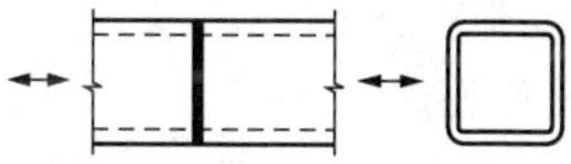	矩形管端部对接焊缝附近的母材，焊缝平滑过渡的一级焊缝标准，余高≤焊缝宽度的10% （1）方管壁厚 $8\text{mm} < t \leqslant 12.5$mm （2）方管壁厚 $t \leqslant 8$mm	 Z8 Z10
14		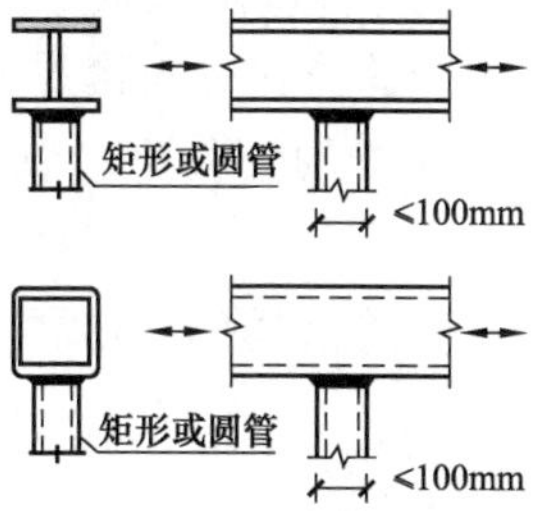 矩形或圆管 <100mm 矩形或圆管 <100mm	焊有矩形管或圆管的构件，连接角焊缝附近的母材，角焊缝为非承载焊缝，其外观质量标准符合二级，矩形管宽度或圆管直径不大于100mm	Z8
15	剪应力作用下的构件和连接	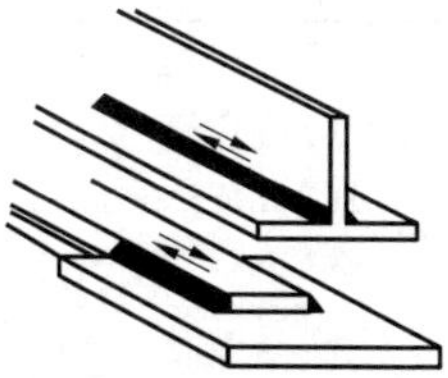	各类受剪角焊缝 剪应力按有效截面计算	J1

注　1. 箭头表示计算应力幅的位置和方向；
　　2. 表中未列构件和连接分类见《钢结构设计标准》(GB 50017)。

二、疲劳计算

由于目前对疲劳的极限状态及其影响因素研究还不充分，《钢结构设计标准》(GB 50017)

采用容许应力幅计算方法而不是概率极限状态设计法来计算钢构件和连接的疲劳。疲劳计算的公式是以试验为依据的，根据试件的 $\Delta\sigma$ 与应力循环次数 n 的试验数据分析可得 $\Delta\sigma$—n 曲线，该曲线转化为双对数曲线 $\lg\Delta\sigma$—$\lg n$ 曲线，呈直线关系，其直线斜率用 β 表示。对应于 Z1～Z14 的 14 条 $\lg\Delta\sigma$—$\lg n$ 曲线，$\lg C$ 为 $\lg\Delta\sigma$—$\lg n$ 曲线在纵轴上的截距。

根据工程结构承受的应力循环内的应力幅保持常量或随机变化，把疲劳分为常幅或变幅疲劳两种情况。试验研究表明，无论是常幅疲劳还是变幅疲劳，低于疲劳截止限的应力幅一般不会发生疲劳破坏，设计取 $n=1\times10^8$ 次时的应力幅为变幅疲劳截止限。对随机变化的变幅疲劳，预测结构在使用寿命期间各种荷载的频率分布、应力幅水平以及频次分布总和，可近似地按照线性疲劳累积损伤原则，将随机变化的应力幅折算为循环次数 $n=2\times10^6$ 次的等效常幅应力幅 $\Delta\sigma_e$ 或 $\Delta\tau_e$ 进行疲劳计算。

（1）当常幅或变幅疲劳的最大正应力幅或剪应力幅符合下列公式时，则疲劳强度满足要求。

$$\Delta\sigma \leqslant \gamma_t[\Delta\sigma_L]_{1\times10^8} \tag{2-6a}$$

$$\Delta\tau \leqslant [\Delta\tau_L]_{1\times10^8} \tag{2-6b}$$

式中 $\Delta\sigma$ 和 $\Delta\tau$——验算部位的名义正应力幅和名义剪应力幅。

对焊接结构，焊缝及近旁的焊接残余拉应力最大值往往高达钢材的屈服强度。在裂纹扩展过程中，循环内应力的变化是以高达钢材屈服强度的最大内应力为起点，往下波动应力幅与该处应力集中系数的乘积，与最大循环应力关系不大，裂纹扩展速率主要受控于该处的应力幅值。因此取 $\Delta\sigma=\sigma_{max}-\sigma_{min}$；$\Delta\tau=\tau_{max}-\tau_{min}$。

对非焊接结构，残余应力一般不大，其疲劳寿命不仅与应力幅有关，也与名义最大应力有关。为了疲劳强度计算统一采用应力幅的形式，对非焊接构件以及连接引入折算应力幅。根据试验研究，折算应力幅的计算公式为 $\Delta\sigma=\sigma_{max}-0.7\sigma_{min}$；$\Delta\tau=\tau_{max}-0.7\tau_{min}$。

γ_t——板厚（或直径）修正系数。疲劳试验主要采用的试件钢板厚度通常≤25mm，试验和理论分析表明，对于板厚>25mm 的构件和连接，疲劳强度随着板厚的增加有一定程度的降低，因此需要对疲劳截止限进行修正。对于横向角焊缝连接和对接焊缝连接，当板厚>25mm 时，$\gamma_t=(25/t)^{0.25}$；对于螺栓轴向受拉连接，当螺栓的公称直径 $d>30$mm 时，$\gamma_t=(30/d)^{0.25}$；其余情况取 $\gamma_t=1.0$。

$[\Delta\sigma_L]_{1\times10^8}$ 和 $[\Delta\tau_L]_{1\times10^8}$ 分别表示 $n=1\times10^8$ 时正应力幅和剪应力幅的疲劳截止限（N/mm²），按表 2-3 和表 2-4 采用。

表 2-3　正应力幅的疲劳计算参数和疲劳截止限与容许应力幅

类别	相关系数		疲劳截止限（N/mm²）	容许应力幅（N/mm²）	
	C_Z（$\times10^{12}$）	β_Z	$[\Delta\sigma_L]_{1\times10^8}$	$[\Delta\sigma]_{2\times10^6}$	$[\Delta\sigma]_{5\times10^6}$
Z1	1920	4	85	176	140
Z2	861	4	70	144	115
Z3	3.91	3	51	125	92
Z4	2.81	3	46	112	83
Z5	2.00	3	41	100	74

续表

类别	相关系数		疲劳截止限（N/mm^2）	容许应力幅（N/mm^2）	
	C_Z（$\times10^{12}$）	β_z	$[\Delta\sigma_L]_{1\times10^8}$	$[\Delta\sigma]_{2\times10^6}$	$[\Delta\sigma]_{5\times10^6}$
Z6	1.46	3	36	90	66
Z7	1.02	3	32	80	59
Z8	0.72	3	29	71	52
Z9	0.50	3	25	63	46
Z10	0.35	3	23	56	41
Z11	0.25	3	20	50	37
Z12	0.18	3	18	45	33
Z13	0.13	3	16	40	29
Z14	0.09	3	14	36	26

注　$[\Delta\sigma_L]$ 的下标数字表示应力循环次数 n 的数值。

表 2-4　**剪应力幅的疲劳计算参数**　N/mm^2

类别	相关系数		$n=1\times10^8$ 时的疲劳截止限 $[\Delta\tau_L]_{1\times10^8}$（$N/mm^2$）	$n=2\times10^6$ 时的容许应力幅 $[\Delta\tau]_{2\times10^6}$（$N/mm^2$）
	C_J	β_J		
J1	4.10×10^{11}	3	16	59
J2	2.00×10^{16}	5	46	100
J3	8.61×10^{21}	8	55	90

（2）当常幅疲劳计算不满足式（2-6a）和式（2-6b）要求时，可按下式进行疲劳强度计算

$$\Delta\sigma \leqslant \gamma_t[\Delta\sigma] \tag{2-7a}$$

$$\Delta\tau \leqslant [\Delta\tau] \tag{2-7b}$$

当 $n \leqslant 5\times10^6$ 时　$[\Delta\sigma] = (C_Z/n)^{1/\beta z}$　(2-8)

当 $5\times10^6 < n \leqslant 1\times10^8$ 时　$[\Delta\sigma] = [([\Delta\sigma]_{5\times10^6})(C_Z/n)]^{(1/\beta z+2)}$　(2-9)

当 $n > 1\times10^8$ 时　$[\Delta\sigma] = [\Delta\sigma_L]_{1\times10^8}$　(2-10)

当 $n \leqslant 1\times10^8$ 时　$[\Delta\tau] = (C_J/n)^{1/\beta_J}$　(2-11)

当 $n > 1\times10^8$ 时　$[\Delta\tau] = [\Delta\tau_L]_{1\times10^8}$　(2-12)

式中　$[\Delta\sigma]$——常幅疲劳的容许正应力幅，N/mm^2；

$[\Delta\tau]$——常幅疲劳的容许剪应力幅，N/mm^2；

C_Z、C_J、β_z、β_J——参数，分别见表 2-3 和表 2-4。

（3）当变幅疲劳计算不满足式（2-6a）和式（2-6b）要求时，应按下式进行疲劳强度计算

$$\Delta\sigma_e = \left[\frac{\sum n_i\Delta\sigma_i^{\beta_Z} + ([\Delta\sigma]_{5\times10^6})^{-2}\sum n_i\Delta\sigma_j^{\beta_z+2}}{2\times10^6}\right]^{1/\beta_Z} \leqslant \gamma_t[\Delta\sigma]_{2\times10^6} \tag{2-13a}$$

$$\Delta\tau_e = \left[\frac{\sum n_i\Delta\tau_i^{\beta_J}}{2\times10^6}\right]^{1/\beta} \leqslant [\Delta\tau]_{2\times10^6} \tag{2-13b}$$

式中 $\Delta\sigma_i$ 和 $\Delta\sigma_j$——应力谱中分别为 $n\leqslant5\times10^6$ 和 $5\times10^6<n\leqslant1\times10^8$ 范围内的正应力幅；

n_i 和 n_j——分别为对应于 $\Delta\sigma_i$ 和 $\Delta\sigma_j$ 的应力幅的频次；

$\Delta\tau_i$ 和 n_i——应力谱中 $n\leqslant1\times10^8$ 的剪应力幅及其频次；

$[\Delta\sigma]_{2\times10^6}$ 和 $[\Delta\tau]_{2\times10^6}$——分别为 $n=2\times10^6$ 次的容许正应力幅和剪应力幅，按表 2 - 3 和表 2 - 4 采用。

（4）吊车梁的疲劳强度计算。钢吊车梁是常用的承受变幅循环荷载的构件。若按式（2 - 13）计算吊车梁的疲劳，不同的吊车梁都要测试，分析和统计获取应力幅较复杂。根据对吊车梁的实测资料，把设计基准期 50 年内不同吊车梁的应力循环总次数等效为满荷载时 $n=2\times10^6$ 次，按式（2 - 13）求出 $\Delta\sigma_e$ 或 $\Delta\tau_e$，$\Delta\sigma_{max}$或 $\Delta\tau_{max}$表示应力循环中最大的应力幅，称 $\alpha_f=\Delta\sigma_e/\Delta\sigma_{max}$或 $\alpha_f=\Delta\tau_e/\Delta\tau_{max}$为欠载效应等效系数，按表 2 - 5 采用。重级工作制吊车梁和重级、中级工作制吊车桁架的疲劳可简化为常幅疲劳，取 $\Delta\sigma_e$ 或 $\Delta\tau_e$ 值为应力循环中最大的应力幅按下式计算

$$\alpha_f\Delta\sigma\leqslant\gamma_t[\Delta\sigma]_{2\times10^6} \tag{2 - 14a}$$

$$\alpha_f\Delta\tau\leqslant[\Delta\tau]_{2\times10^6} \tag{2 - 14b}$$

表 2 - 5　　吊车梁和吊车桁架欠载效应的等效系数 α_f 值

吊车类别	α_f
A6、A7、A8 工作级别（重级）的硬钩吊车	1.0
A6、A7 工作级别（重级）的软钩吊车	0.8
A4、A5 工作级别（中级）的吊车	0.5

由上列疲劳强度计算公式可见，容许应力幅与钢材的强度无关，这表明不同钢材具有相同的抗疲劳性能，采用强度较高的钢材并不能提高疲劳强度。

三、疲劳计算应注意的问题

（1）直接承受动力荷载重复作用的钢结构构件及其连接，当应力变化的循环次数 $n\geqslant5\times10^4$ 次时，应进行疲劳计算。

（2）上述疲劳计算方法不适用于构件表面温度大于 150℃、构件处于海水腐蚀环境、构件焊后经热处理消除残余应力、构件处于低周 - 高应变疲劳状态的情况，此时应专门进行研究。

（3）疲劳计算采用的是容许应力幅法，计算公式是以试验为依据的，试验中已包含了动力的影响，故荷载应采用标准值且不乘动力系数，应力幅按弹性工作计算。

（4）在非焊接构件和连接的条件下，在应力循环中不出现拉应力的部位可不计算疲劳。国内外焊接结构的试验资料中也有压应力区发现疲劳开裂的现象。焊接部位存在较大的残余拉应力，造成名义上受压应力的部位仍旧会疲劳开裂，当裂纹扩展到残余拉应力释放后便会停止。考虑到疲劳破坏通常发生在焊接部位，而钢结构连接节点的重要性和受力的复杂性，一般不容许开裂，因此对名义受压应力的部位也应进行疲劳计算。

（5）抗剪摩擦型连接可不进行疲劳验算，但其连接处开孔主体金属应进行疲劳计算。栓焊并用连接应力应按全部剪力由焊缝承担的原则，对焊缝进行疲劳计算。

四、改善结构疲劳性能的措施

改善结构疲劳性能应针对影响疲劳寿命的主要因素，设计时采用合理的构造细节，努力减小应力集中，尽量避免多条焊缝交汇而导致较大多轴残余拉应力，尽可能使产生高残余拉应力部位处于低应力区。焊接接头中，当拉应力与焊缝轴线垂直时，严禁采用部分焊透对接焊缝、背面不清根的无衬垫焊缝。不同厚度板材或管材对接时，均应加工成斜坡过渡。制作和安装时采取有效工艺措施，保证质量，减少和减小或防止产生初始裂纹。

五、防脆断设计防脆断设计

结构的脆性破坏经常在低温环境发生，在低温下工作或制作安装的钢结构构件，应进行防脆断设计。钢结构连接构造和加工工艺的选择应减少结构的应力集中和焊接约束应力，焊接构件宜采用较薄的板件组成。应避免现场低温焊接。减少焊缝的数量和降低焊缝尺寸，同时避免焊缝过分集中或多条焊缝交汇。在工作环境温度等于或低于－30℃的地区，焊接构件宜采用实腹式构件，避免采用手工焊接的格构式构件。在工作环境温度等于或低于－20℃的地区，承重构件和节点的连接宜采用螺栓连接，施工临时安装连接应避免采用焊缝连接。受拉构件或受弯构件的拉应力区，宜避免使用角焊缝连接。钢桁架节点板上的腹杆与弦杆相邻焊缝焊趾间净距不宜小于节点板厚度的2.5倍。节点板与构件主材的焊接连接处宜做成半径不小于60mm的圆弧，并予以打磨使之平缓过渡。对接焊缝的质量等级不得低于二级。在构件拼接接头部位，应使拼接件自由段的长度不小于拼接件厚度的5倍（图2-10）。对于特别重要或特殊的结构构件和连接节点，可采用断裂力学和损伤力学的方法对其进行抗脆断验算。也可以考虑采用低温韧性钢，工程设计可参照《耐低温热轧H型钢》（YB/T 4619）和《船舶及海洋工程用低温韧性钢》（GB/T 37602）等。

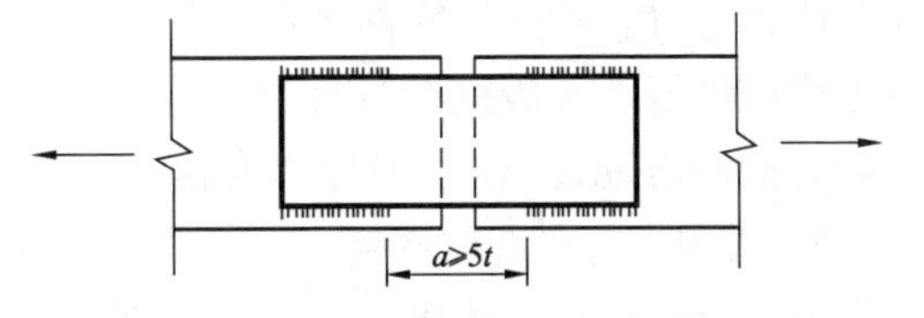

图2-10　盖板拼接处的构造

第五节　钢材的钢种、钢号及选择

一、钢种

钢材的种类简称为钢种，可按不同条件进行分类。按用途分为结构钢、工具钢和特殊用途钢，其中结构钢又分为工程用钢和机器用钢，特殊用途钢又分为不锈钢和耐热钢。钢结构主要采用结构钢。按化学成分可分为碳素钢和合金钢，其中碳素钢根据含碳量的高低，又可分为低碳钢（C≤0.25%）、中碳钢（0.25%<C≤0.6%）和高碳钢（C>0.6%）；合金钢根据合金元素总含量的高低，又可分为低合金钢（合金元素总含量≤5%）、中合金钢（5%<合金元素总含量≤10%）和高合金钢（合金元素总含量>10%）。按材料用途可分为结构钢、工具钢和特殊用途钢（如不锈钢等）。按浇铸方法（脱氧方法）分类时有沸腾钢、镇静钢和特殊镇静钢。按硫、磷含量和质量控制分类有普通钢（S≤0.05%、P≤0.045%）、优质钢（S≤0.045%、P≤0.04%，并具有较好的机械性能）和高级优质钢（S≤0.035%、P≤0.03%，并具有好的机械性能）。钢结构常用的是碳素结构钢和低合金高强度结构钢。按磷和硫的含量由高到低分为普通质量钢、优质钢、高级优质钢和特级优质钢。

二、钢号

钢材的牌号简称为钢号。我国对结构用钢采用统一的牌号标记：由代表屈服强度“屈”字的汉语拼音首字母Q、规定的最小上屈服强度数值、交货状态代号、质量等级符号（A、B、C、D、E、F）四个部分组成。交货状态为热轧时，交货状态代号AR或WAR可省略；交货状态为正火或正火轧制状态时，代号均用N表示。一些钢材在此基础上还有附加符号，如高性能建筑结构用钢在屈服强度数值后增加符号GJ，例如Q460GJ。热机械轧制钢在屈服强度数值后增加符号M，例如Q460M。钢材的质量等级根据冲击韧性的试验温度来划分。A级质量钢不提供冲击韧性保证；B、C、D、E级质量钢材分别提供20、0、−20、−40℃的冲击韧性合格保证。当需方要求钢板具有厚度方向性能时，则在上述规定的牌号后加上代表厚度方向（Z向）性能级别的符号。

1. 碳素结构钢

碳素结构钢的钢号在前述牌号表示方法后还要增加脱氧方法符号（沸腾钢、镇静钢和特殊镇静钢的代号分别为F、Z和TZ，其中Z和TZ在钢号中省略不写）。例如Q235BF，表示屈服强度为235N/mm^{2}的B级沸腾钢。钢材的质量等级中，A、B级钢按脱氧方法可为沸腾钢或镇静钢，C级为镇静钢，D级为特殊镇静钢。

碳素结构钢交货时应有化学成分和机械性能的合格保证书。对于化学成分，要求硅、硫、磷含量符合相应等级的规定，但B、C、D级钢还要求碳和锰含量符合相应等级的规定。对于机械性能，A级钢应保证f_y、f_u、δ符合要求，B、C和D级钢还应分别保证20、0、−20℃的冲击韧性A_{kV}值及冷弯合格。

2. 低合金高强度结构钢

低合金高强度结构钢是在钢的冶炼过程中加入一种或几种适量的合金元素而成的钢，质量等级分为B、C、D、E、F五级。例如Q355B，Q390D，Q420C等。

由于我国的各种规范、规程和标准不是在同一时间颁布的，已被取代的《低合金高强度结构钢》（GB/T 1591—1988）钢材牌号的表示方法为：自左向右依次列出钢材的平均含碳量的万分数和各合金元素的名称（或符号）及其平均含量的百分整数。每种合金元素的平均含量小于1.5%时，不标注其含量；达到或超过1.5%、2.5%等时，则在该元素后标注2、3等数字。例如16Mn钢，表示该低合金结构钢的平均含碳量为0.16%，合金元素为锰，且锰的平均含量<1.5%。若进行一些既有钢结构评估改造设计时，各钢材的性能参见原标准。随着冶金技术的发展，钢材的综合性能在不断优化，应积极关注相应标准中的钢材性能指标的变化。

现行《低合金高强度结构钢》（GB/T 1591）指出可按照热轧、轧控、正火、正火轧制、正火加回火、机械轧制（TMCP）、Z向性能等多种方式交货。低合金高强度结构钢交货时应有碳、锰、硅、硫、磷、合金元素等化学成分和f_y、f_u、δ、冷弯等机械性能的合格保证书。材料性能指标中将钢材下屈服强度改为上屈服强度；按不同牌号、质量等级和钢材厚度，分别规定了纵向和横向伸长率和冲击功限值，以及碳当量指标；大幅扩大了产品的厚度范围，对热轧、正火钢，最大厚度可达250mm，对热机械轧制钢可达120mm；钢材牌号与厚度分组与欧洲EN标准一致，以适应海外工程与国际交流的需要。

高性能建筑结构用钢的性能优于普通结构钢，标准《建筑结构用钢板》（GB/T 19879）对钢材的屈强比和屈服强度离散程度等有具体要求，延伸率等提高，以满足高层等结构抗震等对材料的要求。

当采用焊接连接的钢板厚度≥40mm，且沿板厚度方向承受拉力时，为避免焊接时产生层状撕裂，需采用抗层状撕裂的钢材（通常简称为“Z向钢”）对于厚度方向性能钢板（Z向钢），在质量等级后加上厚度方向性能级别（Z15、Z25、Z35，相应为厚度方向断面收缩率应15%、25%、Z35%）。例如Q460GJCZ25表示屈服强度为460N/mm²的高性能建筑结构C级质量等级、厚度方向性能级别为Z25的结构钢。Z向钢含硫量特别低，主要用于承受沿钢板厚度方向受拉的厚钢板组成的构件。

3. 专用结构钢

一些特殊用途的钢结构，如压力容器、桥梁、锅炉、输油和输气管道等，为适应其特殊受力和工作条件的需要，常采用专用结构钢。专用结构钢是在碳素结构钢或低合金结构钢的基础上根据专门要求冶炼而成。专用结构钢的钢号用在相应钢号后再加上专业用途代号（压力容器、桥梁、锅炉、管线等用钢材的专业用途代号分别为R、q、g、X等）来表示。这些专用结构钢的化学成分和机械性能及工艺性能见相应专用结构钢标准。例如桥梁用钢见《桥梁用结构钢》（GB/T 714），其中的Q420qD表示屈服强度为420N/mm²D级桥梁用结构钢。桥梁钢与同强度等级的普通结构钢的主要区别在于硫和磷含量较低，低温冲击韧性要求更高，如Q420qD钢－20℃冲击功≥120J，而Q420D钢纵向和横向冲击功分别为≥40J和≥20J。桥梁钢也可用于除桥梁外的其他在低温环境下承受动力荷载的结构。

抗震用低屈服点钢也称抗震钢，在结构耗能减震设计中应用日益广泛。用抗震钢制作结构抗侧力构件，构造简单，经济性好，可靠性高，震后更换方便。抗震钢的屈服点和伸长率分别显著低于和高于普通结构钢，并具有良好的抗低周疲劳性能。我国已生产出屈服强度为100、160、225MPa等的抗震钢，屈服强度变化为±20MPa，伸长率不小于50%、45%、40%，即使在4%的总应变条件下，应力循环次数不小于200周。

为了克服钢材易于锈蚀这一弱点，在钢材冶炼时加入少量的合金元素如Cu、Cr、Ni、Mo、Nb、Ti、Zr、V等，使其在金属基体表面形成保护层，提高钢材的耐腐蚀性能，称为耐候钢，钢号表示方法是在屈服强度值后面加耐候或高耐候符号NH或GNH，如Q345GNH。耐候钢的耐腐蚀性能可达普通结构钢的2.8倍，涂装性能可提高1.5倍，适用于外露大气环境或有中度侵蚀性介质环境中的建筑、塔架、桥梁、车辆、集装箱等钢结构。一些耐腐蚀要求高或有特殊要求的结构也可采用不锈钢。

钢结构连接中的铆钉、高强度螺栓、焊条用钢丝等，也采用满足各自连接件要求的专门用钢。例如铆钉采用塑性和韧性等好的ML（铆螺）2、ML3钢；高强度螺栓采用优质碳素结构钢（35、45号钢）或低合金结构钢（40B、35VB、20MnTiB）钢等，并且其制成的螺栓、螺母和垫圈等需经热处理，以进一步提高强度和质量。焊条用钢丝采用严格控制化学元素含量并有良好焊接性能的焊丝钢，如H08、H10Mn2等。连接专门用钢的化学成分及机械性能等详见相应标准。连接材料应与主体金属的强度相适应。

铸钢常用于大型空间结构的复杂节点和支座等，水工钢结构中的支承滚轮等部件，其外形尺寸和所受外力较大，常采用铸钢制造。铸钢的牌号表示方法为代表铸钢的字母ZG、厚度≤100mm铸钢件的最小屈服强度、抗拉强度。对于焊接用铸钢再加代表焊接的字母H，如ZG200-400H。

随着我国冶金技术的发展，一些钢材的性能指标也得到提高，应注意相关标准中的变化。

三、结构钢材的选择

根据钢结构对材料的要求，结合工程实践经验，钢结构相关设计标准和规范中推荐了部分结构用钢材。随着研究的深入，还会有一些其他钢材可供使用。若选用钢结构设计标准未列入的钢材时，应依据《工程结构可靠性设计统一标准》（GB 50153）和《建筑结构可靠性统一标准》（GB 50068）进行统计分析，也可经研究试验、专家论证、政府行政备案，确定其强度设计值，作为其材质与性能选用的依据，以确保钢结构的质量。

结构钢材的选用应遵循技术可靠、经济合理的原则，综合考虑结构的重要性、荷载特征、结构形式、应力状态、连接方法、工作环境、钢材厚度和价格等因素，选用合适的钢号和质量等级及材性保证项目。承重结构所用的钢材应具有屈服强度、抗拉强度、断后伸长率和硫、磷含量的合格保证，对焊接结构尚应具有碳或碳当量的合格保证。焊接承重结构，以及重要的非焊接承重结构采用的钢材应具有冷弯试验的合格保证；对直接承受动力荷载或在低温环境下工作以及需验算疲劳的构件所用钢材尚应具有冲击韧性的合格保证。

钢材的质量等级愈高，其价格也愈高。应根据结构的特点，合理选择钢材质量等级，优材优用。我国的钢材标准中不同钢号所具有的钢材等级情况是不同的，应根据相关标准来选择。A 级钢仅可用于结构工作温度 $t>0$℃的不需要验算疲劳的结构，当 Q235A 钢用于焊接结构时，应具有碳当量合格保证。对于需验算疲劳的焊接结构，当 $t>0$℃时其质量等级不应低于 B 级；当-20℃$<t\leqslant0$℃时，Q235 和 Q355 钢不应低于 C 级，Q390、Q420 及 Q460 钢不应低于 D 级；当 $t\leqslant-20$℃时，Q235 和 Q355 钢不应低于 D 级，Q390 钢、Q420 钢、Q460 钢应选用 E 级；F 级的纵向冲击功可保证低温-60℃条件下不低于 27J。需验算疲劳的非焊接结构，其钢材质量等级要求可较上述焊接结构降低一级，但不应低于 B 级。吊车起重量$\geqslant$50t 的中级工作制吊车梁，其质量等级要求应与需要验算疲劳的构件相同。$t\leqslant-20$℃的受拉构件及承重构件的受拉板材，所用钢材厚度或直径不宜$>$40mm，质量等级不宜低于 C 级；当钢材厚度或直径$\geqslant$40mm 时，其质量等级不宜低于 D 级；重要承重结构的受拉板材宜满足《建筑结构用钢板》（GB/T 19879）的要求。

处于外露环境，且对耐腐蚀有特殊要求或处于侵蚀性介质环境中的承重结构，可采用《耐候结构钢》（GB/T 4171）中的钢材。

在钢结构制造中因钢材质量和焊接构造等原因，厚板容易出现层状撕裂。在 T 形、十字形和角形焊接接头的连接节点中，当板件厚度 $t\geqslant$40mm 且沿板厚方向有较大拉力或较高约束拉应力作用时，该部位板件钢材宜具有厚度方向抗撕裂性能（Z 向性能）的合格保证。钢板厚度方向性能等级应根据节点形式、板厚、熔深或焊缝尺寸、焊接时节点拘束度、预热、后热情况综合确定。当 40mm$<t\leqslant$60mm 时，通常 Z 向性能等级取 Z15；当 60mm$<t\leqslant$80mm 时，取 Z25；当 $t>$80mm 时，取 Z35。

有抗震设防要求的钢结构，钢材应符合抗震设计规范的规定。采用塑性设计的结构及进行弯矩调幅的构件钢材，屈强比应$\leqslant$0.85；钢材应有明显的屈服台阶，且伸长率应$\geqslant$20%。

连接材料的焊条或焊丝的型号和性能应与相应母材的性能相适应，其熔敷金属的力学性能不应低于相应母材标准的下限值以及设计规定。直接承受动力荷载或需要验算疲劳的结构，以及低温环境下工作的厚板结构，宜采用低氢型焊条。柱脚锚栓钢材的质量等级不宜低于 B 级。

四、常用钢材的规格

钢结构所用钢材主要是热轧成型的钢板和型钢（图 2-11）、冷加工成型的薄壁型钢（图

2-12)。设计时宜优先选用型钢，以减小制作工作量，降低造价。当型钢规格不能满足要求或尺寸不合适时，再采用钢板制作所需截面形式构件。常用热轧型钢的角钢、槽钢、工字钢、H 型钢、钢管和冷加工成型的薄壁型钢规格和截面特性见附录二。

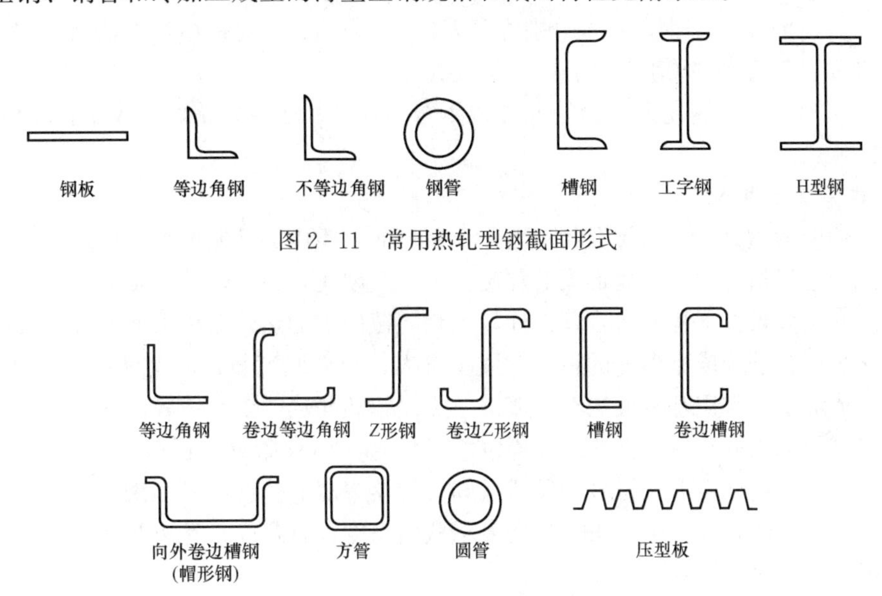

图 2-11 常用热轧型钢截面形式

图 2-12 薄壁型钢截面形式

1. 热轧钢板

钢板根据板厚 t 分为薄钢板（$t\leqslant$4mm）、中厚钢板（4mm$<t\leqslant$20mm）、厚钢板（20mm$<t\leqslant$60mm）、特厚钢板（$t>$60mm），钢板的标注符号是“—（钢板截面代号）宽度×厚度×长度”，单位为 mm，也可仅用“—宽度×厚度”或“—厚度”来表示。例如— 360×12×3600，也可表示如— 360×12 或— 12。

2. 热轧型钢

角钢分为等边和不等边角钢两种，也称为等肢和不等肢角钢。角钢标注符号是“L（角钢代号）边宽×肢厚（等边角钢）或L长边宽×短边宽×肢厚（不等边角钢），单位为 mm”。如L 100×8 和L 100×80×8。

槽钢。有热轧普通槽钢和轻型槽钢两种。槽钢规格用槽钢符号（普通槽钢和轻型槽钢的符号分别为[和 Q [）和截面高度（单位为 cm）表示，当腹板厚度不同时，还要标注出腹板厚度类别符号 a、b、c，例如[10、[20a、Q [20a。与普通槽钢截面高度相同的轻型槽钢的翼缘和腹板均较薄，截面面积小但回转半径大。

工字钢。有普通工字钢和轻型工字钢两种。标注方法与槽钢相同，但槽钢符号“[”应改变为工字钢符号“I”，例如I 18、I 50a、Q I 50。

H 型钢和剖分 T 型钢。H 型钢比工字钢的翼缘宽度大并为等厚度，截面材料分布更为合理，因而在截面积相同条件下，其绕弱轴的抗弯刚度要比工字钢大一倍以上，绕强轴的抗弯能力亦高于工字钢，用钢量可比工字钢减少 10%～30%。H 型钢的翼缘为等厚度，便于与其他构件连接。H 型钢可较方便地加工制成 T 型钢和蜂窝梁等型材，以满足工程的需要。根据《热轧 H 型钢和剖分 T 型钢》（GB/T 11263），热轧 H 型钢分为宽翼缘 H 型钢、中翼缘H型钢、窄翼缘H型钢和薄壁H型钢，它们的代号分别为HW、HM、HN和HT（W、M、N和T分别为Wide、Middle、Narrow和Thin英文的字头），规格标记采用高度×宽度×腹板厚度×翼缘厚度来表示，（单位为mm）。例如HW400×400×13×21。剖分T型钢分为宽、中、窄翼缘剖分T型钢，代号分别为TW、TM和TN，规格标记方法与H型钢相同，但高度为剖分后T型钢的高度。

钢管。结构中常用热轧无缝钢管和焊接钢管。用“ϕ外径×壁厚”表示，单位为mm，例如ϕ360×6。

3. 冷成型薄壁型钢

冷成型薄壁型钢是板材在常温状态下，采用弯曲、模压或轧制成型的型钢，目前多采用在连续辊式冷弯机组上生产。变形大的部位存在应变硬化，力学性能会发生变化。薄壁型钢的截面形式和尺寸可按工程要求合理设计，比相同截面积的热轧型钢截面抵抗矩大，钢材用量可显著减少。我国冷成型型材的板厚在逐步增大，板件厚度较薄时对锈蚀影响较为敏感，需喷涂面漆或镀层。常用基板镀层有热镀锌、热镀铝锌和热镀铝镁锌等，耐腐蚀性能依次提高。镀层厚度与面漆种类应根据应用环境侵蚀条件与使用寿命及工程造价等因素合理选定。薄壁型钢标注方法由截面形状符号和尺寸组成，如卷边槽钢和卷边Z型钢分别表示为Ch×b×c×t和Zh×b×c×t，h、b、c和t分别表示截面高度、总宽度、卷边宽度和厚度。

4. 高强钢丝和钢索

悬索结构、索穹顶结构、斜拉结构、预应力结构、张弦结构、点式玻璃幕墙、桅杆结构等中的拉杆通常采用钢绞线、钢丝绳、钢丝索。高强钢丝和钢索分为平行钢丝束和钢绞线两种类型。平行钢丝束每根钢丝保持直线，通常由7根、19根、37根、61根等钢丝并在一起，共同承受拉力作用。钢绞线由多根直径为4～6mm高强度钢丝组成，高强钢丝由优质碳素钢经多次冷拔而成，其抗拉强度通常在1 570～1 700N/mm^2，对屈服强度不作要求。钢绞线的形式有（1＋6）、（1＋6＋12）、（1＋6＋12＋18），依次表示从中心往外第一层、第二层、第三层钢丝的数量，如（1＋6＋12）表示中心、第一层和第二层各有1根、6根和12根钢丝组成的钢绞线，相邻层钢丝捻向相反，如图2-13所示。钢索钢丝绳通常由7股钢绞线捻成，形式有7×7、7×19、7×37，乘号后数字表示一股钢绞线的钢丝数。

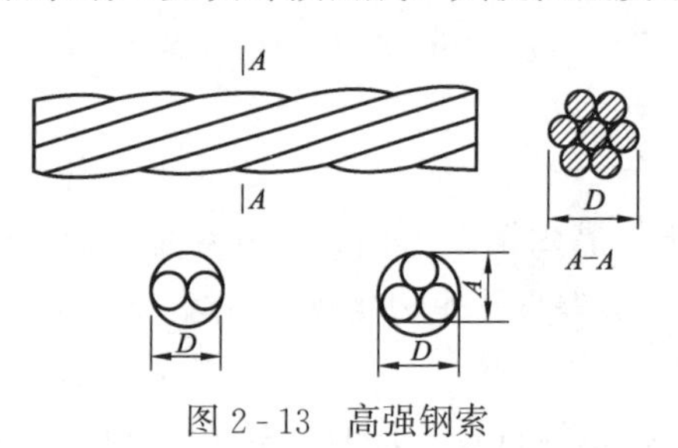

图2-13　高强钢索

第六节　国外钢材品种和钢号简介

我国涉外工程与国际交往日益增多，迫切要求我国工程用钢在质量与性能方面要与国外优质钢材相协调，产品标准也应接轨。国内许多钢厂已能按欧标、美标、日标等生产钢材供货，在对国外的工程建设和购置进口钢材时，要涉及国外的钢材的品种和钢号。世界各国的钢材品种和钢号表示方式虽然各有不同，但其共同点是钢号基本上是以强度等级来划分，其表示方式为：

字首符号　钢材的强度值　钢材质量等级

字首符号各国表示有所不同。如美国采用A（Alloy的第一个字母）；日本采用SS（一般结构用轧制钢材，第一个 S 为 Steel 的第一个字母）、SM（焊接结构用轧制钢材）、SMA（焊接结构用耐候性轧制钢材）等；德国采用 S（德文钢 Stahl 的首字母）；国际标准化组织采用 E；欧洲标准、法国和英国采用 S；独联体各国采用 C（俄文钢的第一个字母）。

钢材的强度值单位一般为 N/mm^2，但美国为 Ksi（千磅/英寸^2）。强度值有的采用最低抗拉强度，有的采用钢材的屈服强度。日本等采用最低抗拉强度，ISO 国际标准、欧洲标准、美国、独联体各国等采用钢材的屈服强度。钢材质量等级分为 A、B、C、D、E 等。

各国钢材标准不同，难以明确地找出与我国钢材品种之间的对应关系，应根据提供的质保书（化学成分和机械性能），以确定该钢种与我国哪个钢种是可代替的。常用的我国与国外部分结构钢材和铸钢品种近似对照分别见表 2-6 和表 2-7。

表 2-6　我国与国外部分结构钢材品种近似对照表

中国	美国	日本	英国	法国	德国	俄罗斯	国际标准（ISO）
Q235	A36	SS400	S235	S235	S235	C235	E235
Q355	A529GR50	SPFC590	S335 S355	S335 S355	S335 S355	C345	E355
Q390	A572GR55	STKT540	S390	A550	S390	C390	E390
Q420	A572GR60	SEV345	S420	S420	S420	C440	E420
Q460	A572GR65	SM570	S460	S460	S460		E460

表 2-7　我国与国外部分铸钢品种近似对照表

中国	美国	日本	英国	法国	德国	俄罗斯	国际标准
ZG200-400	60—30	SC410	—	—	GS-38	15JI	200—400
ZG230-450	65—35	SC450	A1	GE230	GS-45	25JI	230—450
ZG270-500	70—40	SC480	A2	GE280	GS-52	35JI	270—480
ZG310-570	—	SCC5	A3	GE320	GS-60	45JI	—
ZG340-640	—	—	A5	GE370	—	55JI	340—550

在工程建设中由于工期和成本原因，常需要进行钢材代换。在进行国内外钢材代换时如有国外标准，但无相近中国标准可供参照，可对材质证明文件和验收试验资料经统计分析和专家会商后确定设计强度设计值。构件钢材代换主要有等承载力代换和等刚度代换两种方式，当代换前后钢材强度为同一级别时，通常为等面积或等截面模量代换。对于有抗震要求的钢材，还要满足设计对钢材的屈强比和延伸率的要求。对处于低温工作环境的钢材，还应满足设计对钢材韧性的要求。

思考题

1. 钢结构对钢材有哪些要求？
2. 碳、硫、磷对钢材的性能有哪些影响？
3. 促使钢材转脆的主要因素有哪些？
4. 应力集中对钢构件的受力性能有何影响？设计时如何减小应力集中？

5. 在什么情况下选用低合金高强度结构钢不能较好地发挥其强度高的优点？
6. 冷弯试验主要检验钢材的什么性能？
7. 把结构钢材一次拉伸时的 σ—ε 关系假设为理想弹塑性体的根据是什么？
8. 钢材在多轴应力状态下，如何确定它的屈服条件？
9. 冲击韧性代表钢材什么性能？单位是什么？
10. 《钢结构设计标准》（GB 50017）验算疲劳强度时，把构件和连接分成多少组？根据是什么？
11. 钢材发生塑性破坏具有哪些特征？
12. 钢材产生脆性破坏的特征及原因是什么？防止脆性断裂的措施有哪些？
13. 钢结构对钢材有哪些要求？
14. 温度对钢材的性能有什么影响？
15. 什么是钢材的可焊性？影响钢材可焊性的主要因素有哪些？
16. 钢材的力学性能为何要按照厚度（直径）分组？
17. 选用结构钢材时应考虑哪些因素？
18. 钢结构设计对钢材如何提保证条件？
19. 处于高温环境的钢结构如何选择材料？
20. 处于低温环境的钢结构如何选择材料？
21. TMCP 含义是什么？TMCP 钢材有什么特点？钢号中如何表示？
22. 厚钢板沿厚度方向受拉时，Z 向性能等级如何选取？
23. 连接材料有哪些种类？选择的原则有哪些？
24. 国际上钢号的表示方式一般包括哪几部分？
25. 如何进行国内外生产钢材的代换？

习 题

2-1 指出下列钢号代表的含义：

（1）Q235BF；（2）Q355D；（3）Q370q；（4）Q420E；
（5）Q420GJBZ15；（6）Q390NH。

2-2 指出下列型钢型号代表的含义：

（1）— 400×10×4000；（2）L 125×80×10；（3）HN700×300×13×24；
（4）TM294×300×12×20；（5）ϕ299×9；（6）工 63a。

2-3 某重级工作制软钩吊车的焊接工字形截面吊车梁，下翼缘与腹板采用自动焊的角焊缝连接，焊缝外观满足二级质量要求。在吊车荷载作用下，焊缝中的最大和最小拉应力分别为 150N/mm^2 和 80N/mm^2，要求验算焊缝连接是否满足疲劳设计要求。

2-4 选择题：在每小题列出的四个备选项中只有一个是符合题目要求的，请将其代码填写在横线上。

（1）在钢结构设计中，通常以下列中________的值作为设计承载力的依据。
（A）屈服点　（B）比例极限　（C）抗拉强度　（D）伸长率
（2）与单向拉应力作用相比，钢材承担三向拉应力作用时________。

（A）破坏形式没变化　　（B）易发生塑性破坏

（C）易发生脆性破坏　　（D）无法判定

（3）钢材所含化学成分中，需严格控制含量的有害元素为________。

（A）碳、锰　（B）钒、锰　（C）硫、氮、氧　（D）铁、硅

（4）钢材的伸长率δ用来反映材料的________。

（A）承载能力　　（B）弹性变形能力

（C）塑性变形能力　　（D）抗冲击荷载能力

（5）同类钢种的钢板，厚度越大，________。

（A）强度越低　　（B）塑性越好

（C）韧性越好　　（D）内部构造缺陷越少

（6）当温度从常温下降为低温时，钢材的塑性和冲击韧性________。

（A）升高　（B）下降　（C）不变　（D）升高不多

第三章 钢结构的连接

第一节 钢结构的连接方法

钢结构是由钢板、型钢通过必要的连接组成基本构件，如梁、柱、桁架等，再通过一定的安装连接装配成空间整体结构，如屋盖、厂房、钢闸门、钢桥等。可见，连接的构造和计算是钢结构设计的重要组成部分。连接应当符合安全可靠、节约钢材、构造简单和施工方便等原则。

钢结构的连接方法可分为焊缝连接、铆钉连接和螺栓连接三种，如图 3-1 所示。

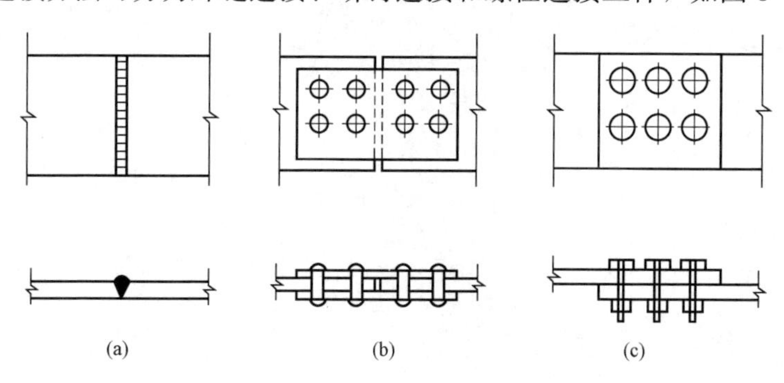

图 3-1 钢结构的连接方法
(a) 焊缝连接；(b) 铆钉连接；(c) 螺栓连接

一、焊缝连接

焊接是现代钢结构最主要的连接方法。其优点是不削弱构件截面（不必钻孔），构造简单，节约钢材，加工方便，在一定条件下还可以采用自动化操作，生产效率高。此外，焊缝连接接头的刚度较大、密封性较好。

焊缝连接的缺点是焊缝附近钢材会因焊接过程的高温作用而形成热影响区，热影响区由高温降到常温时，因冷却速度快，会使钢材脆性加大；同时，由于热影响区的不均匀收缩，易使焊件产生焊接残余应力及残余变形，甚至可能产生裂纹，导致脆性破坏。焊接结构存在低温冷脆问题。

二、铆钉连接

铆接的优点是塑性和韧性较好，传力可靠，质量易于检查和保证，可用于承受动载的重型结构。但铆接工艺复杂，费钢又费工，现已很少采用。

三、螺栓连接

螺栓连接分为普通螺栓连接和高强度螺栓连接两种。普通螺栓通常用 Q235 钢制成，而高强度螺栓则用高强度钢材制成并经热处理。高强度螺栓连接板件间紧密接触，耐疲劳，承受动载可靠，得到大量应用。

螺栓连接的优点是安装和拆卸方便，特别适用于工地安装连接和需要装拆的结构和临时性连接。其缺点是需要在板件上开孔和拼装时对孔，增加制造工作量；螺栓孔会削弱构件截面，且被连接的板件需要相互搭接或另加拼接板或角钢等连接件，因而比焊接连接用钢量大。

第二节 焊接方法、焊接类型和质量级别

一、钢结构中常用的焊接方法

钢结构主要采用电弧焊，薄钢板（$t \leqslant 3$mm）的连接有时也可以采用电阻焊或气焊。

1. 电弧焊

电弧焊是利用焊条或焊丝与焊件间产生的电弧热，将金属加热并熔化的焊接方法。其原理是采用低电压（一般为50～70V）、大电流（几十到几百安）引燃电弧，使焊件与焊条或焊丝之间产生很大热量和强烈的弧光，利用电弧热来熔化焊件的边缘金属和焊条（丝）进行焊接。根据操作的自动化程度和焊接时用以保护熔化金属的物质种类，电弧焊可分为手工电弧焊、自动和半自动埋弧焊及CO_2气体保护焊等。

（1）手工电弧焊。手工电弧焊（图3-2）是钢结构制造中最常用的焊接方法，设备简单，操作灵活，适用性和可达性强，对各种施焊位置和分散或曲折短焊缝均适用。缺点是生产效率比自动、半自动焊低，质量稍低并且变异性大，施焊时电弧光较强。

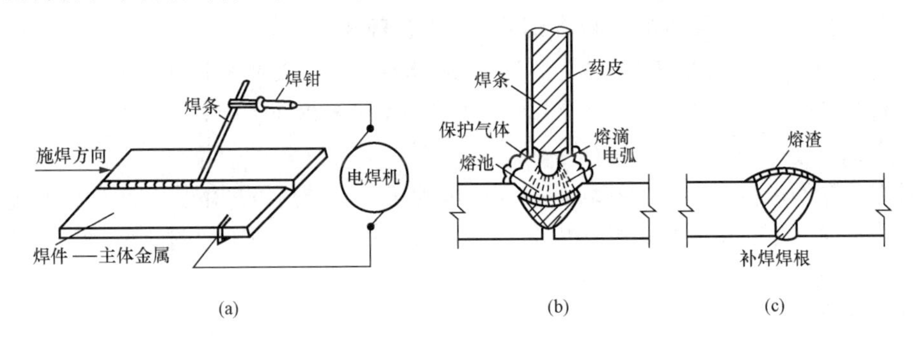

图3-2 手工电弧焊示意图

(a) 系统图；(b) 焊缝形成过程；(c) 完成的焊缝

手工焊所采用的焊条，其表面都敷有一层1～1.5mm厚度的涂层药皮。药皮的作用：稳定电弧；施焊时产生气体保护熔融金属与大气隔离，以防止空气中氧、氮等侵入而使焊缝变脆；形成熔渣（清理焊缝时铲除）覆盖于熔成焊缝表面，使其与大气隔离，并可使焊缝冷却缓慢以便混入熔融金属中的气体和有害杂质溢出表面；另外，药皮中的合金成分还可以改善焊缝性能。

焊条选用应和焊件钢材的强度和性能相适应。手工焊时，Q235钢焊件用E43系列型焊条，Q355和Q390钢焊件用E50或E55系列型焊条，Q420和Q460钢焊件用E55或E60系列型焊条。其中E表示焊条；后面两位数字表示焊缝熔敷金属或对接焊缝的抗拉强度分别为420N/mm^2，490N/mm^2，540N/mm^{2}和590N/mm^2（折合43kgf/mm^2，50kgf/mm^2，55kgf/mm^2，60kgf/mm^2）。当不同强度的钢材连接时，宜采用与低强度钢材相适应的焊条。

（2）焊剂层下自动或半自动埋弧焊。焊剂层下自动或半自动埋弧焊（图3-3）是焊接过程机械化的一种主要方式。它所采用的是盘状连续的光焊丝在散粒状焊剂下燃弧焊接，散粒

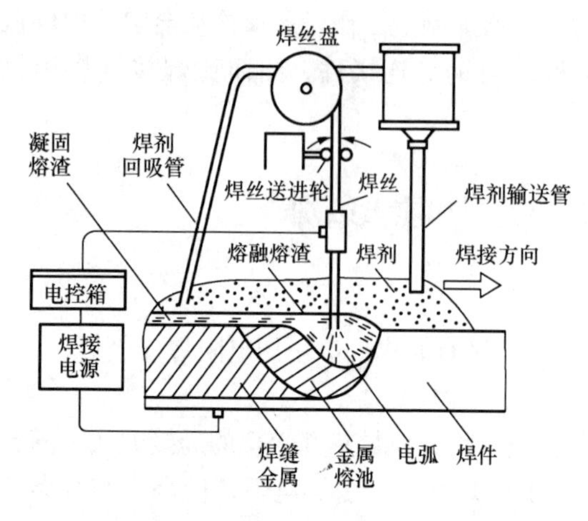

图 3-3 焊剂层下自动焊示意图

状焊剂的作用与手工焊焊条的药皮相同。自动焊的引弧、焊丝送下、焊剂堆落和焊丝沿焊缝方向的移动都是自动的。而半自动焊的焊接前进方式仍是依靠手持焊枪移动。

埋弧焊的优点是与大气隔离保护效果好，且无金属飞溅，弧光不外露；可采用较大电流使熔深加大，相应可减小对接焊件间隙和坡口角度；节省焊丝和电能，劳动条件好，生产效率高；焊缝质量稳定可靠，塑性和韧性也较好。其缺点是焊前装配要求严格，施焊位置受限制，较适用于长直的水平俯焊缝或倾角不大的斜面焊缝，不如手工焊灵活。

埋弧焊所采用的焊丝和焊剂应与焊件钢材相匹配，焊丝一般采用专门的焊接用钢丝。对Q235钢，可采用H08A、H08MnA、H08E等焊丝，相应的焊剂分别为HJ431、HJ430和SJ401。对低合金高强度结构钢尚应根据坡口情况相应选用。对Q355钢，不开坡口的对接焊缝，可用H08A焊丝，中厚板开坡口对接可用H08MnA、H10Mn2和H10MnSi焊丝，焊剂可用HJ430、HJ431或SJ301；而厚板深坡口对接宜采用H08MnMoA、H10Mn2焊丝，焊剂可用HJ350。对Q390钢和Q420钢，不开坡口的对接焊缝用H08A、H08MnA焊丝，中厚板开坡口对接时用H10Mn2、H10MnSi，焊剂用HJ430或HJ431；而厚板深坡口对接时常用H08MnMoA焊丝，焊剂为HJ350或HJ250。对Q460钢焊件可采用H08MnMoA和H08Mn2MoVA焊丝。

2. 电阻焊

电阻焊是利用电流通过焊件接触点表面的电阻所产生的热量来熔化金属，再通过压力使其焊合。冷弯薄壁型钢的焊接，常用电阻点焊，板叠总厚度一般不超过12mm，焊点应主要承受剪力，其抗拉（撕裂）能力较差。

3. 熔嘴电渣焊

焊接箱形截面构件内的横隔板四边应与箱壁板焊接，最后一条边的焊缝无法采用手工焊，需采用熔嘴电渣焊。熔嘴电渣焊是用细直径冷拔无缝钢管外涂药皮制成的管作为熔嘴，焊丝在管内送进。进行竖直施焊，焊接时将管焊条插入由被焊钢板和钢条形成的缝槽中，电弧把焊剂熔化成熔渣池，电流使熔渣温度超过钢材的熔点，从而熔化焊丝和钢板边缘，形成一条堆积的焊缝。

二、焊缝连接形式及焊缝类型

焊缝连接形式按被连接构件间的相对位置分为对接、搭接、T形连接和角接四种，如图3-4所示。所采用的焊缝按其构造来分，主要有对接焊缝和角焊缝两种类型。T形连接和角接根据板厚、焊接方法、焊接受力情况，可采用角焊缝或开坡口的对接焊缝。

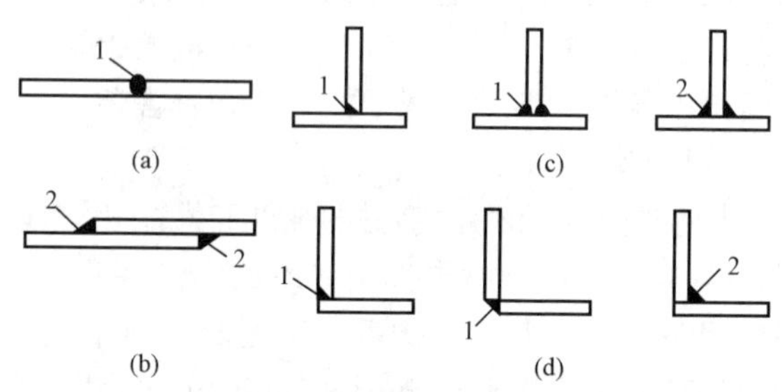

图 3-4 焊接连接形式和焊缝类型

（a）对接连接；（b）搭接连接；（c）T形连接；（d）角接连接

1—对接焊接；2—角焊缝

焊缝按其工作性质来分有强度焊缝和

密强焊缝两种。强度焊缝只作为传递内力之用，密强焊缝除传递内力外，还须保证不使气体或液体渗漏。

焊缝按施焊位置分，有俯焊（平焊）、立焊、横焊和仰焊四种，如图3-5所示。俯焊的施焊工作方便，质量好，效率高；立焊和横焊是在立面上施焊的竖向和水平焊缝，生产效率和焊接质量比俯焊要差一些；仰焊是仰头向上施焊，操作条件最差，焊缝质量不易保证，因此，应尽量避免采用仰焊焊缝。

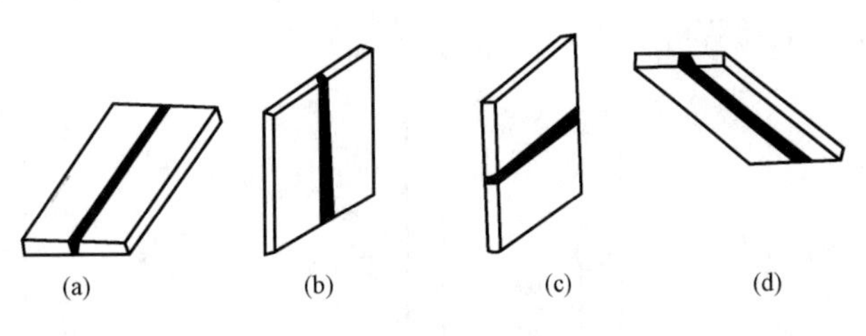

图3-5　焊缝位置示意图
（a）俯焊；（b）立焊；（c）横焊；（d）仰焊

三、焊缝缺陷、质量检验和焊缝级别

1. 焊缝缺陷

焊缝缺陷是指焊接过程中，产生于焊缝金属或邻近热影响区钢材表面或内部的缺陷。常见的缺陷有：①焊缝尺寸偏差；②咬边，如焊缝与母材交界处形成凹坑；③弧坑，起弧或落弧处焊缝形成的凹坑；④未熔合，指焊条熔融金属与母材之间局部未熔合；⑤母材被烧穿；⑥气孔；⑦非金属夹渣；⑧裂纹。以上这些缺陷，一般都会引起应力集中，削弱焊缝有效截面，降低承载能力，尤其裂纹对焊缝受力的危害最大。它会产生严重的应力集中，并易于扩展引起断裂，按规定焊缝是不允许产生裂纹的。因此，若发现焊缝有裂纹，应铲除后补焊。

2. 焊缝质量检验和焊缝级别

根据结构类型和重要性，《钢结构工程施工质量验收标准》（GB 50205）将焊缝质量检验级别分为三级。Ⅲ级检验项目规定只对全部焊缝做外观检查，即检验焊缝实际尺寸是否符合要求和有无看得见的裂纹、咬边和气孔等缺陷；Ⅰ级和Ⅱ级焊缝应采用超声波探伤进行内部缺陷的检验，当超声波探伤不能对缺陷作出判断时，应采用射线探伤。Ⅰ级焊缝超声波和射线探伤比例均为100%，Ⅱ级焊缝超声波和射线探伤的比例均为20%；且均不小于200mm。当焊缝深度小于200mm时，应对整条焊缝探伤。探伤应符合《焊缝无损检测　超声检测技术、检测等级和评定》（GB/T 11345）或《焊缝无损检测　射线检测》（GB/T 3323.1）的规定。

《钢结构设计标准》（GB 50017）中，Ⅲ级对接焊缝的抗拉强度设计值约为主体钢材的85%，对有较大拉应力的对接焊缝，以及直接承受动力荷载构件的较重要的焊缝，可采用Ⅱ级焊缝，对抗动力和疲劳性能有较高要求处可采用Ⅰ级焊缝。

四、焊缝符号及标注方法

在钢结构施工图上的焊缝应采用焊缝符号表示，焊缝符号及标注方法应按《建筑结构制图标准》（GB/T 50105）和《焊缝符号表示法》（GB/T 324）执行。

焊缝符号由指引线和表示焊缝截面形状的基本符号组成，必要时还可加上辅助符号、补充符号和焊缝尺寸符号。

（1）指引线一般由带箭头的指引线和两条相互平行的基准线所组成。一条基准线为实线，另一条为虚线，均为细线，如图3-6所示。虚线的基准线可以画在实线基准线的上侧或下侧。基准线一般应与图纸的底边相平行，但在特殊条件下也可与底边相垂直。为引线方便，允许箭头弯折一次。图 3-6 中（b）和（c）的表示方法是相同的，都代表（a）图所示 V 形对接焊缝。

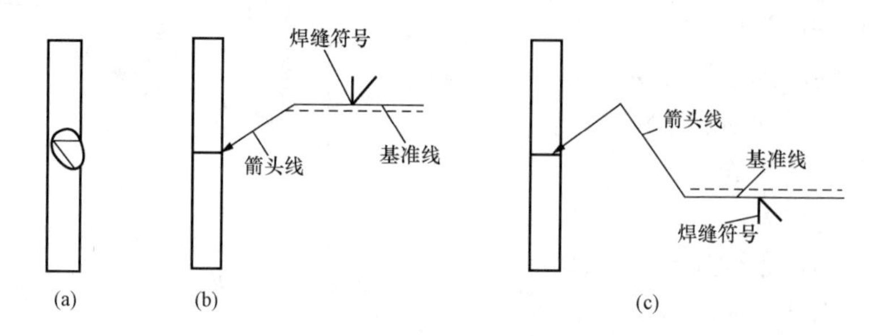

图 3-6　焊缝指引线的画法

（a）V 形对接焊缝；（b）标注方法一；（c）标注方法二

（2）基本符号用以表示焊缝的形状。常用的焊缝基本符号见表 3-1，基本符号与基准线的相对位置应按下列规则表示：

1）如果焊缝在接头的箭头侧，基本符号应标在基准线的实线侧。

2）如果焊缝在接头的非箭头侧，基本符号应标在基准线的虚线侧。

3）当为双面对称焊缝时，基准线可只画一条实线。

4）当为单面的对接焊缝，如 V 形和 U 形焊缝，则箭头线应指向有坡口一侧，如图 3-6 所示。

（3）辅助符号是表示焊缝表面形状特征的符号，如对接焊缝表面余高部分需加工，使其与焊缝表面齐平，则可在对接焊缝符号上加一短画，此短画即为辅助符号（表 3-1）。

（4）补充符号是为了补充说明焊缝的某些特征而采用的符号（表 3-1）。

表 3-1　　焊缝符号中的基本符号、辅助符号和补充符号

	名称	对接焊缝					角焊缝	塞焊缝与槽焊缝	点焊缝
基本符号		I 形焊缝	V 形焊缝	单边 V 形焊缝	带钝边的 V 形焊缝	带钝边的 U 形焊缝			
	符号	‖	V	V	Y	Y	◺	⊓	○

	名称	示意图	符号	示例
辅助符号	平面符号		—	
	凹面符号		◡	

续表

基本符号	名称	对接焊缝					角焊缝	塞焊缝与槽焊缝	点焊缝
		I形焊缝	V形焊缝	单边V形焊缝	带钝边的V形焊缝	带钝边的U形焊缝			
	符号								

	名称	示意图	符号	示例
补充符号	三面围焊缝符号			
	周边焊缝符号			
	工地现场焊缝符号			或

第三节 对接焊缝连接的构造和计算

对接焊缝又称坡口焊缝，因为在施焊时，焊件间需具有适合于焊条运转的空间，通常需将焊件边缘加工成坡口，焊缝则位于两焊件的坡口面之间，或一焊件的坡口与另一焊件的连接面之间。对接焊缝传力直接、平顺、没有显著的应力集中现象，因而受力性能良好，对于承受静、动载的构件连接均适用。但由于对接焊缝的质量要求较高，焊件之间施焊间隙精度要求较高，多用于工厂制造的连接中。

一、对接焊缝连接的构造要求

对接焊缝施工时，应对板件边缘加工成适当形式和尺寸的坡口，以便焊接时有焊条运转的必要空间，保证对接焊缝内部有足够的熔透深度。坡口形式分为||形缝（即不开坡口），V形、U形、X形、单边V形、单边U形和K形，如图3-7所示。坡口形式随板厚和焊接方法而不同。采用手工焊时，当板厚$t \leqslant 10$mm，可采用不开坡口的||形缝，只需保持0.5～2mm的间隙，$t \leqslant 5$mm时可单面焊；当板厚$t=10$～20mm时，采用V形或半V形坡口；对于较厚的板件$t \geqslant 20$mm时，采用V形，K形或U形。对于V形和U形缝的根部还需要清除焊根，并进行补焊。没有条件清根和补焊者，要事先加垫板或采用其他方法。具体的对接焊缝的坡口形式和尺寸可参看《气焊、焊条电弧焊、气体保护焊和高能束焊的推荐坡口》（GB/T 985.1）和《埋弧焊的推荐坡口》（GB/T 985.2）。埋弧自动焊所用电流强，熔深大，已有企业实现板厚20mm无坡口全融透埋弧焊，应关注焊接新技术。

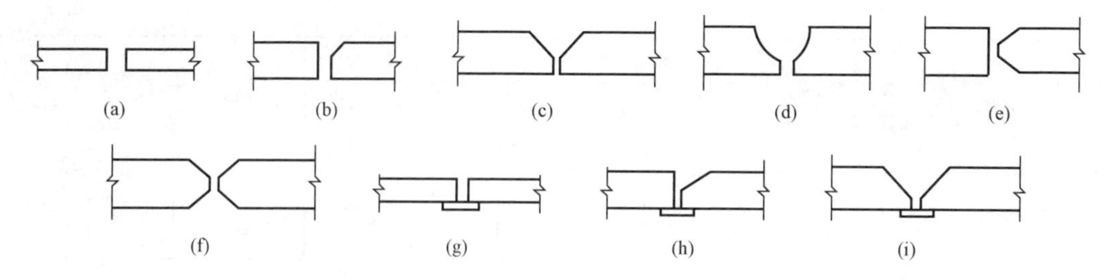

图 3-7 对接焊缝坡口形式

(a) 无垫板‖形缝；(b) 无垫板单边 V 形坡口；(c) 无垫板 V 形坡口；(d) 无垫板 U 形坡口；(e) K 形坡口；(f) X 形坡口；(g) 有垫板‖形坡口；(h) 有垫板单边 V 形坡口；(i) 有垫板 V 形坡口

在焊件宽度或厚度有变化的连接中，为了减缓应力集中，应从板的一侧或两侧做成坡度不大于 1∶2.5 的斜坡（图 3-8），形成平缓过渡。如板厚相差不大于 4mm 时，可不做斜坡。

注意：直接承受动力荷载或需要进行疲劳计算的结构，图 3-8 所指斜面坡度不应大于 1∶4。

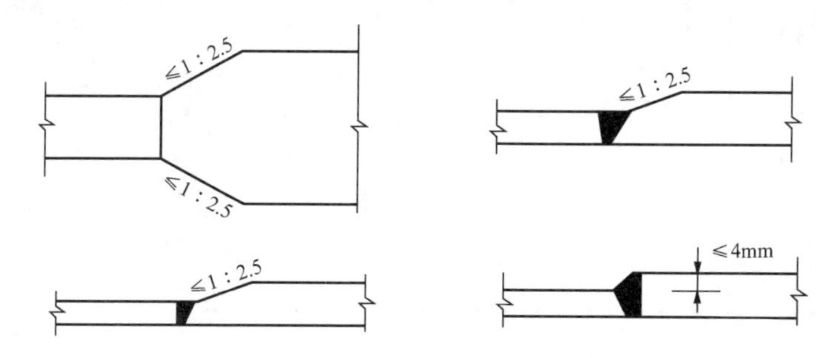

图 3-8 不同宽度或厚度的钢板拼接

一般在引燃电弧的焊缝起弧端和终点灭弧端往往存在弧坑和未熔透等缺陷，这些缺陷统称为焊口。焊口处常形成类裂纹和应力集中。一般的焊缝，其计算长度 l_w 应由实际焊接长度减去 $2t$（t 为焊缝厚度）。为消除焊口影响，焊接时可将焊缝的起弧点和灭弧点延伸至引弧板（图 3-9）上，焊后将引弧板切除。此种带引弧板焊缝的计算长度 l_w 即等于其实际长度。

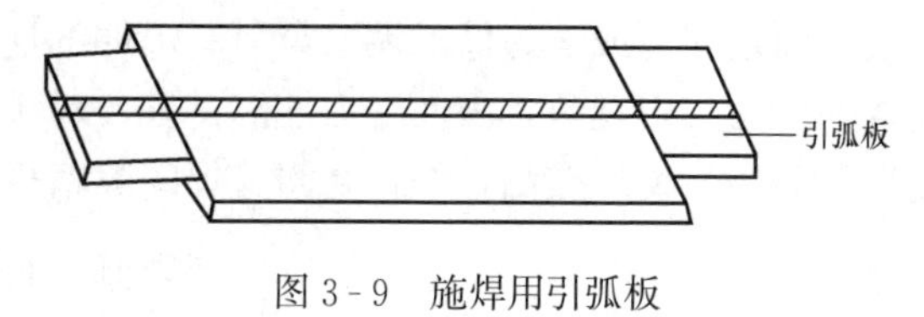

图 3-9 施焊用引弧板

二、对接焊缝的强度计算

1. 对接直焊缝承受轴心力

对接直焊缝承受轴心力 N（拉或压）作用时［图 3-10（a）］，其强度计算式为

$$\sigma = \frac{N}{l_w t} \leqslant f_t^w \text{ 或 } \sigma = \frac{N}{l_w t} \leqslant f_c^w \tag{3-1a}$$

式中 N——按荷载设计值得出的轴心拉力和压力；

l_w——焊缝的计算长度，当未采用引弧板时，每条焊缝取实际长度减去 $2t$（t 为焊缝厚度）；当采用引弧板时，取焊缝实际长度；

t——焊缝的计算厚度，取连接构件中较薄板的厚度，在 T 形连接中取为腹板的厚度；

f_t^w、f_c^w——对接焊缝的抗拉、抗压强度设计值，见表 1-4。

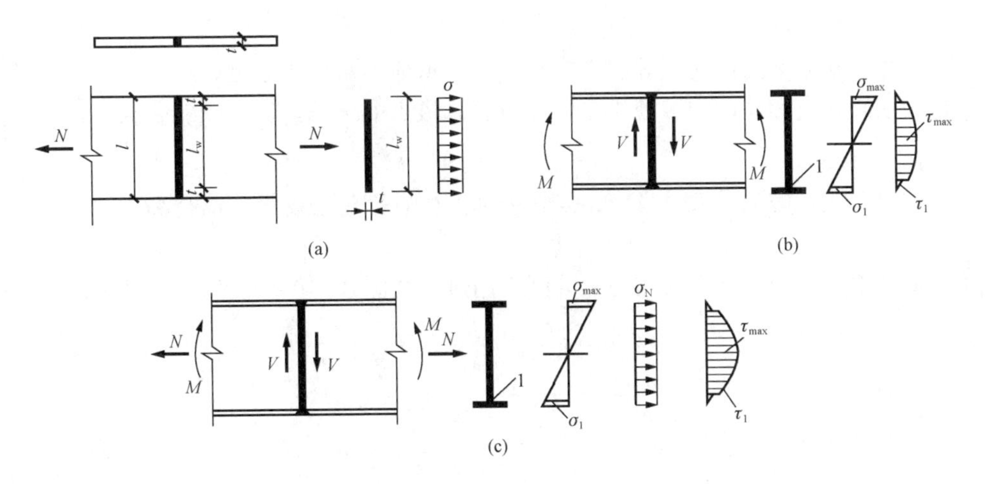

图 3-10　对接焊缝连接的受力情况

(a) 承受轴心力作用的钢板对接焊缝；(b) 承受弯矩和剪力联合作用的 H 型钢对接焊缝；(c) 承受弯矩、剪力及轴心力联合作用的 H 型钢对接焊缝

按容许应力法计算水工钢结构时［例如按《水利水电工程钢闸门设计规范》(SL74) 的规定］，应按下式验算对接焊缝强度

$$\sigma=\frac{N}{l_{w}t}\leqslant[\sigma_{l}^{h}]\text{ 或 }\sigma=\frac{N}{l_{w}t}\leqslant[\sigma_{c}^{h}] \tag{3-1b}$$

式中　N——按荷载标准值得出的轴心拉力和压力值；

$[\sigma_{l}^{h}]$、$[\sigma_{c}^{h}]$——对接焊缝的抗拉、抗压容许应力值，见表 1-9。

凡是按容许应力方法计算时，在公式的形式上都可参照式 (3-1a) 改成式 (3-1b) 的方式进行，将强度设计值改用相应的容许应力，并注意 N 或 V 或 M 等是按荷载标准值求得。

从焊缝的强度设计值表（表 1-4）或容许应力值表（表 1-9）可以看出，当采用Ⅲ级质量检验方法时，因焊缝缺陷的影响，其抗拉强度设计值或容许应力值低于焊件钢材的强度设计值或容许应力值，故对接直焊缝的焊件钢材强度常不能充分利用。若是拼接焊缝，可将其改在受力较小处或改用Ⅰ级、Ⅱ级焊缝检验方法并加引弧板。否则可采用斜焊缝，以增加焊缝长度，减小焊缝应力，提高焊缝承载能力。因斜切钢板废料较多，其应用受到限制。按《钢结构设计标准》(GB 50017) 规定，当焊缝与轴心拉力作用方向间的夹角 $\tan\theta\leqslant1.5(\theta\leqslant56.3°)$ 时，其承载能力超过母材，可不必再验算静力强度。

2. 对接焊缝承受剪力和弯矩

对接焊缝承受弯矩 M 和剪力 V 作用时，如图 3-10 (b) 所示，其焊缝强度验算式为

$$\sigma=\frac{M}{W_{w}}\leqslant f_{t}^{w} \tag{3-2}$$

$$\tau=\frac{VS_{w}}{I_{w}t}\leqslant f_{v}^{w} \tag{3-3}$$

式中　W_w——对接焊缝截面的抵抗矩；

I_w——对接焊缝截面对其中和轴的惯性矩；

S_w——所求应力点以上（或以下）焊缝截面对中和轴的面积矩；

f_v^w——对接焊缝的抗剪强度设计值（见表 1-4）。

对于承受弯矩和剪力的对接焊缝，在正应力和剪应力都较大之处，例如图 3-10（b）所示工字形截面腹板与翼缘的交接处 1 点，还应验算该点的折算应力，验算式为

$$\sqrt{\sigma_1^2+3\tau_1^2}\leqslant 1.1f_t^w \tag{3-4}$$

式中的系数 1.1 是考虑到最大折算应力仅在局部产生，而将强度设计值提高 10%。

3. 对接焊缝承受弯矩、剪力和轴心力

对接焊缝承受弯矩、剪力和轴心力共同作用时，如图 3-10（c）所示，其强度验算式为

$$\sigma=\frac{M}{W_w}+\frac{N}{A_w}\leqslant f_t^w \tag{3-5}$$

$$\sqrt{\sigma_N^2+3\tau_{max}^2}\leqslant 1.1f_t^w \tag{3-6}$$

$$\sqrt{(\sigma_1+\sigma_N)^2+3\tau_1^2}\leqslant 1.1f_t^w \tag{3-7}$$

式中 A_w——对接焊缝的截面面积。

【例 3-1】 设计一 500mm×14mm 钢板的对接焊缝拼接，钢板承受轴心拉力 N=1 400kN（设计值），钢材为 Q235BF，采用 E43 型焊条手工电弧焊，Ⅲ级质量检验，未采用引弧板，如图 3-11 所示。

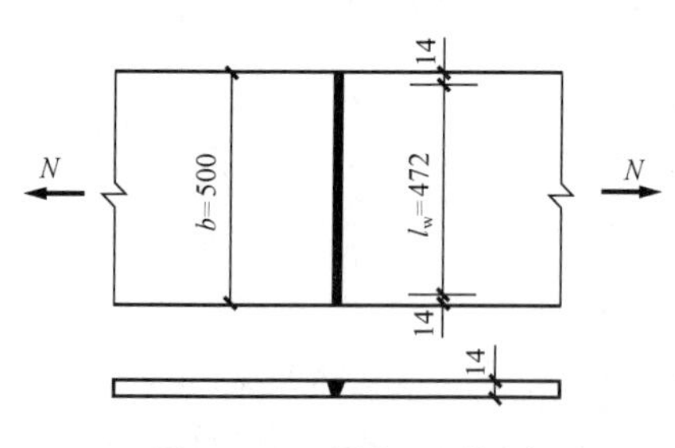

图 3-11 ［例 3-1］图

解 由表 1-4 查得 $f_t^w=185\text{N/mm}^2$，焊缝计算长度

$$l_w=500-28=472(\text{mm})$$

则 $\sigma=\dfrac{N}{l_w t}=\dfrac{1\,400\times10^3}{472\times14}=211.9(\text{N/mm}^2)>f_t^w=185\text{N/mm}^2$

可见直焊缝强度不够，故应采用斜焊缝，按照 $\tan\theta\leqslant 1.5$ 的要求布置斜焊缝即可，而不必再行验算。

【例 3-2】 计算图 3-12 所示工字形截面梁拼接连接的对接焊缝。已知钢材为 Q235BF，采用 E43 型焊条，手工电弧缝，Ⅲ级质量检验，用引弧板施焊。拼接截面承受弯矩 M=1000kN·m（设计值），剪力 V=225kN（设计值）。

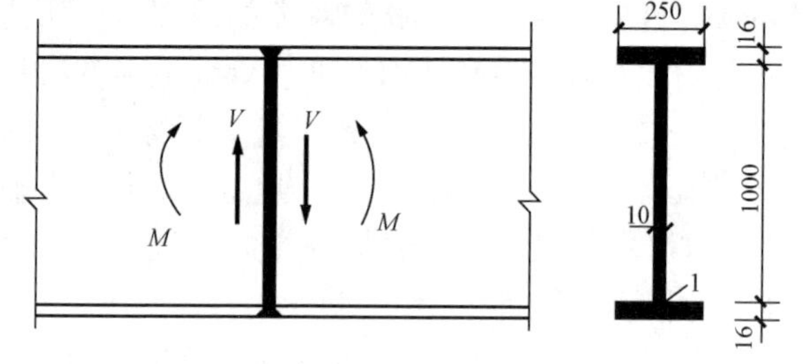

图 3-12 ［例 3-2］图

解 由表 1-4 查得 $f_c^w=215\text{N/mm}^2$，$f_t^w=185\text{N/mm}^2$，$f_V^w=125\text{N/mm}^2$，焊缝截面参数：

$$I_w=\frac{1}{12}(250\times1032^3-240\times1\,000^3)=2\,898\times10^6(\text{mm}^4)$$

$$W_w=\frac{I_w}{h/2}=\frac{2\,898\times10^6}{516}=5.616\times10^6(\text{mm}^3)$$

$$S_1=250\times16\times508=2.030\times10^6(\text{mm}^3)$$

$$S=S_1+10\times500^2/2=3.282\times10^6(\text{mm}^3)$$

则
$$\sigma_w=\frac{M}{W_w}=\frac{1\,000\times10^6}{5.616\times10^6}=178.1(\text{N/mm}^2)<f_t^w=185\text{N/mm}^2$$

$$\tau_w=\frac{VS}{I_w t}=\frac{225\times10^3\times3.282\times10^6}{2\ 898\times10^6\times10}=25.5(\text{N/mm}^2)<f_v^w=125\text{N/mm}^2$$

$$\sigma_1=\frac{M}{I}y_1=\frac{1\ 000\times10^6\times500}{2\ 898\times10^6}=172.5(\text{N/mm}^2)<f_t^w=185\text{N/mm}^2$$

$$\tau_1=\frac{VS_1}{I_w t}=\frac{225\times10^3\times2.03\times10^6}{2\ 898\times10^6\times10}=15.8(\text{N/mm}^2)<f_v^w=125\text{N/mm}^2$$

$$\sqrt{\sigma_1^2+3\tau_1^2}=\sqrt{172.5^2+3\times15.8^2}=174.7(\text{N/mm}^2)<1.1f_t^w=1.1\times185=203.5(\text{N/mm}^2)$$

对接焊缝满足强度要求。

第四节　角焊缝连接的构造和计算

角焊缝为沿两直交或斜交焊件的交线焊接的焊缝，可用于对接、搭接以及直角或斜角相交的 T 形和角接接头中，如图 3－13 所示。因为角焊缝施焊时板边不需要加工坡口，施焊较方便，其在工厂制造和工地安装连接中得到了广泛应用。

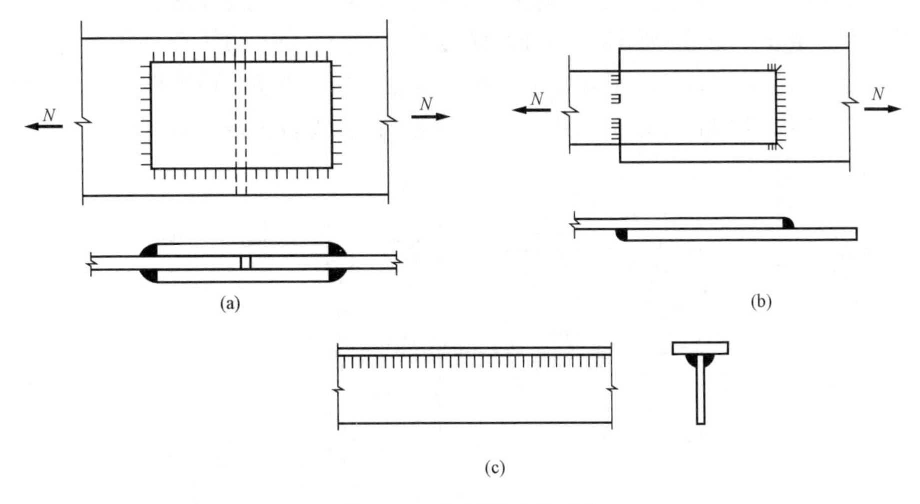

图 3－13　角焊缝连接形式

(a) 围焊缝；(b) 端焊缝；(c) 侧焊缝

一、受力情况和构造要求

1. 角焊缝的形式和受力情况

角焊缝按其长度方向和外力作用方向的不同，可分为平行于力作用方向的侧面角焊缝、垂直于力作用方向的正面角焊缝（又称端焊缝）、与力作用方向斜交的斜向角焊缝，以及几个方向混合使用的围焊缝。

角焊缝两焊脚边的夹角 α 为直角时称为直角角焊缝，如图 3－14（a）、（b）、（c）所示；夹角 α 不是直角时称为斜角角焊缝，如图 3－14（d）、（e）、（f）所示。各种角焊缝的焊脚尺寸 h_f 如图 3－14 所示。

直角角焊缝截面形式又分为普通式、平坡式和深熔式，如图 3－14 所示。普通式截面两焊脚边比例为 1∶1，近似于等腰直角三角形，其传力线弯折较剧烈，故应力集中严重。对直接承受动力荷载的结构，为使传力平顺，正面角焊缝宜采用两焊脚边尺寸比例为 1∶1.5

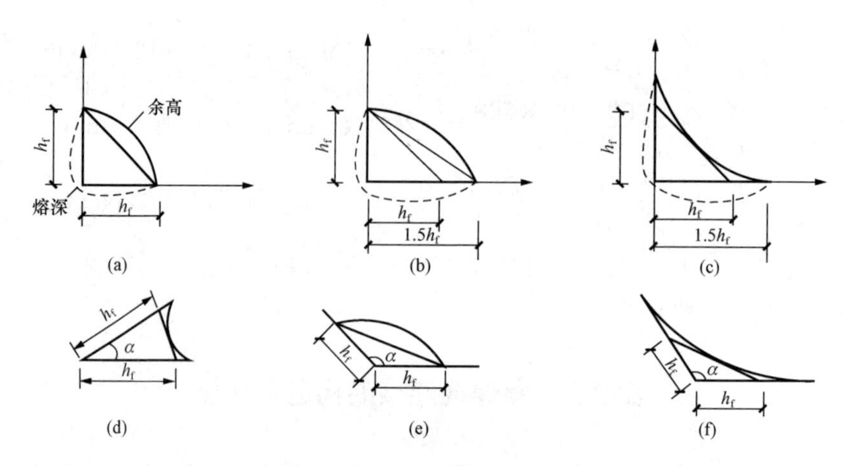

图 3-14　角焊缝截面形式图

（a）普通型；（b）平坡型；（c）深熔型；（d）锐角凹面角焊缝；（e）钝角凸面角焊缝；（f）钝角凹面角焊缝

的平坡式（长边顺内力方向），侧面角焊缝宜采用比例为 1∶1 的深熔式。

侧面角焊缝主要承受剪力作用。在弹性阶段，应力沿焊缝长度方向分布不均匀，两端大中间小，如图 3-15 所示。但由于侧面角焊缝的塑性较好，两端出现塑性变形后，将产生应力重分布，在《钢结构设计标准》（GB 50017）规定的长度范围内，破坏前应力可趋于均匀分布。

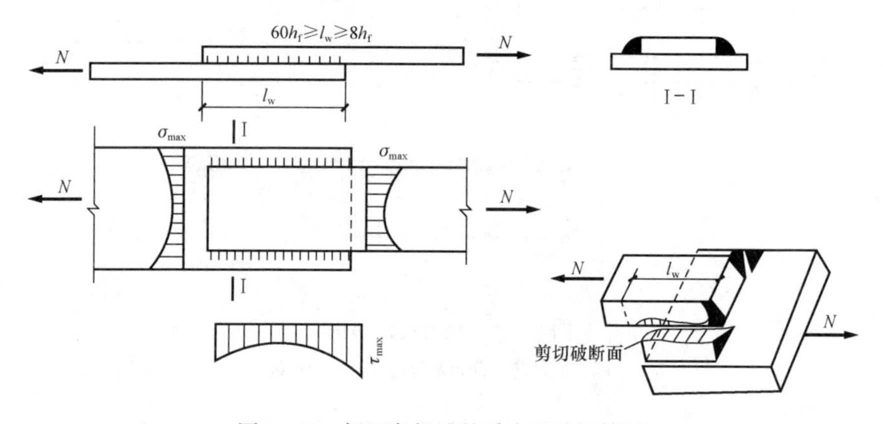

图 3-15　侧面角焊缝的受力及破坏情况

正面角焊缝的应力状态比侧面角焊缝复杂，其破坏强度比侧面角焊缝的要高，但塑性变形要差一些。在外力作用下，由于力线弯折，会产生较大的应力集中，其焊缝根部应力集中最严重，如图 3-16（b）所示，故破坏时总是首先在焊缝根部出现裂纹，然后扩展到整个截面。正面角焊缝沿其长度方向的应力分布比较均匀，两端的应力比中间的稍低，如图 3-16（a）所示。

2. 角焊缝的构造要求

（1）最小焊脚尺寸。角焊缝的焊脚尺寸与焊件的厚度有关，当焊件较厚而焊脚尺寸又过小时，焊缝内部将因冷却过快而产生淬硬组织，降低塑性，容易形成裂纹。因此，角焊缝的最小焊脚尺寸 $h_{f,min}$ 应满足 $h_{f,min} \geq 1.5\sqrt{t_{max}}$，$t_{max}$ 为较厚焊件厚度（mm）（当采用低氢型碱性

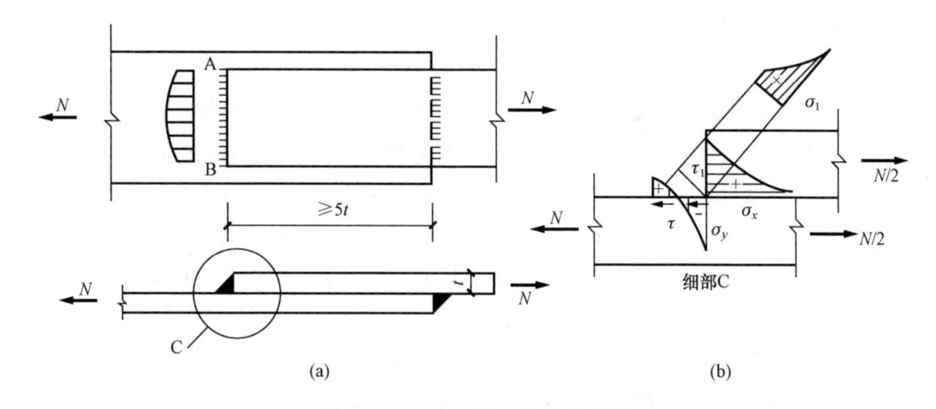

图 3-16　正面焊缝的受力情况

（a）承受轴心力作用的正面角焊缝；（b）焊缝横截面应力分布

焊条施焊时，t 可采用较薄焊件的厚度），如图 3-17 所示。对埋弧自动焊因热量集中，熔深较大，$h_{f,min}$可减小 1mm；T 形连接的单面焊缝的性能较差，$h_{f,min}$可增加 1mm，当 $t_{max} \leqslant$ 4mm 时，取 $h_{f,min}=t_{max}$。

（2）最大焊脚尺寸。角焊缝的焊脚尺寸过大，易使焊件形成烧伤、烧穿等“过烧”现象，且使焊件产生较大的焊接残余应力和焊接变形（见本章第五节）。因此，角焊缝的最大焊脚尺寸 $h_{f,max}$应符合 $h_{f,max} \leqslant 1.2t_{min}$ 的要求，t_{min}为较薄焊件的厚度。对焊件边缘的角焊缝，为防止施焊时产生“咬边”，$h_{f,max}$还应符合下列要求（图 3-17）：当 $t>6$mm 时，$h_{f,max} \leqslant t-(1 \sim 2)$mm；当 $t \leqslant 6$mm 时，$h_{f,max} \leqslant t$。

（3）不等焊脚尺寸。当两焊件的厚度相差较大，且采用等焊脚尺寸无法满足最大和最小焊脚尺寸的要求时，可采用不等焊脚尺寸，即与较厚焊件接触的焊脚符合 $h_{f,min} \geqslant 1.5\sqrt{t_{max}}$（mm），与较薄焊件接触的焊脚满足 $h_{f,max} \leqslant 1.2t_{min}$ 的要求。

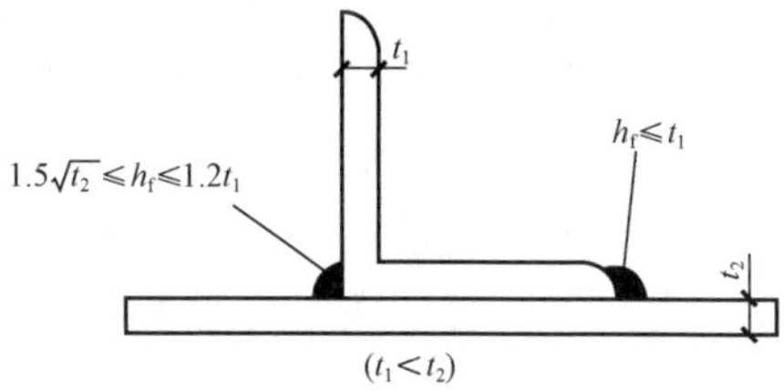

图 3-17　角焊缝厚度的规定

（4）最小焊缝计算长度。当角焊缝焊脚尺寸大而长度过小时，将使焊件局部受热严重，且焊缝起灭弧的弧坑相距太近，加上可能出现的其他缺陷，也使焊缝不够可靠。因此，角焊缝的计算长度不宜小于 $8h_f$ 和 40mm，即 $l_w \geqslant 8h_f$ 和 40mm。

（5）侧焊缝最大计算长度。侧面角焊缝沿长度方向的剪应力分布很不均匀（图 3-15），两端大中间小，且随焊缝长度与其焊脚尺寸之比增大而差别越大。当此比值过大时，焊缝两端将会首先出现裂缝，而此时焊缝中部还未充分发挥其承载力，在动力荷载作用下这种应力集中现象更为不利。因此，侧面角焊缝的计算长度不宜大于 $60h_f$（承受静载或间接承受动载时）或 $40h_f$（直接承受动力荷载时）。当计算长度大于上述限值时，其超过部分在计算中不予考虑。若内力沿侧焊缝全长分布时，其计算长度不受此限制，如工字形截面梁或柱的翼缘与腹板连接焊缝等。

（6）当板件的端部仅有两侧面焊缝连接时（图 3-18），为了避免应力传递过分弯折而使构件中应力过分不均，应使每条侧焊缝长度大于它们之间的距离，即 $l_w \geqslant b$。另外为了避免焊缝收缩时引起板件的拱曲过大，还应使 $b \leqslant 16t$（当 $t>12$mm）或 200mm（当 $t \leqslant 12$mm）。

当不满足上述规定时，应加正面角焊缝。

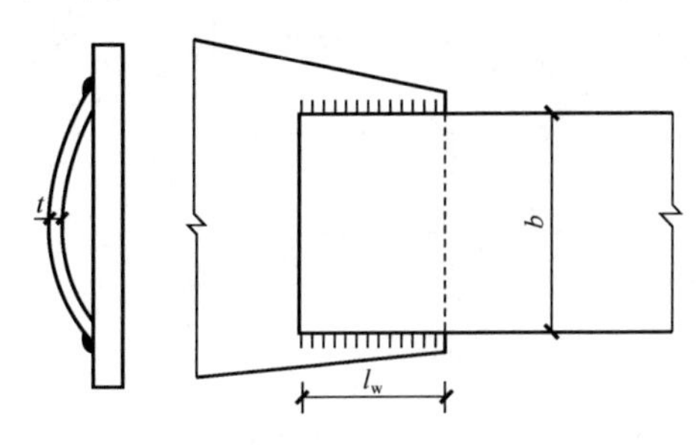

图 3-18 侧面角焊缝引起的焊件拱曲

（7）在仅用正面焊缝的搭接连接中，搭接长度不得小于焊件较小厚度的 5 倍及 25mm，以减小因焊缝收缩而产生的残余应力，以及因传力偏心而产生的附加应力。

（8）在次要构件或次要焊缝连接中，若焊缝受力很小，采用连续焊缝计算焊脚尺寸 h_f 小于最小容许值时，可采用间断焊缝。间断角焊缝焊段的长度不得小于 $10h_f$ 或 50mm。各段之间净距 $e\leqslant 15t_{min}$（受压构件）或 $30t_{min}$（受拉构件），以防板件局部凸曲鼓起，而对受力不利或潮气易于侵入而引起锈蚀。对于水工钢结构，不宜采用间断焊缝，以防锈蚀。

二、角焊缝的强度计算

角焊缝的受力状态比较复杂，因此精确计算比较困难。一般是根据试验结果，找出一个比较合理而又简单的设计方法和相应的公式供设计时采用。直角角焊缝的计算方法主要有两种：一种是世界各国过去多年沿用的、不考虑角焊缝受力方向的单一应力法；另一种是近年来国际标准化组织推荐采用的、考虑角焊缝受力方向对焊缝承载能力影响的折算应力法。前者按容许应力法设计钢结构时还在采用，后者经过针对我国钢材和焊接工艺条件进行的试验，证明了其可靠性，是我国《钢结构设计标准》（GB 50017）采用的方法。两种计算方法的主要区别，在于对角焊缝有效截面上的应力状态采用的假定不同，因而分析和计算方法也不同。按单一应力法计算，虽然在轴心力作用下侧焊缝与端焊缝在有效截面（$A_e=h_el_w=0.7h_fl_w$）上应力状态不一样，但为了计算方便，假定有效截面上只按均布的单一剪应力控制。而按折算应力法分析，端焊缝的承载能力可提高 22%，但端焊缝的刚度大，塑性较差。因此《钢结构设计标准》（GB 50017）规定对于承受静载或间接承受动载的连接，采用折算应力法；而对于直接承受动载的连接仍采用原来的单一应力法计算。但两种方法所用公式相同，只是对端焊缝的强度增大系数 β_f 取值不同，详见于后。

1. 角焊缝计算的基本公式

《钢结构设计标准》（GB 50017）采用的计算方法认为直角焊缝的破坏总是沿其最小截面，即 45°方向的有效截面，设计分析时需研究有效截面上的应力状态。

图 3-19（a）中的角焊缝连接，在三向轴力作用下角焊缝有效截面（$A_e=h_el_w=0.7h_fl_w$）上的应力可用 $\sigma_\perp$、$\tau_\perp$ 和 $\tau_\parallel$ 表示，其中 $\sigma_\perp$ 和 $\tau_\perp$ 为垂直于焊缝长度方向的正应力和剪应力，$\tau_\parallel$ 为平行于焊缝长度方向的剪应力。根据理论分析和实验验证，角焊缝在复杂应力作用下的强度条件可与母材一样为

$$\sqrt{\sigma_\perp^2+3(\tau_\perp^2+\tau_\parallel^2)}\leqslant\sqrt{3}f_f^w \tag{3-8}$$

式中 f_f^w——角焊缝的强度设计值（见表 1-4），把它看作是剪切强度，则 $\sqrt{3}f_f^w$ 相当于角焊缝的单向抗拉强度设计值。

为了便于计算角焊缝，把图 3-19（b）所示的有效截面上的正应力 $\sigma_\perp$ 和剪应力 $\tau_\perp$ 改用两个垂直于焊脚边并在有效截面上分布的应力 σ_{fx} 和 σ_{fy} 表示，同时剪应力 $\tau_\parallel$ 的符号用 τ_{fz} 表示。计算时，假定有效截面上的诸应力都是均匀分布的。有效截面积为 A_e，则 $N_x=\sigma_{fx}A_e$，$N_y=\sigma_{fy}A_e$，$N_z=\tau_{fz}A_e$。如图 3-19（c）所示，根据平衡条件

$$\sigma_{\perp} A_e = \sigma_{fx} A_e \frac{\sqrt{2}}{2} + \sigma_{fy} A_e \frac{\sqrt{2}}{2}$$

$$\tau_{\perp} A_e = \sigma_{fy} A_e \frac{\sqrt{2}}{2} - \sigma_{fx} A_e \frac{\sqrt{2}}{2}$$

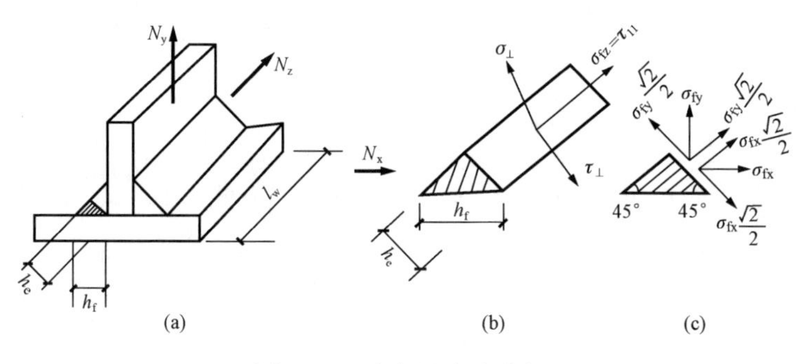

图 3-19　角焊缝应力分析

(a) 角焊缝连接；(b) 有效截面应力；(c) 代换应力

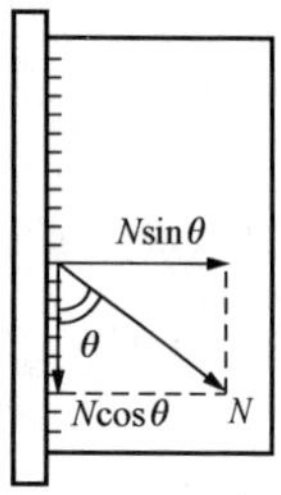

图 3-20　角焊缝受斜向轴力

这样可得

$$\sigma_{\perp} = \sigma_{fx} \frac{\sqrt{2}}{2} + \sigma_{fy} \frac{\sqrt{2}}{2}$$

$$\tau_{\perp} = \sigma_{fx} \frac{\sqrt{2}}{2} - \sigma_{fy} \frac{\sqrt{2}}{2}$$

$$\tau_{\parallel} = \tau_{fz}$$

把以上各式代入式（3-8）可以得到

$$\sqrt{\frac{2}{3}(\sigma_{fx}^2 + \sigma_{fy}^2 - \sigma_{fx}\sigma_{fy}) + \tau_{fz}^2} \leqslant f_f^w \tag{3-9}$$

（1）侧面角焊缝计算公式。对于侧面角焊缝，当只有平行于焊缝长度方向的轴心力 N_z 时（$N_x = N_y = 0$），计算公式为

$$\tau_{fz} = \frac{N_z}{A_e} = \frac{N_z}{0.7 h_f l_w} \leqslant f_f^w \tag{3-10}$$

（2）正面角焊缝计算公式。对于正面焊缝，当只有垂直于焊缝长度方向的轴心力 N 时［$N_z = 0$，N_x（或 N_y）$= 0$］，计算公式为

$$\sigma_f = \frac{N}{A_e} = \frac{N}{0.7 h_f l_w} \leqslant \sqrt{1.5} f_f^w = 1.22 f_f^w \tag{3-11}$$

（3）斜向角焊缝的计算公式。当角焊缝承受斜向轴心力 N 时，设力 N 与焊缝长度方向成夹角 θ，则可把 N 分解成平行于焊缝长度方向的分量 $N\cos\theta$ 和垂直于焊缝长度方向的分量 $N\sin\theta$，如图 3-20 所示，则焊缝有效截面上的应力分量为

$\sigma_{\perp} = \frac{N}{A_e}\sin\theta\frac{\sqrt{2}}{2}$，$\tau_{\perp} = \frac{N}{A_e}\sin\theta\frac{\sqrt{2}}{2}$，$\tau_{\parallel} = \frac{N}{A_e}\cos\theta$，代入式（3-8），并整理得

$$\frac{N}{A_e}\sqrt{3 - \sin^2\theta} \leqslant \sqrt{3} f_f^w$$

令 $\sigma_f = \frac{N}{A_e}$；$\beta_f = \frac{1}{\sqrt{1 - \frac{1}{3}\sin^2\theta}}$，则

$$\sigma_f = \frac{N}{A_e} \leqslant \beta_f f_f^w \tag{3-12}$$

其中，β_f 称为斜向角焊缝强度增大系数，当 $\theta=0°$时，则为侧面焊缝情况，$\beta_f=1$，式（3-12）同式（3-10）。而当 $\theta=90°$时，式（3-12）与式（3-11）相同，$\beta_f=1.22$。

（4）一般情况。当 σ_{fy}（或 σ_{fx}）$=0$ 时，即具有平行和垂直于焊缝长度的轴心力同时作用于焊缝时，去掉小标 x（或 y）、z，由式（3-9）得计算公式为

$$\sqrt{\left(\frac{\sigma_f}{1.22}\right)^2 + \tau_f^2} \leqslant f_f^w \tag{3-13}$$

当直接承受动力荷载时，鉴于正面角焊缝的刚度较大，塑性变形能力低，不再考虑其强度较高的特点，在式（3-11）、式（3-12）及式（3-13）中，一律把 1.22 或 β_f 取 1.0。

对于斜角角焊缝［图 3-14（d）、（e）、（f）］的强度仍按式（3-10）～式（3-13）计算，但需把 1.22 或 β_f 取为 1.0，其有效厚度 h_e 根据《钢结构设计标准》（GB 50017）取值。

按容许应力方法计算焊接连接时［例如《水利水电工程钢闸门设计规范》（SL 74）］，角焊缝连接计算（各种受力情况的侧焊缝、端焊缝和围焊缝）应统一按角焊缝的容许剪应力［τ_f^h］（表 1-9）来验算，而 N，M，V 系根据荷载标准值求得的内力，例如

$$\frac{N}{0.7 h_f l_w} \leqslant [\tau_f^h] \tag{3-14}$$

其他凡是需按容许应力法计算角焊缝时，均可参照式（3-14）的方式进行。

在式（3-9）～式（3-14）中：计算角焊缝的长度 l_w 时，对每条焊缝取其实际长度减去 $2h_f$。

2. 轴心力（拉、压或剪力）作用时的角焊缝计算

当焊件受轴心力，且轴心力通过连接角焊缝群的中心时，焊缝的应力可认为是均匀分布的。图 3-21（a）所示连接，是用拼接板将两焊件连成整体的对接连接，需要计算拼接板和一侧（左侧或右侧）焊件连接的角焊缝。当只采用侧面角焊缝时，按式（3-10）计算；若只采用正面角焊缝时，按式（3-11）计算；采用三面围焊时，对矩形拼接板［图 3-21（a）］，可先按式（3-11）计算正面角焊缝所能承受的内力 N'（$N'=2\times1.22\times l'_w h_f\times0.7\times f_f^w$），再由 $N-N'$按式（3-10）计算侧面角焊缝。当承受动力荷载时，则按轴心力由角焊缝有效截面平均承担计算，即

$$\frac{N}{h_e \sum l_w} \leqslant f_f^w \tag{3-15}$$

式（3-15）中，$\sum l_w$ 是拼接缝一侧的角焊缝总计算长度。

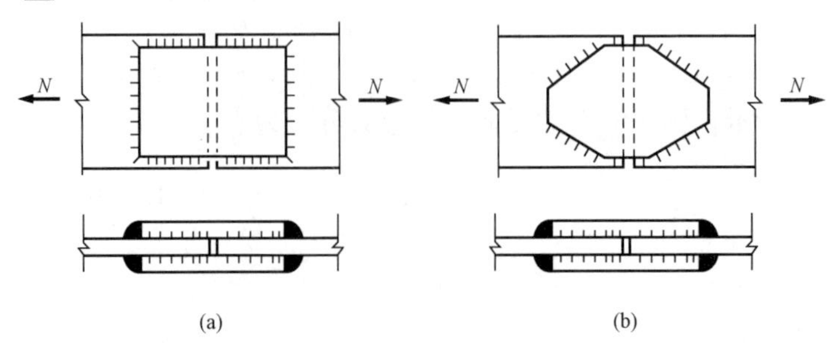

图 3-21 轴心力作用下角焊缝连接
（a）矩形拼接板；（b）菱形拼接板

为了使传力线平缓过渡，减小矩形拼接板转角处的应力集中，可改用菱形拼接板，如图3-21（b）所示。菱形拼接板的正面角焊缝的长度较小，为简化计算，可不考虑应力方向，无论何种轴心力均可按式（3-15）计算。

当用侧面角焊缝连接钢板与角钢时［图3-23（a）］，由于作用在角钢重心线上的轴心力N距角钢肢背和肢尖侧焊缝的距离不等，肢背和肢尖侧焊缝受力大小也不相等。由平衡条件可得角钢肢背焊缝和肢尖焊缝承担的内力N_1和N_2

$$N_1 = b_2 N/b = k_1 N \tag{3-16a}$$

$$N_2 = b_1 N/b = k_2 N \tag{3-16b}$$

其中，$k_1 = b_2/b$，$k_2 = b_1/b$为角钢和钢板搭接时，肢背焊缝和肢尖焊缝的内力分配系数，可按图3-22进行计算。

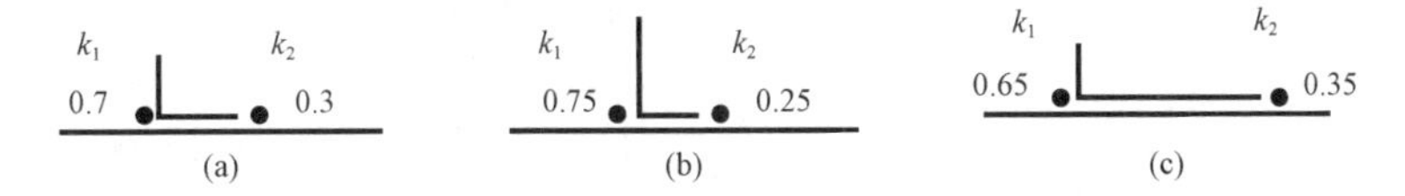

图3-22　角钢焊缝的内力分配系数

（a）等肢角钢一肢相连；（b）不等肢角钢短肢相连；（c）不等肢角钢长肢相连

求得焊缝内力N_1和N_2后，再根据构造要求和强度要求，计算确定肢背和肢尖焊缝的焊脚尺寸h_f和长度l_w。

为了使连接构造紧凑，也可采用围焊缝，如图3-23（b）所示。可先选定正面角焊缝的焊脚尺寸h_{f3}，并算出其所能承受的内力$N_3 = 0.7h_{f3}\sum l_{w3} \times 1.22 f_f^w$，再由平衡条件可求得肢背焊缝和肢尖焊缝的内力，即

$$N_1 = b_2 N/b - N_3/2 = k_1 N - N_3/2 \tag{3-17a}$$

$$N_2 = b_1 N/b - N_3/2 = k_2 N - N_3/2 \tag{3-17b}$$

然后按式（3-10）确定肢背和肢尖焊缝尺寸。

对于图3-23（c）所示的L形焊缝，由式（3-17b）和$N_2 = 0$，可得$N_3 = 2k_2 N$，$N_1 = N - N_3$，然后可确定各焊缝尺寸。

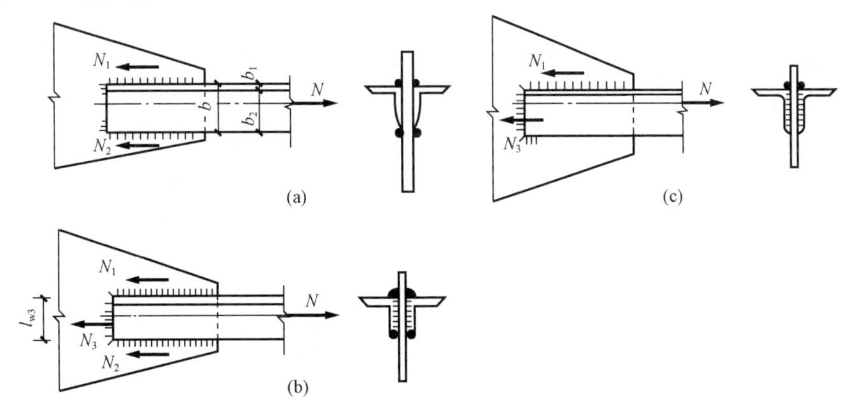

图3-23　角钢角焊缝的受力分配

（a）两面侧焊；（b）三面围焊；（c）L形焊缝

为了使连接的构造合理，角钢的肢背和肢尖焊缝可采用不同的焊脚尺寸 h_f，这样可使肢背和肢尖的焊缝长度 l_w 接近相等。

【例 3-3】 试设计角钢与钢板的连接角焊缝。轴心力设计值 $N=500$kN（静力荷载），角钢为 2L100×8，连接板厚 $t=10$mm，钢材为 Q235B，手工焊，焊条 E43 系列。

解 由表 1-4 查得角焊缝的强度设计值为 $f_f^w=160\text{N/mm}^2$。

最小 h_f：$h_f \geqslant 1.5\sqrt{t_{max}}=1.5\sqrt{10}=4.7(\text{mm})$

角钢肢尖处最大 h_f：$h_f \leqslant t-(1\sim2)=8-(1\sim2)=6\sim7(\text{mm})$

角钢肢背处最大 h_f：$h_f \leqslant 1.2t=1.2\times8=9.6(\text{mm})$

（1）采用两侧侧面焊缝［见图 3-24（a）］，则肢背和肢尖所分担的内力分别为

$$N_1 = k_1 N = 0.7 \times 500 = 350(\text{kN})$$

$$N_2 = k_2 N = 0.3 \times 500 = 150(\text{kN})$$

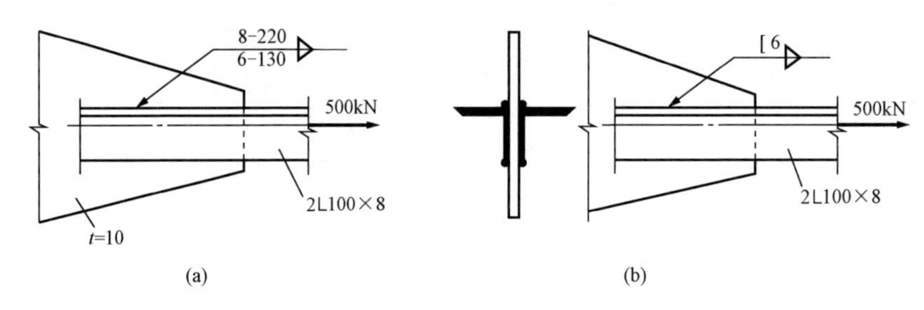

图 3-24 ［例 3-3］图

（a）两边侧焊缝；（b）三面围焊缝

肢背焊脚尺寸取 $h_{f1}=8$mm，需要

$$l_{w1} = \frac{N_1}{2\times0.7h_{f1}f_f^w} = \frac{350\times10^3}{2\times0.7\times8\times160} = 195.3(\text{mm})$$

考虑到焊口的影响，采用 $l_{w1}\geqslant195.3+2h_{f1}=211.3(\text{mm})\approx220\text{mm}$（取整）。

肢尖焊缝厚度取 $h_{f2}=6$mm，需要

$$l_{w2} = \frac{N_2}{2\times0.7h_{f2}f_f^w} = \frac{150\times10^3}{2\times0.7\times6\times160} = 111.6(\text{mm})$$

考虑到焊口的影响，取 $l_{w2}\geqslant111.6+2h_{f2}=123.6(\text{mm})\approx130\text{mm}$（取整）

（2）采用三面围焊缝［图 3-24（b）］。焊缝厚度一律取 $h_f=6$mm。

$$N_3 = 2\times1.22\times0.7h_f l_{w3}\times f_f^w = 2\times1.22\times0.7\times6\times100\times160 = 164(\text{kN})$$

$$N_1 = 0.7N - N_3/2 = 0.7\times500 - 164/2 = 268(\text{kN})$$

$$N_2 = 0.3N - N_3/2 = 0.3\times500 - 164/2 = 68(\text{kN})$$

每面肢背焊缝需要的实际长度为

$$l_{w1} \geqslant \frac{N_1}{2\times0.7h_f f_f^w} + 6 = \frac{268\times10^3}{2\times0.7\times6\times160} + 6 = 205.4(\text{mm})$$

取 $l_{w1}=210$mm（取整）。每面肢尖焊缝需要的实际长度

$$l_{w2} \geqslant \frac{N_2}{2\times0.7h_f f_f^w} + 6 = \frac{68\times10^3}{2\times0.7\times6\times160} + 6 = 56.6(\text{mm})$$

取 $l_{w2}=60$mm（取整）。

3. 弯矩、剪力和轴心力共同作用时T形接头的角焊缝计算

图3-25所示T形连接，承受轴心力N和偏心力P作用。其中P在角焊缝中引起剪力$V(V=P)$和弯矩$M(M=Pe)$。由弯矩M所产生的应力σ_{fM}，其方向垂直于焊缝，呈三角形分布；由轴心力N引起的应力σ_{fN}，其方向垂直于焊缝并均匀分布；由剪力V引起的应力τ_{fV}，其方向平行于焊缝，也按均匀分布考虑，则

$$\sigma_{fM}=\frac{M}{W_w},\sigma_{fN}=\frac{N}{A_w},\tau_{fv}=\frac{V}{A_w}$$

式中　W_w——角焊缝有效截面的抵抗矩，图3-25（b）中，$W_w=h_e\sum l_w^2/6$；

A_w——角焊缝有效截面面积，$A_w=h_e\sum l_w$

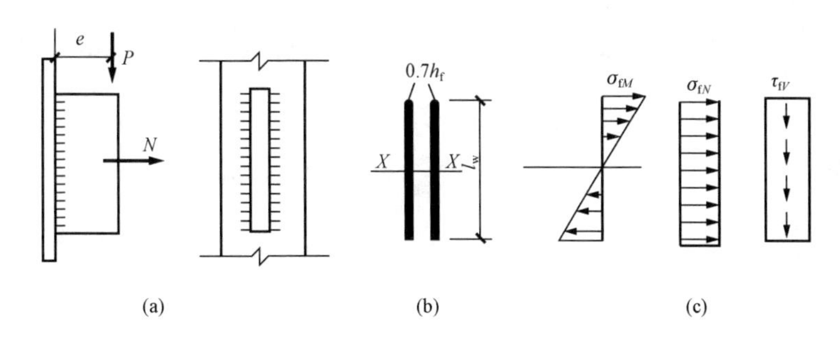

图3-25　角焊缝受弯矩、剪力和轴心力共同作用

（a）T形连接；（b）焊缝计算截面；（c）应力

在M、V和N共同作用下，在角焊缝的有效截面上，对受力最大的应力点，可按式（3-18）计算强度即满足要求。

$$\sqrt{\left(\frac{\sigma_{fM}+\sigma_{fN}}{\beta_f}\right)^2+\tau_{fV}^2}\leqslant f_f^w \tag{3-18}$$

当承受静力或间接承受动力荷载时，取$\beta_f=1.22$；直接承受动力荷载时，取$\beta_f=1.0$。

【例3-4】　试验算图3-26中牛腿与柱的角焊缝连接强度。牛腿与柱的钢材用Q235B钢，P为静力，$P=350$kN（设计值），偏心距$e=300$mm，手工焊，焊条E43系列。

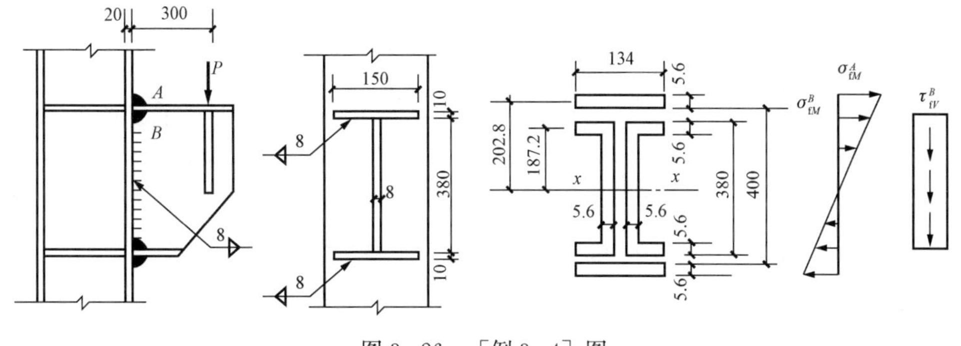

图3-26　［例3-4］图

解　由表1-4查得$f_f^w=160\text{N/mm}^2$。牛腿和柱连接的角焊缝承受牛腿传来的剪力$V=P=350$kN，弯矩$M=Pe=350\times0.3=105(\text{kN}\cdot\text{m})$。

取$h_f=8\text{mm}<1.2t_{min}=1.2\times8=9.6(\text{mm})$，$h_f$且大于$1.5\sqrt{t_{max}}=1.5\times\sqrt{20}=6.7(\text{mm})$

由于牛腿翼缘与柱的连接焊缝竖向刚度较低，故一般简化考虑剪力全部由腹板上的两条竖焊缝承受，而弯矩则由全部焊缝共同承受。两条竖向焊缝有效截面的面积为

$$A_w = 2 \times 0.7 \times 8 \times 380 = 4256(\text{mm}^2)$$

全部焊缝有效截面对 x 轴的惯性矩和抵抗矩为

$$I_w = 2 \times \frac{1}{12} \times 0.7 \times 8 \times 380^3 + 2 \times 0.7 \times 8 \times (150-16) \times 202.8^2 + 4 \times 0.7 \times 8(71-5.6-8) \times 187.2^2 = 157\,996\,000(\text{mm}^4)$$

$$W_w = \frac{I_w}{y} = \frac{157\,996\,000}{205.6} = 768\,000(\text{mm}^3)$$

翼缘焊缘最外边缘 A 点的最大应力为

$\sigma_{fM}^{A} = \frac{M}{W_w} = \frac{105 \times 10^6}{768 \times 10^3} = 136.7(\text{N/mm}^2) \leqslant \beta_f f_f^w = 160 \times 1.22 = 195.2(\text{N/mm}^2)$，满足条件。

腹板有效边缘 B 点的应力为

$$\sigma_{fM}^{B} = 136.7 \times \frac{190}{205.6} = 126.3(\text{N/mm}^2)$$

$$\tau_{fV}^{B} = \frac{V}{A_w} = \frac{350 \times 10^3}{4256} = 82.2(\text{N/mm}^2)$$

$\sqrt{\left(\frac{\sigma_{fM}^{B}}{\beta_f}\right)^2 + (\tau_{fV}^{B})^2} = \sqrt{\left(\frac{126.3}{1.22}\right)^2 + 82.2^2} = 132.2(\text{N/mm}^2) < f_f^w = 160\text{N/mm}^2$，满足要求。

4. 扭转、剪力和轴力共同作用下搭接连接的角焊缝计算

如图 3-27 所示，柱翼缘和牛腿的搭接连接，承受偏心力 P 和轴心力 N 共同作用。计算时，首先求得角焊缝有效截面形心 O，它距偏心力 P 的距离为（$e+a$），再将力 P 移至通过焊缝形心 O 的 y 轴线上。则外力 P 可转化为作用于角焊缝形心 O 的剪力 $V(V=P)$ 和扭矩 $T=P(e+a)$，以及水平轴力 N。

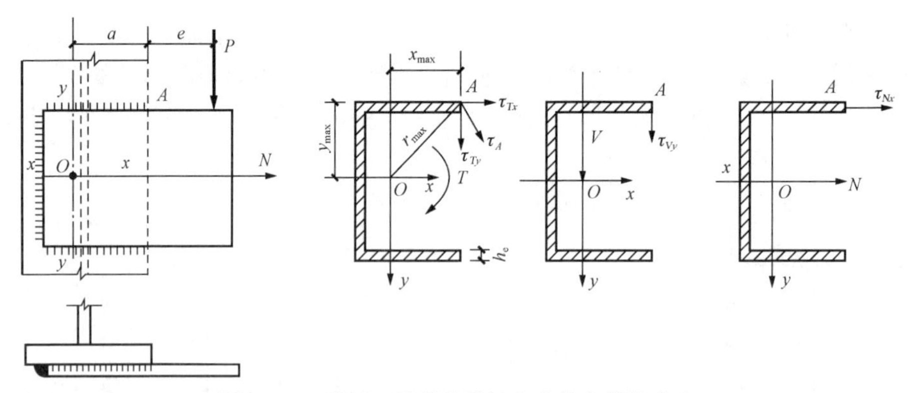

图 3-27 受扭、受剪及受轴心力的角焊缝应力

在扭矩作用下，角焊缝计算的假定：①被连接的构件是绝对刚性的，而角焊缝是弹性的；②被连接的构件绕角焊缝有效截面形心 O 旋转，角焊缝上任意一点的应力方向垂直于该点和形心 O 的连线，且应力大小与其距离 r 的大小成正比。距角焊缝有效截面形心最远点（如 A 点）的应力计算式为

$$\tau_A = \frac{Tr_{max}}{I_P} \tag{3-19}$$

式中　I_P——角焊缝有效截面的极惯性矩，$I_P=I_x+I_y$；

　　r_{max}——角焊缝有效截面形心 O 到应力作用最远点的距离。

将扭矩 T 在 A 点产生的应力 τ_A 分解为沿 x 轴和 y 轴上的分应力

$$\tau_{Tx}=\frac{Ty_{max}}{I_x+I_y}\text{(侧焊缝受力性质)} \tag{3-20a}$$

$$\tau_{Ty}=\frac{Tx_{max}}{I_x+I_y}\text{(端焊缝受力性质)} \tag{3-20b}$$

在剪力 V 和轴力 N 作用下焊缝有效截面上的应力近似按平均分布考虑，$\tau_{Vy}=V/A_w$，$\tau_{Nx}=N/A_w$，则距角焊缝有效截面形心最远点（如 A 点）各应力的分量为

$$\tau_{Nx}=N/A_w, \tau_{Vy}=V/A_w,$$

$$\tau_{Tx}=\frac{Ty_{max}}{I_x+I_y}, \tau_{Ty}=\frac{Tx_{max}}{I_x+I_y}$$

验算角焊缝强度公式为

非直接动力荷载作用　$$\sqrt{\left(\frac{\tau_{Vy}+\tau_{Ty}}{1.22}\right)^2+(\tau_{Nx}+\tau_{Tx})^2}\leqslant f_f^w \tag{3-21a}$$

直接动力荷载作用　$$\sqrt{(\tau_{Vy}+\tau_{Ty})^2+(\tau_{Nx}+\tau_{Tx})^2}\leqslant f_f^w \tag{3-21b}$$

【例 3-5】　图 3-28 所示为一支托板与柱搭接连接，$l_{w1}=300$mm，$l_{w2}=400$mm，作用力设计值 $V=200$kN，钢材为 Q235B，焊条 E43 系列，手工焊，作用力 V 距柱边缘的距离为 $e=300$mm，设支托板厚为 12mm，而柱翼缘厚为 20mm，试设计该连接角焊缝。

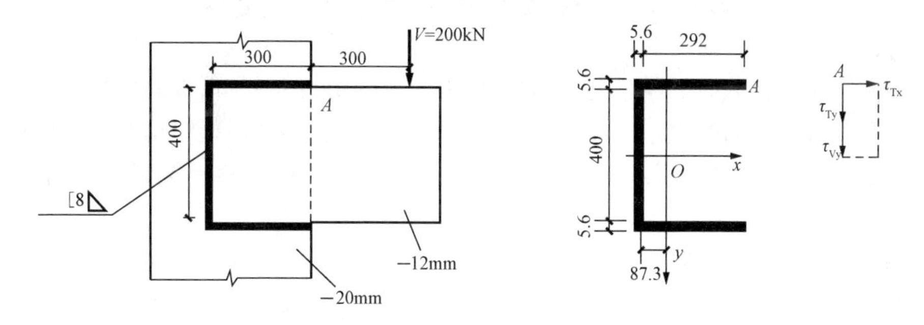

图 3-28　［例 3-5］图

解　采用图示的三面围焊缝。

选取 $h_f=8\text{mm}<t-(1\sim2)=12-(1\sim2)=10\sim11(\text{mm})$，且 $h_f>h_{f,min}=1.5\sqrt{t_{max}}=1.5\sqrt{20}=6.7(\text{mm})$

焊缝有效截面的几何特性。

焊缝有效截面的形心位置为

$A_w=0.7\times8\times(292\times2+411.2)=5\ 573.12(\text{mm}^2)$

$$\bar{x}=\frac{2\times0.7\times8\times292\left(\frac{1}{2}\times292+2.8\right)}{0.7\times8(2\times292+411.2)}=87.3(\text{mm})$$

$$I_x=\frac{1}{12}\times0.7\times8\times411.2^3+2\times0.7\times8\times292\times202.8^2=16\ 695\times10^4(\text{mm}^4)$$

$$I_y=0.7\times8\times411.2\times87.3^2+2\left[\frac{1}{12}\times0.7\times8\times292^3+0.7\times8\times292\left(\frac{292}{2}+2.8-87.3\right)^2\right]$$

$$=53\ 156.45\times10^3(\text{mm}^4)$$

$$I_P=I_x+I_y=22\ 010.6\times10^4(\text{mm}^4)$$

焊缝强度验算（A 点）。

$$扭矩：T=V\left(e+l_1+\frac{h_e}{2}-\bar{x}\right)=200(300+300+2.8-87.3)=103\ 100(\text{kN}\cdot\text{mm})$$

$$\tau_{Vy}^A=\frac{V}{A_w}=\frac{200\times10^3}{5\ 573.12}=35.89(\text{N/mm}^2)$$

$$\tau_{Tx}^A=\frac{Ty_A}{I_P}=\frac{1\ 031\times10^5\times205.6}{22\ 010.6\times10^4}=96.31(\text{N/mm}^2)$$

$$\tau_{Ty}^A=\frac{Tx_A}{I_P}=\frac{1\ 031\times10^5\times(294.8-87.3)}{22\ 010.6\times10^4}=97.195(\text{N/mm}^2)$$

所以

$$\sqrt{\left(\frac{\tau_{Vy}^A+\tau_{Ty}^A}{\beta_f}\right)^2+(\tau_{Tx}^A)^2}=\sqrt{\left(\frac{35.89+97.195}{1.22}\right)^2+96.31^2}=145.52(\text{N/mm}^2)<f_f^w=160(\text{N/mm}^2)$$

满足强度要求。

第五节　焊接残余应力和焊缝残余变形

焊接构件在未受荷载时，由于施焊时在焊件上产生局部高温所形成的不均匀温度场而引起的内应力和变形，称为焊接应力和焊接变形。它会直接影响到焊接结构的制造质量和正常使用，并且是形成各种焊接裂纹的因素之一，应在设计、制造和焊接过程中加以控制和重视。

一、焊接残余应力的种类和产生的原因

焊接应力有暂时应力与残余应力之分。暂时应力只在焊接过程中一定的温度条件下才存在，当焊件冷却至常温时，暂时应力即行消失。焊接残余应力是指焊件冷却后残留在焊件内的应力。从结构的使用要求来看，焊接残余应力具有重要意义。残余应力按其方向可分为纵向、横向和沿焊缝厚度方向的应力三种。

1. 纵向焊接残余应力

焊接过程是一个不均匀加热和冷却的过程。在施焊时，焊件上产生不均匀的温度场，焊缝及附近区域温度最高，可达 1600℃以上，其邻近区域则温度急剧下降。不均匀的温度场将产生不均匀膨胀。焊缝及附近高温处的钢材膨胀最大，由于受到两侧温度较低，膨胀较小的钢材的限制，产生了热状态塑性压缩。焊缝冷却时，被塑性压缩的焊缝区趋向于收缩得比原始长度稍短，这种缩短变形受到焊缝两侧钢材的限制，使焊缝区产生纵向拉应力。在低碳钢和低合金钢中，这种拉应力常可达到钢材的屈服强度。焊接残余应力是工作荷载还未作用时的内应力，因此，会在焊件内部自相平衡，这就必然在距焊缝稍远区域内产生残余压应力，如图 3-29（a）所示。

用三块剪切下料的钢板焊成的工字形截面，纵向焊接残余应力分布如图 3-29（b）所示。

构件产生纵向残余应力的三个充分必要条件：

（1）构件上存在不均匀的温度场。

（2）构件进入了热塑性状态。

（3）组成构件的各个（假象）纵向纤维不能自由纵向变形。

在同时满足上述三个条件的情况下，构件将产生纵向残余应力。构件在焊接、热轧、热切割等热处理时均会同时满足上述三个充分必要条件，故都将会产生纵向残余应力。

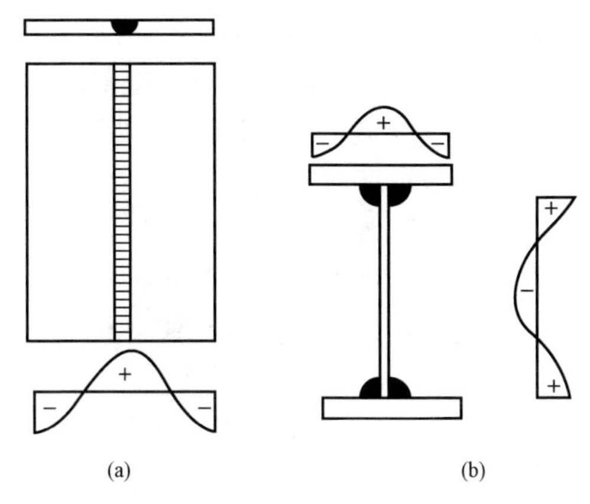

图 3-29　纵向焊接残余应力

（a）钢板；（b）工字钢

2. 横向残余应力

横向残余应力产生的原因有：①由于焊缝纵向收缩，两块钢板趋向于向外弯成弓形的趋势［图 3-30（a）］，但实际上焊缝将两块板件连成整体，不能分开，于是在焊缝中部将产生横向拉应力，而在两端产生横向压应力［图 3-30（b）］。②焊缝在施焊过程中，先后冷却的时间不同，先焊的焊缝已经凝固，且具有一定的强度，会阻止后焊焊缝在横向的自由膨胀，使其产生横向的塑性压缩变形。当焊缝冷却时，后焊焊缝的收缩受到已凝固焊缝的限制而产生横向拉应力，同时在先焊部分的焊缝中产生横向压应力。横向收缩引起的横向应力与施焊方向及先后次序有关，如图 3-30（c）、（d）、（e）所示。焊缝的横向残余应力是上述两种原因产生的应力的合成。图 3-30（f）是图 3-30（b）和（c）的合成应力。

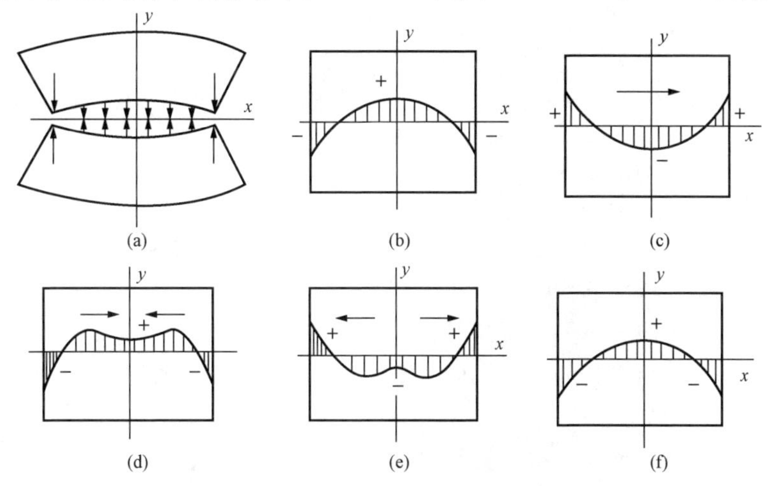

图 3-30　横向焊接残余应力产生的原因

（a）由于焊缝纵向收缩产生的变形趋势；（b）由于焊缝纵向收缩产生的横向残余应力；（c）、（d）、（e）由于不同施焊方向，横向收缩产生的横向残余应力；（f）图（b）和图（c）应力合成产生的横向残余应力

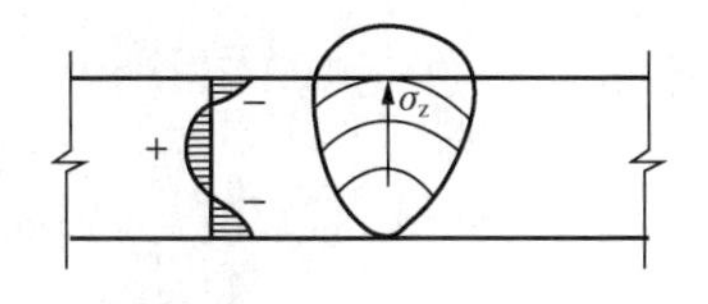

图 3-31　厚度方向的残余应力

3. 沿焊缝厚度方向的残余应力

在厚钢板的连接中，焊缝需要多层施焊。因此，除有纵向和横向残余应力（σ_x，σ_y）之外，沿厚度方向还存在着残余应力（σ_z），如图 3-31 所示。这三种应力可能形成比较严重的同号三轴应力；会大大降低结构连接的塑性。这就是焊

接结构易发生脆性破坏的原因之一。

以上分析是焊件在无外加约束情况下的焊接残余应力。若焊件施焊时处在约束状态，如采用强大夹具或焊件本身刚度较大等，焊件将因不能自由伸缩变形而产生强大的焊接残余应力，且随约束程度增加而增大。

二、焊接残余变形

如前所述，焊接过程中的局部加热和不均匀冷却收缩，使焊件在产生残余应力的同时还将伴随产生焊接残余变形，如纵向和横向收缩、弯曲变形、角变形、波浪变形和扭曲变形等，如图 3-32 所示。

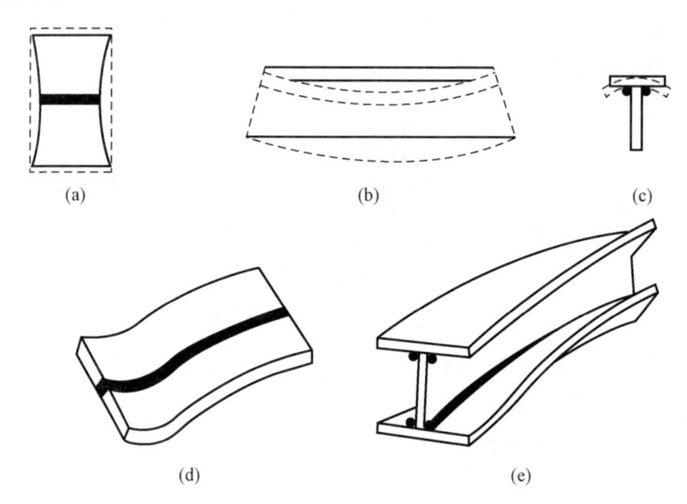

图 3-32 焊接残余变形

(a) 纵向收缩和横向收缩；(b) 弯曲变形；(c) 角变形；(d) 波浪边形；(e) 扭曲变形

三、焊接残余应力和残余变形的影响

1. 焊接残余应力对结构性能的影响

（1）静力强度。对于具有一定塑性的钢材，在静力荷载作用下，因焊接残余应力是自相平衡力系，它不影响结构的静力强度。

（2）刚度。当残余应力与外加荷载引起的应力同号相加以后，该部分材料提前进入屈服阶段，局部形成塑性区而刚度降为零，继续增加的外力将仅由弹性区承担，因此，构件变形将加快，刚度降低。

（3）构件的稳定性。轴心受压、受弯和压弯构件等可能在荷载引起的压应力作用下，而丧失整体稳定（即发生屈曲）。这些构件中外荷载引起的压应力与截面残余压应力叠加时，会使部分截面提前达到受压屈服强度而进入塑性受压状态。这部分截面丧失了继续承受荷载的能力，降低了刚度，对保证构件稳定也不再起作用，因而将降低构件的整体稳定性。

（4）疲劳强度和低温冷脆。由于残余应力可能为三向同号应力状态，材料在这种应力状态下易转向脆性，使裂纹容易产生和开展，疲劳强度也因而降低。尤其在低温动载作用下，更易导致低温脆性断裂。

2. 焊接残余变形对结构的影响

焊接残余变形不仅影响结构的尺寸，使装配困难，影响使用质量，而且过大的变形将显著降低结构的承载能力，甚至使结构不能使用。因此，在设计和制造时必须采取适当措施来减小残余应力和残余变形的影响。如果残余变形超出验收规范的规定，必须加以矫正，使其不致影响构件的使用和承载能力。

四、减小焊接残余应力和焊接残余变形的方法

残余应力和残余变形在焊接结构中是相互关联的。若为了减小残余变形，在施焊时对焊件加强约束，则残余应力将随之增大。反之则相反。因此，随意加强约束并不尽合理。正确的方法应从设计和制造、焊接工艺上采取一些有效措施。

1. 合理的焊缝设计

（1）焊缝尺寸要适当，焊脚尺寸不宜过大，在构造容许范围内，宜用细长焊缝，不宜采用较粗短焊缝。

（2）焊缝不宜过分集中［图 3-33（a）］，并应尽量避免三向焊缝交叉。当不可避免时，应采取措施加以改善［图 3-33（b）］，也可使主要焊缝连续通过，而使次要焊缝中断［图 3-33（c）］。

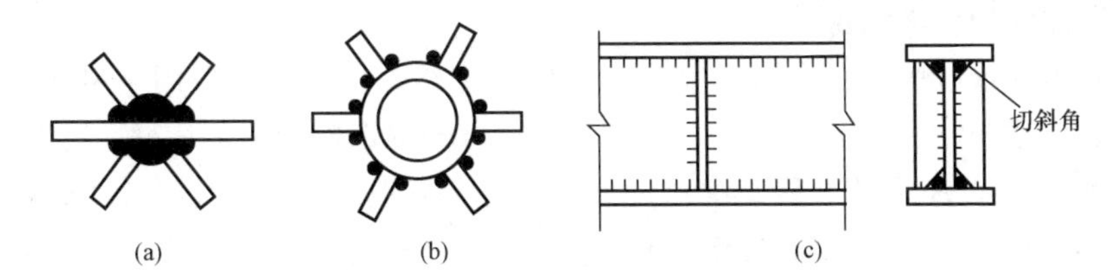

图 3-33 减少焊件残余应力的设计措施

（a）不合理；（b）、（c）合理

2. 合理安排焊接及制造工艺

（1）在焊接工艺上，应选择使焊缝易于收缩并可减小残余应力的焊接次序，如分段退焊［图 3-34（a）］、分层焊［图 3-34（b）］、对角跳焊［图 3-34（c）］和分块拼焊［图 3-34（d）］等。

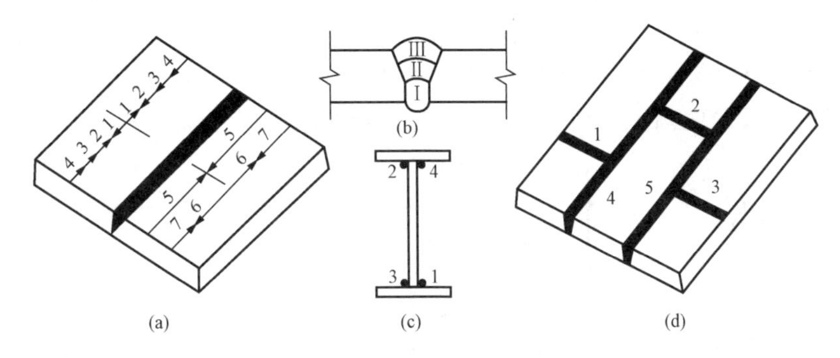

图 3-34 合理的焊接次序

（a）分段退焊；（b）分层焊；（c）对角跳焊；（d）分块拼焊

（2）在制造工艺上，可采用预先反变形（图 3-35），对厚板钢材采用焊前预热（在焊道两侧各 80～100mm 范围均匀加热至 100～150℃）及焊后退火（加热至 600℃后缓冷）或锤击法（用手锤轻击焊缝表面使其延伸，以减小焊缝中部残余拉应力）等。

（3）对焊件的尺寸收缩，应在下料时预加收缩余量。当焊接残余变形过大时，可采用机械方法顶压进行冷矫正或局部加热后冷缩进行热矫正。但对于低合金高强度钢不宜使用锤击法进行矫正。

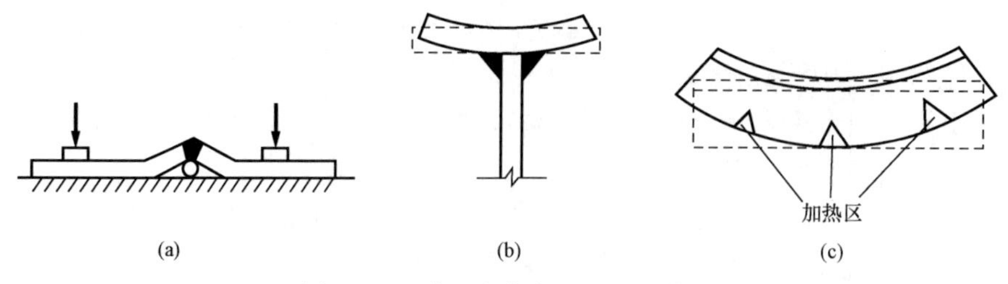

图 3-35 减少残余变形的工艺措施

（a）预折；（b）预弯；（c）局部加热

第六节 普通螺栓连接的构造和计算

一、普通螺栓的种类和特性

钢结构采用的普通螺栓形式为六角头型，粗牙普通螺栓，其代号用字母 M 与公称直径（mm）表示。工程中常用 M18，M20，M22，M24。根据螺栓的加工精度，普通螺栓又分为 C 级（原粗制螺栓）、A 级及 B 级螺栓（原精制和半精制螺栓）两种。C 级螺栓用 4.6 级或 4.8 级钢制作，而 A 级和 B 级螺栓采用 5.6 级和 8.8 级钢制作；C 级螺栓加工粗糙，尺寸不够准确，只要求Ⅱ类孔（在单个零件上一次冲成或不用钻模钻成设计孔径的孔），成本低，栓径比孔径小 1.5～2.0mm。A 级和 B 级螺栓需经机床车削加工，精度较高，要求Ⅰ类孔，孔径与栓径相等，只分别允许其有正和负公差，因此，栓杆和螺孔间的空隙仅为 0.3mm 左右。由此可见，A 级和 B 级螺栓与螺孔为紧配合，受剪性能较好，变形很小，但制造和安装过于费工，价格昂贵，目前在钢结构中应用较少。C 级螺栓由于与螺栓孔的空隙较大，当传递剪力时，连接变形大，工作性能差，但传递拉力的性能仍较好，所以 C 级螺栓广泛用于需要装拆的连接、承受拉力的安装连接，不重要的连接或作安装时的临时固定等。对直接承受动力荷载的普通螺栓连接应采用双螺帽或其他能防止螺帽松动的有效措施。

在钢结构施工图上需将螺栓及螺孔的施工要求，用图形表示清楚，以免引起混淆。图 3-36 为常用的孔、螺栓图例。详细表示方法参见《建筑结构制图标准》（GB/T 50105）。

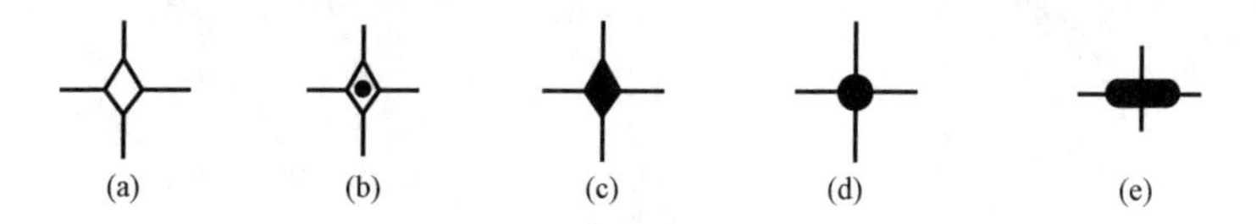

图 3-36 螺栓的制图符号

（a）永久螺栓；（b）安装螺栓；（c）高强度螺栓；（d）螺栓孔；（e）椭圆形螺栓孔

二、普通螺栓连接的构造要求

1. 螺栓的直径

在同一结构连接中，无论是临时安装螺栓还是永久螺栓，为了方便制孔，宜用一种螺栓直径 d，d 应根据连结构件的尺寸和受力大小来选择。常用螺栓规格是 M16、M18、M20、M22、M24 等规格。螺栓直径选得合适与否，将影响螺栓数目及连接节点的构造尺寸。

2. 螺栓的排列及间距

螺栓的排列应简单、统一而紧凑，满足受力要求，构造合理又便于安装，排列方式有并列排列和错列排列两种，如图 3-37 所示。并列较简单，错列较紧凑。

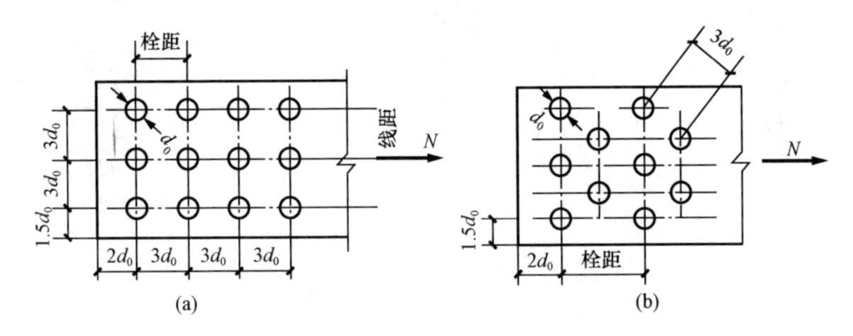

图 3-37　螺栓的排列及间距

(a) 并列排列；(b) 错列排列

(1) 受力要求。螺栓孔（d_0）的最小端距（沿受力方向）为 $2d_0$，以免板端被剪掉；螺栓孔的最小边距（垂直于受力方向为）$1.5d_0$（切割边）或 $1.2d_0$（轧成边）。在型钢上，螺栓应排列在型钢准线上（见附表 3-20、3-21）。中间螺孔的最小间距（栓距和线距）为 $3d_0$，否则螺孔周围应力集中的相互影响较大，且对钢板的截面削弱过多，从而降低其承载能力。

(2) 构造要求。螺栓的间距也不宜过大，尤其是受压板件当栓距过大时，容易发生凸曲现象。板和刚性构件（如槽钢、角钢等）连接时，栓距过大不易紧密接触，潮气易于侵入缝隙而锈蚀。按规范规定，栓孔中心最大间距取下列各种情况两个数据中小值：中间排受压时为 $12d_0$ 或 $18t_{min}$（t_{min} 为外层较薄板件的厚度），受拉时为 $16d_0$ 或 $24t_{min}$；外排为 $8d_0$ 或 $12t_{min}$；中心至构件边缘最大距离为 $4d_0$ 或 $8t_{min}$。

(3) 施工要求。螺栓应有足够距离，以便于转动扳手，拧紧螺母。

根据上述螺栓的最大、最小容许距离，排列螺栓时宜按最小容许距离取用，且宜取 5mm 的倍数，并按等距离布置，以缩小连接的尺寸。最大容许距离一般只在连系作用的构造连接中采用。

三、普通螺栓连接的受力性能和强度计算

普通螺栓连接，按螺栓传力方式可分为受剪螺栓连接、受拉螺栓连接和拉剪螺栓连接三种。受剪螺栓连接是靠栓杆受剪和孔壁承压传力；受拉螺栓连接是靠沿栓杆轴方向受拉传力；拉剪螺栓连接则同时兼具上述两种传力方式。

（一）受剪螺栓连接

1. 受力性能和破坏形式

如图 3-38 所示为单个螺栓受剪情况。在开始受力阶段，作用力要靠钢板之间的摩擦力来传递。由于普通螺栓紧固的预拉力很小，即板件之间的摩擦力也很小，当外力逐渐增长到克服摩擦力后，板件发生相对滑移，而使栓杆和孔壁靠紧，此时栓杆受剪，而孔壁承受挤压。随着外力的不断增大，连接达到其极限承载能力而发生破坏。

受剪螺栓连接在达到极限承载力时可能出现如下五种破坏形式：

(1) 栓杆剪断，如图 3-39 (a) 所示。当螺栓直径较小而钢板相对较厚时，可能发生。

(2) 孔壁挤压破坏，如图 3-39 (b) 所示。当螺栓直径较大钢板相对较薄时，可能发生。

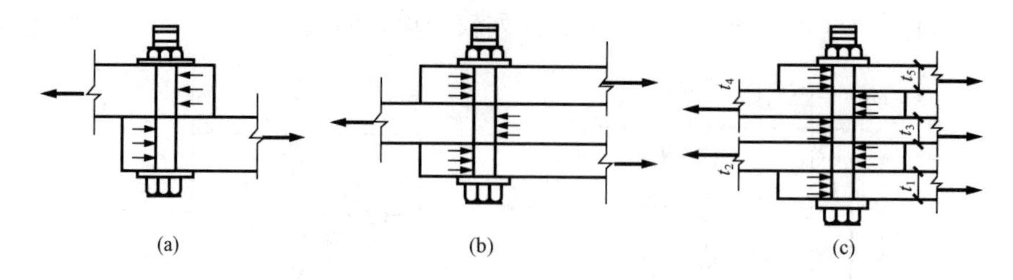

图 3-38 受剪螺栓的受力情况

（a）单剪；（b）双剪；（c）四剪

（3）钢板拉断，如图 3-39（c）所示。当钢板因螺孔削弱过多时，可能发生。

（4）端部钢板剪断，如图 3-39（d）所示。当顺受力方向的端距过小时，可能发生。

（5）栓杆受弯破坏，如图 3-39（e）所示。当螺栓过于细长时，可能发生。

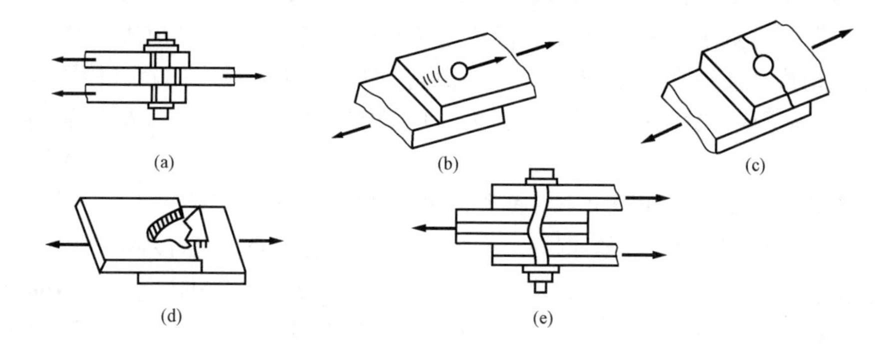

图 3-39 受剪螺栓连接的破坏形式

（a）栓杆剪断；（b）孔壁挤压破坏；（c）钢板拉断；（d）端部钢板剪断；（e）栓杆受弯破坏

上述破坏形式中的后两种在选用最小容许端距 $2d_0$ 和使螺栓的夹紧长度不超过 $5d$ 的条件下，一般不会发生。前三种形式的破坏，则需通过计算并满足要求来防止。

2. 强度计算

如前所述，受剪螺栓连接按承载能力极限状态需计算栓杆受剪和孔壁承压承载力，以及钢板受拉（或受压）承载力，而后一项属于构件的强度计算。

（1）单个受剪螺栓的承载力设计值。抗剪承载力设计值：假定螺栓受剪面上的剪应力为均匀分布，则单个螺栓的抗剪承载力设计值为

$$N_v^b = n_v \frac{\pi d^2}{4} f_v^b \tag{3-22}$$

式中 n_v——每个螺栓的受剪面数，单剪 $n_v=1$，双剪 $n_v=2$，四剪 $n_v=4$（图 3-38）；

d——螺栓直径；

f_v^b——普通螺栓的抗剪强度设计值，见表 1-5。

当按容许应力方法计算时，每个螺栓的抗剪承载力容许值 N_v^b 为

$$N_v^b = n_v \frac{\pi d^2}{4} [\tau^l] \tag{3-23}$$

式中 $[\tau^l]$——普通螺栓的抗剪容许应力值，见表 1-10。

承压承载力设计值：螺栓孔壁的实际承压应力分布很不均匀，为了便于计算，在实际

计算中通常假定承压应力沿螺杆直径的投影面均匀分布。则单个螺栓的承压承载力设计值为

$$N_c^b = d\sum t \times f_c^b \tag{3-24}$$

式中　$\sum t$——在同一受力方向的承压钢板总厚度中的较小值(如图3-28中的四剪中，$\sum t$取$t_1+t_3+t_5$和t_2+t_4中的较小值)；

f_c^b——螺栓的承压强度设计值，见表1-5。

当按容许应力法计算时，每个螺栓的孔壁承压承载力容许值N_c^b为

$$N_c^b = d\sum t \times [\sigma_c^l] \tag{3-25}$$

式中　$[\sigma_c^l]$——螺栓的承压容许应力，见表1-10。显而易见，单个受剪螺栓的承载力设计值（或容许值）应取N_v^b和N_c^b的较小值N_{min}^b。

（2）螺栓群受轴心力N作用时的连接计算：

1）确定所需螺栓数目n。板件在轴心力作用下（图3-40），所需的螺栓的数应按单个受剪螺栓的承载力设计值N_{min}^b来决定。事实证明，各螺栓在弹性工作阶段受力并不相等，两端大，中间小，但在进入弹塑性工作阶段后，由于内力重分布，各螺栓受力将逐渐趋于相等，故可按平均受力计算。因此，连接所需螺栓的数目为

$$n = N/N_{min}^b \tag{3-26}$$

其中，n为加拼接板的对接接缝一侧所需的螺栓数，对于搭接连接就是所需的螺栓总数。为了保证安全，《钢结构设计标准》（GB 50017）规定，在一处连接中，拼接接头一侧或搭接接头的永久性螺栓不宜少于2个。对于搭接或用单面拼接板拼接的对接连接，因传力偏心而使螺栓受到附加内力，螺栓数目应按计算数增加10%，单角钢单面拼接时，应增加15%。

需要指出，在构件的节点处或拼接接头的一侧，当螺栓沿受力方向的连接长l_1［图3-40(a)］过大时，各螺栓的受力将很不均匀，端部螺栓受力最大，往往首先被破坏，然后依次逐个向内破坏。因此，规定将螺栓（包括高强度螺栓）的承载力设计值N_v^b和N_c^b乘以下列折减系数予以降低，即

当$l_1>15d_0$时，$\beta=1.1-l_1/150d_0$；

当$l_1>60d_0$时，$\beta=0.7$。

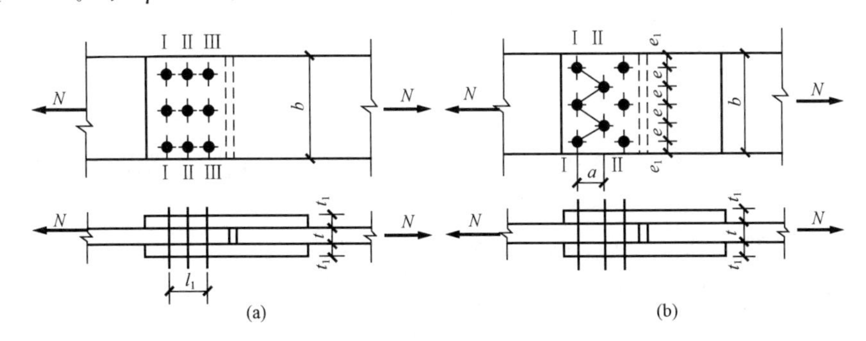

图3-40　螺栓群受轴心力作用时的受剪螺栓

（a）螺栓并列排列；（b）螺栓错列排列

2）净截面强度验算。为防止构件或连接板因螺孔削弱过大而被拉（或压）断，需验算其净截面强度，则

$$\sigma = N/A_n \leqslant f \tag{3-27}$$

式中 A_n——构件或连接板的净截面面积。[对于轴心受力构件的净截面强度验算，《钢结构设计标准》（GB 50017）规定，其净截面强度设计值取 $0.7f_u$]。

净截面强度验算应选择构件或连接板最不利截面，即内力最大或螺孔较多而净截面较小的截面。如图 3-40（a）所示，螺栓为并列排列时，构件最不利截面为截面Ⅰ—Ⅰ，其内力最大为 N。而对于连接板，则截面Ⅲ—Ⅲ最不利，其内力最大也为 N。

构件截面Ⅰ—Ⅰ $A_{n1} = (b - n_1 d_0)t$

连接板截面Ⅲ—Ⅲ $A_{n2} = 2(b - n_3 d_0)t_1$

式中 n_1、n_3——截面Ⅰ—Ⅰ和Ⅲ—Ⅲ上的螺孔数；

t、t_1、b——构件和连接板的厚度及宽度。

当螺栓为错列排列时［图 3-40（b）］，构件可能沿直线截面Ⅰ—Ⅰ破坏外，还可能沿折线截面Ⅱ—Ⅱ破坏，故还需计算折线净截面面积，以确定最不利截面，计算式为

$$A_{n2} = [2e_1 + (n_2 - 1)\sqrt{a^2 + e^2} - n_2 d_0]t$$

式中 n_2——折线截面Ⅱ—Ⅱ上的螺孔数。

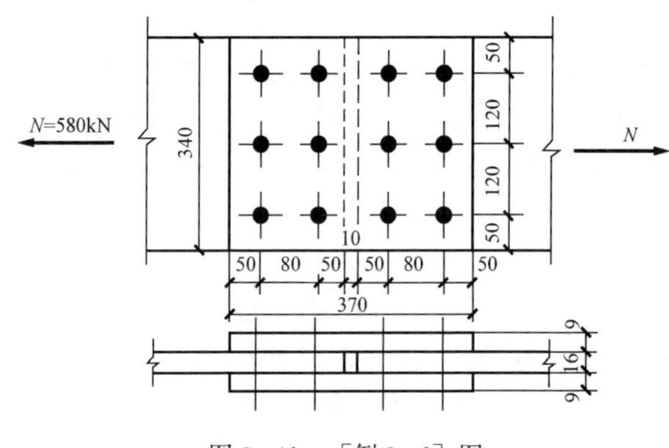

图 3-41 ［例 3-6］图

【例 3-6】 设计一截面为—340mm×16mm 的钢板拼接连接，采用两块拼接板 t=9mm 和 C 级螺栓连接。钢板和螺栓均用 Q235 钢，孔壁按Ⅱ类孔制作。钢板承受轴心拉力设计值，N＝580kN，如图 3-41 所示。

解 选用 C 级螺栓 M22，从表 1-5 查得螺栓抗剪强度设计值 f_v^b＝140N/mm²，承压强度设计值 f_c^b＝305N/mm²。每只螺栓抗剪和承压承载力设计值分别为

$$N_v^b = n_v \frac{\pi d^2}{4} f_v^b = 2 \times \frac{\pi \times 22^2}{4} \times 140 \times 10^{-3} = 106.4(\text{kN})$$

$$N_c^b = d \sum t f_c^b = 22 \times 16 \times 305 \times 10^{-3} = 107.36(\text{kN})$$

连接一侧所需螺栓数为

$$n = N/N_{min}^b = 580/106.4 = 5.5$$

拼接板每侧采用 6 只螺栓，采用并列排列。螺栓的间距和边距、端距根据构造要求，排列如图 3-41 所示。

钢板净截面强度验算（C 级螺栓，按Ⅱ类孔 $d_0 \approx d+2$）

$$\sigma = \frac{N}{A_n} = \frac{580 \times 10^3}{(340 - 3 \times 24) \times 16} = 135.3(\text{N/mm}^2) < f = 215\text{N/mm}^2$$

满足要求。

（3）受扭矩和剪力作用的抗剪螺栓群连接计算。在螺栓连接中，常会遇到偏心外力 P 作用或扭矩 T 与剪力 V 共同作用的抗剪螺栓连接。例如，柱上牛腿受偏心外力 P 作用（图

3-42)，它可以转化为扭转 $T=Pe$ 和剪力 $V=P$ 共同作用，又如组合梁的腹板用拼接板时，螺栓受扭矩和剪力作用等。

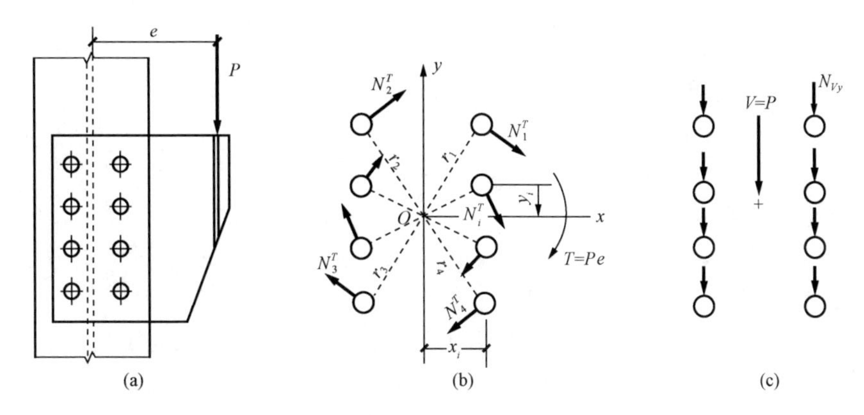

图 3-42 偏心抗剪螺栓连接

(a) 节点构造；(b) 扭矩作用；(c) 剪力作用

承受扭矩的螺栓连接，一般是先布置好螺栓，再计算受力最大的螺栓所承受的剪力，然后与单个螺栓的承载力设计值进行比较。计算时假定：①被连接钢板是刚性的，螺栓是弹性的；②扭矩作用下，钢板绕螺栓群中心 O 点转动［图 3-42 (b)］，螺栓的剪切变形与它到中心 O 的距离成正比，螺栓所受的剪切力或钢板所受的反作用力也与 r 成正比，方向与 r 垂直。

图 3-42 (b) 所示，设各螺栓至螺栓群中心 O 的距离为 r_1，r_2，r_3，…，r_n，在扭矩 T 作用下各螺栓所受剪力为 N_1^{T}，N_2^{T}，N_3^{T}，…，N_n^{T}。

根据扭矩平衡条件有

$$T = N_1^{\mathrm{T}} r_1 + N_2^{\mathrm{T}} r_2 + N_3^{\mathrm{T}} r_3 + \cdots + N_n^{\mathrm{T}} r_n = \sum N_i^{\mathrm{T}} r_i$$

根据螺栓所受剪力 N_i^{T} 与其至螺栓群中心的距离 r_i 成正比的关系，把各螺栓受力均用最大剪力 N_1^{T} 来表示

$$N_1^{\mathrm{T}} = N_1^{\mathrm{T}} \frac{r_1}{r_1}, N_2^{\mathrm{T}} = N_1^{\mathrm{T}} \frac{r_2}{r_1}, N_3^{\mathrm{T}} = N_1^{\mathrm{T}} \frac{r_3}{r_1}, \cdots$$

代入上式可得

$$T = \frac{N_1^{\mathrm{T}}}{r_1}(r_1^2 + r_2^2 + r_3^2 + \cdots + r_n^2) = \frac{N_1^{\mathrm{T}}}{r_1} \sum r_i^2$$

因此，在扭矩 T 作用下螺栓所受的最大剪力为

$$N_1^{\mathrm{T}} = \frac{T r_1}{\sum r_i^2} = \frac{T r_1}{\sum x_i^2 + \sum y_i^2} \tag{3-28}$$

N_1^{T} 的水平和竖直分力为

$$\begin{aligned} N_{1\mathrm{x}}^{\mathrm{T}} &= \frac{T y_1}{\sum x_i^2 + \sum y_i^2} \\ N_{1\mathrm{y}}^{\mathrm{T}} &= \frac{T x_1}{\sum x_i^2 + \sum y_i^2} \end{aligned} \tag{3-29}$$

剪力 V 可假定由全部螺栓平均承担［图 3-42 (c)］，则每个螺栓所受竖向剪力为

$$N_{Vy} = V/n$$

则在扭矩 T 和剪力 V 共同作用下，受力最大的螺栓 1 承受的合成剪力 N_1 应满足的要求为

$$N_1 = \sqrt{(N_{1x}^T)^2 + (N_{Vy} + N_{1y}^T)^2} \leqslant N_{min}^b \tag{3-30}$$

当螺栓群布置成一狭长带状，如 $y_1 > 3x_1$ 时，为简化计算，可取式（3-29）中的 $\sum x_i^2 = 0$，$N_{1y}^T = 0$。则

$$N_{1x}^T = \frac{Ty_1}{\sum y_i^2} \tag{3-31}$$

【例 3-7】 试设计一 C 级螺栓的搭接接头，如图 3-43 所示。作用力设计值 $P=230$kN，偏心距 $e=300$mm，钢材 Q235。

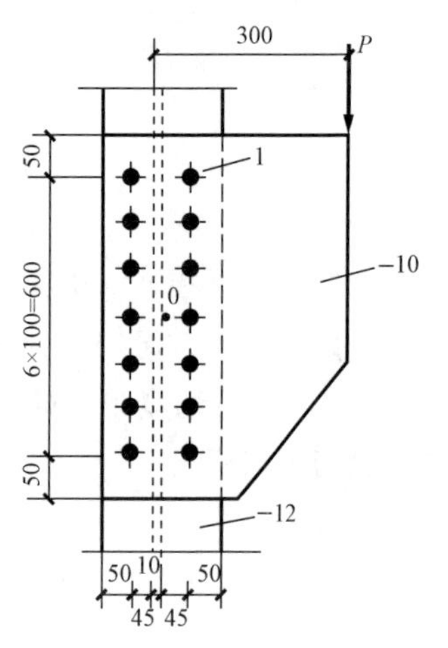

图 3-43 ［例 3-7］图

解 选用 M20，$d_0=21.5$mm，纵向排列，初步排列如图 3-43 所示。由表 1-5 查得螺栓的强度设计值分别为

$$f_v^b = 140\text{N/mm}^2,\ f_c^b = 305\text{N/mm}^2$$

则
$$N_v^b = n_v \frac{\pi d^2}{4} f_v^b = 1 \times \frac{\pi \times 20^2}{4} \times 140 \times 10^{-3} = 44(\text{kN})$$

$$N_c^b = d\sum t f_c^b = 20 \times 10 \times 305 \times 10^{-3} = 61(\text{kN})$$

因
$$y_1 = 300\text{mm} > 3x_1 = 3 \times 50 = 150(\text{mm})$$

故
$$N_{1y}^T = 0$$

$$N_{1x}^T = \frac{Ty_1}{\sum y_i^2} = \frac{230 \times 30 \times 30}{4(10^2 + 20^2 + 30^2)} = 37(\text{kN})$$

$$N_{Vy} = V/n = 230/14 = 16.4(\text{kN})$$

$$N_1 = \sqrt{(N_{1x}^T)^2 + (N_{Vy})^2} = \sqrt{37^2 + 16.4^2} = 40.5(\text{kN}) < N_{min}^b = 44\text{kN}$$

满足强度要求。

（二）受拉螺栓连接

1. 单个受拉螺栓的承载力设计值

如图 3-44 所示，在抗拉螺栓连接中，外力 N 作用下，构件相互间有分离趋势，从而螺栓沿杆轴方向受拉。受拉螺栓的破坏形式是栓杆被拉断，其部位一般在被螺纹削弱的截面处。假定拉应力在螺栓螺纹处截面上均匀分布，则每个普通螺栓或锚栓的抗拉承载力设计值为

$$N_t^b = \frac{\pi d_e^2}{4} f_t^b \tag{3-32a}$$

锚栓
$$N_t^a = \frac{\pi d_e^2}{4} f_t^a \tag{3-32b}$$

当按容许应力法计算时，每个螺栓或锚栓的抗拉承载力容许值为

普通螺栓
$$N_t^b = \frac{\pi d_e^2}{4} [\sigma_l^l] \tag{3-33a}$$

锚栓
$$N_t^a = \frac{\pi d_e^2}{4} [\sigma_l^d] \tag{3-33b}$$

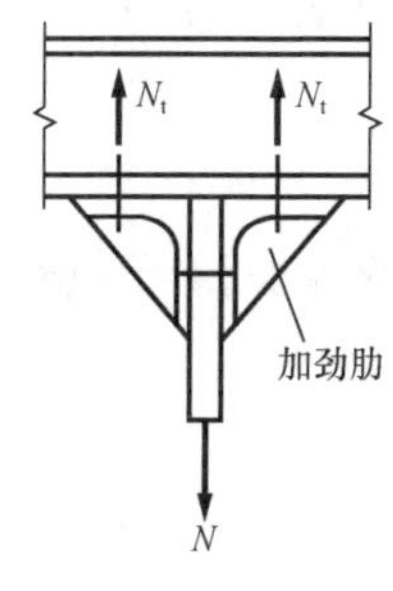

图 3-44 受拉螺栓

式中　d_e——螺栓（或锚栓）螺纹处的有效直径（见附录三）；

f_t^b，f_t^a——普通螺栓或锚栓的抗拉强度设计值，见表1-5；

$[\sigma_l^l]$，$[\sigma_l^d]$——普通螺栓或锚栓的抗拉容许应力，见表1-10。

2. 螺栓群的受拉连接计算

（1）螺栓群受轴心力 N 作用时的受拉螺栓计算。当外力 N 通过螺栓群形心时，假定每个螺栓所受的拉力相等，因此，连接所需要螺栓的数目为

$$n=N/N_t^b \tag{3-34}$$

然后按实际确定的螺栓数目 n 进行布置排列。

（2）螺栓群在弯矩 M 作用下的抗拉计算。普通C级螺栓在图3-45所示弯矩作用下，上部螺栓受拉。与螺栓群拉力相平衡的压力产生于牛腿和柱的接触面上，精确确定中和轴的位置的计算比较复杂。通常近似地假定中和轴在最下边一排螺栓轴线上（图3-45中，x—x轴），并且忽略压力所产生的弯矩（因力臂很小）。因此

$$M=m(N_1^M\cdot y_1+N_2^M\cdot y_2+\cdots+N_n^M\cdot y_n)=m\sum N_i^M\cdot y_i=m\frac{N_1^M}{y_1}\sum y_i^2$$

从而可得螺栓所受最大拉力

$$N_1^M=\frac{M\cdot y_1}{m\sum y_i^2}\leqslant N_t^b \tag{3-35}$$

式中　m——列的纵列数，图3-45中，$m=2$；

y_1——距中和轴 x—x 最远的螺栓距离。

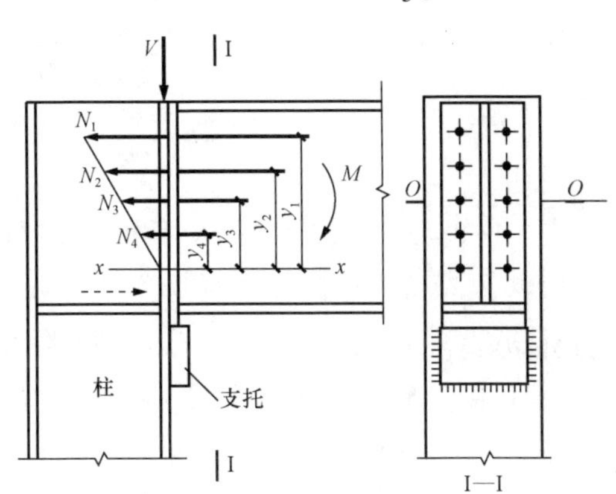

图3-45　M作用下抗拉螺栓连接

（3）螺栓群受偏心力作用时的受拉螺栓计算。如图3-46（a）所示，为钢结构中常见的一种普通螺栓连接形式（如屋架下弦端部与柱的连接），螺栓群受偏心拉力 F（与图中所示的 $M=Ne$，$N=F$ 等效）和剪力 V 作用。剪力 V 由焊在柱上的支托承受，螺栓群只承受偏心拉力的作用。

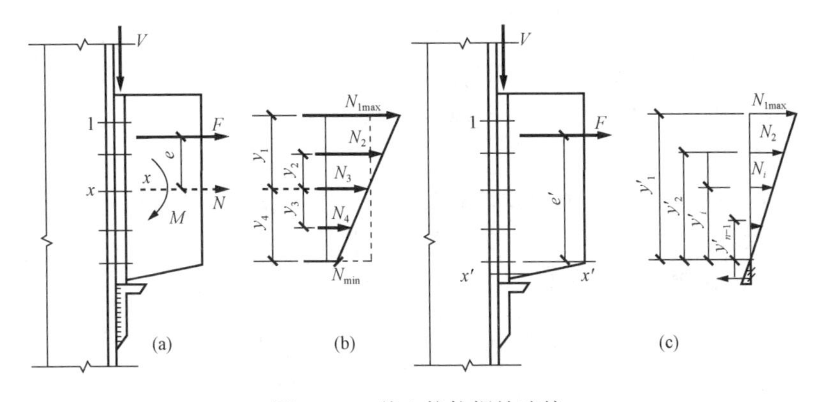

图3-46　偏心抗拉螺栓连接

（a）节点构造；（b）小偏心；（c）大偏心

在进行螺栓计算时需根据偏心距离的大小，区分下列两种情况：

1）小偏心情况。因偏心距e较小，故弯矩M不大，连接以承受轴心拉力N为主。在此种情况下，螺栓群将全部受拉，板端不出现受压区，故在计算M产生的螺栓内力时，中和轴x—x应取在螺栓群中心处，螺栓内力按三角形分布［图3-46（b）］，由弯矩平衡条件得

$$M = Fe = m(N_1^{\mathrm{M}} y_1 + N_2^{\mathrm{M}} y_2 + \cdots + N_n^{\mathrm{M}} y_n) = m\sum N_i^{\mathrm{M}} y_i = m\sum \frac{N_1^{\mathrm{M}}}{y_1} y_i^2$$

则在弯矩作用下受力最大的螺栓所受拉力为

$$N_1^{\mathrm{M}} = \frac{My_1}{m\sum y_i^2} \tag{3-36}$$

式中　m——螺栓列数；

　　y_i——第i只螺栓到中和轴x—x的垂直距离。

在轴心拉力N作用下，每个螺栓均匀受力

$$N_i^n = \frac{N}{n} \tag{3-37}$$

因此连接中受最大拉力$N_{\max}$和最小拉力$N_{\min}$的螺栓所受拉力为

$$N_{\max} = \frac{N}{n} + \frac{Ney_1}{m\sum y_i^2} \leqslant N_{\mathrm{t}}^{\mathrm{b}} \tag{3-38a}$$

$$N_{\min} = \frac{N}{n} - \frac{Ney_1}{m\sum y_i^2} \geqslant 0 \tag{3-38b}$$

式（3-38a）$N_{\max} \leqslant N_{\mathrm{t}}^{\mathrm{b}}$是最不利螺栓“1”需满足的强度条件；而式（3-38b）$N_{\min} \geqslant 0$是采用此方法必须满足的前提条件，它表示全部螺栓均受拉。若$N_{\min} \leqslant 0$或$e > m\sum y_i^2/ny_1$，表示最下一排螺栓受压（实际是板端部受压），此时应按大偏心情况计算。

2）大偏心情况。因偏心距较大，故弯矩也较大，此时，端板底部会出现受压区，中和轴应向下移。为简化计算，可近似地将中和轴假定在（弯矩指向一侧）最外排螺栓轴线x'-x'处［图3-46（c）］。按小偏心情况相似方法，可由力的平衡方程得最不利螺栓“1”所受的拉力及应满足的强度条件。

$$N_{\max} = \frac{Fe' y_1'}{m\sum y_i'^2} \leqslant N_{\mathrm{t}}^{\mathrm{b}} \tag{3-39}$$

式中　e'——偏心力F到中和轴x'—x'的距离；

　　y_i'——各螺栓至中和轴x'—x'的距离。

（三）拉剪螺栓连接

如前所述，C级螺栓的抗剪能力差，故对重要连接一般均应在端板下设置支托，以承受剪力，如图3-46所示。对次要连接，若端板下不设支托，则螺栓将同时承受剪力N_{V}和沿杆轴方向的拉力N_{t}作用。根据实验，这种螺栓应满足的相关公式为

$$\sqrt{\left(\frac{N_{\mathrm{v}}}{N_{\mathrm{v}}^{\mathrm{b}}}\right)^2 + \left(\frac{N_{\mathrm{t}}}{N_{\mathrm{t}}^{\mathrm{b}}}\right)^2} \leqslant 1 \tag{3-40}$$

及

$$N_{\mathrm{v}} \leqslant N_{\mathrm{c}}^{\mathrm{b}} \tag{3-41}$$

式中　$N_{\mathrm{v}}^{\mathrm{b}}$、$N_{\mathrm{t}}^{\mathrm{b}}$、$N_{\mathrm{c}}^{\mathrm{b}}$——单个普通螺栓的抗剪、抗拉及承压承载能力设计值。

式（3-41）是为了防止板件较薄时，可能因孔壁承受压强不足而产生破坏。

【例3-8】　图3-47所示，钢梁用普通C级螺栓与柱翼缘连接，连接承受设计值剪力

$V=258kN$，弯矩 $M=38.7kN \cdot m$，梁端竖板下设支托。钢材为Q235AF，螺栓为M20，焊条E43系列型，手工焊，试设计此连接。

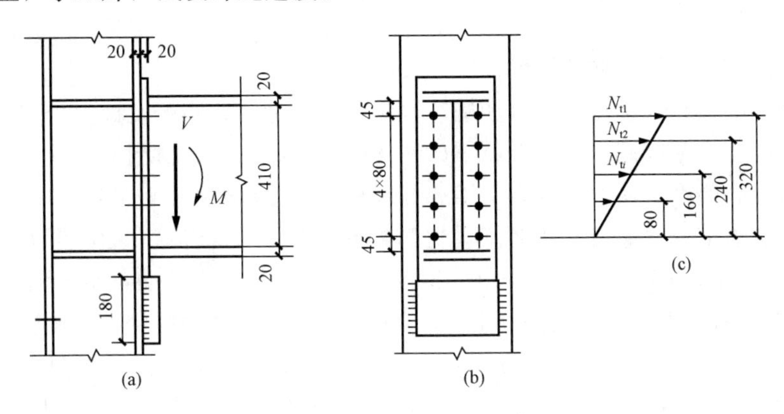

图3-47　［例3-8］图

(a) 节点正面图；(b) 节点侧面图；(c) 螺栓拉力

解　(1) 假定结构为可拆卸的，且支托只在安装时起作用，则螺栓同时承受拉力和剪力。设螺栓群绕最下一排螺栓转动，螺栓排列及弯矩作用下螺栓受力分布如图3-47 (b)、(c)所示。剪力由10个螺栓平均分担。由附表2-15知，M20螺栓的有效面积为 $A_e=\pi d_e^2/4=245(mm^2)$。

单个螺栓的承载力设计值为

$$N_v^b = n_v \frac{\pi d^2}{4} f_v^b = 1 \times \frac{\pi \times 20^2}{4} 140 \times \frac{1}{1\,000} = 44(kN)$$

$$N_c^b = d \sum t f_c^b = 20 \times 20 \times 305 \times \frac{1}{1\,000} = 122(kN)$$

$$N_t^b = A_e f_t^b = 245 \times 170 \times \frac{1}{1\,000} = 41.7(kN)$$

作用于一只螺栓的最大拉力为

$$N_t = \frac{My_1}{m\sum y_i^2} = \frac{38.7 \times 10^3 \times 320}{2(80^2+160^2+240^2+320^2)} = 32.25(kN)$$

作用于一只螺栓的剪力为 $N_v=V/n=258/10=25.8(kN)$

因此，$\sqrt{\left(\frac{N_t}{N_t^b}\right)^2+\left(\frac{N_v}{N_v^b}\right)^2} = \sqrt{\left(\frac{32.25}{41.7}\right)^2+\left(\frac{25.8}{44}\right)^2} = 0.97 \leqslant 1$

$$N_v=25.8kN<N_c^b=122kN$$

满足强度要求。

(2) 假定结构为永久性的，剪力 V 由支托承担，螺栓只承受弯矩 M，则

$$N_t = 32.25kN < N_t^b = 41.7kN$$

支托和柱翼缘用侧焊缝连接，角焊缝厚度 $h_f=10mm$，则

$$\tau_f = \frac{\alpha V}{h_e \sum l_w} = \frac{1.35 \times 258\,000}{2 \times 0.7 \times 10(180-20)} = 155.49(N/mm^2) < f_f^w = 160N/mm^2$$

其中，α 考虑剪力 V 焊缝的偏心影响系数，取值1.25～1.35。

第七节　高强度螺栓连接的性能和计算

一、高强度螺栓连接的构造和性能

高强度螺栓的形状、连接构造（如构造原则、连接形式、直径及螺栓排列要求等）和普通螺栓基本相同。高强度螺栓的螺杆、螺母和垫圈采用高强度钢材制成，这些制成品再经热处理以进一步提高强度。目前，我国采用 8.8 级和 10.9 级两种强度性能等级的高强度螺栓。级别划分的小数点前的 8 或 10 分别代表材料经热处理后的最低抗拉强度 $f_u=800\text{N/mm}^2$（实际为 830N/mm^2）或 $1\,000\text{N/mm}^2$（实际为 $1\,040\text{N/mm}^2$）。小数部分代表屈强比（屈服强度 f_y 与最低抗拉强度 f_u 的比值 f_y/f_u）。如 10.9 级螺栓材料的抗拉强度 $f_u=1\,000\text{N/mm}^2$，$f_y/f_u=0.9$，则 $f_y=0.9f_u=900\text{N/mm}^2$。推荐采用的钢号：大六角高强度螺栓 8.8 级的有 45 号钢和 35 号钢。10.9 级的有 20MnTiB、40B 和 35VB 钢。扭剪型高强度螺栓只有 10.9 级，推荐钢号为 20MnTiB 钢。垫圈常用 45 号或 35 号钢制造，并经过热处理。高强度螺栓应采用钻成孔。摩擦型连接高强度螺栓的孔径比螺栓公称直径 d 大 1.5～2.0mm；承压型连接高强度螺栓的孔径比螺栓公称直径 d 大 1.0～1.5mm。

高强度螺栓和普通螺栓连接受力的主要区别是：普通螺栓连接的螺母拧紧的预拉力很小，受力后全靠螺杆承压和抗剪来传递剪力。而高强度螺栓是靠拧紧螺母，对螺杆施加强大而受控制的预拉力，此预拉力将被连接的构件加紧，这种靠构件加紧而使接触面的摩擦阻力来承受连接内力是高强度螺栓连接受力的特点。

高强度螺栓连接按设计和受力要求可分为摩擦型和承压型连接两种。高强度螺栓摩擦型连接在承受剪切时，以外剪力达到板件间可能发生的最大摩擦阻力为极限状态；当超过板件间最大摩擦阻力使板件间发生相对滑移时，即认为连接已失效而破坏。高强度螺栓承压型连接在受剪时，则允许摩擦力被克服并发生板件相对滑移，然后外力可以继续增加，并依此后发生的螺杆剪切或孔壁承压的最终破坏为极限状态。这两种型式螺栓在受拉时没有区别。

高强度螺栓摩擦型连接传力可靠性较高和连接整体性好，承受动力荷载和抗疲劳的性能较好。高强度螺栓承压型连接的承载力比摩擦型的高，可减少螺栓用量。但这种螺栓连接剪切变形较大，若用于动载连接中，这种剪切反复滑动可能导致螺栓松动，故《钢结构设计标准》（GB 50017）规定其只允许用在承受静力或间接受动力荷载结构中允许发生一定滑移变形的连接中。

二、高强度螺栓的预拉力和紧固方法

1. 高强度螺栓的预拉力

高强度螺栓的预拉力 P 是通过拧紧螺母实现的，施工中一般采用扭矩法、转角法或扭剪法来控制预拉力。

（1）扭矩法。用直接显示扭矩大小的特制扳手，根据事先测定的螺栓中预拉力和扭矩之间的关系施加扭矩。为了防止预拉力的损失，一般应按规定的 P 值超过 5%～10%施加扭矩。

（2）转角法。分初拧和终拧两步。初拧是先用普通扳手使被连接构件相互紧密贴合，终拧是以初拧的贴紧位置为起点，根据螺栓直径和板叠厚度所确定的终拧角度，用强有力的扳

手施转螺母 1/3～2/3 圈（120°～240°），即可达到所需预拉力。

（3）扭剪法。此法适用于扭剪型高强度螺栓。扭剪型高强度螺栓的尾部连有一个截面较小的沟槽和梅花头，用特制电动扳手的两个套筒分别套住螺母和梅花卡头，操作时，大套筒正转施加紧固扭矩，小套筒则反转施加紧固反扭矩，将螺栓紧固后，进而沿尾部沟槽将梅花头拧掉，即可达到规定的预拉力值。这种螺栓施加预拉力简单、准确，现已在钢结构连接中大量使用。

高强度螺栓的设计预拉力值由材料强度和螺栓有效截面确定，并考虑了：①在拧紧螺栓时，扭矩使螺栓产生的剪力将降低螺栓的承载能力，故对螺栓材料强度除以系数 1.2；②施工时为补偿预拉力的松弛，要对螺栓超张拉 5%～10%，故乘以系数 0.9；③考虑螺栓材质的不均匀性，引进一折减系数 0.9；④因以螺栓的抗拉强度为准，为安全起见，再引入一附加安全系数 0.9。这样，预拉力设计值计算式为

$$P = 0.9 \times 0.9 \times 0.9 f_u A_e / 1.2 = 0.6075 f_u A_e \tag{3-42}$$

式中 f_u——螺栓经热处理后的最低抗拉强度；

A_e——螺栓螺纹处的有效截面面积。

根据式（3-42）的计算结果，并取为 5kN 的倍数，即得《钢结构设计标准》（GB 50017）中的预拉力设计值 P，见表 3-2。

表 3-2　一个高强度螺栓的设计预拉力 P 值　kN

螺栓的性能等级	螺栓公称直径 d（mm）					
	M16	M20	M22	M24	M27	M30
8.8 级	80	125	150	175	230	280
10.9 级	100	155	190	225	290	355

2. 高强度螺栓连接的摩擦面抗滑移系数

应用高强度螺栓时，为提高其摩阻力，构件的接触面通常要经特殊处理，使其洁净并粗糙，以提高其抗滑移系数 μ。常用的接触面处理方法和规定所应达到的抗滑移系数值见 3-3。承压型连接的板件接触面只要求清除油污及浮锈。

当连接面有涂层时，抗滑移系数将随涂层而异。采用醇氧铁红和环氧富锌涂层时取 0.15；采用无机富锌涂层时取 0.35；采用防滑防锈硅酸锌涂漆时取 0.45。

表 3-3　摩擦面的抗滑移系数 μ 值

连接处构件接触面的处理方法	构件的钢号		
	Q235 钢	Q355 钢或 Q390 钢	Q420 钢或 Q460 钢
抛丸（喷砂）	0.40	0.40	0.40
喷硬质石英砂或铸钢棱角砂	0.45	0.45	0.45
钢丝刷清除浮锈或未经处理的干净轧制表面	0.30	0.35	—

三、高强度螺栓连接的强度计算

与普通螺栓连接一样，高强度螺栓连接按传力方式亦可分为受剪螺栓连接、受拉螺栓连接和拉剪螺栓连接三种。现分别按摩擦型和承压型两种连接类型对其计算加以阐述。

（一）高强度螺栓摩擦型连接

1. 高强度螺栓受剪连接计算

（1）单个螺栓的抗剪承载力设计值。高强度螺栓摩擦型连接承受剪力时的设计准则是外力不得超过摩擦阻力。每个螺栓的摩擦阻力即极限抗剪承载力为 $kn_f\mu P$，除以螺栓材料的抗力分项系数 $\gamma_R=1.111$ 后，可得其抗剪承载力设计值，即

$$N_v^b = 0.9kn_f\mu P \tag{3-43}$$

式中 P——高强度螺栓的预拉力设计值，见表 3-2；

k——孔型系数，标准孔取 1.0；大圆孔取 0.85；内力与槽孔长向垂直时取 0.7；内力与槽孔长向平行时取 0.6；（对于普通螺栓和高强度螺栓承压型连接时，开槽方向不应与受力方向平行）。

n_f——传力摩擦面数，单剪时 $n_f=1$，双剪 $n_f=2$；

μ——摩擦面的抗滑移系数，见表 3-3。

（2）受轴心力 N 作用时的抗剪连接计算。计算步骤如下：

1）被连接构件接缝一侧所需螺栓数。计算式为

$$n \geqslant \frac{N}{N_v^b} = \frac{N}{0.9kn_f\mu P}$$

确定所需螺栓数目 n，并按构造要求布置排列。

2）验算构件净截面强度。计算式为

$$\sigma = \frac{N'}{A_n} \leqslant f$$

$$N' = N\left(1 - 0.5\frac{n_1}{n}\right)$$

式中 N'——所验算的构件净截面（第一列螺孔处）所受的轴力；

A_n——所验算的构件净截面面积（第一列螺孔处）；

n_1——所验算截面（第一列）上的螺栓数；

n——连接接缝一侧的螺栓总数；

0.5——系数，是考虑高强度螺栓的传力特点，由于摩阻力作用，假定所验算的净截面上每个螺栓所分担的剪力的 50%，已由螺孔前构件接触面的摩阻力传递到被连接的另一构件中。

（3）受扭矩作用，或扭矩、剪力、轴心力共同作用的抗剪连接计算。

此种连接受力的计算方法与普通螺栓连接相同，仍可用式（3-30）计算。只是在计算时用高强度螺栓的抗剪承载力设计值 $N_v^b=0.9kn_f\mu P$ 取代式（3-30）中的 N_{min}^b 即可。

【例 3-9】 将［例 3-6］中钢板拼接改用 8.8 级 M22 的高强度螺栓摩擦型连接，连接处接触面用喷砂处理，螺栓孔为标准孔。试求所需螺栓数。

解 预拉力由表 3-2 查出 $P=150$kN，抗滑移系数由表 3-3 查得 $\mu=0.40$，双剪 $n_f=2$。

每个螺栓的抗剪承载力设计值

$$N_v^b = 0.9kn_f\mu P = 0.9\times1\times2\times0.40\times150 = 108(\text{kN})$$

拼接缝一侧所需螺栓数

$$n = \frac{N}{N_v^b} = \frac{580}{108} = 5.37$$

拼接缝每侧采用6只，布置排列同例3-6图。

钢板净截面强度验算（第一列处），$d_0=d+2\text{mm}$

$$N' = N\left(1-0.5\frac{n_1}{n}\right)=580\left(1-0.5\frac{3}{6}\right)=435(\text{kN})$$

$$A_n = t(b-n_1d_0) = 16(340-3\times24) = 4\ 288(\text{mm}^2)$$

$$\sigma = \frac{N'}{A_n} = \frac{435\ 000}{4\ 288} = 101.45(\text{N/mm}^2) < f = 215\text{N/mm}^2$$

而构件毛截面强度为

$$\sigma = \frac{N}{A} = \frac{580\ 000}{16\times340} = 106.62(\text{N/mm}^2) < f = 215\text{N/mm}^2$$

由上述计算可见，对于高强度螺栓摩擦型连接，开孔对构件截面强度的削弱影响比普通螺栓连接为小，有时甚至没有影响，这也是节约钢材的一个途径。

2. 高强度螺栓受拉连接计算

（1）单个高强度螺栓的抗拉承载力设计值 N_t^b。高强度螺栓连接的受力特点是依靠预拉力使被连接件压紧传力，当连接在沿螺栓杆轴方向再承受外拉力时，经试验和计算分析，只要螺栓所受的外拉力设计值 N_t 不超过其预拉力 P 时，螺栓的内拉力增加很少，但当 $N_t>P$，时，则螺栓可能达到材料屈服强度，在卸荷后使连接产生松弛现象，预拉力降低。因此《钢结构设计标准》（GB 50017）偏安全的规定单个高强度螺栓的抗拉承载力设计值为

$$N_t^b = 0.8P \tag{3-44}$$

（2）受轴心力 N 作用的抗拉高强度螺栓连接计算。受轴心力作用时的高强度螺栓连接，其受力的分析方法和普通螺栓的一样，先按 $n=N/0.8P$ 确定连接所需螺栓数目，然后进行布置排列。

（3）螺栓群在弯矩作用下的抗拉连接计算。如图3-48所示连接承受弯矩 M 作用，若采用高强度螺栓摩擦型连接，在弯矩 M 作用下，由于高强度螺栓预拉力较大，与预拉力互为反作用力的连接接触面上的法向压力，将使被连接构件的接触面一直保持着紧密贴合，中和轴一直保持在螺栓群形心轴线 $O—O$ 上。最外面的螺栓所受最大拉力 N_{t1}，其强度条件为

$$N_{t1} = \frac{My_1}{m\sum y_i^2} \leqslant N_t^b = 0.8P \tag{3-45}$$

式中　m——螺栓列数；

y_i——螺栓至中和轴（过螺栓群形心）的垂直距离；

y_1——受拉力最大螺栓“1”至中和轴的距离。

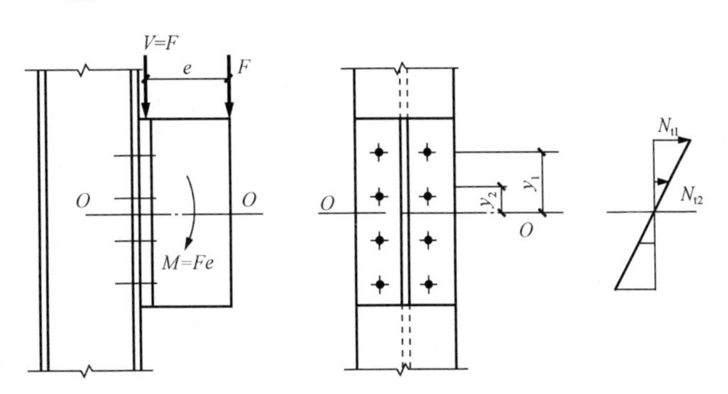

图3-48　拉剪高强度螺栓连接

3. 高强度螺栓拉剪连接的强度计算

（1）单个高强度螺栓拉剪连接的抗剪承载力设计值。当高强度螺栓承受沿杆轴方向的外拉力 N_t 作用时，不但构件摩擦面间的压紧力将由 P 减至 $P-N_t$，且根据实验，此时摩擦面抗滑移系

数 μ 亦随之降低，故螺栓在承受拉力时其抗剪承载力将减小。为计算简便，采取对 μ 仍取原有的定值，但对 N_t 则予以加大 25%，以作为补偿。因此，单个拉剪高强度螺栓的抗剪强度应满足的要求式为

$$N_v^b = 0.9kn_f\mu(P - 1.25N_t) \tag{3-46a}$$

式中，N_t 应满足 $N_t < 0.8P$

式（3-46a）也可另表达为等价计算式如下

$$\frac{N_v}{N_v^b} + \frac{N_t}{N_t^b} \leqslant 1 \tag{3-46b}$$

式中 N_v、N_t——一个高强度螺栓所承受的剪力和拉力；

N_v^b、N_t^b——单个高强度螺栓的受剪、受拉承载力设计值，分别按式（3-43）和式（3-44）计算。

（2）高强度螺栓拉剪连接计算。图 3-48 所示为一受偏心力 F 作用的高强度螺栓连接的顶接连接，将力 F 向螺栓群形心简化后，可得等效荷载 $V=F$，$M=Fe$。因此，在形心 O—O 以上螺栓为同时承受外拉力 $N_{ti} = \dfrac{My_i}{m\sum y_i^2}$ 和剪力 $N_{vi}=V/n$ 的拉剪螺栓。计算时可采用的两个公式为

$$N_{v1} \leqslant 0.9kn_f\mu(P - 1.25N_{t1}) \tag{3-47a}$$

或

$$\frac{N_{v1}}{N_v^b} + \frac{N_{t1}}{N_t^b} \leqslant 1 \tag{3-47b}$$

或

$$V \leqslant 0.9kn_f\mu\sum_{i=1}^{n}(P - 1.25N_{ti}) \tag{3-48}$$

式（3-47a）、式（3-47b）、式（3-48）中 N_{ti} 和 N_{t1} 均应满足 $N_{t1}(N_{ti}) \leqslant 0.8P$。

式（3-47）是仅计算最不利拉剪螺栓“1”在承受拉力 N_{t1} 后，降低的抗剪承载力设计值 N_{v1}^b 是否大于或等于其所承受的平均剪力 N_{v1} 来决定该连接是否安全，偏于保守，但较简单。式（3-48）是考虑连接中其他各排螺栓承受的拉力递减，甚至为零（对中和轴和受压区按 $N_{ti}=0$ 处理）时的情况，因此，计算全部螺栓抗剪承载力设计值的总和是否大于或等于连接所承受的剪力 V，故经济合理，但计算稍繁。

【例 3-10】 如图 3-49 所示，试设计一梁和柱的高强度螺栓摩擦型连接，承受的弯矩和剪力设计值为 $M=105\text{kN}\cdot\text{m}$，$V=720\text{kN}$。构件材料 Q235，标准孔，连接接触面采用抛丸处理。

解 试选 12 只 M22 的 10.9 级螺栓，并采用图中的尺寸排列，构件接触面采用喷砂处理。则在弯矩作用下受拉最大的螺栓“1”所受拉力为

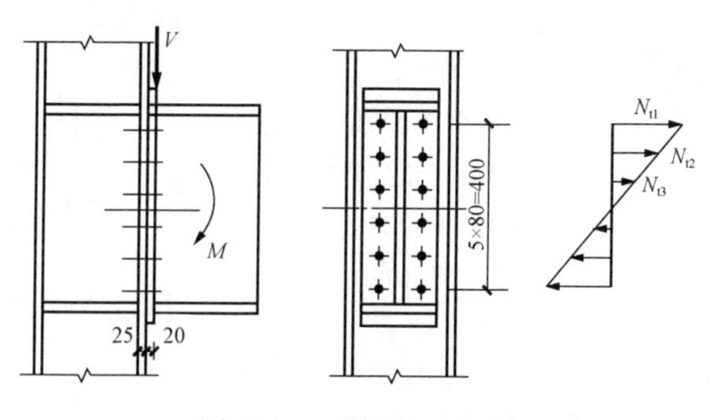

图 3-49 ［例 3-10］图

$$N_{t1} = \frac{My_1}{m\sum y_i^2} = \frac{105\times10^2\times20}{4\times(4^2+12^2+20^2)} = 93.75(\text{kN}) < 0.8P = 0.8\times190 = 152(\text{kN})$$

$$N_{v1} = V/n = 720/12 = 60(\text{kN})$$

$N_{v1} > 0.9kn_f\mu(P-1.25N_{t1}) = 0.9\times1\times1\times0.4\times(190-1.25\times93.75) = 26.2(\text{kN})$
不满足要求。

现按式（3-48）计算由比例关系得 $N_{t2}=56.25\text{kN}$，$N_{t3}=18.75\text{kN}$，下部受压区三排螺栓 $N_{ti}=0$，因此

$$0.9kn_f\mu\sum_{i=1}^{n}(P-1.25N_{ti}) = 0.9\times1\times1\times0.4\times[12\times190-1.25\times2(93.75+56.25+18.75)] = 668.9\text{kN} < V = 720\text{kN}$$

故该拉剪连接不满足强度要求。

（二）高强度螺栓承压型连接

1. 高强度螺栓受剪连接

高强度螺栓承压型连接受剪时，其极限承载力由螺栓抗剪和孔壁承压决定，摩阻力只起延缓滑移作用。因此，其承载力设计值的计算方法与普通螺栓相同，仍可用式（3-22）和式（3-24）计算，只是式中的 f_v^b 和 f_c^b 应采用高强度螺栓承压型连接的强度设计值（表1-5）。

2. 高强度螺栓受拉连接

连接的受力特性和摩擦型的相同，故单个高强度螺栓承压型连接的抗拉承载力设计值亦用式（3-44）计算。

3. 高强度螺栓拉剪连接

与普通螺栓相同，应满足的公式为

$$\sqrt{\left(\frac{N_v}{N_v^b}\right)^2+\left(\frac{N_t}{N_t^b}\right)^2} \leqslant 1 \tag{3-49}$$

$$N_v \leqslant N_c^b/1.2 \tag{3-50}$$

式中　N_v——连接中每个高强度螺栓所承受的剪力；

N_t——连接中受力最大螺栓所承受的拉力；

N_v^b、N_t^b、N_c^b——每个高强度螺栓的抗剪、抗拉、承压承载力设计值；

1.2——折减系数。

高强度螺栓承压型连接，在加预拉力后，因接触面挤压，板的孔前存在较高的三向应力，使板的局部承压强度大大提高，故 N_c^b 比普通螺栓的高。但当受到外拉力后，板件间的挤压力却随外拉力的增大而减小，螺栓的 N_c^b 也随之降低，且随外力变化。为计算简单，取系数1.2降低 N_c^b，以考虑其影响。

思考题

1. 钢结构常用的连接方法有哪几种？各种的特点是什么？

2. 手工焊条型号应根据什么选择？焊接Q235、Q355、Q390、Q420和Q460钢时，分别采用哪种焊条系列？

3. 说明常用焊缝符号表示的意义。

4. 对接焊缝在手工焊时，什么情况下才进行强度计算？

5. 角焊缝的尺寸都有哪些要求？为什么？

6. 在计算正面角焊缝时，什么情况需考虑强度设计值增大系数 β_f？为什么？

7. 当正面角焊缝与侧面角焊缝同时布置时，在轴心力作用下应如何计算？

8. 搭接接头中的角焊缝受偏心力作用时都是受扭吗？扭矩作用下焊缝强度计算的基本假定是什么？如何求得焊缝最大应力？

9. 焊接残余应力与残余变形的成因是什么？焊接残余应力对构件的影响是什么？如何减少焊接残余应力和焊接残余变形？

10. 螺栓在钢板和型钢上排列的容许距离有哪些规定？他们是根据哪些要求确定的？

11. 普通螺栓与高强度螺栓连接在受力特性方面有何区别？单个螺栓的承载力设计值是如何确定的？

12. 螺栓群在扭矩作用下，在弹性受力阶段受力最大的螺栓，其内力值是在什么假定下求得的？

13. 普通螺栓受偏心力作用时的受拉螺栓计算应怎样区分大、小偏心情况？它们的特点有何不同？

14. 在受剪连接中，使用普通螺栓或高强度螺栓摩擦型连接，对构件开孔截面净截面强度的影响哪一种较大？为什么？

15. 拉剪普通螺栓连接和拉剪高强度螺栓摩擦型连接的计算方法有何不同？拉剪高强度螺栓承压型连接的计算方法又有何不同？

3-1 已知钢板截面-400×12，用对接焊缝拼接，拼接处的轴心拉力设计值为$N=880\text{kN}$，钢材为Q235，焊条E43系列，手工焊，采用引弧板，按Ⅲ级焊缝质量检验。试验算该对接焊缝的强度是否满足设计要求。

3-2 如图3-50所示，试验算牛腿与钢柱连接的对接焊缝的强度是否满足设计要求？荷载设计值$F=260\text{kN}$，偏心距$e=240\text{mm}$，钢材Q235，焊条E43系列，手工焊，无引弧板，按Ⅲ级焊缝质量检验。

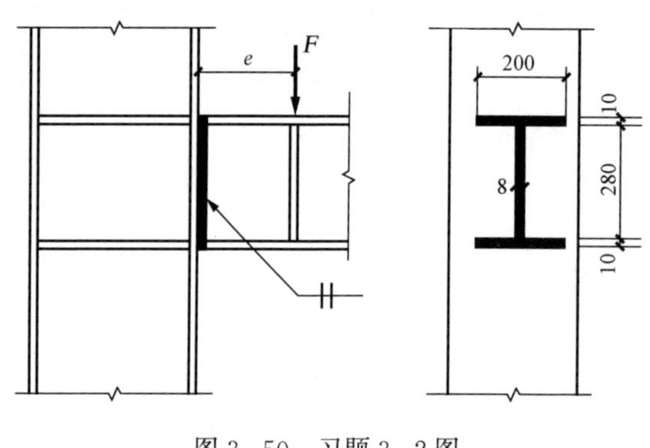

图3-50 习题3-2图

3-3 如图3-51所示，角钢与节点板的连接，角钢截面为2∟100×10，节点板厚12mm。轴心力设计值$N=500\text{kN}$（静载），钢材为Q235，焊条E43系列，手工焊，无引弧板，按Ⅲ级焊缝质量检验。

（1）试采用两侧角焊缝，确定所需焊脚尺寸h_f及焊缝长度l_w。

（2）试采用三面围焊缝，确定焊缝尺寸h_f及焊缝长度l_w。

3-4 图3-52所示为采用盖板的对接连接。钢板截面为-400×18，承受轴心拉力设计值$N=1500\text{kN}$（静载），钢材为Q235，焊条采用E43，手工焊，若盖板截面取-360×10，试设计焊缝的焊脚尺寸h_f和焊缝的实际长度及盖板长度。

3-5 如图3-53所示，试验算牛腿与柱连接角焊缝的强度是否满足设计要求？已知静

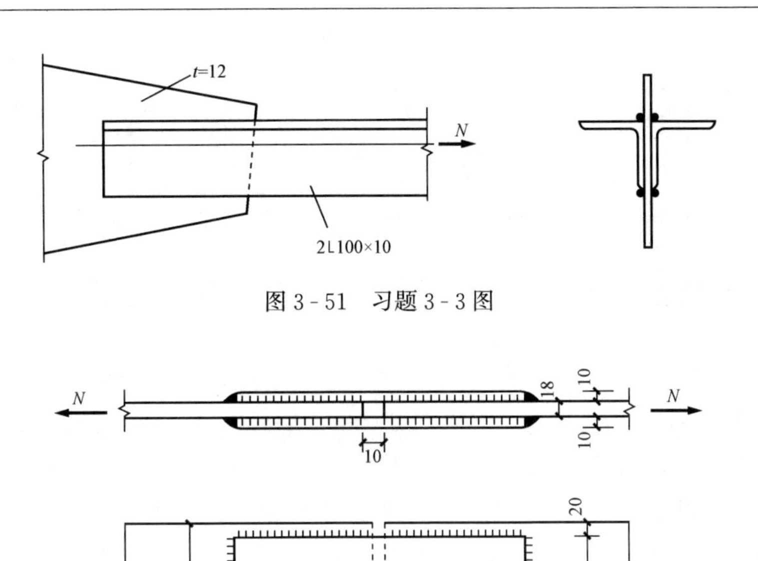

图 3-51 习题 3-3 图

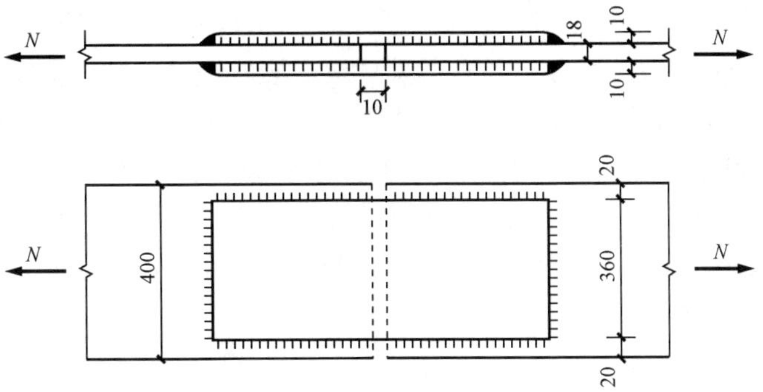

图 3-52 习题 3-4 图

力荷载设计值 P=330kN，钢材为 Q355 钢，焊条为 E50，手工焊，焊脚尺寸 h_f=10mm。

3-6 如图 3-54 所示，试验算钢板与柱翼缘连接角焊缝是否满足设计要求？已知静力设计荷载 N=280kN，θ=60°，焊脚尺寸 h_f=8mm，钢材为 Q235 钢，手工焊，焊条 E43 系列。

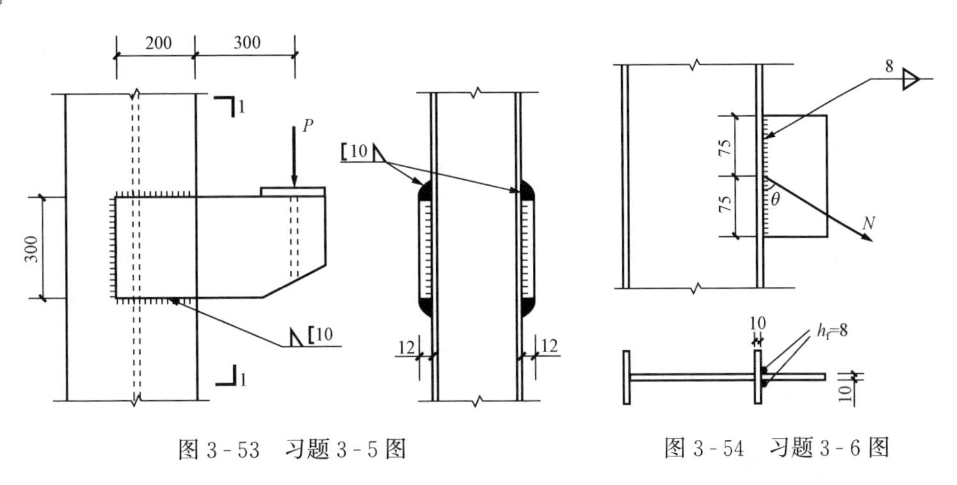

图 3-53 习题 3-5 图

图 3-54 习题 3-6 图

3-7 如图 3-55 所示，两块截面各为—320×14 的钢板，采用 A 级普通螺栓拼接，孔壁为Ⅰ类孔。承受轴心拉力设计值 N=650kN，钢材为 Q235AF。试确定拼接尺寸，螺栓的直径、数目与排列。

3-8 如图 3-56 所示，双盖板式拼接，内力设计值为 M=35kN·m，V=400kN，钢材为 Q235，采用 A 级普通螺栓连接，孔壁为Ⅰ类孔。试选螺栓直径并验算其连接强度。

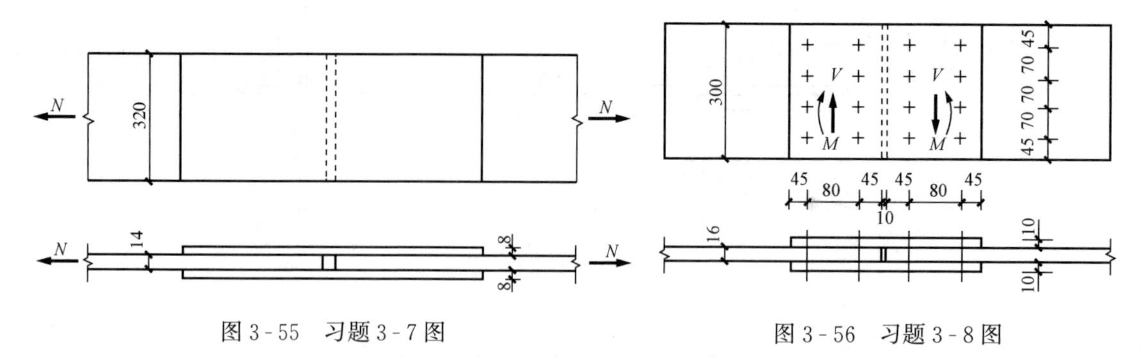

图 3-55　习题 3-7 图

图 3-56　习题 3-8 图

3-9　如图 3-57 所示，设有一牛腿，用 C 级螺栓与钢柱连接，牛腿下设支托板以承受剪力，螺栓采用 M20，钢材为 Q235。静力设计值 N=150kN，V=100kN。试验算螺栓强度和支托焊缝强度。焊条为 E43 型，手工焊。如改为 A 级螺栓，可否不用支托板？

3-10　如图 3-58 所示，试验算双盖板拼接连接强度。钢材材料为 Q235，采用高强度螺栓摩擦型连接，螺栓性能等级为 8.8 级 M20，螺孔直径 d_0=21.5mm，构件接触面喷砂处理。设计荷载值 N=680kN。

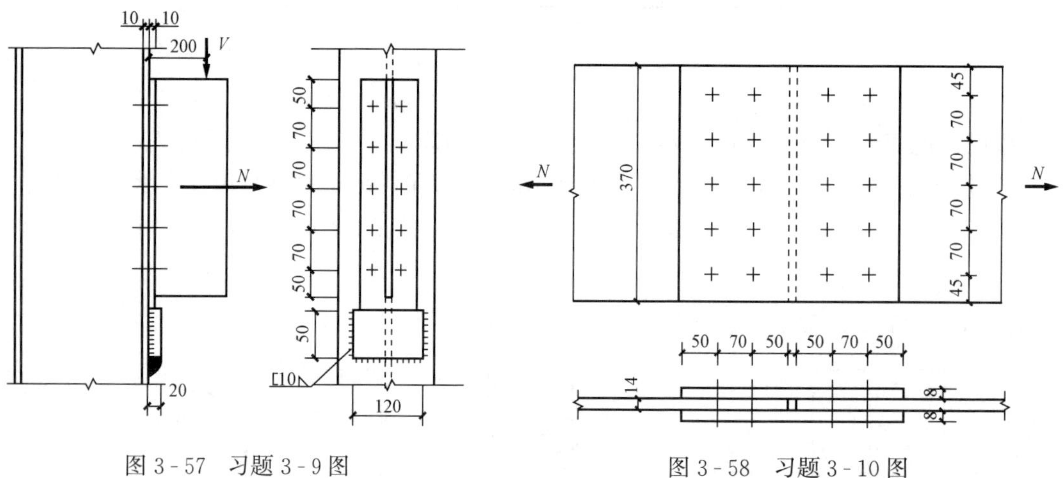

图 3-57　习题 3-9 图

图 3-58　习题 3-10 图

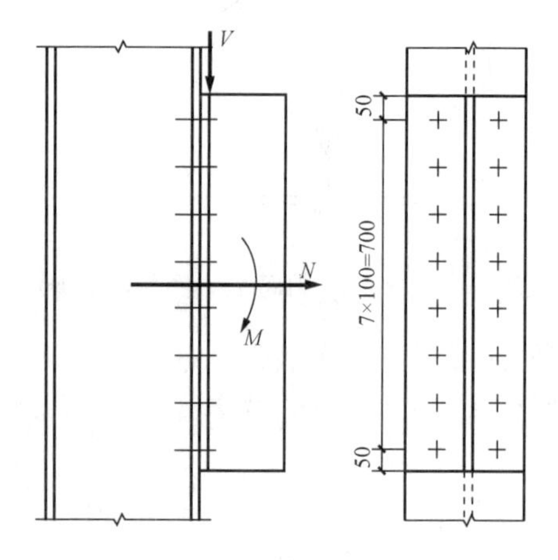

图 3-59　习题 3-11 图

3-11　如图 3-59 所示，高强度螺栓摩擦型连接，被连接构件的钢材为 Q235 钢，螺栓为 10.9 级 M20，接触面采用喷硬质石英砂处理。试验算螺栓连接的强度。已知内力设计值分别为 M=106kN·m，N=384kN，V=750kN。

3-12　若把习题 3-10 连接中的螺栓改为 8.8 级高强度螺栓承压型连接，该连接所能收的静力轴心设计值 N 有多大？

第四章 轴心受力构件

第一节 概 述

轴心受力构件是指只承受通过构件截面形心线的轴向力作用的构件。依轴向力为拉力或压力分为轴心受拉或轴心受压构件。轴心受力构件广泛应用于各种平面和空间桁架、网架、塔架结构，还常用于工作平台和其他结构的支柱，各种支撑系统也常由轴心受力构件组成。轴心受压柱由柱头、柱身和柱脚三部分组成（图 4-1)。柱头支承上部结构并把其荷载传给柱身，柱脚则把荷载由柱身传给基础。本章主要介绍柱身的性能与设计原理，柱头和柱脚的性能与设计原理将在第 6 章介绍。

轴心受力构件可分为实腹式构件和格构式构件两类（图 4-1)。实腹式构件具有整体连通的截面，它构造简单，制作方便，可采用热轧型钢、冷弯薄壁型钢制成，或用型钢和钢板组合而成。格构式构件一般由两个或多个分肢用缀材相连而成［图 4-1 (b)、(c)]，因缀材不是连续的，故在截面图中缀材以虚线表示。截面上通过分肢腹板的轴线叫实轴，通过缀材平面的轴线叫虚轴。缀材的作用是将各分肢连成整体，并承受构件绕虚轴弯曲时的剪力。缀材分缀条和缀板两类。缀条常采用单角钢，与分肢组成桁架体系。缀板常采用钢板，必要时也可采用型钢，沿构件长度方向分段设置，与分肢组成刚架体系。格构式构件抗扭刚度大，容易实现两主轴方向稳定承载力相等，用料较省。

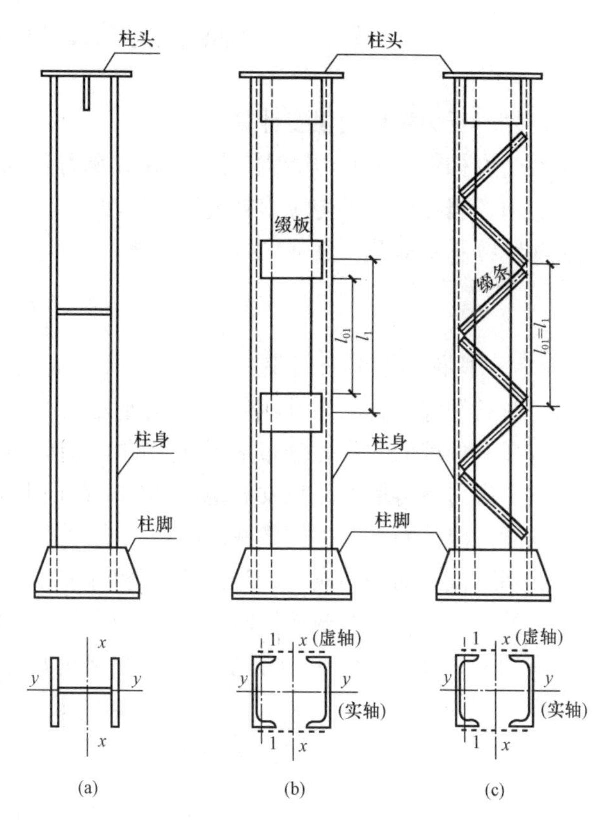

图 4-1 柱的形式和组成部分

(a) 实腹式柱；(b) 格构式柱（缀板式)；(c) 格构式柱（缀条式)

轴心受力构件的常用截面形式如图 4-2 所示。截面选型的要求是：①用料经济；②形状简单，便于制作；③便于与其他构件连接。进行轴心受力构件设计时，轴心受拉构件应满足强度和刚度要求；轴心受压构件除应满足强度、刚度要求外，还应满足整体稳定和局部稳定要求。

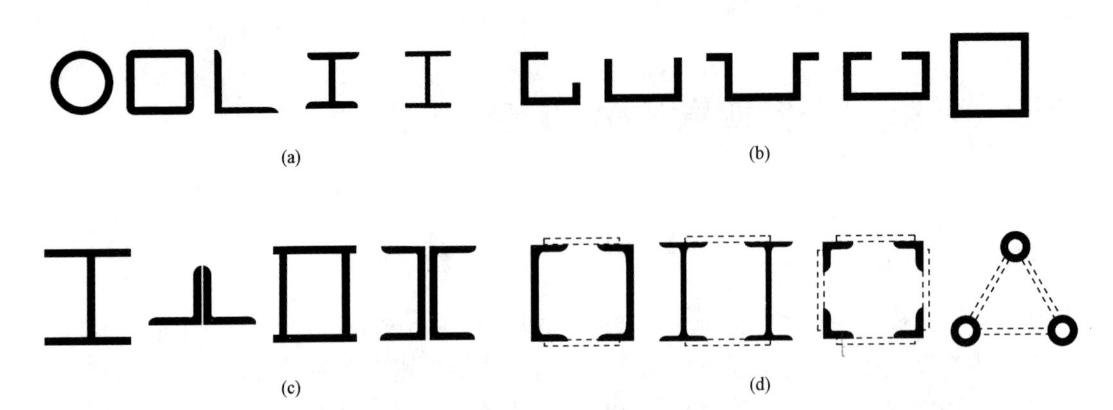

图 4-2 轴心受力构件的截面形式

（a）热扎型钢截面；（b）冷弯薄壁型钢截面；（c）实腹式组合截面；（d）格构式组合截面

第二节 轴心受力构件的强度和刚度计算

一、轴心受力构件的强度计算

轴心受力构件在轴心力 N 作用下，无孔洞等削弱的轴心受力构件截面上产生均匀受拉或受压应力，当截面的平均应力超过屈服强度 f_y时，构件会因塑性变形发展引起变形过大，导致无法继续承受荷载。其强度按下式计算

$$\sigma=\frac{N}{A}\leqslant f \tag{4-1}$$

式中 A——构件的毛截面面积。

对设有普通螺栓孔的有孔洞等削弱的轴心受力构件，当荷载较小时，由于应力集中现象，在有孔洞处截面的应力分布是不均匀的。随着轴心力增大，应力高峰处的钢材达屈服强度后，它的应力不再增大而只发展塑性变形，截面上的应力重分布，最终净截面可以均匀达到屈服强度。因孔洞削弱了构件截面面积，成为薄弱部位，构件强度应按照薄弱部位的净截面核算。当净截面的平均应力超过 f_y时，构件并未达到承载能力的极限状态，还可以继续承受更大的拉力，直至净截面拉断为止。此时强度应根据净截面的应力不超过抗拉强度 f_u除以对应的抗力分项系数 γ_{Ru}来计算。考虑拉断的后果比屈服严重得多，抗力分项系数取值增大 10%，取 $\gamma_{Ru}=1.1\times1.3=1.43$，其倒数为 0.7，构件的净截面强度按式（4-2）计算，同时还应按照式（4-1）验算毛截面强度。

$$\sigma=\frac{N}{A_n}\leqslant 0.7f_u \tag{4-2}$$

式中 A_n——构件的净截面面积。

轴心受压构件，当端部连接（及中部拼接）处组成截面的各板件都有连接件直接传力时，截面强度应按式（4-1）计算。但含有虚孔的构件尚需在孔心所在截面按式（4-2）计算。

轴心受力构件，当其组成板件在节点或拼接处并非全部直接传力时，如单根 T 形钢仅采用翼缘两侧焊缝与节点板连接，构件的内力只能通过翼缘传到焊缝，构件与节点板相接截面的应力分布不均匀突出，截面不能全部有效参与工作，应对危险截面的面积乘以有效截面系数 η，按照式（4-3）进行强度计算。单角钢 η 值取 0.85，和 T 形钢（包含 H 型钢）翼缘或腹板连接，η 值分别取 0.9 和 0.7。当采用螺栓连接时，式（4-3）中的 A 应改为 A_n。

$$\frac{N}{\eta A} \leqslant f \tag{4-3}$$

钢索是索膜结构、点式玻璃幕墙、索穹顶结构、张弦结构、斜拉结构、悬挂结构、悬索结构桅杆结构、预应力结构等的重要组成部分，在结构工程中发挥着日益重要的作用。索的截面尺寸远远小于它的长度，抗弯刚度很小，设计时不考虑它承受压力和弯矩，按只能承受拉力进行计算。索结构的形状与各种作用和施加的预应力有关，通常通过施加预应力来调整索的形状。现以承受沿水平均布荷载 q 作用的索为例（图 4-3），说明计算方法。

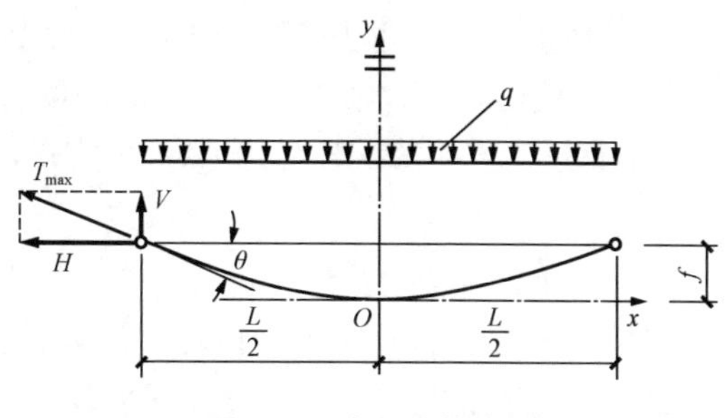

图 4-3 索的计算简图

（1）索的内力计算。假定索的材料符合虎克定律，索的形状为抛物线，方程为

$$y=4f(x/L)^2$$

由力的平衡条件可得 $V=qL/2$，$H=qL^2/(8f)$。

由图 4-3 可得 $$\tan\theta=\frac{V}{H}=\frac{4f}{L}=4n$$

式中 n——矢跨比，$n=f/L$。

支承处的索内力 $$T_{\max}=\frac{H}{\cos\theta}=H\sqrt{1+\tan^2\theta}=H\sqrt{1+16n^2}\approx H(1+2n^2) \tag{4-4}$$

跨中的索内力 $$T_{\min}=H \tag{4-5}$$

（2）索的长度 L' 计算。

$$L'=\int_{-L/2}^{L/2} dL \approx L\left(1+\frac{8}{3}n^2\right)$$

索受拉引起的长度增加值 $$\Delta L' \approx \frac{HL}{AE}\left(1+\frac{16}{3}n^2\right) \tag{4-6}$$

式中 A、E——索的截面积和材料弹性模量。

（3）温度变化引起索的长度变化

$$\Delta L'=\alpha L'\Delta t \approx \alpha \Delta t L\left(1+\frac{8}{3}n^2\right)$$

索的垂度变化可近似取

$$\Delta f \approx \frac{3\Delta L'}{16n} \tag{4-7}$$

目前国内外索采用容许应力法按照式（4-7）进行强度计算

$$\frac{N_{\mathrm{kmax}}}{A} \leqslant \frac{f_k}{K} \tag{4-8}$$

式中　N_{kmax}——按照各种荷载组合工况下计算出的钢索最大拉力标准值；

A——钢索的有效截面面积；

f_k——钢索材料强度的标准值；

K——安全系数，宜取2.5～3.0。

二、轴心受力构件的刚度计算

轴心受力构件的计算长度 l_0 与构件截面的回转半径 i 的比值 λ 称为长细比。当 λ 过大时，在运输和安装过程中容易产生弯曲或过大变形；当构件处于非竖直位置时，自重可使构件产生较大挠曲，在动力荷载作用时会发生较大振动。因此构件应具有一定的刚度，来满足结构的正常使用要求。轴心受力构件的刚度通常以长细比来衡量，刚度条件以保证最大长细比 λ_{max} 不超过构件的容许长细比 $[\lambda]$ 来实现，即

$$\lambda_{max}=(l_0/i)_{max}\leqslant[\lambda] \tag{4-9}$$

式中　i——截面回转半径；

l_0——杆件的计算长度。拉杆的计算长度取节点之间的距离；压杆的计算长度取节点之间的距离 l 与计算长度系数 μ 的乘积，单根构件的 μ 值见表4-4，与其他构件相连接的构件见相关结构。

《钢结构设计标准》(GB 50017）在总结了钢结构长期使用的经验，根据构件的重要性和荷载情况，规定了轴心受力构件的容许长细比，见表4-1和表4-2。对于张紧的圆钢拉杆，对长细比不作限值。上端与梁或桁架铰接且不能侧向移动的轴心受压柱，计算长度系数应根据柱脚构造情况采用，枢轴柱脚应取1.0，底板厚度不小于翼缘厚度二倍的平板支座可取为0.8。由侧向支撑分为多段的柱，当各段长度相差10%以上时，宜根据相关屈曲的原则确定柱在支撑平面内的计算长度。《水利水电工程钢闸门设计规范》(SL 74）中的 $[\lambda]$ 值见表4-3。

表4-1　受拉构件的容许长细比 $[\lambda]$

构件名称	承受静力荷载或间接承受动力荷载的结构			直接承受动力荷载的结构
	一般建筑结构	对腹杆提供面外支点的弦杆	有重级工作制起重机的厂房	
桁架的杆件	350	250	250	250
吊车梁或吊车桁架以下的柱间支撑	300	—	200	—
其他拉杆、支撑、系杆等（张紧的圆钢除外）	400	—	350	—

注　1. 除对腹杆提供面外支点的弦杆外，承受静力荷载的结构受拉构件，可仅计算受拉构件在竖向平面内的长细比；
2. 计算单角钢受拉构件的长细比时，应采用角钢的最小回转半径，但计算在交叉点相互连接的交叉杆件平面外的长细比时，可采用与角钢肢边平行轴的回转半径；
3. 中、重级工作制吊车桁架下弦杆的长细比不宜>200；
4. 在设有夹钳或刚性料耙等硬钩起重机的厂房中，支撑（表中第2项除外）的长细比不宜>300；
5. 受拉构件在永久荷载与风荷载组合作用下受压时，其长细比不宜>250；
6. 跨度≥60m的桁架，其受拉弦杆和腹杆的长细比不宜>300（承受静力荷载或间接承受动力荷载）或250（直接承受动力荷载）；
7. 柱间支撑按拉杆设计时，竖向荷载作用下柱子的轴力应按无支撑时考虑。

表 4-2 受压构件的容许长细比 [λ]

构件名称	容许长细比
轴压柱、桁架和天窗架中的杆件	150
柱的缀条、吊车梁或吊车桁架以下的柱间支撑	
支撑（吊车梁或吊车桁架以下的柱间支撑除外）	200
用以减少受压构件长细比的杆件	

注 1. 当杆件的内力设计值≤承载能力的 50%时，[λ] 可取为 200；
2. 单角钢受压构件的长细比的计算方法与表 4-1 注 2 相同；
3. 跨度≥60m 的桁架，其受压弦杆、端压杆和直接承受动力荷载的受压腹杆的 λ 不宜>120；
4. 验算容许长细比时，可不考虑扭转效应。

表 4-3 闸门构件的容许长细比 [λ]

构件种类	主要构件	次要构件	联系构件
受压构件	120	150	200
受拉构件	200	250	350

第三节 轴心受压构件的整体稳定

一、概述

当结构在荷载作用下处于平衡位置时，微小外界扰动会使其偏离原平衡位置，若外界扰动除去后仍然能恢复到初始平衡位置，则平衡是稳定的；若外界扰动除去后不能恢复到初始平衡位置，且偏离初始平衡位置越来越远，则平衡是不稳定的；若外界扰动除去后不能恢复到初始平衡位置，但仍然能保持在新的平衡位置，则是处于临界状态，也称随遇平衡。当轴心受压构件截面上的平均应力低于或远低于钢材的屈服强度时，若由于其内力与外力之间不能保持平衡的稳定性，微小扰动即促使构件产生很大的弯曲变形，或扭转变形或既弯又扭的弯扭变形而丧失承载能力，称这种现象为轴心受压构件丧失整体稳定性或屈曲。轴心受压杆件丧失整体稳定性表现为由挺直的位形改变为发生显著的弯曲或扭转或弯扭，以至于不能继续承受荷载。

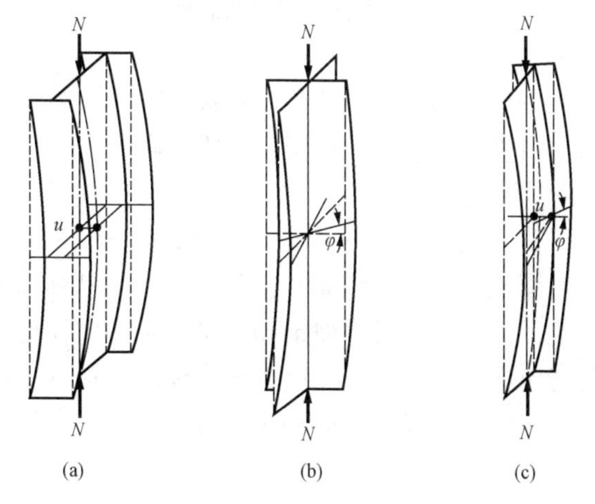

图 4-4 轴心压杆的屈曲形式
(a) 弯曲屈曲；(b) 扭转屈曲；(c) 弯扭屈曲

根据丧失整体稳定性变形的形状，又分为弯曲屈曲、扭转屈曲或弯扭屈曲，如图 4-4 所示。轴心受压构件除长细比很小或有孔洞等削弱的构件可能由强度条件决定承载力外，通常是由稳定性条件决定承载力。轴心受压构件丧失整体稳定是突发性的，容易造成严重后果。例如，1907 年 8 月 29 日在建的加拿大圣劳伦斯河上的魁北克大桥（钢桁架三跨悬式桥，中跨长 549m，两边跨各长 152m。）因悬伸部分的受压下弦杆丧失稳定，导致已安装的 19 000t 钢构件跨了下来，造成 75 名桥上施工人员遇难。整个事故过程仅 15s。因此应给予受压构件的整体稳定特别重视。

轴心受压构件由内力与外力平衡的稳定状态进入不稳定状态的分界标志是临界状态，处于临界状态时的轴心压力称为临界力 N_{cr}，N_{cr}除以构件毛截面面积 A 所得的应力称为临界应力σ_{cr}。

双轴对称截面轴心受压构件的屈曲形式一般为弯曲屈曲，只有当截面的扭转刚度较小时（如十字形截面），有可能发生扭转屈曲。单轴对称截面轴心受压构件绕非对称轴屈曲时，为弯曲屈曲；若绕对称轴屈曲时，由于轴心压力所通过的截面形心与截面的扭转中心不重合，此时发生的弯曲变形总伴随着扭转变形，属于弯扭屈曲。截面无对称轴的轴心受压构件，其屈曲形式都属于弯扭屈曲。为了理解轴心受压构件整体稳定的基本概念，先介绍理想轴心受压构件的整体稳定性，再说明实际轴心受压构件的整体稳定性和计算方法。

二、理想轴心受压构件的整体稳定性

1. 理想轴心受压构件的弯曲失稳

采用线弹性材料制成的、无初始弯曲和残余应力及荷载无初始偏心的轴心受压构件称为理想轴心受压构件。双轴对称截面理想轴心受压构件丧失整体稳定通常为弯曲失稳。图 4 - 5 所示一两端铰支的理想轴心受压构件，当 N 达临界值时，构件可处于微弯平衡状态，其平衡微分方程为

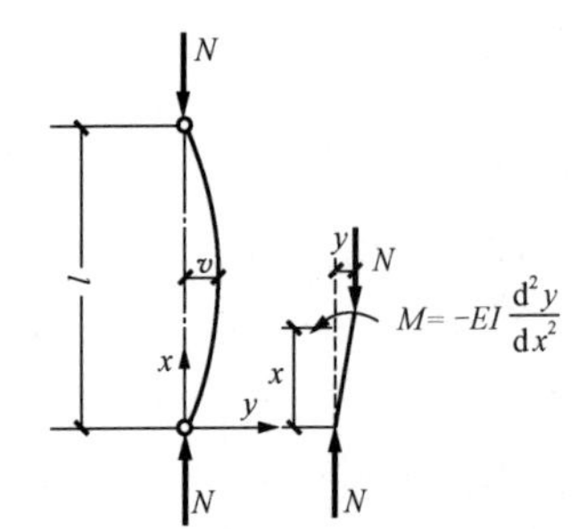

图 4 - 5　理想轴心受压构件弯曲屈曲

$$EI\frac{d^2y}{dx^2}+Ny=0 \tag{4-10}$$

式中　E——钢材的弹性模量；

I——构件截面惯性矩。

解方程，引入边界条件（构件两端侧移为零）可得临界力 N_{cr}为

$$N_{cr}=\pi^2EI/l^2 \tag{4-11}$$

相应临界应力为

$$\sigma_{cr}=N_{cr}/A=\pi^2E/\lambda^2 \tag{4-12}$$

式中　A——毛截面面积。

式（4 - 10）是由欧拉（Euler. L）建立的，被称为欧拉公式，N_{cr}也称欧拉荷载，常记作 N_E。

理想轴心受压构件在临界状态时，构件从初始的平衡位形突变到与其临近的另一平衡位形（由直线平衡形式转变为微弯平衡形式），表现为平衡位形的分岔，称为分支点失稳，也称第一类稳定问题。

2. 理想轴心受压构件的扭转失稳

图 4 - 4（b）所示为一双轴对称十字形截面轴心受压构件，在轴心压力 N 作用下，除可能绕截面的两个对称轴 x 和 y 轴发生弯曲失稳外，还可能绕构件的纵轴 z 轴发生扭转失稳。与弯曲失稳分析同理，建立双轴对称截面轴心受压构件在临界状态发生微小扭转变形情况下的平衡微分方程。假定构件两端为简支并符合夹支条件，即端部截面可自由翘曲，但不能绕 z 轴转动。平衡微分方程为

$$-EI_{\omega}\varphi'''+GI_{t}\varphi'-Ni_0^2\varphi'=0 \tag{4-13}$$

式中　I_{ω}——翘曲常数，也称扇性惯性矩；

I_t——截面的抗扭惯性矩；

i_0——截面对剪切中心的极回转半径，$i_0^2=i_x^2+i_y^2$。

解方程，引入边界条件可得临界力 N_{zcr} 为

$$N_{zcr}=\left(\frac{\pi^2 EI_\omega}{l_\omega^2}+GI_t\right)/i_0^2 \tag{4-14}$$

式中 l_ω——扭转失稳的计算长度。

在轴心受压构件扭转失稳的计算中，为使其与弯曲失稳具有相同的临界力表达式，可令扭转失稳临界力与欧拉荷载相等，得到换算长细比 λ_z，即

$$N_{zcr}=\left(\frac{\pi^2 EI_\omega}{l_\omega^2}+GI_t\right)/i_0^2=\frac{\pi^2 E}{\lambda_z^2}A$$

得

$$\lambda_z=\sqrt{\frac{Ai_0^2}{I_\omega/l_w^2+GI_t/(\pi^2 E)}} \tag{4-15}$$

对于双轴对称十字形截面轴心受压构件，扇性惯性矩为零，由式（4-15）可得

$$\lambda_z=5.07b/t \tag{4-16}$$

式中 b——悬伸板件宽度；

t——悬伸板件的厚度。

为避免双轴对称十字形截面轴心受压构件发生扭转屈曲，λ_x 和 λ_y 均不得小于 $5.07b/t$。

3. 理想轴心受压构件的弯扭失稳

图 4-4（c）所示为一单轴对称 T 形截面轴心受压构件，在轴心压力 N 作用下，当绕截面的非对称轴（x 轴）失稳时为弯曲失稳，当绕截面的对称轴（y 轴）失稳时为弯扭失稳。无对称轴的截面，失稳时均为弯扭失稳。发生弯扭失稳的理想轴心受压构件，可分别建立构件在临界状态时发生微小弯曲和弯扭变形状态的两个平衡微分方程。假定构件两端为简支并符合夹支条件，即端部截面可自由翘曲，但不能绕 z 轴转动。平衡微分方程为

$$\left.\begin{aligned}-EI_y u''-N(u+a_0\varphi)=0\\-EI_\omega\varphi'''+GI_t-N(i_0^2\varphi'+a_0u')=0\end{aligned}\right\} \tag{4-17}$$

式中 u——截面形心沿 x 轴方向的位移；

a_0——截面形心至剪切中心的距离；

i_0——截面对剪切中心的极回转半径，$i_0^2=a_0^2+i_x^2+i_y^2$。

解方程，引入边界条件可得构件发生弯扭失稳时的临界力 N_{yzcr} 为

$$(N_{Ey}-N_{yzcr})(N_{zcr}-N_{yzcr})-N_{yzcr}^2(a_0/i_0)^2=0$$

式中 N_{Ey}——构件绕 y 轴弯曲失稳的欧拉荷载，$N_{Ey}=\pi^2 EA/\lambda_y^2$；

λ_y——绕截面对称轴的弯曲失稳长细比。

上式为 N_{yzcr} 的二次式，解的最小根即构件发生弯扭失稳时的临界力 N_{yzc}。与扭转失稳同理，可求得弯扭失稳的换算长细比 λ_{yz}

$$\lambda_{yz}=\frac{1}{\sqrt{2}}\left[(\lambda_y^2+\lambda_z^2)+\sqrt{(\lambda_y^2+\lambda_z^2)^2-4(1-a_0^2/i_0^2)\lambda_y^2\lambda_z^2}\right]^{1/2} \tag{4-18}$$

构件发生弯扭失稳时的临界力 N_{yz} 为

$$N_{yzcr}=\pi^2 EA/\lambda_{yz}^2 \tag{4-19}$$

由于构件中无残余应力，钢材的应力-应变曲线为理想弹塑性曲线，因此上述临界力计

算公式的适用条件为$\sigma_{cr} \leqslant f_p = f_y$。

当单根轴心受压构件端部支座为其他形式时，只需采用计算长度 $l_0=\mu l$ 代替上列式中的 l 即可。μ 称为计算长度系数，几种常用支座情况构件的 μ 的理论值见表 4 - 4。

表 4 - 4　　计算长度系数 μ

支承条件		μ 的理论值	μ 的建议值
弯曲变形	两端铰支	1.0	1.0
	两端固定	0.5	0.65
	一端简支、一端固定	0.7	0.8
	一端固定、一端自由	2.0	2.1
	一端简支，另一端可移动但不能转动	2.0	2.0
	一端固定，另一端可移动但不能转动	1.0	1.2
扭转变形	两端不能转动但能自由翘曲	1.0	
	两端不能转动也不能翘曲	0.5	
	一端不能转动但能自由翘曲 另一端不能转动也不能翘曲	0.7	
	一端不能转动也不能翘曲 另一端可自由转动和翘曲	2.0	
	两端能自由转动但不能翘曲	1.0	

三、各种缺陷对轴心受压构件整体稳定性的影响

实际的轴心受压构件难免存在残余应力、初弯曲、荷载的偶然偏心，构件的某些支座的约束程度也可能比理想支承偏小。这些因素将使得构件的整体稳定承载力降低，被看作轴心受压构件的缺陷。实际结构稳定承载能力的确定应该计及这些缺陷的影响。

1. 初弯曲对构件整体稳定性的影响

实际的轴心受压构件在加工制作和运输及安装过程中，构件不可避免地会存在微小弯曲，称为初弯曲。初弯曲的形状可能是多种多样的，对于两端铰支的压杆，取图 4 - 6（a）所示最具代表性的正弦半波图形的初弯曲进行分析。设初弯曲为 $y=v_0\sin(\pi x/l)$，在轴心压力作用下构件的平衡微分方程为

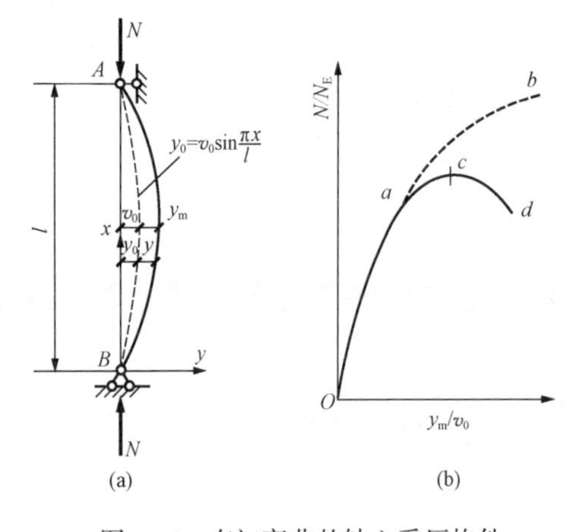

图 4 - 6　有初弯曲的轴心受压构件

（a）计算简图；（b）y_m/v_0 - N/N_E 的关系曲线

$$EI\frac{d^2y}{dx^2}+Ny=-Nv_0\sin\frac{\pi x}{l} \quad (4-20)$$

解方程可得

$$y=\frac{N/N_E}{1-N/N_E}v_0\sin\frac{\pi x}{l} \quad (4-21)$$

构件中高处的挠度 y_m 为

$$y_m=y(x=l/2)=\frac{N/N_E}{1-N/N_E}v_0 \quad (4-22)$$

构件的挠度总值 Y 为

$$Y = y_0 + y = \frac{1}{1 - N/N_E} v_0 \sin \frac{\pi x}{l} \tag{4-23}$$

构件中高处的总挠度 Y_m 为

$$Y_m = Y(x = l/2) = \frac{v_0}{1 - N/N_E} \tag{4-24}$$

由上列公式可以看出，从开始加载起，构件就产生挠曲变形，挠度 y 和挠度总值 Y 与初弯曲 v_0 成正比。当 v_0 一定时，y_m/v_0 随 N/N_E 的增大而快速增大，y_m/v_0- N/N_E 的关系曲线如图 4-6（b）所示。具有初弯曲的轴心受压构件的整体稳定承载力总是低于欧拉荷载 N_E。对于理想弹塑性材料，随着挠度增大，附加弯矩 NY_m 也增大，构件中高处截面最大受压边缘纤维的应力 σ_{max} 为

$$\sigma_{max} = \frac{N}{A} + \frac{NY_m}{W} = \frac{N}{A}\left(1 + \frac{v_0}{W/A} \times \frac{1}{1 - N/N_E}\right) \tag{4-25}$$

当 σ_{max} 达到 f_y 时［图 4-6（b）中 a 点］，构件开始进入弹塑性工作状态。此后随 N 加大，截面的塑性区增大，弹性部分减小，变形不再沿完全弹性曲线 ab 发展，而是沿 acd 发展。N/N_E 达到 c 点的 N_c/N_E 时，截面的塑性区发展的相当深，要维持平衡只能随挠度的增大而卸载（cd 段）。称 N_c 为有初弯曲的轴心受压构件的整体稳定极限承载力。这是一荷载与变形曲线极值点问题，也称第二类稳定问题。

2. 荷载初偏心对构件整体稳定性的影响

由于构造上的原因和构件截面尺寸的变异等，作用在构件杆端的轴心压力不可避免地会偏离截面形心而形成初偏心 e_0。图 4-7（a）所示有荷载初偏心的轴心受压构件，在弹性工作阶段，力的平衡微分方程为

$$EI \frac{d^2 y}{dx^2} + N(e_0 + y) = 0 \tag{4-26}$$

解方程可得构件挠度 y 为

$$y = e_0[\tan(kl/2)\sin kx + \cos kx - 1] \tag{4-27}$$

$$k = \sqrt{N/(EI)}$$

式中　k——系数。

构件中高处的挠度 y_m 为

$$y_m = y(x = l/2) = e_0\left[\sec \frac{\pi}{2}\sqrt{\frac{N}{N_E}} - 1\right] \tag{4-28}$$

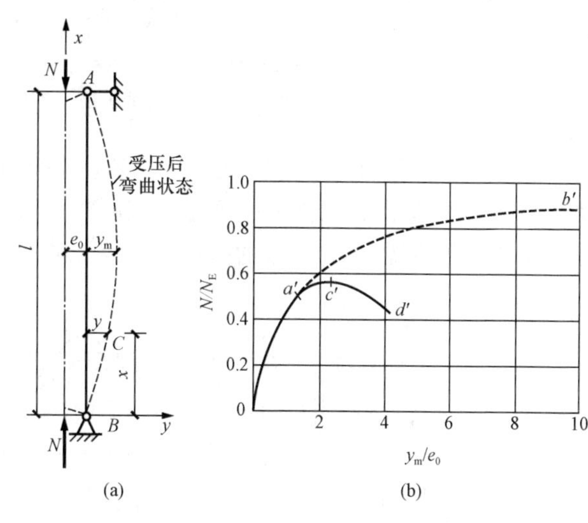

图 4-7　荷载有初偏心的轴心受压构件

（a）计算简图；（b）y_m/e_0- N/N_E 的关系曲线

构件中高处截面最大受压边缘纤维的应力 σ_{max} 为

$$\sigma_{max} = \frac{N}{A} + \frac{N(e_0 + y_m)}{W} = \frac{N}{A}\left(1 + \frac{e_0}{W/A}\sec \frac{\pi}{2}\sqrt{\frac{N}{N_E}}\right) \tag{4-29}$$

与具有初弯曲的轴心受压构件同理，按式（4-28），并考虑截面的塑性发展，所得 y_m/e_0- N/N_E 的关系曲线示于图 4-7（b）。由图可以看出，荷载初偏心对轴心受压构件的影响与初弯曲的影响类似。为了简化分析，可取一种缺陷的合适值来代表这两种缺陷的影响。

3. 残余应力对构件整体稳定性的影响

残余应力是构件在还未承受荷载之前就已存在于构件中的自相平衡的初始应力。产生残余应力的主要原因是钢材热轧、火焰切割、焊接、校正等加工制造过程中不均匀的高温加热和不均匀的冷却。一般温度高或冷却较慢的部分为残余拉应力，温度低或冷却较快的部分为残余压应力。影响轴心受压杆件整体稳定性的主要是构件纵向的残余应力。残余应力的分布和大小与构件截面的形状、尺寸、制造方法和加工过程等有关。图 4-8 列出了几种有代表性的截面残余应力分布。

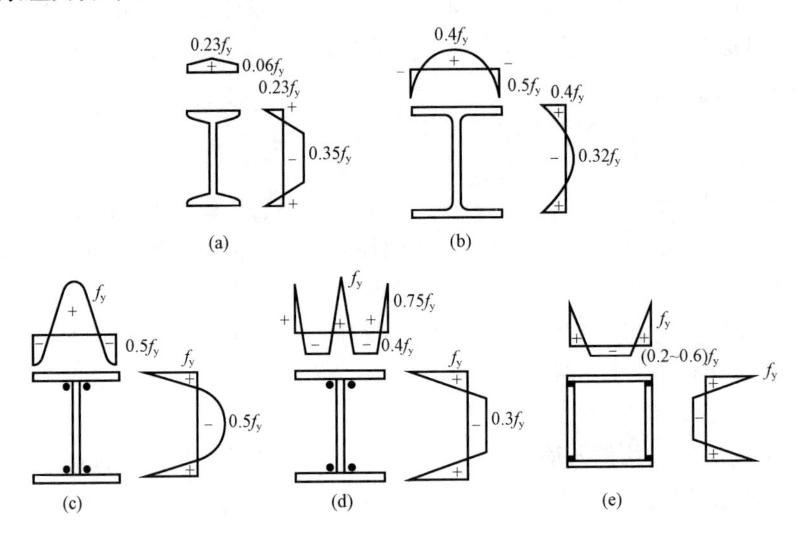

图 4-8　截面残余应力分布

（a）热轧工字钢；（b）热轧 H 型钢；（c）翼缘为轧制边的焊接工字形截面；（d）翼缘为火焰切割边的焊接工字形截面；（e）焊接箱形截面

图 4-9（a）所示为一两端铰支的工字形截面轴心受压构件，假设构件的平截面在屈曲变形后仍然保持平面；构件发生弹塑性屈曲时，截面上任何点不发生应变变号。为了叙述简明起见，忽略面积较小的腹板的影响，取翼缘的残余应力如图 4-9（b）所示。

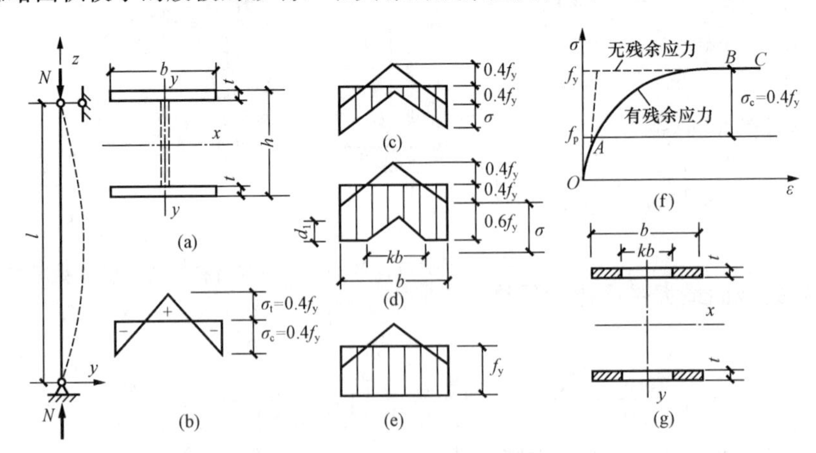

图 4-9　残余应力对短柱段的影响

（a）截面形式；（b）翼缘残余应力分布；（c）$\sigma<0.6f_y$ 时的翼缘应力分布；（d）$f_p\leqslant\sigma<f_y$ 时的翼缘应力分布；（e）$\sigma=f_y$ 时的翼缘应力分布；（f）σ-ε 关系曲线；（g）翼缘弹性与塑性区分布

先分析残余应力对应力 σ 与应变 ε 关系的影响。假定在荷载作用时构件不发生弯曲。当轴心压力 N 引起的截面平均应力 $\sigma<(f_y-\sigma_c)=0.6f_y$ 时，截面上无屈服区，钢柱的 σ 与 ε 呈直线关系［图 4-9（f）中的 OA 段］，其弹性模量为常数 E。σ-ε 曲线上的 A 点为比例极限 f_p，$f_p=f_y-\sigma_c$。当 $f_p\leqslant\sigma<f_y$ 时［图 4-9（d）］，翼缘出现屈服区，轴心压力的增加值只能由截面的弹性区承担。σ-ε 曲线呈曲线，如图 4-9（c）中的 AB 段所示，构件处于弹塑性阶段工作。曲线上任一点的切线的斜率称为切线模量 E_t，E_t 值为

$$E_t=\frac{d\sigma}{d\varepsilon}=\frac{dN/A}{dN/(EA_e)}=E\frac{A_e}{A} \tag{4-30}$$

式中　A_e——弹性区的面积。

当 $\sigma=f_y$ 时，全截面屈服［图 4-9（c）中的 BC 段］，构件进入塑性阶段，$A_e=0$，构件的切线模量值变为 0。可见残余应力的存在使构件的 σ-ε 曲线由理想弹塑性曲线改变为含有弹性阶段和弹塑性阶段及塑性阶段的关系曲线［图 4-9（c）］。

当轴心受压构件丧失整体稳定性时，若 $\sigma_{cr}\leqslant f_p$ 时，属于弹性阶段屈曲，其临界力为欧拉荷载 N_E。但当 $\sigma_{cr}>f_p$ 时，截面上分成弹性区和塑性区两部分，其惯性矩分别表示为 I_e 和 I_p，构件的抗弯刚度应为弹性区的抗弯刚度与塑性区的抗弯刚度之和。因塑性区的切线模量值为 0，所以塑性区的抗弯刚度也为 0。可见当 $\sigma_{cr}\geqslant f_p$ 时，残余应力的存在使构件的抗弯刚度由 EI 降低为 EI_e，导致构件的稳定承载力降低。此时构件的临界力只需把欧拉公式中的 EI 变为 EI_e 即可，临界力为

$$N_{cr}=\frac{\pi^2EI_e}{l^2}=\frac{\pi^2EI}{l^2}\frac{I_e}{I}=N_E\frac{I_e}{I} \tag{4-31}$$

相应的临界应力为

$$\sigma_{cr}=\frac{\pi^2E}{\lambda^2}\frac{I_e}{I} \tag{4-32}$$

由上式可见，考虑残余应力影响时，弹塑性阶段的临界应力为欧拉临界应力乘以折减系数 I_e/I。图 4-9 所示的工字形截面轴心受压构件绕 x 轴和 y 轴的临界应力分别为

$$\sigma_{crx}=\frac{\pi^2E}{\lambda_x^2}\frac{I_{ex}}{I_x}=\frac{\pi^2E}{\lambda_x^2}\frac{2t(kb)h_1^2/4}{2tbh_1^2/4}=\frac{\pi^2E}{\lambda_x^2}k \tag{4-33}$$

$$\sigma_{cry}=\frac{\pi^2E}{\lambda_y^2}\frac{I_{ey}}{I_y}=\frac{\pi^2E}{\lambda_y^2}\frac{2t(kb)^3/12}{2tb^3/12}=\frac{\pi^2E}{\lambda_y^2}k^3 \tag{4-34}$$

式中的系数 k 是截面弹性区与全截面面积之比，kE 是 σ-ε 曲线中的切线模量 E_t。由上两式可知，残余应力对构件绕不同形心轴屈曲的临界应力影响程度不同，对 y 轴的影响比 x 轴要严重得多。如果简单地用切线模量 E_t 取代欧拉公式中的弹性模量 E，并不能完全合理地反映残余应力对构件临界应力的影响。由此可知，短柱试验的切线模量并不能普遍地用于计算轴心受压杆件的整体稳定承载力。

按上式求临界应力时，需先求出 k 值。依平衡条件（忽略腹板影响时）有

$$N=Af_y-A_e\sigma_1/2$$

依变形满足平截面假定可得 $\sigma_1=2k\times(0.4f_y)$，且 $A_e=kA$，代入上式可求得

$$k=\sqrt{2.5\left(1-\frac{N}{Af_y}\right)}=\sqrt{2.5\left(1-\frac{\sigma_{cr}}{f_y}\right)}$$

代入式（4-33）和式（4-34）就可求得构件的临界应力。

当不忽略腹板作用及其残余应力的影响时，荷载产生的应力与残余应力叠加，在翼缘和

腹板都可能产生屈服区，计算更为复杂，但计算原理相同。

对于其他截面形式和不同的残余应力分布，可用同样的方法求解，但所得结果将有差别。

4. 支座约束对构件整体稳定性的影响

实际结构中的轴心受压构件的支座，往往难以达到计算简图中理想支座的约束状态。如对于杆端不发生转动的固定支座，实际工程很难完全达到不转动状态，此时可对计算长度系数 μ 进行适当修正。一些文献给出了 μ 的建议取值见表 4-4，可供设计时参考。

四、轴心受压构件的整体稳定计算

1. 实际的轴心受压构件整体稳定承载力

实际的轴心受压构件不可避免同时存在各种缺陷。构件一经压力作用就产生挠度。图 4-10 所示为一具有残余应力和初弯曲的轴心受压构件的荷载 N 与构件中高处挠度 Y_m 关系的曲线。在弹性阶段（OA_1段），残余应力对 N-Y_m 曲线无影响。荷载超过 A_1点后，构件截面出现屈服区，进入弹塑性工作阶段，随着塑性区增大，构件的抗弯刚度降低，变形增长加快，到达曲线 C_1点时，柱抵抗能力开始小于外力作用。因此在 C_1点之前，构件能维持稳定平衡状态；而在 C_1点之后，柱不再能维持稳定平衡状态，曲线的极值点标志了实际构件的极限承载力 N_u。

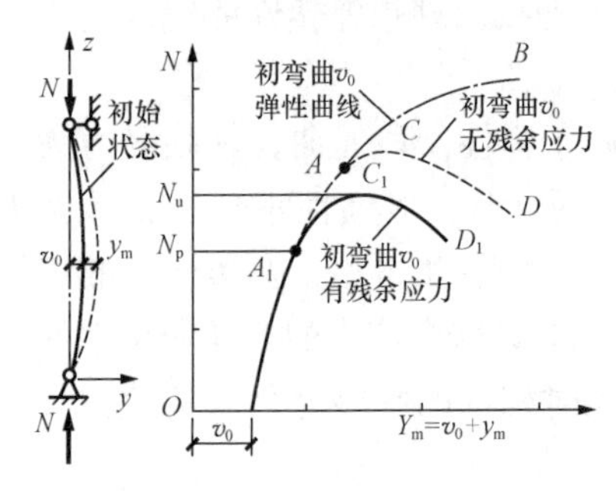

图 4-10 实际轴心受压构件的荷载-挠度曲线

2. 轴心受压构件的整体稳定计算

轴心受压构件的整体稳定计算应以极限承载力 N_u 为依据。《钢结构设计标准》（GB 50017）采用有缺陷的实际轴心受压构件作为计算模型，以 $v_0=l/1000$ 的正弦半波作为初弯曲和初偏心的代表值，考虑不同的截面形状和尺寸、不同的加工条件和残余应力分布及大小、不同的屈曲方向，采用数值分析方法来计算构件的 N_u 值。令 $\lambda_n=\lambda/(\pi\sqrt{E/f_y})$，$\varphi=N_u/(Af_y)$，称 φ 为轴心受压构件的整体稳定系数，绘出 λ_n-φ 曲线（称为柱子曲线）。称 λ_n 为正则化长细比，采用这一横坐标，柱曲线可以通用于不同钢号，因而称通用长细比。在修订设计规范时共计算了 200 多条柱子曲线，它们形成了相当宽的分布带，经过数理统计分析，把这条宽带分成四个窄带，以每一窄带的平均值曲线作为代表该窄带的柱子曲线，得到图 4-11 中的 a、b、c、d 四条曲线。设计规范用表格的形式给出了这四条曲线的 φ 值（附录二），又根据适用那条曲线而把轴心受压构件截面相应分为 a、b、c、d 四类，柱截面分类见表 4-5。设计时先确定截面所属类别，再查附录一中相应的稳定系数表来求得 φ 值。

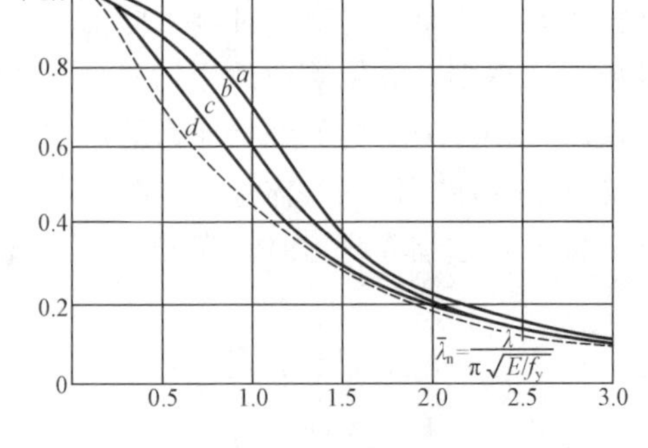

图 4-11 轴心受压构件 λ_n-φ 曲线

为了便于运用计算机辅助设计，规范除给出了 φ 值表格外，还采用最小二乘法将各类截面的 φ 值拟合为公式形式表达，供设计时使用。

稳定系数表中的 φ 值是按照下列公式算得

当 $\lambda_n\leqslant 0.215$ 时，

$$\varphi=1-\alpha_1\lambda_n^2 \tag{4-35a}$$

当 $\lambda_n>0.215$ 时，

$$\varphi=\frac{1}{2\lambda_n^2}\left[(\alpha_2+\alpha_3\lambda_n+\lambda_n^2)-\sqrt{(\alpha_2+\alpha_3\lambda_n+\lambda_n^2)^2-4\lambda_n^2}\right] \qquad (4-35b)$$

式中　α_1、α_2、α_3——系数，根据表 4-5 表 4-6 的截面分类，按表 4-7 采用。

令 $\varepsilon_k=\sqrt{235/f_y}$，称 ε_k 为钢号修正系数。当构件的 λ/ε_k 值超出稳定系数表中的范围时，φ 值按式（4-35）计算。

表 4-5　　轴心受压构件的截面分类（板厚 t_f<40mm）

截面形式		对 x 轴	对 y 轴
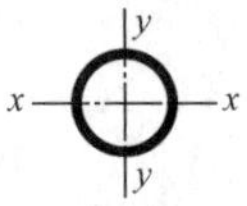 轧制		a类	a类
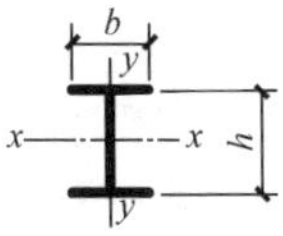 轧制	$b/h\leqslant0.8$	a类	b类
	$b/h>0.8$	a*类	b*类
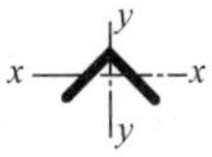 轧制等边角钢		a*类	a*类
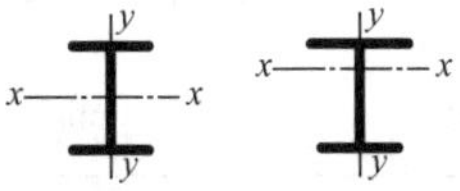 焊接，翼缘为焰切边	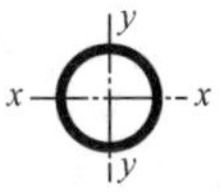 焊接	b类	b类
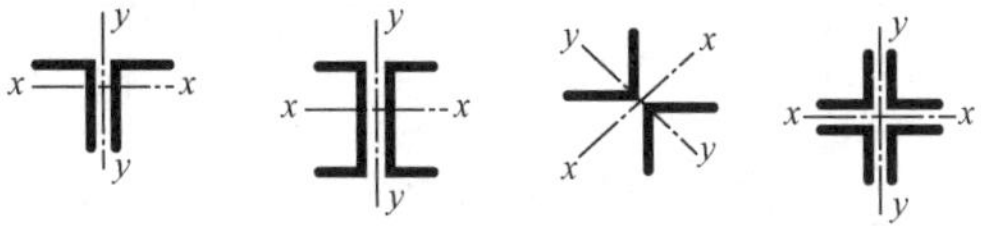 轧制			
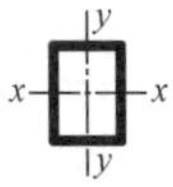 轧制，焊接（板件宽厚比>20）	 轧制或焊接		
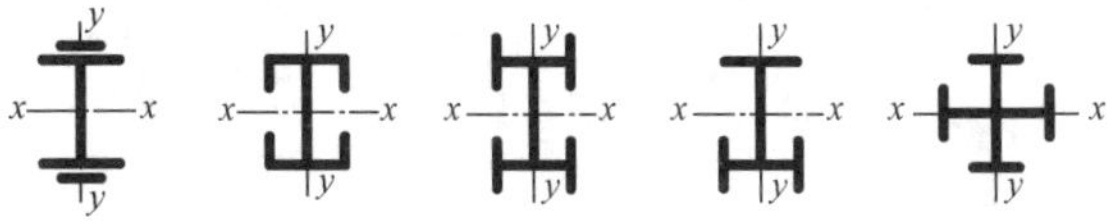 焊接	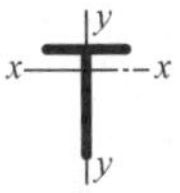 轧制和翼缘为焰切边的焊接截面		
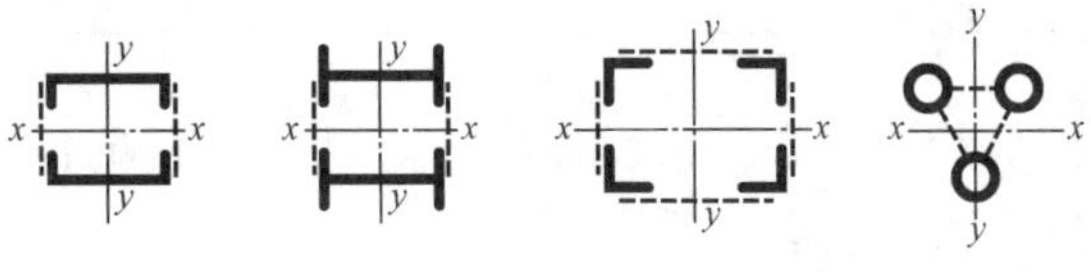 格构式	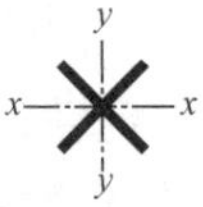 焊接，板件边缘焰切		

续表

截面形式		对 x 轴	对 y 轴
焊接，翼缘为轧制或剪切边		b类	c类
焊接，翼缘为轧制或剪切边	焊接，板件宽厚比≤20	c类	c类

注 1. a* 类含义为 Q235 钢取 b 类，Q355、Q390、Q420 和 Q460 取 a 类；b* 类含义为 Q235 钢取 c 类，Q355、Q390、Q420 和 Q460 取 b 类。

2. 无对称轴且剪心和形心不重合的截面，其截面分类可按有对称轴的类似截面确定，如不等边角钢采用等边角钢的类别；当无类似截面时，可取 c 类。

表 4-6　　轴心受压构件的截面分类（板厚 t_f≥40mm）

截面形式		对 x 轴	对 y 轴
轧制工字形或 H 形截面	t<80mm	b类	c类
	t≥80mm	c类	d类
焊接工形截面	翼缘为焰切边	b类	b类
	翼缘为轧制或剪切边	c类	d类
焊接箱形截面	板件宽厚比>20	b类	b类
	板件宽厚比≤20	c类	c类

表 4-7　　系数 α_1、α_2、α_3

截面类别		α_1	α_2	α_3
a类		0.41	0.986	0.152
b类		0.65	0.965	0.300
c类	$\lambda_n \leqslant 1.05$	0.73	0.906	0.595
	$\lambda_n > 1.05$		1.216	0.302
d类	$\lambda_n \leqslant 1.05$	1.35	0.868	0.915
	$\lambda_n > 1.05$		1.375	0.432

轴心受压构件的整体稳定性计算应使构件承受的轴心压力设计值 N 不大于构件的极限承载力。N_u。采用应力表达式，并引入抗力分项系数 γ_R，可得

$$\frac{N}{A} \leqslant \frac{N_u}{Af_y}\frac{f_y}{\gamma_R} = \varphi f$$

可写成
$$\frac{N}{\varphi A} \leqslant f \tag{4-36}$$

式（4-36）是《钢结构设计标准》（GB 50017）规定的轴心受压构件整体稳定性的计算公式。设计时先确定构件截面所属类别，再由附录一查相应的稳定系数表或采用式（4-35）求得 φ 值。

实腹式构件的长细比 λ 应根据其失稳模式，按照下列规定确定

（1）截面形心与剪心重合的构件

1）当计算弯曲屈曲时长细比按下式计算

$$\lambda_x = l_{0x}/i_x \tag{4-37a}$$

$$\lambda_y = l_{0y}/i_y \tag{4-37b}$$

式中　l_{0x}、l_{0y}——构件对主轴 x 和 y 的计算长度；

i_x、i_y——构件截面对主轴 x 和 y 的回转半径。

2）当计算扭转屈曲时，长细比应采用扭转屈曲换算长细比 λ_z，按下式计算

$$\lambda_z = \sqrt{I_0/(I_t/25.7 + I_\omega/l_\omega^2)} \tag{4-38}$$

式中　I_0、I_t、I_ω——分别为构件毛截面对剪心的极惯性矩、截面抗扭惯性矩（也称自由扭转常数）和扇性惯性矩，对十字形截面可近似取 $I_\omega=0$；

l_ω——扭转屈曲的计算长度，两端铰支且端截面可自由翘曲时取几何长度 l；两端嵌固且端部截面的翘曲完全受到约束时取 $0.5l$。双轴对称十字形截面板件宽厚比 $\leqslant 15\varepsilon_k$ 时可不计算扭转屈曲。

（2）截面为单轴对称的构件

1）绕非对称主轴的弯曲屈曲，长细比应由式（4-37）确定。绕对称轴主轴的弯扭屈曲，应取式（4-39）给出的换算长细比

$$\lambda_{yz} = [\lambda_y^2 + \lambda_z^2 + \sqrt{(\lambda_y^2 + \lambda_z^2) - 4(1 - y_s^2/i_0^2)\lambda_y^2\lambda_z^2}]^{1/2}/\sqrt{2} \tag{4-39}$$

式中　y_s——截面形心至剪心的距离；

i_0——截面对剪心的极回转半径，单轴对称截面 $i_0^2 = y_s^2 + i_x^2 + i_y^2$；

λ_z——扭转屈曲换算长细比，由式（4-38）确定。

2）等边单角钢轴压构件当绕两主轴弯曲的计算长度相等时，可不计算弯扭屈曲。

（3）双角钢组合 T 形截面绕对称轴的 λ_{yz} 可采用下列简化方法确定

双角钢组合 T 形截面（图 4-12）构件绕对称轴的换算长细比 λ_{yz} 可用下列简化公式确定

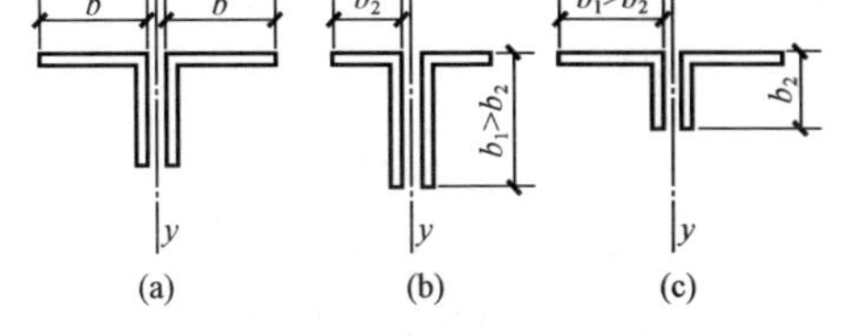

图 4-12　单角钢截面和双角钢组合 T 形截面

（a）等边双角钢组合 T 形截面；

（b）不等边角钢长肢相并组合 T 形截面；

（c）不等边角钢短肢相并组合 T 形截面

等边双角钢［图 4-12（a）］

当 $\lambda_y > \lambda_z$ 时

$$\lambda_{yz} = \lambda_y[1 + 0.16(\lambda_z/\lambda_y)^2] \tag{4-40a}$$

当 $\lambda_y < \lambda_z$ 时

$$\lambda_{yz} = \lambda_z[1 + 0.16(\lambda_y/\lambda_z)^2] \tag{4-40b}$$

$$\lambda_z = 3.9b/t$$

长肢相并的不等边双角钢［图 4-12（b）］

当 $\lambda_y > \lambda_z$ 时　$$\lambda_{yz} = \lambda_y[1 + 0.25(\lambda_z/\lambda_y)^2] \tag{4-41a}$$

当 $\lambda_y < \lambda_z$ 时　$$\lambda_{yz} = \lambda_z[1 + 0.25(\lambda_y/\lambda_z)^2] \tag{4-41b}$$

$$\lambda_z = 5.1b_2/t$$

短肢相并的不等边双角钢［图 4 - 12（c）］

当 $\lambda_y > \lambda_z$ 时 $$\lambda_{yz} = \lambda_y[1+0.06(\lambda_z/\lambda_y)^2] \quad (4-42a)$$

当 $\lambda_y < \lambda_z$ 时 $$\lambda_{yz} = \lambda_z[1+0.06(\lambda_y/\lambda_z)^2] \quad (4-42b)$$

$$\lambda_z = 3.7b_1/t$$

（4）截面无对称轴且剪心和形心不重合的构件，应采用下列换算长细比

$$\lambda_{xyz} = \pi\sqrt{EA/N_{xyz}} \quad (4-43)$$

式中　N_{xyz}——弹性完善杆的弯扭屈曲临界力，由下式确定

$$(N_x - N_{xyz})(N_y - N_{xyz})(N_z - N_{xyz}) - N_{xyz}^2(N_x - N_{xyz})\left(\frac{y_s}{i_0}\right)^2 - N_{xyz}^2(N_y - N_{xyz})\left(\frac{x_s}{i_0}\right)^2 = 0$$

$$i_0^2 = i_x^2 + i_y^2 + x_s^2 + y_s^2$$

$$N_x = \pi^2EA/\lambda_x^2,\ N_y = \pi^2EA/\lambda_y^2,\ N_z = (GI_t + \pi^2EI_\omega/l_\omega^2)/i_0^2$$

x_s，y_s——截面剪心相对于形心的坐标；

i_0——截面对剪心的极回转半径；

N_x、N_y、N_z——分别为绕 x 轴和 y 轴的弯曲屈曲临界力和扭转屈曲临界力；

E、G——分别为钢材弹性模量和剪变模量。

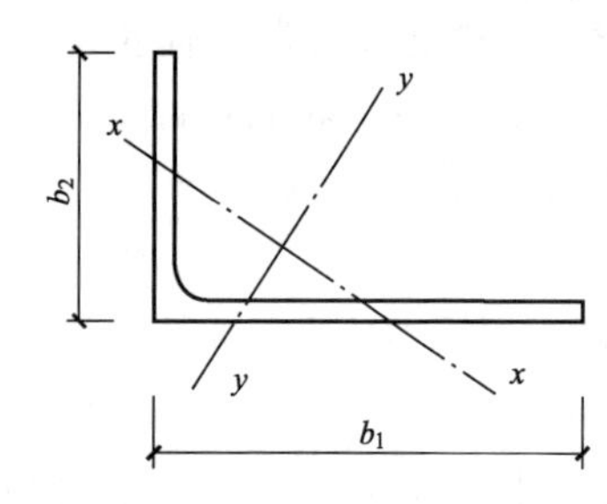

图 4 - 13　不等边角钢

（5）不等边角钢轴压构件的换算长细比可用下列简化公式确定（图 4 - 13）

当 $\lambda_x > \lambda_z$ 时 $$\lambda_{xyz} = \lambda_x[1+0.25(\lambda_z/\lambda_x)^2] \quad (4-44a)$$

当 $\lambda_x < \lambda_z$ 时 $$\lambda_{xyz} = \lambda_z[1+0.25(\lambda_x/\lambda_z)^2] \quad (4-44b)$$

$$\lambda_z = 4.21b_1/t$$

式中，x 轴为角钢的主轴，b_1 为角钢长肢宽度。

【例 4 - 1】　某焊接组合工字形截面轴心受压构件的截面尺寸如图 4 - 14 所示，承受轴心压力设计值（包括构件自重）N=1 900kN，计算长度 l_{0y}=6m，l_{0x}=3m，翼缘钢板为火焰切割边，钢材为 Q355，截面无削弱。要求验算该轴心受压构件的整体稳定性是否满足设计要求。

解　（1）截面及构件几何特性计算。

$A=250\times12\times2+250\times8=8\ 000(\text{mm}^2)$

$I_y=(250\times274^3-242\times250^3)/12=1.134\ 5\times10^8(\text{mm}^4)$

$I_x=(12\times250^3\times2+250\times8^3)/12=3.126\times10^7(\text{mm}^4)$

$i_y=\sqrt{I_y/A}=\sqrt{1.134\ 5\times10^8/8\ 000}=119.1(\text{mm})$

$i_x=\sqrt{I_x/A}=\sqrt{3.126\times10^7/8\ 000}=62.5(\text{mm})$

$\lambda_y=l_{0y}/i_y=6\ 000/119.1=50.4$，$\lambda_x=l_{0x}/i_x=3\ 000/62.5=48.0$

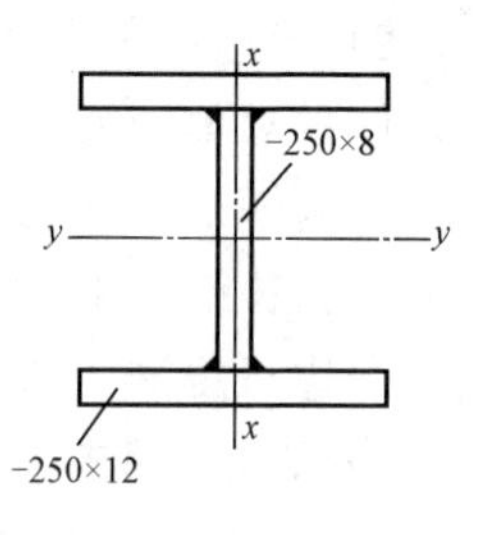

图 4 - 14　焊接工字形截面

（2）整体稳定性验算。

查表 4 - 5，截面关于 x 轴和 y 轴都属于 b 类，$\lambda_y>\lambda_x$，则

$$\lambda_y\sqrt{f_y/235} = 50.4\sqrt{355/235} = 61.9$$

查附录一附表 1 - 2 得 φ=0.796 6

$$\frac{N}{\varphi A} = \frac{1\ 900\times10^3}{0.797\ 5\times8\ 000} = 297.8(\text{N/mm}^2) < f = 305\text{N/mm}^2$$

故满足整体稳定性要求。

（3）整体稳定承载力计算

$$\varphi Af = 0.7975 \times 8000 \times 305 = 1.946 \times 10^6(\text{N}) = 1946(\text{kN})$$

该轴心受压构件的整体稳定承载力为 1 946kN。

【例 4-2】　某焊接 T 形截面轴心受压构件截面尺寸如图 4-15 所示。承受轴心压力设计值（包括构件自重）$N=2000\text{kN}$，计算长度 $l_{0x}=l_{0y}=3\text{m}$，翼缘钢板为火焰切割边，钢材为 Q355，截面无削弱。要求验算该轴心受压构件的整体稳定性。

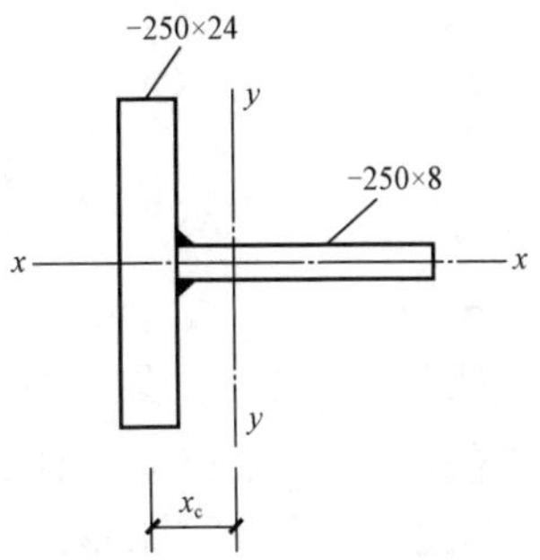

解　（1）截面及构件几何特性计算。

$A=250\times24+250\times8=8000(\text{mm}^2)$

$x_c=\dfrac{250\times8\times(125+12)}{8000}=34.25(\text{mm})$

$I_x=(250^3\times24+250\times8^3)/12=3.126\times10^7(\text{mm}^4)$

$i_x=\sqrt{I_x/A}=\sqrt{3.126\times10^7/8000}=62.5(\text{mm})$

$I_y=\dfrac{1}{12}\times250\times24^3+250\times24\times34.25^2+\dfrac{1}{12}\times8\times250^3+$
$250\times8\times(125-22.25)^2=3.886\times10^7(\text{mm}^4)$

-250×24

-250×8

图 4-15　焊接 T 形截面

$i_y=\sqrt{I_y/A}=\sqrt{3.886\times10^7/8000}=69.7(\text{mm})$

$\lambda_x=l_{0x}/i_x=3000/62.5=48.0$，$\lambda_y=l_{0y}/i_y=3000/69.7=43$

因绕 x 轴属于弯扭失稳，必须按式（4-18）计算换算长细比 λ_{yz}。T 形截面的剪切中心在翼缘与腹板中心线的交点，$a_0=x_c=34.25\text{mm}$

$$i_0^2=i_x^2+i_y^2+a_0^2=6.25^2+6.97^2+3.425^2=9938(\text{mm}^2)$$

对于 T 形截面，$I_\omega=0$，$I_t=(250\times24^3+250\times8^3)/3=1.195\times10^6(\text{mm}^4)$

（2）整体稳定性验算。

$$\lambda_z=\sqrt{\frac{i_0^2A}{\dfrac{I_t}{25.7}+\dfrac{I_\omega}{l_\omega^2}}}=\sqrt{\frac{99.38\times80}{\dfrac{119.5}{25.7}+0}}=41.35$$

由式（4-18）得

$$\lambda_{xz}=\frac{1}{\sqrt{2}}[(\lambda_x^2+\lambda_z^2)+\sqrt{(\lambda_x^2+\lambda_z^2)^2-4(1-\frac{a_0^2}{i_0^2})\lambda_x^2\lambda_z^2}]^{1/2}$$

$$=\frac{1}{\sqrt{2}}\left[(48^2+41.35^2)+\sqrt{(48^2+41.35^2)^2-4\left(1-\frac{3.425^2}{99.38}\right)\times48^2\times41.35^2}\right]^{1/2}$$

$$=52.45$$

查表 4-5，截面关于 x 轴 y 轴都属于 b 类，$\lambda_{xz}>\lambda_y$，则 $\lambda_{xz}\sqrt{f_y/235}=52.45\sqrt{355/235}=64.47$。

查附录附表 2-2 得 $\varphi=0.783$

$$\frac{N}{\varphi A}=\frac{2000\times10^3}{0.783\times8000}=315.3\text{N/mm}^2>f=295\text{N/mm}^2$$

不满足整体稳定性要求。

（3）整体稳定承载力计算。

$$\varphi Af = 0.783 \times 8\ 000 \times 295 = 1.848 \times 10^6 \text{N} = 1\ 848\text{kN}$$

该轴心受压构件的整体稳定承载力为 1 848kN。

（4）讨论。

对比［例 4-1］和［例 4-2］可以看出，［例 4-2］的截面只是把［例 4-1］的工字形截面的下翼缘并入上翼缘，因此这两种截面绕腹板轴线（x 轴）的惯性矩和长细比是一样的。［例 4-1］绕对称轴是弯曲失稳，其稳定承载力为 1 946kN。而［例 4-2］的截面是 T 形截面，在绕对称轴失稳时属于弯扭失稳，其稳定承载力为 1 862kN，比［例 4-1］降低约 5%。

第四节　轴心受压构件的局部稳定

一、概述

钢结构中的轴心受压构件大多由若干矩形平面薄板组成。设计时板件的宽度与厚度之比通常都比较大，使截面具有较大的回转半径，获得较高的整体稳定承载力。但如果板件的宽度与厚度之比（简称宽厚比）过大，在轴心压力作用下，可能在构件丧失整体稳定或强度破坏之前，板件偏离其原来的平面位置而发生波状鼓曲，如图 4-16 所示，称这种现象为板件丧失了稳定性。因为板件失稳发生在整个构件的局部部位，所以称为构件丧失局部稳定或发生局部屈曲。由于丧失稳定的板件不能再承受或少承受所增加的荷载，并改变了原来构件的受力状态，导致构件的整体稳定承载力降低。

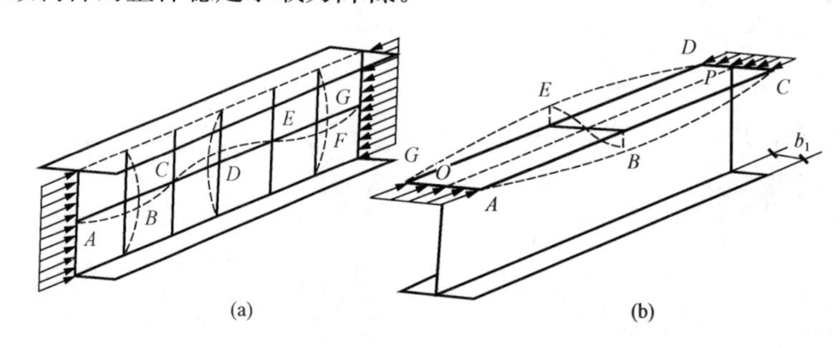

图 4-16　轴心受压构件局部屈曲变形

（a）腹板屈曲变形；（b）翼缘屈曲变形

轴心受压构件的局部屈曲，实际上是薄板在轴心压力作用下的屈曲问题。轴心受压薄板也会存在初弯曲、荷载初偏心和残余应力等缺陷。目前在钢结构设计实践中，多以理想受压平板屈曲时的临界应力为基础，再根据试验并结合经验综合考虑各种有利和不利因素的影响。

目前关于轴心受压构件的局部稳定性计算采用的两种设计准则，一种是不允许出现局部失稳，即板件受到的压应力不超过局部失稳的临界应力；另一种是允许出现局部失稳，利用板件屈曲后强度，板件受到的压应力不超过板件发挥屈曲后强度的极限承载应力。

二、单向均匀受压薄板的屈曲

组成构件的各板件在连接处互为支承，构件的支座也对各板件在支座截面处提供支承。若支承对相连板件无转动约束能力，可视为简支。例如工形截面构件的翼缘相当于三边支承一边自由的矩形板，而腹板相当于四边支承的矩形板。单向均匀受压的四边简支矩形薄板的屈曲变形如图 4 - 17（a）所示。处于弹性屈曲时，由薄板弹性稳定理论可得其平衡微分方程为

$$D\left(\frac{\partial^4 w}{\partial x^4}+2\frac{\partial^4 w}{\partial x^2 \partial y^2}+\frac{\partial^4 w}{\partial y^4}\right)+N_x\frac{\partial^2 w}{\partial x^2}=0 \tag{4 - 45}$$

$$D=\frac{Et^3}{12(1-v^2)}$$

式中　w——板的挠度；

N_x——单位板宽的压力；

D——板的柱面刚度；

t——板的厚度；

v——钢材的泊松比。

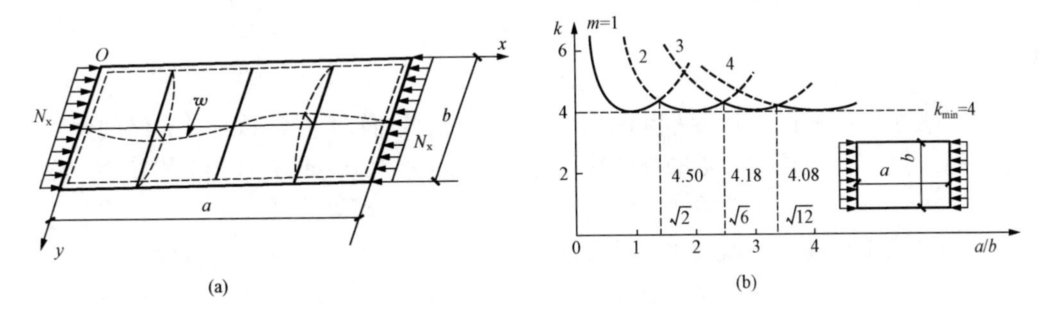

图 4 - 17　四边简支的均匀受压板屈曲

（a）计算简图；（b）板的屈曲系数

对于四边简支板，式（4 - 45）中挠度 w 的解可用双重三角级数表示，即

$$w=\sum_{m=1}^{\infty}\sum_{n=1}^{\infty}A_{mn}\sin\frac{m\pi x}{a}\sin\frac{n\pi y}{b} \tag{4 - 46}$$

式中　m、n——板屈曲后纵向和横向的半波数。

式（4 - 46）满足板边缘的挠度和弯矩均为零的边界条件，代入式（4 - 45）可求得板的临界压力 N_{crx}（板单位宽度）。

$$N_{crx}=\frac{\pi^2 D}{b^2}\left(\frac{mb}{a}+\frac{n^2 a}{mb}\right)^2$$

当 $n=1$ 时，板屈曲沿 y 方向只有一个半波，此时可得板单位宽度的最小临界压力 N_{crx}为

$$N_{crx}=\frac{\pi^2 D}{a^2}\left(m+\frac{a^2}{mb^2}\right)^2 \tag{4 - 47}$$

把式（4 - 47）右边括号展开后由三项组成。第一项与两端铰支轴心受压构件的临界力相当；后两项则表示由于侧边支承对板变形的约束作用，引起板临界力的提高。a/b 越大，提高越多。板在弹性阶段的屈曲应力 σ_{crx}为

$$\sigma_{crx}=\frac{N_{crx}}{1\times t}=\frac{k\pi^2 E}{12(1-v^2)}\left(\frac{t}{b}\right)^2 \tag{4 - 48}$$

式中　k——板的屈曲系数，$k=\left(\frac{mb}{a}+\frac{a}{mb}\right)^2$。

按 $m=1$、2、3、4 绘出的 $k \sim (a/b)$ 曲线示于图 4 - 17（b），图中的实线部分表示板件的实际 $k-(a/b)$ 曲线。当 $a/b=m$ 时，k 为最小值（$k_{min}=4$）。当 $a/b \geqslant 1$ 时，k 值变化不大，可近似取 $k=4$。

对于其他支承条件的板，采用相同的分析方法可得相同的屈曲应力表达式，只是屈曲系数 k 值不同。对于单向均匀受压的三边简支一边自由矩形板，屈曲系数为

$$k = (0.425 + b_1^2/a^2) \tag{4-49}$$

式中 a——自由边长度；

b_1——与自由边垂直的边长。

通常 $a \gg b_1$，可近似取 $k=k_{min}=0.425$。

组成构件的各板件在相连处互相提供支承约束（属弹性约束），使其相邻板件不能像理想简支那样完全自由转动，导致板件的屈曲应力提高，可在式（4 - 48）中引入弹性嵌固系数 χ 来考虑这一影响。则板的弹性屈曲应力为

$$\sigma_{crx} = \frac{\chi k \pi^2 E}{12(1-v^2)}\left(\frac{t}{b}\right)^2 \tag{4-50}$$

χ 值的大小取决于相连板件的相对刚度。对于工形截面轴心受压构件，翼缘的面积和厚度都比腹板大得多，翼缘对腹板的弹性约束也大，而腹板对翼缘的弹性约束则较小。设计规范在综合考虑各种因素的影响后，对腹板取 $\chi=1.3$，对翼缘取 $\chi=1.0$。

当板件所受纵向压应力超过比例极限 f_p 时，板件纵向进入弹塑性受力阶段，而板件的横向仍处于弹性工作阶段，板变为正交异性板。可采用下列近似公式计算屈曲应力

$$\sigma_{crx} = \frac{\chi \sqrt{\eta} k \pi^2 E}{12(1-v^2)}\left(\frac{t}{b}\right)^2 \tag{4-51}$$

$$\eta = \frac{(f_y - \sigma)\sigma}{(f_y - f_p) f_p} \tag{4-52}$$

$$f_p = f_y - \sigma_{re}$$

式中 η——切线模量折系数；

f_p——板件的比例极限，由残余应力的压应力峰值 σ_{re} 确定。

三、受压薄板的屈曲后强度

图 4 - 18（a）所示两个侧边简支的薄板，当纵向压应力达临界应力 σ_{crx} 后，板将会发生屈曲。由于板件的侧边不能产生平移，在板件中部产生薄膜张力，张力增强了板的抗弯刚度。当继续增加荷载时，板的侧边部分还可继续承受更大的作用力，直到侧边部分的应力达到屈服强度，而板的中部在凸曲后的应力不但不增加，反而略有下降，板的应力分布由均匀变为不均匀，如图 4 - 18（b）所示。除纵向应力外，在横向也产生应力。当板的侧边部分的应力达到屈服强度时，达到板的极限承载能力。板屈曲后随着荷载进一步增大，板的凸曲变形也增大，因此板的屈曲后分析必须采用板的大挠度理论。纵向受压简支矩形板屈曲后的大挠度平衡微分方程组为

$$\frac{D}{t}\left(\frac{\partial^4 w}{\partial x^4} + 2\frac{\partial^4 w}{\partial x^2 \partial y^2} + \frac{\partial^4 w}{\partial y^4}\right) = \frac{\partial^2 \phi}{\partial y^2}\frac{\partial^2 w}{\partial x^2} + \frac{\partial^2 \phi}{\partial x^2}\frac{\partial^2 w}{\partial y^2} - 2\frac{\partial^2 \phi}{\partial x \partial y}\frac{\partial^2 w}{\partial x \partial y} \tag{4-53a}$$

$$\frac{1}{E}\left(\frac{\partial^4 \phi}{\partial x^4} + 2\frac{\partial^4 \phi}{\partial x^2 \partial y^2} + \frac{\partial^4 \phi}{\partial y^4}\right) = \left(\frac{\partial^2 w}{\partial x \partial y}\right)^2 - \frac{\partial^2 w}{\partial x^2}\frac{\partial^2 w}{\partial y^2} \tag{4-53b}$$

式中　ϕ——应力函数，当取压应力为正时，有

$$\frac{\partial^2 \phi}{\partial y^2} = -\sigma_x;\quad \frac{\partial^2 \phi}{\partial x^2} = -\sigma_y;\quad \frac{\partial^2 \phi}{\partial x \partial y} = \tau_{xy}$$

解方程，引入边界条件可得

$$\left.\begin{aligned} \sigma_x &= \sigma_u + (\sigma_u - \sigma_{xcr})\cos\frac{2\pi y}{b} \\ \sigma_y &= (\sigma_u - \sigma_{xcr})\cos\frac{2\pi x}{a} \end{aligned}\right\} \tag{4-54}$$

式中　σ_u——$x=0$ 和 $x=a$ 边的平均压应力。

式（4-54）反映了板屈曲后板面内应力的分布规律，如图 4-18 所示。在板屈曲前，σ_x 是均匀分布的，$\sigma_y=0$。板屈曲后，σ_x 不再均匀分布，且 σ_y 不再为零。σ_y 在板中部区域为拉应力，它对板的进一步弯曲起约束作用，使板在屈曲后仍然具有继续承担更大荷载的能力，称为屈曲后强度。板的宽厚比越大，板的屈曲应力比屈服强度小得越多，屈曲后强度潜力越大。

工程设计时认为板件达到极限承载力时压力 N_u 完全由板的侧边部分来承受，这部分的应力全部达到屈服强度 f_y。对于图 4-18（a）所示两个侧边简支的薄板，可近似看做两边各有宽度为 $b_e/2$ 的部分有效工作，而中间部分从受力看完全退出工作。将薄板达极限状态时的应力分布图形［图 4-19（a）］先简化为矩形分布［图 4-19（b）］，再在合力相等的前提下，简化为两侧应力为 f_y 矩形图形［图 4-19（c）］，称两个矩形的宽度之和 b_e 为有效宽度。b_e 的计算公式通过理论分析结合实验研究来确定。

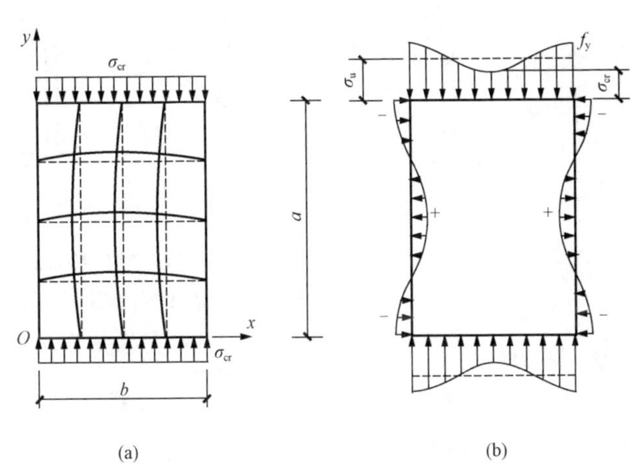

图 4-18　受压板件的屈曲后强度

（a）$\sigma=f_y$ 时的变形；（b）板屈曲后应力分布图

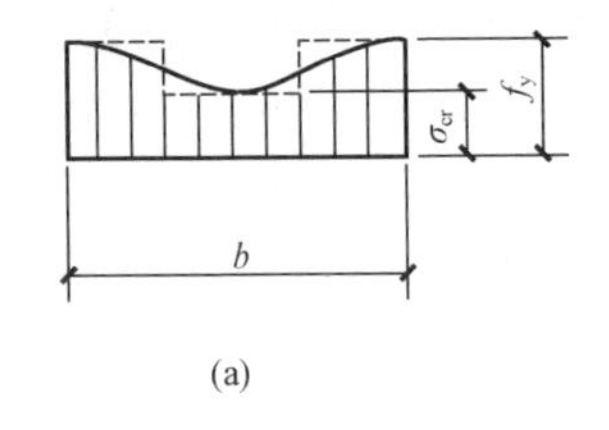

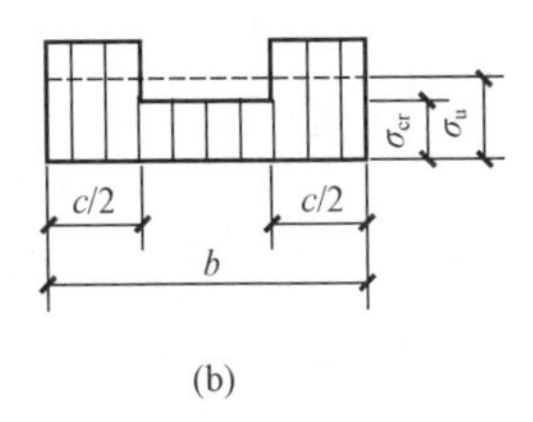

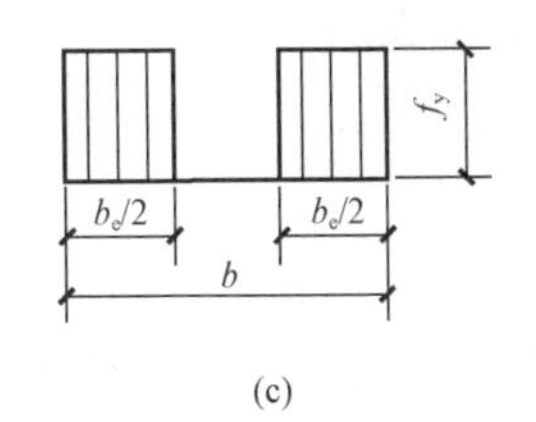

图 4-19　应力图形的简化

（a）极限值；（b）等代值；（c）计算值

四、轴心受压构件的局部稳定计算

目前钢结构设计对于解决轴心受压杆件的局部稳定问题有三种准则，一种是不允许板件先于构件发生整体失稳之前屈曲，控制条件是板件的临界应力≥构件整体失稳临界应力，也

称作局部与整体等稳定准则。第二种是不允许板件先于构件应力达到屈服强度之前屈曲，控制条件是板件的临界应力≥屈服强度 f_y，也称作等强度准则。由式（4-50）、式（4-51）可见，板件的临界应力主要与板件的宽厚比有关，因此设计规范采用限制板件宽厚比的方法来实现设计准则。依等稳定和等强度准则求出的板件宽厚比限值分别如式（4-55）和式（4-56）所示，对于等强度准则，需引入板件缺陷系数 1.25。第三种是利用屈曲后强度的准则，允许板件先屈曲，根据有效截面进行构件承载力计算。

$$\frac{b}{t}=0.303\lambda\sqrt{\chi k}\sqrt[4]{\eta} \tag{4-55a}$$

$$\frac{b}{t}=0.95\sqrt{\frac{\chi kE}{f_y}} \tag{4-55b}$$

钢结构常用的轴心受压杆件如图 4-20 所示。我国《钢结构设计标准》（GB 50017）中，当实腹轴心受压构件要求不出现局部失稳进行设计时，板件宽厚比应按照下列要求进行计算。

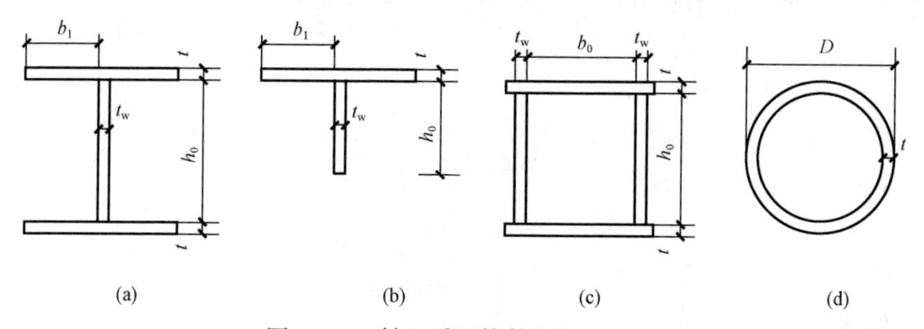

图 4-20　轴心受压构件板件宽厚比

（a）H 形截面；（b）T 形截面；（c）箱形截面；（d）圆管

1. H 形截面

H 形截面的腹板，取 $k=4$ 和 $\chi=1$ 代入式（4-55），依据局部与整体等稳定准则分析并简化后得到的局部稳定计算公式为

$$h_0/t_w\leqslant(25+0.5\lambda)\varepsilon_k \tag{4-56}$$

式中　λ——构件的较大长细比，当 $\lambda<30$ 时，取 $\lambda=30$；当 $\lambda>100$ 时，取 $\lambda=100$；

h_0、t_w——分别为腹板计算高度和厚度，对焊接构件 h_0 取为腹板高度 h_w，对热轧构件取 $h_0=h_w-r$，但不小于 h_w-40mm，r 为过渡圆弧的半径，t 为翼缘厚度。

H 形截面的翼缘，取 $k=0.254$ 和 $\chi=0.94$ 代入式（4-55），依据局部与整体等稳定准则分析并简化后得到的局部稳定计算公式为

$$b_1/t\leqslant(10+0.1\lambda)\varepsilon_k \tag{4-57}$$

式中　b_1、t——分别为翼缘板自由外伸宽度和厚度，对焊接构件 b_1 取为翼缘板宽度 b 的一半，对热轧构件取 $b_1=b/2-t$，但不小于 $b/2-20$mm。

2. 箱形截面

箱形截面［图 4-20（c）］的两组壁板在受力上并无区别，均为四边支承板，二者的相对刚度也接近，可取 $\chi=1$。为了便于设计，近似地将宽厚比限值取为定值，局部稳定性计算公式为

$$b_0/t(\text{或 }h_0/t_w)\leqslant 40\varepsilon_k \tag{4-58}$$

式中　b_0、h_0——当箱形截面设有纵向加劲肋时，为壁板与加劲肋之间的净宽度。

3. T 形截面

翼缘宽厚比限值应按式（4-57）确定。T 形截面腹板宽厚比限值为

热轧剖分 T 形钢　$$h_0/t_w \leqslant (15+0.2\lambda)\varepsilon_k \tag{4-59a}$$

焊接 T 形钢　$$h_0/t_w \leqslant (13+0.17\lambda)\varepsilon_k \tag{4-59b}$$

式中，对焊接构件 h_0 取为腹板高度 h_w，对热轧构件取 $h_0=h_w-r$，但不小于 h_w-20mm。

4. 圆管

无缺陷圆管管壁的弹性屈曲应力的理论值按下式计算

$$\sigma_{cr} = 1.21Et/D \tag{4-60}$$

式中　D——钢管外径；

t——钢管壁厚。

钢结构通常使用的钢管属于薄壁管，钢管几何缺陷对屈曲应力影响非常大，理论分析和试验研究表明，随 D/t 不同，有缺陷的圆管的屈曲应力要比无缺陷圆管降低 70%～40%。圆管一般按照在弹塑性状态下工作进行设计，圆管的径厚比应满足下式

$$D/t \leqslant 100\varepsilon_k^2 \tag{4-61}$$

当轴压构件稳定承载力未用足，亦即当 $N<\varphi fA$ 时，可将其板件宽厚比限值由上述公式算得值乘以放大系数 $\alpha=\sqrt{\varphi fA/N}$。

H 形截面轴心受压构件的翼缘性能发挥较好，通常按不出现局部失稳进行设计。当 H 形或箱形截面轴心受压构件的腹板或壁板宽厚比超过上述限值时，可设置纵向加劲肋以减小板幅宽度，以满足宽厚比限值时，加劲肋宜在腹板两侧成对配置，其一侧外伸宽度应≥$10t_w$，厚度应≥$0.75t_w$。也可以利用屈曲后强度的准则进行设计，此时轴心受压构件的强度计算公式为

$$N/A_{ne} \leqslant f \tag{4-62}$$

整体稳定性计算公式为

$$N/(\varphi A_e) \leqslant f \tag{4-63}$$

式中　A_{ne}、A_e——分别为有效净截面面积和有效毛截面面积，$A_{ne}=\sum\rho_i A_{ni}$，$A_e=\sum\rho_i A_i$；

A_{ni}、A_i——分别为各板件净截面面积和毛截面面积；

φ——稳定系数，可按毛截面计算；

ρ_i——各板件有效截面系数，应根据截面形式按下列要求确定：

箱形截面的壁板、H 形或工字形的腹板：

当 $b/t \leqslant 42\varepsilon_k$ 时　$$\rho = 1.0 \tag{4-64a}$$

当 $b/t > 42\varepsilon_k$ 时　$$\rho = (1-0.19/\lambda_{n,p})/\lambda_{n,p} \tag{4-64b}$$

当 $\lambda > 52\varepsilon_k$ 时　$$\rho \geqslant (29\varepsilon_k + 0.25\lambda)t/b \tag{4-64c}$$

$$\lambda_{n,p} = (b/t)/(56.2\varepsilon_k)$$

b、t——分别为壁板或腹板的净宽度和厚度。

上述公式中，钢材的屈服强度 f_y 不需区分钢材厚度，统一取 f_y 各钢号中的强度等级数值，如 Q390 钢取 $f_y=390\text{N/mm}^2$。

热轧型钢中的工字钢、槽钢、角钢、钢管在确定规格尺寸时，已考虑局部稳定要求，可不作局部稳定性验算，但热轧 H 型钢应进行局部稳定验算。

冷成形型钢中，把两纵边均与其他板件相连接的板件称为加劲板件，如箱形截面的翼板和腹板、槽形截面的腹板；一纵边与其他板件相连接，另一纵边由符合要求的边缘卷边加劲的板件称为部分加劲板件，如卷边槽形截面的翼缘；一纵边与其他板件相连接，另一纵边自由的板件称为非加劲板件，如槽形截面的翼缘。根据试验研究，《冷弯薄壁型钢结构技术规范》（GB 50018）中，对于组成轴心受压构件的板件有效宽度 b_e 按下式计算

当 $b/t \leqslant 18\rho$ 时 $$b_e = b \tag{4-65a}$$

$18\rho < b/t \leqslant 38\rho$ 时 $$b_e = (\sqrt{21.8\rho t/b} - 0.1)b \tag{4-65b}$$

$b/t > 38\rho$ 时 $$b_e = 25\rho t \tag{4-65c}$$

$$\rho = \sqrt{205kk_1/(\varphi f)}$$

式中 b、t——计算板件的宽度和厚度；

ρ——计算系数；

φ——由构件最大长细比确定的轴心受压构件稳定系数；

k——板件受压稳定系数，加劲板件和部分加劲板件及非加劲板件的 k 值分别取 4 和 0.98 及 0.425。

k_1——板组约束系数。若不计相邻板件的约束作用，$k_1=1$；否则计算式为

当 $\xi \leqslant 1.1$ 时 $$k_1 = 1/\sqrt{\xi} \tag{4-66a}$$

当 $\xi > 1.1$ 时 $$k_1 = 0.11 + \frac{0.93}{(\xi - 0.05)^2} \tag{4-66b}$$

ξ——系数，$\xi = \frac{c}{b}\sqrt{\frac{k}{k_c}}$；

c——与计算板件邻接的板件宽度；

k_c——邻接板件的稳定系数，计算方法与 k 相同。

对于加劲板件，若求出的 $k_1 > 1.7$，取 $k_1 = 1.7$。对于部分加劲板件，若求出的 $k_1 > 2.4$，取 $k_1 = 2.4$。对于非加劲板件，若求出的 $k_1 > 3.0$，取 $k_1 = 3.0$。

加劲板件的有效宽度两侧各分布一半，部分加劲板件有效宽度在卷边侧和另一侧各分布 60%和 40%，非加劲板有效宽度全部分布在有支撑边一侧。计算冷成形薄壁型钢轴心受压构件的强度和整体稳定性时，按有效截面计算，在确定长细比时仍根据全部截面求得。

【例 4-3】 验算［例 4-1］中轴心受压构件的局部稳定性是否满足设计要求。

解

翼缘：$\frac{b_1}{t} = \frac{121}{12} = 10.08 < (10 + 0.1\lambda)\varepsilon_k = (10 + 0.1 \times 50.4)\sqrt{235/355} = 12.23$

腹板：$\frac{h_0}{t_w} = \frac{250}{8} = 31.25 < (25 + 0.5\lambda)\varepsilon_k = (25 + 0.5 \times 50.4)\sqrt{235/355} = 40.84$

翼缘和腹板均满足局部稳定性要求。

【例 4-4】 验算［例 4-2］中轴心受压构件的局部稳定性是否满足设计要求。

解 翼缘：$\frac{b_1}{t} = \frac{121}{24} = 5.04 < (10 + 0.1\lambda)\varepsilon_k = (10 + 0.1 \times 52.45)\sqrt{235/355} = 12.40$

翼缘满足局部稳定性要求。

腹板：$\frac{h_0}{t_w} = \frac{250}{8} = 31.25 > (13 + 0.17\lambda)\varepsilon_k = (13 + 0.17 \times 52.45)\sqrt{235/355} = 17.83$

腹板不满足局部稳定性要求。

第五节　轴心受压构件设计

一、设计原则

轴心受压构件设计时应满足强度、刚度、整体稳定和局部稳定要求。对于格构式轴心受压构件，还应满足分肢稳定要求，并需对缀材进行设计。设计时为提高经济性等应考虑以下几个原则：

（1）截面面积分布应尽量远离主轴线，即尽量加大截面轮廓尺寸而减小板厚，以增加截面的惯性矩和回转半径，从而提高构件的整体稳定性和刚度。

（2）使关于两个主轴的整体稳定承载力尽量接近，即两轴等稳定，可近似表示为 $\lambda_x=\lambda_y$，以取得较好的经济效果。

（3）尽量采用双轴对称截面，避免弯扭失稳。

（4）构造简单，便于制作。

（5）便于与其他构件连接。

（6）选择可供应的钢材规格。

二、实腹式轴心受压构件设计

在设计实腹式轴心受压构件时，构件所用钢材、截面形式、两主轴方向的计算长度 l_{0x} 和 l_{0y}、轴心压力设计值 N 一般在设计条件中已经给定，设计主要是确定截面尺寸。通常先按整体稳定要求初选截面尺寸，然后验算是否满足设计要求。如果不满足或截面构成不理想，则调整尺寸再进行验算，直至满意为止。实腹式轴心受压构件有型钢构件和组合截面构件两类，型钢构件制作费用低，应优先选用。

进行截面选择时应根据内力大小，两个方向的计算长度值以及制作加工量、材料供应等情况综合考虑。热轧普通工字钢关于弱轴（y 轴）的回转半径比强轴（x 轴）要小得多，适用于计算长度 $l_{0x}\geqslant 3l_{0y}$的情况。热轧 H 型钢腹板较薄，翼缘较宽，可做到与截面高度相同（HW 型），截面特性好。用三块钢板焊成的工字钢和十字形截面组合灵活，容易实现截面材料分布合理，制造并不复杂。圆管和方管截面关于两个形心主轴的回转半径相同，截面为封闭式，内部不易生锈，适用于两个方向计算长度相等的轴心受压构件。用型钢组合而成的截面适用于轴压力很大或构件较长的构件。

1. 轴心受压型钢构件的设计步骤

（1）假设构件的长细比 λ。整体稳定计算公式中，有两个未知量 φ 和 A。所以需先假设一个合适的长细比，从而得出 φ 值，才能求得所需截面面积，然后确定截面规格。一般假定 $\lambda=50\sim100$，当 N 大而计算长度小时，λ 取较小值，反之取较大值。所需截面面积为

$$A=N/(\varphi f)$$

（2）所需绕两个主轴的回转半径

$$i_x=l_{0x}/\lambda,\quad i_y=l_{0y}/\lambda$$

（3）初选截面规格尺寸。根据所需的 A、i_x、i_y查型钢表，可初选出截面规格。

截面尺寸也可以参考已有的设计资料来确定，不一定从假设构件的长细比开始。

（4）验算是否满足设计要求。若不满足，需调整截面规格，再验算，直至满足为止。

【例 4-5】　图 4-21（a）所示为一管道支架，柱承受设计值压力为 $N=1\ 600\text{kN}$（静力），柱两端铰支，截面无孔洞削弱，钢材为 Q235。要求分别采用热轧普通工字钢和热轧 H 型钢设计此柱截面。

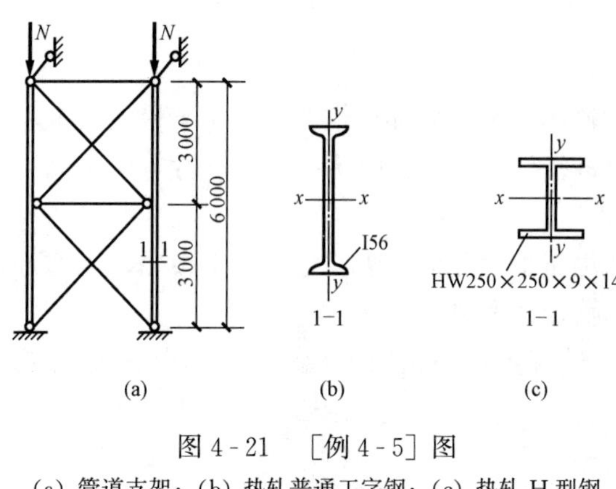

图 4-21　[例 4-5] 图

（a）管道支架；（b）热轧普通工字钢；（c）热轧 H 型钢

解　支柱在两个方向的计算长度不相等，取截面放置如图 4-21（b）所示，x 轴在支架支撑平面，y 轴垂直于支架支撑平面。柱在两个方向的计算长度分别为

$$l_{0x}=6\ 000\text{mm},\quad l_{0y}=3\ 000\text{mm}$$

（1）采用热轧普通工字钢时的截面设计

1）初选截面。假定 $\lambda=90$，热轧普通工字钢绕 x 轴和 y 轴失稳分别属于 a 类和 b 类截面。$\varepsilon_k=1$，$\lambda/\varepsilon_k=\lambda=90$，由附录一附表 1-2 查得 $\varphi_y=0.621$，需要的截面参数为

$$A=\frac{N}{\varphi_{\min}f}=\frac{1\ 600\times10^3}{0.621\times215}=11\ 980(\text{mm}^2)$$

$$i_x=l_{0x}/\lambda=6\ 000/90=66.7(\text{mm}),\quad i_y=l_{0y}/\lambda=3\ 000/90=33.3(\text{mm})$$

查附录二型钢表，初选 I56a，$A=13\ 500\text{mm}$，$i_x=220\text{mm}$，$i_y=31.8\text{mm}$。因翼缘厚度 $t=21\text{mm}$，$f=205\text{N/mm}^2$。

2）截面验算。因截面无孔眼削弱，不必验算强度。热轧普通工字钢也不必验算局部稳定性。只需进行整体稳定性和刚度验算。

$$\lambda_x=l_{0x}/i_x=6\ 000/220=27.3<[\lambda]=150$$
$$\lambda_y=l_{0y}/i_y=3\ 000/31.8=94.3<[\lambda]=150$$

满足刚度要求。

λ_y 远大于 λ_x，由 $\lambda_y/\varepsilon_k=\lambda_y=94.3$，查附表 1-2 得 $\varphi_y=0.591$。

$$\frac{N}{\varphi A}=\frac{1\ 600\times10^3}{0.591\times13\ 500}=200.5,\quad \text{N/mm}^2<f=205\text{N/mm}^2$$

满足整体稳定性要求。故设计选用 I56a。

（2）采用热轧 H 型钢时的截面设计。

1）初选截面。选用宽翼缘 H 型钢（HW 型），因截面宽度较大，假设的 λ 值可减小，假设 $\lambda=60$。宽翼缘 H 型钢 $b/t>0.8$，绕 x 轴和 y 轴失稳均属于 b 类截面。$\varepsilon_k=1$，$\lambda/\varepsilon_k=\lambda=60$，由附录一附表 1-2 查得 $\varphi=0.807$，需要的截面参数为

$$A=\frac{N}{\varphi f}=\frac{1\ 600\times10^3}{0.807\times215}=9\ 220(\text{mm}^2)$$

$$i_x=l_{0x}/\lambda=6\ 000/60=10(\text{mm}),\quad i_y=l_{0y}/\lambda=3\ 000/60=5(\text{mm})$$

查附录二型钢表，初选 HW250×250×9×14，$A=9\ 218\text{mm}$，$i_x=108\text{mm}$，$i_y=62.9\text{mm}$。翼缘厚度 $t=14\text{mm}$，$f=215\text{N/mm}^2$。

2）截面验算。因截面无孔眼削弱，不必验算强度。需进行刚度、整体稳定性和局部稳定性验算。

$$\lambda_x = l_{0x}/i_x = 6\ 000/108 = 55.6 < [\lambda] = 150$$
$$\lambda_y = l_{0y}/i_y = 3\ 000/62.9 = 47.7 < [\lambda] = 150$$

满足刚度要求。

因 $\lambda_x > \lambda_y$，由 $\lambda_x/\varepsilon_k = \lambda_y = 55.6$，查附表 1-2 得 $\varphi_x = 0.830$。

$$\frac{N}{\varphi_x A} = \frac{1\ 600 \times 10^3}{0.830 \times 9\ 218} = 209(\text{N/mm}^2) < f = 215\text{N/mm}^2$$

满足整体稳定性要求。

$$\frac{b_1}{t} = \frac{250 - 9}{2 \times 14} = 8.61 < (10 + 0.1 \times 55.6)\varepsilon_k = 15.56$$

$$\frac{h_0}{t_w} = \frac{250 - 2 \times 14}{9} = 24.67 < (25 + 0.5 \times 55.6)\varepsilon_k = 52.8$$

翼缘和腹板均满足局部稳定性要求。故设计选用 HW250×250×9×14。

讨论　由计算结果可知，采用热轧普通工字钢截面要比热轧 H 型钢截面面积约大 46%。尽管弱轴方向的计算长度仅为强轴方向计算长度的 1/2，但普通工字钢绕弱轴的回转半径太小，绕弱轴的长细比仍远大于绕强轴的长细比，因而支柱的承载能力是由弱轴所控制的，对强轴则有较大富裕，经济性较差。对于轧制 H 型钢，由于其两个方向的长细比比较接近，用料较经济。在设计轴心受压实腹柱时宜优先选用 H 型钢。

【例 4-6】　某轴心受压柱如图 4-22 所示，承受轴心压力设计值 185kN（含自重），钢材采用 Q235 钢，要求选用冷成形薄壁方管截面。

解　柱的计算长度 $l_{0x} = l_{0y} = 6\ 600\text{mm}$，$[\lambda] = 150$，由《冷弯薄壁型钢结构技术规范》(GB 50018) 查得钢材 $f = 205\text{N/mm}^2$，从其附表中初选 140×3.5 方管，$A = 1\ 858\text{mm}$，$i_x = i_y = 55.3\text{mm}$。

$$\lambda_y = \lambda_x = l_{0x}/i_x = 6\ 600/55.3 = 119.3 < [\lambda] = 150$$

查《冷弯薄壁型钢结构技术规范》(GB 50018) 附表 A.1 得 $\varphi = 0.457$，方管截面的板组约束系数 $k_1 = 1$；

$$\rho = \sqrt{\frac{205kk_1}{\varphi f}} = \sqrt{\frac{205 \times 4}{0.457 \times 205}} = 2.96$$

管壁 $b/t = 140/3.5 = 40 < 18\rho = 18 \times 2.96 = 53.3$，由式（4-65a）知柱全截面有效。

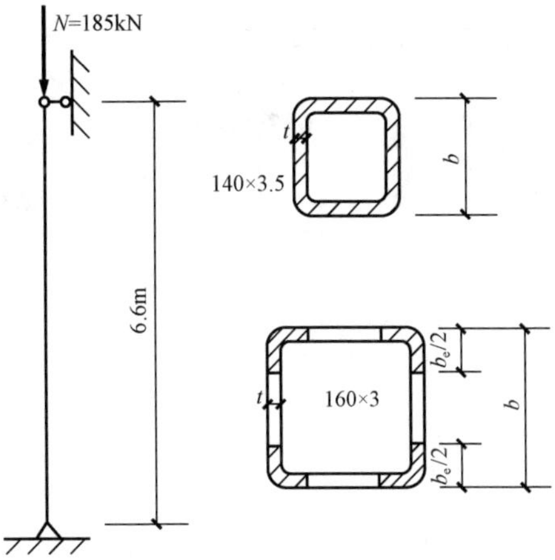

图 4-22　[例 4-6] 图

$$\frac{N}{\varphi A_e} = \frac{185 \times 10^3}{0.457 \times 1\ 858} = 217.9(\text{N/mm}^2) > f = 205\text{N/mm}^2$$

不满足整体稳定性要求，需重新选择截面规格。改选 160×3 方管，$A = 1\ 845\text{mm}$，$i_x = i_y = 63.7\text{mm}$，$\lambda_y = \lambda_x = l_{0x}/i_x = 6\ 600/63.7 = 103.6 < [\lambda] = 150$

查 GB 50018 附表 A.1 得 $\varphi = 0.562$，方管截面的板组约束系数 $k_1 = 1$；

$$\rho = \sqrt{\frac{205kk_1}{\varphi f}} = \sqrt{\frac{205 \times 4}{0.562 \times 205}} = 2.67$$

$38\rho = 101.5 > b/t = 160/3 = 53.3 > 18\rho = 18 \times 2.67 = 48.1$，由式（4-65b）计算有效截面

$$b_e = (\sqrt{21.8\rho t/b} - 0.1)b = (\sqrt{21.8 \times 2.67 \times 3/160} - 0.1) \times 160 = 151.1(\text{mm})$$

$$A_e = A - 4(b - b_e)t = 1\ 845 - 4 \times (160 - 151.1) \times 3 = 1\ 738.2(\text{mm}^2)$$

$$\frac{N}{\varphi A_e} = \frac{185 \times 10^3}{0.562 \times 1\ 738.2} = 189.7(\text{N/mm}^2) < f = 205\text{N/mm}^2$$

满足整体稳定性要求。设计采用 160×3 方管。

讨论　由计算结果可知，第一种截面全截面有效，但不满足整体稳定性要求。第二种截面板件厚度小而宽度大，截面开展，虽然面积比第一种还小，截面只是部分有效，但满足了整体稳定性要求。因此设计时截面应尽量开展。

2. 实腹式轴心受压组合截面构件设计步骤

可采用与型钢构件类似的设计步骤，在初选截面尺寸时，所需截面宽度 b 和高度 h 可按下式近似计算

$$h \approx i_x/\alpha_1 \tag{4-67}$$

$$b \approx i_y/\alpha_2 \tag{4-68}$$

式中　α_1、α_2——系数，可由表 4-7 查得。

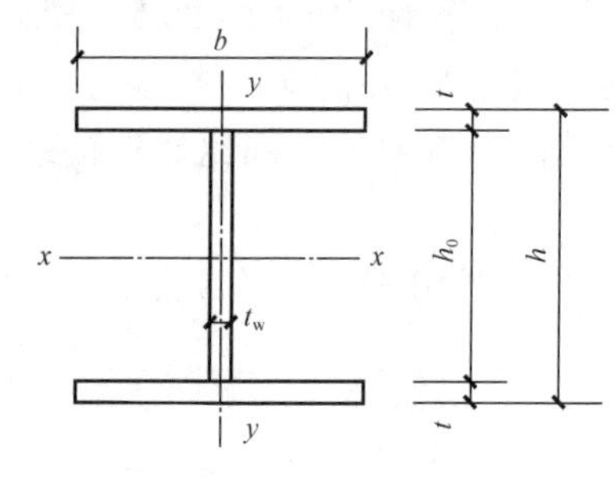

图 4-23　焊接工字形截面

根据所需 A、h、b 并考虑局部稳定和构造要求，初选截面尺寸。对于常用的焊接工字形截面（图 4-23），为了便于船形焊缝施工，应 $h \geqslant b$，将有 $\lambda_y > \lambda_x$。通常取 h_0 和 b 为 10mm 的倍数。对初选截面进行验算调整。表 4-8 中的回转半径计算公式为近似公式，截面验算时应根据初选截面尺寸，采用材料力学公式计算回转半径。由于假定的 λ 不一定恰当，一般需多次调整才能获得较满意的截面尺寸。

表 4-8　**常用截面的回转半径**

$i_x = 0.30h$ $i_y = 0.30b$ $i_v = 0.195h$	$i_x = 0.21h$ $i_y = 0.21b$	$i_x = 0.43h$ $i_y = 0.24b$
等边 $i_x = 0.30h$ $i_y = 0.21b$	轧制工字钢 $i_x = 0.39h$ $i_y = 0.20b$	$i_x = 0.39h$ $i_y = 0.39b$
长边相接 $i_x = 0.32h$ $i_y = 0.20b$	$i_x = 0.38h$ $i_y = 0.29b$	$i_x = 0.26h$ $i_y = 0.24b$
短边相连 $i_x = 0.28h$ $i_y = 0.24b$	$i_x = 0.38h$ $i_y = 0.20b$	$i_x = 0.29h$ $i_y = 0.29b$
$i_x = 0.21h$ $i_y = 0.21b$ $i_v = 0.185h$	$i = 0.235(d - t)$ $i = 0.32d, \frac{d}{t} = 10$ 时 $i = 0.34d, \frac{d}{t} = 30 \sim 40$	$i = 0.25d$

续表

$i_x=0.43b$ $i_y=0.43h$	$i_x=0.44b$ $i_y=0.38h$	$i_x=0.50b$ $i_y=0.39h$

轴心受压构件的 φ 值与 A 不是完全独立的未知量。对于常用的焊接工字形截面轴心受压构件，可建立轴心压力 N、计算长度 l_{0y} 和长细比之间的近似关系，进行快捷设计。取力和长度的单位分别为 N 和 mm，令

$$x=N\times10^5/(fl_{0y}^2) \tag{4-69}$$

由下式计算 λ_y 值：

当 $x<13$ 时　　$\lambda_y=(182x^{-0.25}-16)/\varepsilon_k$　　(4-70a)

当 $13\leqslant x\leqslant 141$ 时　　$\lambda_y=(200x^{-0.25}-25)/\varepsilon_k$　　(4-70b)

当 $x>141$ 时　　$\lambda_y=[414(x+14)^{-0.5}]/\varepsilon_k$　　(4-70c)

当计算所得 $\lambda_y\leqslant30$（或 $\lambda_y\geqslant100$）时，取 $\lambda_y=30$（或 100）。

考虑刚度条件，当 $\lambda_y>[\lambda]$ 时，应取 $\lambda_y=[\lambda]$。把 λ_y 值代入下列公式计算 b、t、h_0 和 t_w 值。

$$b\approx l_{0y}/(0.24\lambda_y) \tag{4-71}$$

$$t=\frac{b}{2(10+0.1\lambda_y)\varepsilon_k} \tag{4-72}$$

$$h_0=eb-2t \tag{4-73}$$

$$t_w=\frac{h_0}{(25+0.5\lambda_y)\varepsilon_k} \tag{4-74}$$

式中　e——系数，当 $l_{0x}/l_{0y}\leqslant1.8$ 时，$e=1$；当 $l_{0x}/l_{0y}=2$ 时，$e=1.12$。

依求得的 b、t、h_0 和 t_w 值来初选设计采用值，然后进行验算。当验算不满足要求时，只需稍作调整就可满足要求，且设计是经济的。

【例 4-7】 设计一焊接工字形截面轴心受压柱，钢材为 Q235B，柱子承受轴心压力永久荷载标准值 $N_{Gk}=400\text{kN}$，活荷载标准值 $N_{Qk}=600\text{kN}$，柱上、下端均为铰接，柱高 $l=6.00\text{m}$，高度中央不设侧向支撑。翼缘板为火焰切割边。

解　(1) 设计资料。$l_{0x}=l_{0y}=l=6.00\text{m}$；柱子承受轴心压力设计值 N；$f=215\text{N/mm}^2$；$f_y=235\text{N/mm}^2$；$[\lambda]=150$；$N=1.2N_{Gk}+1.4N_{Qk}=1.2\times400+1.4\times600=1\,320(\text{kN})$

(2) 柱截面尺寸的确定。

$$x=\frac{N\times10^5}{fl_{0y}^2}=\frac{1\,320\times10^8}{215\times6\,000^2}=17.1>13$$

$$\lambda_y=200x^{-0.25}-25=200\times17.1^{-0.25}-25=73.4<[\lambda]=150$$

查表 4-5，截面关于 x 轴 y 轴都属于 b 类。

$$b=l_{0y}/(0.24\lambda_y)=6\,000/(0.24\times73.4)=340.6(\text{mm});\varepsilon_k=1,\lambda_y=73.4$$

$$t=\frac{b}{2(10+0.1\lambda_y)\varepsilon_k}=\frac{340.6}{2(10+0.1\times73.4)\times1}=9.8(\text{mm})$$

因 $l_{0x}/l_{0y}=1$，$e=1$；

$$h_0 = eb - 2t = 1 \times 340.6 - 2 \times 9.8 = 321(\text{mm})$$

$$t_w = \frac{h_0}{(25 + 0.5\lambda_y)\varepsilon_k} = \frac{321}{(25 + 0.5 \times 73.4) \times 1} = 5.2(\text{mm})$$

设计采用 $t = 10\text{mm}$、$t_w = 6\text{mm}$，都稍大于计算值，其余两个值可稍小些。板宽取为10mm的倍数，且截面高度≥宽度，取 $b = 330\text{mm}$、$h_0 = 320\text{mm}$。

（3）所选截面的几何特性。

$$A = 2bt + h_0 t_w = 2 \times 330 \times 10 + 320 \times 6 = 8\,520(\text{mm}^2)$$

$$I_y = 2b^3 t/12 = 330^3 \times 10/6 = 5.985\,9 \times 10^7(\text{mm}^4)$$

$$I_x = (330 \times 340^3 - 324 \times 320^3)/12 = 1.961 \times 10^8(\text{mm}^4)$$

$$i_y = \sqrt{I_y/A} = \sqrt{5.985\,9 \times 10^7/8\,520} = 83.8(\text{mm})$$

$$i_x = \sqrt{I_x/A} = \sqrt{1.961 \times 10^8/8\,520} = 151.7(\text{mm})$$

$$\lambda_x = l_{0x}/i_x = 6\,000/151.7 = 39.5$$

$$\lambda_y = l_{0y}/i_y = 6\,000/83.8 = 71.6 < [\lambda] = 150$$

$\lambda_y > \lambda_x$ 查附表1-2得，$\varphi = 0.741$

（4）截面验算。

1）整体稳定验算。柱自重设计值 $W = 1.2 \times 6\,000 \times 8\,520 \times 9.8 \times 7\,850 \times 10^{-9} \times 1.2 = 5\,663(\text{N})$

式中1.2一个为荷载分项系数，另一个为考虑柱头和柱脚等构造用钢，柱自重的增大系数。

$$\frac{N + W}{\varphi A} = \frac{1\,320 \times 10^3 + 5\,663}{0.741 \times 8\,520} = 210.0(\text{N/mm}^2) < f = 215\text{N/mm}^2$$

2）局部稳定验算。

$$\frac{b_1}{t} = \frac{162}{10} = 16.2 < (10 + 0.1\lambda_y)\varepsilon_k = (10 + 0.1 \times 71.6) \times 1 = 17.2$$

$$\frac{h_0}{t_w} = \frac{320}{6} = 53.3 < (25 + 0.5\lambda_y)\varepsilon_k = (25 + 0.5 \times 71.6) \times 1 = 60.8$$

所选截面尺寸满足设计要求。

按照上述方法一次便可确定出截面尺寸，所选截面的整体稳定计算应力稍小于钢材的强度设计值，板件宽（高）度与厚度之比与局部稳定的限值也十分接近，截面经济性很好。

三、格构式轴心受压构件设计

1. 格构式轴心受压构件的整体稳定承载力

（1）绕实轴的整体稳定承载力。常用的格构式轴心受压构件由两个肢件组成，肢件通常采用槽钢、H型钢，用缀材把它们连在一起。缀材有缀条和缀板两种类型，相应格构式柱称为缀条柱和缀板柱。缀条常采用单角钢或槽钢，斜向布置，有时还增加横向布置缀条，如图4-24所示。缀板通常采用钢板组成。截面上与肢件腹板相交的轴线称为实轴，如图4-24（c）中的 y 轴。与缀材平面垂直的轴称为虚轴，如图4-24（c）中的 x 轴。对于长度较大而受力较小的轴心受压构件，可采用由四个角钢为肢件的4肢构件，四周均采用缀材连接，此时截面形心主轴都是虚轴。桅杆有时采用由三个钢管为肢件的3肢格构式构件。

轴心受压构件失稳时发生弯曲变形或存在初弯曲［图4-25（a）］，导致构件产生弯矩和剪力。剪力分布如图4-25（b）所示。实腹式构件的抗剪刚度大，由横向剪力引起的构件变形很小，对构件的临界力降低不到1%，可以忽略不计。当构件绕实轴［图4-24（c）中y—y轴］丧失整体稳定性时，格构式双肢轴心受压构件相当于两个并列的实腹构件，其整体稳定承载力的计算方法与实腹式轴心受压构件相同。

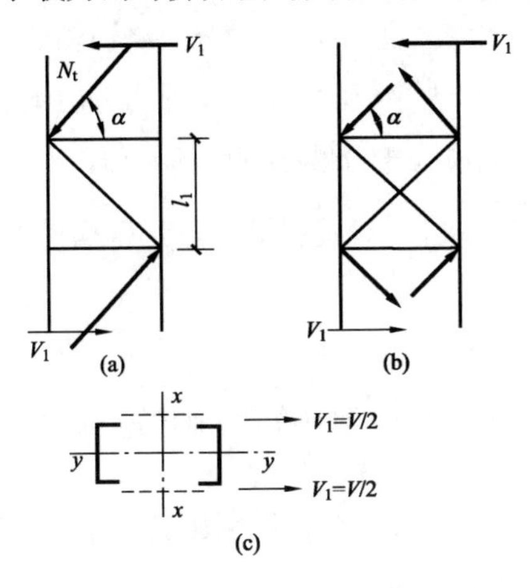

图4-24　缀条的计算简图

（a）单系缀条；（b）交叉缀条；（c）剪力分布

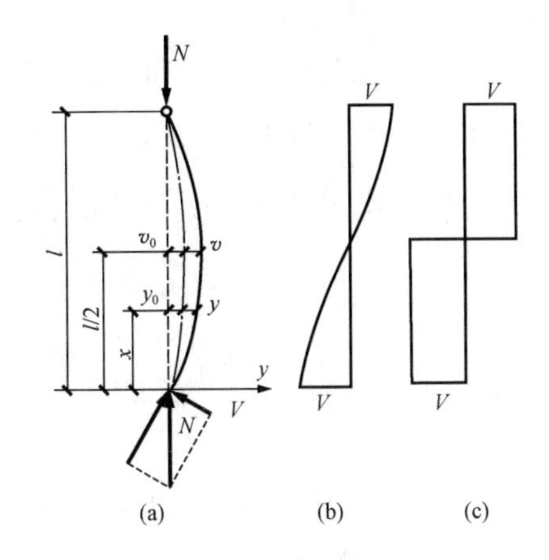

图4-25　轴心受压构件的剪力

（a）弯曲变形；（b）剪力分布；（c）设计剪力图

（2）绕虚轴的整体稳定承载力。当格构式轴心受压构件绕虚轴丧失整体稳定时，构件中产生的剪力要由比较柔弱的缀材承受，由横向剪力引起的构件变形较大，使构件的稳定承载力显著降低。按照结构稳定理论，两端铰支的轴心受压双肢缀条构件在弹性阶段绕虚轴的临界应力为

$$\sigma_{cr} = \pi^2 E/\lambda_{0x}^2 \tag{4-75}$$

$$\lambda_{0x} = \sqrt{\lambda_x^2 + \frac{\pi^2}{\sin^2\alpha\cos\alpha}\frac{A}{A_{1x}}} \tag{4-76}$$

式中　λ_{0x}——换算长细比，按下式计算；

λ_x——整个构件对x轴（虚轴）的长细比；

A——分肢毛截面面积之和；

A_{1x}——构件截面中垂直于x轴的各斜缀条毛截面面积之和；

α——斜缀条倾角（图4-24），一般α=40°～70°。

由上式可见，若采用换算长细比λ_{0x}，就可获得与实腹式轴心受压构件相同形式的临界应力表达式，且计入了剪切变形引起的构件稳定承载力的降低。于是可利用实腹式轴心受压构件整体稳定的计算公式，但应以λ_{0x}按相应截面类别求φ值。

对于双肢缀条轴心受压构件，通常α在45°左右，为便于计算，取$\pi^2/(\sin^2\alpha\cos\alpha)=27$，换算长细比可表示为

$$\lambda_{0x} = \sqrt{\lambda_x^2 + \frac{27A}{A_{1x}}} \tag{4-77a}$$

当α不在40°～70°范围时，换算长细比应采用式（4-75）计算。

对于双肢缀板轴心受压构件，由结构稳定理论得换算长细比λ_{0x}的理论计算公式为

$$\lambda_{0x} = \sqrt{\lambda_x^2 + \frac{\pi^2}{12}\left(1 + 2\frac{K_1}{K_b}\right)\lambda_1^2} \tag{4-77b}$$

式中 λ_1——分肢的长细比，$\lambda_1=l_{01}/i_1$，i_1 为分肢弱轴 1—1 的回转半径［图 4-1（b）］，缀板与分肢采用焊接或螺栓连接时，l_{01} 为相邻两缀板的净距离或边缘螺栓的距离；

K_1——一个分肢的线刚度，$K_1=I_1/l_1$，l_1 为缀板中心距，I_1 为分肢绕弱轴的惯性矩；

K_b——两侧缀板线刚度之和，$K_b=\sum I_b/a$，I_b 为缀板的惯性矩，a 为分肢间距离。

根据钢结构设计标准的规定，缀板线刚度之和 K_b 应大于分肢线刚度的 6 倍，即 $K_b/K_1\geqslant 6$。若取 $K_b/K_1=6$，则式（4-74）中的 $\frac{\pi^2}{12}\left(1+2\frac{K_1}{K_b}\right)\approx 1$，双肢缀板轴心受压构件的换算长细比按下式计算

$$\lambda_{0x}=\sqrt{\lambda_x^2+\lambda_1^2} \tag{4-78}$$

若在某些特殊情况下无法满足 $K_b/K_1\geqslant 6$ 的要求时，则换算长细比应按式（4-77）计算。

由三肢或四肢组成的格构式轴心受压构件，其对虚轴的换算长细比见《钢结构设计标准》（GB 50017）的有关条文。

2. 分肢的稳定性

格构式轴心受压构件的分肢既是组成整体截面的一部分，在缀材节点之间又是一个单独的实腹式受压构件。因此设计时，应保证各分肢不先于构件整体失去承载力。由于初弯曲等缺陷的影响，使构件可能在弯曲状态受力，从而产生附加弯矩和剪力。附加弯矩使两肢的内力不等，而附加剪力还使缀板构件的分肢产生弯矩。另外，分肢截面的类别还可能比整体截面的低。这些都使分肢的稳定承载力降低。因此计算时不能简单地采用 $\lambda_1<\lambda_{0x}$（或 λ_y）作为分肢的稳定条件。《钢结构设计标准》（GB50017）规定的分肢稳定要求为

缀条构件
$$\lambda_1<0.7\lambda_{max} \tag{4-79}$$

缀板构件
$$\lambda_1<0.5\lambda_{max}，\text{且 }\lambda_1\leqslant 40\varepsilon_k \tag{4-80}$$

式中 λ_{max}——构件两方向长细比（对虚轴取换算长细比）的较大值，当 $\lambda_{max}<50$ 时，取 $\lambda_{max}=50$；

λ_1——同式（4-77）的规定，但对缀条构件，其计算长度取相邻两节点中心间距。

3. 缀材设计

（1）格构式轴心受压构件的剪力。当格构式轴心受压构件绕虚轴弯曲时，会产生剪力。如图 4-25a 所示两端铰支的轴心受压构件，取其初始挠曲线为 $y_0=v_0\sin\pi x/l$，则任意截面处的总挠度为

$$Y=y_0+y=\frac{v_0}{1-N/N_E}\sin\frac{\pi x}{l}$$

任意截面处的弯矩为
$$M=N(y_0+y)=\frac{Nv_0}{1-N/N_E}\sin\frac{\pi x}{l}$$

任意截面处的剪力为
$$V=\frac{dM}{dx}=N(y_0+y)=\frac{N\pi v_0}{\left(1-\frac{N}{N_E}\right)l}\cos\frac{\pi x}{l}$$

支座处的最大剪力为
$$V=\frac{N\pi v_0}{\left(1-\frac{N}{N_E}\right)l} \tag{4-81}$$

考虑其他缺陷影响，取 $v_0/l=l/500$。但对于 $\lambda<75$ 构件，初偏心的影响加大，此时取 $v_0/l=l/750+0.05\lambda$。把 v_0/l 值代入式（4-81）可得最大剪力的计算公式

$$V=\frac{Af}{85\varepsilon_k} \tag{4-82}$$

缀材要承受构件绕虚轴失稳弯曲时产生的横向剪力。进行缀材设计时，取剪力沿构件长度方向保持不变，如图 4-25（c）所示。

（2）缀条的设计。缀条柱的每个缀材面如同一平行弦桁架，缀条按桁架的腹杆进行设计。一根斜缀条承受的轴向力 N_t（图 4-24）为

$$N_t=V_1/(n\cos\alpha) \tag{4-83}$$

式中　V_1——分配到一个缀材面上的剪力［图 4-24（c）］；

n——承受剪力 V_1 的斜缀条数，单系缀条［图 4-24（a）］和交叉缀条［图 4-24（b）］分别取 n 等于 1 和 2。

由于构件失稳时的弯曲变形方向可能向左或向右，横向剪力的方向也将随着改变，斜缀条可能受压或受拉。设计时应取不利情况，按轴心受压构件设计。缀条一般采用单角钢，角钢只有一个边和柱肢相连接，实际上是偏心受力，考虑到受力时的构造偏心，当按轴心受压构件设计时，需把长细比适当放大，取为换算长细比 λ_e，并以 λ_e直接查得稳定系数 φ。单系缀条的 λ_e按下式计算

当 $20\leqslant\lambda_u\leqslant80$ 时　　$\lambda_e=80+0.65\lambda_u$　　(4-84a)

当 $80<\lambda_u\leqslant160$ 时　　$\lambda_e=52+\lambda_u$　　(4-84b)

当 $160<\lambda_u$ 时　　$\lambda_e=20+1.2\lambda_u$　　(4-84c)

式中　$\lambda_u=l/(i_u\varepsilon_K)$，$u$ 轴如图 4-26 所示，i_u为角钢绕 u 轴的回转半径。

交叉缀条体系的横缀条按承受压力 $N_t=V_1$ 计算。为了减小分肢的计算长度，单系缀条体系也可加横缀条，其截面尺寸一般取与斜缀条相同，也可按容许长细比（$[\lambda]=150$）确定。

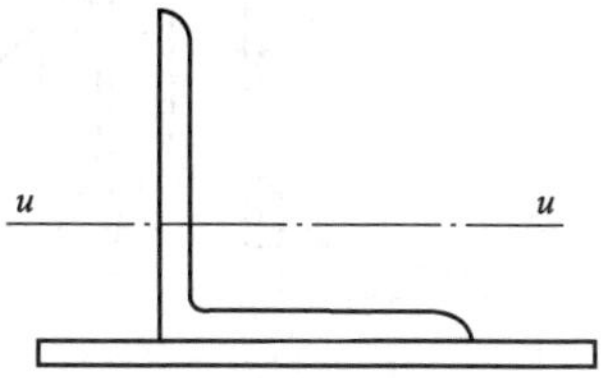

图 4-26　单角钢连接

（3）缀板的设计。缀板柱可视为多层刚架（图 4-27）。假定它在整体失稳时，各层分肢中点和缀板中点为反弯点。取如图 4-27（b）所示的脱离体，可得缀板内力为

剪力　　$V_j=V_1l_1/b_1$　　(4-85)

弯矩(与肢件连接处)　　$M=V_j\times b_1/2=V_1l_1/2$　　(4-86)

式中　l_1——相邻两缀板中心线间的距离；

b_1——分肢轴线间的距离。

缀板与分肢间的搭接长度一般取 20～30mm，采用角焊缝相连，角焊缝承受剪力和弯矩的共同作用。由于角焊缝的强度设计值小于钢材的强度设计值，故只需用上述 V_j 和 M 验算缀板与分肢间的连接焊缝。

缀板应有一定的刚度。规范规定同一截面处两侧缀板线刚度之和不得小于一个分肢线刚度的 6 倍。一般取缀板宽度 $b_p\geqslant2b_1/3$［图 4-27（c）］；厚度 $t\geqslant b_1/40$，且不小于 6mm。端缀板宜适当加宽，可取 $b_p\approx b_1$。

（4）柱的横隔设计。为了提高格构式构件的抗扭刚度，避免构件在运输和安装过程中截面变形，格构式构件以及大型实腹式构件应设置横隔。横隔可用钢板或交叉角钢做成，如图

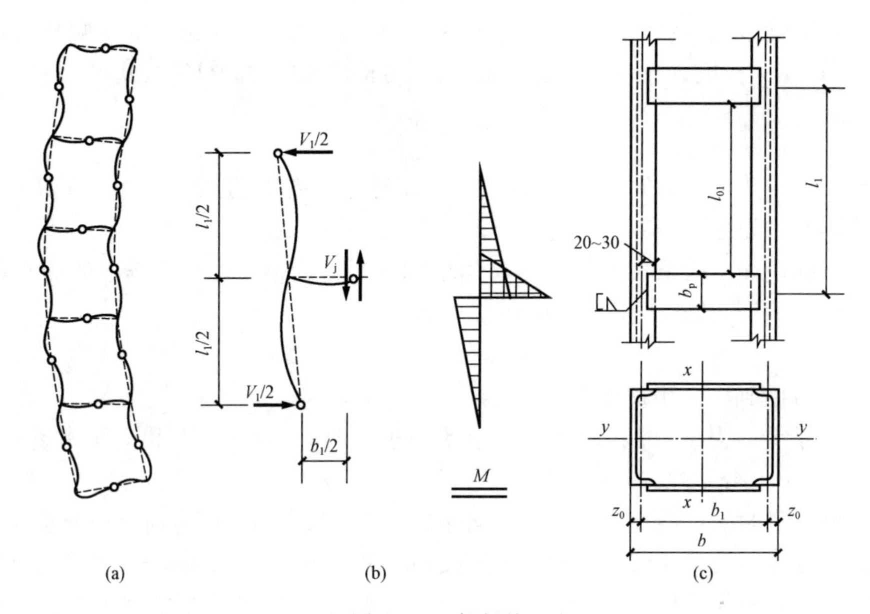

图 4-27 缀板柱

（a）变形图；（b）脱离体图；（c）构造尺寸

4-28 所示。横隔的间距不得大于构件截面较大宽度的 9 倍和 8m，且每个运送单元的端部均应设置横隔。当构件某截面处有较大横向集中力作用时，也应在该处设置横隔，以免柱肢局部弯曲。

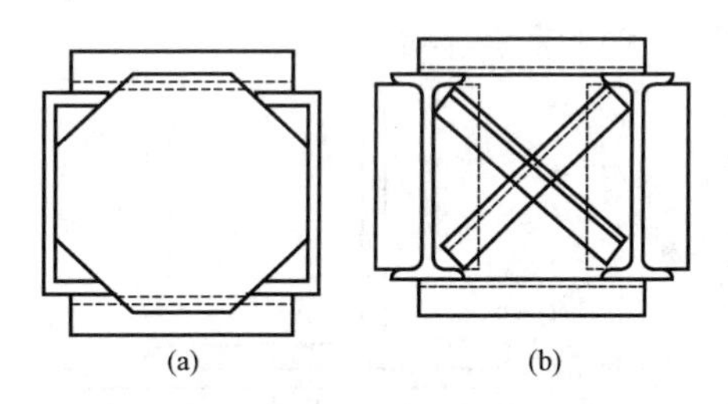

图 4-28 格构柱的横隔构造

（a）钢板横隔；（b）交叉角钢横隔

4. 格构式轴心受压构件的设计步骤

现以格构式双肢轴心受压构件为例来说明。首先选择柱肢截面形式和缀材的形式（大型柱宜采用缀条柱，中小型柱可用缀板柱或缀条柱）及钢号，然后可按下列步骤进行设计：

（1）按对实轴（y—y）的整体稳定性要求选择柱肢截面尺寸，方法与实腹柱的计算相同。

（2）按对虚轴（x—x）的整体稳定确定两分肢间的距离。为了获得双轴等稳定性，应尽量使 $\lambda_{0x} \approx \lambda_y$。

缀条柱
$$\lambda_{0x} = \sqrt{\lambda_x^2 + \frac{27A}{A_{1x}}} = \lambda_y \tag{4-87}$$

缀板柱
$$\lambda_{0x} = \sqrt{\lambda_x^2 + \lambda_1^2} = \lambda_y \tag{4-88}$$

对缀条柱应先初选斜缀条的截面规格或假定截面面积 A_{1x}，通常可假定 $A_{1x}=0.1A$；对缀板柱应先假定分肢长细比 λ_1（$\lambda_1 < 0.5\lambda_y$ 且不大于 40）。由式（4-87）或式（4-88）求出 λ_x，再计算对虚轴的回转半径 i_x

$$i_x = l_{0x}/\lambda_x$$

根据表 4-7，可求得所需的两分肢间的距离 $b_{1req} \approx i_x/\alpha_2$。根据 b_{1req} 即可选定两分肢轴线间的距离 b_1。一般取截面宽度 b 为 10mm 的倍数。

（3）验算对虚轴的整体稳定性，不满足要求时应修改 b，直至满足要求时为止。表 4-7

中的回转半径计算公式为近似公式，截面验算时应根据所选截面尺寸，采用材料力学公式计算回转半径。

（4）刚度验算。对虚轴须用换算长细比。

（5）验算分肢的稳定性。

（6）设计缀条或缀板（包括它们与分肢的连接），并布置横隔。

【例4-8】　设计某轴心受压格构式双肢柱。柱肢采用热轧槽钢，翼缘趾尖向内。钢材为Q235-B。构件长6m，两端铰支，$l_{0x}=l_{0y}=6$m。承受轴心压力设计值$N=1\ 600$kN。分别按缀板柱和缀条柱进行设计。

解　（1）缀板柱设计。

1）确定柱肢截面尺寸。查表4-5，截面关于实轴和虚轴都属于b类。

取$f=215\text{N/mm}^2$，设$\lambda_y=60$，查附录一稳定系数表得$\varphi_y=0.807$，需要

$$A=\frac{N}{\varphi_y f}=\frac{1\ 600\times 10^3}{0.807\times 215}=9\ 222(\text{mm}^2)$$

$$i_y=l_{0y}/\lambda_y=6\ 000/60=100(\text{mm})$$

查型钢表，初选2[28b，其截面特征为

$$A=9\ 126\text{mm}^2,\quad i_y=106\text{mm},\quad y_0=20.2\text{mm},\quad i_1=23\text{mm}$$

柱自重　一根[28b每米长的重量为35.8kg，则

$$W=2\times 35.8\times 9.8\times 6\times 1.3\times 1.2=6\ 572(\text{N})$$

式中，1.2为荷载分项系数，1.3为考虑缀板、柱头和柱脚等用钢后柱自重的增大系数。

对实轴的整体稳定性验算

$$\lambda_y=l_{0y}/i_y=6\ 000/106=56.6,\text{查附表2-2得}\ \varphi_y=0.825$$

$$\frac{N+W}{\varphi_y A}=\frac{1\ 600\times 10^3+6\ 572}{0.825\times 9\ 126}=213.4(\text{N/mm}^2)<f=215\text{N/mm}^2$$

满足要求。

2）按双轴等稳定原则确定两分肢槽钢背面之间的距离b。

$0.5\lambda_y=0.5\times 56.6=28.3$，取$\lambda_1=28.3<40$，依双轴等稳定条件有

$$\lambda_x=\sqrt{\lambda_y^2-\lambda_1^2}=\sqrt{56.6^2-28.3^2}=49.0$$

$$i_x=l_{0x}/\lambda_x=6\ 000/49.0=122.4(\text{mm})$$

$$b=2(y_0+\sqrt{i_x^2-i_1^2})=2(20.2+\sqrt{122.4^2-23.0^2})=281(\text{mm})$$

设计采用$b=280$mm，截面如图4-29所示。

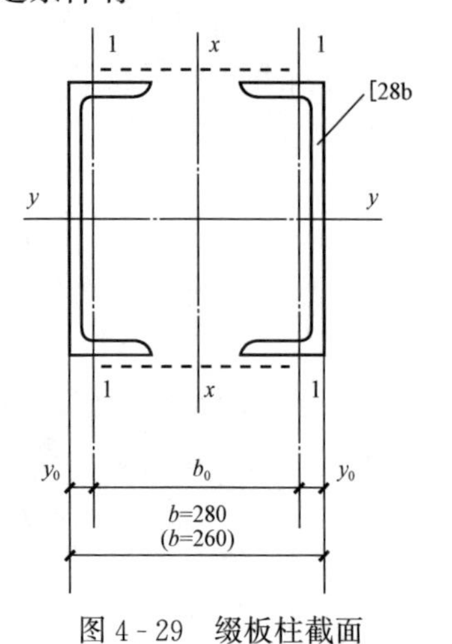

图4-29　缀板柱截面

对虚轴的整体稳定性验算

$$i_x=\sqrt{i_1^2+\left(\frac{b}{2}-y_0\right)^2}=\sqrt{23^2+\left(\frac{280}{2}-20.2\right)^2}=122(\text{mm})$$

$$\lambda_x=l_{0x}/i_x=6\ 000/122=49.2$$

$$\lambda_{0x}=\sqrt{\lambda_x^2+\lambda_1^2}=\sqrt{49.2^2+28.3^2}=56.8$$

查附表2-2，得$\varphi_x=0.824$

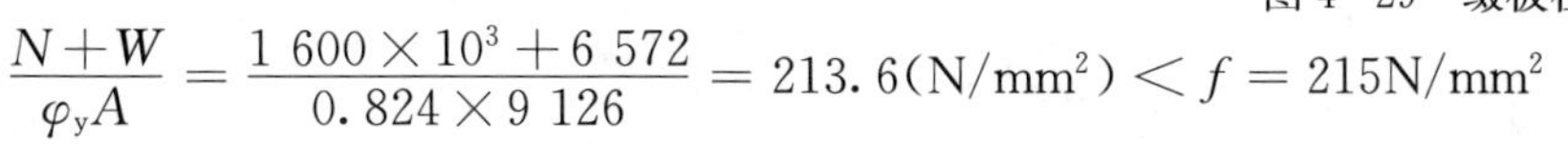

$$\frac{N+W}{\varphi_y A}=\frac{1\ 600\times 10^3+6\ 572}{0.824\times 9\ 126}=213.6(\text{N/mm}^2)<f=215\text{N/mm}^2$$

满足要求。

3）刚度验算 $\lambda_{max}=56.8<[\lambda]=150$

满足要求。

4）分肢验算 $\lambda_1=28.3<0.5\lambda_{max}=0.5\times56.8=28.4$，且 $\lambda_1<40$

满足要求。

5）缀板设计

柱分肢轴线间距 $b_1=b-2y_0=280-2\times20.2=239.6(\text{mm})$

缀板高度 $b_p\geqslant2b_1/3=159.7(\text{mm})$，取 $b_p=200\text{mm}$

缀板厚度 $t\geqslant b_1/40=6(\text{mm})$，取 $t=6(\text{mm})$

缀板间净距 $l_{01}=\lambda_1 i_1=28.3\times23=651(\text{mm})$，取 $l_{01}=650\text{mm}$

缀板中心距 $l_1=l_{01}+b_p=650+200=850(\text{mm})$

缀板长度取 $b_b=160\text{mm}$

柱中剪力 $V=\dfrac{Af}{85}=\dfrac{9\,126\times215}{85}\times10^{-3}=23.08(\text{kN})$

$$V_1=V/2=11.54(\text{kN})$$

缀板内力 $V_j=V_1 l_1/b_1=11.54\times850/239.6=40.9(\text{kN})$

$$M=V_1 l_1/2=11.54\times850/2=4\,904.5(\text{kNmm})$$

采用 $h_f=6\text{mm}$，满足构造要求；$l_w=b_p=200\text{mm}$（回焊部分略去不计）

$$\sqrt{\left(\frac{\sigma_f}{\beta_f}\right)^2+\tau_f^2}=\sqrt{\left(\frac{6\times4\,904.5\times10^3}{1.22\times0.7\times6\times200^2}\right)^2+\left(\frac{40.9\times10^3}{0.7\times6\times200}\right)^2}$$
$$=151.6(\text{N/mm}^2)<f_f^w=160\text{N/mm}^2$$

满足要求。

（2）缀条柱设计。

1）确定柱肢截面尺寸：与缀板柱相同，选用 2［28b。

2）按双轴等稳定原则确定两分肢槽钢背面至背面间的距离 b。

初选缀条规格为∟45×4，采用设横缀条的单系腹杆体系［图 4-24（a）］。一个角钢的截面积 $A_1=349\text{mm}^2$，$i_u=13.8\text{mm}$，$\varepsilon_k=1$。

由式（4-76）得

$$\lambda_x=\sqrt{\lambda_y^2-\frac{27A}{A_{1x}}}=\sqrt{56.6^2-\frac{27\times9\,126}{2\times349}}=53.4$$

需要的绕虚轴 x 轴的回转半径

$$i_{xs}=l_{0x}/\lambda_x=6\,000/53.4=112.4(\text{mm})$$

由表 4-7 得 $b=i_{xs}/0.44=255.4\text{mm}$，取 $b=260\text{mm}$。

对虚轴的整体稳定验算

$$i_x=\sqrt{i_1^2+\left(\frac{b}{2}-y_0\right)^2}=\sqrt{23^2+\left(\frac{260}{2}-20.2\right)^2}=112.2(\text{mm})$$

$$\lambda_x=l_{0x}/i_x=6\,000/112.2=53.5$$

$$\lambda_{0x}=\sqrt{\lambda_x^2+\frac{27A}{A_{1x}}}=\sqrt{53.5^2+\frac{27\times9\,126}{2\times349}}=56.7$$

查附表 1-2，得 $\varphi_x=0.825$，则

$$\frac{N+W}{\varphi_y A}=\frac{1\,600\times10^3+6\,572}{0.825\times9\,126}=213.4(\text{N/mm}^2)<f=215\text{N/mm}^2$$

满足要求。

3）刚度验算

$$\lambda_{max}=56.7<[\lambda]=150$$

满足要求。

4）分肢验算。取 $l_1=500$mm 缀条沿柱长等间距布置。

$$\lambda_1=l_1/i_1=500/23=21.7<0.7\lambda_{max}=0.7\times56.7=39.7$$

满足要求。

5）缀条设计。

$$V_1=V/2=11.54\text{kN},\quad b_1=260-2\times20.2=219.6(\text{mm})$$

$$\tan\alpha=500/219.6=2.277,\alpha=66.3°$$

斜缀条计算长度 $l_0=219.6/\cos66.3°=546.3(\text{mm})$

$$\lambda_u=l_0/(i_u\varepsilon_k)=546.3/(13.8\times1)=39.59<80$$

$$\lambda_e=80+0.65\lambda_u=105.73$$

截面为 b 类，查附表 1-2，得 $\varphi=0.519$，则

$$N_t=V_1/(n\cos\alpha)=11.54\times10^3/(1\times\cos66.3°)=28.71(\text{kN})$$

$$\frac{N_t}{\varphi A_1}=\frac{28.71\times10^3}{0.519\times349}=158.4(\text{N/mm}^2)<f=215\text{N/mm}^2$$

满足要求。虽然应力富裕较大，但所选缀条截面规格已属于最小规格，故设计取缀条规格为 ∟45×4。

缀条与柱肢的连接采用角焊缝，L 形布置，取 $h_f=4$mm，$f_f^w=160\text{N/mm}^2$

$$N_3=2k_2N_t=2\times0.3\times28.71=17.23(\text{kN})$$

$$N_1=N_t-N_3=28.71-17.23=11.48(\text{kN})$$

$$l_{w1}=\frac{N_1}{0.7h_f\times f_f^w}+h_f=\frac{11.48\times10^3}{0.7\times4\times160}+4=29.1(\text{mm})\text{，取 }l_{w1}=30\text{mm。}$$

$$l_{w3}=\frac{N_3}{1.22\times0.7h_f\times f_f^w}+h_f=\frac{17.23\times10^3}{1.22\times0.7\times4\times160}+4=35.5(\text{mm})\text{，取 }l_{w3}=40\text{mm(满焊)}$$

构件截面较大宽度为 280mm，横隔最大间距为 280×9=2 520(mm)。在柱两端及沿柱长每两米设一道横隔，即可满足构造要求。

思考题

1. 轴心受压构件整体失稳时有哪几种屈曲形式？双轴对称截面的屈曲形式是怎样的？

2. 轴心受压构件的整体失稳承载力和哪些因素有关？其中哪些因素被称为初始缺陷？

3. 提高轴心压杆钢材的抗压强度设计值能否提高其稳定承载能力？为什么？

4. 残余应力、初弯曲和初偏心对轴心压杆承载力的主要影响有哪些？为什么残余应力在截面两个主轴方向对承载能力的影响不同？

5. 轴心受压构件的稳定系数 φ 为什么要按截面形式和对应轴分成四类？同一截面关于

两个形心主轴的截面类别是否一定相同？

6. 轴心受压构件翼缘和腹板局部稳定的计算公式中，λ 为什么不取两方向长细比的较小值？

7. 热轧型钢制成的轴心受压构件是否要进行局部稳定性验算？

8. 轴心受压构件的整体稳定性不满足要求时，若不增大截面面积，是否还可采取其他什么措施提高其稳定承载力？

9. 实腹式轴心受压构件需作哪几方面验算？计算公式是怎样的？

10. 计算格构式轴心受压构件关于虚轴的整体稳定性时，为什么采用换算长细比来确定整体稳定系数？缀条式和缀板式双肢柱的换算长细比计算公式有何不同？分肢的稳定怎样保证？

11. 轴心受力构件为何要进行刚度计算？计算公式是什么形式？

12. 轴心受压构件满足整体稳定性要求时，是否还应进行强度计算？为什么？

4-1 某两端铰支的焊接工字形截面轴心受压柱，柱高 10m，钢材采用 Q235-A，采用图 4-30（a）与（b）两种截面尺寸，翼缘板为剪切边。分别计算这两种截面柱能承受的轴心压力设计值，并作比较说明。

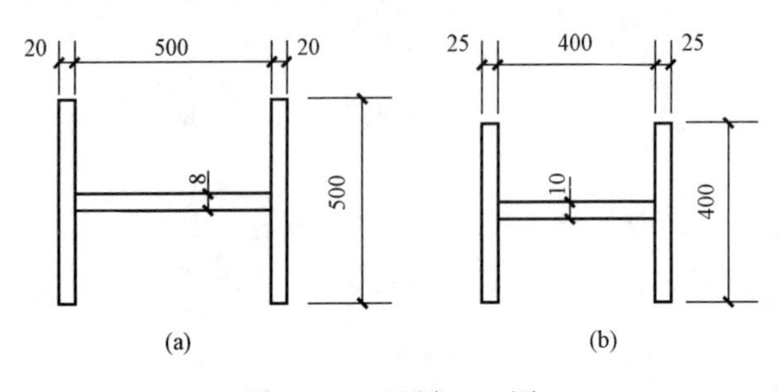

图 4-30 习题 4-1 图

4-2 设计某由两等边角钢组成的 T 形截面两端铰支轴心受压构件，两角钢间距为 12mm，构件长 3m，承受的轴心压力设计值为 400kN，钢材采用 Q235-B。

4-3 设计某工作平台轴心受压柱的截面尺寸，柱采用焊接工字形截面，翼缘板为火焰切割边。柱高 6m，两端铰支，柱承受的轴心压力设计值为 5000kN，钢材采用 Q235-B。

4-4 设计某工作平台轴心受压柱的截面尺寸，设计条件与习题 4-3 相同，但在绕弱轴方向柱中高处设置一侧向支撑点。

4-5 某两端铰支轴心受压缀条柱的柱高为 6.5m，截面如图 4-31 所示，缀条采用单角钢L 45×5，斜缀条倾角为 45°，并设有横缀条。钢材为 Q235-B，求该柱的轴心受压承载力设计值。

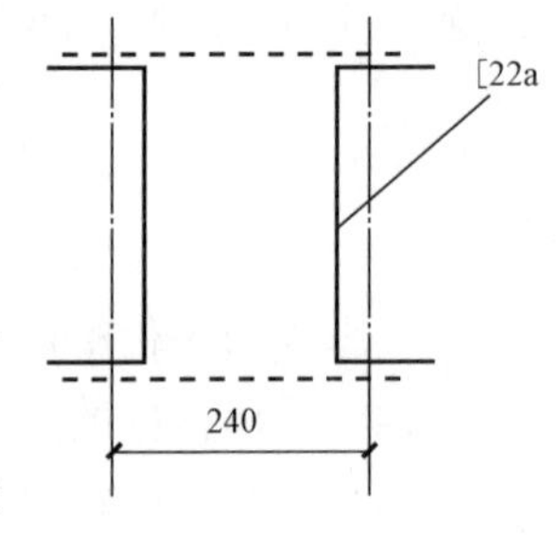

图 4-31 习题 4-5 图

4-6 某两端铰支轴心受压缀板柱的柱高为 6.5m，截面如图 4-31 所示，单肢长细比 $\lambda_1=35$，钢材为 Q235-B，求该柱的轴心受压承载力设计值。

4-7 某焊接工字形截面轴心受压构件如图 4-32 所示，翼缘板为火焰切割边。构件承受的轴心压力设计值为 1 700kN，钢材采用 Q235-B。试验算该构件是否满足设计要求？

4-8 某两端铰支轴心受压柱的截面如图 4-33 所示，柱高为 6m，承受的轴心压力设计值为 6 000kN（包含自重），钢材采用 Q235 - B，试验算该构件是否满足设计要求？

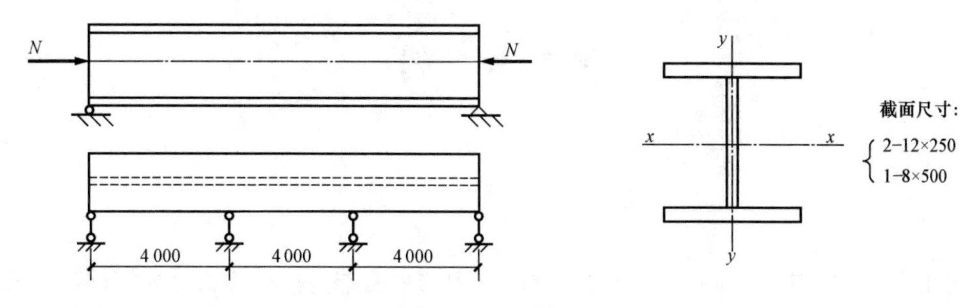

图 4 - 32　习题 4 - 7

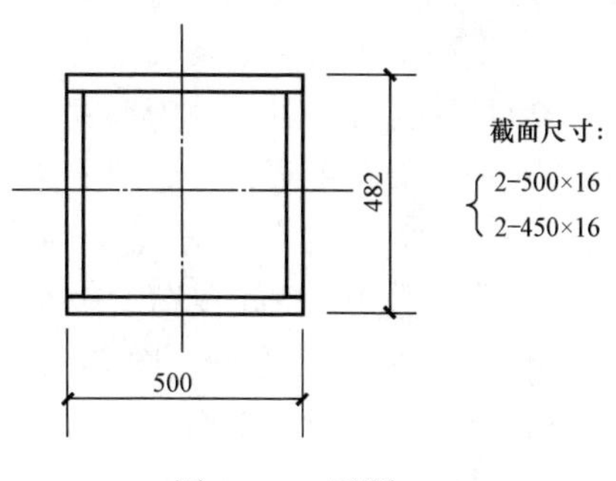

图 4 - 33　习题 4 - 8

4 - 9　某两端铰支轴心受拉构件，长 9m，截面为由 2∟90×8 组成的肢尖向下的 T 形截面，在杆长中间截面形心处有一直径为 21.5mm 的螺栓孔，螺栓孔在两角钢相并肢上。拉杆承受轴心拉力设计值 850kN。要求验算该拉杆是否满足设计要求。

4 - 10　某工作平台轴心受压双肢缀条格构柱，截面由两个工字钢组成，柱高 9.5m，两端铰支，由平台传给柱子的轴心压力设计值为 2 400kN。钢材为 Q235 - B，焊条采用 E43 型。要求进行柱的截面设计，并布置和设计缀材及与柱的连接，且绘制构造图。

4 - 11　同习题 4 - 10，但缀材采用缀板。

第五章　梁

第一节　概　　述

主要用以承受弯矩作用或弯矩与剪力共同作用的平面结构构件称为受弯构件，其截面形式有实腹式和格构式两大类。实腹式受弯构件通常称为梁，格构式受弯构件称为桁架。钢梁应用广泛，例如房屋建筑中的楼盖梁、墙架梁、檩条、吊车梁和工作平台梁；水工钢闸门中的梁和海上采油平台梁；梁式桥等。

钢梁按制作方法可以分为型钢梁和组合梁两大类，如图 5-1 所示。型钢梁又可分为热轧和冷成型薄壁型钢梁两类。热轧型钢梁常用普通工字钢、槽钢或 H 型钢做成［图 5-1 (a)、(b)、(c)］，其中以 H 型钢的截面分布较合理，翼缘内外边缘平行，与其他构件连接方便，应优先采用。对承受荷载较小和跨度不大的梁，可用带有卷边的冷成型薄壁槽钢［图 5-1 (d)、(f)］或 Z 型钢［图 5-1 (e)］制作，可以显著降低钢材用量，但要特别注意防腐。型钢梁加工方便，制作成本低，应该优先选用。

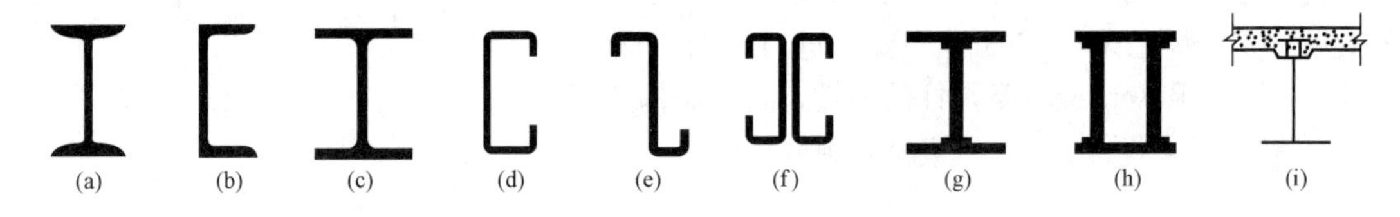

图 5-1　钢梁的类型

(a) 热轧工字钢；(b) 热轧槽钢；(c) 热轧 H 型钢；(d) 冷弯薄壁槽钢；(e) 冷弯薄壁 Z 型钢；(f) 冷弯薄壁槽钢组合截面；(g) 焊接工字形截面；(h) 焊接箱形截面；(i) 组合梁

当型钢规格不能满足承载能力或刚度的要求时，应采用由钢板、型钢等制成的组合梁。组合梁截面的组成比较灵活，可使材料在截面上的分布更为合理。最常用的是由三块钢板焊接的工字形截面组合梁［图 5-1 (g)］，它的构造简单，制造方便，经济性好。对于荷载较大而高度受到限制的梁，可采用双腹板的箱形梁［图 5-1 (h)］，它具有较高的抗扭刚度。

混凝土和钢材分别宜于受压和受拉，采用钢与混凝土组合梁［图 5-1 (i)］，可以充分发挥两种材料的优势，经济效果较好。在我国《钢结构设计标准》(GB 50017) 和《高层民用建筑钢结构技术规范》(JGT 99) 中，已对这种梁的设计作了若干规定。

将工字钢或 H 型钢的腹板沿如图 5-2 (a) 所示折线切开，再焊成如图 5-2 (b) 所示的空腹梁，称之为蜂窝梁。它自重较轻，经济性好，蜂窝孔便于设施穿过等，还能起到调整空间韵律变化的作用，在国内外应用较广泛。

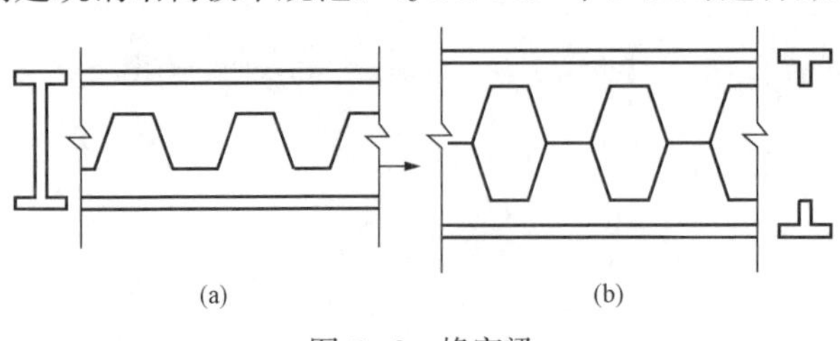

图 5-2　蜂窝梁

(a) 切割线；(b) 蜂窝梁

根据梁截面沿长度方向有无变化，梁可以分为等截面梁和变截面梁。等截面梁构造简单、制作方便。对于跨度较大的梁，为了合理使用和节省钢材，常根据弯矩沿跨长的变化而改变它的截面尺寸，做成变截面梁。

依梁支承情况的不同，梁可以分为简支梁、悬臂梁和连续梁等。钢梁多采用简支梁，不仅制造简单，安装方便，而且可以避免支座沉陷所产生的不利影响。

预应力钢梁（图 5 - 3）是在梁的受拉侧设置具有较高预拉力的高强度钢筋、钢绞线或钢丝束，使梁在工作荷载作用前产生反向的弯曲作用，从而提高钢梁在外荷载作用下的承载能力，节省钢材。

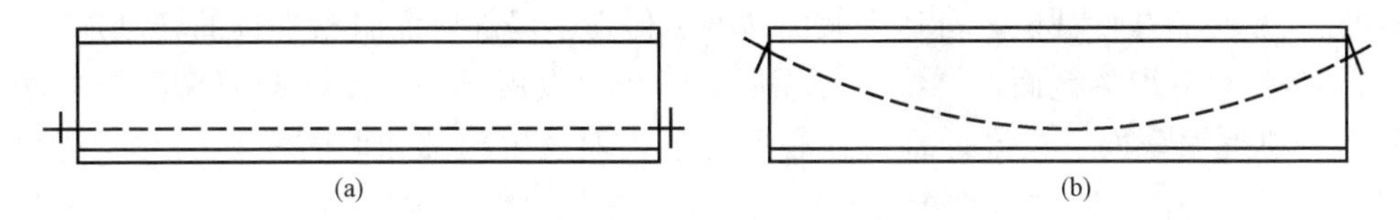

图 5 - 3　预应力梁

（a）直线预应力索；（b）曲线预应力索

钢梁在荷载作用下，可能在一个主轴平面内受弯，也可能在两个主轴平面内受弯，前者称为单向弯曲梁，后者称为双向弯曲或斜向弯曲梁。

当组合梁截面高度较大时，腹板局部稳定条件限制厚度不能过小，如果腹板做成波形（正弦波、三角波、梯形波等），与上下平板翼缘焊接，构成波形腹板钢梁，如图 5 - 4 所示。腹板局部稳定性大大提高，从而可降低腹板厚度，腹板不需设加劲肋，用钢量和焊接工作量都有所减少。波形腹板梁在轴力、弯矩、剪力作用时，按翼缘仅承受轴力与弯矩产生的截面法向应力，腹板仅承受截面剪力进行设计。采用波形腹板可以大幅度提高腹板高度，虽然牺牲了腹板承受弯矩的能力，但由于梁的高度加大使得梁的抗弯刚度大幅度提高，波形腹板具有较高的剪切承载力，可显著降低用钢量。波形腹板具有较高的平面外刚度，有利于运输和吊装。具体设计可见《波浪腹板钢结构应用技术规程》（CECS 290）和《波纹腹板钢结构应用技术规程》（CECS 291）。

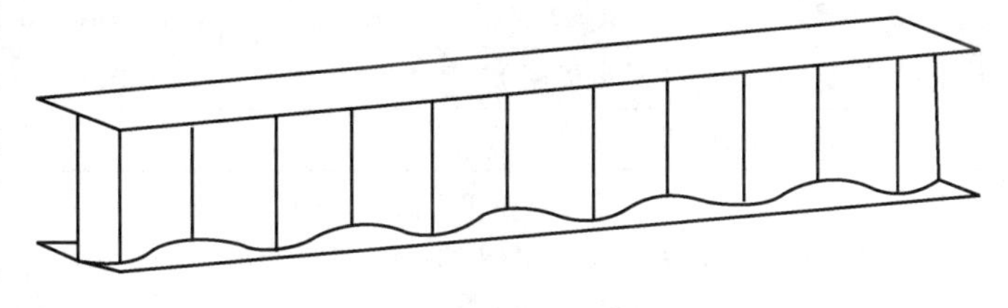

图 5 - 4　波形腹板梁

楼盖梁或工作平台梁及水工钢闸门的梁通常是由主梁和次梁等纵横交叉连接组成梁格（或称交叉梁系），并在梁格上铺放直接承受荷载的钢或钢筋混凝土面板。梁格按主次梁排列情况可分成三种形式：

（1）简单梁格（单向梁格）只有主梁，适用于主梁跨度较小或面板长度较大的情况。

（2）普通梁格（双向梁格）在主梁间另设次梁，次梁上支承面板。适用于大多数梁格尺寸情况。

（3）复式梁格在主梁间设纵向次梁，纵向次梁间再设横向次梁，横向次梁上支承面板。荷载传递层次多，构造复杂，只用于主梁跨度很大和荷载大的情况。

为了确保钢梁设计安全适用、经济合理，设计时必须进行承载力极限状态计算，包括强度、整体稳定性和局部稳定性三个方面。要求在荷载设计值作用下，梁的弯曲正应力、剪应力、局部承压应力、折算应力、弯扭构件的正应力和剪应力均满足相应规范和标准的要求，承受高次循环荷载的梁还应满足疲劳计算要求（疲劳计算见第二章，本章不再涉及）；梁不会发生侧向弯扭屈曲；组成梁的板件不会出现波状的局部屈曲，若考虑腹板屈曲后强度时，应计入腹板发生屈曲后对梁承载力的影响。设计时还必须满足正常使用极限状态的要求，梁应有足够的抗弯刚度，在荷载标准值作用下，梁的最大挠度不大于相应规范和标准规定的容许挠度。

钢梁根据局部屈曲制约截面承载力和转动能力的程度，设计截面分为 S1～S5 共 5 级。S1 级为塑性转动截面，可达塑性铰时具有塑性设计要求的转动能力，且在转动过程中承载力不降低。S2 级为塑性截面，可达全截面塑性，但发生局部屈曲时塑性铰的转动能力有限。S3 级为部分塑性开展的截面，翼缘全部屈服，腹板可发展不超过 1/4 截面高度的塑性。S4 级为边缘纤维屈服截面，边缘纤维可达屈服强度，但发生局部屈曲时而不能发展塑性。S5 级为超屈曲设计截面，在边缘纤维达屈服应力前，腹板可能发生局部屈曲。在进行钢梁设计计算时，梁的截面板件宽厚比等级应符合表 5 - 1 的规定。

表 5 - 1　梁和压弯构件的截面板件宽厚比等级与限值

构件	截面板件宽厚比等级		S1 级	S2 级	S3 级	S4 级	S5 级
梁	H 形截面	翼缘 b_1/t	$9\varepsilon_k$	$11\varepsilon_k$	$13\varepsilon_k$	$15\varepsilon_k$	20
		腹板 h_0/t_w	$65\varepsilon_k$	$72\varepsilon_k$	$93\varepsilon_k$	$124\varepsilon_k$	250
	箱形截面	壁板 b_0/t	$25\varepsilon_k$	$32\varepsilon_k$	$37\varepsilon_k$	$42\varepsilon_k$	—
压弯构件（框架柱）	H 形截面	翼缘 b_1/t	$9\varepsilon_k$	$11\varepsilon_k$	$13\varepsilon_k$	$15\varepsilon_k$	20
		腹板 h_0/t_w	$(33+13\alpha_0^{1.3})\varepsilon_k$	$(38+13\alpha_0^{1.39})\varepsilon_k$	$(40+18\alpha_0^{1.5})\varepsilon_k$	$(45+25\alpha_0^{1.66})\varepsilon_k$	250
	箱形截面	壁板 b_0/t	$30\varepsilon_k$	$35\varepsilon_k$	$40\varepsilon_k$	$45\varepsilon_k$	—
	圆钢管截面	径厚比 D/t	$50\varepsilon_k^2$	$70\varepsilon_k^2$	$90\varepsilon_k^2$	$100\varepsilon_k^2$	—

注　1. b_1，t，h_0，t_w 分别是 H 形和 T 形截面的翼缘外伸宽度、翼缘厚度、腹板净高和腹板厚度，对轧制型截面，b_1 和 h_0 不包括翼缘腹板过渡处圆弧段；对于箱形截面 b_0、t 分别为壁板间的距离和壁板厚度；
2. 箱形截面梁及单向受弯的箱形截面柱的腹板限值可按 H 形截面腹板采用；
3. 腹板的宽厚比可通过设置加劲肋减小。

第二节　梁的强度和刚度计算

梁的强度和刚度往往对截面设计起控制作用，通常在设计时，先进行强度和刚度计算。

一、梁的强度计算

钢梁满足强度要求，是指在荷载设计值作用下，梁的弯曲正应力、剪应力、局部承压应力和在复杂应力状态下的折算应力等均不超过规范和标准规定的相应强度设计值。

1. 梁的抗弯强度

（1）梁的工作阶段。钢梁受弯时，钢材的弯曲正应力 σ 与应变 ε 之间的关系曲线和受拉时相似。通常视钢材为理想弹塑性体，且截面中的应变符合平截面假定。钢梁处于纯弯曲状态时正应力的大小和截面分布随弯矩 M 增大而变化，其变化发展可分为三个阶段：

1）弹性工作阶段。当在弯矩 M 作用下钢梁的最大应变 $\varepsilon \leqslant f_y/E$ 时，梁属于全截面弹性工作，梁截面上的正应力分布如图 5 - 5（b）所示。弹性工作阶段的最大弯矩 M_e 为

$$M_e = W_n f_y \tag{5-1}$$

式中　W_n——梁的净截面模量。

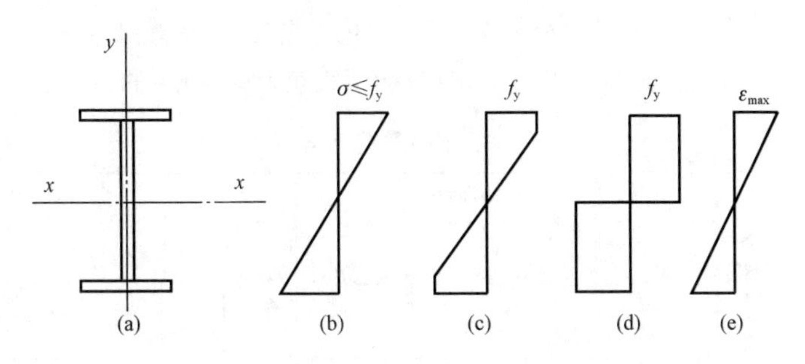

图 5-5　梁截面上的正应力分布

(a) 钢梁的截面形式；(b) 弹性工作阶段；(c) 弹塑性工作阶段；(d) 塑性工作阶段；(e) 截面应变

2）弹塑性工作阶段。当弯矩 M 继续增大，$\varepsilon_{max} \geqslant f_y/E$ 时，在截面上部和下部各出现一弯曲正应力 $\sigma = f_y$ 的塑性区。而在 $\varepsilon < f_y/E$ 的截面中间部分区域仍保持弹性。截面应力如图 5-5（c）所示。

3）塑性工作阶段。当弯矩再继续增大，梁截面上的正应力将会全部达到 f_y，弹性区消失。弯矩不再增大，而变形持续发展，形成“塑性铰”，达到梁的抗弯极限承载能力，截面应力如图 5-5（d）所示。其最大弯矩（塑性铰弯矩）为

$$M_p = W_{pn} f_y \tag{5-2}$$

式中　W_{pn}——塑性净截面模量，其值为中和轴以上、以下净截面对中和轴的面积矩之和。

M_p 与 M_e 的比值为

$$\gamma_F = M_p/M_e = W_{pn}/W_n \tag{5-3}$$

γ_F 值仅与截面的几何形状有关，而与材料的性质无关，称 γ_F 为截面形状系数。对于矩形截面：$\gamma_F = 1.5$；圆形截面：$\gamma_F = 1.7$；圆管截面：$\gamma_F = 1.27$；工字形截面对 x 轴：$\gamma_F = 1.10 \sim 1.17$，对 y 轴 $\gamma_F = 1.5$。

截面的应变如图 5-5（e）所示，变形满足平截面假定。

（2）抗弯强度计算。虽然在计算梁的抗弯强度时，考虑截面塑性发展比不考虑要节省钢材，但若按截面形成塑性铰来设计，可能使简支梁的挠度过大，且形成机构。因此，《钢结构设计标准》（GB 50017）对承受静力荷载或间接承受动力荷载的简支梁，只是有限制地利用塑性发展，取塑性发展总深度不大于截面高度的 1/4，通过对 W_n 乘以一小于 γ_F 的塑性发展系数 γ_x 和 γ_y 来实现。梁的抗弯强度按下列规定计算

1）不需要计算疲劳在主平面受弯的梁

单向受弯时

$$\frac{M_x}{\gamma_x W_{nx}} \leqslant f \tag{5-4}$$

当为连续梁或固端梁时，允许按照塑性设计方法进行设计。应满足

$$M_x \leqslant W_{pnx} f \tag{5-5}$$

双向受弯时

$$\frac{M_x}{\gamma_x W_{nx}} + \frac{M_y}{\gamma_y W_{ny}} \leqslant f \tag{5-6}$$

式中　M_x、M_y——绕梁截面 x 轴、y 轴的弯矩；

W_{nx}、W_{ny}——对 x 轴和 y 轴的净截面模量，当梁按不考虑屈曲后强度进行设计时，即当截面板件宽厚比等级为 S1、S2、S3、S4 级时，取全截面模量。

γ_x、γ_y——截面的塑性发展系数，当截面板件宽厚比等级为 S1、S2、S3 级时，按表 5-2 采用；截面设计等级为 S4、S5 级时，塑性发展系数取 1.0。当梁受压翼缘的自由外伸宽度与厚度之比 $b_1/t>13\varepsilon_k$ 时，应取相应的 $\gamma_x=1.0$。这是根据翼缘的局部稳定性能要求确定的。

表 5-2　　截面塑性发展系数

截面形式	γ_x	γ_y	截面形式	γ_x	γ_y	截面形式	γ_x	γ_y
	1.05	1.2		$\gamma_{x1}=1.05$	1.2		1.15	1.15
		1.05		$\gamma_{x2}=1.2$	1.05		1.0	1.05
				1.2	1.2			1.0

式（5-6）中的两个方向弯矩应属于同一个截面，如果二者的最大值不在同一个截面，需要对两个截面进行计算比较。

2）需要计算疲劳的梁。

有塑性深入的截面，塑性区钢材易发生硬化，促使疲劳断裂提前发生，应按弹性工作阶段进行计算。仍按式（5-4）或式（5-6）计算，但取 $\gamma_x=\gamma_y=1.0$。

3）冷弯型钢梁的抗弯强度按下式计算

$$\frac{M_{max}}{W_{enx}}\leqslant f \tag{5-7}$$

式中　W_{enx}——对 x 轴的较小有效净截面模量。

2. 梁的抗剪强度

通常梁既承受弯矩 M，同时又承受剪力 V。钢梁的常用截面为 H 形、槽形或箱形，组成这些截面的板件宽（高）厚比较大，可视为薄壁截面，它们截面上的剪应力可用剪力流理论来计算。工字形和槽形截面的剪应力分布如图 5-6 所示。抗剪强度计算公式为

$$\tau=\frac{VS}{It_w}\leqslant f_v \tag{5-8}$$

式中　V——计算截面沿腹板平面作用的剪力设计值；

I——梁的毛截面抵抗惯性矩；

S——计算剪应力处以上（下）毛截面对中和轴的面积矩；

f_v——钢材的抗剪强度设计值，见表 1-3。

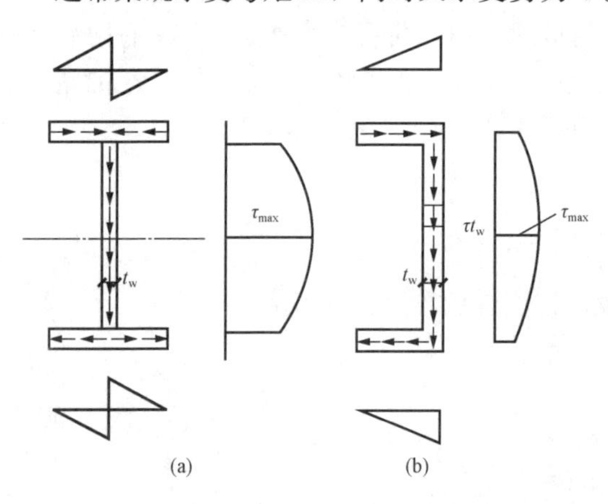

图 5-6　剪应力分布
（a）H 截面的剪应力分布；（b）槽形截面的剪应力分布

式（5-8）是一弹性公式，它虽然没有考虑塑性发展，但也没有考虑截面上有螺栓孔等对截面的削弱影响，是一近似公式。一般情况下，采用式（5-8）进行计算可满足可靠性要求。但当腹板上开有较大孔洞（如为通过管道而开的孔洞）时，则应考虑孔洞的影响。当梁的抗剪强度不满足要求时，常采取加大腹板厚度的方法来提高抗剪承载力。

上述计算方法只适用于不考虑腹板屈曲后强度的梁，考虑腹板屈曲后强度时梁的计算方法见本章第五节。

3. 梁的局部承压强度

梁在固定集中荷载作用处无加劲肋［图5-7（a）、（b）］，或承受移动荷载（如轮压）作用时［图5-7（c）］，在梁上翼缘与腹板相交处会产生较大的承压应力，承应压力实际上呈不均匀分布，如图5-7（d）所示。《钢结构设计标准》（GB 50017）在计算承压强度时，假定压力 F 从作用处在 h_R 高度范围内以1∶1和在 h_y 高度范围内以1∶2.5的坡度向两边扩散，并均匀分布在腹板计算高度边缘。承压应力分布长度 L_z 分别取为

图5-7(a)、(c)　$$L_z = a + 2h_R + 5h_y \tag{5-9}$$

图5-7(b)　$$L_z = a + 2.5h_y + a_1 \tag{5-10}$$

式中　a——集中荷载沿梁跨度方向的承压长度。对于吊车梁，在轮压作用下，可取 $a=50\text{mm}$；

h_y——自梁顶面（或底面）至腹板计算高度边缘的距离，腹板的计算高度 h_0，对于型钢梁为腹板与翼缘相接处两内圆弧起点间的距离；对于焊接梁则为腹板高度；

h_R——轨道高度，计算处无轨道时 $h_R=0$；

a_1——梁端到支座板外边缘的距离，按实际取，但不得大于 $2.5h_y$。

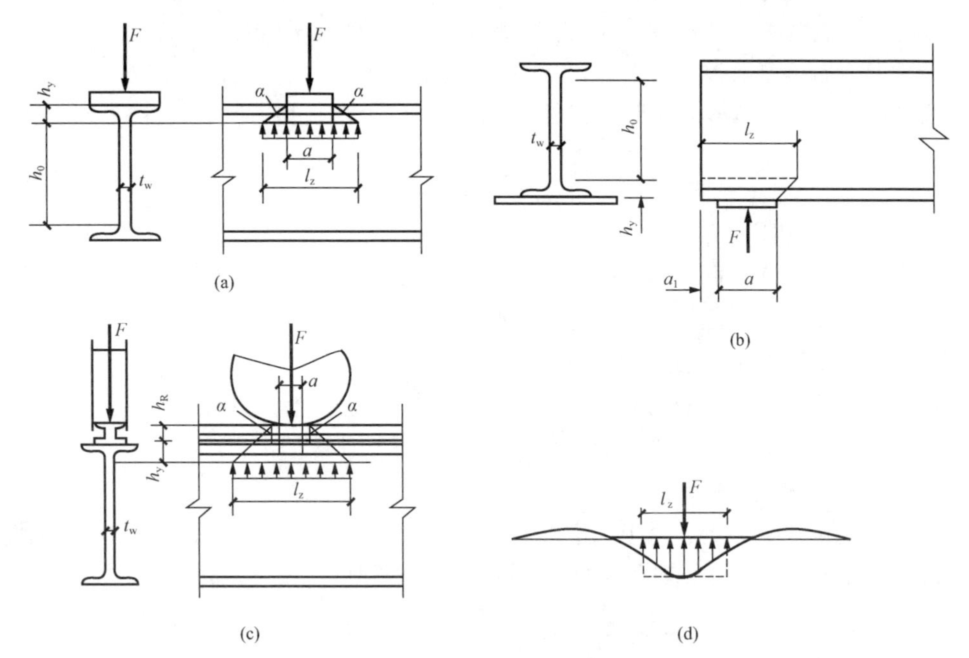

图5-7　局部压应力作用

（a）梁中部集中力作用；（b）梁端集中力作用；（c）移动轮压作用；（d）承压应力分布

在腹板计算高度边缘处的局部承压强度计算公式为

$$\sigma_c = \frac{\Psi F}{L_z t_w} \leqslant f \tag{5-11}$$

式中 F——集中荷载，动力荷载作用时应考虑动力系数（重级工作制吊车梁为 1.1，其他梁为 1.05）；

Ψ——系数，重级工作制吊车梁取 $\Psi=1.35$，其他梁和不设置支承加劲肋的梁支座处 $\Psi=1.0$。

若验算不满足要求，对于固定集中荷载作用，可设置支承加劲肋；对于移动集中荷载作用，则需要选腹板较厚的截面。

对于翼缘上承受均布荷载的梁，不需进行局部承压应力的验算。

4. 梁在多种应力共同作用下的强度计算

在组合梁的腹板计算高度边缘处，当同时承受有较大的正应力、剪应力和局部承压应力时，或同时承受有较大的正应力和剪应力时（如连续梁的支座处或梁的翼缘截面改变处等），应按下式验算该处的折算应力

$$\sqrt{\sigma^2 + \sigma_c^2 - \sigma\sigma_c + 3\tau^2} \leqslant \beta_1 f \tag{5-12}$$

式中 σ、σ_c、τ——腹板计算高度边缘同一点上的弯曲正应力、局部承压应力和剪应力，σ 和 σ_c 均以拉应力为正值，压应力为负值；

β_1——验算折算应力的强度设计值增大系数，当 σ 与 σ_c 异号时，取 $\beta_1=1.2$；当 σ 与 σ_c 同号或 $\sigma_c=0$ 时，取 $\beta_1=1.1$。

在式（5-12）中，考虑到所验算的部位是腹板计算高度边缘的局部区域，几种应力皆以其较大值在同一点上出现的概率很小，故将强度设计值乘以 β_1 予以提高。当 σ 与 σ_c 异号时，其塑性变形能力比 σ 与 σ_c 同号时大，因此前者的 β_1 值大于后者。

5. 弯扭构件的强度计算

荷载偏离截面弯心但与主轴平行的弯扭构件的抗弯强度应按下列公式计算

$$\frac{M_x}{\gamma_x W_{nx}} + \frac{B_\omega}{\gamma_\omega W_\omega} \leqslant f \tag{5-13}$$

式中 M_x——计算弯矩；

B_ω——与所取弯矩同一截面的双力矩，工字形截面 $B_\omega=M_f/h$，M_f 为一个翼缘的侧向弯矩，h 为上下翼缘板厚中心线的间距；

W_{nx}——对截面主轴 x 轴的净截面模量；

W_ω——与弯矩引起的应力同一验算点处的毛截面扇性模量，$W_\omega=I_\omega/\omega$；

γ_ω——塑性发展系数，工字形截面取 1.05；

ω——为主扇性坐标；

I_ω——为扇性惯性矩，对于工字形截面，$I_\omega=I_y h^2/4$，I_y 为截面关于 y 轴的惯性矩。

荷载偏离截面弯心但与主轴平行的弯扭构件的抗剪强度应按下式计算

$$\tau = \frac{V_y S_x}{I_x t} + \frac{T_\omega S_\omega}{I_\omega t} + \frac{T_{st}}{2A_0 t} \leqslant f_v \tag{5-14}$$

式中 V_y——计算截面沿 y 轴作用的剪力；

S_x——计算剪应力处以上毛截面对 x 轴的面积矩；

S_ω——计算剪应力处扇性静矩。

二、梁的刚度计算

梁的刚度计算属于正常使用极限状态问题，就是要保证在荷载标准值作用下梁的最大挠度 v 不致影响结构的正常使用和观感。v 可按工程力学的方法计算，简支梁的几种常用挠度计算公式见表 5 - 3，计算结构或构件的变形时，可不考虑螺栓或铆钉孔引起的截面削弱。刚度计算的公式为

$$v \leqslant [v] \tag{5-15}$$

式中　$[v]$——容许挠度，建筑钢梁的值见表 5 - 4。当有实践经验或有特殊要求时，可根据不影响结构的正常使用和观感的原则进行适当调整。

表 5 - 3　　简支梁的挠度计算公式 [v]

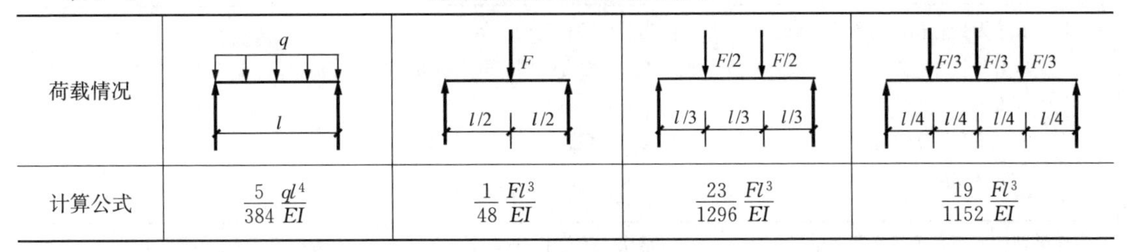

荷载情况	q，l	F，$l/2$，$l/2$	$F/2$，$F/2$，$l/3$，$l/3$，$l/3$	$F/3$，$F/3$，$F/3$，$l/4$，$l/4$，$l/4$，$l/4$
计算公式	$\frac{5}{384}\frac{ql^4}{EI}$	$\frac{1}{48}\frac{Fl^3}{EI}$	$\frac{23}{1296}\frac{Fl^3}{EI}$	$\frac{19}{1152}\frac{Fl^3}{EI}$

为改善外观和使用条件，可对梁预先起拱，起拱大小应视实际需要而定，一般为恒载标准值加二分之一可变荷载标准值所产生的挠度值。当仅为改善外观条件时，梁的挠度应取为在恒载和可变荷载标准值作用下的挠度计算值减去起拱度，见表 5 - 4、表 5 - 5。

表 5 - 4　　建筑钢梁的容许挠度 [v]

项次	构件类别	挠度容许值	
		$[v_T]$	$[v_Q]$
1	吊车梁和吊车桁架（按自重和起重量最大的一台吊车计算挠度）： （1）手动起重机和单梁起重机（含悬挂起重机）； （2）轻级工作制桥式起重机； （3）中级工作制桥式起重机； （4）重级工作制桥式起重机	 $l/500$ $l/750$ $l/900$ $l/1000$	—
2	手动或电动葫芦的轨道梁	$l/400$	—
3	有重轨（质量等于或大于 38kg/m）轨道的工作平台梁； 有轻轨（质量等于或小于 24kg/m）轨道的工作平台梁	$l/600$ $l/400$	—
4	楼（屋）盖梁或桁架、工作平台梁（第 3 项除外）和平台板： （1）主梁或桁架（包括设有悬挂起重设备的梁和桁架）； （2）仅支承压型金属板屋面和冷弯型钢檩条； （3）除支承压型金属板屋面和冷弯型钢檩条外，尚有吊顶； （4）抹灰顶棚的次梁； （5）除（1）～（4）款外的其他梁（包括楼梯梁）； （6）屋盖檩条： 支承压型金属板屋面者； 支承其他屋面材料者； 有吊顶。 （7）平台板	 $l/400$ $l/180$ $l/240$ $l/250$ $l/250$ $l/150$ $l/200$ $l/240$ $l/150$	 $l/500$ $l/350$ $l/300$ — — — —

续表

项次	构件类别	挠度容许值	
		$[v_T]$	$[v_Q]$
5	墙架构件（风荷载不考虑阵风系数）： （1）支柱（水平方向）； （2）抗风桁架（作为连续支柱的支承时，水平位移）； （3）砌体墙的横架（水平方向）； （4）支承压型金属板的横梁（水平方向）； （5）支承其他墙面材料的横梁（水平方向）； （6）带有玻璃窗的横梁（竖直和水平方向）	 — — — — — $l/200$	 $l/400$ $l/1000$ $l/300$ $l/100$ $l/200$ $l/200$

注 1. l 为受弯构件的跨度（对悬臂梁和伸臂梁为悬臂长度的 2 倍）。

2. $[v_T]$ 为永久和可变荷载标准值产生的挠度（如有起拱应减去拱度）的容许值；$[v_Q]$ 为可变荷载标准值产生的挠度的容许值。

3. 当吊车梁或吊车桁架跨度大于 12m 时，其挠度容许值应乘以 0.9 的系数。

表 5-5　　水工钢结构的容许挠度 $[v]$

构件类别	潜孔式工作和事故闸门的主梁	露顶式工作和事故闸门的主梁	检修闸门和拦污栅的主梁	次梁
$[v]$	$l/750$	$l/600$	$l/500$	$l/250$

第三节　梁的整体稳定

一、概述

为了有效地发挥材料的作用，单向受弯梁的截面常设计得高而窄，以获得弯矩作用平面内较高的抗弯承载力，但这种截面形式的抗扭和侧向抗弯刚度较差。当弯矩 M 较小时，梁仅产生在弯矩作用平面内的弯曲变形，即使受到偶然的很小的侧向干扰力作用而产生较小的侧向变形，伴随干扰力的去除，侧向变形就会消失。但当弯矩增大到某一数值 M_{cr} 时，梁会在偶然的很小侧向干扰力作用下，突然向刚度较小的侧向发生较大的弯曲，同时伴随发生扭转（图 5-8），这时即使除去侧向干扰力，侧向弯扭变形也不会消失。如果弯矩再稍增大，侧向弯扭变形将迅速增大，梁随之失去承载能力。这种现象称为梁丧失整体稳定，也称梁发生弯扭屈曲。称 M_{cr} 为临界弯矩。梁丧失整体稳定之前往往无明显征兆，且在梁所受荷载小于强度承载力时突然发生，故必须特别予以注意。

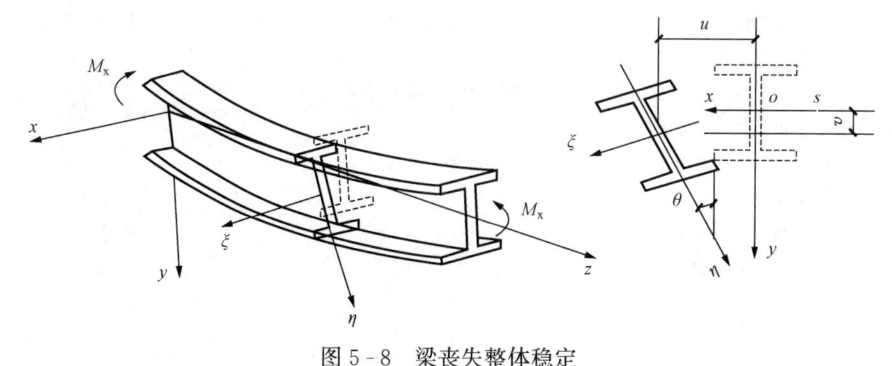

图 5-8　梁丧失整体稳定

梁丧失整体稳定的原因与轴心受压构件相似。对于图 5-8 所示处于纯弯曲状态的工字形截面梁，可视梁为由以中和轴分界的受压和受拉两构件组成的组合构件。当受压构件所受压力达一定值时，将发生屈曲。由于受压构件在弯矩作用平面内产生失稳时的大幅度弯曲变形受到与其相连的受拉构件的较大的支承约束，其发生屈曲时只能是出平面侧向弯曲。但由于与其相连的受拉构件对其侧向弯曲也有一定的牵制作用，在梁产生出平面弯曲的同时发生截面的扭转。因而梁丧失整体稳定总是表现为受压翼缘发生较大侧向变形和受拉翼缘发生较小侧向变形的弯扭失稳。无缺陷的理想梁弯扭屈曲属于平衡分枝的稳定问题。

二、梁在弹性阶段的临界弯矩

对于图 5-7 所示跨度为 l 的简支梁，梁丧失整体稳定时产生 u、v 和 θ 三个变形，可建立梁在微弯扭状态时的三个平衡微分方程。

$$\left.\begin{aligned}EI_{x}v''+M_{x}&=0\\EI_{y}u''+M_{x}\theta&=0\\GI_{t}\theta'-EI_{\omega}\theta'''-M_{\omega}u'&=0\end{aligned}\right\}\tag{5-16}$$

式中 I_x、I_y——分别为截面关于 x、y 轴的惯性矩；

I_t——扭转常数，$I_t=\dfrac{k}{3}\sum b_i t_i^3$，$k$ 为常数，轧制工字钢和 H 型钢 $k=1.3$；轧制槽钢 $k=1.12$；钢板组合截面 $k=1$；

I_ω——翘曲常数，也称扇性惯性矩。对于工字形截面，$I_\omega=I_y(h_1+h_2)^2/4$。

解方程，引入边界条件，$z=0$ 和 $z=l$ 时，$\theta=0$，$\theta''=0$，可求得临界弯矩 M_{cr} 为

$$M_{cr}=\frac{\pi^2 EI_y}{l^2}\sqrt{\frac{I_\omega}{I_y}\left(1+\frac{GI_t l^2}{\pi^2 EI_\omega}\right)}\tag{5-17a}$$

当简支梁为单轴对称截面时（图 5-9），在不同荷载作用下，用能量法求得的临界弯矩计算公式为

$$M_{cr}=C_1\frac{\pi^2 EI_y}{l^2}\left[C_2a+C_3\beta_y+\sqrt{(C_2a+C_3\beta_y)^2+\frac{I_\omega}{I_y}\left(1+\frac{l^2GI_t}{\pi^2 EI_\omega}\right)}\right]\tag{5-17b}$$

式中 C_1、C_2、C_3——荷载类型系数，值见表 5-6；

β_y——截面特征系数，截面为双轴对称时，$\beta_y=0$；截面为单轴对称时，

$$\beta_y=\frac{1}{2I_x}\int_A y(x^2+y^2)\mathrm{d}A-y_0$$

y_0——剪力中心的纵坐标，$y_0=-(I_1h_1-I_2h_2)/I_y$；

I_1、I_2——分别为受压翼缘和受拉翼缘对 y 轴的惯性矩；

a——荷载在截面上的作用点与剪力中心之间的距离。当荷载作用点在剪力中心以下时，取正值，反之取为负值。

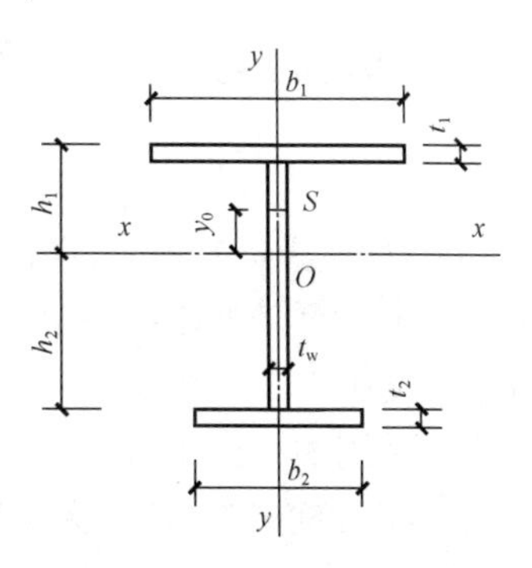

图 5-9 单轴对称截面

表 5-6 C_1、C_2 和 C_3 系数

荷载情况	C_1	C_2	C_3
跨度中点集中荷载	1.35	0.55	0.40
满跨均布荷载	1.13	0.47	0.53
纯弯曲	1.00	—	1.00

由上式可见弯矩沿梁长分布越均匀，M_{cr}越小；荷载在截面上的作用点位置越低，M_{cr}越大；较大翼缘受压（拉）时 $\beta_y>0$（<0），M_{cr}提高（减小）。

式（5-18）已被国内外试验研究验证，并被许多国家制定设计规范时参考。

三、梁的整体稳定性计算

若保证梁不丧失整体稳定性，应使梁所承受的最大弯矩设计值 M_x 小于临界弯矩 M_{cr}除以抗力分项系数 γ_R，即 $M_x \leqslant M_{cr}/\gamma_R$。写成应力表达式为

$$\sigma = \frac{M_x}{W_x} \leqslant \frac{M_{cr}}{W_x}\frac{1}{\gamma_R} = \frac{\sigma_{cr}}{\gamma_R} = \frac{\sigma_{cr}}{f_y}\frac{f_y}{\gamma_R} = \varphi_b f \tag{5-18}$$

式中 φ_b——梁的整体稳定系数，表达式为

$$\varphi_b = \sigma_{cr}/f_y \tag{5-19}$$

式（5-19）也可写为

$$\frac{M_x}{\varphi_b W_x} \leqslant f \tag{5-20a}$$

式中 W_x——按受压最大纤维确定的梁毛截面模量，当截面板件宽厚比等级为 S5 级时，取有效截面模量，均匀受压翼缘有效外伸宽度可取 $15\varepsilon_k$ 倍翼缘厚度，其余等级取全截面模量。

当梁腹板满足稳定性要求时，考虑梁有塑性开展，在式（5-20a）中引入塑性发展系数得

$$\frac{M_x}{\varphi_b \gamma_x W_x} \leqslant f \tag{5-20b}$$

当为双向受弯时，梁整体稳定性计算公式为

$$\frac{M_x}{\varphi_b \gamma_x W_x} + \frac{M_y}{\gamma_y W_y} \leqslant f \tag{5-20c}$$

式（5-20）为《钢结构设计标准》（GB 50017）采用的钢梁整体稳定性计算公式。梁的整体稳定计算是整体性问题，不是截面问题，当 M_y的最大值与 M_x不在同一截面时，M_y宜取梁跨度中央 1/3 范围内的最大值。

若采用式（5-17b）来求临界弯矩，再用式（5-19）求 φ_b，计算较繁。《钢结构设计规标准》（GB 50017）还考虑了缺陷影响，通过简化处理后给出的等截面焊接工字形和轧制 H 型钢简支梁 φ_b的计算公式为

$$\varphi_b = \beta_b \frac{4320}{\lambda_y^2} \cdot \frac{Ah}{W_x}\left[\sqrt{1+\left(\frac{\lambda_y t_1}{4.4h}\right)^2} + \eta_b\right]\varepsilon_k^2 \tag{5-21}$$

式中 λ_y——梁关于 y 轴的长细比，$\lambda_y = l_1/i_y$，l_1 为梁受压翼缘侧向支承点的间距，i_y按毛截面计算；

β_b——等效临界弯矩系数，H型钢和等截面工字形截面简支梁与悬臂梁值分别见表5-7和表5-8；

h、t_1——梁截面全高和受压翼缘厚度；

η_b——截面不对称影响系数。双轴对称的工字形截面：$\eta_b=0$；加强受压翼缘的工字形截面：$\eta_b=0.8(2\alpha_b-1)$；加强受拉翼缘的工字形截面：$\eta_b=2\alpha_b-1$；$\alpha_b=I_1/(I_1+I_2)$，I_1 和 I_2 分别为受压和受拉翼缘对 y 轴的惯性矩。

表5-7　H型钢和等截面工字形截面简支梁的系数 β_b

项次	侧向支承	荷载		$\xi\leqslant2.0$	$\xi>2.0$	适用范围
1	跨中无侧向支承	均布荷载作用在	上翼缘	$0.69+0.13\xi$	0.95	双轴对称（含H型钢）及加强受压翼缘的单轴对称工字形截面
2			下翼缘	$1.73-0.20\xi$	1.33	
3		集中荷载作用在	上翼缘	$0.73+0.18\xi$	1.09	
4			下翼缘	$2.23-0.28\xi$	1.67	
5	跨度中点有一个侧向支承点	均布荷载作用在	上翼缘	1.15		所有工字形截面及H型钢
6			下翼缘	1.40		
7		集中荷载作用在截面高度上	任意位置	1.75		
8	跨中有≥2个等距离侧向支承点	任意荷载作用在	上翼缘	1.20		
9			下翼缘	1.40		
10	梁端有弯矩，但跨中无荷载作用			$1.75-1.05(M_2/M_1)+0.3(M_2/M_1)^2$ 但 $\leqslant2.3$		

注　1. ξ 为参数，$\xi=l_1t_1/(b_1h)$，l_1、b_1 和 t_1 分别为受压翼缘的自由长度、宽度和厚度，h 为截面总高。

2. M_1、M_2 为梁的端弯矩，使梁产生同向曲率时二者取同号，否则取异号，$|M_1|\geqslant|M_2|$。

3. 项次3、4、7的集中荷载是指1个或少数几个集中荷载位于跨中附近的情况，其他情况的集中荷载按1、2、5、6内的数值采用。

4. 当项次8、9的集中荷载作用在侧向支承点处时，取 $\beta_b=1.20$。

5. 荷载作用在上翼缘（或下翼缘）系指荷载作用点在翼缘表面，方向指向（或背向）截面形心。

对 $\alpha_b>0.8$ 的加强受压翼缘工字形截面，下列情况的 β_b 值应乘以相应系数：项次1：当 $\xi\leqslant1.0$ 时，乘以0.95；项次3：当 $\xi\leqslant0.5$ 时，乘以0.90；当 $0.5<\xi\leqslant1.0$ 时，乘以0.95。

表5-8　H型钢和等截面工字形截面悬臂梁的系数 β_b

项次	荷载形式		$0.6\leqslant\xi\leqslant1.24$	$1.24<\xi\leqslant1.96$	$1.96<\xi\leqslant3.10$
1	自由端一个集中荷载作用在	上翼缘	$0.21+0.67\xi$	$0.72+0.26\xi$	$1.17+0.03\xi$
2		下翼缘	$2.94-0.65\xi$	$2.64-0.40\xi$	$2.15-0.15\xi$
3	均布荷载作用在上翼缘		$0.62+0.82\xi$	$1.25+0.31\xi$	$1.66+0.10\xi$

注　本表是按支承端为固定的情况确定的，当用于由邻跨延伸出来的伸臂梁时，应在构造上采取措施加强支承处的抗扭能力。

由式（5-24）可见，对加强受压翼缘的工字形截面，η_b 为正值，φ_b 加大；而加强受拉翼缘的工字形截面，η_b 为负值，将使 φ_b 减小。加强受压翼缘对于提高梁的整体稳定性效果更好。

式（5-24）是按照弹性工作阶段导出的，当考虑残余应力影响时，可取比例极限 $f_p=0.6f_y$。当用式（5-24）算得的稳定系数 $\varphi_b>0.6$ 时，梁已进入弹塑性工作阶段，根据理论与试验研究，应按式（5-25）算出的 φ_b'值，来代替梁整体稳定计算公式中的 φ_b 值。

$$\varphi_b' = 1.07 - 0.282/\varphi_b \leqslant 1 \tag{5-22}$$

双轴对称工字形等截面（含 H 型钢）悬臂梁的 φ_b 可按式（5-21）计算，但 β_b 应按表 5-7、表 5-8 查得，$\lambda_y = l_1/i_y$（l_1 为悬臂梁的悬伸长度）。当求得的 $\varphi_b>0.6$ 时，应按式（5-22）算得相应的 φ_b'值代替 φ_b 值。

对于轧制普通工字钢简支梁的整体稳定系数 φ_b，可由表 5-9 直接查得，当查得的 $\varphi_b>0.6$ 时，同样应以式（5-22）求出的 φ_b'值代替 φ_b值。

表 5-9　　轧制普通工字钢简支梁的 φ_b 值

荷载情况			工字钢型号	自由长度 l_1（m）								
				2	3	4	5	6	7	8	9	10
跨中无侧向支承点的梁	集中荷载作用于	上翼缘	10～20	2.0	1.3	0.99	0.80	0.68	0.58	0.53	0.48	0.43
			22～32	2.4	1.48	1.09	0.86	0.72	0.62	0.54	0.49	0.45
			36～63	2.8	1.6	1.07	0.83	0.68	0.56	0.50	0.45	0.40
		下翼缘	10～20	3.1	1.95	1.34	1.01	0.82	0.69	0.63	0.57	0.52
			22～40	5.5	2.80	1.84	1.37	1.07	0.86	0.73	0.64	0.56
			45～63	7.3	3.60	2.30	1.62	1.20	0.96	0.80	0.69	0.60
	均布荷载作用于	上翼缘	10～20	1.7	1.12	0.84	0.68	0.57	0.50	0.45	0.41	0.37
			22～40	2.1	1.30	0.93	0.73	0.60	0.51	0.45	0.40	0.36
			45～63	2.6	1.45	0.97	0.73	0.59	0.50	0.44	0.38	0.35
		下翼缘	10～20	2.5	1.55	1.08	0.83	0.68	0.56	0.52	0.47	0.42
			22～40	4.0	2.20	1.45	1.10	0.85	0.70	0.60	0.52	0.46
			45～63	5.6	2.80	1.80	1.25	0.95	0.78	0.65	0.55	0.49
跨中有侧向支承点的梁（荷载作用在截面高度任意位置）			10～20	2.2	1.39	1.01	0.79	0.66	0.57	0.52	0.47	0.42
			22～40	3.0	1.80	1.24	0.96	0.76	0.65	0.56	0.49	0.43
			45～63	4.0	2.20	1.38	1.01	0.80	0.66	0.56	0.49	0.43

注　1. 同表 5-7 的注 3、5；

2. 表中 φ_b 适用于 Q235 钢，对其他钢号表中数值应乘以 ε_k^2。

热轧槽钢简支梁的 φ_b值计算公式为

$$\varphi_b = \frac{570bt}{l_1 h}\varepsilon_k^2 \tag{5-23}$$

式中　h、b 和 t——分别为截面总高、翼缘宽度和平均厚度。

当 $\varphi_b>0.6$ 时，也应按式（5-25）求出 φ_b'代替 φ_b。

弯扭构件，当不能在构造上保证整体稳定性时，应按下式计算其稳定性

$$\frac{M_{max}}{\varphi_b \gamma_x W_x f} + \frac{B}{W_\omega f} \leqslant 1 \tag{5-24}$$

式中　M_{max}——跨间对主轴 x 轴的最大弯矩；

W_x——对截面主轴 x 轴的受压边缘的截面模量；

B——双力矩设计值。

上述计算公式要求简支梁支座处绕纵轴的扭转角 $\varphi=0$，应采取构造措施来保证，例如

图 5-10（b）所示的梁，其下翼缘连于支座，上翼缘也用钢板连于支承构件上以防止侧向移动和梁截面扭转，这是厂房结构中的钢吊车梁常用的方法。高度不大的梁也可以靠在支座截面处设置的支承加劲肋来防止梁端发生扭转。当简支梁仅腹板与相邻构件相连，钢梁稳定性计算时侧向支承点距离应取实际距离的 1.2 倍。

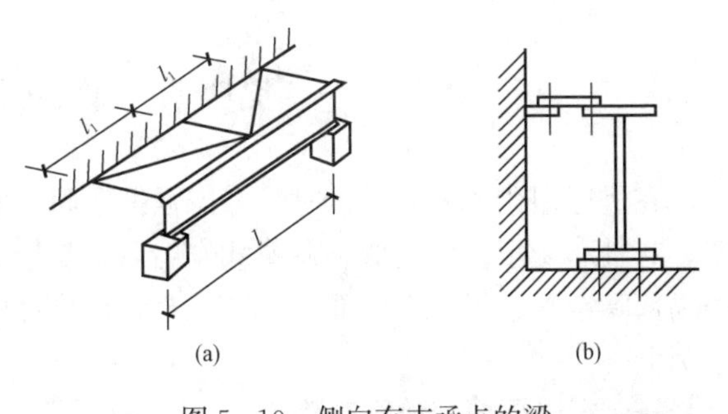

图 5-10　侧向有支承点的梁

（a）梁侧向与支撑桁架相连；（b）梁侧向与墙体相连

钢梁符合下列情况之一时可不计算其整体稳定性：

（1）有铺板（各种钢筋混凝土板和钢板）密铺在梁的受压翼缘上并与其牢固相连、能阻止梁受压翼缘的侧向位移时，梁就不会丧失整体稳定，可不计算梁的整体稳定性；

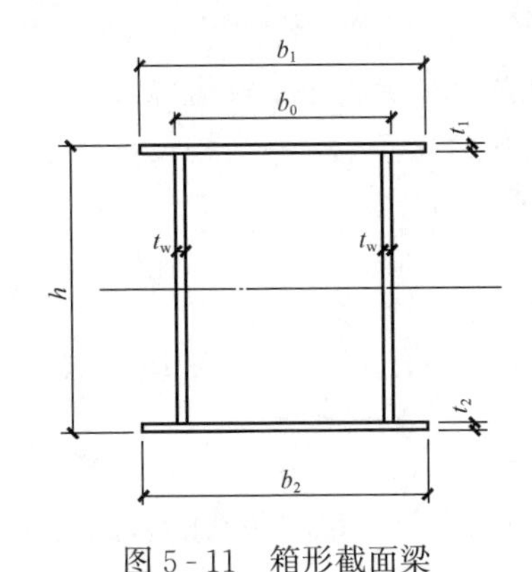

图 5-11　箱形截面梁

（2）箱形截面简支梁，其截面尺寸（图 5-11）满足 $h/b_0 \leqslant 6$，且 $l_1/b_0 \leqslant 95\varepsilon_k^2$ 时，可不计算整体稳定性。

四、梁整体稳定系数 φ_b 的近似计算

受均布弯矩作用的梁，当 $\lambda_y \leqslant 120\sqrt{235/f_y}$ 时，其整体稳定系数 φ_b 可按下列近似公式计算。

1. 工字形截面

截面双轴对称时

$$\varphi_b = 1.07 - \frac{\lambda_y^2}{44\,000\varepsilon_k^2} \tag{5-25a}$$

截面单轴对称时

$$\varphi_b = 1.07 - \frac{W_{1x}}{(2\alpha_b + 0.1)Ah} \frac{\lambda_y^2}{14\,000\varepsilon_k^2} \tag{5-25b}$$

式中　W_{1x}——截面最大受压纤维的毛截面抵抗矩。

2. T 形截面（弯矩作用在对称轴平面，绕 x 轴）

弯矩使翼缘受压时

双角钢组成的 T 形截面　$\varphi_b = 1 - 0.001\,7\lambda_y/\varepsilon_k$　(5-25c)

剖分 T 形钢和两块钢板组合 T 形截面　$\varphi_b = 1 - 0.002\,2\lambda_y/\varepsilon_k$　(5-25d)

弯矩使翼缘受拉且腹板高厚比 $\leqslant 18\varepsilon_k$ 时

$$\varphi_b = 1 - 0.000\,5\lambda_y/\varepsilon_k \tag{5-25e}$$

式（5-25）中的 φ_b 值已考虑了非弹性屈曲问题，因此当算得的 $\varphi_b > 0.6$ 时，不需要再换算成 φ_b' 值。当算得的 $\varphi_b > 1.0$ 时，取 $\varphi_b = 1.0$。

实际工程中能满足上述 φ_b 近似计算公式条件的梁很少见，因此它们很少用于梁的整体稳定性计算。这些近似公式主要用于压弯构件在弯矩作用平面外的整体稳定计算，可使得计算简化。

当梁的整体稳定性计算不满足要求时，可采取增加侧向支承或加大梁的截面尺寸（以增加受压翼缘宽度最有效）的办法予以解决。无论梁是否需要计算整体稳定性，梁的支座处均应采取构造措施阻止端面发生扭转。

第四节　梁的局部稳定

在进行钢梁的截面设计时，考虑强度，腹板宜既高又薄；考虑整体稳定，翼缘宜既宽又薄。与轴心受压构件类似，在荷载作用下，受压翼缘和腹板有可能发生波形屈曲，称为梁丧失局部稳定性。梁丧失局部稳定后，会恶化构件的受力性能，使梁的强度承载力和整体稳定性降低。

一、梁受压翼缘的局部稳定

单向受弯梁的翼缘板远离中和轴，强度一般能够得到充分利用。若翼缘板发生屈曲，通常会很快导致梁丧失承载能力。合理设计应使翼缘板的临界应力 σ_{cr} 不低于钢材的屈服强度 f_y，以保证翼缘在截面应力达 f_y 之前不丧失稳定。设计时通过限制翼缘宽厚比的办法来实现。

工字形截面梁受压翼缘的受力状态与轴心受压构件的翼缘基本相同，其临界应力可采用轴心受压构件翼缘的公式计算。设计规范考虑不同的设计方法所取梁截面塑性区深度不同，采用不同的 η 值来求受压翼缘自由外伸宽厚 b_1 与其厚度 t 的比值限值。《钢结构设计规范》（GB 50017）规定：当梁按弹性设计时（即 $\gamma_x=1.0$），满足 S4 级要求

$$\frac{b_1}{t} \leqslant 15\varepsilon_k \tag{5-26a}$$

当梁按弹塑性阶段设计，即截面允许出现部分塑性时（即 $\gamma_x>1.0$），满足 S3 级要求

$$\frac{b_1}{t} \leqslant 13\varepsilon_k \tag{5-26b}$$

当梁按塑性设计方法设计时，允许梁出现塑性铰，要求截面具有一定的转动能力。这时对受压翼缘的宽厚比限值要求更高，满足 S1 级要求，应满足

$$\frac{b_1}{t} \leqslant 9\varepsilon_k \tag{5-26c}$$

箱形截面受压翼缘在两腹板之间部分（图 5 - 11），相当于四边简支单向均匀受压板，宽度 b_0 与其厚度 t 的比值要求见表 5 - 1。

二、梁腹板的临界应力

梁腹板的受力状态较为复杂，如承受均布荷载作用的简支梁，在靠近支座的腹板区段以承受剪应力 τ 为主，跨中的腹板区段则以承受弯曲应力 σ 为主。当梁承受有较大集中荷载时，腹板还承受局部承压应力 σ_c 作用。在梁腹板的某些板段，可能受 σ、τ 和 σ_c 共同作用。因此应按不同受力状态来分析板段的临界应力。

1. 腹板在纯弯曲状态的临界应力

纯弯曲状态下的四边支承板屈曲状态如图 5 - 12（a）所示。在弹性阶段板的临界应力仍可采用式（4 - 50）进行计算，但 χ 和 k 值与轴心受压构件不同。《钢结构设计规范》（GB 50017）对钢梁受压翼缘扭转受到约束和未受到约束分别取 $\chi=1.66$ 和 $\chi=1.0$。纯弯曲状态的四边简支板屈曲系数 k 值如图 5 - 12（b）所示。把 χ 值、$k_{min}=23.9$、$E=2.06\times10^5\text{N/mm}^2$ 和 $v=0.3$ 代入式（4 - 50）可得临界应力 σ_{cr} 为

受压翼缘扭转受到约束时　$$\sigma_{cr}=737(100t_w/h_0)^2 \tag{5-27a}$$

受压翼缘扭转未受到约束时　$$\sigma_{cr}=445(100t_w/h_0)^2 \tag{5-27b}$$

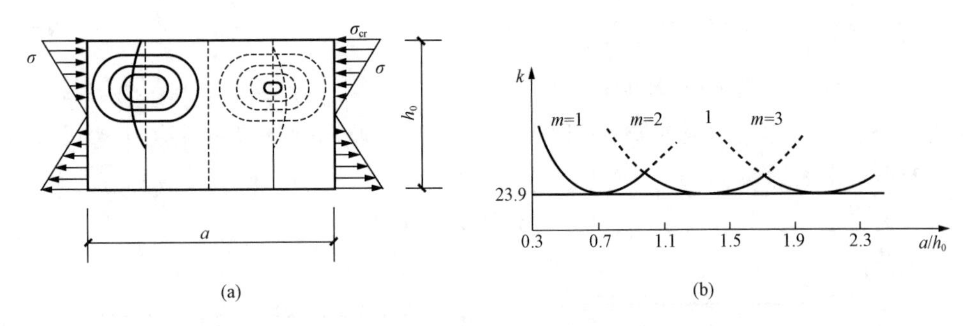

图 5-12　板的纯弯曲状态屈曲

(a) 板件受弯屈曲；(b) 屈曲系数

由式 (5-27) 可见腹板高度 h_0 对 σ_{cr} 影响很大，而板段长度 a 对 σ_{cr} 影响不大。故设计时常采用设纵向加劲肋（图 5-13）的办法改变板段高度来提高 σ_{cr}。

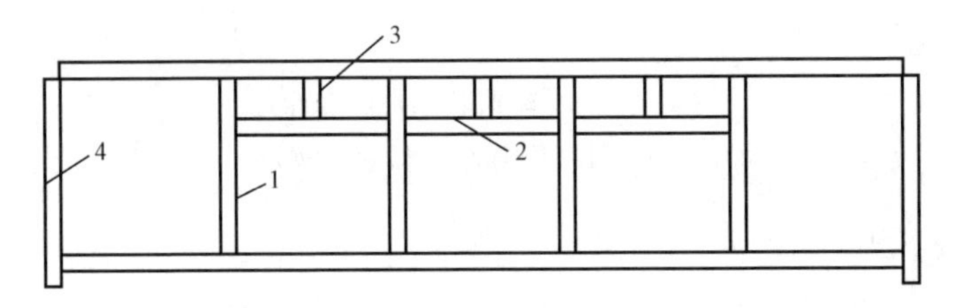

图 5-13　梁的加劲肋示例

1—横向加劲肋；2—纵横向加劲肋；3—短加劲肋；4—支承加劲肋

为了使各种牌号钢材可用同一公式，引入腹板受弯时通用高厚比 λ_b。

$$\lambda_b = \sqrt{f_y/\sigma_{cr}} \tag{5-28}$$

临界应力 σ_{cr} 可表示为

$$\sigma_{cr} = f_y/\lambda_b^2 \tag{5-29}$$

钢梁整体稳定计算时弹性界限为 $0.6f_y$，由式 (5-28) 可得弹性范围为 $\lambda_b>1.29$。考虑腹板局部屈曲受残余应力的影响不如整体屈曲大，规范把弹性范围扩大为 $\lambda_b \geqslant 1.25$。由式 (5-28) 可得塑性范围 $\lambda_b=1.0$，考虑存在残余应力和几何缺陷，《钢结构设计标准》(GB 50017) 把塑性范围缩小到 $\lambda_b \leqslant 0.85$。$0.85<\lambda_b \leqslant 1.25$ 为弹塑性范围，临界应力与 λ_b 的关系采用直线过渡。腹板纯弯时的临界应力 σ_{cr} 按下列公式计算

当 $\lambda_b \leqslant 0.85$ 时

$$\sigma_{cr} = f \tag{5-30a}$$

当 $0.85 < \lambda_b \leqslant 1.25$ 时

$$\sigma_{cr} = [1-0.75(\lambda_b-0.85)]f \tag{5-30b}$$

当 $\lambda_b > 1.25$ 时

$$\sigma_{cr} = 1.1f/\lambda_b^2 \tag{5-30c}$$

腹板受弯时通用高厚比 λ_b 按下列公式计算

当梁受压翼缘扭转受到约束时

$$\lambda_b = \frac{2h_c/t_w}{177\varepsilon_k} \tag{5-31a}$$

当梁受压翼缘扭转未受到约束时

$$\lambda_b = \frac{2h_c/t_w}{138\varepsilon_k} \tag{5-31b}$$

式中　h_c——梁腹板受压区高度，双轴对称截面 $h_c=h_0/2$。

保证腹板在边缘屈服前不发生屈曲的条件为 $\sigma_{cr} \geqslant f_y$，依此腹板应满足

当梁受压翼缘扭转受到约束时

$$\frac{h_0}{t_w} \leqslant 177\varepsilon_k \tag{5-32a}$$

当梁受压翼缘扭转未受到约束时 $\frac{h_0}{t_w} \leqslant 138\varepsilon_k$ （5-32b）

2. 腹板在纯剪状态下的临界应力

纯剪状态下的四边支承板如图5-14所示。腹板在弹性阶段的临界应力 τ_{cr} 仍可采用式（4-50）的形式来表示为

$$\tau_{cr} = \frac{\chi k \pi^2 E}{12(1-v^2)}\left(\frac{t_w}{h_0}\right)^2 \tag{5-33}$$

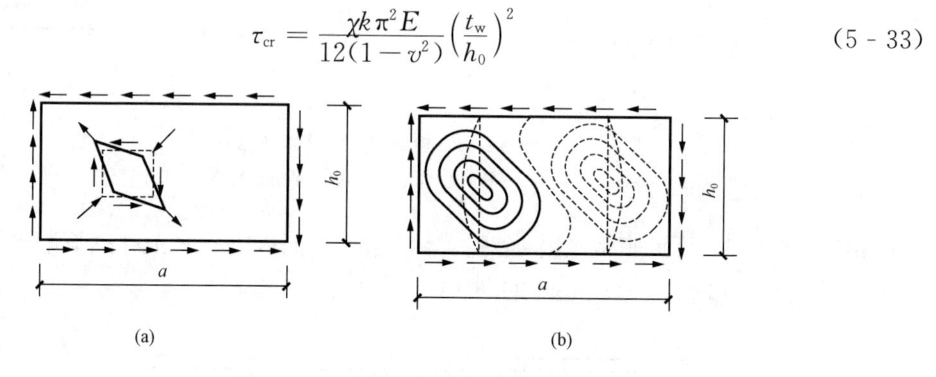

图5-14 纯剪状态板的屈曲

(a) 纯剪作用的板件；(b) 屈曲变形

屈曲系数 k 按下式计算

$a/h_0 \leqslant 1$ 时 $k = 4.0 + 5.34(h_0/a)^2$ （5-34a）

$a/h_0 > 1$ 时 $k = 5.34 + 4.0(h_0/a)^2$ （5-34b）

腹板受剪时通用高厚比 λ_s 为

$$\lambda_s = \sqrt{f_{vy}/\tau_{cr}} \tag{5-35}$$

通常取剪切比例极限与剪切屈服强度 f_{Vy} 之比为0.8，引入几何缺陷影响系数0.9，则弹性范围起始于 $\lambda_s=1.2$。取 $\chi=1.24$，与纯弯曲状态类似，设计规范给出的临界应力 τ_{cr} 的计算公式为

当 $\lambda_s \leqslant 0.8$ 时 $\tau_{cr} = f_V$ （5-36a）

当 $0.8 < \lambda_s \leqslant 1.2$ 时 $\tau_{cr} = [1-0.59(\lambda_s-0.8)]f_V$ （5-36b）

当 $\lambda_s > 1.2$ 时 $\tau_{cr} = 1.1f_V/\lambda_s^2$ （5-36c）

腹板受剪时通用高厚比 λ_s 按下式计算

$a/h_0 \leqslant 1$ 时 $\lambda_s = \frac{h_0/t_w}{41\sqrt{4+5.34(h_0/a)^2}\varepsilon_k}$ （5-37a）

$a/h_0 > 1$ 时 $\lambda_s = \frac{h_0/t_w}{41\sqrt{5.34+4(h_0/a)^2}\varepsilon_k}$ （5-37b）

由上式可见，减小 a 值可提高 τ_{cr}。设计时常采用设横向加劲肋（图5-13）的办法，减小 a 值，来提高 τ_{cr} 值。

当不设横向加劲肋时，可近似按 $a/h_0 \to \infty$ 代入式（5-34b），可得 $k=5.34$，取 $\tau_{cr}=f_{Vy}$，则 $\lambda_s \leqslant 0.8$，由式（5-33）可得腹板在纯剪状态下不设横向加劲肋时，腹板不丧失稳定性时应满足

$$\frac{h_0}{t_w} \leqslant 75.8\varepsilon_k \tag{5-38}$$

考虑钢梁腹板中平均剪应力一般小于 f_{Vy}，设计规范把限值取为 $80\varepsilon_k$。

3. 在局部承压应力作用下的临界应力

图 5-15 所示为局部承压应力作用下腹板的屈曲状态。屈曲时在板的纵向和横向，都只出现一个半波。其临界应力 $\sigma_{c,cr}$ 为

$$\sigma_{c,cr}=\frac{\chi k\pi^2 E}{12(1-\upsilon^2)}\left(\frac{t_w}{h_0}\right)^2 \tag{5-39}$$

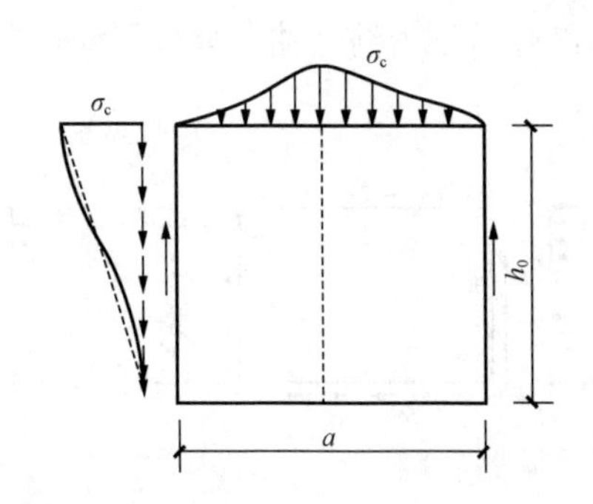

图 5-15　板在局部压应力作用下的屈曲

对于四边简支板，理论分析得出的屈曲系数 k 可以近似表示为

当 $0.5\leqslant\frac{a}{h_0}\leqslant1.5$ 时　　$$k=\left(4.5\frac{h_0}{a}+7.4\right)\frac{h_0}{a} \tag{5-40a}$$

当 $1.5\leqslant\frac{a}{h_0}\leqslant2.0$ 时　　$$k=\left(11-0.9\frac{h_0}{a}\right)\frac{h_0}{a} \tag{5-40b}$$

设计标准取嵌固系数　　$$\chi=1.81-0.255\frac{h_0}{a} \tag{5-41}$$

与前同理，腹板在局部承压应力作用下的临界应力计算公式为

当 $\lambda_c\leqslant0.9$ 时　　$$\sigma_{c,cr}=f \tag{5-42a}$$

当 $0.9<\lambda_c\leqslant1.2$ 时　　$$\sigma_{c,cr}=[1-0.79(\lambda_c-0.9)]f \tag{5-42b}$$

当 $\lambda_c>1.2$ 时　　$$\sigma_{c,cr}=1.1f/\lambda_c^2 \tag{5-42c}$$

式中　λ_c——腹板受局部承压应力作用时通用高厚比，按下式计算

当 $0.5<a/h_0\leqslant1.5$ 时　$$\lambda_c=\frac{h_0/t_w}{28\sqrt{10.9+13.4(1.83-a/h_0)^3}\varepsilon_k} \tag{5-43a}$$

当 $1.5<a/h_0\leqslant2.0$ 时　$$\lambda_c=\frac{h_0/t_w}{28\sqrt{18.9-5a/h_0}\varepsilon_k} \tag{5-43b}$$

对于 $\sigma_c\neq0$ 的梁，(GB 50017) 要求 $a/h_0\leqslant2.0$。当 $a/h_0=2.0$ 时，局部压应力作用下的腹板在强度破坏之前不发生失稳的条件为 $\sigma_{c,cr}\geqslant f_y$，可得腹板应满足

$$\frac{h_0}{t_w}\leqslant75.2\varepsilon_k \tag{5-44}$$

与纯剪状态同理，设计规范把限值取为 $80\varepsilon_k$。

4. 在几种应力共同作用下腹板屈曲的临界条件

在几种应力共同作用下腹板发生屈曲时，常以相关方程的形式来表示其临界条件，其表达式如下：

(1) 弯曲应力和剪应力共同作用下［图 5-16 (a)］

$$(\sigma/\sigma_{cr})^2+(\tau/\tau_{cr})^2=1 \tag{5-45}$$

(2) 弯曲应力、剪应力和顶部承压应力共同作用下［图 5-16 (b)］

$$[(\sigma/\sigma_{cr})+(\sigma_c/\sigma_{c,cr})]^2+(\tau/\tau_{cr})^2=1 \tag{5-46}$$

(3) 双向均匀压应力和剪应力共同作用下［图 5-16 (c)］

$$(\sigma/\sigma_{cr})+(\sigma_c/\sigma_{c,cr})+(\tau/\tau_{cr})^2=1 \tag{5-47}$$

以上各式中，σ、σ_c 和 τ 分别为板段边缘上受到的弯曲应力、局部压应力和剪应力；σ_{cr}、

$\sigma_{c,cr}$和τ_{cr}分别为纯弯曲、局部压应力单独作用和纯剪时板的临界应力。

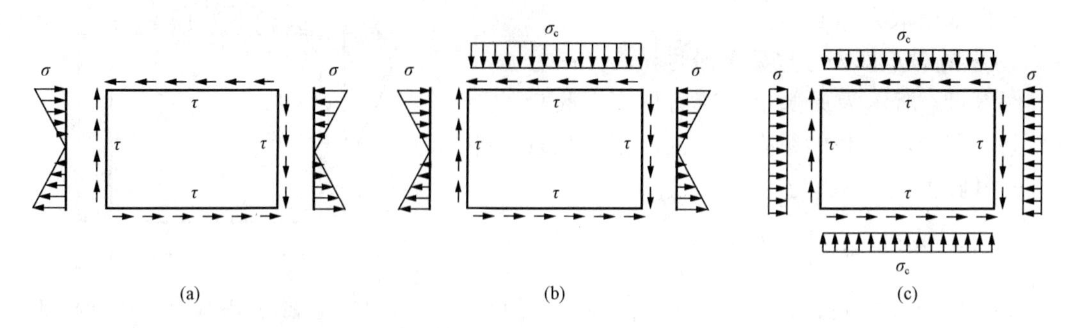

图 5-16 腹板承受几种应力的共同作用

（a）弯曲应力与剪应力作用；（b）弯曲应力、剪应力与顶部承压应力作用；（c）剪应力与双向承压应力作用

三、腹板的局部稳定计算

1. 加劲肋的种类和作用

钢梁设计时可通过增加腹板的厚度或设置加劲肋来提高腹板的稳定性，后一种方法往往比前一种方法经济，因此设计中常采用设置加劲肋来保证腹板的稳定性。

常用的加劲肋形式有横向加劲肋、纵向加劲肋和短加劲肋三种（图 5-13）。横向加劲肋主要用于防止由剪应力和局部压应力作用可能引起的腹板失稳，纵向加劲肋主要用于防止由弯曲应力可能引起的腹板失稳，短加劲肋主要防止由局部压应力可能引起的腹板失稳。当集中荷载作用处设有支承加劲肋时，将不再考虑集中荷载对腹板产生的局部压应力作用，即取$\sigma_c=0$。

2. 梁腹板加劲肋的设计

钢梁腹板的局部稳定计算按照是否利用屈曲后强度分为两类。承受静力荷载和间接承受动力荷载的钢梁可利用屈曲后强度，能更好地发挥材料的抗力，节约钢材，计算方法见本章第五节。直接承受动力荷载的吊车梁和类似构件及按塑性设计的梁，不利用屈曲后强度。某些组合梁设计也不利用屈曲后强度。下面介绍不利用腹板屈曲后强度时，腹板加劲肋的设计方法。

（1）梁腹板加劲肋的配置和构造要求

根据前述分析，《钢结构设计标准》（GB 50017）对腹板加劲肋的配置要求如下：

1）当$h_0/t_w \leqslant 80\varepsilon_k$时，对无局部压应力（$\sigma_c=0$）或当局部压应力较小时，可不配置加劲肋。对有局部压应力（$\sigma_c \neq 0$）的梁应按构造配置横向加劲肋。对于按塑性设计方法设计的超静定梁，为了保证塑性变形的充分发展，其腹板的高厚比应满足$h_0/t_w \leqslant 65\varepsilon_k$。

2）当$h_0/t_w > 80\varepsilon_k$时，应按计算配置横向加劲肋。其中当受压翼缘扭转受到约束（如连有刚性铺板或制动板或焊有钢轨）$h_0/t_w > 170\varepsilon_k$时或受压翼缘扭转未受到约束$h_0/t_w > 150\varepsilon_k$时，或计算需要时，应在弯曲应力较大区格的受压区增加配置纵向加劲肋。局部压应力很大的梁，必要时尚应在受压区配置短加劲肋。在任何情况下，均应$h_0/t_w \leqslant 250\varepsilon_k$。

3）在梁的支座处和上翼缘承受有较大固定集中荷载处，宜设置支承加劲肋。

横向加劲肋的间距a应满足下列构造要求：$a \geqslant 0.5h_0$，一般情况，$a \leqslant 2h_0$；无局部压应力的梁，当$h_0/t_w \leqslant 100$时，$a \leqslant 2.5h_0$；同时还设纵向加劲肋时，$a \leqslant 2h_2$。纵向加劲肋至腹板计算高度受压边缘的距离h_1应在$h_0/2.5 \sim h_0/2$范围内。短加劲肋的间距$a \geqslant 0.75h_1$。

当不满足上述不需配置加劲肋的条件时，需先按照上述要求进行加劲肋的布置。横向加劲肋宜设置在固定集中荷载作用处，通常间距相等，且应满足构造要求。然后对各区格进行验算、调整，直至满足规范要求，且经济合理为止。

(2) 仅设横向加劲肋时梁腹板的局部稳定计算。设计规范采用了考虑弹塑性特性的多种应力共同作用时临界条件，按下列要求计算腹板稳定性。

1) 仅配置横向加劲肋的腹板 [图 5 - 17 (a)]，其各区格的局部稳定应满足下式要求

$$\left(\frac{\sigma}{\sigma_{cr}}\right)^2+\left(\frac{\tau}{\tau_{cr}}\right)^2+\frac{\sigma_c}{\sigma_{c,cr}}\leqslant 1 \tag{5-48}$$

式中　σ——所计算腹板区格内，由平均弯矩产生的腹板计算高度边缘的弯曲压应力；

τ——所计算腹板区格内，由平均剪力产生的腹板平均剪应力，$\tau=V/(h_0t_w)$；

σ_c——腹板计算高度边缘的局部压应力，$\sigma_c=F/(t_wl_z)$。

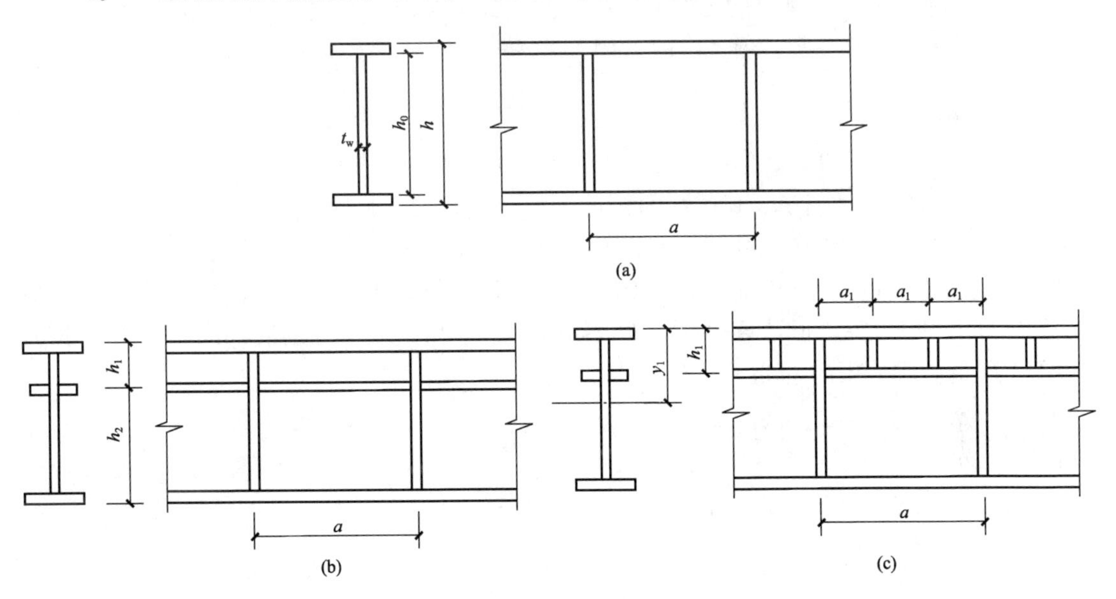

图 5 - 17　腹板加劲肋的布置

(a) 横向加劲肋；(b) 横向加劲肋和纵向加劲肋；(c) 横向、纵向加劲肋和短加劲肋

σ_{cr}、τ_{cr}和$\sigma_{c,cr}$为各种应力单独作用下的临界应力，分别按式 (5 - 30)、式 (5 - 36) 和式 (5 - 42) 计算。

2) 同时用横向加劲肋和纵向加劲肋加强的腹板 [图 5 - 17 (b)]，其局部稳定性应满足下列公式要求：

①受压翼缘与纵向加劲肋之间的区格：

$$\frac{\sigma}{\sigma_{cr1}}+\left(\frac{\tau}{\tau_{cr1}}\right)^2+\left(\frac{\sigma_c}{\sigma_{c,cr1}}\right)^2\leqslant 1 \tag{5-49}$$

式中，σ_{cr1}、$\sigma_{c,cr1}$和τ_{cr1}分别按下列方法计算。

σ_{cr1}按公式 (5 - 30) 计算，但式中的λ_b改用下列λ_{b1}代替。

当梁受压翼缘扭转受到约束时　$$\lambda_{b1}=\frac{h_1}{75t_w\varepsilon_k} \tag{5-50a}$$

当梁受压翼缘扭转未受到约束时　$$\lambda_{b1}=\frac{h_1}{64t_w\varepsilon_k} \tag{5-50b}$$

式中 h_1——纵向加劲肋至腹板计算高度受压边缘的距离。

τ_{cr1}按式（5-36）计算，将式中的h_0改为h_1。

$\sigma_{c,cr1}$按式（5-42）计算，但式中的λ_b改用下列λ_{c1}代替。

当梁受压翼缘扭转受到约束时 $$\lambda_{c1}=\frac{h_1}{56t_w\varepsilon_k} \tag{5-51a}$$

当梁受压翼缘扭转未受到约束时 $$\lambda_{c1}=\frac{h_1}{40t_w\varepsilon_k} \tag{5-51b}$$

②受拉翼缘与纵向加劲肋之间的区格：

$$\left(\frac{\sigma_2}{\sigma_{cr2}}\right)^2+\left(\frac{\tau}{\tau_{cr2}}\right)^2+\frac{\sigma_{c2}}{\sigma_{c,cr2}}\leqslant 1 \tag{5-52}$$

式中 σ_2——所计算区格内由平均弯矩产生的腹板在纵向加劲肋处的弯曲压应力；

σ_{c2}——腹板在纵向加劲肋处的横向压应力，取为$0.3\sigma_c$。

σ_{cr2}按式（5-30）计算，但式中的λ_b用λ_{b2}代替

$$\lambda_{b2}=\frac{h_2}{194t_w\varepsilon_k} \tag{5-53}$$

τ_{cr2}按式（5-36）计算，但应将式中的h_0改为h_2（$h_2=h_0-h_1$）。

$\sigma_{c,cr2}$按式（5-42）计算，但式中的h_0改为h_2。当$a/h_2>2$时，取$a/h_2=2$。

3）在受压翼缘与纵向加劲肋之间设有短加劲肋的区格［图 5-17（c）］，其局部稳定性按式（5-53）计算，其中σ_{cr1}按式（5-30）计算，但式中的λ_b采用式（5-50）计算；τ_{cr1}按式（5-36）计算，但计算时应将h_0和a改为h_1和a_1（短加劲肋的间距）；$\sigma_{c,cr1}$按式（5-42）计算，但式中的λ_b改用下列λ_{c1}代替。

当梁受压翼缘扭转受到约束时 $$\lambda_{c1}=\frac{a_1}{87t_w\varepsilon_k} \tag{5-54a}$$

当梁受压翼缘扭转未受到约束时 $$\lambda_{c1}=\frac{a_1}{73t_w\varepsilon_k} \tag{5-54b}$$

对于$a_1/h_1>1.2$的区格，式（5-54）右侧应乘以$1/\sqrt{0.4+0.5a_1/h_1}$。

4）水工钢结构中主梁腹板局部稳定计算。在设计水工钢闸门的钢梁时，当$h_0/t_w\leqslant 80\varepsilon_k$时，可不配置加劲肋。当$80\varepsilon_K<h_0/t_w\leqslant 150\varepsilon_K$时，应按计算配置横向加劲肋。$h_0/t_w>150\varepsilon_k$时，应在弯曲应力较大区格的受压区增加配置纵向加劲肋。梁的支座处和上翼缘受有较大固定集中荷载处，应设置支承加劲肋。

仅设横向加劲肋时，横向加劲肋间距a应满足下式要求

$$a\leqslant\frac{615h_0}{\dfrac{h_0}{t_w}\sqrt{\eta\tau}-765} \tag{5-55}$$

式中 η——考虑弯曲应力σ影响的系数，由表 5-10 查得，也可按下式计算

$$\eta=\frac{1}{\sqrt{1-\left[\dfrac{\sigma}{475}\left(\dfrac{h_0}{100t_w}\right)^2\right]^2}} \tag{5-56}$$

τ——计算梁段内最大剪力V_{max}产生的腹板平均剪应力$\tau=V_{max}/(h_0t_w)$；

σ——与τ同一截面的腹板计算高度边缘的弯曲压应力。

表 5-10　**弯曲应力影响系数 η**

$\sigma(h_0/100t_w)^2$	100	120	140	160	180	200	220	240	260
η	1.02	1.03	1.05	1.06	1.08	1.10	1.13	1.16	1.19
$\sigma(h_0/100t_w)^2$	280	300	320	340	360	380	400	420	440
η	1.24	1.29	1.35	1.43	1.53	1.67	1.85	2.14	2.65

上述公式中长度单位为 mm，力的单位为 N。式（5-55）右边的计算值$>2h_0$ 或分母为负值时，取 $a=2h_0$。当梁的腹板同时用横向加劲肋和纵向加劲肋时，横向加劲肋间距 a 仍按式（5-55）计算，但应以 h_2 代替 h_0，并取 $\eta=1.0$。对于腹板高度变化的组合梁，变截面区段的腹板计算高度 h_0 应取该区段腹板高度的平均值。平均剪应力 τ 应取该区段的最大剪力计算。

四、腹板中间加劲设计

腹板中间加劲肋指专为加强腹板局部稳定性而设置的纵、横向加劲肋。中间加劲肋一般在腹板两侧成对配置，除重级工作制吊车梁外，也可单侧配置。加劲肋大多采用钢板制作，也可用型钢做成，如图 5-18 所示。加劲肋必须具有足够的抗弯刚度，以保证腹板屈曲时在该处基本无出平面的位移。加劲肋截面设计时应满足下列要求：

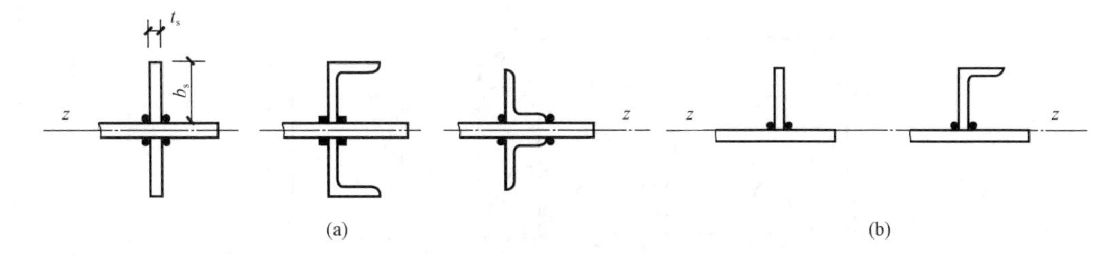

图 5-18　加劲肋构造

(a) 腹板两侧成对布置；(b) 腹板单侧布置

(1) 在腹板两侧成对配置的钢板横向加劲肋，其截面尺寸应按下列经验公式确定

外伸宽度　$b_s \geq h_0/30+40$　(5-57)

承压加劲肋厚度　$t_s \geq b_s/15$　(5-58a)

不受力加劲肋的厚度　$t_s \geq b_s/19$　(5-58b)

(2) 仅在腹板一侧配置的钢板横向加劲肋，其外伸宽度应大于按式（5-57）算得的 1.2 倍，厚度应满足式（5-58）要求。

(3) 在同时用横向加劲肋和纵向加劲肋加强的腹板中，应在其相交处将纵向加劲肋断开，横向加劲肋保持连续（图 5-19）。横向加劲肋的截面尺寸除应满足上述要求外，其绕 z 轴（图 5-18）的惯性矩还应满足

$$I_z \geq 3h_0t_w^3 \tag{5-59}$$

纵向加劲肋的截面绕 y 轴的惯性矩应满足下列要求

当 $a/h_0 \leq 0.85$ 时　$I_y \geq 1.5h_0t_w^3$　(5-60)

当 $a/h_0 > 0.85$ 时　$I_y \geq (2.5-0.45a/h_0)(a/h_0)^2h_0t_w^3$　(5-61)

(4) 当配置有短加劲肋时，短加劲肋的最小间距为 $0.75h_1$。其短加劲肋的外伸宽度应

取为横向加劲肋外伸宽度的 0.7～1.0 倍，厚度不应小于短加劲肋外伸宽度的 1/15。

（5）用型钢做成的加劲肋，其截面相应的惯性矩不得小于上述对于钢板加劲肋惯性矩的要求。

为了减少焊接应力，避免焊缝的过分集中，横向加劲肋的端部应切去宽约 $b_s/3$（但不大于 40mm），高约 $b_s/2$（但不大于 60mm）的斜角［图 5-19（a）］，以使梁的翼缘焊缝连续通过。在纵向加劲肋与横向加劲肋相交处，应将纵向加劲肋两端切去相应的斜角，使横向加劲肋与腹板连接的焊接连续通过。

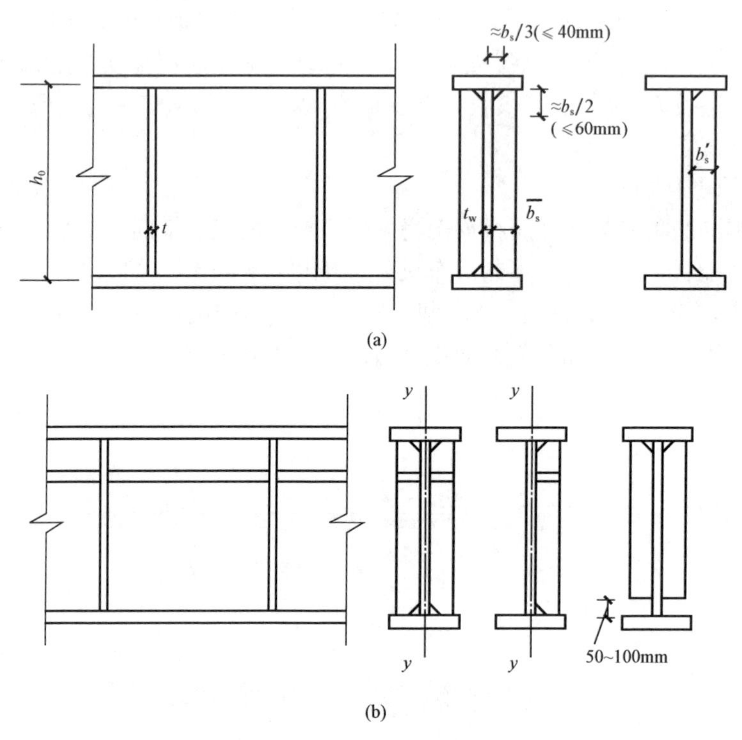

图 5-19 加劲肋构造

（a）横向加劲肋；（b）横向加劲肋和纵向加劲肋

吊车梁横向加劲肋的宽度应≥90mm。支座处的横向加劲肋应在腹板两侧成对设置，并与梁上下翼缘刨平顶紧。中间横向加劲肋的上端应与上翼缘刨平顶紧，当为焊接吊车梁时，尚宜焊接。在重级工作制吊车梁中，中间横向加劲肋应在腹板两侧成对设置，而中、轻级工作制吊车梁则可单侧设置或两侧错开设置。焊接吊车梁的下端一般在距受拉翼缘 50～100mm 处断开（图 5-19），其与腹板的连接焊缝不应在肋下端起落弧，以改善梁的抗疲劳性能。

五、支承加劲肋的设计

支承加劲肋既要起加强腹板局部稳定性的中间加劲肋的作用，同时还要承受集中荷载或支座反力并把它传给梁腹板，以避免集中荷载或支座反力直接传给较薄梁腹板产生较大的局部压应力。突缘支座的突缘加劲肋的伸出长度不得大于其厚度的 2 倍。支承加劲肋应在腹板两侧成对布置，主要设计计算内容如下：

1. 承压强度计算

当支座反力或集中荷载 F 通过支承加劲肋端部刨平顶紧于柱顶或梁翼缘传递时，通常

按传递全部 F 计算其端面承压应力（不考虑翼缘与腹板间焊接的部分传力）

$$\sigma_{ce}=F/A_{ce}\leqslant f_{ce} \tag{5-62}$$

式中　A_{ce}——端面承压面积，取支承加劲肋与柱顶或梁翼缘相接触的面积；

f_{ce}——钢材端面承压强度设计值，见表 1-3。

当集中荷载较小时，支承加劲肋和翼缘间也可不刨平顶紧，而靠焊缝传力。

2. 稳定计算

支承加劲肋应按轴心受压柱验算其在腹板平面外的整体稳定性。可近似按高度为 h_0 的两端铰接轴心受压柱，沿全高承受相等压力 F 进行计算。当支承加劲肋在腹板平面外屈曲时，必带动部分腹板一起屈曲。因而柱截面取加劲肋及其两侧 $15t_w\varepsilon_k$ 范围内的腹板，但以不超出梁端为限。

3. 连接计算

支承加劲肋与腹板的连接应按承受全部支座反力或集中荷载 F 计算。通常采用角焊缝连接，并假定应力沿焊缝全长均匀分布，按传力情况计算其焊缝应力。实际采用的焊脚尺寸应满足构造要求并有一定富裕。

第五节　组合梁考虑腹板屈曲后强度的计算

一、设计原则

为防止钢梁发生局部失稳，可以采取增大板的厚度或设置加劲肋等措施，这样做往往要耗用较多钢材，特别是对大型梁，增加钢材用量可达 15%以上，且设置加劲肋还要增加制作工作量。板件发生局部失稳并不意味着构件会丧失承载能力，往往构件最终承载力还可能高于局部失稳时的承载力，即存在屈曲后强度可资利用。因此，工程设计中不一定处处都以防止板件局部失稳作为设计准则。这样做可以使截面布置得更开展，以较少的钢材来满足构件整体稳定性的要求和刚度的要求。由于工程设计时考虑了各种安全因素，使得梁实际工作的应力较小，即使板件的宽厚比超过了防止局部失稳时对应的要求，在通常使用的条件下，一般不会观察到明显的局部失稳变形，可以利用屈曲后强度进行设计。

当承受反复动力荷载时，多次反复屈曲可能导致出现疲劳裂纹，构件的承载性能也将逐步恶化。目前关于这方面的研究还不充分，在这类荷载条件下，一般不考虑利用屈曲后强度。当结构按照塑性方法进行设计时，考虑局部失稳将使构件塑性性能不能充分发展，也不利用屈曲后强度。

工字形截面、槽形截面等的受压翼缘一旦失稳，近腹板处的承载强度还能有所提高，也存在屈曲后的强度，如图 5-20 所示。但屈曲后继续承载的潜力不是很大，计算也较复杂，在工程设计中，一般不考虑利用翼缘的屈曲后强度，只考虑利用腹板的屈曲后强度。

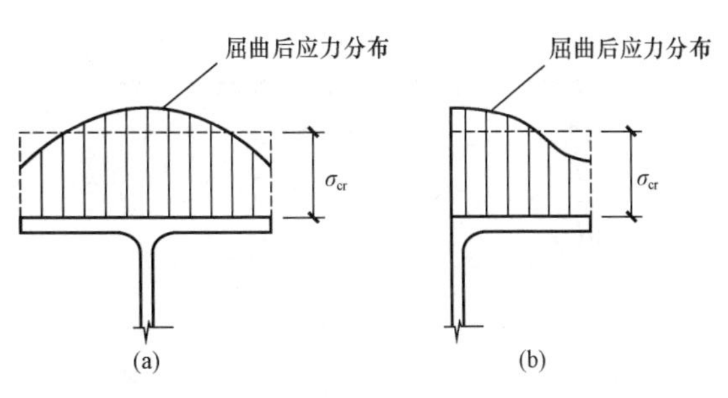

图 5-20　受压翼缘屈曲后应力分布

(a) 工字形截面梁；(b) 槽形截面梁

当考虑利用腹板的屈曲后强度时，一般不再考虑设置纵向加劲肋。即使建筑工程中钢梁腹板的高厚比超过 $170\varepsilon_k$，也可只设横向加劲肋。

二、腹板受弯屈曲后梁的抗弯承载力

腹板高厚比较大时，在弯矩作用下腹板发生屈曲后的弯矩还可继续增大，但受压区的应力分布不再是线性的［如图 5-21（b）］，其边缘应力达到 f_y 时即认为达到承载力的极限。此时梁的中和轴略有下降，腹板受拉区全部有效；受压区可引入有效宽度的概念，假定有效宽度均分在受压区的上下部位。梁所能承受的弯矩即取这一有效截面［图 5-21（c）］，按应力线性分布计算［图 5-21（d）］。《钢结构设计标准》（GB 50017）建议的梁抗弯承载力设计值 M_{eu} 为

$$M_{eu}=\gamma_x\alpha_e W_x f \tag{5-63}$$

式中 γ_x——梁截面塑性发展系数；

α_e——梁截面模量考虑腹板有效高度的折减系数，$\alpha_e=1-(1-\rho)h_c^3t_w/(2I_x)$；

I_x、W_x——按梁截面全部有效算得的绕 x 轴的惯性矩、截面模量；

h_c——按梁截面全部有效算得的腹板受压区高度；

ρ——腹板受压区有效高度系数，当 $\lambda_b\leqslant0.85$ 时，$\rho=1.0$；当 $0.85<\lambda_b\leqslant1.25$ 时，$\rho=1-0.82(\lambda_b-0.85)$；当 $\lambda_b>1.25$ 时，$\rho=(1-0.2/\lambda_b)/\lambda_b$。$\lambda_b$ 见式（5-31）。

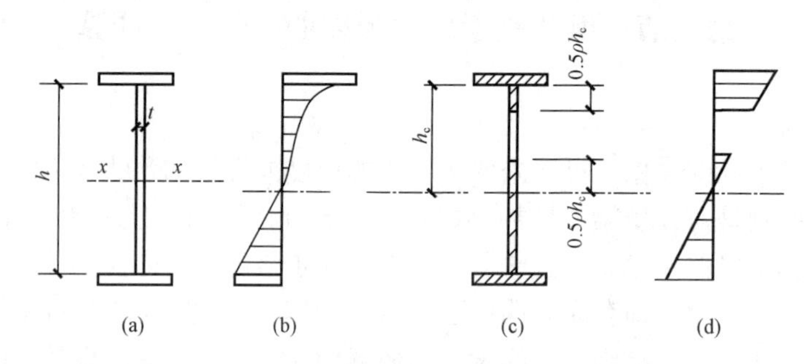

图 5-21 弯矩作用下腹板的有效宽度

（a）工字形截面梁；（b）正应力分布；（c）有效截面；（d）有效截面的应力分布

三、腹板受剪屈曲后梁的抗剪承载力

简支梁的腹板设有横向加劲肋，加劲肋与翼缘所围区间在剪力作用下发生局部失稳后，主压应力不能增长，而主拉应力还可以随外荷载的增大而增大，因此还有继续承载的能力，即腹板有屈曲后强度。达到极限状态时，梁的上下翼缘犹如桁架的上下弦，横向加劲肋如同受压竖杆，失稳区段内的斜向张力带则起到受拉斜杆的作用（图 5-22）。

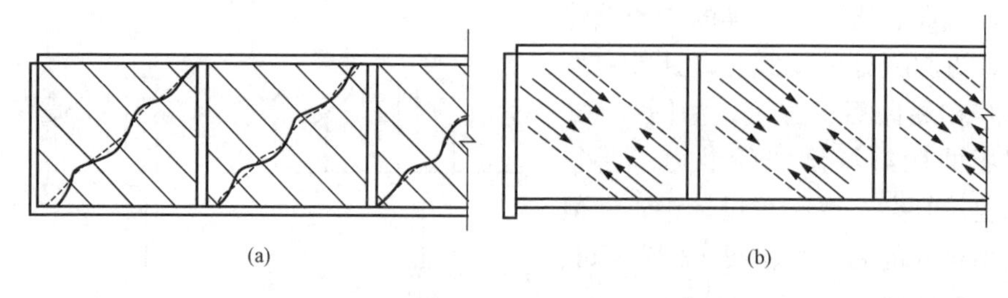

图 5-22 梁受剪屈曲后形成的桁架机制

（a）屈曲时的波浪变形；（b）张力场状态的桁架机制

《钢结构设计标准》(GB 50017) 根据理论和试验研究，抗剪承载力设计值 V_u 可采用下列公式计算

当 $\lambda_s \leqslant 0.8$ 时　　$V_u = h_0 t_w f_v$　　(5-64a)

当 $0.8 < \lambda_s \leqslant 1.2$ 时　　$V_u = h_0 t_w f_v [1 - 0.5(\lambda_s - 0.8)]$　　(5-64b)

当 $\lambda_s > 1.2$ 时　　$V_u = h_0 t_w f_v / \lambda_s^{1.2}$　　(5-64c)

式中　λ_s——用于腹板受剪计算时的通用高厚比。按式 (5-37) 计算，但当组合梁仅设置支座加劲肋时，取式中 $h_0/a=0$。

当钢梁仅设置支座加劲肋时，可取 $a/h_0 \gg 1$，λ_s 的计算公式为

$$\lambda_s = \frac{h_0/t_w}{41\sqrt{5.34}\varepsilon_k} = \frac{h_0/t_w}{95\varepsilon_k} \tag{5-65}$$

四、考虑腹板屈曲后强度时梁的承载力计算

实际工程中的组合梁通常受到弯矩和剪力的共同作用，腹板屈曲后对梁承载力的影响分析起来比较复杂。我国设计规范引用 M 和 V 的无量纲化的相关关系如图 5-23 所示。假定当弯矩不超过翼缘所能承受的最大弯矩 M_f 时，腹板不参与承担弯矩作用，即假定在 $M \leqslant M_f$ 的范围内为一水平线，$V/V_u=1.0$。当截面全部有效而腹板边缘屈服时，腹板可以承受剪应力的平均值约为 $0.65f_{Vy}$ 左右。对于薄腹板梁，腹板也同样可以负担剪力，可偏安全地取为仅承受 $0.5V_u$，即当 $V/V_u \leqslant 0.5$ 时，取 $M/M_{eu}=1.0$。在图 5-23 所示相关曲线的 A 点 (M_f/M_{eu}，1) 和 B 点 (1，0.5) 之间的曲线采用抛物线来表达，此抛物线方程为

$$\left(\frac{V}{0.5V_u} - 1\right)^2 + \frac{M - M_f}{M_{eu} - M_f} = 1 \tag{5-66}$$

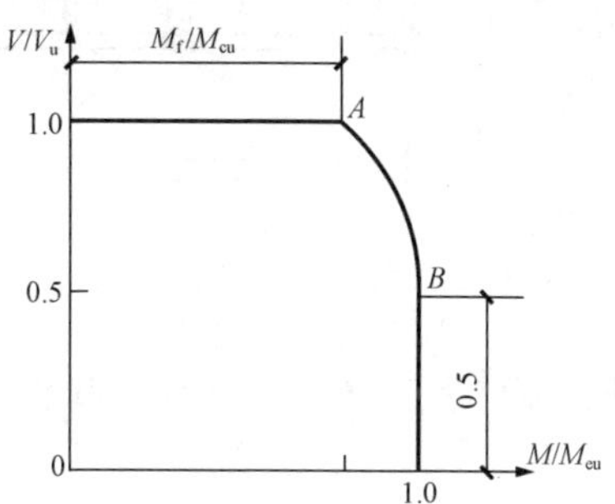

图 5-23　剪力与弯矩相关曲线

《钢结构设计标准》(GB 50017) 规定，腹板仅配置支承加劲肋或尚有中间横向加劲肋时，考虑屈曲后强度的工字形截面焊接组合梁，应按下式验算梁的抗弯和抗剪承载能力

$$\left(\frac{V}{0.5V_u} - 1\right)^2 + \frac{M - M_f}{M_{eu} - M_f} \leqslant 1 \tag{5-67}$$

式中　M、V——梁的同一截面上同时产生的弯矩和剪力设计值，计算时，当 $V<0.5V_u$ 时，取 $V=0.5V_u$；当 $M<M_f$ 时，取 $M=M_f$；

M_f——梁两翼缘所承担的弯矩设计值，对双轴对称截面梁，$M_f=A_f h_1 f$ 时 (A_f 为一个翼缘的截面面积，h_1 为上下翼缘截面形心间距离)；对单轴对称截面梁，$M_f=(A_{f1}h_1^2/h_2+A_{f2}h_2)f$ (A_{f1}、h_1 为较大翼缘的截面面积和其形心至梁中和轴的距离；A_{f2}、h_2 为较小翼缘的截面面积和其形心至梁中和轴的距离)；

M_{eu}、V_u——梁抗弯、抗剪承载力设计值，分别按式 (5-63) 和式 (5-64) 计算。

当仅配置支承加劲肋不能满足式 (5-67) 的要求时，应在两侧成对配置中间横向加劲肋。中间横向加劲肋和上端受有集中压力的中间支承加劲肋，其截面尺寸除应满足式 (5-57) 和式 (5-58) 的要求外，还应按轴心受力构件计算其在腹板平面外的稳定性，方法与不利用屈曲后强度时一般支承加劲肋相同，但轴心压力应考虑受到斜向张力场的竖向分力的作用，

轴心压力 N_s 为

$$N_s = V_u - h_0 t_w \tau_{cr} + P \tag{5-68}$$

式中 P——作用于中间支承加劲肋上端的集中压力。V_u 按式（5-64）计算；τ_{cr} 按式（5-36）计算。

当腹板在支座端区格利用屈曲后强度亦即 $\lambda_s > 0.8$ 时，支座加劲肋除承受梁支座反力 R 外，还承受张力场斜拉力的水平分力 H

$$H = (V_u - h_0 t_w \tau_{cr})\sqrt{1+(a/h_0)^2} \tag{5-69}$$

H 的作用点取在距腹板计算高度上边缘 $h_0/4$ 处。对设或不设中间横向加劲肋的梁，a 取支座端区格的加劲肋间距或支座至跨内剪力为零点的距离。支座加劲肋按承受 N_s 和 H 共同作用的压弯构件计算强度和在腹板平面外的稳定性，此压弯构件的截面和计算长度同一般支座加劲肋。

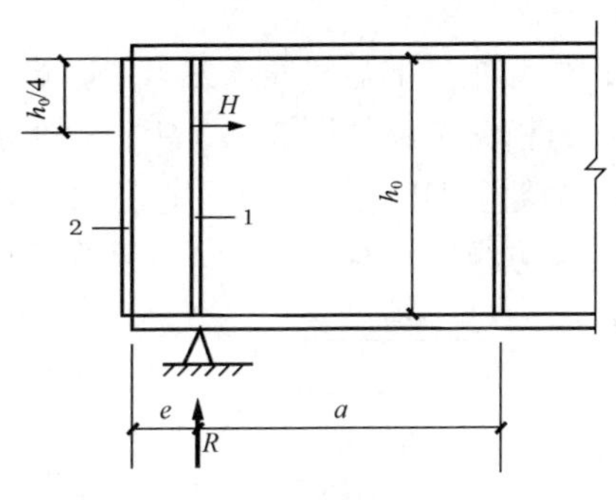

图 5-24 设置封头肋板的梁端构造

为了增加抗弯能力，当在梁外延的端部加设封头板时（图 5-24），可采用简化算法：加劲肋 1 按承受支座反力 R 的轴心压杆计算，封头板 2 截面积不应小于按下式计算的数值

$$A_c = 3h_0 H/(16ef) \tag{5-70}$$

中间横向加劲肋间距 $a > 2.5h_0$ 和不设中间横向加劲肋的腹板，当满足式（5-48）时，可取 $H=0$。

考虑腹板剪切屈曲后强度的钢梁，在使用极限状态已经发生剪切屈曲时，宜考虑剪切屈曲导致的钢梁剪切刚度的下降，腹板剪切刚度折减系数可取 0.7。

第六节 钢梁的设计

常用的钢梁主要有型钢梁和组合梁两类，下面分别介绍它们的截面设计方法。

一、型钢梁的设计

型钢梁的截面设计通常按照初选截面和截面验算两步进行。

（1）初选截面。先根据梁的计算简图（可暂不计梁的自重）求出梁的最大弯矩设计值 M_{max}，结合选用钢材的抗弯强度设计值 f，按抗弯强度或整体稳定性要求计算梁需要的净截面抵抗矩 $W_{nxr}\left(W_{nxr}=M_{max}/(\gamma_x f)\text{ 或 } W=\dfrac{M_{max}}{\varphi_b f}\right)$，$\varphi_b$ 需先假定。对于双向受弯梁，可对式中的 f 乘以 0.8，以近似考虑 M_y 的作用影响。然后查型钢表，选择截面抵抗矩比 W_{nxr} 稍大的型钢作为初选截面。

（2）截面验算。计入梁的自重，按本章前述方法进行梁的强度、整体稳定性和刚度验算，依计算结果调整型钢规格，并最后确定设计采用的梁截面规格。除 H 型钢外的热轧型钢的腹板高厚比和翼缘宽厚比都不太大，能满足局部稳定要求，不需进行局部稳定验算。当采用 H 型钢梁时，还应进行局部稳定验算。对于冷弯薄壁型钢梁，其局部稳定性应按《冷弯薄壁型钢技术规范》（GB 50018）计算。

二、组合梁的设计

1. 截面设计

组合梁的截面应满足强度、刚度、整体稳定和局部稳定的要求。截面设计时通常先考虑抗弯强度（或对某些梁为整体稳定）要求，使截面有足够的截面模量，并在计算过程中随时兼顾其他各项要求。不同形式梁截面选择的方法和步骤基本相同，现以焊接双轴对称工字形截面梁为例来说明设计方法。截面设计共需确定四个基本尺寸：h_0（或h）、t_w、b和t（图 5 - 25）。

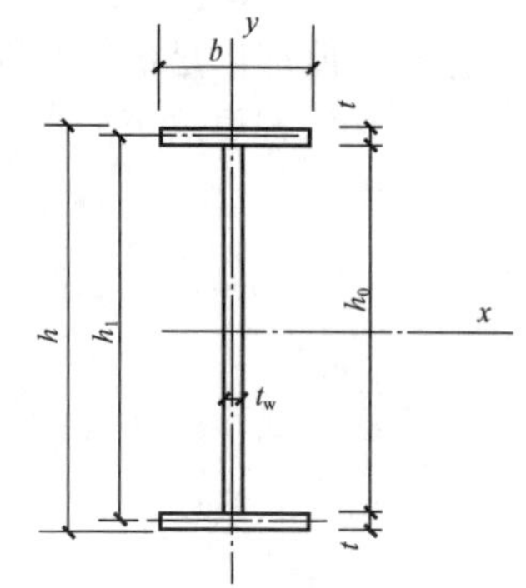

图 5 - 25　焊接工形截面梁

（1）初选截面。

1）梁的截面高度。梁的截面高度h根据下面三个参考高度确定：

①建筑容许最大梁高h_{max}。当梁上表面的标高已定，梁高加大将减小下层空间的净空高度，会影响下层的使用、通行或设备放置。根据下层使用所要求的最小净空高度，可算出建筑容许的最大梁高h_{max}（梁上的次梁、楼板、面层做法和梁下吊顶、突出部分以及预计挠度留量和必要的空隙等应作扣除）。

②刚度要求的最小梁高h_{min}。刚度要求梁有一定的高度h_{min}，否则梁的挠度就会超过规定的容许值。简支梁承受均布或接近均布荷载时挠度计算公式为

$$\frac{v}{l}=\frac{5}{384}\frac{q_k l^3}{EI_x}=\frac{5}{48}\frac{M_k l}{EI_x}\approx\frac{5}{48}\frac{(M/1.4)l}{EW_x h/2}=\frac{1}{6.72}\frac{\sigma_{max}}{E}\frac{l}{h}\leqslant\frac{[v]}{l}$$

式中　M——梁的最大弯矩设计值；

M_k——梁的最大弯矩标准值。近似取荷载分项系数为恒荷载系数（1.3）和活荷载系数（1.5）的平均值 1.4，$M_k\approx M/1.4$；

σ_{max}——最大弯曲应力设计值。

钢梁通常是抗弯强度控制设计。考虑截面塑性发展，对工字形和箱形截面取$\gamma_x=1.05$；即$\sigma_{max}\approx1.05f$，$E=2.06\times10^5\text{N/mm}^2$，得

$$\frac{v}{l}=\frac{1}{6.72}\frac{1.05f}{E}\frac{l}{h}=\frac{f}{1.319\times10^6}\frac{l}{h}\leqslant\frac{[v]}{l}$$

故得刚度要求的最小梁高为

$$h_{min}=\frac{fl^2}{1.319\times10^6[v]}\tag{5-71}$$

对半跨内截面变化一次的梁，h_{min}应增加 5%左右。对非简支梁、非均布荷载、不考虑截面塑性发展、活荷载比重大使平均分项系数偏高、钢材厚度较大或弯曲应力有富裕等情况，h_{min}可相应减小。

③经济高度h_e。加大梁的高度，腹板用钢量增多，而翼缘板用钢量相应减少；梁的高度变小，则情况相反。梁的经济高度是满足设计要求（强度、刚度、整体稳定和局部稳定）时，梁用钢量最少的高度。组合梁常用作主梁，侧向有次梁支承或梁上有刚性铺板，梁的截面一般由抗弯强度控制，此时满足抗弯强度时梁用钢量最少的高度就是梁的经济高度。

工字形截面的截面模量　$$W_x=\left[\frac{1}{12}h_0^3t_w+2A_f\left(\frac{h_1}{2}\right)^2\right]/(h/2)$$

近似取 $h \approx h_1 \approx h_0$，则每个翼缘面积为 $A_f \approx \frac{W_x}{h_0} - \frac{1}{6}t_w h_0$ （5－72）

梁截面的总面积 A 为两个翼缘面积（$2A_f$）与腹板面积（$h_0 t_w$）之和，腹板加劲肋的用钢量约为腹板用钢量的 20%，故将腹板面积乘以构造系数 1.2。可得

$$A = 2A_f + 1.2h_0 t_w = 2W_x/h_0 + 0.867h_0 t_w$$

腹板厚度应满足抗剪强度的要求。根据腹板的抗剪强度确定的腹板厚度往往偏小。考虑局部稳定和构造要求等因素，腹板厚度与其高度有关，可采用经验公式估算

$$t_w = \sqrt{h_0}/3.5 \tag{5-73}$$

式中，h_0 和 t_w 的单位均为 mm，代入上式得

$$A = 2W_x/h_0 + 0.248{h_0}^{3/2}$$

总截面积最小的条件为

$$\frac{\mathrm{d}A}{\mathrm{d}h_0} = -\frac{2W_x}{h_0^2} + 0.372\sqrt{h_0} = 0$$

由此得用钢量最小时的经济高度 h_e 为 $h_e \approx h_0 \approx 2W_x^{0.4}$ （5－74）

根据抗弯强度条件，梁需要的截面模量 $W_x = M_x/(\alpha f)$ （5－75）

式中 α——系数。对一般单向弯曲梁，当最大弯矩处无孔洞削弱时，$\alpha = \gamma_x = 1.05$；有孔洞削弱时，可取 $\alpha = 0.8 \sim 0.9$。对吊车梁，考虑横向水平荷载的作用可取 $\alpha = 0.7 \sim 0.9$。

把式（5－75）代入式（5－74）就可求出经济高度 h_e。实际采用的梁高应尽量接近 h_e，且 $h_{min} \leqslant h \leqslant h_{max}$。由于翼缘板的厚度相对于 h 来说较小，可取 h_0 稍小于 h，一般取 h_0 为 50mm 的倍数。

2）腹板厚度 t_w。腹板厚度可参考式（5－73）的计算结果，并考虑钢板的现有规格，通常取为 2mm 的倍数。对于非吊车梁，腹板厚度取值可比式（5－73）的计算值略小；对考虑腹板屈曲后强度的梁，腹板厚度可更小，但不得小于 6mm，腹板高厚比不得超过 $250\varepsilon_k$。

3）翼缘的宽度 b 和厚度 t。腹板尺寸选定后可由式（5－72）求得需要的一个翼缘面积 $A_f = b \times t$，只要确定了其中一个变量，另一个也就确定了。

通常采用 t 为 2mm 的倍数，b 为 10mm 的倍数。应使 b 适当大些，以利于整体稳定和梁上铺放面板，也便于变截面时将 b 缩小。实际采用的厚度 t 应与前面计算采用的设计强度 f 的厚度范围一致，否则应作修改调整。确定翼缘宽度 b 时应考虑下列条件：

①当部分利用塑性时应使 $b/t \leqslant 26\varepsilon_k$，按弹性设计时应使 $b/t \leqslant 30\varepsilon_k$，这是翼缘板局部稳定性的要求；

②一般采用 $b = (1/6 \sim 1/2.5)h$，b 太大将使翼缘内应力分布的不均匀程度加大；b 太小则对梁的整体稳定不利；

③应使 b 满足制造和构造考虑的翼缘最小宽度要求，以及在上翼缘上放置面板或吊车轨道的要求。一般梁 $b \geqslant 180$mm，吊车梁应使 $b \geqslant 300$mm；

④翼缘宽度应超出腹板加劲肋的外侧，一般要求 $b \geqslant 90 + 0.07h_0$（mm）。

（2）截面验算。初步选定截面尺寸后还必须按本章前述方法进行精确的截面验算。验算项目包括强度（抗弯、抗剪、局部压应力和折算应力）、刚度、整体稳定性和局部稳定性验算，若不满足要求，应调整截面尺寸，直至完全满足要求为止。

2. 梁截面沿梁长度的改变

通常梁的弯矩值沿长度是变化的，如果将梁的截面随弯矩变化而加以改变，可节省钢材，但制造费用增加。对于跨度较小的梁，改变截面的经济效果不大。不宜采用加工困难的方式来改变梁截面，设计时常用改变翼缘宽度（图5-26）或改变梁高（图5-27）两种方式。梁改变一次截面可节省钢材10%～20%。若多次改变，其经济效益并不显著。为了便于制造，一般只改变一次截面。

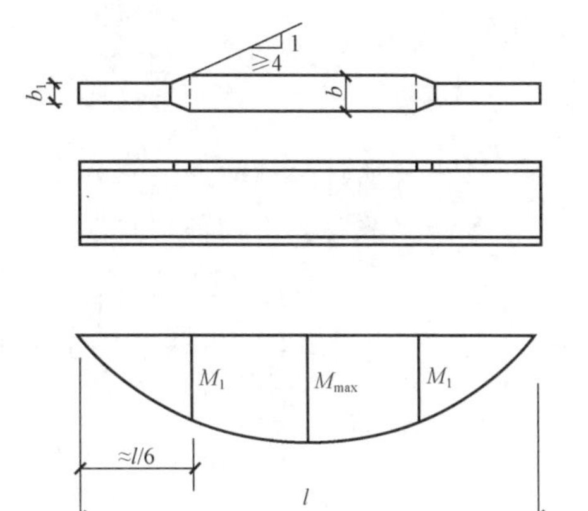

图5-26 翼缘宽度改变的梁

采用改变翼缘宽度的方式时，对于承受均布荷载或多个集中荷载作用的简支梁，约在距两端支座$l/6$处改变截面比较经济。初步确定改变截面的位置后，可以根据该处梁的弯矩反算出需要的翼缘板宽度b_1。为了减少应力集中，应将宽板由截面改变位置以≤1∶4的斜角向弯矩较小侧过渡，与宽度为b_1的窄板相对接。当正焊缝对接强度不能满足要求时，可以考虑用斜焊缝对接。

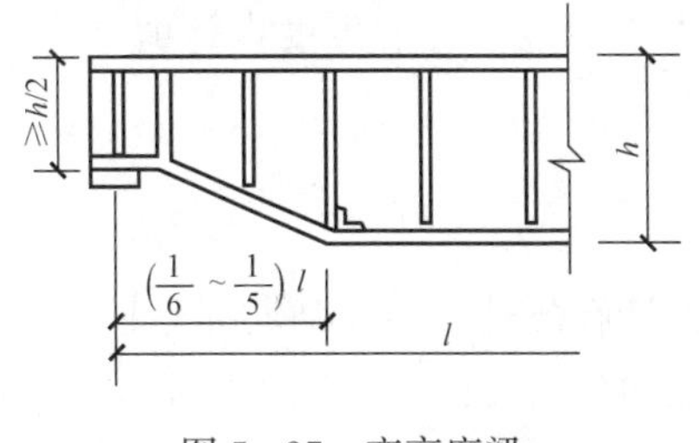

图5-27 变高度梁

图5-27所示改变端部梁高的方式，将梁的下翼缘做成折线外形而翼缘截面保持不变。由于梁的端部高度减小，可降低建筑的高度。水工钢闸门中可减小支承处的门槽宽度。当邻跨的梁高较小时，采用此法可统一左右跨的支座高度，便于构造处理。下翼缘板的弯折点一般取在距梁端（1/5～1/6）l处。梁端部高度应满足抗剪要求，且不宜小于跨中高度的一半。

梁的挠度计算因截面改变而比较复杂，对于改变翼缘截面的简支梁，在均布荷载或多个集中荷载作用下，其挠度可用如下的近似公式计算

$$v=\frac{Ml^2}{10EI}\left(1+\frac{3}{25}\frac{I-I_1}{I}\right)\leqslant[v] \tag{5-76}$$

式中 M——荷载标准值作用下梁的最大弯矩；

I、I_1——梁跨中、梁端毛截面惯性矩。

上述有关梁截面变化的分析是仅从梁的强度需要来考虑的，适合于整体稳定有保证的梁。对于由整体稳定条件控制设计的梁。如果梁的截面由跨中向两端逐渐变小，特别是受压翼缘变窄，梁的整体稳定承载力将会显著降低。因此，由整体稳定条件控制设计的梁，不宜沿长度改变截面。

3. 腹板与翼缘间焊缝的计算

在焊接组合梁中，翼缘与腹板间的连接采用连续的角焊缝或图5-28所示焊透的T形连接焊缝（也称K形焊缝）。采用焊透的T形连接焊缝，可认为焊缝与主体金属等强，而不必进行焊缝强度计算。但对于角焊缝连接，必须通过焊缝强

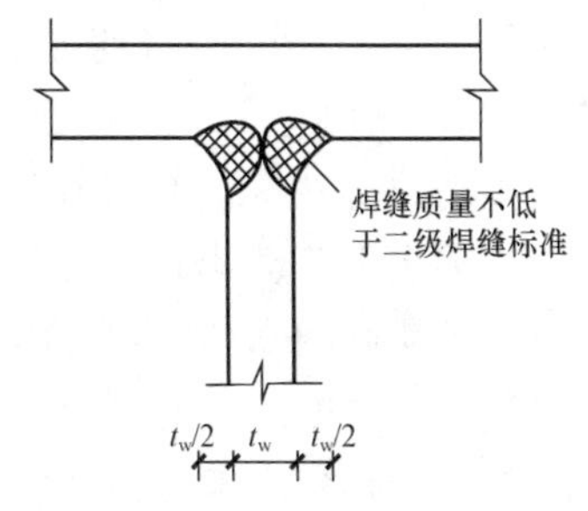

图5-28 焊透的T形连接焊缝

度计算来确定焊脚尺寸 h_f。

梁受弯时，由于相邻截面中作用在翼缘上的弯曲应力有差值，在翼缘与腹板之间将产生剪力 V_h（图 5-29）。当腹板边缘的挤压应力 $\sigma_c=0$ 时，由材料力学可得沿梁单位长度的水平剪力为

$$V_h=\tau_1 t_w=\frac{VS_1}{I_x t_w}t_w=\frac{VS_1}{I_x} \tag{5-77}$$

式中 V——所计算截面处梁的剪力；

S_1——翼缘对中和轴的面积矩。

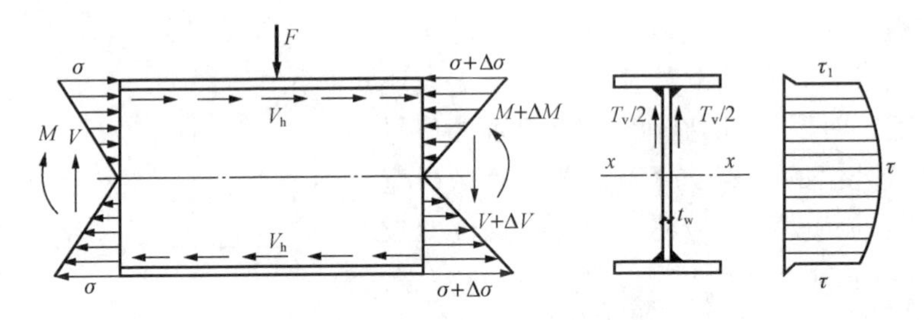

图 5-29 翼缘与腹板之间的剪力

V_h 由腹板与翼缘间焊缝承受。依两条角焊缝的剪应力不超过焊缝的强度设计值 f_f^w，可得焊脚尺寸 h_f 应满足

$$h_f\geqslant\frac{VS_1}{1.4f_f^w I_x} \tag{5-78}$$

当梁的上翼缘上承受有移动集中荷载或固定集中荷载而未设置支承加劲肋时，即 $\sigma_c\neq0$ 时，焊缝不仅承受水平剪力 V_h，同时还承受由 σ_c 引起的竖向剪力 T_v。

$$T_v=\sigma_c\times t_w\times1=\frac{\psi F}{l_z t_w}\times t_w\times1=\frac{\psi F}{l_z} \tag{5-79}$$

焊缝的强度计算公式为 $\sqrt{(T_v/\beta_f)^2+V_h^2}\leqslant2\times0.7h_f f_f^w$

可求得

$$h_f\geqslant\frac{1}{1.4f_f^w}\sqrt{\left(\frac{\psi F}{\beta_f l_z}\right)^2+\left(\frac{VS_1}{I_x}\right)^2} \tag{5-80}$$

对于直接承受动力荷载的梁，取上式 $\beta_f=1.0$；其他情况，取 $\beta_f=1.22$。

4. 钢梁腹板开孔设计

工程中经常会遇到因穿过管道等设备需在钢梁腹板开孔问题。当腹板开孔梁的孔型为圆形或矩形时，应满足下列要求：圆孔孔口直径不宜大于 0.7 倍梁高，矩形孔口高度不宜大于梁高的 0.5 倍，矩形孔口长度不已大于 3 倍孔高与梁高的较小值；相邻圆形孔口边缘间的距离不宜小于梁高的 0.25 倍，矩形孔口与相邻孔口的距离不宜小于梁高和矩形孔口长度中的较大者；开孔处梁上下 T 形截面高度均不小于 0.15 倍梁高，矩形孔口上下边缘至梁翼缘外皮的距离不宜小于梁高的 0.25 倍。开孔长度（或直径）与 T 形截面高度的比值不宜大于 12；不应在距梁端相当于梁高的范围内设孔，抗震设防的结构不应在隅撑与梁柱接头区域范围内设孔。

腹板开孔梁应满足整体稳定及局部稳定要求，并应进行实腹及开孔截面处的受弯承载力验算和开孔处顶部及底部的 T 形截面或加劲后截面应进行压弯剪、拉弯剪承载力验算。当圆形孔直径小于或等于 1/3 梁高时，可不予补强。当大于 1/3 梁高时，可用环形加劲肋加强

[图 5-30 (a)]，也可用套管 [图 5-30 (b)] 或环形补强板 [图 5-30 (c)] 加强。圆形孔口加劲肋截面不宜小于 100mm×10mm，加劲肋边缘至孔口边缘的距离不宜大于 12mm。圆形孔口用套管补强时，其厚度不宜小于梁腹板厚度。用环形板补强时，若在梁腹板两侧设置，环形板的厚度可稍小于腹板厚度，其宽度可取 75～125mm。矩形孔口的边缘应采用纵向和横向加劲肋加强。矩形孔口上下 T 形截面腹板的宽厚比大于 $15\varepsilon_k$ 或计算需要时，应采用纵向加劲肋加强。当矩形孔口长度大于梁高或 500mm 时，纵向加劲肋宜双侧设置，单侧设置时，腹板另一侧的孔边宜设置全高的横向加劲肋；孔口上下边缘的水平纵向加劲肋端部宜伸至孔口边缘以外单面加劲肋宽度的 2.5 倍；矩形孔口加劲肋截面总宽度不宜小于翼缘宽度的 1/2，厚度不宜小于腹板厚度且不小于 6mm。

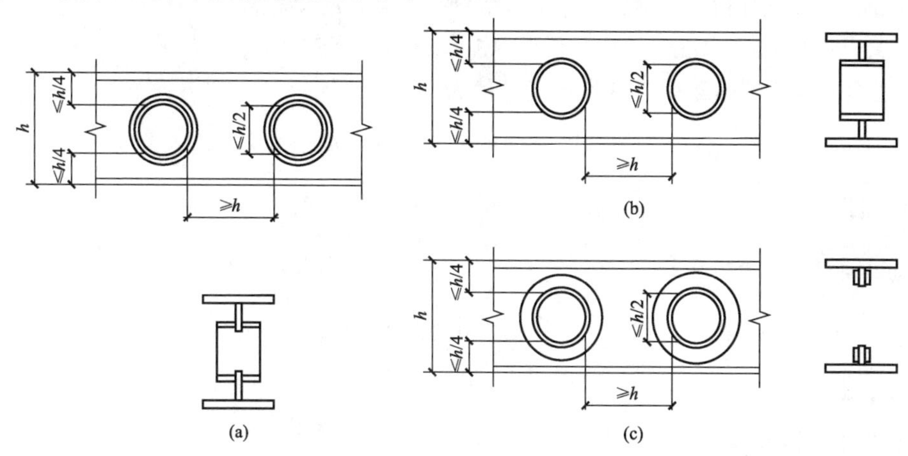

图 5-30　钢梁圆形孔口的补强

(a) 环形加劲肋补强；(b) 套管补强；(c) 环形板补强

【例 5-1】　图 5-31 所示某工作平台布置简图，平台上无动力荷载，其恒荷载标准值为 3 000N/m²，活荷载标准值为 4 500N/m²。恒荷载和活荷载分项系数分别为 $\gamma_G=1.3$ 和 $\gamma_Q=1.5$。钢材采用 Q235B，焊条为 E43 型。

(1) 假定平台板为刚性，并可保证次梁的整体稳定，选择中间次梁 A 的截面；

(2) 假定平台板不能保证次梁的整体稳定，按整体稳定条件选择次梁 A 的截面；

(3) 主梁 B 采用焊接工字形截面，按常截面设计主梁 B；

(4) 主梁 B 采用焊接工字形截面，采用改变翼缘板宽度的方法设计成变截面梁，进行主梁 B 的截面设计，并设计翼缘和腹板间的焊缝连接。

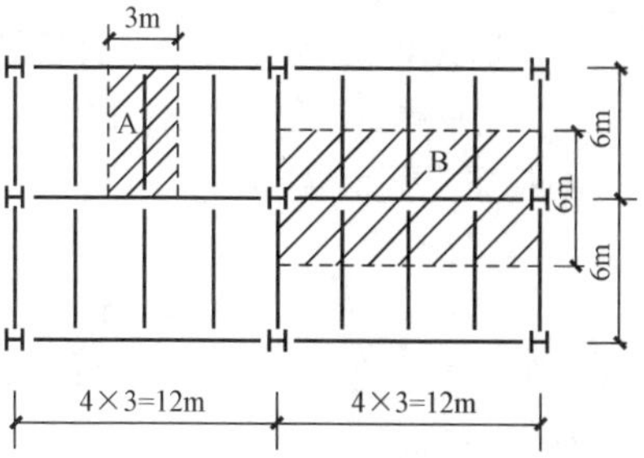

图 5-31　[例 5-1] 图

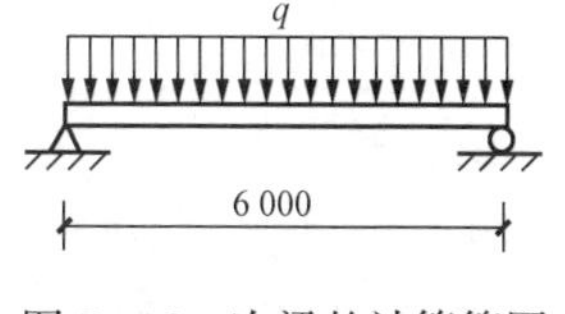

图 5-32　次梁的计算简图

解　(1) 次梁的整体稳定性有保证时，次梁的截面设计

将次梁 A 设计为简支梁，计算简图如图 5-32 所示。

1) 荷载及内力计算。

梁上的荷载标准值　　$q_k=3\ 000+4\ 500=7\ 500(N/m^2)$

荷载设计值　　$q_d=1.3\times3\ 000+1.5\times4\ 500=10\ 650(N/m^2)$

次梁单位长度上的荷载设计值　　$q=10\ 650\times3=31\ 950(\text{N/m})$

梁跨中最大弯矩设计值

$$M_{max}=\frac{1}{8}ql^2=\frac{1}{8}\times31\ 950\times6^2=143\ 775(\text{N}\cdot\text{m})$$

支座处最大剪力设计值 $V_{max}=\frac{1}{2}\times31\ 950\times6=95\ 850(\text{N})$

2）初选截面。采用热轧工字钢，梁所需要的净截面模量 $W_{nx}=\frac{M_x}{\gamma_x f}=\frac{143\ 775\times10^3}{1.05\times215}=6.3\times10^5(\text{mm}^3)$

查附表 2 - 4 选用 I32a，梁的自重为 52.7×9.8=517(N/m)。

$I_x=1.108\times10^8\text{mm}^4$，$W_x=6.92\times10^5\text{mm}^3$，$I_x/S_x=275\text{mm}$，$t_w=9.5\text{mm}$。

3）截面验算。梁自重引起的弯矩设计值为

$$M_g=\frac{1}{8}\times517\times1.3\times6^2=3\ 024(\text{N}\cdot\text{m})$$

总弯矩设计值　　$M_x=143\ 775+3\ 024=146\ 799(\text{N}\cdot\text{m})$

弯曲正应力　　$\sigma=\frac{M_x}{\gamma_x W_{nx}}=\frac{146\ 799\times10^3}{1.05\times6.92\times10^5}=202(\text{N/mm}^2)<f=215\text{N/mm}^2$

支座处最大剪应力　$\tau=\frac{VS}{It_w}=\frac{95\ 850+517\times1.3\times3}{275\times9.5}=37.5(\text{N/mm}^2)<f_v=125\text{N/mm}^2$

强度满足要求。

梁的跨中挠度验算

次梁单位长度上的荷载标准值

$$q_k=7\ 500\times3+517=23\ 017(\text{N/m})$$

$$v=\frac{5}{384}\frac{q_k l^4}{EI_x}=\frac{5\times23\ 017\times10^{-3}\times6\ 000^4}{384\times2.06\times10^5\times1.108\ 0\times10^8}=17(\text{mm})<[v]=l/250=24(\text{mm})$$

刚度满足要求。

（2）次梁的整体稳定性没有构造措施保证时，次梁的截面设计。

1）初选截面。假定工字钢型号在 I45～I63 之间，梁的自由长度 $l_1=6\text{m}$，假设 $\varphi_b=0.59$，所需毛截面模量

$$W_x=\frac{M_x}{\gamma_x\varphi_b f}=\frac{143\ 775\times10^3}{1.05\times0.59\times215}=10.795\times10^5(\text{mm}^3)$$

查附录二，初选用 I45a，自重为 80.4×9.8=788N/m，$W_x=1.43\times10^6(\text{mm}^3)$

2）截面验算。

$$M_x=143\ 775+\frac{1}{8}\times788\times1.3\times6^2=148\ 384(\text{Nm})$$

$$\frac{M_x}{\varphi_b W_x}=\frac{148\ 384\times10^3}{0.59\times1.430\times10^6}=175.9(\text{N/mm}^2)<f=215\text{N/mm}^2$$

整体稳定性满足要求。

可见，若依整体稳定条件选择截面，钢材用量约增加（788－517)/517×100%＝52.4%。因此，应尽可能将平台板设计为刚性，并使之与梁有可靠的连接，以保证梁的整体稳定性。

如果选用热轧 H 型钢 H400×200×7×11，相应参数和计算结果为

$h=396\text{mm}$，$b_1=199\text{mm}$，$t_1=11\text{mm}$，$t_w=7\text{mm}$，$A=7\ 141\text{mm}^2$，$W_x=9.608\times10^5\text{mm}^3$，质量 56.1kg/m=549.8N/m，$i_y=45\text{mm}$，$\lambda_y=6\ 000/45=133.3$，$\eta_b=0$，则

$$\xi=l_1t_1/(b_1h)=6\ 000\times11/(199\times400)=0.829,\quad \beta_b=0.69+0.13\xi=0.798$$

$$\varphi_b=\beta_b\frac{4\ 320}{\lambda_y^2}\frac{Ah}{W_x}\left[\sqrt{1+\left(\frac{\lambda_y t_1}{4.4h}\right)^2}+\eta_b\right]\frac{235}{f_y}$$

$$=0.799\times\frac{4\ 320\times7\ 141\times396}{133.3^2\times9.608\times10^5}\left[\sqrt{1+\left(\frac{133.3\times11}{4.4\times396}\right)^2}+0\right]\times1=0.747$$

$$M_x=143\ 775+\frac{1}{8}\times549.8\times1.3\times6^2=146\ 991.3(\text{N}\cdot\text{m})$$

$$\frac{M_x}{\varphi_b W_x}=\frac{146\ 991.3\times10^3}{0.747\times9.608\times10^5}=204.8(\text{N/mm}^2)<f=215\text{N/mm}^2$$

整体稳定性满足要求。

此时与整体稳定有构造保证，不需计算整体稳定性的钢梁用钢量仅增加（549.8−517)/517=6.3%。由以上计算可见，从提高稳定性能角度考虑，应尽可能将平台板设计为刚性板，并使之与梁有可靠的连接，以保证梁的整体稳定性。如需计算整体稳定性，选用 H 型钢比普通工字钢经济性要好。

（3）常截面主梁设计。

1）初选截面。简支主梁的计算简图如图 5-33 所示。两侧次梁对主梁 B 所产生的压力设计值

$$P=95\ 850\times2+517\times1.3\times6\approx196.0(\text{kN})$$

主梁的支座反力设计值（未计主梁自重）

$$R=2\times196.0=392.0(\text{kN})$$

梁跨中最大弯矩设计值

$$M_{max}=(392.0-98.0)\times6-196.0\times3=1\ 176.0(\text{kNm})$$

梁所需净截面模量

$$W_{nx}=\frac{M_{max}}{\gamma_x f}=\frac{1\ 176.0\times10^6}{1.05\times215}=5.209\times10^6(\text{mm}^3)$$

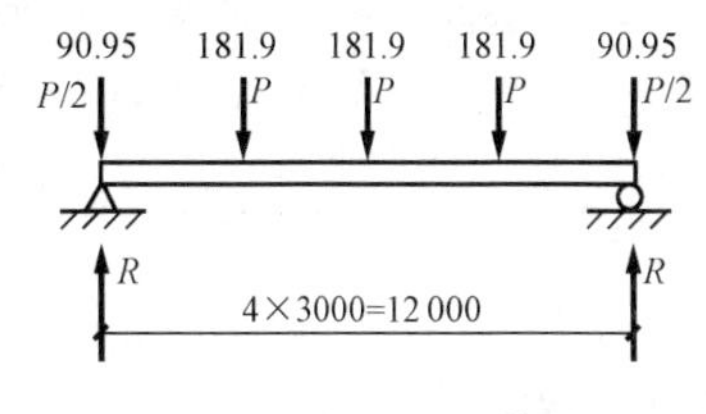

图 5-33　主梁的计算简图

梁的高度在净空方面无限制条件。依刚度要求，主梁的容许挠度为 $[v]=l/400$，其最小高度

$$h_{min}=\frac{l}{15}=\frac{12\ 000}{15}=800(\text{mm})$$

梁的经济高度　　$h_e=2W_x^{0.4}=2\times(5.209\times10^6)^{0.4}=972.1(\text{mm})$

参照以上数据，考虑自重的影响，初选梁的腹板高度为 $h_0=1\ 000\text{mm}$。

腹板厚度按经验公式估算　　$t_w=\sqrt{h_0}/3.5=9.0(\text{mm})$

选用腹板厚度为 $t_w=8\text{mm}$。

所需翼缘面积　　$bt=\frac{W_x}{h_0}-\frac{t_w h_0}{6}=\frac{5.209\times10^6}{1\ 000}-\frac{8\times1\ 000}{6}=3\ 876(\text{mm}^2)$

初选翼缘板宽度为 280mm，则所需厚度为 $t=\frac{3\ 876}{280}=13.8(\text{mm})$。

考虑钢梁的自重作用等因素，选用 $t=14\text{mm}$。

梁的截面简图如图 5-34 所示。梁翼缘的外伸宽度 $b_1=(280-8)/2=136$ (mm)

$$\frac{b_1}{t}=\frac{136}{14}=9.71<13\varepsilon_k=13\times1=13$$

梁翼缘板的局部稳定可以保证，且截面可以考虑部分塑性发展。

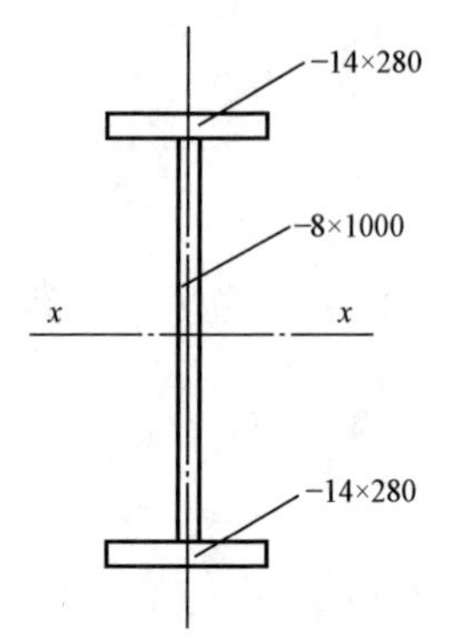

图 5-34 梁的截面

2）截面验算。截面的几何性质计算

$$A=1\,000\times8+2\times280\times14=15\,840(\text{mm}^2)$$

$$I_x=\frac{8\times1\,000^3}{12}+2\times280\times14\times\left(\frac{1\,000+14}{2}\right)^2$$

$$=2.681\,93\times10^9(\text{mm}^4)$$

$$W_x=\frac{2.681\,93\times10^9}{514}=5.218\times10^6(\text{mm}^3)$$

主梁强度验算。单位长度梁的自重为

$$g=15\,840\times10^{-6}\times7\,850\times9.8\times1.2=1\,463(\text{N/m})$$

式中，1.2 为考虑腹板加劲肋等附加构造用钢材使自重增大的系数。

自重引起的跨中最大弯矩设计值 $M_g=\frac{1}{8}\times1.3\times1\,463\times12^2=34.2(\text{kN}\cdot\text{m})$

跨中最大总弯矩设计值 $M_{max}=1\,176.0+34.2=1\,210.2(\text{kN}\cdot\text{m})$

正应力验算 $\sigma=\frac{1\,210.2\times10^6}{1.05\times5.218\times10^6}=220.8(\text{N/mm}^2)>f=215\text{N/mm}^2$（超出<3%）

满足要求。

剪应力验算。支座处的最大剪力设计值

$$V=(392.0-98.0)\times10^3+1463\times1.3\times6=305\,411(\text{N})$$

$$\tau=\frac{Vs_x}{I_xt_w}=\frac{305\,411\times(280\times14\times507+500\times8\times250)}{2.681\,93\times10^9\times8}$$

$$=42.52(\text{N/mm}^2)<f_v=125\text{N/mm}^2$$

满足要求。

次梁作用处应设置支承加劲肋，所以不需验算腹板的局部压应力。

跨中截面腹板边缘折算应力验算 $\sigma=\frac{1\,210.2\times10^6\times500}{2.681\,93\times10^9}=225.6(\text{N/mm}^2)$

跨中截面剪力 $V=98.0\text{kN}$

$$\tau=\frac{95\,000\times(280\times14\times507)}{2.681\,93\times10^9\times8}=9.06(\text{N/mm}^2)$$

$$\sqrt{\sigma^2+3\tau^2}=\sqrt{225.6^2+3\times9.06^2}=226.1(\text{N/mm}^2)<1.1f=236.5\text{N/mm}^2$$

满足要求。

整体稳定性验算，$h=1\,028\text{mm}$，$b_1=280\text{mm}$，$t_1=14\text{mm}$，$t_w=8\text{mm}$，$\eta_b=0$，则

$$I_y=2\times\frac{1}{12}tb^3+\frac{1}{12}h_wt_w^3=2\times\frac{14\times280^3}{12}+\frac{1}{12}\times1\,000\times8^3=5.126\,4\times10^7(\text{mm}^4)$$

$$i_y=\sqrt{5.126\,4\times10^7/15\,840}=56.89(\text{mm}),\lambda_y=3\,000/56.89=52.7$$

次梁作用在上翼缘，次梁可作为主梁的侧向支承，跨中有 3 个支承点，$\beta_b=1.2$，则

$$\varphi_b = \beta_b \frac{4\ 320}{\lambda_y^2}\frac{Ah}{W_x}\left[\sqrt{1+\left(\frac{\lambda_y t_1}{4.4h}\right)^2}+\eta_b\right]\frac{235}{f_y}$$

$$= 1.2\times\frac{4\ 320\times 15\ 840\times 1\ 028}{52.7^2\times 5.218\times 10^6}\left[\sqrt{1+\left(\frac{52.7\times 14}{4.4\times 1\ 028}\right)^2}+0\right]\times 1 = 5.90 > 0.6$$

$$\varphi_b' = 1.07 - 0.282/\varphi_b = 1.07 - 0.282/5.90 = 1.022 > 1\text{，取 }\varphi_b' = 1\text{，则}$$

$$\frac{M_x}{\varphi_b W_x} = \frac{1\ 210.2\times 10^6}{1\times 5.218\times 10^6} = 231.9(\text{N/mm}^2) > f = 215\text{N/mm}^2$$

超出7.8%，整体稳定性不满足要求。把梁翼缘宽度由280mm增大到320mm，$I_x=2.970\times 10^9\text{mm}^4$，$N_x=5.778\times 10^6\text{mm}^3$，整体稳定性满足要求（计算略）。

刚度验算。次梁的荷载标准值对主梁产生的压力为

$$F = 7\ 500\times 3\times 6 + 517\times 6 = 138\ 102(\text{N})$$

主梁跨中最大挠度为

$$v = \frac{5}{384}\frac{1\ 463\times 10^{-3}\times 12\ 000^4}{2.06\times 10^5\times 2.970\times 10^9} + \frac{19}{1\ 152}\frac{138\ 102\times 3\times 12\ 000^3}{2.06\times 10^5\times 2.970\times 10^9}$$

$$= 19.96(\text{mm}) < [v] = 12\ 000/400 = 30(\text{mm})$$

刚度满足要求。

3）梁的加劲肋设计。梁的腹板高厚比为

$$h_0/t_w = 1\ 000/8 = 125 > 80\varepsilon_k = 80$$

应配置横向加劲肋，并进行腹板局部稳定性验算。

分别按考虑和不考虑腹板屈曲后强度进行加劲肋设计。

①考虑腹板屈曲后强度进行加劲肋设计。

主梁上无直接动力荷载作用，宜考虑腹板屈曲后强度。主梁在支座及与次梁连接处设置支承加劲肋，$a=3\text{m}$，共分为四个区格，弯矩图和剪力图见图5-35。考虑对称性，只验算左侧两个区格。

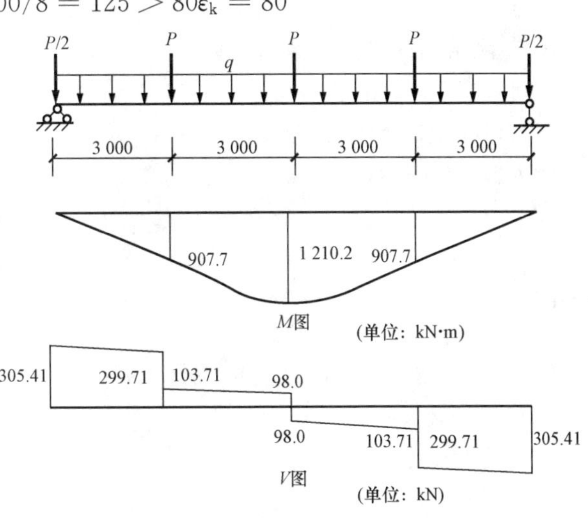

图5-35　弯矩图和剪力图

a. 左侧第一区格验算。

$$M_f = bth_1 f = 320\times 14\times 1014\times 215\times 10^{-6} = 966.7(\text{kN}\cdot\text{m})$$

$$a/h_0 = 3\ 000/1\ 000 = 3 > 1.0$$

$$\lambda_s = \frac{h_0}{41t_w\sqrt{5.34+4(h_0/a)^2}}\sqrt{\frac{f_y}{235}} = \frac{1\ 000}{41\times 8\sqrt{5.34+4(1\ 000/3\ 000)^2}}\sqrt{\frac{235}{235}}$$

$$= 1.268 > 1.2$$

$$V_u = h_0 t_w f_V/\lambda_s^{1.2} = 1\ 000\times 8\times 125\times 10^{-3}/1.268^{1.2} = 752.07(\text{kN})$$

主梁为双轴对称截面，$h_c=h_0/2=1\ 000/2=500(\text{mm})$

次梁可以约束主梁受压翼缘扭转

$$\lambda_b=\frac{2h_c}{177t_w}\sqrt{\frac{f_y}{235}}=\frac{2\times500}{177\times8}\sqrt{\frac{235}{235}}=0.706<0.85,\rho=1.0$$

$$\alpha_e=1-(1-\rho)h_c^3t_w/(2I_x)=1$$

$$M_{eu}=\gamma_x\alpha_eW_xf=1.05\times1\times5.778\times10^6\times215\times10^{-6}=1\,304.4(\text{kN}\cdot\text{m})$$

区格左端截面。

$M=0<M_f=966.7\text{kN}\cdot\text{m}$，取 $M=M_f=966.7\text{kN}\cdot\text{m}$

$V=305.41\text{kN}<0.5V_u=0.5\times752.07=376.04(\text{kN})$，取 $V=0.5V_u=376.04\text{kN}$

代入式（5-67），有

$$\left(\frac{V}{0.5V_u}-1\right)^2+\frac{M-M_f}{M_{eu}-M_f}=0<1$$

满足要求。

区格右端截面。

$M=907.7\text{kN}\cdot\text{m}<M_f=966.7\text{kNm}$，取 $M=M_f=966.7\text{kN}\cdot\text{m}$

$V=290.27\text{kN}<0.5V_u=376.04\text{kN}$，取 $V=0.5V_u=376.04\text{kN}$

代入式（5-67），有

$$\left(\frac{V}{0.5V_u}-1\right)^2+\frac{M-M_f}{M_{eu}-M_f}=0<1$$

满足要求。

b. 左侧第二区格左端截面验算。

$M=907.7\text{kN}\cdot\text{m}<M_f=966.7\text{kN}\cdot\text{m}$，取 $M=M_f=966.7\text{kN}\cdot\text{m}$，$V=103.71<0.5V_u=376.04\text{kN}$，取 $V=0.5V_u=376.04\text{kN}$

代入式（5-67），有

$$\left(\frac{V}{0.5V_u}-1\right)^2+\frac{M-M_f}{M_{eu}-M_f}=0<1$$

满足要求。

区格右端截面。

$M=1\,210.2\text{kN}\cdot\text{m}>M_f=966.7\text{kN}\cdot\text{m}$，$V=98.0\text{kN}<0.5V_u=376.04\text{kN}$，取 $V=0.5V_u=376.04\text{kN}$

代入式（5-67），有

$$\left(\frac{V}{0.5V_u}-1\right)^2+\frac{M-M_f}{M_{eu}-M_f}=0+\frac{1\,210.2-966.7}{1\,304.4-966.7}=0.652<1$$

满足要求。

故仅在支座及次梁处设加劲肋即可满足设计要求。

c. 中间支承加劲肋设计。

加劲肋的外伸宽度取 $b_s=80\text{mm}>1\,000/30+40=73.3(\text{mm})$，厚度取 $t_s=6\text{mm}>80/15=5.3(\text{mm})$。

加劲肋的布置和构造简图如图 5-36 所示。

$\lambda_s=1.268>1.2$，由式（5-40c）$\tau_{cr}=1.1f_V/\lambda_s^2=1.1\times125/1.268^2=85.52(\text{N/mm}^2)$

$N_s=V_u-h_0t_w\tau_{cr}+F=752.07-1\,000\times8\times85.52\times10^{-3}+196.0=263.91(\text{kN})$

$A=2\times80\times6+30\times8\times8=2\,880(\text{mm}^2)$

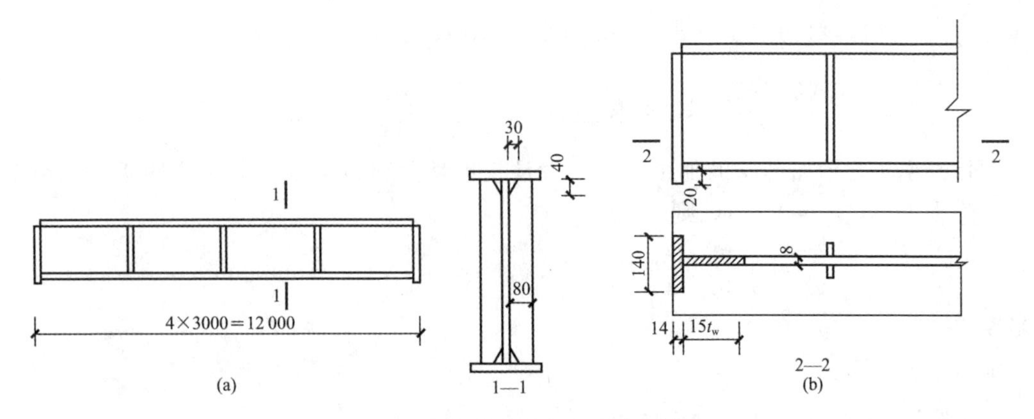

图 5-36　加劲肋的布置和构造简图

(a) 加劲肋布置；(b) 支座加劲肋

绕腹板中线的惯性矩 $I_z=(6\times168^3)/12+30\times8\times8^3/12=2.38\times10^6(\text{mm}^4)$

$i_z=\sqrt{I_z/A}=\sqrt{2.38\times10^6/2\ 880}=28.8(\text{mm})$

$\lambda_z=h_0/i_z=1\ 000/28.8=34.8$，查附表 1-2 得 $\varphi=0.919$，则

$$\frac{N_s}{\varphi A}=\frac{263.91\times10^3}{0.919\times2\ 880}=99.7(\text{N/mm}^2)<f=215\text{N/mm}^2$$

满足要求。

d. 支座支承加劲肋设计。

梁的两端采用突缘式支座。根据梁端截面尺寸，选用支座支承加劲肋的截面为－140×14，伸出下翼缘下表面 20mm，小于 $2t=28$mm。

稳定性计算。

$\lambda_s=1.268>0.8$，支座支承加劲肋除承受梁的支座反力 R 外尚应承受拉力场（张力）的水平分力 H。水平分力 H 作用在距腹板计算高度上边缘 $h_0/4$ 处，按 R 和 H 共同作用的压弯构件计算弯矩作用平面外的稳定性，计算原理见第六章，截面和计算长度的计算方法与一般加劲肋相同。设计时应先判定是否可取 $H=0$，如果满足取 $H=0$ 的条件，就可按轴心受压计算稳定性。

$a=3h_0>2.5h_0$，验算是否满足式（5-48），有

$$\sigma=\frac{(0+907.7)}{2\times W_x}=\frac{453.85\times10^6}{5.778\times10^6}=78.5(\text{N/mm}^2)$$

$$\tau=\frac{(305.41+299.71)\times10^3}{2\times h_0\times t_w}=\frac{605.12\times10^3}{2\times1\ 000\times8}=37.8(\text{N/mm}^2)$$

$$\lambda_b=0.706<0.85,\sigma_{cr}=f=215\text{N/mm}^2$$

$$\lambda_s=1.268>1.2,\tau_{cr}=1.1f_V/\lambda_s^2=1.1\times125/1.268^2=85.5(\text{N/mm}^2)$$

梁在集中荷载处设有横向加劲肋，$\sigma_c=0$，代入式（5-48），则

$$\left(\frac{\sigma}{\sigma_{cr}}\right)^2+\left(\frac{\tau}{\tau_{cr}}\right)^2=\left(\frac{78.5}{215}\right)^2+\left(\frac{37.8}{85.5}\right)^2=0.329\leqslant1$$

可取 $H=0$，可按轴心受压计算稳定性。

$R=305\ 410+98\ 000=403\ 410(\text{N})$，$A=14\times140+15\times8\times8=2\ 920(\text{mm}^2)$

$$I_y=\frac{1}{12}\times(14\times140^3+15\times8^4)=3.2065\times10^6(\mathrm{mm}^4)$$

$$i_y=\sqrt{\frac{I_y}{A}}=\sqrt{\frac{3.2065\times10^6}{2920}}=33.1(\mathrm{mm}),\ \lambda_y=\frac{h_0}{i_y}=\frac{1000}{33.1}=30.2$$

题目未说明支承加劲肋的加工方式，设计按剪切边对待，取截面关于腹板平面外为 c 类，查附表 1-3，$\varphi_y=0.901$，则

$$\frac{R}{\varphi A}=\frac{403410}{0.901\times2920}=153.4(\mathrm{N/mm^2})<f=215\mathrm{N/mm^2}$$

满足要求。

承压强度计算。

承压面积 $A_{ce}=140\times14=1960(\mathrm{mm}^2)$

$$\sigma=\frac{N}{A_{ce}}=\frac{403.41\times10^3}{1960}=205.8(\mathrm{N/mm^2})<f_{ce}=325\mathrm{N/mm^2}$$

满足要求。

②不考虑腹板屈曲后强度进行加劲肋设计。此梁在计算强度时取 $\gamma_x=1.05$，板件宽厚比应满足 S3 级截面要求。

梁翼缘的宽厚比为

$$\frac{b_1}{t}=\frac{(320-8)/2}{14}=11.14<13\varepsilon_k=13$$

梁的腹板高厚比为

$$80\sqrt{\frac{235}{f_y}}<\frac{h_0}{t_w}=\frac{1000}{8}=125<150\varepsilon_k=150$$

应按照计算配置横向加劲肋。

考虑到在次梁处应配置横向加劲肋，故取横向加劲肋的间距为 $a=1500\mathrm{mm}<2h_0=2000\mathrm{mm}$，如图 5-37 所示。在各次梁位置都有横向加劲肋，各区格可按无局部压应力的情形计算。计算忽略翼缘调整加宽对自重荷载的影响。

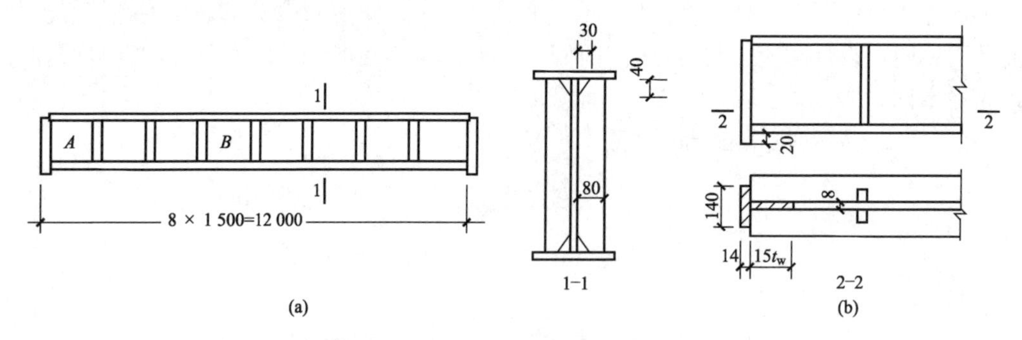

图 5-37 加劲肋布置

左侧第一区格局部稳定验算：

区格左端的内力为 $V_l=305.41\mathrm{kN}$，$M_l=0\mathrm{kN\cdot m}$

区格右端的内力为 $V_r=305.41-1.463\times1.5\times1.3=302.6(\mathrm{kN})$

$$M_r=305.41\times1.5-1.463\times1.5^2\times1.3/2=456.0(\mathrm{kN\cdot m})$$

近似取校核应力为：　$\sigma=M_r/W=456.0\times10^6/(5\ 778\times10^3)=78.9(\text{N/mm}^2)$

$$\tau=V_l/(h_0t_w)=305.41\times10^3/(8\times1\ 000)=38.1(\text{N/mm}^2)$$

设次梁能有效约束主梁受压翼缘的扭转，则

$$\lambda_b=\frac{1\ 000/8}{177}=0.706<0.85，\sigma_{cr}=f=215\text{N/mm}^2$$

$$a/h_0=1\ 500/1\ 000=1.5>1.0，\lambda_s=\frac{1\ 000/8}{41\sqrt{5.34+4(1\ 000/1\ 500)^2}}=1.1$$

$$\tau_{cr}=[1-0.59(\lambda_s-0.8)]f_v=[1-0.59(1.1-0.8)]\times125=102.8(\text{N/mm}^2)$$

将上列数据代入式（5-48）有

$$\left(\frac{78.9}{215}\right)^2+\left(\frac{38.1}{102.8}\right)^2=0.272<1.0$$

同理可作梁跨中腹板区格的局部稳定验算如下

区格左端的内力为 $V_l=103.71-1.463\times1.5\times1.3=100.9\text{kN}$

$M_l=305.41\times4.5-196.0\times1.5-1.463\times4.5^2\times1.3/2=1\ 061.1(\text{kN}\cdot\text{m})$

区格右端的内力为：$V_r=98$，$M_r=1\ 210.2\text{kN}\cdot\text{m}$

校核应力为：$\sigma=(M_r+M_l)/(2W)=(1\ 210.2+1\ 061.1)\times10^6/(2\times5\ 778\times10^3)=196.5$ (N/mm^2)

$$\tau=(V_l+V_r)/(2h_0t_w)=(100.9+98.0)\times10^3/(2\times8\times1\ 000)=12.4(\text{N/mm}^2)$$

故

$$\left(\frac{196.5}{215}\right)^2+\left(\frac{12.4}{102.8}\right)^2=0.850<1.0$$

满足局部稳定要求。

（4）变截面主梁的截面设计。

1）初选截面。主梁自重荷载设计值为 $q_g=1\ 463\times1.3=1\ 901(\text{N/m})=1.901\text{kN/m}$

假定翼缘板在距支座 $l/6=2\ 000\text{mm}$ 处开始变化截面，该截面的弯矩为

$$M_x=305.41\times2-\frac{1.901\times2^2}{2}=607.0(\text{kN}\cdot\text{m})$$

需要的截面惯性矩为　$I_x=\dfrac{M_xh}{2\gamma_xf}=\dfrac{607.0\times10^6\times1\ 028}{2\times1.05\times215}=1.382\ 1\times10^9(\text{mm}^4)$

翼缘部分所需惯性矩为　$I_1=1.382\ 1\times10^9-8\times1\ 000^3/12=7.154\ 3\times10^8(\text{mm}^4)$

由 $I_1=2b_1\times14\times[(1\ 000+14)/2]^2$，可以得到 $b_1=\dfrac{7.154\ 3\times10^8\times4}{2\times14(1\ 000+14)^2}=99.4(\text{mm})$。

算得的翼缘宽度约为原来宽度的1/3，约为梁高的1/10，太窄。初取翼缘变化后的截面宽度为原来宽度的 $1/2=140\text{mm}$。

2）截面验算。

变截面后梁的惯性矩为　$I_x=6.666\ 7\times10^8+2\times140\times14\times[(1\ 000+14)/2]^2=1.674\ 3\times10^9(\text{mm}^4)$

可承担的弯矩为　$M_x=\dfrac{2\gamma_xfI_x}{h}=\dfrac{2\times1.05\times215\times1.674\ 3\times10^9}{1\ 028}=735.4\times10^6(\text{N}\cdot\text{mm})$ $=735.4(\text{kN}\cdot\text{m})$

应用下式求理论变截面位置 x　$305.41x-\dfrac{1.3\times1.463x^2}{2}=735.4$

解得 $x=2.39$m。

将梁在距两端 2.4m 处开始改变截面，按照 1∶4 的斜度将原来的翼缘板在 $x=2.4-0.28=2.12$(m) 处与改变宽度后的翼缘板相对接，如图 5-38 所示。

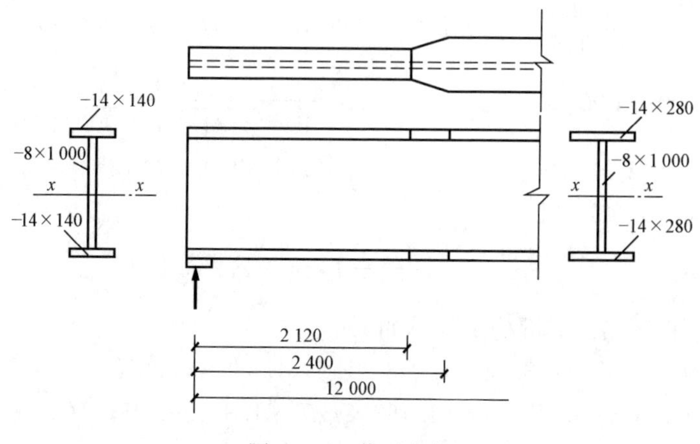

图 5-38　截面改变

由于在变截面处同时受有较大正应力和剪应力的作用，需验算折算应力。梁在距支点 2.6m 处截面所受弯矩为

$$M_x=305.41\times2.4-\frac{1.3\times1.463\times2.4^2}{2}=727.48(\text{kN}\cdot\text{m})$$

翼缘和腹板相连接处的正应力

$$\sigma=\frac{M_x y}{I_x}=\frac{727.48\times10^6\times500}{1.674\ 30\times10^9}=217.2(\text{N/mm}^2)$$

剪力　$V=(305.41-1.3\times1.463\times2.4)\times10^3=294\ 445(\text{N})$

剪应力　$\tau=\dfrac{VS}{I_x t_w}=\dfrac{294\ 445\times140\times14\times507}{1.674\ 30\times10^9\times8}=21.84(\text{N/mm}^2)$

折算应力

$$\sigma_{zs}=\sqrt{\sigma^2+3\tau^2}=\sqrt{217.2^2+3\times21.84^2}=220.5(\text{N/mm}^2)<1.1\times215\text{N/mm}^2=236.5\text{N/mm}^2$$

满足要求。

改变后可节省的钢材按体积计为 $V_1=2\times2\times140\times14\times2\ 320=1.818\ 88\times10^7(\text{mm}^3)$

原来梁的总体积（不包括构造用钢材）为 $V_0=15\ 840\times12\ 000=1.900\ 80\times10^8(\text{mm}^3)$

$$\frac{1.818\ 88\times10^7}{1.900\ 80\times10^8}\times100\%=9.57\%$$

即可节省用钢量约 9.57%。

主梁的刚度验算。由式（5-76）得

$$M\approx138\ 102\times(2-0.5)\times6-138\ 102\times3+\frac{1}{8}\times1463\times12^2=854\ 946(\text{N}\cdot\text{m})$$

$$V=\frac{854\ 946\times10^3\times12\ 000^2}{10\times2.06\times10^5\times2.681\ 93\times10^9}\times\left(1+\frac{3}{25}\times\frac{2.681\ 93\times10^9-1.674\ 30\times10^9}{2.681\ 93\times10^9}\right)=22.29(\text{mm})<[\nu]=30\text{mm}$$

满足要求。

3）翼缘与腹板间的焊缝设计。采用角焊缝连接，梁上集中力作用处及支座处设有加劲肋，按 $\sigma_c=0$ 设计。

依梁端剪力计算，该处剪力最大。计算所需焊缝的焊脚尺寸为

$$h_f \geqslant \frac{VS_1}{1.4 f_f^w I_x} = \frac{305.41 \times 10^3 \times 140 \times 14 \times 507}{1.4 \times 160 \times 1.67430 \times 10^9} = 0.81(\mathrm{mm})$$

依变截面处剪力计算。该处的剪力比梁端小，但 S_1 比梁端大。

$$h_f \geqslant \frac{294445 \times 280 \times 14 \times 507}{1.4 \times 160 \times 2.68193 \times 10^9} = 0.97(\mathrm{mm})$$

按照标准规定的构造要求为

$$h_f \geqslant 1.5\sqrt{t} = 1.5 \times \sqrt{14} = 5.6(\mathrm{mm})$$

且不大于较薄焊件厚度的 1.2 倍（1.2×8=9.6mm）。

取用 $h_f=6\mathrm{mm}$，沿梁全长满焊。

第七节　梁的拼接、连接和支座设计

一、梁的拼接

梁的拼接分为工厂拼接和工地拼接两种。工厂拼接是因受钢材规格尺寸的限制或充分利用钢材的需要，在工厂把钢材接长或接宽而进行的拼接；工地拼接是由于受运输或安装条件限制，梁须分段制造，运至建设现场后，在工地进行的拼接。

1. 工厂拼接

型钢梁常采用对接焊缝或加盖板用角焊缝拼接，拼接位置宜位于弯矩较小处。

组合梁工厂拼接的位置由钢材尺寸决定。翼缘、腹板的拼接位置宜错开，并避免与加劲肋或次梁连接处重合，以防止焊缝密集与交叉。在工厂制作时，宜先将梁的翼缘和腹板分别接长，然后整体拼装，这样可以减小焊接应力。拼接宜采用对接直焊缝，施焊时宜加引弧板，并采用 1 级或 2 级焊缝。当采用 3 级质量焊缝，因焊缝的抗拉强度低于钢材强度，故应将受拉翼缘和腹板的拼接位置设在弯矩较小的区域，或采用斜对接焊缝。腹板的拼接焊缝与横向加劲肋的间距应≥$10t_w$（图 5-39）。

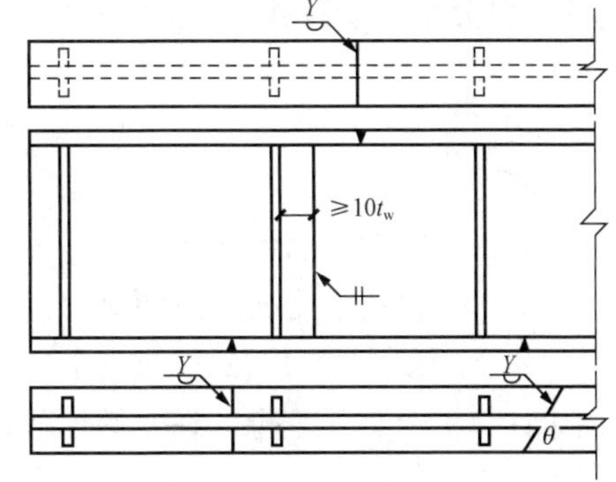

图 5-39　焊接梁的工厂拼接

2. 工地拼接

工地拼接的位置由运输或安装条件确定，翼缘和腹板宜在同一截面位置断开，以减少分段运输时碰损。若运输单元的长度和宽度及高度尺寸超过运输条件限制时，应制定专项运输方案，并报交通管理部门审批。对于仅由于运输条件限值的构件，可在工地地面再行拼接成较大构件，然后吊装。当翼缘和腹板的接头不在同一截面位置时，运输单元突出部分应采取防碰损措施。当采用对接焊缝拼接时，由于梁在工地施焊时不便翻身，上、下翼缘宜加工成朝上的 V 形坡口，以便于施焊。为减小焊接应力，工厂宜在拼接部位将翼缘焊缝在

端部留出长约 500mm 不焊，并按图 5-40 所示的顺序，在工地施焊。当工地施焊条件较差，难以保证焊缝质量时，宜采用高强度螺栓摩擦型连接进行拼接（图 5-41）。

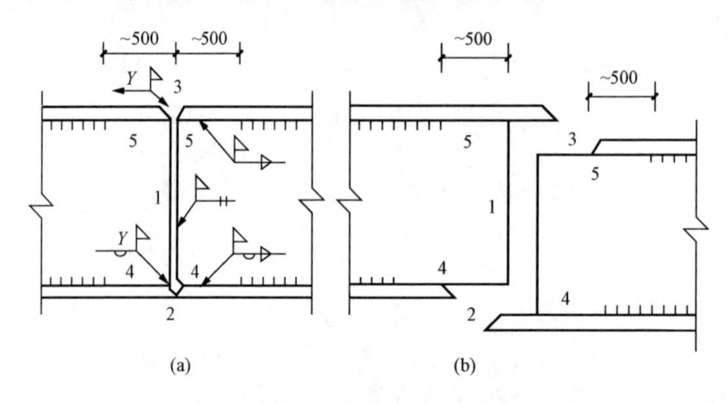

图 5-40 焊接梁的工地拼接

（a）同一截面拼接；（b）翼缘、腹板在不同位置截面拼接

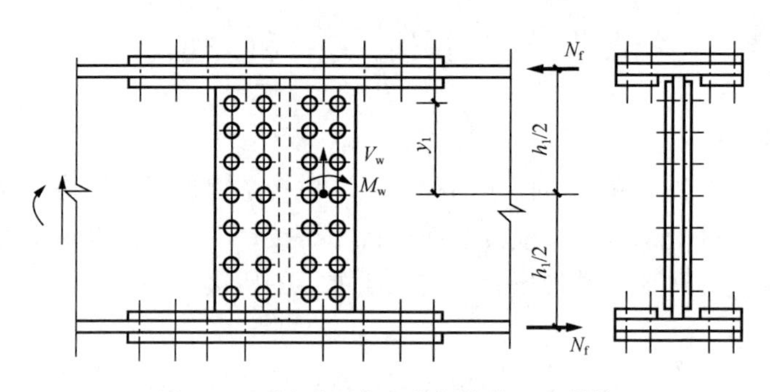

图 5-41 梁采用高强度螺栓的工地拼接

梁的拼接接头应按拼接截面的内力设计，腹板拼接按承受全部剪力和所分配的弯矩共同作用计算；翼缘拼接按所分配的弯矩设计。当接头处的内力较小时，为避免梁接头部位刚度过分减小，接头抗弯承载力不应小于梁毛截面承载力的一半。

梁翼缘与腹板各自分担的弯矩可按其毛截面惯性矩 I_{fx} 和 I_{wx} 进行分配，分配于翼缘的弯矩 M_f 又可分解为受拉和受压翼缘承受的一对力臂为 h_1 的轴心力 N_f。翼缘和腹板承受的力可表示为

翼缘 $$M_f = MI_{fx}/I_x，\quad N_f = M_f/h_1 \tag{5-81}$$

腹板 $$M_w = MI_{wx}/I_x，\quad V_w = V \tag{5-82}$$

式中 I_x——梁毛截面惯性矩；

M、V——拼接承受的弯矩和剪力。

上、下翼缘拼接每侧的螺栓数目按承受 N_f 计算。也可按连接与翼缘等强度进行设计，为便于计算，且偏于安全，通常螺栓数目按承受 $A_{nf1}f$ 计算，其中 A_{nf1} 为一个翼缘的净截面面积。

腹板拼接每侧螺栓承受扭矩 M_w 和剪力 V_w，通常先排列好螺栓，再按扭矩和剪力共同作用验算螺栓连接强度。腹板拼接板的高度应尽量接近腹板高度，厚度根据其总净截面的惯性矩不小于梁腹板惯性矩的原则确定。

二、次梁与主梁的连接

次梁与主梁的连接分铰接（简支连接）和刚接连接两种。

1. 铰接连接

铰接连接可分为叠接和侧面连接两种。叠接是将次梁搁在主梁上，并用构造焊缝或螺栓连接［图 5-42（a）］。叠接构造简单，便于施工，但需要较大的结构高度。侧面连接是将次梁连接于主梁侧面［图 5-42（b）、（c）］，次梁与主梁顶面可等高，也可不等高。侧面连接的结构高度较小，但次梁端部需做切割处理，以便把次梁连接于主梁的加劲肋或连接角钢上，制作较费工。连接需要的焊缝或螺栓数量应根据次梁的反力计算，考虑到连接并非理想铰接，会有一定的弯矩作用，计算时宜将反力增大 20%～30%。

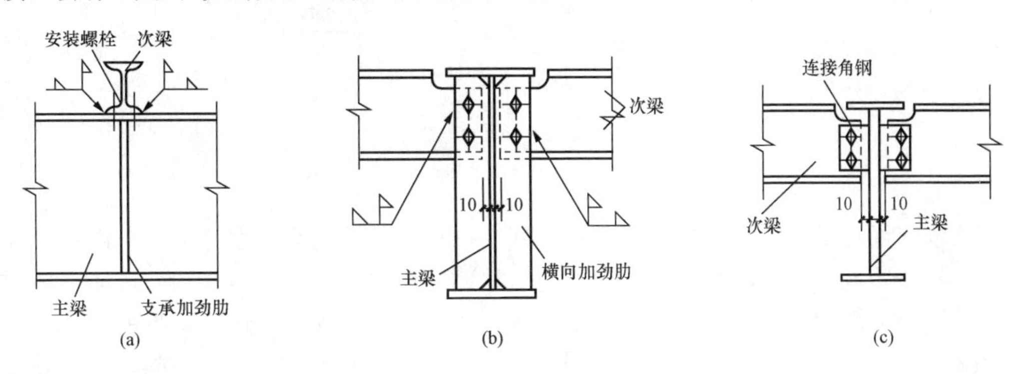

图 5-42　次梁与主梁铰接

（a）叠接；（b）采用加劲肋平接；（c）采用角钢平接

2. 刚性连接

刚性连接应保证在支座处次梁全部内力的可靠传递。图 5-43 表示一种侧面连接构造方式，次梁支承在主梁的支托上，在上翼缘设置连接板。次梁的支座弯矩可分解为作用在上、下翼缘的一对力 $N=M/h$，上翼缘与连接板、下翼缘与支托顶板的连接焊缝应满足传递 N 力的要求。次梁的支座反力 R 通过承压传给支托，再由焊缝传给主梁。R 的作用位置可取如图 5-43（c）所示。上翼缘与连接板、下翼缘与支托顶板也可采用高强度螺栓连接。

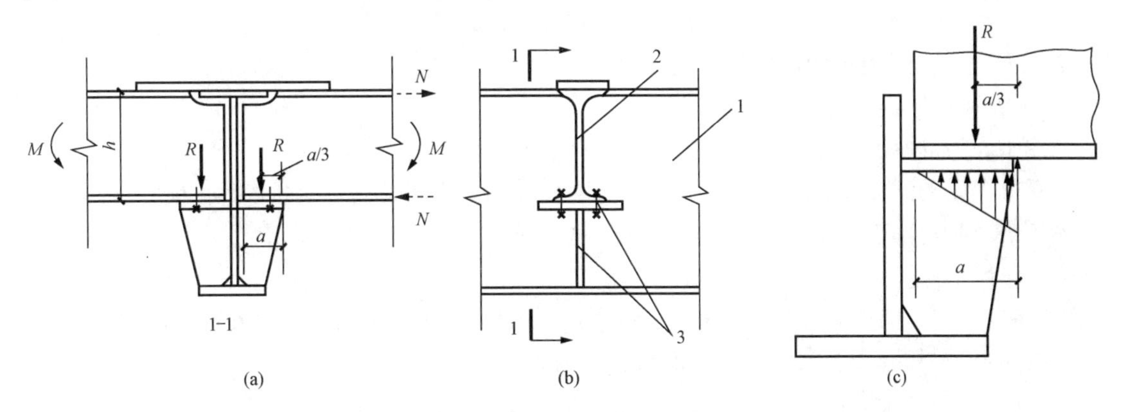

图 5-43　梁与梁刚性连接

（a）1—1 剖面；（b）正侧面刚性连接；（c）次梁支座反力 R 的作用位置

1—主梁；2—次梁；3—支托

三、梁的支座

放置在砌体、钢筋混凝土柱或钢柱上的钢梁通过支座，将荷载传给柱或墙体，再传给基础和地基。钢梁与钢柱的连接将在第 6 章中讨论，本节主要介绍支于砌体或钢筋混凝土上的支座。常用平板支座、弧形支座、铰轴式支座（图 5 - 44）三种形式。

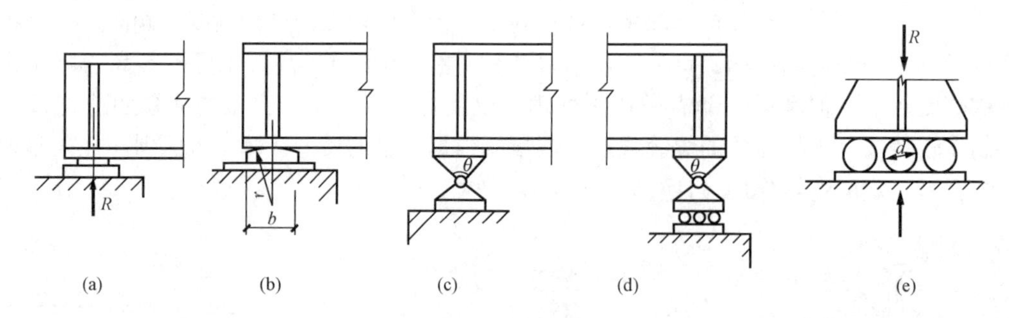

图 5 - 44　梁的支座

(a) 平板支座；(b) 弧形支座；(c) 铰轴式支座；(d) 滚轴支座；(e) 辊轴支座

平板支座系在梁端下面垫上钢板做成［图 5 - 44（a)］，使梁的端部不能自由移动和转动，一般用于跨度小于 20m 的梁中。弧形支座也称为切线式支座［图 5 - 44（b)］，由顶面切削成圆弧形的厚约 40～50mm 的钢垫板制成，梁能自由转动并可产生适量的移动（摩阻系数约为 0.2)，下部结构在支承面上的受力较均匀，常用于跨度为 20～40m，支座反力设计值不超过 750kN 的梁。铰轴式支座［图 5 - 44（c)］符合梁简支的力学模型，可以自由转动，下面设置滚轴时称为滚轴支座［图 5 - 44（d)］。这种支座构造较复杂，若取掉支座中的铰轴部分，可得构造较为简单的辊轴支座形式［图 5 - 44（e)］。辊轴支座能自由转动和移动，只能安装在简支梁的一端。铰轴式支座用于跨度大于 40m 的梁中。

支于砌体或钢筋混凝土柱上的平板支座，其底板应有足够面积将支座压力 R 传给砌体或钢筋混凝土柱，厚度应根据支座反力对底板产生的弯矩进行计算。底板厚度不宜小于 12mm。为了防止支承材料被压坏，支座垫板与支承结构顶面的接触面积 A 按下式确定

$$A = a \times b \geqslant R/f_{cc} \tag{5-83}$$

式中　f_{cc}——支承材料的承压强度设计值；

a、b——支座垫板的长和宽。

支座底板的厚度，按均布支座反力产生的最大弯矩进行计算。

弧形支座的圆弧面和辊轴支座的辊轴与钢板接触面之间为接触应力，为了防止弧形支座的弧形垫块和辊轴支座发生接触破坏，其支座反力 R 应满足下式的要求

$$R \leqslant 40ndlf^2/E \tag{5-84}$$

式中　d——弧形支座的弧形表面接触点曲率半径的 2 倍或辊轴支座的滚轴直径；

l——弧形表面或滚轴与平板的接触长度；

n——滚轴个数，对于弧形支座 $n=1$。

铰轴式支座的圆柱形枢轴，当两相同半径的圆柱形弧面自由接触面的中心角 $\theta \geqslant 90°$时，其承压应力应满足下式要求

$$\sigma = 2R/(dl) \leqslant f \tag{5-85}$$

式中　d——枢轴直径；

　　　l——枢轴纵向接触面长度。

在设计梁的支座时，除了保证梁端可靠传递支反力并符合梁的力学计算模型外，还应结合整个梁格的设计，采取必要的构造措施使支座有足够的水平抗震能力和防止梁端截面的侧移和扭转。

【例 5-2】　［例 5-1］中的焊接工字形截面主梁在跨中某截面处断开（图 5-45），梁断开截面内力设计值为 $M=920\text{kNm}$，$V=88\text{kN}$，钢材为 Q235B。采用 8.8 级高强度螺栓 M20 摩擦型连接，进行工地拼接，螺栓孔径为 21.5mm，构件表面经喷砂处理，设计此工地拼接。

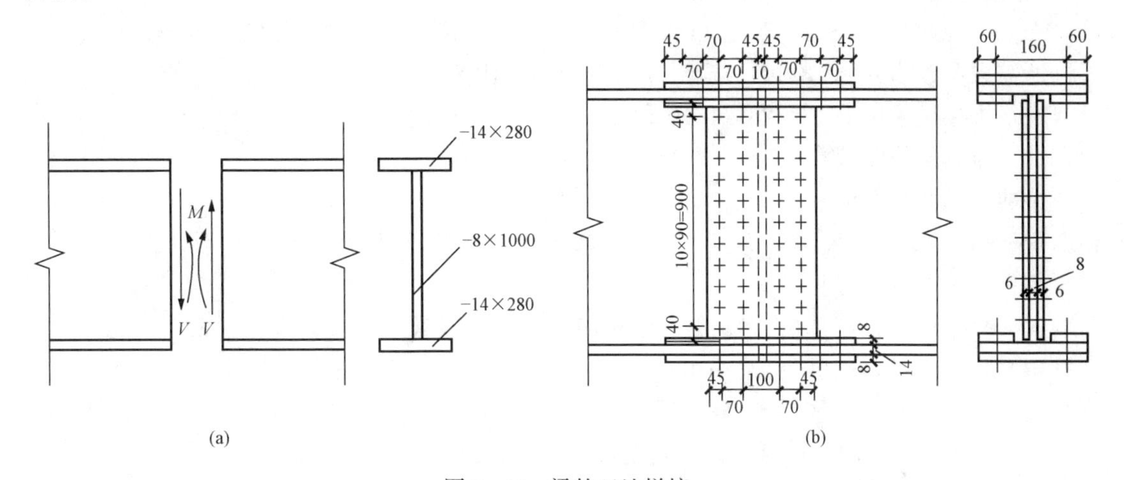

图 5-45　梁的工地拼接

（a）拼接截面内力；（b）拼接节点构造

解　（1）腹板拼接。

一个摩擦型高强度螺栓的抗剪承载力

$$N_V^b = 0.9 n_f \mu p = 0.9 \times 2 \times 0.45 \times 125 = 101.25(\text{kN})$$

梁的毛截面惯性矩

$$I = 280 \times 1\,028^3/12 - 272 \times 1\,000^3/12 = 2.682 \times 10^9 (\text{mm}^4)$$

腹板的毛截面惯性矩　　$I_w = 8 \times 1\,000^3/12 = 6.667 \times 10^8 (\text{mm}^4)$

腹板分担的弯矩　　$M_w = MI_w/I = 920 \times 6.667 \times 10^8 / 2.682 \times 10^9 = 228.7(\text{kN} \cdot \text{m})$

初选腹板拼接板为 2—6×330×980，在腹板拼接缝每侧设两列计 22 个螺栓，排列如图 5-45 所示。

剪力 V 移至拼接一侧螺栓群形心处引起的扭矩增量为

$$\Delta M = Ve = 88 \times 10^3 \times (50 + 35) = 7.48 \times 10^6 (\text{N} \cdot \text{mm})$$

螺栓群承受的总扭矩为　$M_w + \Delta M = 228.7 \times 10^6 + 7.48 \times 10^6 = 236.18 \times 10^6 (\text{N} \cdot \text{mm})$

螺栓群受力最大螺栓所承受的水平剪力为

$$T_1 = \frac{(M_w + \Delta M) y_1}{\sum y_i^2} = \frac{236.18 \times 10^6 \times 450}{4 \times (450^2 + 360^2 + 270^2 + 180^2 + 90^2)}$$

$$= 5.964 \times 10^4 (\text{N}) = 59.64(\text{kN})$$

每个高强度螺栓所承受的竖向剪力为　　$V_1 = V/n = 88/22 = 4(\mathrm{kN})$

$$N_1 = \sqrt{T_1^2 + V_1^2} = \sqrt{59.64^2 + 4^2} = 59.77(\mathrm{kN}) < N_v^b = 101.25\mathrm{kN}$$

虽然螺栓受力大小比承载力低的较多，但螺栓竖向间距已接近最大容许距离 $12t = 12 \times 8 = 96\mathrm{mm}$，构造要求已不能再减少所用螺栓数。

（2）翼缘拼接。

1）按翼缘与腹板分担弯矩计算

$$N_f = (M - M_w)/h_1 = (920 - 228.7) \times 10^6 / 1\,014 = 6.82 \times 10^5(\mathrm{N}) = 682(\mathrm{kN})$$

所需螺栓数为 $n = 682/101.25 = 6.73$ 个，取用 8 个。

2）按连接与翼缘等强度进行设计

$$A_{nf1} f = (280 - 2 \times 21.5) \times 14 \times 215 = 3\,318 \times 215 = 7.13 \times 10^5(\mathrm{N}) = 713(\mathrm{kN})$$

所需螺栓数为 $n = 713/101.25 = 7.041\,9$ 个，取用 8 个。

翼缘拼接板采用 1—8×280×610 和 2—8×120×610。

（3）净截面强度验算。

梁的净截面惯性矩为

$$I_n = 2.681\,93 \times 10^9 - 4 \times 14 \times 21.5 \times 507^2 - 2 \times 8 \times 21.5 \times (450^2 + 360^2 + 270^2 + 180^2 + 90^2) = 2.219\,19 \times 10^9(\mathrm{mm}^4)$$

$$\sigma = My/I_n = 920 \times 10^6 \times 514 / 2.219\,19 \times 10^9 = 213(\mathrm{N/mm^2}) < f = 215\mathrm{N/mm^2}$$

$$\tau = V/A_{wn} = 88 \times 10^3 / [8 \times (1\,000 - 11 \times 21.5)] = 14(\mathrm{N/mm^2}) < f_v = 125\mathrm{N/mm^2}$$

满足要求。

以上验算中，为简化计算且偏于安全，未考虑孔前传力。

翼缘拼接板验算。

翼缘拼接板净面积为 $A_{fsn} = 8 \times (280 + 2 \times 120 - 4 \times 21.5) = 3\,472(\mathrm{mm^2}) > A_{nf1} = 3\,318\mathrm{mm^2}$

$$\sigma = 682 \times 10^3 (1 - 0.5 \times 2/8)/3318 = 179.85(\mathrm{N/mm^2}) < f = 215\mathrm{N/mm^2}$$

腹板拼接板验算。

腹板拼接板总净惯性矩为

$$I_{ws} = 2 \times 6 \times 980^3/12 - 4 \times 6 \times 21.5 \times (45^2 + 36^2 + 27^2 + 18^2 + 9^2) = 9.389 \times 10^8(\mathrm{mm}^4)$$

$$\sigma = \frac{M_w \times 490}{I_{ws}} = \frac{2.287 \times 10^8 \times 490}{9.389 \times 10^8} = 119.4(\mathrm{N/mm^2}) < f = 215\mathrm{N/mm^2}$$

满足要求。

思考题

1. 简支梁需满足哪些条件，才能按部分截面发展塑性计算抗弯强度？
2. 截面塑性发展系数的意义是什么？与截面形状系数（形常数）有何联系？
3. 组合梁在什么情况下需进行折算应力计算？计算公式中的符号分别代表什么意义？
4. 影响梁整体稳定性的因素有哪些？
5. 为了提高钢梁的整体稳定性，设计时可采取哪些措施？

6. 若考虑截面部分塑性，设计组合梁时，梁的翼缘板应满足什么条件？

7. 组合梁的截面高度由哪些条件确定？是否都必须满足？当 $h_e < h_{min}$ 时，梁高如何确定？

8. 组合梁腹板与翼缘的焊缝承受什么力的作用？这种力是怎么产生的？焊缝长度有无限制？

9. 组合梁的翼缘不满足局部稳定性要求时，应如何处理？

10. 腹板加劲肋有哪几种形式？各用于哪些情况来提高腹板的局部稳定性？

11. 组合梁腹板配置加劲肋的原则有哪些？这些原则是根据什么因素决定的？

12. 组合梁腹板横向加劲肋和纵向加劲肋设置时，应注意哪些问题？纵向加劲肋沿纵向为何不设于中和轴处？

13. 考虑腹板屈曲后强度的组合梁应满足哪些条件？有无最大高厚比限制？

14. 梁的支座和中间支承加劲肋各按什么类型构件进行稳定验算？计算长度如何取？

15. 在什么情况下可把梁设计成变截面梁，有哪几种变化方式？各有什么特点？

16. 梁的强度计算包含哪些方面的计算？

17. 梁的拼接有哪几种类型？各用于什么情况？各优先采用什么连接方式？

18. 钢梁工地拼接的设计原则是什么？

习　题

5-1　一简支梁跨度为5.5m，在梁上翼缘承受均布荷载作用，恒载标准值为10.2kN/m（不包括梁自重），活荷载（无动力作用）标准值为25kN/m，假定梁的受压翼缘有可靠的侧向支承，可以保证梁的整体稳定。梁采用热轧H型钢制作，钢材为Q235B。要求选择其最经济型钢截面规格，梁的容许挠度为 $l/250$。

5-2　一般条件同习题5-1，不同之处是梁的受压翼缘无可靠的侧向支承。要求按整体稳定性条件选择上述梁的截面规格。

5-3　某跨度为8 000mm的简支梁，跨中承受一集中荷载 P 作用，P 为静力荷载，荷载设计值为1 500kN，钢材为Q235B，截面选择采用双轴对称工字形截面。要求按强度条件设计梁的截面尺寸。

5-4　某跨度为8 000mm的简支梁，跨中承受一集中荷载 P 作用，P 为静力荷载，荷载设计值为800kN，钢材为Q235B，截面为双轴对称工字形截面，要求按整体和局部稳定性条件设计梁的截面尺寸。

5-5　图5-46所示简支梁，跨度为15m，均布恒载标准值为 $q=15$kN/m（已包括梁的自重），固定集中活载标准值为 $F=340$kN（无动力作用），材料为Q355钢，梁的容许挠度为 $l/400$。梁在固定集中荷载作用处有侧向支承点，可以阻止梁受压翼缘的侧向移动。拟选用焊接工字形截面梁，试设计此梁的截面尺寸，并设计加劲肋。

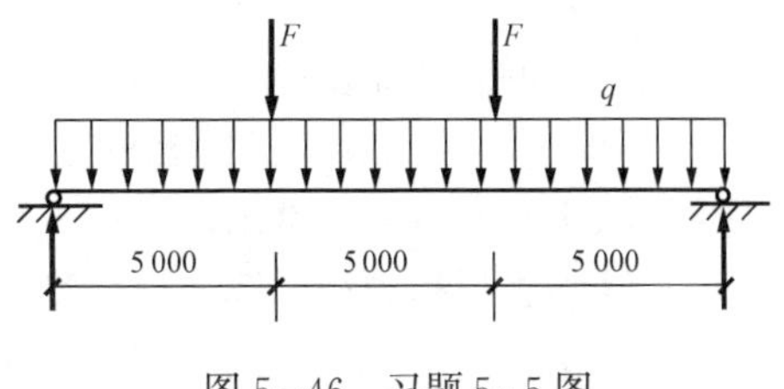

图5-46　习题5-5图

5-6　图5-47所示为两种简支梁截面，其截面面积大小相同。两梁的跨度均为12m，梁上翼缘没有可靠侧向支承，承受相同的均布荷载，大小亦相同，均作用在梁的上翼缘，钢材为 Q235B。要求比较梁的整体稳定系数 φ_b，说明何者整体稳定性更好？

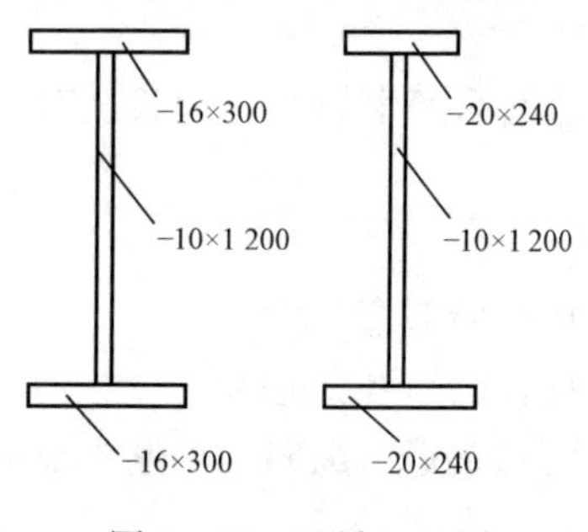

图 5-47　习题 5-6 图

5-7　某工作平台的布置简图如图 5-48 所示，材料选用 Q235B，平台上恒载的标准值为 $4kN/m^2$，活荷载的标准值为 $9kN/m^2$（无动力作用）。平台板为刚性，可以保证次梁的整体稳定。要求完成以下设计内容：

（1）次梁采用热轧 H 型钢，选择中间次梁截面规格；

（2）主梁采用等截面焊接工字形截面梁，设计中间主梁；

（3）主梁采用变截面焊接工字形截面梁，设计中间主梁；

（4）计算主梁腹板与翼缘的连接焊缝；

（5）设计主梁加劲肋；

（6）假定主梁在跨中断开，分段运往工地，设计采用高强度螺栓连接的工地拼接；

（7）次梁连接在主梁的侧面，设计主次梁连接。

5-8　某简支梁如图 5-49 所示，截面为单轴对称工字形截面，材料采用 Q235B 钢，梁有可靠的侧向支承，承受跨中集中荷载设计值（未包括梁自重）$F=160kN$。验算该梁是否满足整体稳定性和局部稳定性要求。

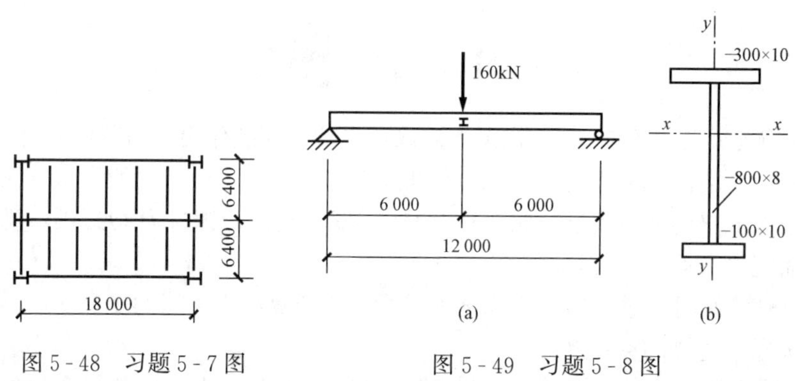

图 5-48　习题 5-7 图　　图 5-49　习题 5-8 图

5-9　某跨度为 10 000mm 的简支梁，在距梁左右两端 2 000mm 处梁顶面各作用一由次梁传来的静力集中荷载 P，沿梁长度方向的支承长度各为 100mm，荷载设计值为 300kN，钢材为 Q235B，截面为双轴对称工字形截面，翼缘尺寸为—280×10，腹板尺寸为—800×8。要求对梁进行强度验算，并指明计算位置。

5-10　某露顶式平面钢闸门的实腹式主梁，计算跨度 10.6m，荷载跨度 10m，主梁承受均布荷载 $q=120kN/m$（设计水位下的静水压力）。主梁上翼缘和钢面板相连接。面板兼作主梁上翼缘的有效宽度可取为 $B=60\delta+c$，其中，面板厚度 $\delta=8mm$，c 为主梁上翼缘的宽度，可初选为 140mm；横隔板间距为 2.65m。钢材采用 Q235 钢，焊条采用 E50 系列。按照现行《水利水电工程钢闸门设计规范》（SL 74）设计主梁，内容包括：截面选择，截面改变，翼缘与腹板间焊缝计算，局部稳定验算。

5-11　试画出一次梁与主梁刚性连接的构造图，并说明传力过程。

第六章 拉弯和压弯构件

第一节 概 述

一、定义

同时承受弯矩和轴心拉力或轴心压力的构件称为拉弯构件或压弯构件。压弯构件也称为梁—柱。构件的弯矩可由纵向荷载不通过构件截面形心的偏心所引起［图 6-1（a）］，也可由横向荷载所引起［图 6-1（b）］，或由构件端部转角约束（如固定端、连续或刚架梁、柱等）产生的端部弯矩所引起［图 6-1（c）］。只有绕截面一个形心主轴的弯矩作用时，称为单向拉弯构件或压弯构件；绕截面两个形心主轴都有弯矩时，称为双向拉弯构件或压弯构件。压弯和拉弯构件是钢结构中常用的构件形式，例如单层厂房的柱、多层或高层房屋的框架柱、承受不对称荷载的工作平台柱，以及支架柱、塔架、桅杆塔等常是压弯构件；桁架中承受节间内荷载的杆件则是压弯或拉弯构件。

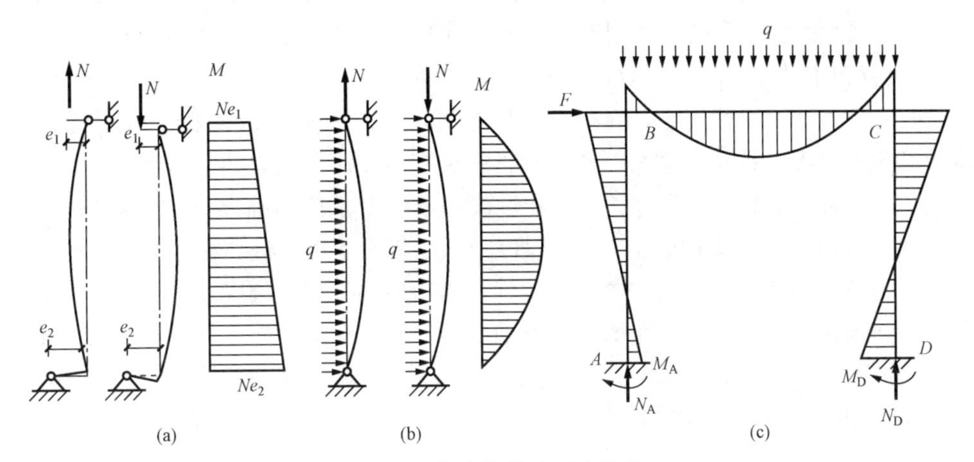

图 6-1　拉弯构件和压弯构件

（a）偏心受力构件；（b）轴心力与横向荷载联合作用的构件；（c）刚架

二、截面形式

拉弯和压弯构件的截面形式分为实腹式和格构式两大类，通常在弯矩作用方向具有较大的截面尺寸，使在该方向有较大的截面抵抗矩、回转半径和抗弯刚度，以便更好地承受弯矩。在格构式构件中，通常使虚轴垂直于弯矩作用平面，以便根据承受弯矩的需要，更好、更灵活地调整两分肢间的距离。常用截面形式如图 6-2 所示。当弯矩较小和正负弯矩绝对值大致相等或使用上有特殊要求时，常采用双轴对称截面［图 6-2（a）］。当构件的正负弯矩绝对值相差较大时，为了节省钢材，常采用单轴对称截面［图 6-2（b）］。

三、破坏形式

拉弯构件通常是强度破坏，以截面出现塑性铰作为承载力极限。拉弯构件一般只需进行强度和刚度计算，但当弯矩较大而拉力较小时，拉弯构件与梁的受力状态接近，也应考虑和

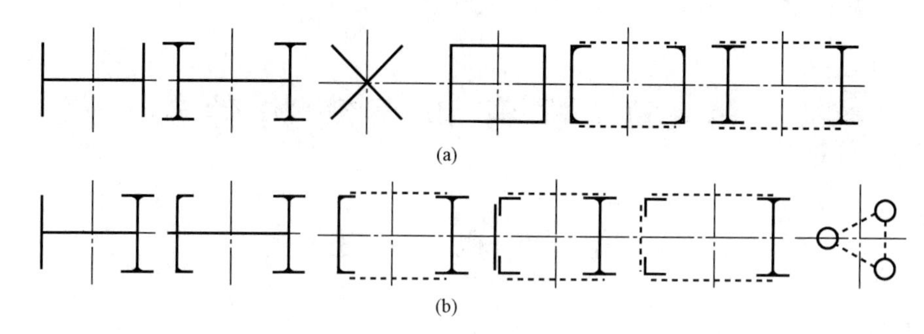

图 6-2 拉弯和压弯构件的截面型式

（a）双轴对称截面；（b）单轴对称截面

计算构件的整体稳定以及受压板件或分肢的局部稳定。

单向压弯构件整体破坏有以下三种形式：第一种为强度破坏。当构件上有孔洞等削弱较多时或杆端弯矩大于构件中间部分弯矩时，有可能发生强度破坏。第二种破坏形式为弯矩作用平面内丧失整体稳定性。当构件在轴心力 N 和弯矩 M 共同作用下，开始加载后构件就在弯矩作用平面内发生弯曲变形［图 6-3（a）］。用 v 表示构件中高截面处弯矩作用平面内的位移，若材料为无限弹性体，N-v 曲线如图 6-3（b）中 OAB 所示，在 N 接近欧拉荷载时，v 趋向无限大。实际钢结构所用钢材为弹塑性材料，N-v 曲线为 $OACD$。当 N 不超过 N_{ux}时，v 随着 N 的加大而增大（OAC 段），构件内、外力矩的平衡是稳定的。当 N 达到 N_{ux}后，N-v 曲线如 CD 段所示，在减小荷载情况下 v 仍不断增大，截面内力矩已不能与外力矩保持稳定的平衡。称这种现象为压弯构件丧失弯矩作用平面内的整体稳定，它属于弯曲失稳（屈曲）。图中 C 点是构件由稳定平衡过渡到不稳定平衡的临界点，也是 N-v 曲线的极值点，属于极值失稳。称相应于 C 点的轴力 N_{ux}为极限荷载、破坏荷载或最大荷载。第三种破坏形式为弯矩作用平面外丧失整体稳定性。当压弯构件侧向刚度较小时，一旦荷载达某一值，构件将突然发生弯矩作用平面外的弯曲变形，并伴随绕纵向剪切中心轴的扭转，而发生破坏，如图 6-3（c）所示，称这种现象为压弯构件丧失弯矩作用平面外的整体稳定性，它属于弯扭失稳（屈曲）。上述两种整体稳定性质不同，应分别研究它们的计算方法。

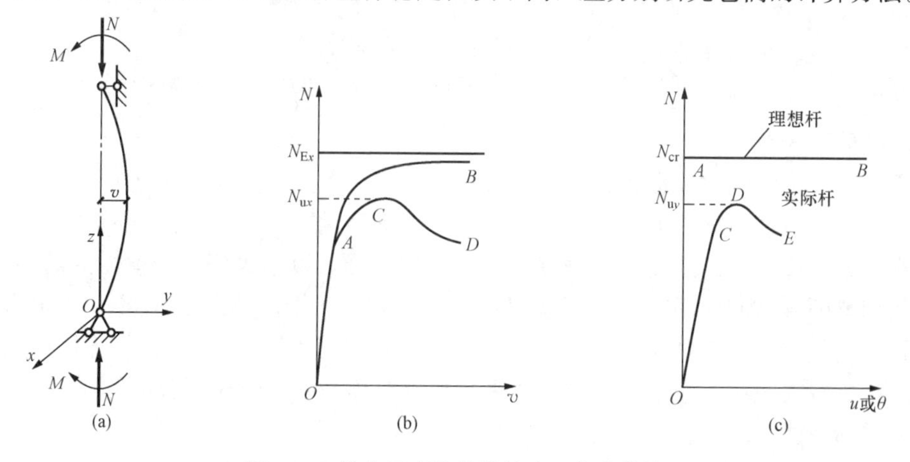

图 6-3 单向压弯构件的轴力—位移曲线

（a）弯矩作用平面内弯曲变形；（b）N-v 曲线；（c）N-u 或 θ 曲线

双向压弯构件的整体失稳变形为双向弯曲并伴随扭转，属于弯扭失稳。

组成压弯构件的部分或全部板件可能受压，若受压板件发生屈曲，即发生局部失稳（屈曲），将导致压弯构件整体稳定承载力降低。

对于压弯构件，应进行强度、刚度、整体稳定性和局部稳定性计算。

第二节　拉弯、压弯构件的强度和刚度计算

一、拉弯和压弯构件的强度计算

1. 强度极限状态

《钢结构设计标准》（GB 50017）以拉弯和压弯构件的受力最不利截面（最大弯矩截面或有严重削弱的截面）出现塑性铰时作为构件的强度极限状态。根据轴力 N 和弯矩 M 内外力平衡条件，可求得不同截面形式构件在强度极限状态时 N 与 M 的相关关系式。相关公式的曲线如图 6-4 所示。当工字形截面的翼缘和腹板尺寸变化时，相关曲线也随之而变。图 6-4 的阴影区画出了常用工字形截面相关曲线的变化范围。各种截面的拉弯和压弯构件的强度相关曲线均为凸曲线，其变化范围较大。为了使计算简化，且可与轴心受力构件和梁的计算公式衔接，偏于安全地采用相关曲线中的直线作为设计计算公式的基础，其表达式为

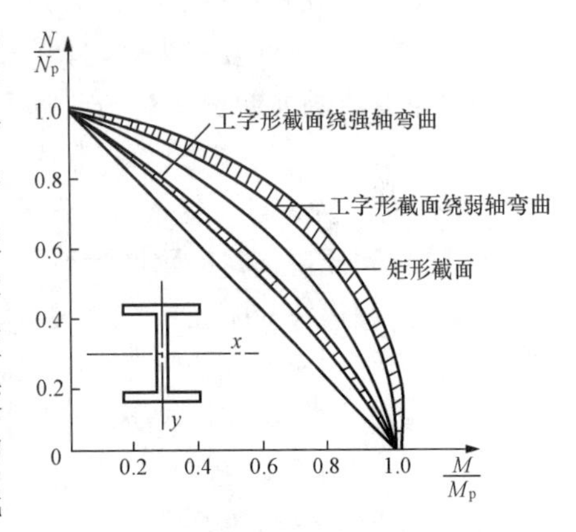

图 6-4　拉弯和压弯构件的强度相关曲线

$$\frac{N}{N_P}+\frac{M}{M_P}=1 \qquad (6-1)$$

式中　N_P——轴力 N 单独作用时，构件净截面屈服承载力，$N_P=f_yA_n$；

A_n——构件净截面面积；

M_P——弯矩 M 单独作用时，构件净截面塑性铰弯矩，$M_P=W_{pnx}f_y=\gamma_F W_{nx}f_y$；

W_{pnx}——构件净截面塑性模量；

γ_F——构件截面形常数。

根据不同情况，可以采用三种不同的强度计算准则：

（1）边缘纤维屈服准则。当构件受力最大边缘处的最大应力达到屈服强度时，即认为构件达到强度极限。按此准则，构件始终处于弹性阶段工作。《钢结构设计标准》（GB 50017）对于需要计算疲劳的构件和部分格构式构件的强度计算采用这一准则。《冷弯薄壁型钢结构技术规范》（GB 50018）也采用这一准则。

（2）全截面屈服准则。以构件受力最大截面形成塑性铰为强度极限，用于结构塑性设计。

（3）部分发展塑性准则。以构件受力最大截面的部分受压区或受拉区的应力达到屈服强度作为构件的强度极限，截面的塑性区发展深度根据具体情况来规定。

2. 强度计算

考虑构件因形成塑性铰而变形过大，以及截面上剪应力等的不利影响，与梁的强度计算

类似，设计时有限地利用塑性，用塑性发展系数 γ_x 取代式（6-1）中的截面形常数 γ_F。引入抗力分项系数后，《钢结构设计标准》（GB 50017）对承受单向弯矩作用的实腹式拉弯和压弯构件强度计算公式为

$$\frac{N}{A_n} \pm \frac{M_x}{\gamma_x W_{nx}} \leqslant f \tag{6-2}$$

承受双向弯矩作用时，采用与上式相衔接的线性公式

$$\frac{N}{A_n} \pm \frac{M_x}{\gamma_x W_{nx}} \pm \frac{M_y}{\gamma_y W_{ny}} \leqslant f \tag{6-3}$$

式中，截面塑性发展系数 γ_x、γ_y 按表 5-1 采用；W_{nx}、W_{ny}分别为同一截面处对 x 轴和 y 轴的构件净截面模量。

需要计算疲劳的拉弯和压弯构件，考虑动力荷载循环次数多，截面塑性发展可能不充分，以不考虑截面塑性发展为宜，仍按式（6-2）或式（6-3）进行计算，但宜取 $\gamma_x=\gamma_y=1.0$。当受压翼缘的外伸宽度 b_1 与其厚度 t 之比，$13\varepsilon_k \leqslant b_1/t \leqslant 15\varepsilon_k$ 时，为避免翼缘板沿纵向屈服后宽厚比太大在达到强度承载力之前失去局部稳定，取 $\gamma_x=1.0$。格构式构件绕虚轴（x 轴）弯曲时，为保证一定的安全裕度，仅考虑边缘纤维屈服，取 $\gamma_x=1.0$。

二、拉弯和压弯构件的刚度计算

拉弯和压弯构件的刚度计算公式与轴心受力构件相同，有关确定构件的计算长度系数、计算长度、长细比和容许长细比也与轴心受力构件相同。

【例 6-1】 验算图 6-5 所示拉弯构件的强度和刚度是否满足设计要求。轴心拉力设计值 $N=210$kN，构件长度中点横向集中荷载设计值 $F=31.2$kN，均为静力荷载。钢材 Q235B。杆件长度中点螺栓孔直径 $d_0=21.5$mm。

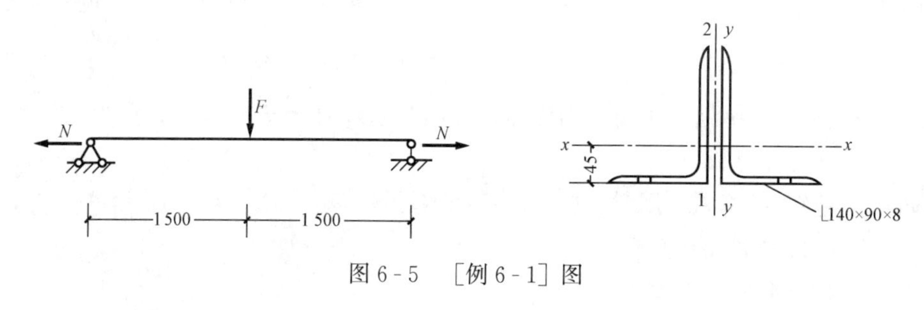

图 6-5 ［例 6-1］图

解 （1）强度计算。

1）截面几何特性。

查附录二型钢表得∟140×90×8 的截面特性为：$A=1\ 804\text{mm}^2$，$I_x=3.656\ 4\times10^6\text{mm}^4$，$i_x=45$mm，$z_y=45$mm 角钢自重 $g=14.16$kg/m，$A_n=2(1\ 804-21.5\times8)=3\ 264(\text{mm}^2)$

净截面抵抗矩。螺栓孔较小，为简化计算，设中和轴位置不变，仍与毛截面的相同。

肢背处 $W_{n1}=\dfrac{2[3.656\ 4\times10^6-21.5\times8\times(45-4)^2]}{45}=1.496\ 6\times10^5(\text{mm}^3)$

肢尖处 $W_{n2}=\dfrac{2[3.656\ 4\times10^6-21.5\times8\times(45-4)^2]}{95}=7.089\times10^4(\text{mm}^3)$

2）强度验算

$$M_{max}=\frac{Fl}{4}+\frac{\gamma_G g l^2}{8}=\frac{31.2\times3}{4}+\frac{1.2\times2\times14.16\times9.8\times3^2}{8\times10^3}=23.77(\text{kN}\cdot\text{m})$$

查表 5-1 得，$\gamma_{x1}=1.05$，$\gamma_{x2}=1.2$。

肢背处 $\dfrac{N}{A_n}+\dfrac{M_{max}}{\gamma_{x1}W_{n1}}=\dfrac{210\times10^3}{3\ 264}+\dfrac{23.77\times10^6}{1.05\times1.496\ 6\times10^5}=215.6(\text{N/mm}^2)\approx f=215\text{N/mm}^2$

肢尖处 $\dfrac{N}{A_n}-\dfrac{M_{max}}{\gamma_{x2}W_{n2}}=\dfrac{210\times10^3}{3\ 264}-\dfrac{23.77\times10^6}{1.2\times7.089\times10^4}=-215(\text{N/mm}^2)=f=-215\text{N/mm}^2$

满足要求。

(2) 刚度计算。构件承受静力荷载，故仅需计算竖向平面的长细比

$$\lambda_x=\frac{l}{i_x}=\frac{3\ 000}{45}=66.7<[\lambda]=350$$

满足要求。

第三节　压弯构件的整体稳定

一、实腹式压弯构件的整体稳定

1. 实腹式压弯构件在弯矩作用平面内的稳定性计算

压弯构件也存在残余应力、初弯曲等缺陷。确定压弯构件的承载力时要考虑缺陷影响，再加上不同截面形式和尺寸的影响，不论是采用解析法还是数值积分法，计算过程都是很繁复的，难以直接用于工程设计。《钢结构设计标准》(GB 50017) 通过对以边缘纤维屈服为承载力准则公式进行修改，作为实用计算公式。

(1) 边缘纤维屈服准则。等值弯矩作用的单向压弯构件如图 6-6 所示，构件的平衡微分方程为

$$EI\frac{d^2y}{dz^2}+Ny=-M_x \tag{6-4}$$

解方程并利用边界条件（$Z=0$ 和 $Z=l$ 处 $y=0$），可求出构件中点的最大挠度

$$v_m=\frac{M_x}{N}\left(\sec\frac{\pi}{2}\sqrt{\frac{N}{N_{Ex}}}-1\right) \tag{6-5}$$

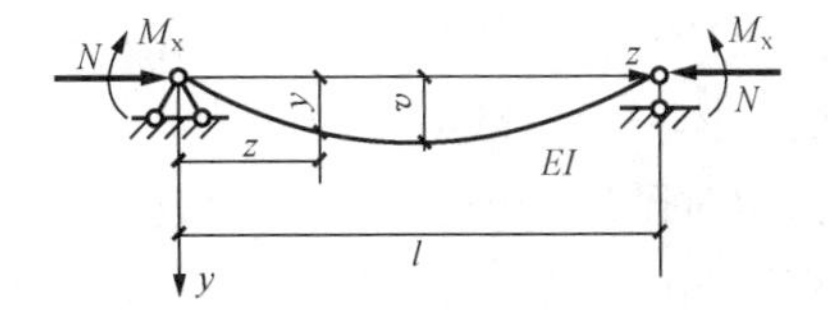

图 6-6　等值弯矩作用的单向压弯构件

由工程力学可知，在两端弯矩 M_x 作用下的简支梁跨度中点的最大挠度 v_0 为

$$v_0=\frac{M_xl^2}{8EI} \tag{6-6}$$

式 (6-5) 可写为

$$v_m=\alpha_v v_0 \tag{6-7}$$

$$\alpha_v=8(\sec\frac{\pi}{2}\ \sqrt{N/N_{Ex}}-1)/(\pi^2N/N_{Ex})$$

式中　α_v——挠度放大系数。

把 $\sec\left(\dfrac{\pi}{2}\sqrt{N/N_{Ex}}\right)$ 展开成幂级数后代入上式可得

$$\begin{aligned}\alpha_v&=1+1.028N/N_{Ex}+1.032(N/N_{Ex})^2+\cdots\\&\approx1+N/N_{Ex}+(N/N_{Ex})^2+\cdots=1/(1-N/N_{Ex})\end{aligned} \tag{6-8}$$

对于其他荷载作用下的压弯构件，也可推导得挠度放大系数近似为 $1/(1-N/N_{Ex})$。计

算分析表明，当 $N/N_{Ex}<0.6$ 时，误差不超过 2%。

考虑轴心压力 N 对弯矩的增加影响，压弯构件中的最大弯矩 M_{max} 可表示为

$$M_{max}=M_x+Nv_m=M_x+\frac{Nv_0}{1-N/N_{Ex}}=\frac{\beta_{mx}M_x}{1-N/N_{Ex}} \tag{6-9}$$

式（6-9）中，M_x 是把构件看作简支梁时由荷载产生的跨中最大弯矩，称为一阶弯矩；Nv_m 为轴心压力引起的附加弯矩，称为二阶弯矩。β_{mx} 称为等效弯矩系数，$\beta_{mx}=1-\frac{N}{N_E}+\frac{Nv_0}{M_x}$。简支构件的最大弯矩 M_x 和最大挠度 v_0 都随荷载而异，因此 β_{mx} 也随之而异。

构件的初始缺陷种类较多，为简化分析，引入轴心压力等效偏心距 e_0 来综合考虑各种初始缺陷，构件边缘纤维屈服条件为

$$\sigma=\frac{N}{A}+\frac{\beta_{mx}M_x+Ne_0}{W_x(1-N/N_E)}=f_y \tag{6-10}$$

初始缺陷主要是由加工制作和安装及构造方式引起的，可认为压弯构件与轴心受压构件的初始缺陷相同。当 $M=0$ 时，压弯构件转化为带有综合缺陷 e_0 的轴心受压构件，此时在 yoz 平面内稳定承载力为 $N=N_x=Af_y\varphi_x=N_P\varphi_x$。由式（6-10）可以得到

$$e_0=\frac{(Af_y-N_x)(N_E-N_x)}{N_xN_E}\frac{W_x}{A}$$

也可表示为

$$\frac{e_0}{W_x}=\frac{(N_P-N_x)}{N_xA}\left(1-\frac{N_x}{N_E}\right) \tag{6-11}$$

将式（6-11）代入式（6-10）得

$$\sigma=\frac{N}{\varphi_xA}+\frac{\beta_{mx}M_x}{W_x(1-\varphi_xN/N_E)}=f_y \tag{6-12}$$

式（6-12）即为压弯构件按边缘纤维屈服准则导出的相关公式。

（2）实腹式压弯构件弯矩作用平面内整体稳定性的计算公式。压弯构件在弯矩作用平面内的整体稳定承载力为极限荷载 N_{ux}（图 6-3）。实腹式压弯构件丧失弯矩作用平面内的整体稳定时已出现塑性，且构件还存在着几何缺陷和残余应力。取构件存在 $l/1\,000$ 的初弯曲和实测的残余应力分布，采用数值计算方法算出了大量压弯构件极限承载力曲线，作为确定实用计算公式的依据。把由数值计算方法得到的 N_{ux} 与用边缘纤维屈服准则导出的相关公式（6-12）中的轴心压力 N 进行对比，并对相关公式进行修改后作为实用计算公式。等效弯矩系数 β_{mx} 本意是使非均匀分布弯矩对构件稳定的效应和等效的均匀弯矩相同，为了简化计算，按照非均匀分布弯矩与均匀分布弯矩的压弯构件二者考虑二阶效应后的二阶弯矩最大值相等，得出设计采用值。

《钢结构设计标准》（GB 50017）考虑截面部分塑性开展，采用 γ_xW_{1x} 取代 W_x；用 0.8 代替式（6-12）第二项分母中的 φ_x，并把欧拉临界力除以抗力分项系数 γ_R 的平均值 1.1，使计算结果与数值计算法的结果最为接近。考虑抗力分项系数后，规范中关于实腹式单向压弯构件弯矩作用平面内的整体稳定计算公式为

$$\frac{N}{\varphi_xA}+\frac{\beta_{mx}M_x}{\gamma_xW_{1x}(1-0.8N/N'_{Ex})}\leqslant f \tag{6-13}$$

式中 N——压弯构件的轴心压力；

φ_x——弯矩作用平面内的轴心受压构件稳定系数；

M_x——所计算构件段范围内的最大弯矩；

N'_{Ex}——参数，$N'_{Ex}=\pi^2EA/(1.1\lambda_x^2)$；

W_{1x}——弯矩作用平面内受压最大纤维的毛截面模量；

γ_x——截面塑性发展系数，按表 5-1 采用；

β_{mx}——等效弯矩系数，按下列规定采用：

1）无侧移框架柱和两端支承的构件：

①无横向荷载作用时，$\beta_{mx}=0.6+0.4m$，$m=M_2/M_1$，M_1 和 M_2 为端弯矩，使构件产生同向曲率（无反弯点）时取同号，使构件产生反向曲率（有反弯点）时取异号，$|M_1|\geqslant|M_2|$。

②无端弯矩但有横向荷载作用时：

跨中单个集中荷载　　$\beta_{mx}=1-0.36N/N_{cr}$

全跨均布荷载　　$\beta_{mx}=1-0.18N/N_{cr}$

$$N_{cr}=\pi^2EI/(\mu l)^2$$

式中 N_{cr}——弹性临界力；

μ——构件的计算长度系数。

③有端弯矩和横向荷载同时作用时，将式（6-13）的 $\beta_{mx}M_x$ 取为 $\beta_{mqx}M_{qx}+\beta_{m1x}M_1$，即工况①和工况②等效弯矩的代数和。$\beta_{m1x}$ 和 β_{mqx} 分别按工况①和工况②计算的等效弯矩系数，M_{qx} 为横向荷载产生的弯矩最大值。

2）有侧移框架柱和悬臂构件。

①有横向荷载的柱脚铰接的单层框架柱和多层框架的底层柱，$\beta_{mx}=1.0$；其他框架柱，$\beta_{mx}=1-0.36N/N_{cr}$。

②自由端作用有弯矩的悬臂柱，$\beta_{mx}=1-0.36(1-m)N/N_{cr}$，式中 m 为自由端弯矩与固定端弯矩之比，当弯矩图无反弯点时取正号，有反弯点时取负号。

当框架内力采用二阶分析时，柱弯矩由无侧移弯矩和放大的侧移弯矩组成，此时可对两部分弯矩分别乘以无侧移柱和有侧移柱的等效弯矩系数。

对于 T 形、双角钢 T 形、槽形这些单轴对称截面的压弯构件，当弯矩作用于对称轴平面内且使翼缘受压时，构件失稳时可能出现受压区屈服、受压和受拉区同时屈服两种情况外，还可能在受拉区首先出现屈服而导致构件失去承载能力，故除了按式（6-13）计算外，还应按下式计算

$$\left|\frac{N}{A}-\frac{\beta_{mx}M_x}{\gamma_xW_{2x}(1-1.25N/N'_{Ex})}\right|\leqslant f \tag{6-14}$$

式中 W_{2x}——对无翼缘端的毛截面模量；

γ_x——与 W_{2x} 相应的截面塑性发展系数，$\gamma_x=1.2$（直接承受动力荷载时 $\gamma_x=1.0$）。

其余符号同式（6-13），上式第二项分母中的 1.25 也是经过与理论计算结果比较后引进的修正系数。

《冷弯薄壁型钢结构技术规范》（GB 50018）中单向压弯构件在弯矩作用平面内的整体稳定性采用边缘纤维屈服准，计算公式为

$$\frac{N}{\varphi_xA_e}+\frac{\beta_mM_x}{W_{ex}(1-\varphi N/N'_{Ex})}\leqslant f \tag{6-15}$$

式中 A_e——有效截面面积；

W_e——对最大受压边缘的有效截面模量。

其余符号意义与式（6-13）相同，具体取值见《冷弯薄壁型钢结构技术规范》（GB 50018）。

2. 实腹式单向压弯构件弯矩作用平面外的整体稳定计算

压弯构件既可能在弯矩作用平面内丧失整体稳定性，也可能在弯矩作用平面外丧失整体稳定性，因此应分别计算构件在弯矩作用平面内和平面外的稳定性。由于考虑初始缺陷的压弯构件侧扭屈曲弹塑性分析过于复杂，设计规范通过对理想压弯构件弯扭失稳的相关曲线进行修改，得出实用计算公式。根据弹性稳定理论，图6-3所示实腹式压弯构件在弯矩作用平面外丧失稳定的临界条件为

$$(1-N/N_y)(1-N/N_w)-(M_x/M_{cr})^2=0 \tag{6-16}$$

$$N_y=\pi^2 EI_y/l_{0y}^2$$

$$N_w=(GI_t+\pi^2 EI_w/l_w^2)/i_0^2$$

$$i_0^2=(I_x+I_y)/A$$

式中 N_y——轴心受压构件绕截面y轴的弯曲屈曲临界力，l_{0y}为构件侧向弯曲的自由长度；

N_w——构件的扭转屈曲临界力，i_0为截面的极回转半径，l_w为构件的扭转自由长度；

M_{cr}——纯弯曲梁的临界弯矩。

给出N_w/N_y的不同值，可绘N/N_y-M_x/M_{cr}的相关曲线，如图6-7所示。一般情况下N_w常大N_y，因而该曲线均为向上凸。直线关系的表达式为

$$\frac{N}{N_y}+\frac{M_x}{M_{cr}}=1 \tag{6-17}$$

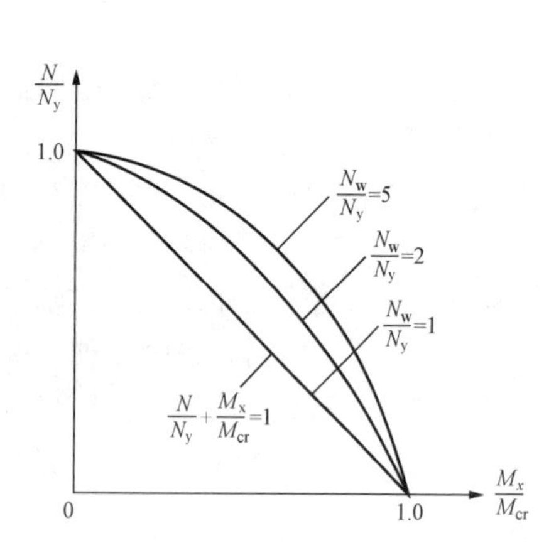

图6-7 弯扭屈曲时的相关曲线

若以直线表达式为基础进行设计，既简便又偏于安全。上式是根据弹性工作状态的双轴对称截面导出的理论公式简化得来的，理论分析和试验研究表明，对于单轴对称截面的压弯构件，只要用该单轴对称截面轴心受压构件的弯扭屈曲临界力N_{yz}代替式中的N_y，公式仍然适用。为使它也适用于弹塑性压弯构件的弯矩作用平面外稳定性计算，取$N_y=\varphi_y A f_y$和$M_{cr}=\varphi_b W_x f_y$，代入式（6-17），且引入不同截面形式时的截面影响系数η和截面塑性发展系数以及抗力分项系数后，即得《钢结构设计标准》（GB 50017）中关于单向压弯构件弯矩作用平面外的稳定性计算公式

$$\frac{N}{\varphi_y A}+\eta\frac{\beta_{tx}M_x}{\varphi_b W_{1x}}\leqslant f \tag{6-18}$$

式中 φ_y——弯矩作用平面外的轴心受压构件稳定系数，对单轴对称截面应按考虑扭转效应λ_{yz}查出。

M_x——所计算构件段范围内的最大弯矩设计值。

η——截面影响系数，闭口截面$\eta=0.7$，其他截面$\eta=1.0$。

β_{tx}——等效弯矩系数，对在弯矩作用平面外有侧向支承的构件，应根据两相邻侧向支承点间构件段内的荷载和内力情况确定。无横向荷载作用时，取 $\beta_{tx}=0.65+0.35m$；端弯矩和横向荷载同时作用，使构件产生同向曲率或反向曲率时，$\beta_{tx}=1.0$ 或 $\beta_{tx}=0.85$；无端弯矩但有横向荷载作用时和平面外为悬臂的构件，$\beta_{tx}=1.0$。

φ_b——均匀弯曲的受弯构件整体稳定系数。对于闭口截面，由于其抗扭刚度特别大，可取 $\varphi_b=1.0$。按第五章第三节中方法进行计算。对于工字形截面的非悬臂构件，可按第五章第三节中均匀弯曲的简化公式进行计算。

《冷弯薄壁型钢结构技术规范》(GB 50018) 中单向压弯构件弯矩作用平面外的整体稳定性计算公式为

$$\frac{N}{\varphi_y A_e}+\eta\frac{M_x}{\varphi_b W_{ex}}\leqslant f \tag{6-19}$$

式中，N、M_x、η 取值方法与式（6-18）相同，A_e、w_e与式（6-15）相同，φ_y和 φ_b取值见《冷弯薄壁型钢结构技术规范》(GB 50018)。

3. 实腹式双向压弯构件的稳定计算

双向压弯构件的稳定承载力与 N、M_x和 M_y三者的相对大小有关，考虑各种缺陷影响时无法给出解析解。设计规范对单向压弯构件稳定计算公式进行了推广和组合，并实现双向压弯构件的稳定计算与轴心受压构件、单向压弯构件以及双向受弯构件的整体稳定计算相互衔接，对弯矩作用在两个主平面内的双轴对称实腹式工字形截面和箱形截面的压弯构件，规定其整体稳定性按下列两公式计算

$$\frac{N}{\varphi_x A}+\frac{\beta_{mx}M_x}{\gamma_x W_x(1-0.8N/N'_{Ex})}+\eta\frac{\beta_{ty}M_y}{\varphi_{by}W_y}\leqslant f \tag{6-20}$$

$$\frac{N}{\varphi_y A}+\eta\frac{\beta_{tx}M_x}{\varphi_{bx}W_x}+\frac{\beta_{my}M_y}{\gamma_y W_y(1-0.8N/N'_{Ey})}\leqslant f \tag{6-21}$$

式中各符号意义同前，但其下角标 x 和 y 分别为关于截面强轴 x 的和关于截面弱轴 y 的。

理论计算和试验资料证明上述公式是偏于安全的。薄壁型钢结构规范中双向压弯构件整体稳定性计算公式形式与上式相似，具体见《冷弯薄壁型钢结构技术规范》(GB 50018)。

二、格构式压弯构件的整体稳定性计算

厂房框架柱和大型独立柱常采用格构柱，常为单向压弯双肢格构柱，截面在弯矩作用平面内的宽度较大，构件肢件基本上都采用缀条连接。当弯矩不大或正负号弯矩的绝对值相差较小时，常用双轴对称截面。当符号不变的弯矩较大或正负号弯矩的绝对值相差较大时，可采用单轴对称截面，并把较大肢件放在较大弯矩产生压应力的一侧。

1. 弯矩绕实轴（y 轴）作用的格构式压弯构件

弯矩绕实轴作用的格构式压弯构件，其弯矩作用平面内和平面外的稳定性计算方法与实腹式构件的相同。但在计算平面外的稳定性时，关于虚轴应取换算长细比来确定 φ_x值，稳定系数 φ_b应取 1.0。

2. 弯矩绕虚轴（x 轴）作用的格构式压弯构件

单向压弯双肢格构柱一般是以虚轴作为弯曲轴，绕虚轴的截面模量较大。在弯矩作用平面内失稳采用考虑初始缺陷的以截面边缘纤维屈服作为计算依据，根据截面塑性发展和安全裕度特点，给出弯矩作用平面内整体稳定的计算公式

$$\frac{N}{\varphi_{x}A}+\frac{\beta_{mx}M_{x}}{W_{1x}(1-N/N'_{Ex})}\leqslant f \tag{6-22}$$

$$W_{1x}=I_{x}/y_{0}$$

式中，I_x为截面对 x 轴的毛截面抵抗矩；y_0 为由 x 轴到压力较大分肢的轴线距离或到压力较大分肢腹板边缘的距离，两者中取其较大者，参见图 6-8；φ_x 和 N_{Ex} 由换算长细比 λ_{0x} 确定。

格构式压弯构件两分肢受力不等，受压较大分肢上的平均应力大于整个截面的平均应力，因而还需对分肢进行稳定性计算。可把分肢视作桁架的弦杆来计算每个分肢的轴心力（图 6-8）。

分肢 1：
$$N_{1}=(Ny_{2}+M_{x})/c \tag{6-23}$$

分肢 2：
$$N_{2}=N-N_{1} \tag{6-24}$$

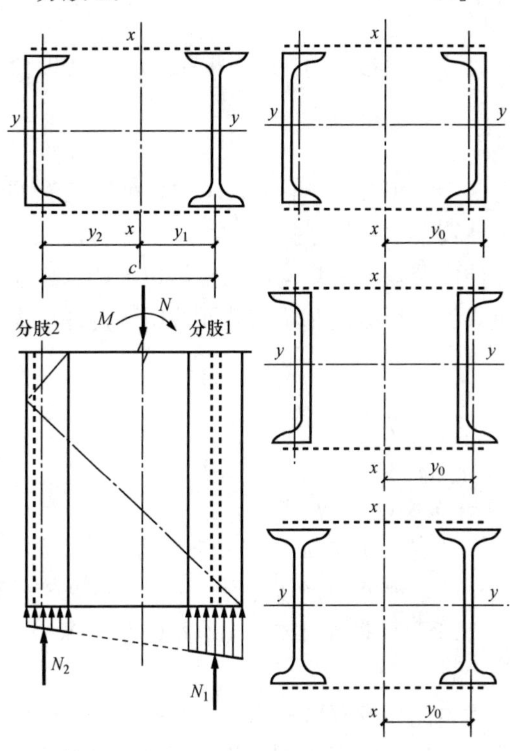

图 6-8　截面中 $W_{1x}=I_x/y_0$ 的 y_0 取值

缀条式压弯构件的单肢按轴心受压构件计算。单肢的计算长度在缀材平面内取缀条体系的节间长度，而在缀材平面外则取侧向支承点之间的距离。

缀板式压弯构件的单肢除承受轴心力 N_1 或 N_2 作用外，还承受由剪力引起的局部弯矩，剪力取实际剪力和按式（4-82）求出的剪力二者中的较大值。计算肢件在弯矩作用平面内的稳定性时，取一个节间的单肢按压弯构件计算其弯矩作用平面内的稳定性。计算肢件在弯矩作用平面外的稳定性时，计算长度取侧向支承点之间的距离，按轴心受压构件计算。

受压较大分肢在弯矩作用平面外的计算长度与整个构件相同，只要受压较大分肢在其两个主轴方向的稳定性得到满足，整个构件在弯矩作用平面外的整体稳定性也得到保证，因此不必再计算整个构件在弯矩作用平面外的稳定性。

3. 双向压弯格构式构件

弯矩作用在两个主平面内的双肢格构式压弯构件（图 6-9），其整体稳定性按下列规定计算。

（1）整体稳定计算。采用与边缘屈服准则导出的弯矩绕虚轴作用的格构式压弯构件平面内整体稳定计算式（6-21）相衔接的直线式进行计算

$$\frac{N}{\varphi_{x}A}+\frac{\beta_{mx}M_{x}}{W_{1x}(1-N/N'_{Ex})}+\frac{\beta_{ty}M_{y}}{W_{1y}}\leqslant f \tag{6-25}$$

式中，φ_x和 N'_{Ex}由换算长细比确定。

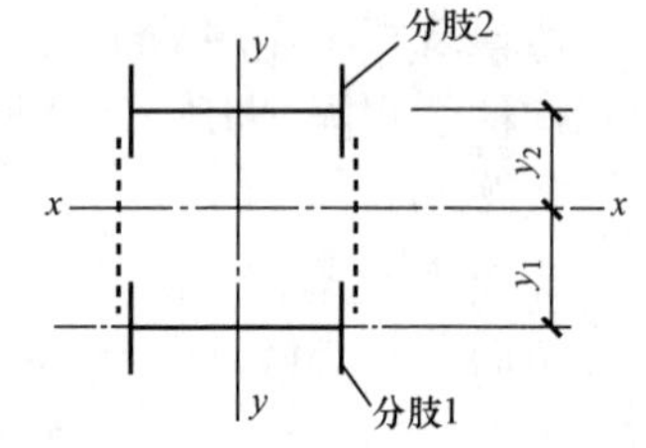

图 6-9　双向压弯格构式构件

(2) 分肢的稳定计算。分肢按实腹式压弯构件计算，将分肢作为桁架弦杆计算其在轴力和弯矩共同作用下产生的内力（图 6-9）。

分肢 1
$$N_1 = N\frac{y_2}{a} + \frac{M_x}{a} \tag{6-26}$$

$$M_{y1} = \frac{I_1/y_1}{I_1/y_1 + I_2/y_2}M_y \tag{6-27}$$

分肢 2
$$N_2 = N - N_1 \tag{6-28}$$

$$M_{y2} = \frac{I_2/y_2}{I_1/y_1 + I_2/y_2}M_y \tag{6-29}$$

式中　I_1、I_2——分肢 1 和分肢 2 对 y 轴的惯性矩；

y_1、y_2——M_y作用的主轴平面至分肢 1 和分肢 2 轴线的距离。

上述公式适用于当 M_y作用在构件的主平面时的情形，当 M_y不是作用在构件的主轴平面而是作用在一个分肢的轴线平面（如图 6-9 中分肢 1 的 1—1 轴线平面），则取 M_y全部由该分肢承受。

4. 缀材计算

格构式压弯构件缀材的计算方法与格构式轴心受压构件相同，但剪力取构件的实际剪力和按式（4-82）计算得到的剪力中的较大值。

三、压弯构件的计算长度

压弯构件与轴心受力构件一样，将不同支承情况的构件长度代换为等效铰接支承的长度，采用计算长度系数 μ 来表达。单根压弯构件的计算长度系数与轴心受力构件相同，由表 4-4 查得。框架柱的计算长度见有关结构设计部分。

【例 6-2】　图 6-10 所示某焊接工字形截面压弯构件，承受轴心压力设计值为 800kN，构件长度中央的集中荷载设计值为 160kN。钢材为 Q235-B，构件的两端铰支，并在构件长度中央有一侧向支承点。翼缘为火焰切割边。要求验算构件的整体稳定性。

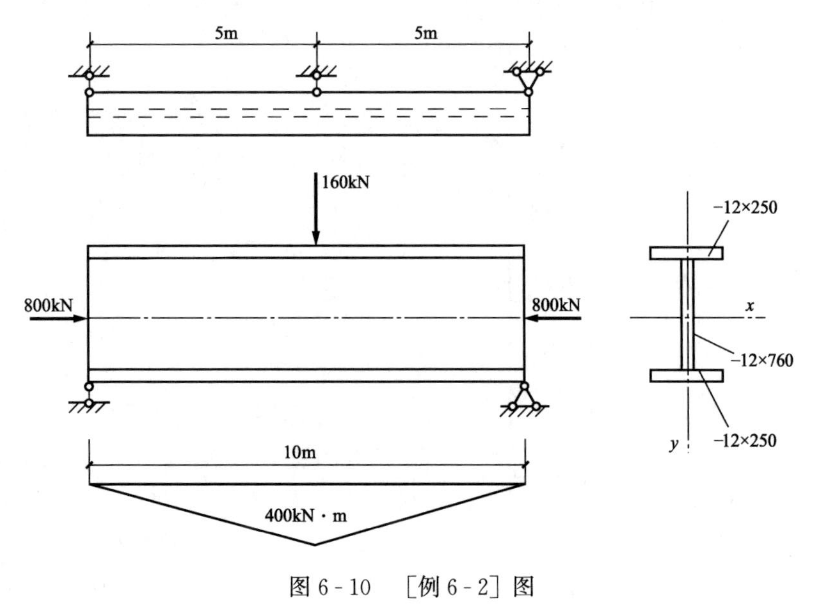

图 6-10　[例 6-2] 图

解 （1）截面特性。

$$A = 2\times 250\times 12 + 760\times 12 = 15\ 120(\text{mm}^2)$$

$$I_x = 2\times 250\times 12\times 386^2 + \frac{1}{12}\times 12\times 760^3 = 1.332\ 96\times 10^9(\text{mm}^4)$$

$$i_x = \sqrt{I_x/A} = \sqrt{1.332\ 96\times 10^9/15\ 120} = 296.9(\text{mm})$$

$$W_x = 2I_x/h = 1.332\ 96\times 10^9/392 = 3.400\times 10^6(\text{mm}^3)$$

$$I_y = 2\times 12\times 250^3/12 = 3.125\times 10^7(\text{mm}^4)$$

$$i_y = \sqrt{I_y/A} = \sqrt{3.125\times 10^7/15\ 100} = 45.5(\text{mm})$$

（2）验算构件在弯矩作用平面内的稳定性。

$\lambda_x = l_x/i_x = 10\ 000/296.9 = 33.7$，按 b 类截面查附表 1-2 得，$\varphi_x = 0.923$，则

$$N'_{Ex} = \frac{\pi^2 E}{1.1\lambda_x^2}A = \frac{\pi^2\times 2.06\times 10^5}{1.1\times 33.7^2}\times 15\ 120\times 10^{-3} = 24\ 607(\text{kN})$$

构件端部无弯矩，但跨中有一个横向集中荷载作用，则

$$\beta_{mx} = 1 - 0.36\times N/N_{Ex} = 1 - 0.36\times 800/(24\ 575\times 1.1) = 0.99$$

$$\frac{N}{\varphi_x A} + \frac{\beta_{mx}M_x}{\gamma_x W_x(1-0.8N/N'_{Ex})} = \frac{800\times 10^3}{0.923\times 15\ 120} + \frac{0.99\times 400\times 10^6}{1.05\times 3.400\times 10^6(1-0.8\times 800/24\ 575)}$$

$$= 171.2(\text{N/mm}^2) < f = 215\text{N/mm}^2$$

弯矩作用平面内整体稳定性满足要求。

（3）验算构件在弯矩作用平面外的稳定性。

$\lambda_y = l_y/i_y = 5\ 000/45.5 = 110$，按 b 类截面查附表 1-2 得，$\varphi_y = 0.493$；$\eta = 1.0$，在侧向支承点范围内，杆段一端的弯矩为 400kN·m，另一端为零，$\beta_{tx} = 0.65$。

$$\varphi_b = 1.07 - \lambda_y^2/44\ 000 = 1.07 - 110^2/44\ 000 = 0.795$$

$$\frac{N}{\varphi_y A} + \eta\frac{\beta_{tx}M_x}{\varphi_b W_x} = \frac{800\times 10^3}{0.493\times 15\ 200} + 1.0\times\frac{0.65\times 400\times 10^6}{0.795\times 3.400\times 10^6}$$

$$= 203.5(\text{N/mm}^2) < f = 215\text{N/mm}^2$$

整体稳定性满足要求。

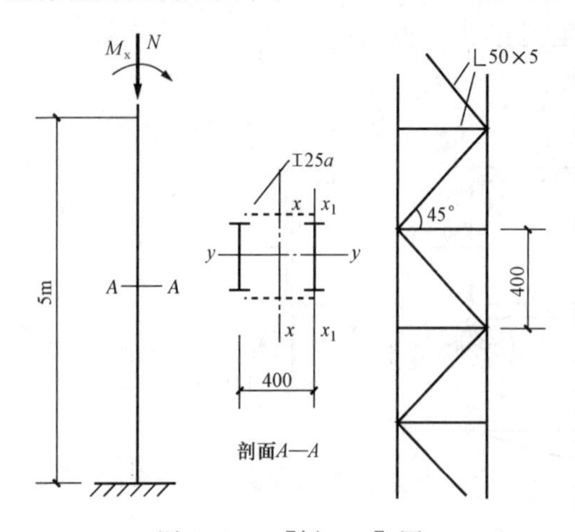

图 6-11 ［例 6-3］图

【例 6-3】 图 6-11 所示某悬臂柱，承受轴心压力 $N = 500$kN（设计值），截面由两个 25a 工字钢组成，缀条用└ 50×5，钢材为 Q235 钢。弯矩 M_x 绕虚轴作用，要求确定构件所能承受的弯矩 M_x 的设计值。

解 （1）构件在弯矩作用平面内的稳定承载力计算。

1）截面特性。查附录二型钢表得一个 25a 工字钢的截面积 $A_0 = 4\ 850\text{mm}^2$，$I_{x1} = 2.8\times 10^6\text{mm}^4$，$I_y = 5.02\times 10^7\text{mm}^4$，$i_{x1} = 24$mm，$i_y = 101.8$mm。└ 50×5 的截面积 $A_1 = 480\text{mm}^2$，则有

$$A = 2\times A_0 = 2\times 4\ 850 = 9700(\text{mm}^2)$$

$$I_x = 2\times(2.8\times 10^6 + 4\ 850\times 200^2) = 3.936\times 10^8(\text{mm}^4)$$

$$i_x = \sqrt{I_x/A} = \sqrt{3.936\times10^8/9\ 700} = 201.4(\text{mm})$$
$$W_{1x} = I_x/y_0 = 3.936\times10^8/200 = 1.968\times10^6(\text{mm}^3)$$

2）构件在弯矩作用平面内的稳定承载力。

$$l_x = 2\times5000 = 10\ 000(\text{mm}),\ \lambda_x = l_x/i_x = 10\ 000/201.4 = 49.7$$

换算长细比 $\lambda_{0x}=\sqrt{\lambda_x^2+27A/(2A_1)}=\sqrt{49.7^2+27\times9\ 700/(2\times480)}=52.4$

$$N'_{Ex}=\frac{\pi^2E}{1.1\lambda_{0x}^2}A=\frac{\pi^2\times2.06\times10^5}{1.1\times52.4^2}\times9\ 700=6.530\times10^6(\text{N})=6\ 530(\text{kN})$$

按 b 类截面查附表 2 - 2，$\varphi_x=0.845$，悬臂柱 $\beta_{mx}=1.0$，在弯矩作用平面内的稳定性为

$$\frac{N}{\varphi_xA}+\frac{\beta_{mx}M_x}{W_{1x}(1-N/N'_{Ex})}\leqslant f$$

由 $\dfrac{500\times10^3}{0.845\times9\ 700}+\dfrac{1.0\times M_x}{1.968\times10^6\times(1-500/6\ 530)}=215$，得到 $M_x=2.80\times10^8(\text{N}\cdot\text{mm})=280.0(\text{kN}\cdot\text{m})$。

（2）单肢稳定承载力计算。

右肢承受的轴压力最大 $N_1=N/2+M_x/a=500\times10^3/2+M_x/(400)=250\times10^3+2.5\times10^{-3}M_x$。

$$\lambda_{x1}=l_{x1}/i_{x1}=400/24=16.7,\lambda_y=l_y/i_y=2\times5\ 000/101.8=98.2$$

单根工字钢关于 x_1 和 y 轴分别属于 b 类和 a 类，查稳定系数表可得 $\varphi_{x1}=0.979$ 和 $\varphi_y=0.652$。

单肢稳定性 $N_1/(\varphi_yA_1)\leqslant f$

由 $(250\times10^3+2.5\times10^{-3}M_x)/(0.652\times4\ 850)=215$，得到 $M_x=1.719\ 5\times10^8(\text{N}\cdot\text{mm})=171.95(\text{kN}\cdot\text{m})$。

此压弯构件由稳定条件确定的弯矩承载力设计值为 171.95kN·m。

讨论：此压弯构件承载力由单肢稳定条件确定，单肢稳定确定的弯矩承载力约为整体稳定条件确定值的 60.7%，经济性较差。这是由于 λ_y 过大造成，可通过减小 λ_y 值来提高经济性。如果在弯矩作用平面外柱的两端设置支撑，柱的计算长度 $l_y=5\ 000$mm，减小了一半，同理可求得 $M_x=283.3$kN·m，稍大于由整体稳定条件确定的承载力，此时压弯构件的弯矩承载力设计值为 280.0kN·m，比原设计提高近 40%。

【例 6 - 4】 图 6 - 12 为某单层厂房框架柱的下柱截面图，在框架平面内属于有侧移框架柱，柱与基础刚接，柱整体在框架平面内和平面外的计算长度分别为 $l_{0x}=21.7$m 和 $l_{0y}=12.21$m，钢材为 Q235。柱肢翼缘为火焰切割边。试验算在下列组合内力（设计值）作用下，柱是否满足设计要求。第一组使分肢 1 受压最大：$M_x=3\ 340$kN·m，$N=4\ 500$kN，$V=210$kN；第二组使分肢 2 受压最大：$M_x=2\ 700$kN·m，$N=4\ 400$kN，$V=210$kN。

解 （1）截面几何特性。

分肢 1：$A_1=2\times400\times20+640\times16=2.624\times10^4(\text{mm}^2)$

$I_{y1}=(400\times680^3-384\times640^3)/12=2.092\times10^9(\text{mm}^4)$，$i_{y1}=\sqrt{I_{y1}/A_1}=282.4$mm

$I_{x1}=2\times(20\times400^3)/12=2.133\times10^8(\text{mm}^4)$，$i_{x1}=\sqrt{I_{x1}/A_1}=90.2$mm

分肢 2：$A_2=2\times270\times20+640\times16=2.104\times10^4(\text{mm}^2)$

$I_{y2}=(270\times680^3-254\times640^3)/12=1.526\times10^9(\text{mm}^4)$，$i_{y2}=\sqrt{I_{y2}/A_2}=269.3$mm

$I_{x2}=2\times(20\times270^3)/12=6.561\times10^7(\text{mm}^4)$，$i_{x2}=\sqrt{I_{x2}/A_2}=55.8$mm

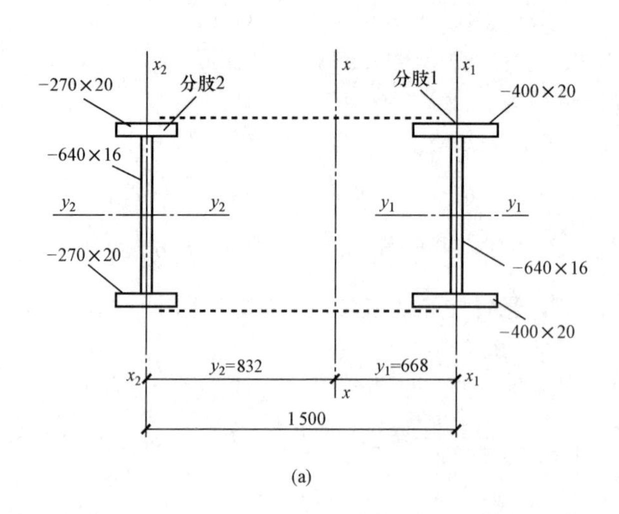

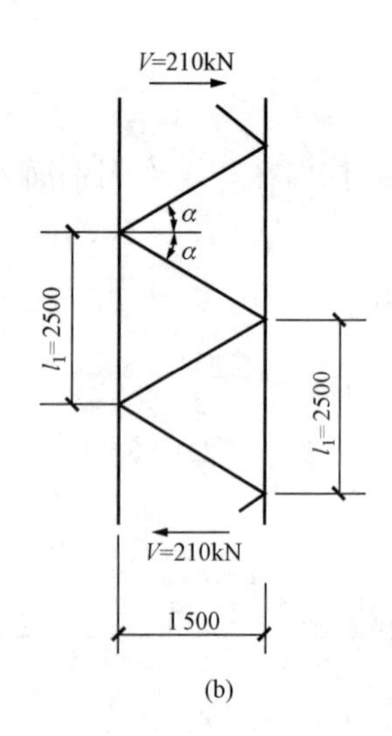

图 6-12 ［例 6-4］图

（a）截面尺寸；（b）缀条布置

整个截面：$A=A_1+A_2=4.728\times10^4(\mathrm{mm}^2)$

$y_1=2.104\times10^4\times1\,500/(4.728\times10^4)=668(\mathrm{mm})$，$y_2=1\,500-y_1=832(\mathrm{mm})$

$I_x=2.133\times10^8+2.624\times10^4\times668^2+6.561\times10^7+2.104\times10^4\times832^2=2.655\times10^{10}$ (mm^4)

$i_x=\sqrt{I_x/A}=749\mathrm{mm}$

（2）斜缀条截面选择［图 6-12（b）］。

$$\frac{Af}{85}\sqrt{\frac{f_y}{235}}=\frac{4.728\times10^4\times215}{85}\sqrt{\frac{235}{235}}=1.2\times10^5(\mathrm{N})=120(\mathrm{kN})<\text{实际剪力}\ V=210\mathrm{kN}$$

缀条内力 $\tan\alpha=125/150=0.833$，$\alpha=39.8°$，$N_c=210/(2\times\cos39.8°)=136.7(\mathrm{kN})$

斜缀条长度 $l=1\,500/\cos39.8°=1\,950(\mathrm{mm})$

选用单角钢∟100×8，$A=1\,560\mathrm{mm}^2$，$i_u=30.8\mathrm{mm}$，$\varepsilon_k=1$

柱肢根据缀条布置来确定计算长度，缀条作为柱肢的支撑，不应考虑柱肢对缀条的约束作用，取计算长度系数 $\mu=1$。

$\lambda_u=1\,950/30.8=63.31$，$\lambda_e=80+0.65\lambda_u=121.15<[\lambda]=150$，截面为 b 类，查稳定系数表可得 $\varphi=0.436$，则

$$\frac{N_c}{\varphi A}=\frac{136.7\times10^3}{0.436\times1\,560}=200.98(\mathrm{N/mm^2})<f=215\mathrm{N/mm^2}$$

满足要求，且应力接近，选择合适。

（3）弯矩作用平面内整体稳定性验算。

$$\lambda_x=l_{0x}/i_x=21\,700/749=29$$

$$\lambda_{0x}=\sqrt{\lambda_x^2+27\frac{A}{A_{1x}}}=\sqrt{29^2+27\times\frac{4.728\times10^4}{2\times1\,560}}=35.4<[\lambda]=150$$

属于 b 类截面，查附表 2-2 得 $\varphi_x=0.916$。

$N'_{Ex}=\pi^2EA/(1.1\lambda_{0x}^2)=\pi^2\times206\times10^3\times4.728\times10^4\times10^{-3}/(1.1\times35.4^2)=69\,734(\mathrm{kN})$

单层厂房有侧移框架柱，$\beta_{mx}=1-0.36N/N_{Ex}$。

1）对第一组内力，使分肢1受压最大。

$$\beta_{mx}=1-0.36\times 4\,500/(1.1\times 69\,734)=0.974$$

$$W_{1x}=\frac{I_x}{y_1}=\frac{2.655\times 10^{10}}{668}=3.975\times 10^7(mm^3)$$

$$\frac{N}{\varphi_x A}+\frac{\beta_{mx}M_x}{W_{1x}(1-N/N'_{Ex})}=\frac{4\,500\times 10^3}{0.916\times 4.728\times 10^4}+\frac{0.974\times 3\,340\times 10^6}{3.975\times 10^7(1-4\,500/69\,734)}$$
$$=191.4(N/mm^2)<f=205N/mm^2$$

满足要求。

2）对第二组内力，使分肢2受压最大。

$$\beta_{mx}=1-0.36\times 4\,400/(1.1\times 69\,734)=0.979$$

$$W_{2x}=\frac{I_x}{y_2}=\frac{2.655\times 10^{10}}{832}=3.191\times 10^7(mm^3)$$

$$\frac{N}{\varphi_x A}+\frac{\beta_{mx}M_x}{W_{2x}(1-N/N'_{Ex})}=\frac{4\,400\times 10^3}{0.916\times 4.728\times 10^4}+\frac{0.979\times 2\,700\times 10^6}{3.191\times 10^7(1-4\,400/69\,734)}$$
$$=190.0(N/mm^2)<f=205N/mm^2$$

满足要求。

（4）分肢整体稳定验算。

1）分肢1整体稳定验算（采用第一组内力）。

$$N_1=Ny_2/a+M_x/a=4\,500\times 832/1\,500+3\,340\times 10^3/1\,500=4\,722(kN)$$

$$\lambda_{x1}=l_{x1}/i_{x1}=2\,500/90.2=27.7, \lambda_{y1}=l_{y1}/i_{y1}=12\,210/282.4=43.2>\lambda_{x1}=27.7$$

由$\lambda_{y1}=43.2$查附表2-2（b类截面）得$\varphi_{min}=\varphi_{y1}=0.886$，则

$$N_1/(\varphi_{y1}A_1)=4.722\times 10^6/(0.886\times 26\,240)=203.1(N/mm^2)<f=205N/mm^2$$

满足要求。

2）分肢2整体稳定验算（采用第二组内力）。

$$N_2=Ny_1/a+M_x/a=4\,400\times 668/1\,500+2\,700\times 10^3/1\,500=3\,759(kN)$$

$$\lambda_{x2}=l_{x2}/i_{x2}=2\,500/55.8=44.8, \lambda_{y2}=l_{y2}/i_{y2}=12\,210/269.3=45.3>\lambda_{x2}=44.8$$

由$\lambda_{y2}=45.3$查附表2-2（b类截面），得$\varphi_{min}=\varphi_{y2}=0.877$，则

$$N_2/(\varphi_{y2}A_2)=3.759\times 10^6/(0.877\times 21\,040)=204(N/mm^2)<f=205N/mm^2$$

满足要求。

（5）分肢局部稳定性验算。分肢采用焊接组合工字形截面，需按轴心受压验算分肢局部稳定性。分肢1和分肢2的计算长度相同，腹板宽厚比相同，但分肢1比分肢2的翼缘板宽厚比大，只需验算分肢1的局部稳定性。

$$\lambda_{max}=\lambda_{y1}=43.2<50\varepsilon_k=50$$

翼缘板：$b/t=192/20=9.6<14\varepsilon_k=14$

腹板：$h_0/t_w=640/16=40<42\varepsilon_k=42$

满足要求。

（6）弯矩绕虚轴作用，弯矩作用平面外的稳定性不必再计算。

从以上结果可见，设计满足要求。

第四节　实腹式压弯构件的局部稳定

实腹式压弯构件的板件可能处于正应力 σ 或正应力与剪应力 τ 共同作用的受力状态，当应力达到一定值时，板件可能发生失稳（屈曲），对构件来讲称为局部失稳（屈曲），也称构件丧失局部稳定性。压弯构件的局部稳定性常采用限制板件宽（高）厚比的办法来保证。截面板件的宽厚比等级及限值见表 5-1。

一、不利用屈曲后强度的局部稳定问题性计算

1. 压弯构件受压翼缘板的稳定性计算

我国对压弯构件的受压翼缘板采用不允许发生局部失稳的设计准则。工字形截面和箱形截面压弯构件的受压翼缘板，受力情况与相应梁的受压翼缘板基本相同，因此为保证其局部稳定性，所需的宽厚比限值可直接采用有关梁中的规定，即

（1）H 形及 T 形截面翼缘板自由外伸宽度 b_1 与其厚度 t 之比应满足下列要求

对于 S3 级构件(强度和稳定性计算时取 $\gamma_x = 1.05$)　$b_1/t \leqslant 13\varepsilon_k$　(6-30a)

对于 S4 级构件(强度和稳定性计算时取 $\gamma_x = 1$)　$b_1/t \leqslant 15\varepsilon_k$　(6-30b)

（2）箱形截面受压翼缘板在两腹板间的宽度 b_0 与其厚度 t 之比应符合

对于 S3 级构件　$b_0/t \leqslant 42\varepsilon_k$　(6-31a)

对于 S4 级构件　$b_0/t \leqslant 45\varepsilon_k$　(6-31b)

2. 压弯构件腹板的稳定计算

（1）H 形截面的腹板。H 形截面压弯构件腹板的应力状态如图 6-13 所示，腹板承受不均匀正应力 σ 和剪应力联合作用，腹板的弹性屈曲压应力可表达为

$$\sigma_{cr} = K_e \frac{\pi^2 E}{12(1-\nu^2)}\left(\frac{t_w}{h_0}\right)^2 \tag{6-32}$$

式中　K_e——弹性屈曲系数，其值与 τ/σ、应力梯度 $\alpha_0 = (\sigma_{max} - \sigma_{min})/\sigma_{max}$ 有关。σ_{max}、σ_{min} 分别为腹板计算高度边缘的最大压应力和腹板另一边缘相应的应力，计算时不考虑构件的稳定系数和截面塑性发展系数，取压应力为正，拉应力为负。根据压弯构件的设计资料可取 $\tau/\sigma = 0.15\alpha_0$，此时 K_e 值见表 6-1。

ν——钢材的泊松比。

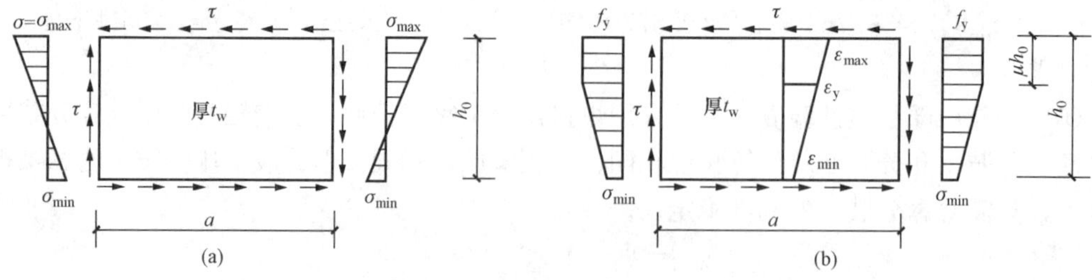

图 6-13　四边简支矩形腹板边缘的应力分布和纵向压应变

（a）弹性阶段；（b）弹塑性阶段

表 6-1　K_e 值

α_0	0	0.2	0.4	0.6	0.8	1.0	1.2	1.4	1.6	1.8	2.0
K_e	4.000	4.435	4.970	5.640	6.469	7.507	8.815	10.393	12.150	13.800	15.012

对于在弯矩作用平面内稳定控制设计的压弯构件，一般都会在截面出现塑性区，应按照板的塑性屈曲理论来确定板的屈曲应力

$$\sigma_{cr}=K_P\frac{\pi^2E}{12(1-\upsilon^2)}\left(\frac{t_w}{h_0}\right)^2 \tag{6-33}$$

式中　K_P——弹塑性屈曲系数，其值与 τ/σ、应变梯度 $\alpha=(\varepsilon_{max}-\varepsilon_{min})/\varepsilon_{max}$、塑性变形发展深度 μh_0 等有关，取值可见板的塑性屈曲分析。

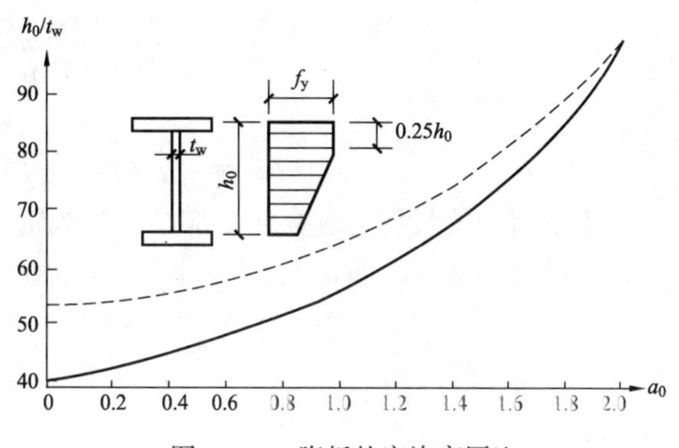

图 6-14　腹板的容许高厚比

计算分析得到压弯构件 h_0/t_w 随应力梯度而变化的曲线如图 6-14 中的虚线所示。对于 Q235 钢压弯构件考虑缺陷的影响，它比理论曲线略低，并在 $\alpha_0=0$ 处与轴心受压相衔接，其 h_0/t_w 随应力梯度而变化的曲线如图 6-14 中的实线所示。

H 形截面腹板 h_0/t_w 应满足下列要求

S3 级构件　$$h_0/t_w\leqslant(42+18\alpha_0^{1.51})\varepsilon_k \tag{6-34a}$$

S4 级构件　$$h_0/t_w\leqslant(45+25\alpha_0^{1.66})\varepsilon_k \tag{6-34b}$$

（2）箱形截面的腹板

箱形截面压弯构件腹板高厚比限值的计算方法与工字形截面相同，但考虑其腹板边缘的嵌固程度比工字形截面弱，且两块腹板的受力情况也可能不完全一致，因而其腹板的 h_0/t_w 不应超过式（6-31）的限值。

（3）T 形截面的腹板

腹板高厚比应满足

S3 级构件　$$h_0/t_w\leqslant 22\sqrt{t/(2t_w)}\varepsilon_k \tag{6-35a}$$

S4 级构件　$$h_0/t_w\leqslant 25\sqrt{t/(2t_w)}\varepsilon_k \tag{6-35b}$$

式中　t、t_w——分别是 T 形截面的翼缘厚度、腹板厚度。

（4）圆管压弯构件

径厚比 D/t 应满足

对于 S3 级构件　$$D/t\leqslant 90\varepsilon_k^2 \tag{6-36a}$$

对于 S4 级构件　$$D/t\leqslant 100\varepsilon_k^2 \tag{6-36b}$$

二、利用屈曲后强度的局部稳定性计算

当工字形和箱形截面压弯构件腹板的高厚比不能满足上述要求时，可加大腹板厚度，使其满足要求。但此法当 h_0 较大时，可能导致多费钢材。也可在腹板两侧设置纵向加劲肋，使加劲肋与翼缘间腹板高厚比满足上述要求。压弯构件的板件当用纵向加劲肋加强以满足宽厚比限值时，加劲肋宜在板件两侧成对配置，其一侧外伸宽度不应小于板件厚度 t 的 10 倍，厚度不宜小于 $0.75t$。还可以利用屈曲后强度进行设计。

腹板受压区的有效宽度 h_e 应取为

$$h_e=\rho h_c \tag{6-37}$$

式中　h_c——腹板受压区宽度，当腹板全部受压时，$h_c=h_w$；

ρ——有效宽度系数，按下式计算

当 $\lambda_p\leqslant 0.75$ 时，$\rho=1.0$；

当 $\lambda_p>0.75$ 时，$\rho=(1-0.19/\lambda_p)/\lambda_p$。

$$\lambda_p=\frac{h_0/t_w}{28.1\varepsilon_k\sqrt{k_\sigma}}$$

$$k_\sigma=\frac{16}{2-\alpha_0+\sqrt{(2-\alpha_0)^2+0.112\alpha_0^2}}$$

工字形截面的腹板有效宽度 h_e 应按下列规则分布

当截面全部受压，即 $\alpha_0\leqslant 1$ 时［图 6-15（a）］

$$h_{e1}=2h_e/(4+\alpha_0) \tag{6-38}$$

$$h_{e2}=h_e-h_{e1} \tag{6-39}$$

当截面部分受拉，即 $\alpha_0>1$ 时［图 6-15（b）］

$$h_{e1}=0.4h_e \tag{6-40}$$

$$h_{e2}=0.6h_e \tag{6-41}$$

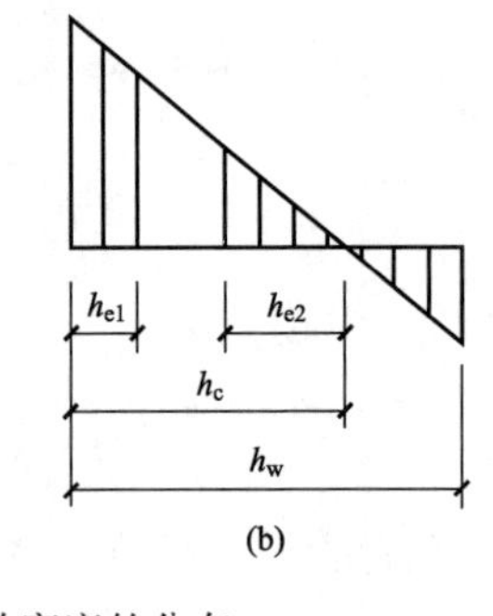

图 6-15　有效宽度的分布

箱形截面压弯构件翼缘宽厚比超限时也应按式（6-39）计算其有效宽度，计算时取 $k_\sigma=4.0$。有效宽度分布在两侧均等。

利用屈曲后强度应采用下列公式计算其承载力：

强度计算
$$\frac{N}{A_{ne}}\pm\frac{M_x+Ne}{\gamma_x W_{nex}}\leqslant f \tag{6-42}$$

平面内稳定计算
$$\frac{N}{\varphi_x A_e}+\frac{\beta_{mx}M_x+Ne}{\gamma_x W_{e1x}(1-0.8N/N'_{EX})}\leqslant f \tag{6-43}$$

平面外稳定计算
$$\frac{N}{\varphi_y A_e}+\eta\frac{\beta_{tx}M_x+Ne}{\varphi_b W_{e1x}}\leqslant f \tag{6-44}$$

式中　A_{ne}、A_e——分别为有效净截面的面积和有效毛截面的面积；

W_{nex}——有效截面的净截面模量；

W_{e1x}——有效截面对较大受压纤维的毛截面模量；

e——有效截面形心至原截面形心的距离。

对于截面尺寸十分宽大的构件，为了防止构件变形，应设置横隔，每个运送单元不应少于两个，且横隔间距不大于 8m。

三、塑形设计中框架柱的局部稳定要求

当采用塑性设计时，框架柱的板件应满足 S1 级压弯构件的要求，以保证在形成塑性铰时不发生板件失稳。工字形截面翼缘板 $b_1/t\leqslant 9\varepsilon_k$，腹板 $h_0/t_w\leqslant 44\varepsilon_k$。

【例 6-5】　验算［例 6-2］中的压弯构件是否满足局部稳定要求。

解　（1）翼缘局部稳定性验算。

$$b_1/t=119/12=9.92<13\varepsilon_k=13$$

满足要求。

（2）腹板局部稳定性验算。

$$\sigma_{\substack{\max\\ \min}} = \frac{N}{A} \pm \frac{My_1}{I_x} = \frac{800\times10^3}{15\ 120} \pm \frac{400\times10^6\times380}{1.332\ 96\times10^9} = \frac{167}{-61}(\text{N/mm}^2)$$

$$\alpha_0 = (\sigma_{\max} - \sigma_{\min})/\sigma_{\max} = [167-(-61)]/167 = 1.365$$

S3 级构件。$h_0/t_w = 760/12 = 63.3 < (42+18\alpha_0^{1.51})\varepsilon_k = (42+18\times1.365^{1.51})\times1 = 70.80$ 满足要求。

第五节　压弯构件的截面设计和构造要求

一、设计要求

压弯构件有实腹式和格构式两种类型。对于高度较大的厂房框架柱和独立柱，多采用格构式，以节约钢材。当弯矩较小或正负弯矩的绝对值相差较小时，常采用双轴对称截面。当正负弯矩绝对值相差较大时，常采用单轴对称截面。压弯构件截面设计应满足强度、刚度、整体稳定和局部稳定要求。当格构式压弯构件承受的弯矩绕虚轴作用时，还应满足单肢稳定要求。在满足设计要求的前提下，截面的轮廓尺寸应尽量大而板件的厚度应较小，以较小的截面面积获得较大的惯性矩和回转半径，从而节省钢材。应尽量使弯矩作用平面内和平面外的整体稳定承载力接近。设计的构件应构造简单，制造方便、连接简单。

压弯构件的加劲肋、横隔和纵向连接焊缝的构造要求与相应轴心受压构件相同。

由于压弯构件的计算比较复杂，一般先根据构造要求或设计经验，假设初选的截面形式和尺寸，然后根据设计要求进行各项验算。当验算不满足要求或过于保守时，适当调整截面尺寸，再重新验算，直至满意为止。

二、实腹式压弯构件的截面设计

实腹式压弯构件截面设计可按下列步骤进行：

（1）确定构件承受的内力设计值，即弯矩设计值 $M_x(M_y)$、轴心压力设计值 N 和剪力设计值 V。

（2）选择截面形式。

（3）选择钢材及确定钢材强度设计值。

（4）确定弯矩作用平面内和平面外的计算长度。

（5）根据经验或已有资料初选截面尺寸。

（6）对初选截面进行验算和修改：①强度验算；②刚度验算；③弯矩作用平面内整体稳定验算；④弯矩作用平面外整体稳定验算；⑤局部稳定验算。如果验算不满足要求，或富裕过大，则应对初选截面进行修改，重新进行验算，直至满意为止。

三、格构式压弯构件的截面设计

格构式压弯构件大多用于单向压弯，且弯矩绕截面的虚轴作用时的情况。调整两分肢轴线间的距离可增大抵抗弯矩的能力。压弯构件两分肢轴线间距离较大时，一般都应采用缀条柱，以获得较大构件刚度。现以这种格构式压弯构件的截面设计步骤为例说明如下，其他格构式压弯构件的设计均可参照进行。

（1）按构造要求或凭经验初选两分肢轴线间距离或两肢背面间的距离 b（图 6-16）。例

如取 $b\approx(1/15\sim1/22)H$，H 为构件的长度。

（2）求两分肢所受轴力 N_1 和 N_2，按轴心受压构件确定两分肢截面尺寸。

（3）缀条截面设计和缀条与分肢的连接设计。

（4）对整体格构式构件进行各项验算。不满足要求时，作适当修改，直到全部满足要求，且不过于保守为止。

格构式压弯构件的肢件采用 H 型钢或组合截面（如焊接工字形截面）时，应按单肢验算的条件进行局部稳定验算。

【例 6-6】 图 6-16 示一对偏心受压焊接工字形截面悬臂柱，翼缘为焰切边，在弯矩作用平面内为悬臂柱，柱底与基础刚性固定，柱高 $H=6.5\text{m}$，在弯矩作用平面外设支撑系统作为侧向支承点，支承点处按铰接考虑。每柱承受压力设计值 $N=1200\text{kN}$（标准值为 $N_k=900\text{kN}$，柱自重已折算计入），偏心距 0.5m。悬臂柱顶端容许位移 $[v]=2H/300$。钢材为 Q235B。要求设计此柱的截面尺寸。

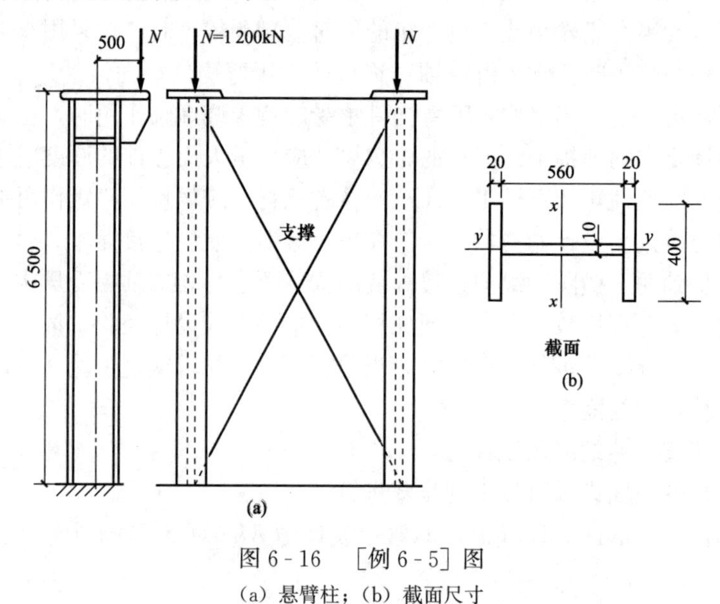

图 6-16 ［例 6-5］图

（a）悬臂柱；（b）截面尺寸

解 （1）内力设计值为

$$N=1\ 200\text{kN}, M_x=1\ 200\times0.5=600(\text{kN}\cdot\text{m})$$

内力标准值为

$$N_k=900\text{kN}, M_{kx}=900\times0.5=450(\text{kN}\cdot\text{m})$$

（2）采用双轴对称焊接工字形截面。

（3）钢材为 Q235B，估计翼缘 $t>16\text{mm}$，$f=205\text{N/mm}^2$。

（4）确定计算长度。

弯矩作用平面内 $H_{0x}=\mu H=2\times6.5=13(\text{m})$

弯矩作用平面外 $H_{0y}=H=6.5(\text{m})$

（5）初选截面。$H_{0x}=2H_{0y}$，二者相差较大，且柱承受偏心压力荷载作用，为了便于柱顶放置荷载作用部件，柱截面宜用较大 h。初选采用 $h=600\text{mm}$，$b=400\text{mm}$。先按弯矩作用平面内和平面外的整体稳定计算所需截面面积（截面回转半径近似值按表 4-6）：

$$i_x \approx 0.43h = 258(\text{mm}),\ \lambda_x \approx 13\,000/258 = 50.4,\ \varphi_x = 0.854$$

$$W_x/A = i_x^2/(h/2) \approx 258^2/300 = 222(\text{mm}),\ W_x = 222A\text{mm}^3$$

根据设计经验，可近似取 $(1-0.8N/N'_{Ex})\approx 0.9$

$$i_y \approx 0.24b = 96(\text{mm}),\ \lambda_y \approx 6500/96 = 67.7,\ \varphi_y = 0.765,\ M_1 = M_2 = 600\text{kN}\cdot\text{m}, m = 1$$

弯矩作用平面内为悬臂构件，$\beta_{mx}=0.6+0.4m=1$，$\gamma_x=1.05$

由
$$\frac{N}{\varphi_x A} + \frac{\beta_{mx}M_x}{\gamma_x W_x(1-0.8N/N'_{Ex})} \leqslant f$$

$$\frac{1\,200\times 10^3}{0.854A} + \frac{1\times 600\times 10^6}{1.05\times(222A)\times 0.9} = \frac{4.27\times 10^6}{A} \leqslant f = 205(\text{N/mm}^2)$$

可求得 $A\geqslant 20\,829\text{mm}^2$。

弯矩作用平面外为两端铰支柱，均布弯矩作用，$\eta=1$，$\beta_{tx}=1$。

$$\varphi_b = 1.07 - \frac{\lambda_y^2}{44\,000}\frac{f_y}{235} = 1.07 - \frac{67.7^2}{44\,000}\frac{235}{235} = 0.966$$

由
$$\frac{N}{\varphi_y A} + \eta\frac{\beta_{tx}M_x}{\varphi_b W_x} \leqslant f$$

$$\frac{1\,200\times 10^3}{0.765A} + \frac{1\times 600\times 10^6}{0.966\times(222A)} = \frac{4.37\times 10^6}{A} \leqslant f = 205(\text{N/mm}^2)$$

可求得 $A\geqslant 21\,317\text{mm}^2$

初选截面如图 6-16 所示，截面几何特征计算：

$$A = 2\times 400\times 20 + 560\times 10 = 21\,600(\text{mm}^2)$$

$$I_x = (400\times 600^3 - 390\times 560^3)/12 = 1.492\times 10^9(\text{mm}^4)$$

$$W_x = 1.492\times 10^9/300 = 4.975\times 10^6(\text{mm}^3), i_x = \sqrt{1.492\times 10^9/21\,600} = 262.9(\text{mm})$$

$$I_y = 2\times 20\times 400^3/12 = 213.4\times 10^6(\text{mm}^4), i_y = \sqrt{213.4\times 10^6/21\,600} = 99.4(\text{mm})$$

(6) 截面计算。

1) 强度验算。

$$N/A_n + M_x/\gamma_x W_{nx} = 1200\times 10^3/21\,600 + 600\times 10^6/(1.05\times 4.975\times 10^6)$$
$$= 55.6 + 114.9 = 170.5(\text{N/mm}^2) < f = 205\text{N/mm}^2$$

强度满足要求。

2) 长细比验算

$$\lambda_x = H_{0x}/i_x = 13\,000/262.9 = 49.4 < [\lambda] = 150$$

$$\lambda_y = H_{0y}/i_y = 6\,500/99.4 = 65.4 < [\lambda] = 150$$

长细比满足要求。

3) 弯矩作用平面内整体稳定验算。b 类截面，$\varphi_x=0.859$，则

$$N'_{Ex} = \pi^2 EA/(1.1\lambda_x^2) = \pi^2\times 2.06\times 10^5\times 21\,600/(1.1\times 49.4^2)$$
$$= 1.636\times 10^7(\text{N}) = 16\,360(\text{kN})$$

$$\frac{N}{\varphi_x A} + \frac{\beta_{mx}M_x}{\gamma_x W_x(1-0.8N/N'_{Ex})} = \frac{1\,200\times 10^3}{0.859\times 21\,600} + \frac{1\times 600\times 10^6}{1.05\times 4.975\times 10^6(1-0.8\times 1\,200/16\,360)}$$
$$= 64.7 + 122.0 = 186.7(\text{N/mm}^2) < f = 205\text{N/mm}^2$$

弯矩作用平面内整体稳定性满足要求。

4) 弯矩作用平面外整体稳定验算。b 类截面，$\varphi_y=0.778$，则

$$\varphi_b = 1.07 - \frac{\lambda_y^2}{44\ 000}\frac{f_y}{235} = 1.07 - \frac{65.4^2}{44\ 000}\frac{235}{235} = 0.973$$

$$\frac{N}{\varphi_y A} + \eta\frac{\beta_{tx}M_x}{\varphi_b W_x} = \frac{1\ 200 \times 10^3}{0.778 \times 21\ 600} + 1 \times \frac{1 \times 600 \times 10^6}{0.973 \times 4.975 \times 10^6}$$
$$= 195.3(\mathrm{N/mm^2}) < f = 205\mathrm{N/mm^2}$$

弯矩作用平面外整体稳定性满足要求。

5）柱顶位移验算。

$$v = \frac{M_{kx}H^2}{2EI_x}\frac{1}{1 - N_k/N_{Ex}} = \frac{900 \times 10^3 \times 500 \times 6\ 500^2}{2 \times 2.06 \times 10^5 \times 1.492 \times 10^9} \cdot \frac{1}{1 - 900/(1.8 \times 10^4)}$$
$$= 32.6(\mathrm{mm}) < [v] = 2H/300 = 2 \times 6\ 500/300 = 43.3(\mathrm{mm})$$

刚度满足要求。

6）局部稳定验算。

翼缘：$b_1/t = 195/20 = 9.75 < 13\varepsilon_K = 13$

腹板：$\sigma_{\substack{max\\min}} = \frac{N}{A} \pm \frac{M_x}{I_x}\frac{h_0}{2} = \frac{1\ 200 \times 10^3}{21\ 600} \pm \frac{600 \times 10^6 \times 280}{1.492 \times 10^9} = 55.6 \pm 112.6 = \begin{matrix}168.2\\-57.0\end{matrix}(\mathrm{N/mm^2})$

$\alpha_0 = (\sigma_{max} - \sigma_{min})/\sigma_{max} = (168.2 + 57.0)/168.2 = 1.34$

$h_0/t_w = 560/10 = 56 < (42 + 18\alpha_0^{1.51})\varepsilon_k = (42 + 18 \times 1.34^{1.51}) \times 1 = 70.0$

局部稳定性满足要求。

所选截面满足各项要求，弯矩作用平面内和外的计算应力与强度设计值较接近，设计合理。

【例 6-7】 设计某单向压弯格构式双肢缀条柱［图 6-17（a）］，柱高 6m，两端铰接，在柱高中点处沿虚轴 x 方向有一侧向支承，截面无削弱。钢材为 Q235B。柱顶静力荷载设计值为轴心压力 $N = 600\mathrm{kN}$，弯矩 $M_x = \pm 150\mathrm{kN \cdot m}$，柱底无弯矩。

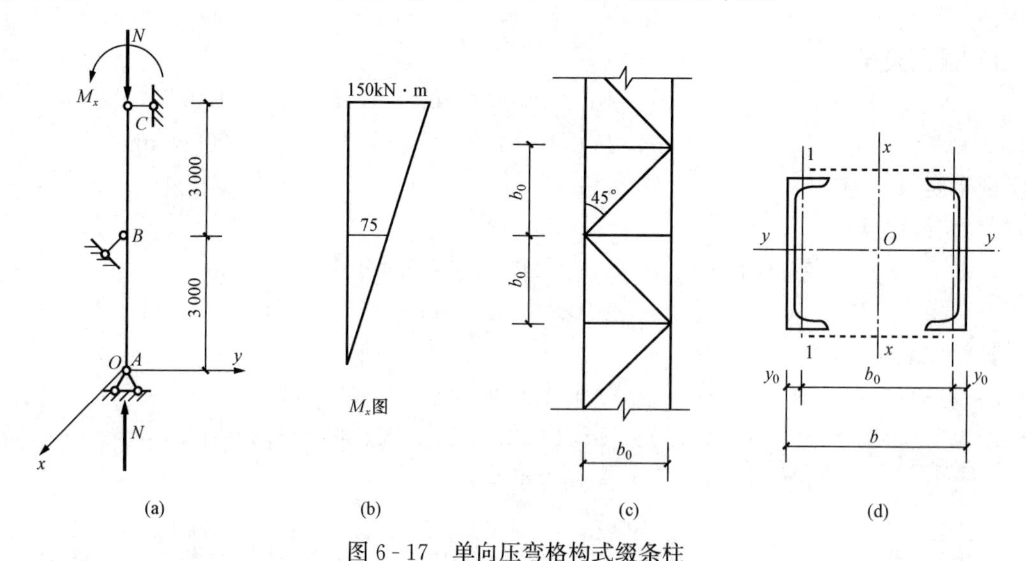

图 6-17　单向压弯格构式缀条柱

（a）计算简图；（b）弯矩图；（c）肢件和缀条布置图；（d）横截面图

解　（1）初选柱截面宽度 b。按构造和刚度要求

$b \approx (1/15 \sim 1/22)H = (1/15 \sim 1/22) \times 6\ 000 = 400 \sim 273(\mathrm{mm})$，初选用 $b = 400\mathrm{mm}$。

（2）确定分肢截面。柱子承受等值的正、负弯矩，因此采用双轴对称截面。分肢截面采用热轧槽钢，内扣［图 6-17（d）］。设槽钢横截面形心线 1－1 距腹板外表面距离 $y_0=20\text{mm}$，则两分肢轴线间距离为

$$b_0=b-2y_0=400-2\times20=360(\text{mm})$$

分肢中最大轴心压力为　$N_1=N/2+M_x/b_0=600/2+150/0.36=716.7(\text{kN})$

分肢的计算长度。

对 y 轴　$l_{0y}=H/2=6\ 000/2=3\ 000(\text{mm})$

设斜缀条与分肢轴线间夹角为 45°［图 6-17（c）］，得分肢对 1—1 轴的计算长度 $l_{01}=b_0=360\text{mm}$。

槽钢关于 1—1 轴和 y 轴都属于 b 类截面，设分肢 $\lambda_y=\lambda_1=35$，查附表 2-2，得 $\varphi=0.918$

需要分肢截面积　$A_1=\dfrac{N_1}{\varphi f}=\dfrac{716.7\times10^3}{0.918\times215}=3\ 630(\text{mm}^2)$

需要回转半径　$i_y=l_{0y}/\lambda_y=3\ 000/35=85.7(\text{mm})$

$i_1=l_{01}/\lambda_1=360/35=10.3(\text{mm})$

按需要的 A_1、i_y 和 i_1 由附录二型钢表查得[25b 可同时满足要求，其截面特性为

$A_1=3\ 992\text{mm}^2$，$I_y=3.530\times10^7\ \text{mm}^4$，$i_y=94.1\text{mm}$，$I_1=1.96\times10^6\ \text{mm}^4$，$i_1=22.2\text{mm}$，$y_0=19.8\text{mm}$。

（3）缀条设计。

柱中剪力　$V_{max}=M_x/H=150/6=25(\text{kN})$

$$V=\frac{Af}{85}\sqrt{\frac{f_y}{235}}=\frac{(2\times3\ 992)\times215}{85}\times1\times10^{-3}=20.2(\text{kN})$$

采用较大值 $V_{max}=25\text{kN}$。

一根斜缀条中的内力　$N_d=\dfrac{V_{max}/2}{\sin45^\circ}=\dfrac{25}{2\times0.707}=17.7(\text{kN})$

斜缀条长度　$l_d=\dfrac{b_0}{\cos45^\circ}=\dfrac{400-2\times19.8}{0.707}=510(\text{mm})$

选用斜缀条截面为 1∟45×4（最小角钢），$A_d=349\text{mm}^2$，$i_u=13.8\text{mm}$，$\varepsilon_k=1$。

缀材作为柱肢丧失稳定性时的支撑，不应考虑柱肢对它的约束作用，计算长度系数 $\mu=1$。

$\lambda_u=510/13.8=36.96$，$\lambda_e=80+0.65\lambda_u=104.22<[\lambda]=150$，截面为 b 类，查附录一稳定系数表可得 $\varphi=0.553$

$$\frac{N_c}{\varphi A}=\frac{17.7\times10^3}{0.553\times349}=91.7(\text{N/mm}^2)<f=215\text{N/mm}^2$$

满足要求。

缀条与柱分肢的角焊缝连接计算，此处从略。

（4）格构柱的验算。

1）整个柱截面几何特性。

$$A=2A_1=2\times3\ 992=7\ 984(\text{mm}^2)$$

$$I_x=2[1.96\times10^6+3\ 992(200-19.8)^2]=2.631\ 8\times10^8(\text{mm}^4)$$

$$i_x=\sqrt{\frac{I_x}{A}}=\sqrt{\frac{2.631\ 8\times10^8}{7\ 984}}=181.6(\text{mm})$$

$$W_{1x}=W_{nx}=\frac{I_x}{b/2}=\frac{26\ 318\times10^8}{200}=1.316\times10^6(\text{mm}^3)$$

2）弯矩作用平面内的稳定性验算。

$$\lambda_x=l_{0x}/i_x=6\ 000/181.6=33.0$$

$$\lambda_{0x}=\sqrt{\lambda_x^2+27\frac{A}{A_{1x}}}=\sqrt{33.0^2+27\times\frac{7\ 984}{2\times349}}=37.4$$

属于 b 类截面，查附表 2-2 得 $\varphi_x=0.908$。

$$N'_{Ex}=\pi^2EA/(1.1\lambda_{0x}^2)=\pi^2\times206\times10^3\times7\ 984\times10^{-3}/(1.1\times37.4^2)=10\ 550(\text{kN})$$

$$M_1=150\text{kN}\cdot\text{m},M_2=0,m=0,\beta_{mx}=0.6+0.4m=0.6$$

$$\frac{N}{\varphi_xA}+\frac{\beta_{mx}M_x}{W_{1x}(1-N/N'_{Ex})}=\frac{600\times10^3}{0.908\times7\ 984}+\frac{0.60\times150\times10^6}{1.316\times10^6(1-600/10\ 550)}$$

$$=155.3(\text{N/mm}^2)<f=215\text{N/mm}^2$$

满足要求。

3）弯矩绕虚轴作用，弯矩作用平面外的稳定性不必计算。

4）分肢稳定验算

$$N_1=N/2+M_x/b_0=600/2+150\times10^3/(400-2\times19.8)=716.2(\text{kN})$$

$$\lambda_1=b_0/i_1=(400-2\times19.8)/22.2=16.2$$

$$\lambda_y=l_{0y}/i_y=3\ 000/94.1=31.9>\lambda_1=16.2$$

当槽形截面用于格构式构件的分肢，计算分肢绕对称轴（y 轴）的稳定性时，不必考虑扭转效应，直接用 λ_y 查出稳定系数 φ。按 $\lambda_y=31.9$ 查附表 2-2（b 类截面）得 $\varphi_y=0.929$

$$N_1/(\varphi_yA_1)=716.2\times10^3/(0.929\times3\ 992)=193.1(\text{N/mm}^2)<f=215\text{N/mm}^2$$

满足要求。

（5）全截面的强度验算。

$$N/A_n+M_x/(\gamma_xW_{nx})=600\times10^3/7\ 984+150\times10^6/(1.0\times1.316\times10^6)$$

$$=189.2(\text{N/mm}^2)<f=215\text{N/mm}^2$$

满足要求。

以上验算全部满足要求，所选截面合适。

（6）横隔设置。用 10mm 厚钢板作横隔，横隔间距应不大于柱截面较大宽度的 9 倍［9×0.4=3.6(m)］和 8m。在柱上、下端和中高处各设一道横隔，横隔间距为 3m，可满足要求。

第六节　梁与柱的连接和构件的拼接

一、节点设计原则

钢结构通常是采用连接手段，把梁与柱连接或构件拼接起来形成整体结构。被连接构件间应保持合理的相互位置，节点应满足传力和使用功能。确定合理的连接方案和节点构造是钢结构设计的重要环节。连接设计不合理会影响结构安全、使用寿命、造价和施工安装的难易程度。

构件连接或拼接节点的设计原则是安全可靠、传力路线明确简捷、构造简单、便于制造和安装。

二、梁与柱的连接

1. 梁与柱的连接分类

根据节点构件间转动角度的不同，梁与柱的连接一般分成下列三类：

（1）柔性连接也称铰接。连接节点只能承受梁端的竖向剪力并传给柱身，变形时梁与柱轴线间的夹角可自由改变，不受约束。

（2）刚性连接。这种连接梁与柱轴线间的夹角在节点转动时保持不变，连接除能承受梁端的竖向剪力外，还能承受梁端传来的弯矩。

（3）半刚性连接。这是介于柔性连接和刚性连接之间的一种连接，除能承受梁端传来的竖向剪力外，还可以承受一定数量的弯矩。节点转动时梁与柱轴线间的夹角将有所改变，但受到一定程度的约束。

实际工程中理想的柔性连接和理想的刚性连接是难以实现的。通常，一种连接若其轴线间夹角改变受到一定的约束，而只能传递理想刚接弯矩的 0～20%时，即可认为是柔性连接。一种连接若能承受理想刚接弯矩的 90%以上时，即认为是刚性连接。承受理想刚接弯矩的 20%～90%的连接认为是半刚性连接。

2. 柔性连接设计

单层框架中的梁与柱柔性连接，可采用梁支承于柱顶和支承于柱侧两种连接方式。多层框架中的梁与柱柔性连接，宜采用柱贯通，梁支承于柱侧的连接方式。一些常用柔性连接形式如图 6-18 所示。

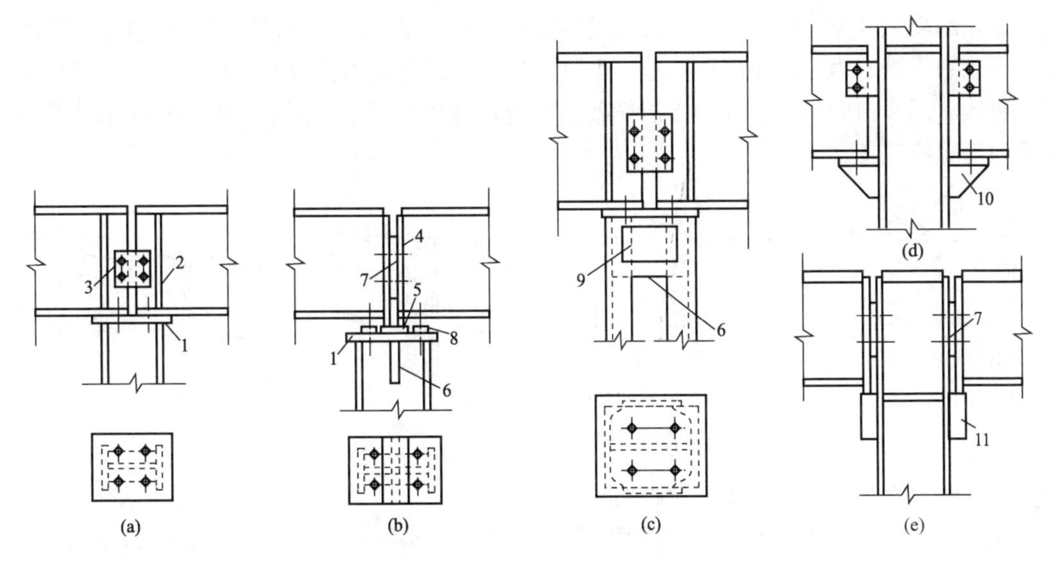

图 6-18　梁与柱柔性连接

（a）平板支座梁与柱的连接；（b）突缘支座梁与柱的连接；（c）梁与格构柱的连接；（d）平板支座梁在柱侧的连接；（e）突缘支座梁在柱侧的连接

1—柱顶板；2—支承加劲肋；3—连接板；4—突缘支座板；5—垫板；6—加劲肋；7—填板；8—垫圈；9—缀板；10—牛腿；11—承托

（1）梁支承于柱顶。在柱顶设柱顶板，梁的反力经顶板传给柱身。顶板厚度不宜小于 16mm。

图 6-18（a）为平板支座梁与柱的连接方式，梁端支承加劲肋应与柱翼缘对正，使梁的反力由梁端支承加劲肋直接传给柱翼缘。两相邻梁之间应留 10～20mm 间隙，以便于安装。

梁调整定位后用连接板和构造螺栓固定位置。这种连接构造简单，传力明确，对制造和安装要求都不高，但当两相邻梁的反力不等时，柱为偏心受压。图 6 - 18（b）为突缘支座梁与柱的连接方式，梁的反力通过突缘支座传给柱。突缘支座板应位于柱的轴线附近，即使两相邻梁的反力不等，柱仍接近于轴心受压。突缘支座板的下边应刨平与柱顶板顶紧。在柱腹板两侧对应位置应设加劲肋，加劲肋顶边与柱顶板应刨平顶紧。加劲肋与柱腹板焊接，满足传递梁反力的要求。当梁的反力较大时，可在柱顶板上加设垫板。两相邻梁之间应留约 10mm 的安装间隙，梁调整定位后余留间隙应嵌入填板并用构造螺栓固定。对图 6 - 18（c）所示格构柱，柱顶必须设置缀板，并在顶板下面设加劲肋。

（2）梁支承于柱侧。当梁的反力较小时，可将梁搁置在柱侧牛腿上［图 6 - 18（d）］，为防止梁扭转，可在梁顶部设小角钢与柱相连。这种方式构造简单，安装方便。当梁的反力较大时，可在梁上焊一厚钢板承托，梁端突缘支座板与承托刨平顶紧［图 6 - 18（e）］。承托与柱采用角焊缝相连接。梁端与柱应留一定的安装间隙，梁调整就位后嵌入填板并用构造螺栓固定。

3. 刚性连接设计

一些常用刚性连接形式如图 6 - 19 所示。图 6 - 19（a）为多层框架工形梁和工形柱全焊接刚性连接。梁翼缘与柱翼缘采用坡口焊缝焊接，承受由弯矩产生的拉力或压力。为设置焊接垫板和施焊方便，梁腹板上下端角处做弧形缺口（R=35mm）。梁腹板与柱翼缘采用角焊缝连接。梁腹板与柱翼缘也可采用高强度螺栓连接［图 6 - 19（b）］，这种螺栓与焊缝混合连接安装比较方便。单层框架柱与横梁刚性连接如图 6 - 19（c）所示。梁端弯矩主要由连接盖板和支托的高强度螺栓传给柱，剪力通过梁腹板上的连接角钢由高强度螺栓传递，高强度螺栓也可改用焊缝。为了简化节点构造，也可设计成带悬臂段的柱单元，横梁在工地用高强度螺栓拼接［图 6 - 19（d）］。轻钢单层框架的梁与柱连接也可采用图 6 - 19（e）所示的斜端板用高强度螺栓连接。

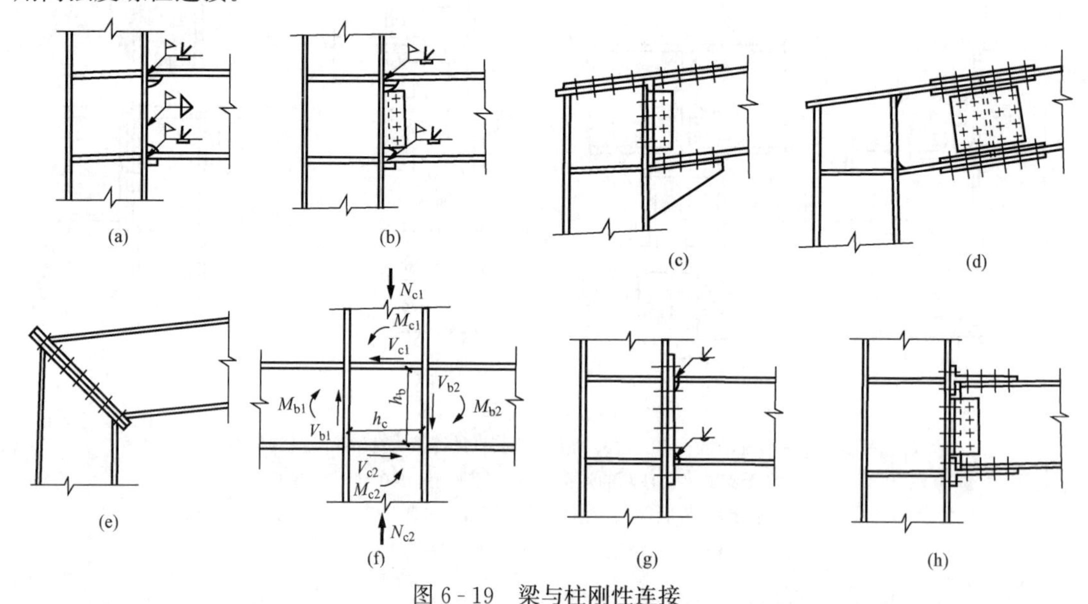

图 6 - 19　梁与柱刚性连接

（a）框架梁与边柱全焊接连接；（b）梁腹板与柱翼缘用高强度螺栓连接；
（c）单层框架柱与横梁刚性连接；（d）横梁高强度螺栓拼接；（e）斜端板高强度螺栓连接；
（f）框架梁与中柱全焊接连接；（g）端板半刚性连接；（h）T 形钢半刚性连接

设计时应在柱腹板位于梁的上、下翼缘处设置水平加劲肋或隔板，以防止柱翼缘在梁受拉翼缘的水平拉力作用下变形过大和柱腹板在梁受压翼缘的水平压力作用下发生承压破坏和局部弯曲。水平加劲肋应能传递梁翼缘的集中力，其厚度应为梁翼缘厚度的0.5～1.0倍；其宽度应符合传力、构造和板件宽厚比限值的要求。横向加劲肋的中心线应与梁翼缘的中心线对准，并用焊透的对接焊缝与柱翼缘连接。当梁与H形或工字形截面柱的腹板垂直相连形成刚接时，横向加劲肋与柱腹板的连接也宜采用焊透对接焊缝。箱形柱宜在梁上、下翼缘平面设置横隔板，横隔板周边与柱翼缘宜采用焊透的T形对接焊缝连接，对无法进行电弧焊的焊缝，可采用熔化嘴电渣焊。当采用斜向加劲肋来提高节点域的抗剪承载力时，斜向加劲肋及其连接应能传递柱腹板所能承担剪力之外的剪力。

（1）柱的腹板不设置水平加劲肋。

当工字形截面梁翼缘采用焊透的T形对接焊缝而腹板采用摩擦型连接高强度螺栓或焊缝与H形柱的翼缘相连，满足下列要求时，柱的腹板可不设置水平加劲肋：

在梁的受压翼缘处，柱腹板厚度t_w应同时满足

$$t_w \geqslant \frac{A_{fc} f_b}{b_e f_c} \tag{6-45}$$

$$t_w \geqslant \frac{h_c}{30}\varepsilon_{kc} \tag{6-46}$$

式中　A_{fc}——梁受压翼缘的截面积；

f_c、f_b——柱、梁钢材抗拉、抗压强度设计值；

ε_{kc}——柱的钢号修正系数，$\varepsilon_{kc}=\sqrt{f_{yc}/235}$；

f_{yc}——柱钢材屈服点；

h_c——柱腹板的宽度；

b_e——在垂直于柱翼缘的集中压力作用下，柱腹板计算高度边缘处压应力的假定分布长度，$b_e=b_{fb}+5h_y$；

b_{fb}——梁受压翼缘厚度；

h_y——自柱顶面至腹板计算高度上边缘的距离，对轧制型钢截面取柱翼缘边缘至内弧起点间的距离，对焊接截面取柱翼缘厚度。

在梁的受拉翼缘处，柱翼缘板的厚度t_c应满足

$$t_c \geqslant 0.4\sqrt{A_{ft} f_b / f_c} \tag{6-47}$$

式中　A_{ft}——梁受拉翼缘的截面积。

垂直于杆件轴向设置的连接板（或梁的翼缘）采用焊接方式与工字形、H形或其他截面的未设水平加劲肋的杆件翼缘相连，形成T形接合时（图6-20），其母材和焊缝都应按有效宽度进行强度计算。

工字形或H形截面杆件的有效宽度应按下列公式计算［图6-20（a）］

$$b_{ef} = t_w + 2s + 5kt_f \tag{6-48}$$

$$k = \frac{t_f}{t_p}\frac{f_{yc}}{f_{yp}}$$

式中　b_{ef}——T形结合的有效宽度；

t_w——被连接杆件的腹板厚度；

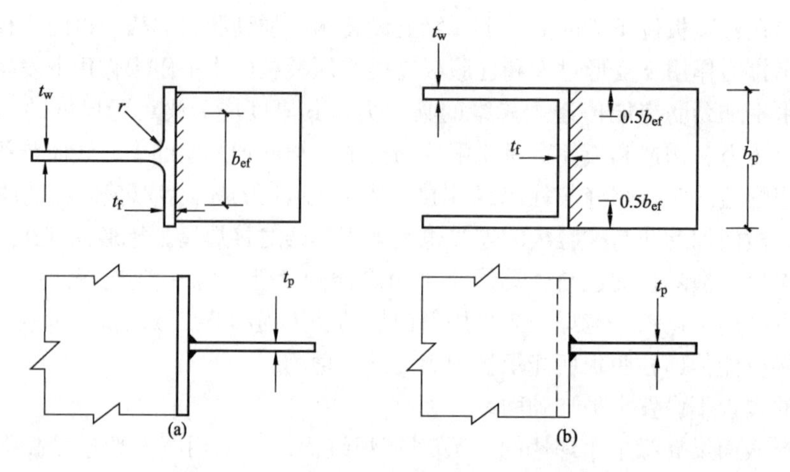

图 6-20　未加劲 T 形连接节点的有效宽度

s——对于被连接杆件，轧制工字形或 H 形截面杆件取为 r（圆角半径）；焊接工字形或 H 形截面杆件取为焊脚尺寸 h_f；

k——参数当 $k>1$ 时取 $k=1$；

t_f——被连接杆件的翼缘厚度；

t_p——连接板厚度；

f_{yc}——被连接杆件翼缘的钢材屈服强度；

f_{yp}——连接板的钢材屈服强度。

当被连接杆件截面为箱形或槽形，且其翼缘宽度与连接板件宽度相近时，有效宽度 b_{ef} 应按下式计算［图 6-20（b）］

$$b_{ef} = 2t_w + 5kt_f \tag{6-49}$$

b_{ef}尚应满足下式要求

$$b_{ef} \geqslant \frac{f_{yp}b_p}{f_{up}} \tag{6-50}$$

式中　f_{up}——连接板的极限强度；

b——连接板宽度。

当节点板不满足式（6-50）要求时，被连接杆件的翼缘应设置加劲。

连接板与翼缘的焊缝应按能传递连接板的抗力 $b_pt_pf_{yp}$（假定为均布应力）。

（2）柱的腹板设置水平加劲肋。

当梁柱采用刚性连接时，对应于梁翼缘的柱腹板部位宜设置横向加劲肋，节点域应符合下列要求：

当横向加劲肋厚度不小于梁的翼缘板厚度时，节点域的受剪正则化长细比 $\lambda_{n,s}$不应大于 0.8；对单层和低层轻型建筑，$\lambda_{n,s}$不得大于 1.2。节点域的受剪正则化长细比 $\lambda_{n,s}$应按下式计算

当 $h_c/h_b \geqslant 1.0$ 时

$$\lambda_{n,s} = \frac{h_b/t_w}{37\sqrt{5.34+4(h_b/h_c)^2}}\frac{1}{\varepsilon_k} \tag{6-51a}$$

当 $h_c/h_b < 1.0$ 时

$$\lambda_{n,s} = \frac{h_b/t_w}{37\sqrt{4+5.34(h_b/h_c)^2}}\frac{1}{\varepsilon_k} \tag{6-51b}$$

式中 h_c、h_b——分别为节点域腹板的宽度和高度。

节点域的承载力应满足下式要求：

刚性连接时，应验算梁与柱的连接在弯矩和剪力作用下的承载力和节点域的抗剪强度。

由柱翼缘与水平加劲肋包围的柱腹板节点域应满足下列要求：

抗剪强度计算

在周边弯矩和剪力作用下［图 6-19（f）］，节点域的平均剪应力可用下式计算

$$\tau = \frac{M_{b1} + M_{b2}}{h_b h_c t_w} - \frac{V_{c1}}{h_c t_w} \tag{6-52}$$

实际剪应力的分布在节点域中心部位最大。试验表明，由于节点域四周边缘构件的约束作用，节点域的实际抗剪屈服承载力有较大提高。设计时可取提高系数为 4/3，为了简化计算，忽略柱剪力 V_{c1} 和轴力对节点域抗剪承载力的影响，按下式进行节点域的承载力计算

$$\frac{M_{b1} + M_{b2}}{V_p} \leqslant \tau_{cr} \tag{6-53}$$

式中 V_p——节点域腹板的体积，取 h_{b1} 和 h_{c1} 分别为柱和梁翼缘中心线之间的宽度和高度，H 形截面柱：$V_p = h_{b1} h_{c1} t_w$；箱形截面柱：$V_p = 1.8 h_{b1} h_{c1} t_w$；

τ_{cr}——节点域的抗剪承载力，据节点域受剪正则化长细比 $\lambda_{n,s}$ 按下列取值

当 $\lambda_{n,s} \leqslant 0.6$ 时　　$\tau_{cr} = 4f_v/3$

当 $0.6 < \lambda_{n,s} \leqslant 0.8$ 时　　$\tau_{cr} = (7 - 5\lambda_{n,s}) f_v/3$

当 $0.8 < \lambda_{n,s} \leqslant 1.2$ 时　　$\tau_{cr} = [1 - 0.75(\lambda_{n,s} - 0.8)] f_v$

当轴压比 $N/(Af) > 0.4$ 时，τ_{cr} 应乘以修正系数，当 $\lambda_{n,s} \leqslant 0.8$ 时，修正系数可取为 $\sqrt{1-(N/Af)^2}$。

当柱腹板节点域不满足式（6-53）的要求时，对 H 形或工字形组合柱宜将腹板在节点域采取补强措施。可加厚节点域的柱腹板，腹板加厚的范围应伸出梁上、下翼缘外不小于 150mm 处。也可贴焊补强板加强，补强板与柱加劲肋和翼缘可采用角焊缝连接，与柱腹板采用塞焊连成整体，塞焊点之间的距离不应大于较薄焊件厚度的 $21\varepsilon_k$ 倍。对轻型结构也可采用斜向加劲肋加强。对按 7 度及以上抗震设防的结构，尚应按抗震要求进行计算。

节点域腹板还应按下式验算局部稳定性

$$t_w \geqslant (h_c + h_b)/90 \tag{6-54}$$

（3）构造要求。采用全焊连接或栓焊混合连接（梁翼缘与柱焊接，腹板与柱高强螺栓连接）的梁柱刚接节点，其构造应符合下列要求：

梁柱节点宜采用柱贯通构造，当柱采用冷成型管截面或壁板厚度 $t \leqslant 20$mm 时，梁柱节点宜采用隔板贯通式构造。

H 形钢柱腹板对应于梁翼缘部位宜设置横向加劲肋；箱形（钢管）柱对应于梁翼缘的位置，宜设置水平隔板。

节点采用隔板贯通式构造时，柱与贯通式隔板应采用全熔透坡口焊缝连接。贯通式隔板挑出长度 l 宜满足 $40\text{mm} \leqslant l \leqslant 60\text{mm}$；同时隔板宜选用厚度方向钢板并采用拘束度较小的焊接构造与工艺，其厚度不应小于梁翼缘厚度和柱壁板的厚度。

梁柱节点区柱腹板加劲肋或隔板应满足下列要求：

横向加劲肋的截面尺寸应经计算确定，其厚度不宜小于梁翼缘厚度；其宽度应符合传

力、构造和板件宽厚比限值的要求。

横向加劲肋的上翼缘宜与梁翼缘的上翼缘对齐，并以焊透的 T 形对接焊缝与柱翼缘连接。当梁与 H 形截面柱弱轴方向连接，即与腹板垂直相连形成刚接时，横向加劲肋与柱腹板的连接宜采用焊透对接焊缝。

箱形柱中的横向隔板与柱翼缘的连接，宜采用焊透的 T 形对接焊缝，对无法进行电弧焊的焊缝且柱壁板厚度不小于 16mm 时，可采用熔化嘴电渣焊。

当采用斜向加劲肋加强节点域时，加劲肋及其连接应能传递柱腹板所能承担剪力之外的剪力，其截面尺寸应符合传力和板件宽厚比限值的要求。

4. 半刚性连接

试验表明图 6 - 19（g）、（h）两种连接方式梁端的约束常达不到刚性连接的要求，只能作为半刚性连接。半刚性连接的框架计算需要知道连接节点的弯矩 - 转角关系曲线，它随连接形式、节点构造细节的不同而变化，计算比较复杂。进行结构设计设计时，这种连接形式的实验数据或设计资料必须足以提供较为准确的弯矩 - 转角关系。端板式半刚性连接钢结构在多高层建筑中应用日益增多，关于端板式半刚性连接钢结构的设计、制作和安装可见《端板式半刚性连接钢结构技术规程》（CECS 260）。

三、柱的拼接

柱在制造厂完成的拼接一般采用一或二级质量焊缝直接对焊。在多层框架中，柱的安装单元长度常为 2～3 层柱高，常在上层横梁上表面以上 0.8～1.2m 左右处设置柱与柱的工地拼接。

工字形截面柱的拼接可采用坡口焊缝连接、高强度螺栓摩擦型连接、以及上述两者的混合连接（图 6 - 21）。图 6 - 21（a）所示的坡口焊缝连接因不用拼接板而可节省钢材，传力也最为直接，但高空作业，焊接技术要求较高。图 6 - 21（b）所示高强度螺栓连接虽然因需钻孔、板接触面处理和需设拼接板等而费工费料，但安装时较易操作和保证质量。图 6 - 21（c）所示混合连接，先用高强度螺栓拼接腹板，后焊接翼缘板，便于柱子对中就位。

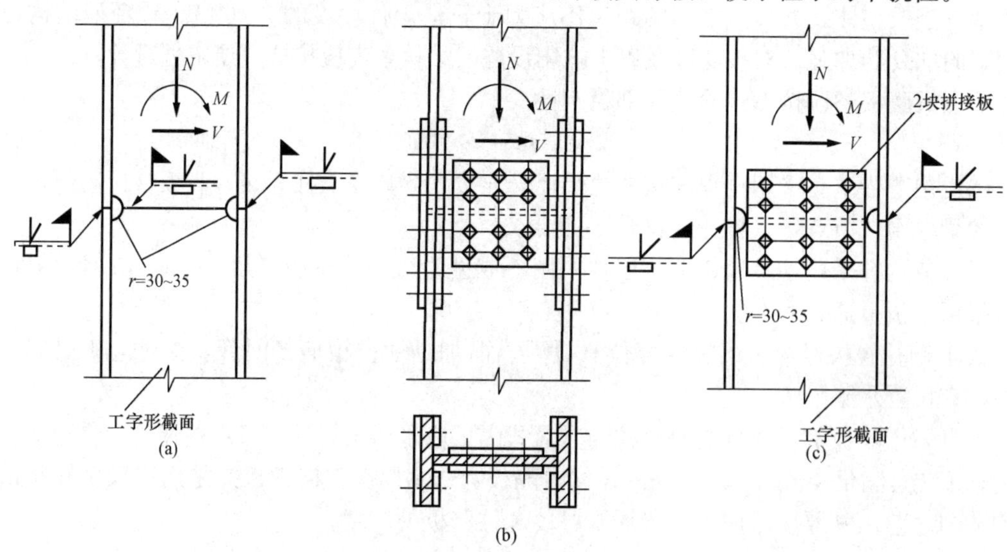

图 6 - 21　框架柱的拼接

（a）全焊接拼接；（b）高强度螺栓拼接；（c）混合拼接

柱的拼接一般按等强度原则计算，即拼接材料和连接件都能传递断开截面的最大内力。当柱的接触面磨（铣）平顶紧，且截面不产生拉应力时，对高层建筑钢结构柱，可通过柱的接触面直接传递25%的压力和25%的弯矩；普通钢结构柱的接触面直接传递柱身的最大压力，其连接焊缝或螺栓应按最大压力的15%计算。当压弯柱截面出现受拉区时，该区的连接尚应按最大拉力计算。

第七节 柱 脚 设 计

一、概述

柱下端与基础相连的部分称为柱脚。柱脚的作用是将柱身所承受的力传递和分布到基础，并将柱固定于基础。基础一般由混凝土或钢筋混凝土做成。在柱下端设置底板，使得柱与基础的接触面上的应力小于基础的抗压强度设计值，柱脚应有一定的宽度、长度、刚度和强度，并可靠地传力。柱脚构造比较复杂，用钢量较大，制造比较费工。设计柱脚时应做到传力明确、简捷可靠，构造简单，节约材料，施工方便，符合计算简图。

按照柱与基础的连接形式，柱脚分为铰接和刚接柱脚两种类型。铰接柱脚只能承受轴心压力和剪力，不能承受弯矩；刚接柱脚除承受轴心压力和剪力外，同时还能承受弯矩。作用在柱脚的剪力可由底板与基础间的摩擦力来承受，摩擦系数可取0.4，当水平剪力超过柱底摩擦力时，可在柱脚底板下面设置抗剪键（图6-22）或在柱脚外包混凝土来承受剪力。抗剪键可用钢板、方钢、短T字钢或H型钢做成。

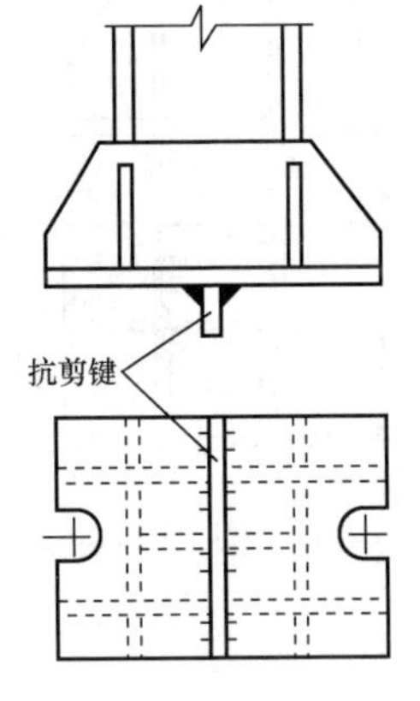

图6-22 柱脚的剪力键

柱脚中采用锚栓固定位置，外露式刚结柱脚中的锚栓还要承受拉力。铰接柱脚的锚栓直径d一般为20～42mm，根据与柱板件和底板厚度相协调进行选择。柱子就位并调整到设计位置后，用垫板套住锚栓并与底板焊牢。底板或支承托座上的锚栓孔直径取$1.5d$。垫板上的锚栓孔直径取$d+2$mm，厚度取$(0.4\sim0.5)d$，且$\geqslant$20mm。柱截面高度$h\leqslant400$mm时，可采用两个锚栓；$h>400$mm时，宜采用四个锚栓。柱底端宜磨平与底板顶紧，翼缘与底板宜采用半熔透或全熔透（抗震设防时）的坡口对接焊缝连接，柱腹板和加劲板与底板宜采用双面角焊缝连接。基础顶面和柱脚的底板之间须二次浇灌≥C40无收缩细石混凝土或铁屑砂浆，施工时应采用压力灌浆。

二、铰接柱脚设计

1. 形式和构造

（1）无靴梁的铰接柱脚［图6-23（a）］。对轴力较小的柱，可将柱身底端切割平齐，直接与底板焊接，柱身所受的力通过焊缝传给底板，由底板传给基础。底板厚度一般为20～40mm，用两个锚栓固定在基础上，锚栓位置放在柱中轴线上，一般在短轴线底板两侧。

（2）有靴梁的铰接柱脚［图6-23（b）、（c）］。当柱的轴力较大时，若采用图6-23（a）所示的柱脚形式，底板厚度和焊脚尺寸可能过大，使设计不合理。通常采用增设靴梁、隔板的方法，把底板分成几个较小区格，减小基础反力引起的底板弯矩值，使底板厚度减小［图6-23（b）、（d）］。当靴梁外伸较长时，可增设隔板［图6-23（c）］，将底板区格进一步划小，并可提高靴梁的侧向刚度。箱形柱可采用图 6-23（e）所示的柱脚形式。

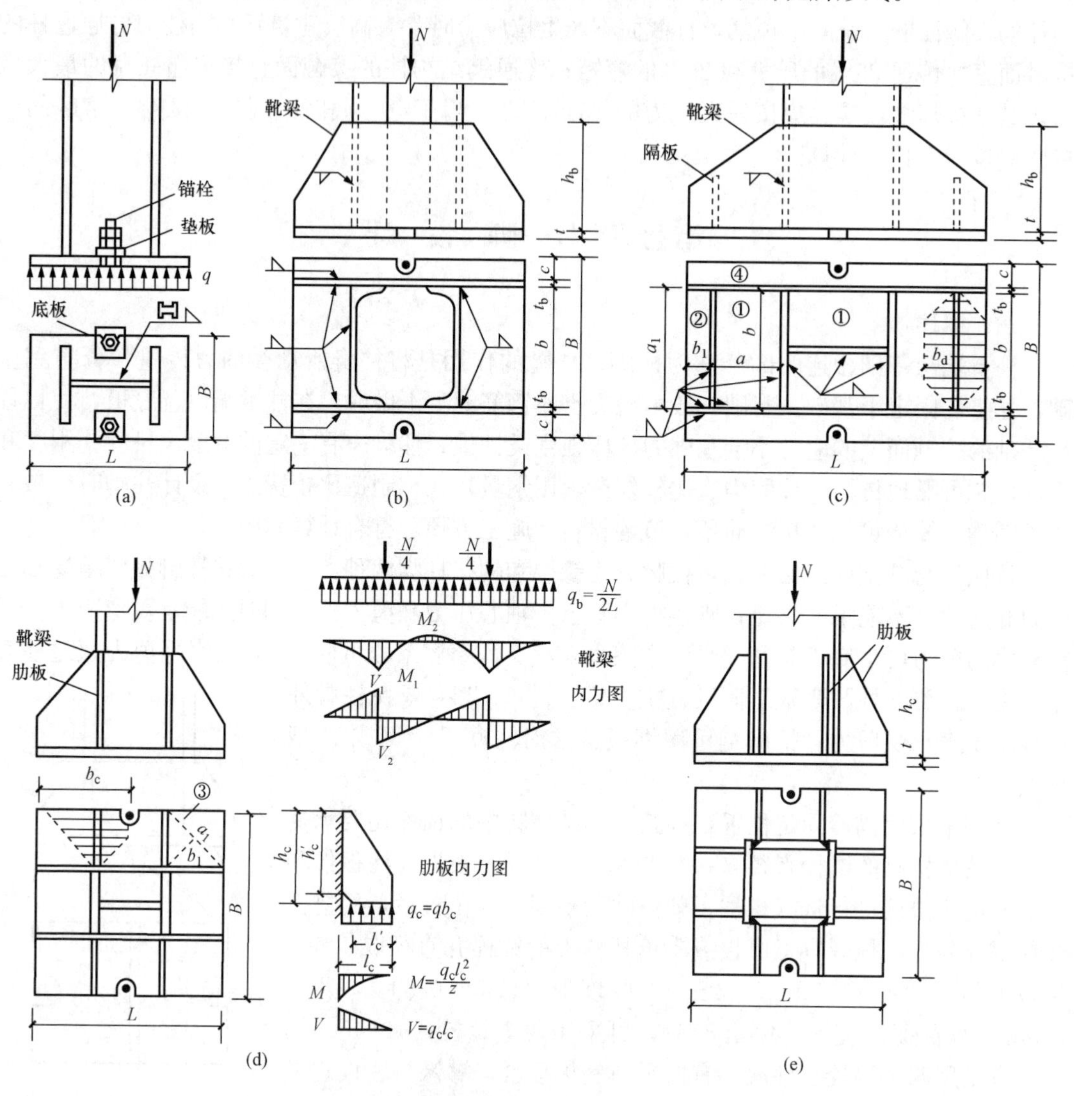

图 6-23　铰接柱脚

（a）无靴梁的铰接柱脚；（b）有靴梁的铰接柱脚；（c）有靴梁和隔板的铰接柱脚；（d）有靴梁和肋板的铰接柱；（e）箱形柱的铰接柱脚

2. 铰接柱脚的计算

铰接柱脚的计算包括确定底板的尺寸、靴梁和隔板的尺寸以及它们之间的连接焊缝尺寸。

（1）底板的计算。

1）底板的长度 L 和宽度 B 的确定。底板的平面尺寸取决于底板下基础材料的抗压强度。铰接柱脚的底板一般采用矩形，底板面形心与柱截面形心重合。假设底板与基础接触面上的应力为均匀分布，则底板的宽度 B 和长度 L 可按下式计算

$$A = BL = N/f_c + A_0 \qquad (6-55)$$

式中　N——柱的轴心压力设计值；

f_c——基础混凝土的抗压强度设计值，当基础上表面面积A_c大于底板面积A时，混凝土的抗压强度设计值应考虑局部承压引起的提高；

A_0——锚栓孔面积。锚栓孔直径通常取锚栓直径d的1.5～2倍。

底板宽度B可根据柱截面宽度和部件分布构造布置确定，例如对图6-23（b），可取$B=b+2t_b+2c$，式中b为柱宽；t_b为靴梁厚度，通常取10～16mm；c为底板悬臂部分长度，一般取20～100mm，当有锚栓孔时，$c\approx2\sim5d$。采用的B值应为10mm的倍数，且使底板长度$L\leqslant2B$。底板下的压应力应满足

$$q=N/(BL-A_0)\leqslant f_c \tag{6-56}$$

2）底板厚度计算。底板厚度由底板的抗弯强度决定。底板是一块整体板，计算时可将靴梁、隔板及柱身截面视作底板的支承，它们把底板划分为不同支承条件的矩形区格，每一区格可独立地按弹性理论计算由基础反力引起的最大弯矩，以此来确定底板厚度。为简化计算，对四边、三边和两相邻边支承板，通常偏安全均按板边简支考虑。

在均布的基础反力q的作用下，各区格底板单位宽度的最大弯矩按下列公式计算

四边支承板（表6-2中，a为短边长度，b为长边长度）

$$M=\alpha qa^2 \tag{6-57}$$

三边支承一边自由板（表6-3中，a_1为自由边长度，b_1为与自由边垂直的边长）

$$M=\beta qa_1^2 \tag{6-58}$$

悬臂板（c为悬臂长度）

$$M=qc^2/2 \tag{6-59}$$

式中　α、β——最大弯矩系数，由表6-2和表6-3查得。

系数α、β为四边简支板和三边简支、一边自由板，取泊松比$\nu=0.3$，按弹性理论求得。最大弯矩M分别在中心短边方向和自由边中点。当三边支承一边自由板的$b_1/a_1<0.3$时，按悬臂板计算。对于两相邻边支承另两边自由板，其最大M可近似地按三边支承一边自由区格的式（6-58）计算，系数β也由b_1/a_1查表6-2求得，但a_1取对角线长度，b_1取内角顶点到对角线的垂直距离。

表6-2　四边简支板的弯矩系数α

b/a	1.0	1.1	1.2	1.3	1.4	1.5	1.6
α	0.047 9	0.055 3	0.062 6	0.069 3	0.075 3	0.081 2	0.086 2
b/a	1.7	1.8	1.9	2.0	2.5	3.0	≥4.0
α	0.090 8	0.094 8	0.098 5	0.101 7	0.113 2	0.118 9	0.125 0

表6-3　三边简支一边自由板的弯矩系数β

b_1/a_1	0.3	0.35	0.4	0.45	0.5	0.55	0.6	0.65	0.7	0.75
β	0.027 3	0.035 5	0.043 9	0.052 2	0.060 2	0.067 7	0.074 7	0.081 2	0.087 1	0.092 4
b_1/a_1	0.8	0.85	0.9	0.95	1.0	1.1	1.2	1.3	≥1.4	
β	0.097 2	0.101 5	0.105 3	0.108 7	0.111 7	0.116 7	0.120 5	0.123 5	0.125 0	

依底板所有区格中弯矩的最大值M_{max}来确定所需底板厚度

$$t\geqslant\sqrt{6M_{max}/(\gamma_x f)} \tag{6-60}$$

式中　γ_x——受弯构件的截面塑性发展系数。当构件承受静力或间接动力荷载时，对钢板受弯取 $\gamma_x=1.2$。当构件承受直接动力荷载时取 $\gamma_x=1$。

设计时应尽可能地使各区格的弯矩值接近，可通过重新划分区格或对个别区格增加隔板的方法来实现，以免个别区格的弯矩值较大，致使底板厚度较大。

底板厚度 $t\geqslant14$mm，且≥柱翼缘厚度，以保证底板有足够的刚度使得基础反力接近均匀分布。

（2）靴梁计算。靴梁按支承于柱身两侧的连接焊缝处的单跨双伸臂梁计算其强度。靴梁的高度 h_b 通常由其与柱身间的竖向焊缝长度来确定，厚度 t_b 可取约等于柱翼缘的厚度。通常柱下端截面尺寸较大，柱身与底板难以做到全面紧密接触，它们间的水平焊缝质量不易保证，设计时通常不考虑其受力，该焊缝的焊脚尺寸按构造条件确定。设计时取柱身轴力先通过柱与靴梁连接的竖向焊缝传给靴梁，再由靴梁与底板连接的水平焊缝传给底板，然后从底板传给基础。靴梁承受的荷载为由底板传来的沿靴梁长均布的基础反力。因此设计时常先计算靴梁与柱身间的连接焊缝，再验算靴梁的强度。

1）靴梁与柱身间连接焊缝计算。一般采用 4 条竖向焊缝传递柱全部轴心压力设计值 N

$$4h_f l_w = N/(0.7f_f^w) \tag{6-61}$$

可先选定焊脚尺寸 h_f，然后确定焊缝计算长度 l_w。取靴梁高度 $h_b\geqslant l_w+2h_f$。

2）靴梁与底板间的水平焊缝计算。两个靴梁与底板间的全部连接焊缝按传递柱全部压力 N 计算，对于不便于施焊和检验的焊缝，由于质量难以保证，计算时不考虑其受力。由于构造原因，焊缝承受的力常存在小量偏心，为简化计算，取 $\beta_f=1$，靴梁与底板间焊缝按均匀传递 N 计算。

$$h_f \geqslant N/(0.7f_f^w\sum l_w) \tag{6-62}$$

式中　$\sum l_w$——焊缝总计算长度，要考虑每段焊缝减去 $2h_f$。

3）靴梁强度验算。每个靴梁承受由底板传来的基础反力，按线均布荷载 $q_b=qB/2$ 计算（有隔板时仍可按此均布反力 q_b 计算）。单跨双伸臂梁的弯矩图和剪力图如图 6-21（b）。按求得的最大弯矩和最大剪力验算靴梁截面（$h_b\times t_b$）的抗弯和抗剪强度。在计算抗弯强度时，当柱承受静力或间接动力荷载时，应考虑截面塑性发展系数 γ_x，即对截面抵抗拒 W 乘以 $\gamma_x=1.2$（靴梁为钢板时）或 $\gamma_x=1.05$（靴梁为槽钢时）；当构件承受直接动力荷载时，取 $\gamma_x=1$。隔板受弯时也按此考虑。

（3）隔板的计算。隔板按简支梁计算，承受底板传来的基础反力。双向底板传给各板边支承的荷载值近似地按 45°线和中线为分界线，对隔板形成梯形或三角形分布荷载。为简化计算，可按荷载最大宽度处的分布荷载值 $q_d=qb_d$（或 $q_d=qb_c$）作为全跨均布荷载［图 6-23（c）、（d）］进行计算。隔板的厚度不得小于其宽度的 1/50。

计算时先根据隔板的支座反力计算其与靴梁连接的竖向焊缝（通常仅焊隔板外侧）。然后按正面角焊缝计算隔板与底板间的连接焊缝（通常仅焊外侧）。最后根据竖向焊缝长度 l_w 确定隔板高度 h_d，取 $h_d\geqslant l_w$＋切角高度＋$2h_f$；按求得的最大弯矩和最大剪力分别验算隔板截面的抗弯强度和抗剪强度。

【例 6-8】　设计一个轴心受压格构式柱铰接柱脚。柱脚形式如图 6-24 所示。轴心压力设计值 $N=1\ 700$kN（包括柱自重）。基础混凝土强度等级 C15。钢材 Q235，焊条 E43

系列。

解　柱脚采用 2 个 M20 锚栓。

（1）底板尺寸确定。C15 混凝土 $f_c=7.5\text{N/mm}^2$，设局部受压的提高系数 $\beta=1.1$。

$$\beta f_c = 1.1\times 7.5 = 8.25(\text{N/mm}^2)$$

螺栓孔面积

$$A_0=2(50\times 20+\pi\times 50^2/8)=3\ 960(\text{mm}^2)$$

需要底板面积

$$A=LB=N/f_c+A_0=1700\times 10^3/8.25+3\ 960=2.1\times 10^5(\text{mm}^2)$$

取底板宽度　$B=250+2\times 10+2\times 65=400(\text{mm})$

需要底板长度 $L=A/B=2.1\times 10^5/400=525(\text{mm})$，取 $L=550\text{mm}$

基础对底板单位面积作用的压应力

$$q=\frac{N}{LB-A_0}=\frac{1\ 700\times 10^3}{(550\times 400-3\ 960)}=7.87(\text{N/mm}^2)<\beta f_c=8.25\text{N/mm}^2$$

满足要求。

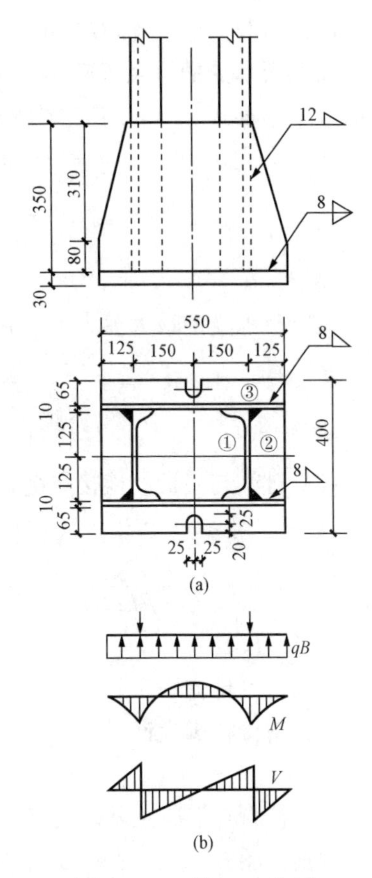

图 6-24　［例 6-6］图

（a）柱脚构造；（b）靴梁作用荷载与内力

按底板的三种区格分别计算其单位宽度上的最大弯矩

区格①为四边支承板　　$b/a=300/250=1.2$

查表 6-2 得 $\alpha=0.063$，则

$$M_4=\alpha qa^2=0.063\times 7.87\times 250^2=30\ 990(\text{N}\cdot\text{mm})$$

区格②为三边支承板 $b_1/a_1=125/250=0.5$，查表 6-3 得 $\beta=0.060$，则

$$M_3=\beta qa_1^2=0.060\times 7.87\times 250^2=29\ 513(\text{N}\cdot\text{mm})$$

区格③为悬臂板

$$M_1=qc^2/2=7.87\times 65^2/2=16\ 630(\text{N}\cdot\text{mm})$$

按最大弯矩 $M_{\max}=M_4=30\ 990\text{N}\cdot\text{mm}$ 计算底板厚度，取厚度 t 在 16～40mm，$f=205\text{N/mm}^2$

$$t=\sqrt{6\times M_{\max}/f}=\sqrt{6\times 30\ 990/205}=30(\text{mm})$$

取 $t=30\text{mm}$。

（2）靴梁设计计算。靴梁与柱身用 4 条竖直焊缝连接，取靴梁板厚度为 10mm，根据构造要求，取 $h_F=12\text{mm}$（焊脚尺寸最大值），此时焊缝长度最小，靴梁高度也最小。每条焊缝需要的长度为

$$l_w=\frac{N}{4\times 0.7h_f f_f^w}=\frac{1\ 700\times 10^3}{4\times 0.7\times 12\times 160}=316.2(\text{mm})$$

$$<l_{w\max}=60h_f=60\times 10=600(\text{mm})$$

满足构造要求。

靴梁高度$\geqslant l_w+2h_f=316.2+2\times12=340.2$(mm)，取靴梁高度为350mm。两块靴梁板承受的线荷载为$qB=7.87\times400=3150$(N/mm)

靴梁板承受的最大弯矩

$$M_{支}=qBl^2/2=3\,150\times125^2/2=2.461\times10^7(\text{N}\cdot\text{mm})$$

$$M_{中}=qBl^2/8-M_{支}=3\,150\times300^2/8-2.461\times10^7=1.082\,75\times10^7(\text{N}\cdot\text{mm})$$

$$\sigma=\frac{M_{\max}}{W}=\frac{6\times24\,610\,000}{2\times10\times350^2}=60.3(\text{N/mm}^2)<f=215\text{N/mm}^2$$

满足要求。

靴梁板承受的最大剪力$V=qBl=3\,150\times125=393\,800$(N)

$$\tau=1.5\frac{V}{A}=1.5\times\frac{393\,800}{2\times350\times10}=84.4(\text{N/mm}^2)<f_{\text{V}}=125\text{N/mm}^2$$

满足要求。

(3) 靴梁与底板的连接焊缝计算。

设$h_{\text{F}}=10$mm，$\sum l_w=2(550-2\times10)+4(125-2\times10)=1\,480$(mm)

$$\frac{N}{0.7h_f\sum l_w}=\frac{1\,700\times10^3}{0.7\times10\times1\,480}=164.1(\text{N/mm}^2)\approx f_f^w$$

$$=160\text{N/mm}^2(\text{仅超出}\ 2.6\%)。$$

满足要求，设计完毕。

三、刚接柱脚设计

1. 形式和构造

刚接柱脚与混凝土基础的连接方式有外露式（支承式）、埋入式（插入式）和外包式三种，分别见图6-25、图6-27和图6-32。

外露式刚接柱脚可做成整体式［图6-25（a)］和分离式［图6-25（b)］两种类型。实腹柱或分肢间距小于1.5m的格构柱，常采用整体式柱脚；分肢间距不小于1.5m的格构柱常采用分离式柱脚。

刚接柱脚在弯矩作用下产生的拉力由锚栓承受，锚栓常承受较大的拉力，锚栓直径d不宜小于24mm，根据承受的拉力来确定。锚固长度不应小于$40d$，当埋设深度受限制时，锚栓应固定在锚板上。

由于底板抗弯刚度较小，为了有效可靠地将拉力从柱身传到锚栓，锚栓一般不应直接固定在底板上，而应固定在焊于靴梁上的刚度较大的锚栓支承托座上（图6-25)，使柱脚与基础形成刚性连接。支承托座的做法通常是在靴梁外侧面焊上一对肋板（高度大于400mm)，刨平顶紧（并焊接）于放置其上的顶板（厚20～40mm）或角钢（∟160×100×10以上，长边外伸）上，以支承锚栓。为了便于安装，顶板或角钢上宜开缺口（宽度不小于锚栓直径的1.5倍)，并且锚栓位置宜在底板之外。托座肋板按悬臂梁计算。在安放垫板、固定锚栓的螺母后，再将这些零件与支承托座相互焊接，以免松动。支承托座也可采用槽钢。

2. 外露式整体式柱脚计算

(1) 底板面积。以图6-25（a）所示柱脚为例。首先应根据构造要求确定底板宽度B，悬臂长宜取20～50mm。然后假定基础与底板之间为能承受压应力和拉应力的弹性体，基础反力呈直线分布，根据底板边缘最大压应力不超过混凝土的抗压强度设计值，采用下式即可确定底板在弯矩作用平面内的长度 L。

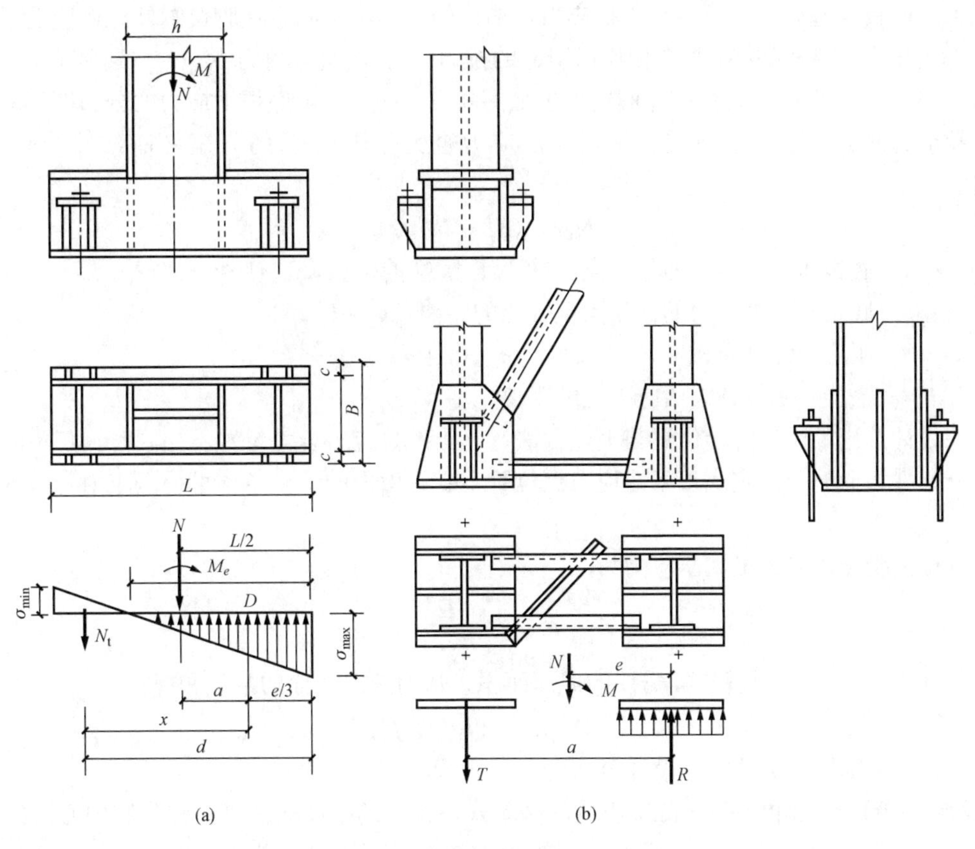

图 6-25　刚接柱脚

(a) 整体式；(b) 分离式

$$\sigma_{max}=\frac{N}{BL}+\frac{6M}{BL^2}\leqslant f_c \tag{6-63}$$

(2) 底板厚度。底板另一边缘的应力计算公式为

$$\sigma_{min}=\frac{N}{BL}-\frac{6M}{BL^2} \tag{6-64}$$

根据式 (6-63) 和式 (6-64) 可得底板下压应力的分布图形。采用与铰接柱脚相同方法，计算各区格底板单位宽度上的最大弯矩，计算弯矩时可偏安全地取各区格中的最大压应力 q 均匀作用于底板进行计算。根据底板的最大弯矩，来确定底板的厚度。底板厚度不宜小于 20mm。

(3) 靴梁和隔板的设计。可采用和铰接柱脚类似方法计算靴梁强度、靴梁与柱身以及与隔板等的连接焊缝，并根据焊缝长度确定各自的高度。在计算靴梁与柱身连接的竖直焊缝时，应按可能承受的最大内力 N_1 计算

$$N_1=\frac{N}{2}+\frac{M}{h} \tag{6-65}$$

式中　h——柱截面高度。

(4) 锚栓的设计。当采用式 (6-64) 计算出 $\sigma_{min}\geqslant 0$ 时，表明底板与基础间只有压应

力，锚栓只起固定柱脚位置的作用，可按构造设置。当 $\sigma_{min}<0$ 时，表明底板与基础间存在拉应力，底板与基础之间不能承受拉应力，锚栓的作用除了固定柱脚位置外，还应能承受柱脚底部由压力 N 和弯矩 M 组合作用而引起的拉力 N_t。当组合内力 N、M（通常取 N 偏小、M 偏大的一组）作用下，按前述假定得出如图 6-25（a）所示底板下应力的分布图形时，可假定拉应力的合力由锚栓承受，根据对压应力合力作用点 D 的力矩平衡条件 $\sum M_D=0$，可得

$$N_t=(M-Na)/x \tag{6-66}$$

式中 a——底板压应力合力的作用点至轴心压力 N 的距离，$a=L/2-e/3$；

x——底板压应力合力的作用点至锚栓的距离，$x=d-e/3$；

e——压应力的分布长度，$e=\sigma_{max}L/(\sigma_{max}+|\sigma_{min}|)$；

d——锚栓至底板最大压应力处的距离。

当设计选用的受拉螺栓位置与上述方法计算出的拉应力合力位置不相同时，将不满足力的平衡条件，此时可假定底板下零应力点位置不变，由力的平衡条件可得压应力合力 R

$$R=N+N_t \tag{6-67}$$

基础混凝土承受的最大压应力为

$$\sigma_{max}=\frac{R}{Be/2} \tag{6-68}$$

根据 N_t 可由下式计算锚栓需要的截面面积，从而选出锚栓的数量和规格。

$$A_n=N_1/f_t^a \tag{6-69}$$

式中 f_t^a——锚栓的抗拉强度设计值。

【例 6-9】 设计由两个 I25a 组成的缀条式格构柱的整体式柱脚。柱分肢中心之间的距离为 220mm，柱作用于基础的压力设计值为 500kN，弯矩设计值为 130kN·m，基础混凝土的强度等级为 C20，锚栓用 Q235B 钢，焊条为 E43 型。

解 柱脚的构造如图 6-26 所示。设基础混凝土局部受压的提高系数 $\beta=1.1$，则 $\beta f_c=1.1\times10=11(\text{N/mm}^2)$。

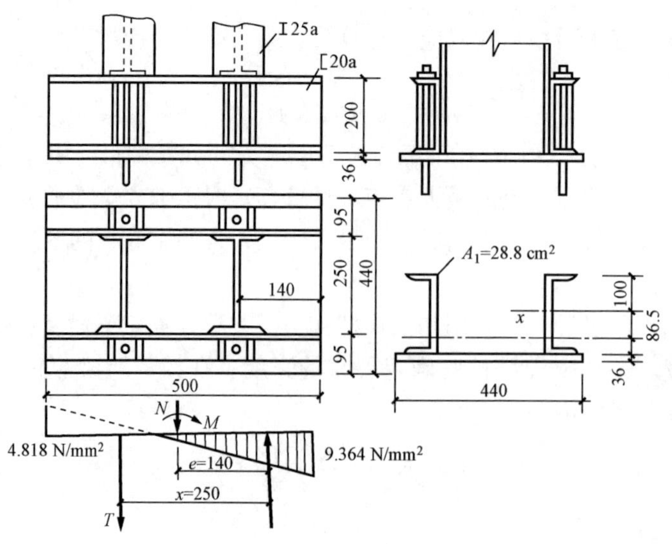

图 6-26 ［例 6-9］图

初选在两分肢外侧用两根[20a 的槽钢与分肢和底板用角焊缝连接起来。取底板上锚栓的孔径 $d_0=60\text{mm}$。

（1）确定底板平面尺寸。从型钢表查得每个槽钢的翼缘宽度为 73mm，取每侧底板悬出 22mm，则底板的宽度 $B=2\times(73+22)+250=440(\text{mm})$。

根据基础的最大受压应力确定底板的长度 L

$$\sigma_{\max}=\frac{N}{A}+\frac{6M}{BL^2}=\beta f_c$$

$$\frac{500\times10^3}{440\times L}+\frac{6\times130\times10^6}{440L^2}=11$$

由此得到 $L=456\text{mm}$，采用 $L=500\text{mm}$。

估算底板下应力

$$\sigma_{\max}=\frac{500\times10^3}{440\times500}+\frac{6\times130\times10^6}{440\times500^2}=9.364(\text{N/mm}^2)$$

$$\sigma_{\min}=2.273-7.091=-4.818(\text{N/mm}^2)$$

$\sigma_{\min}$为负值，说明柱脚需要用锚栓来承担拉力。

（2）确定锚栓直径。锚栓设置在柱肢腹板中线处。

$$e=\sigma_{\max}L/(\sigma_{\max}+|\sigma_{\min}|)=9.364\times500/(9.364+4.818)=330(\text{mm})$$

$$a=L/2-e/3=500/2-330.1/3=140(\text{mm}),d=500-140=360(\text{mm})$$

$$x=d-e/3=360-330/3=250(\text{mm})$$

$$N_t=\frac{M-Na}{x}=\frac{130\times10^3-500\times140}{250}=240(\text{kN})$$

所需锚栓的净面积 $A_n=N_t/f_t'=240\times10^3/140=1\ 714(\text{mm}^2)$。

查附录三，选用两个直径 $d=42\text{mm}$ 的锚栓，其有效截面面积为 $2\times1\ 120=2\ 240(\text{mm}^2)$。

$$R=N+T=500+240=740(\text{kN})$$

受压区的最大压应力

$$\sigma_{\max}=\frac{2R}{BL_0}=\frac{2\times740\times10^3}{440\times330}=10.19(\text{N/mm}^2)<\beta f_c=11\text{N/mm}^2$$

满足要求。

（3）确定底板厚度。底板的三边支承部分基础所受压应力最大，这部分板所承受的弯矩最大。取 $q=10.19\text{N/mm}^2$。由 $b=140\text{mm}$，$a_1=250\text{mm}$，查表 6-3 得弯矩系数 $\beta=0.066$。单位板宽的最大弯矩

$$M=\beta qa_1^2=0.066\times10.19\times250^2=42\ 034(\text{N}\cdot\text{mm/mm})$$

设取底板厚度 t 在 16～40mm 之间，强度设计值为 $f=205\text{N/mm}^2$，底板厚度为

$$t=\sqrt{6M/f}=\sqrt{6\times42\ 034/205}=35.1(\text{mm}),\text{采用 }t=36\text{mm}。$$

（4）验算靴梁强度。靴梁的截面由两个槽钢和底板组成，先确定截面形心轴 x 轴至槽钢形心轴的距离

$$c=\frac{440\times36\times118}{2\times2\ 880+440\times36}=86.5(\text{mm})$$

截面的惯性矩

$$I_x=2\times1.78\times10^7+2\times2\ 880\times86.5^2+440\times36\times(13.5+18)^2=9.442\times10^7(\text{mm}^4)$$

偏于安全地取靴梁承受的剪力　$V=10.19\times440\times140=6.277\times10^5$(N)

偏于安全地取靴梁承受的弯矩　$M=627\ 700\times70=4.393\ 9\times10^7$(N·mm)

靴梁的最大弯曲应力　$\sigma=\dfrac{4.393\ 9\times10^7\times186.5}{9.442\times10^7}=86.79(\text{N/mm}^2)<f=215\text{N/mm}^2$

满足要求。

(5) 焊缝计算。计算肢件与靴梁的连接焊缝，肢件承受的最大压力

$$N_1=N/2+M/22=500/2+13\ 000/22=840.9(\text{kN})$$

I25a 翼缘厚度为 13mm，[20a 腹板厚度为 7mm，最大焊脚尺寸 $h_f=1.2\times7=8.4$(mm)，$h_f=8$mm。

竖向焊缝的总长度为　$\sum l_w=4(200-2\times8)=736$(mm)

$$\frac{N_1}{0.7h_f\sum l_w}=\frac{840.9\times10^3}{0.7\times8\times736}=204.0(\text{N/mm}^2)>f_f^w=160\text{N/mm}^2$$

不满足要求。[20a 修改为[28a，腹板厚度为 7.5mm，最大焊脚尺寸 $h_f=1.2\times7.5=9$(mm)，取 $h_f=8$mm。

竖向焊缝的总长度为　$\sum l_w=4(280-2\times8)=1\ 056$(mm)

$$\frac{N_1}{0.7h_f\sum l_w}=\frac{840.9\times10^3}{0.7\times8\times1056}=142.2(\text{N/mm}^2)<f_f^w=160\text{N/mm}^2$$

满足要求。

[28a 槽钢翼缘厚度 12.5mm，底板厚度为 36mm，槽钢翼缘与底板之间的连接焊缝最小焊脚尺寸 $h_{fmin}=1.5\sqrt{36}=9$(mm) 取 $h_f=10$mm。

焊缝承受的最大应力位于基础受压最大一边，采用简化算法，取单位底板宽度计算，焊缝把底板单位宽度下的压应力传给靴梁，此处有 4 条焊缝。

$$10.19\times440/(4\times0.7\times10)=160.1(\text{N/mm}^2)\approx f_f^w=160\text{N/mm}^2$$

满足要求。

3. 外露式分离式柱脚计算

压弯格构式缀条柱的各分肢承受轴心力，当两肢间距较大时，采用分离式柱脚，可节省钢材，制造也较简便。分离式柱脚每个肢的柱脚都根据分肢可能产生的最大压力按铰接柱脚设计，而锚栓支承托座和锚栓的直径则根据分肢可能产生的最大拉力确定。为保证运输和安装时柱脚的空间整体刚度，应在分离柱脚的两底板之间设置联系杆，如图 6-25(b) 所示。

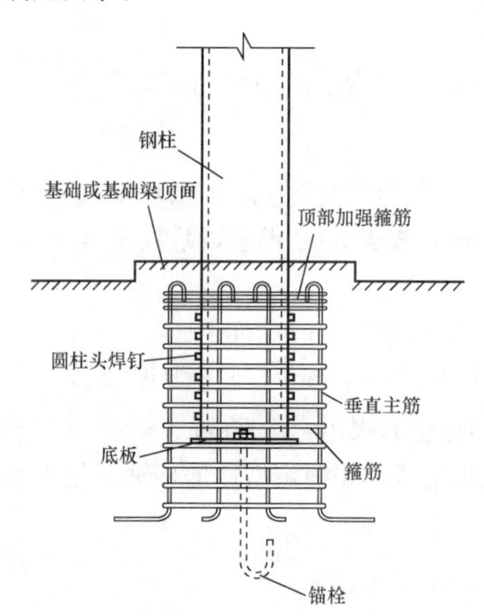

图 6-27　埋入式刚接柱脚

4. 埋入式柱脚设计

埋入式刚接柱脚是直接将钢柱埋入钢筋混凝土基础或基础梁的柱脚（图 6-27）。其埋入方法是预先将钢柱脚按要求组装固定在设计标高上，然后浇灌基础或基础梁的混凝土。埋入式柱脚的构造比较简单，易于安装就位，柱脚的嵌固性容易保证，当

柱脚的埋入深度超过一定数值后，柱的全塑性弯矩可以传递给基础。

埋入式柱脚的埋深，实腹柱不得小于实腹工字形柱或矩形管柱的截面高度 h_c（长边尺寸）或圆管柱的外径 d_c的 1.5 倍；双肢格构柱不得小于 0.5h_c（两肢垂直于虚轴方向最外边的距离）和 1.5b_c（沿虚轴方向的柱肢宽度）或 d_c的较大值，且不小于 500mm。埋深还应满足下列公式要求

H 形、箱形截面柱

$$\frac{V}{b_f d}+\frac{2M}{b_f d^2}+\frac{1}{2}\sqrt{\left(\frac{2V}{b_f d^2}+\frac{4M}{b_f d^2}\right)^2+\frac{4V^2}{b_f^2 d^2}}\leqslant f_c \tag{6-70a}$$

圆管柱

$$\frac{V}{d_c d}+\frac{2M}{d_c d^2}+\frac{1}{2}\sqrt{\left(\frac{2V}{d_c d^2}+\frac{4M}{d_c d^2}\right)^2+\frac{4V^2}{d_c^2 d^2}}\leqslant 0.8f_c \tag{6-70b}$$

式中　M、V——柱脚底部的弯矩和剪力；

d——柱脚埋深；

b_f——柱翼缘宽度；

d_c——钢管外径。

在钢柱埋入部分的顶部，应设置水平加劲肋或隔板，板的宽厚比应符合《钢结构设计标准》（GB 50017）中塑性设计的要求。为了保证柱脚的整体性，在钢柱的埋人部分应设置栓钉，栓钉直径≥16mm，栓钉间距≤200mm。埋入式柱脚通过混凝土对钢柱的承压力传递弯矩（图 6 - 28）。取达到极限状态时的计算简图如图 6 - 29 所示，根据力矩平衡条件，混凝土承压应力 σ 的计算公式及应满足条件见式（6 - 71）。

$$\sigma=\left(\frac{2h_0}{d}+1\right)\left[1+\sqrt{1+\frac{1}{(2h_0/d+1)^2}}\right]\frac{V}{b_f d}\leqslant f_c \tag{6-71}$$

式中　h_0——柱反弯点到钢柱埋入部分顶部的距离。

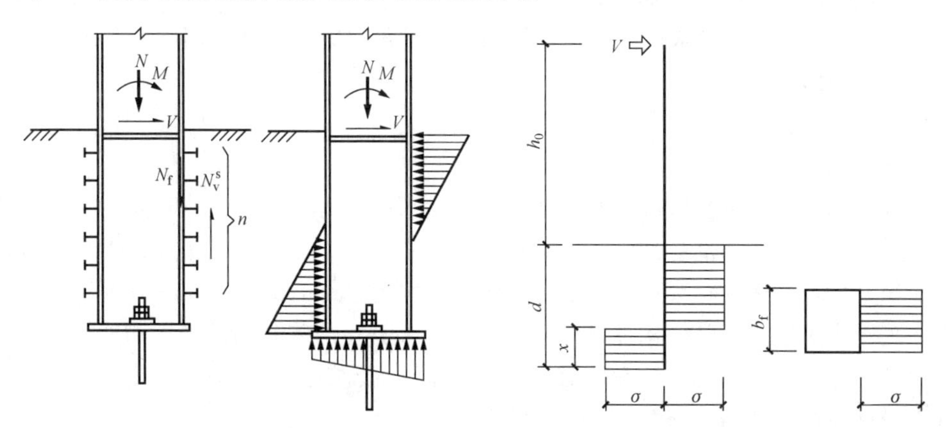

图 6 - 28　埋入式柱脚的受力状态　　图 6 - 29　埋入式柱脚的计算简图

柱埋入部分四周设置的主筋、箍筋应根据柱脚底部弯矩和剪力按《混凝土结构设计规范》（GB 50010）计算确定，并符合构造要求。柱翼缘或管柱外边缘混凝土保护层厚度（图 6 - 30），边列柱的翼缘或管柱外边缘至基础梁端部的距离应≥400mm，中间柱翼缘或管柱外边缘至基础梁梁边相交线的距离应≥250mm；基础梁梁边相交线的夹角应做成钝角，其坡度应≤1∶4 的斜角；基础护阀板边部应配置水平 U 形箍筋抵抗柱的水平冲切。圆形和矩形

管柱应在管内浇灌混凝土，强度等级应大于基础混凝土，在基础面以上的浇灌高度应大于圆管直径或矩形管长边的 1.5 倍。

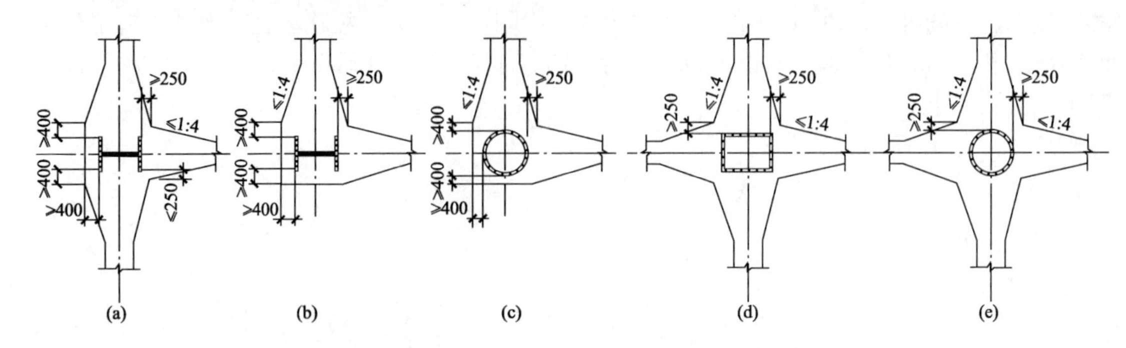

图 6-30　埋入式柱脚的外边缘混凝土保护层厚度

对于有拔力的柱，宜在柱埋入混凝土部分设置栓钉。栓钉直径应≥19mm，长度应≥4 倍杆径，竖向间距应≤6 倍杆径，且≤200mm，横向间距应≥4 倍杆径。在柱弯矩作用平面内，一侧翼缘上栓钉数目可按下式计算

$$n \geqslant \left(\frac{M}{h_c}+\frac{N}{14}\right)/N_V^c \tag{6-72}$$

$$N_V^c = 0.43A_s\sqrt{E_c f_c} \leqslant 0.7A_s f_u$$

式中　N——外包混凝土顶部箍筋处柱的轴心力设计值；

h_c——钢柱截面高度；

N_V^c——一个圆头栓钉受剪承载力设计值；

E_c——混凝土的弹性模量；

A_s——圆柱头焊钉钉杆截面面积；

f_u——圆柱头焊钉极限抗拉强度设计值，需满足《电弧螺柱焊用圆柱头焊钉》（GB/T 10433）的要求。

圆形管柱的栓钉可按构造设置。

5. 插入式柱脚

插入式柱脚是预先按要求浇筑基础或基础梁混凝土，并留出安装钢柱脚的杯口，待安装好钢柱脚后，再补浇杯口部分的混凝土，如图 6-31 所示。H 形钢实腹柱、钢管柱宜设柱底板，柱底至基础杯口底的距离应≥50mm，当有柱底板时，可采用 150mm，柱底板应设排气孔或浇注孔。实腹柱、双肢格构柱杯口基础底板应验算柱吊装时局部受压和冲切承载力。杯口基础的杯壁应根据柱底部内力设计值作用于基础顶面配置钢筋，杯壁厚度应不小于《建筑地基基础设计规范》（GB 50007）的有关要求。

插入式柱脚插入混凝土基础杯口的深度要求与埋入式柱脚相同，实腹截面柱柱脚也按照式（6-70）计算，双肢格构柱柱脚应按下式计算

$$d \geqslant N/(f_t S) \tag{6-73}$$

式中　N——柱肢轴向拉力设计值；

f_t——杯口内二次浇灌层细石混凝土抗拉强度设计值；

S——柱肢外轮廓线的周长，对圆管柱 $S=\pi(d_c+100)$。

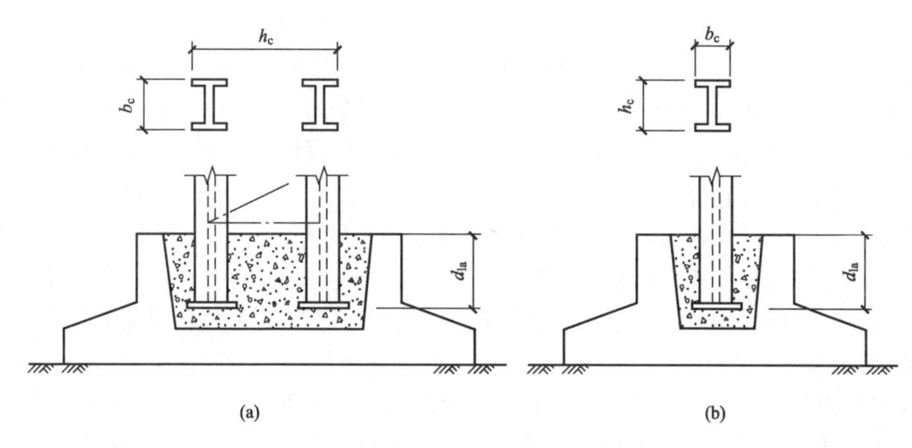

图 6-31　插入式柱脚
(a) 双肢柱脚；(b) 单肢柱脚

6. 外包式柱脚

外包式刚接柱脚是指按一定的要求将钢柱脚用钢筋混凝土包裹起来的柱脚（图 6-32），这类柱脚可以设置在地面上，亦可以设置在楼面上。钢筋混凝土包脚的高度、截面尺寸、保护层厚度和箍筋配置对柱脚的内力传递和恢复力特性起着重要的作用。外包式柱脚的混凝土外包高度与埋入式柱脚的埋入深度要求相同。外包式柱脚的轴力，通过钢柱底板传至基础，剪力和弯矩主要由外包钢筋混凝土承担，通过箍筋传给外包混凝土及其中的主筋，再传至基础。

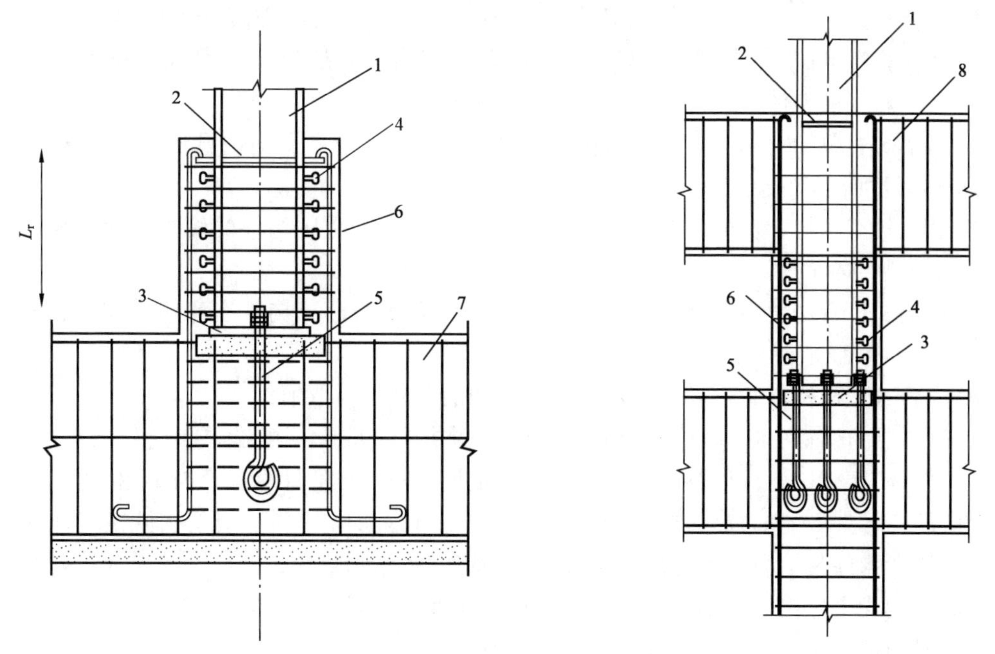

图 6-32　外包式刚接柱脚
1—钢柱；2—水平加劲肋；3—柱底板；4—栓钉；5—锚栓；6—外包混凝土；7—基础梁；8—顶层钢筋混凝土梁

外包混凝土厚度，对 H 形截面柱不宜小于 160mm，对矩形管或圆管柱不宜小于

180mm，同时不宜小于钢柱截面高度的 0.3 倍；混凝土强度等级不宜低于 C30；柱脚混凝土外包高度，H 形截面柱不宜小于柱截面高度的 2 倍，矩形管柱或圆管柱宜为柱截面高度或圆管直径的 2.5 倍，外包混凝土顶部箍筋到柱底板的距离 L_r 与受拉钢筋合力点至混凝土受压区边缘的距离 h_{r0} 之比不应小于 1.0；当没有地下室时，外包宽度和高度宜增大 20%；当仅有一层地下室时，外包宽度宜增大 10%。

柱脚底板尺寸和厚度应按结构安装阶段荷载作用下轴心力、底板的支承条件计算确定，其厚度应不小于 20mm。柱脚锚栓应按构造要求设置，直径应不小于 20mm，锚固长度应不小于 20 倍直径。柱在外包混凝土的顶部箍筋处应设置水平加劲肋或横隔板，宽厚比应符合钢梁局部稳定要求。

当框架柱为圆管或矩形管时，应在管内浇灌混凝土，强度等级应不小于基础混凝土。浇灌高度应高于外包混凝土，且不小于圆管直径或矩形管的长边。外包钢筋混凝土的抗弯和抗剪承载力验算及受拉钢筋和箍筋的构造要求应符合《混凝土结构设计规范》（GB 50010）的要求，主筋伸入基础内的长度应不小于 25 倍直径，四角主筋顶端宜加弯钩与水平加劲板或钢柱外侧水平环形板焊接，未设置水平环形板时，四角主筋顶端宜设置下弯钢筋，下弯长度应不小于 150mm，下弯段宜与钢柱焊接，顶部箍筋应加强加密，并不应小于 3 根直径 12mm 的 HRB400 级热轧钢筋，外包混凝土的顶部应至少设置 3 道箍筋，间距可取 30～50mm。柱脚在外包混凝土部分宜设栓钉，要求与埋入式柱脚相同。

思考题

1. 计算实腹式压弯构件在弯矩作用平面内稳定和平面外稳定公式中的弯矩取值是否相同？

2. 在计算实腹式压弯构件的强度和整体稳定时，哪些情况应取计算公式中的 $\gamma_x=1.0$？

3. 在压弯构件整体稳定计算公式中，为什么要引入 β_{mx}？

4. 对实腹式单轴对称截面的压弯构件，当弯矩作用在对称平面内且使较大翼缘受压时，其整体稳定性如何计算？

5. 试比较工字形、箱形、T 形截面的压弯构件与轴心受压构件的腹板高厚比限值计算公式，各有哪些不同？

6. 格构式压弯构件当弯矩绕虚轴作用时，为什么不需计算构件在弯矩作用平面外的稳定性？它的分肢稳定性如何计算？

7. 实腹式压弯构件腹板局部稳定计算公式中的 λ 应如何取值？

8. 轴心受力构件、拉弯和压弯构件、梁这三类构件的刚度计算公式是怎样的？

9. 进行实腹式压弯构件弯矩作用平面外稳定计算时，φ_b 的计算是否与梁相同？

10. 压弯构件可能的破坏方式有哪些？应进行哪几方面的验算？计算公式是怎样的？

11. 压弯构件与轴心受压构件的腹板局部稳定设计原则是什么？

12. 格构式压弯构件与轴心受压构件缀材设计有何异同？

13. 梁与柱连接有哪几种类型？各自的受力特点是什么？

14. 柱拼接有哪几种类型？有哪些设计特点？

15. 柱脚有哪些类型？其优缺点有哪些？

16. 解决柱底在剪力作用下发生水平方向位移有哪些方法？

习　题

6-1　某两端铰支的拉弯构件，作用的力如图6-33所示，构件截面无削弱，截面为I45a轧制工字钢，钢材为Q235钢。要求确定构件所能承受的最大轴心拉力设计值。

6-2　设计双轴对称的焊接工字形截面柱的截面尺寸，翼缘为火焰切割边。柱的上端作用着轴心压力$N=2000$kN（设计值）和水平力$H=200$kN（设计值）。在弯矩作用的平面内，柱的下端与基础刚性固定，而上端可以自由移动。在侧向有如图6-34所示的支撑体系。材料用Q235钢。

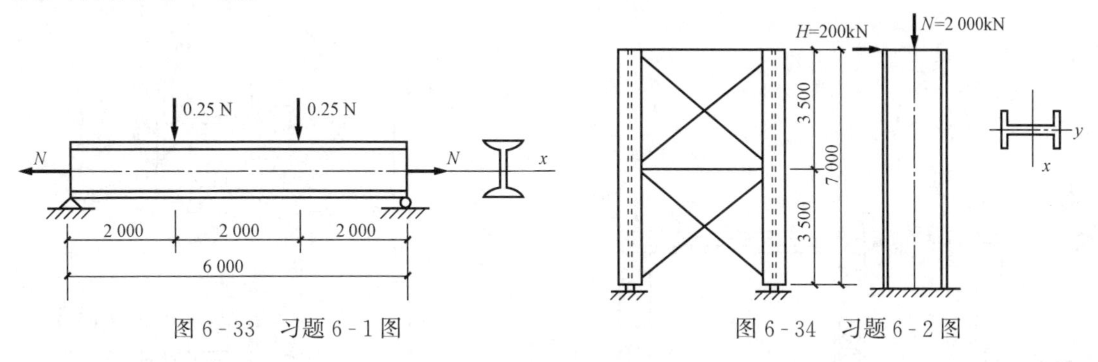

图6-33　习题6-1图　　图6-34　习题6-2图

6-3　某天窗架的柱由两不等边双角钢组成，如图6-35所示。角钢间的节点板厚度为10mm，柱的两端铰支，柱长3.5m，承受轴心压力$N=35$kN（设计值）和横向均布荷载$q=2$kN/m（设计值），材料用Q235钢。要求选择角钢规格。如果荷载q的方向与图中的相反，角钢规格如何？

6-4　某焊接工字形截面压弯构件，两端铰支，长度为15m，在弯矩作用平面外在构件的三分点处各有一个支承点（图6-36）。构件承受的轴心压力$N=1\ 200$kN（设计值），在构件长度中央有一横向集中荷载$P=140$kN（设计值），翼缘具有火焰切割边，钢材为Q345，要求选择构件的截面尺寸。

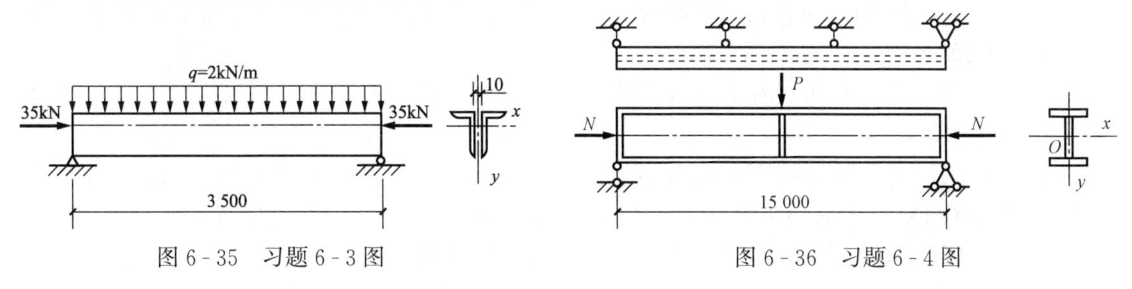

图6-35　习题6-3图　　图6-36　习题6-4图

6-5　某两端铰支压弯构件的截面如图6-37所示，构件长12m。在截面的腹板平面内偏心距为780mm处作用一集中压力荷载，钢材为Q235钢，翼缘具有火焰切割边。要求按《钢结构设计标准》（GB 50017）计算此压弯构件所能承受的压力设计值。如果材料改用Q345钢，压力的设计值有何改变？翼缘与腹板是否满足规范的局部稳定要求？

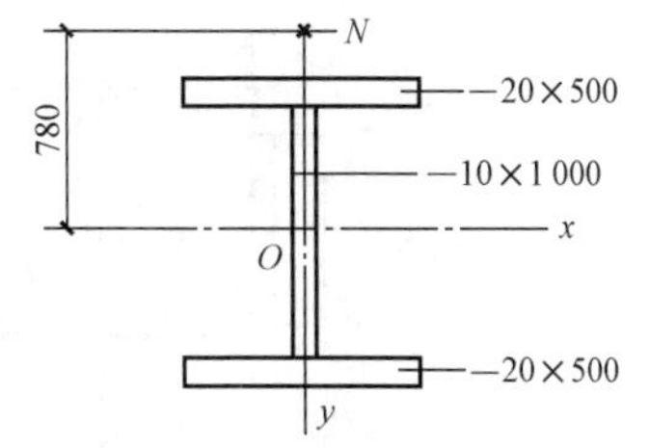

图6-37　习题6-5图

6-6　某框架柱的截面和缀条形式如图6-38所示。框架柱高 6m，采用轧制工字钢 I25a 作柱的分肢。缀条为单角钢∟45×4，其倾角为 45°，侧向支撑的布置见图 6-38（a）。柱的上端与横梁铰接，下端与基础刚接。框架的顶端作用着水平力 45kN（设计值），它按柱的抗弯刚度分配给两柱。每根柱沿柱轴线作用的压力 1 200kN（设计值）。钢材用 Q235 钢。不计框架顶端侧移对柱的轴心压力的影响，验算柱截面和缀条是否满足设计要求。

6-7 某厂房阶形柱的计算简图、截面尺寸和上下段控制内力设计值（间接动力荷载，N 以压力为正，M 以柱内侧受拉为正）见图 6-39。柱的上端与屋架铰接，下端固定。框架平面外设柱间支撑，柱顶、柱底和吊车梁承台处可看作是侧向铰接支承点。钢材为 Q235-B，翼缘钢板为焰切边。要求验算阶形柱的上段柱截面和下段柱截面是否满足设计要求。

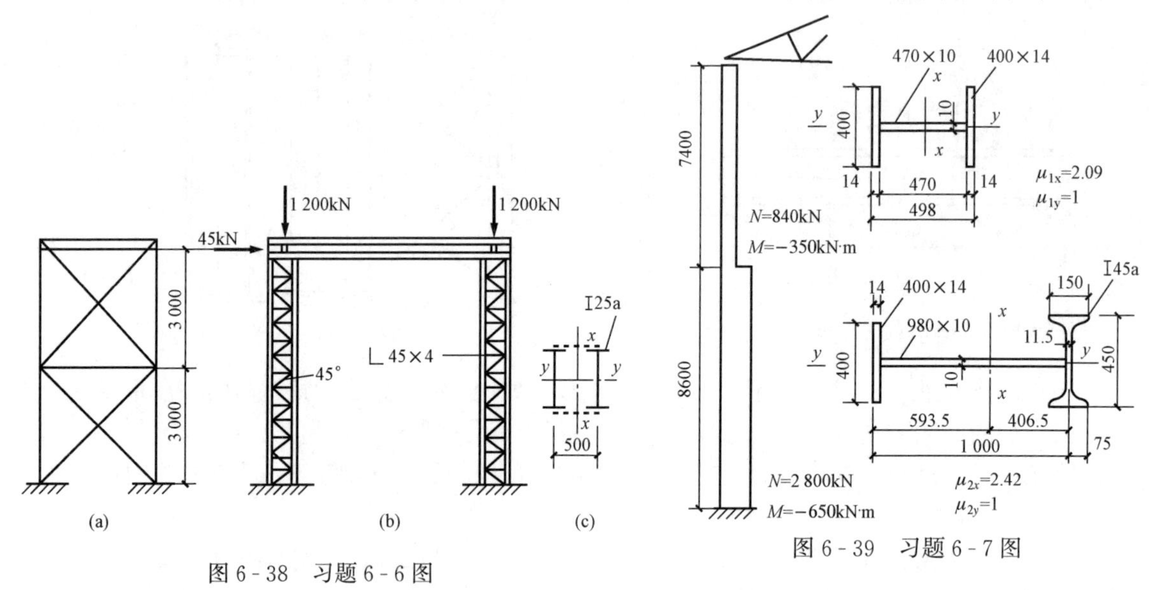

图 6-38 习题 6-6 图

图 6-39 习题 6-7 图

6-8 设计图 6-40 所示截面的轴心受压柱柱脚。已知轴心压力设计值 N=3 600kN（静力荷载），钢材为 Q235，焊条用 E43 型，基础混凝土强度等级为 C20。

6-9 设计习题 6-2 的实腹式压弯构件的柱脚，并按比例画出构造图。基础混凝土的强度等级为 C20。

6-10 设计习题 6-6 的格构式压弯构件的整体式柱脚，并按比例画出构造图，基础混凝土的强度等级为 C20。

6-11 某厂房单阶柱的下段柱截面如图 6-41 所示，钢材为 Q235-AF。最大内力设计值（包括柱自重）为轴心压力 N=2 600kN，绕虚轴弯矩 M_x=±2 000kN·m，剪力 V=±200kN。基础混凝土的强度等级为 C20，设计此厂房柱的柱脚。

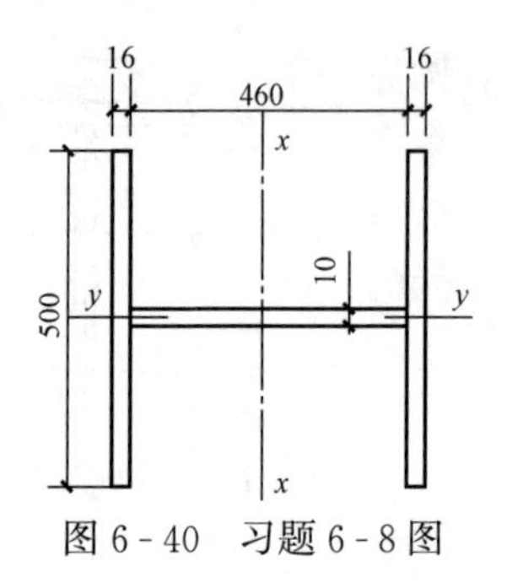

图 6-40 习题 6-8 图

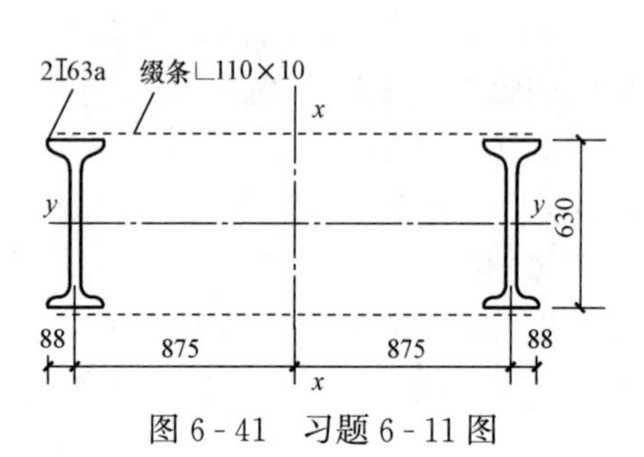

图 6-41 习题 6-11 图

第七章 单层房屋钢结构

第一节 概 述

单层房屋钢结构的应用范围非常广泛，主要有单层工业厂房和大跨度公共建筑结构。单层工业厂房钢结构主要包括重型厂房钢结构和门式刚架轻型房屋钢结构。大跨度单层房屋的结构形式众多，常用的有平板网架、网壳、悬索、杂交结构（不同结构形式组合在一起的结构）等。本章主要介绍单层工业厂房钢结构。

一、单层厂房钢结构的特点和组成

1. 重型单层厂房钢结构

在机械制造、造船、冶金、水电等行业，有许多跨度大、高度大、吊车吨位大的重型厂房。跨度超过 30m，高度可超过 60m，吊车起重量超过 4 000kN，甚至达到 12 000kN。从可靠性、耐久性、经济性综合考虑，应采用刚度较大的单层重型钢结构厂房结构，是由屋盖结构（屋面板、檩条、天窗、屋架或梁、托架）、柱、吊车梁（包括制动梁或制动桁架）、各种支撑以及墙架等构件组成的空间体系（图 7 - 1）。通常由多个平行布置的横向平面框架作为基本承重结构，承受厂房的全部建筑物重量（屋盖、墙、结构自重等）、屋面雪荷载和其他活荷载，吊车竖向荷载和横向水平制动力、横向风荷载、横向地震作用等。横梁通常采用桁架（即屋架），轻屋面和跨度较小时也可采用钢梁。屋盖部分和柱间支撑与柱、吊车梁等组成单层厂房钢结构的纵向框架，承担纵向水平荷载，并把平面结构连成空间的整体结构，保证单层厂房钢结构所必需的刚度和稳定。一些厂房用网架代替了钢屋架。

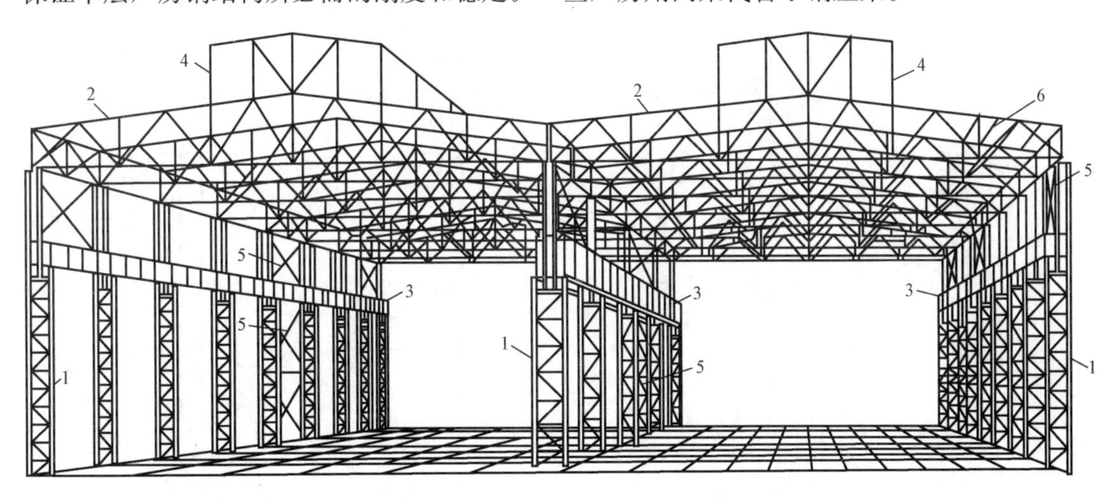

图 7 - 1 单层重型钢结构厂房的组成

1—柱；2—屋架；3—吊车梁；4—天窗架；5—柱间支撑；6—檩条

吊车是厂房中常见的起重设备，按照吊车使用的繁重程度（也即吊车的利用次数和荷载大小），《起重机设计规范》（GB/T 3811）将其分为 A1～A8 八个工作级别，钢结构设计时通常以轻、中、重和特重四个工作制等级来划分，A1～A3 相当于轻级工作制；A4、A5 相当于中级工作制；A6～A7 相当于重级工作制；A8 相当于特重级工作制。

2. 门式刚架轻型房屋钢结构

高度小于 20m，没有吊车或者有起重量 $Q \leqslant 300$kN 的 A1～A5 级工作级别的桥式吊车的单层厂房称为轻型单层钢结构厂房，它在建筑中占有相当大的比重。图 7-1 中的柱和屋架改用轧制或焊接 H 型钢，形成门式刚架承重体系（图 7-48）。它外形简洁、美观，结构自重轻，基础造价低，抗震性能好，建造速度快，装拆方便，已成为中、轻型单层工业厂房的主要结构形式之一。门式刚架钢结构常用于跨度为 9～36m，柱距为 4.5～12m，柱高为 4.5～9m，不设或设有吊车 $Q \leqslant 300$kN 的单层工业厂房，也可用于公共建筑（超市、娱乐体育设施、车站候车室、码头建筑）等。

二、结构形式和选择

单层厂房框架依据横梁与柱的连接方式，分为铰接与刚接框架两类。铰接框架横向刚度较小，常用于对横向刚度要求较低的厂房。刚接框架内力分布较为均匀，横向刚度较大，较为经济，但对于支座的不均匀沉降和温度作用比较敏感，设计时应采取必要措施。

框架横梁有实腹式和桁架式两种。实腹式横梁常采用组合工字形截面，截面高度约为跨度的 1/15～1/25，制造简单，运输方便，建筑高度小，但刚度较小。屋架可采用平行弦和梯形桁架，它与柱可做成刚接或铰接。

厂房的框架柱按其外形可分为等截面柱、阶形柱和分离式柱（图 7-2）。等截面柱常用工字形截面，吊车梁支承在柱的牛腿上，适用于吊车起重量 $Q \leqslant 200$kN，柱距≤12m 的厂房。吊车起重量较大的厂房宜采用阶形柱，吊车梁支承在柱的截面改变处，荷载对柱截面偏心较小，构造合理。分离式柱是将吊车支柱和屋盖支柱分离，二者用水平板相连接，两支柱分别承受吊车竖向荷载和屋盖荷载，当 $Q \geqslant 750$kN，且吊车的轨顶标高≤10m，或者相邻两跨吊车的轨顶标高差距较大，而低跨 $Q \geqslant 500$kN 等情况时，采用分离式柱较经济。

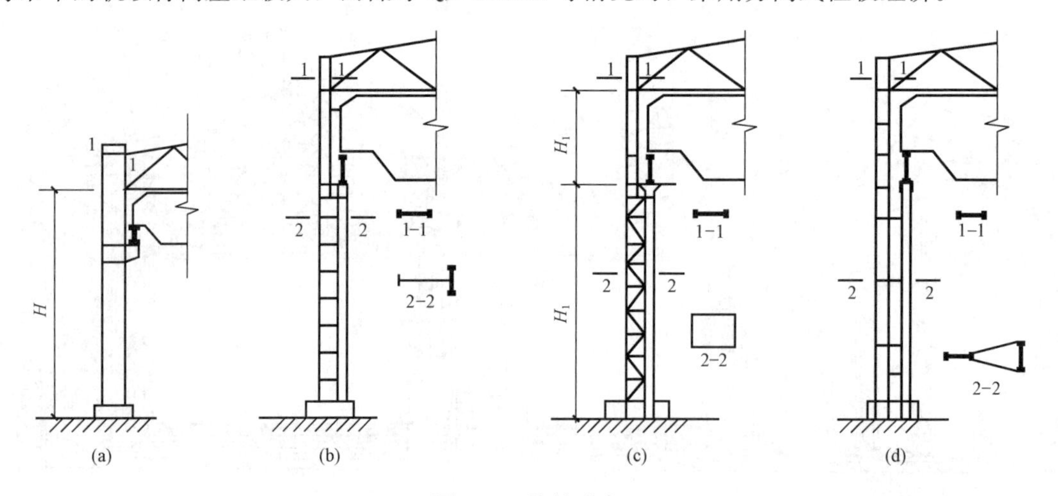

图 7-2 柱的形式

（a）等截面柱；（b）、（c）阶形柱；（d）分离式柱

厂房柱按柱身构造可分为实腹柱和格构柱，格构柱制造较实腹柱费工，当柱截面高度 $h>$ 1m 时，比实腹柱省钢材，更经济。

三、柱网布置

单层厂房承重柱在平面构成的纵向和横向定位轴线所形成的网格称为柱网。柱纵向和横向定位轴线的间距称为厂房跨度和柱距。柱网布置应满足生产工艺要求，并考虑生产工艺的更新。柱与屋架或横梁应尽量布置在同一横向轴线上，形成横向框架。加大柱距可减小地基处理费用和基础造价，位于软弱地基上的重型厂房应采用较大柱距，但会增加柱间构件用材，经济合理的柱网布置应实现总经济性最佳。

为便于制作和安装，柱网布置应尽量符合标准化模数要求，当厂房跨度 $L\leqslant 18$m 和 $L>18$m 时，跨度应尽量以 3m 和 6m 为模数。柱距和跨度宜尽量统一，当工艺要求需局部采用大柱距时，可在该处抽柱，并设简支在柱子的托架（梁）来支承屋架或屋面梁。

在厂房高度方向，吊车顶面与屋架或屋面梁底面净距应≥300mm。吊车横向外轮廓与上柱内表面净距应≥80mm，吊车大轮的中心线与柱纵向定位轴线（上柱中心线）的距离应为 750～1 000mm。

当厂房平面尺寸较大时，温度变化将引起结构变形，可能导致墙体和屋面的破坏，应在厂房横向和纵向设置温度伸缩缝，将厂房钢结构分成伸缩时互不影响的温度区段（伸缩缝的间距）。《钢结构设计标准》（GB 50017）给出了温度区段限值，当超过限值时，应考虑温度应力和温度变形的影响。

四、单层房屋钢结构的设计步骤

确定柱网布置、变形缝位置和做法、房屋高度方向的主要尺寸和控制标高；选择主要承重框架的形式，并确定框架的主要尺寸；布置屋盖结构、吊车梁结构、支撑体系及墙架体系。确定框架计算单元，荷载计算，结构内力分析、构件及连接设计，绘制施工图。应尽量采用构件及连接构造的标准图集。

第二节　重型钢结构厂房结构设计

一、屋盖结构设计

单层厂房钢结构的屋盖一般由屋面板、檩条、天窗、屋架或梁、托架组成。屋面板、檩条、横梁按照第五章梁的设计方法进行设计。屋架和托架为桁架，按照钢桁架进行设计。

1. 钢桁架的特点和应用

桁架是指由直杆在杆端相互连接而组成的以抗弯为主的格构式结构，特别适用于跨度或高度较大的结构。桁架的杆件大多只承受轴向力，截面应力分布均匀，材料性能发挥较好，用材经济，刚度较大，可构成美观外形，但是桁架的杆件和节点较多，制作较费工。

钢桁架应用广泛，分为空间桁架和平面桁架两类。网架和网壳结构、各种塔架为空间桁架。常用的平面桁架如屋架、吊车桁架、水工结构中的钢栈桥、钢桁架引桥、钢闸门中的桁架等。平面简支桁架的杆件内力不受支座沉降和温度变化的影响，构造简单，安装方便，应用广泛，本章主要介绍平面简支钢桁架的设计。

2. 平面钢桁架的外形和腹杆体系

设计钢桁架首先要选择合理的桁架外形。选择时应综合考虑下列因素：

（1）满足使用要求。屋架上弦的坡度应满足屋面材料防水要求、桁架与柱是简支还是刚接、建筑净空要求、有无吊顶和悬挂吊车、有无天窗和天窗形式以及建筑造型的需要等。

（2）受力合理。受力合理才能充分发挥材料的性能，节省材料。桁架的外形应尽量与弯矩图相近，以使弦杆内力均匀。腹杆布置应使短杆受压，长杆受拉，腹杆的总长度宜短。集中荷载尽量作用在节点上，以避免杆件成为压弯或拉弯构件。当梯形桁架与柱刚接时，其端部应有足够的高度，以便有效地传递支座弯矩。

（3）便于制作和安装。桁架杆件的数量和截面规格宜少，构造简单，杆件间夹角宜在30°～60°之间。夹角过小，会使节点构造困难。

（4）综合技术经济效果好。在确定桁架形式与主要尺寸时，除着眼于构件本身的省料与节省工时外，还应该考虑到跨度大小、荷载状况，材料供应条件、建设速度的要求，以期获得较好的综合经济效果。

常用的平面桁架的外形如图 7-3 所示。三角形桁架［图 7-3（a）］端部与柱铰接，外形与均布荷载作用时的弯矩图差别较大，宜用作跨度 $L \leqslant 24$m 和屋面坡度 i 较陡（$i \geqslant 1/5$）的屋架。梯形桁架［图 7-3（b）、（c）］可与柱做成刚接和铰接，外形与均布荷载作用时简支桁架的弯矩图较接近，适宜用作屋面坡度平缓的屋架。当桁架的高度较大或上弦节间长度较大时，为使斜腹杆与弦杆保持适当的交角，避免上弦承受节间荷载，且减小弦杆和腹杆的计算长度，可增加再分腹杆［图 7-3（c）］。平行弦桁架［图 7-3（d）、（e）、（f）］的弦杆、腹杆长度一致，杆件类型少，节点构造统一，便于制作，常用于平面钢闸门、钢引桥、栈桥、托架和支撑体系。人字形桁架［图 7-3（g）、（h）］可与柱铰接或刚接，具有平行弦桁架的优点，在制作时不必起拱。

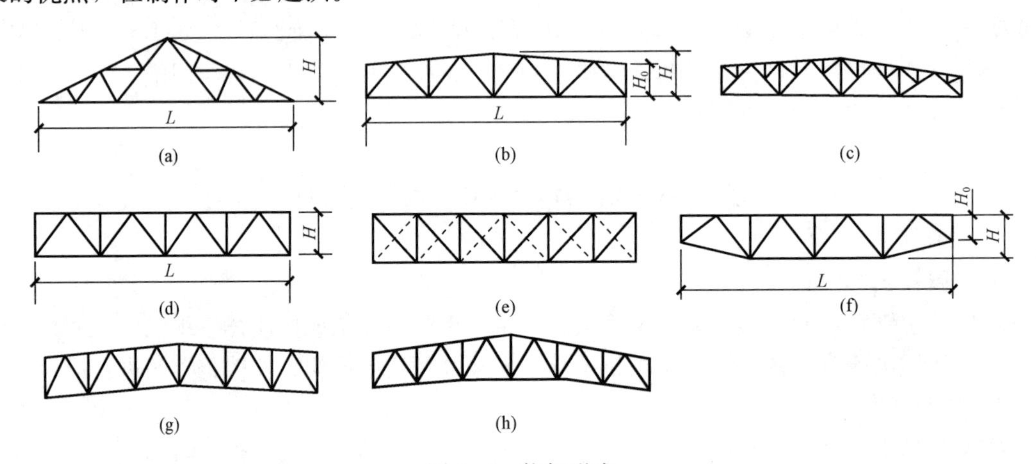

图 7-3　桁架形式

（a）三角形桁架；（b）梯形桁架；（c）再分腹杆式梯形桁架；（d）单系腹杆式平行弦桁架；（e）交叉腹杆式平行弦桁架；（f）支座变高的平行弦桁架；（g）人字形桁架；（h）跨中为梯形的平行弦桁架

桁架的腹杆体系有人字式、交叉式［图 7-3（e）］、再分式［图 7-3（c）］等形式，其中人字式腹杆体系的腹杆和节点数最少，应用较多。

桁架的跨中高度 H 和端部高度 H_0。H 取决于运输界限（如铁路运输$\leqslant 3.85$m）和建筑设计的最大高度限值、刚度要求的最小限值、桁架总用钢量最少的经济高度。三角形屋架当跨度 L 和屋面坡度 i 确定后，其 H 也就确定了。简支梯形和平行弦桁架，通常 $H=(1/6 \sim 1/10)L$，简支时对 H_0 无特殊要求，但多跨简支桁架各 H_0 取值应协调一致，使相邻桁架端部处上弦表面齐平，便于屋面构造处理。当梯形钢桁架与柱刚接时，端部有负弯矩，对 H_0

有高度要求。钢屋架中常用 $H_0=1.8\sim2.2m$。

3. 支撑设计

(1) 桁架支撑的作用。平面桁架在其本身平面内具有较大的刚度和承载力，但在桁架平面外刚度小，即使桁架上弦与檩条或屋面板等铰接相连，桁架仍会侧向倾倒。为了防止桁架侧向倾倒破坏和改善桁架工作性能，平面桁架必须设置支撑系统（水工结构中也称为联结系）。桁架支撑的主要作用是：

1）与平面桁架连成空间整体结构，保证桁架结构的空间刚度和空间整体性。桁架上弦和下弦的水平支撑与桁架弦杆组成水平桁架，桁架端部和中部的垂直支撑则与桁架竖杆组成垂直桁架，承受竖向或纵、横向水平荷载。

2）为桁架弦杆提供侧向支承点。水平和垂直支撑桁架的节点以及由此延伸的支撑系杆都成为桁架弦杆的侧向支承点，从而减小弦杆在桁架平面外的计算长度，提高其受压时的整体稳定承载力。

3）承受并传递水平荷载。纵向和横向水平荷载（如风荷载、悬挂或桥式吊车的水平制动或振动荷载、地震荷载等）通过支撑体系传到桁架支座。

4）保证结构安装时的稳定性。

(2) 桁架支撑的种类和布置。桁架支撑的种类如图 7-1 所示，可按下列要求设置：

1）上弦横向水平支撑。屋架都应设置上弦横向水平支撑，有天窗架时其上弦也应设置横向水平支撑。当采用大型屋面板与屋架三点焊牢时，虽然屋面板在屋架上弦平面内刚度很大，但考虑到工地高空焊接难以保证焊点质量，仅考虑大型屋面板起系杆作用。上弦横向水平支撑应设置在房屋的两端和温度缝区段的两端，间距宜≤60m。

2）下弦横向水平支撑。当厂房跨度 $L\leqslant18m$，且没有悬挂式吊车或有但起重吨小，也没有较大的振动设备时，可不设下弦横向水平支撑，其他情况均应设置下弦横向水平支撑。下弦横向水平支撑应与上弦横向水平支撑设在同一柱间，以形成空间稳定体系。

3）纵向水平支撑。当房屋内设有托架，或有较大吨位的重级、中级工作制的桥式吊车，或有壁行吊车，或有锻锤等大型振动设备，以及房屋较高、跨度较大，空间刚度要求高时，均应在屋架下弦（三角形屋架可在下弦或上弦）端节间设置纵向水平支撑。纵向水平支撑与横向水平支撑形成闭合框，加强了屋盖结构的整体性并提高房屋纵、横向的刚度。

4）垂直支撑。所有房屋中均应设置垂直支撑。梯形和三角形屋架在跨度 $L\leqslant30m$ 和 $L\leqslant24m$ 时，可仅在跨中设置一道垂直支撑，当跨度大于上述数值时宜在跨度 1/3 附近或天窗架侧柱处设置两道。梯形屋架在两端还应各设置一道，当有托架时不再设置。垂直支撑与上、下弦横向水平支撑应尽量布置在同一柱间。天窗架的垂直支撑一般设在两侧，当天窗的宽度大于 12m 时还应在中央设置一道。

5）系杆。不设横向支撑的其他屋架，其上下弦的侧向稳定性由与横向支撑节点相连的系杆来保证。能承受拉力也能承受压力的系杆，称为刚性系杆；只能承受拉力的，称为柔性系杆。它们的长细比分别按压杆和拉杆控制。

上弦平面内，大型屋面板的肋可起系杆作用，但为了安装屋架时的方便与安全，在屋脊及两端设刚性系杆。当有檩条时，檩条可兼做系杆。下弦杆受拉，为保证下弦杆在桁架平面外的长细比满足要求，也应设置系杆。屋脊节点和支座节点处需设置刚性系杆，天窗侧柱处及下弦跨中附近设置柔性系杆；当屋架横向支撑设在端部第二柱间时，则第一柱间所有系杆均应为刚性系杆。

（3）桁架支撑的计算。除系杆外，支撑杆件与桁架的弦杆或竖杆形成平面桁架。支撑杆件一般受力较小，通常杆件截面按容许长细比来选择。交叉斜杆和柔性系杆按拉杆设计，可采用单角钢；非交叉斜杆、弦杆、竖杆以及刚性系杆按压杆设计，可采用双角钢组合截面、钢管等。

当横向水平支撑传递较大的山墙风荷载时，或结构按空间工作计算，纵向水平支撑体系需作为柱的弹性支座时，支撑桁架受力较大，支撑杆件应按桁架体系计算内力，进行截面设计。

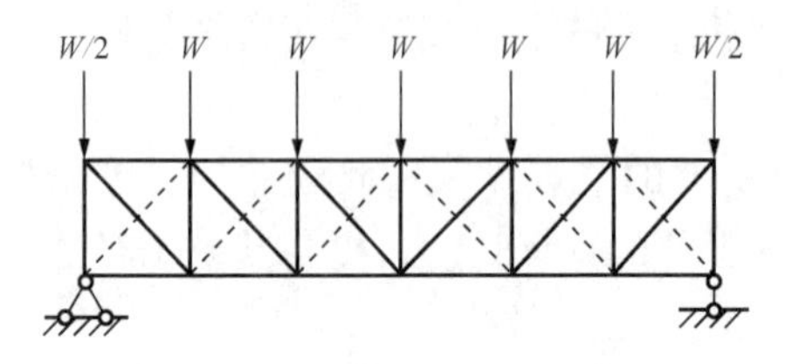

图 7-4　横向水平支撑计算简图

有交叉斜腹杆的支撑桁架是超静定体系，常用简化方法进行分析。可采用柔性方案设计，腹杆只考虑拉杆参与工作。如图 7-4 中用虚线表示的一组斜杆因受压而退出工作，此时桁架按单斜杆体系分析。当荷载反向作用时，则认为另一组斜杆退出工作。当斜杆按可以承受压力设计时（刚性方案设计），可按结构力学的方法进行内力分析。

桁架受压弦杆横向支撑系统的节点支撑如图 7-5 所示，系杆和支承斜杆的承载力应不小于下式给出的节点支撑力

$$F=\frac{\sum N}{42\sqrt{m+1}}\left(0.6+\frac{0.4}{n}\right) \tag{7-1}$$

式中　$\sum N$——被撑各桁架受压弦杆最大压力之和；

m——纵向系杆道数（支撑系统节间数减去 1）；

n——支撑系统所撑桁架数。

4. 桁架的内力计算

作用在桁架上的永久荷载和可变荷载以及它们的荷载分项系数、组合系数等，按《建筑结构荷载规范》（GB 50009）的规定计算。钢桁架大多采用焊接节点，节点刚性大，接近于刚接。通常钢桁架中各杆件截面高度约为其长度的 1/15（腹杆）和 1/10（弦杆）以下，杆件的抗弯刚度较小，因而按刚接桁架算得的杆件弯矩 M 常较小，M 引起的弯曲应力比轴心力引起的应力小得多，且杆件的轴心力 N 也与按铰接桁架计算的结果相差不大。故通常按节点铰接的桁架进行结构计算。

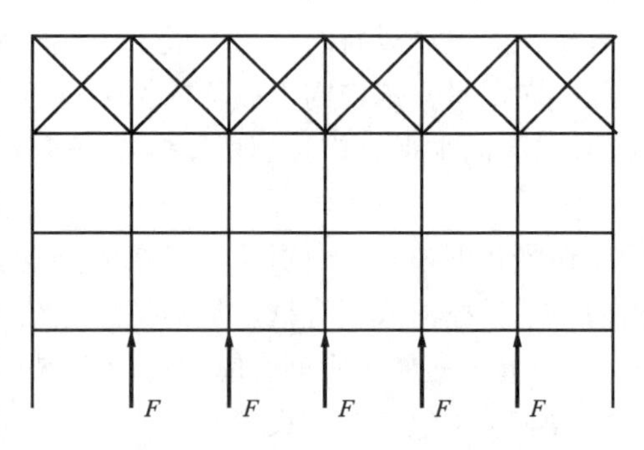

图 7-5　受压弦杆横向支撑系统

对于承受较大荷载的重型钢桁架，当在桁架平面内弦件或腹杆的截面高度超过其几何长度（节点中心间距）的 1/10 或 1/15 时，M 引起的弯曲应力影响增大，应按刚接桁架进行内力计算。

桁架的内力分析可采用有限元分析软件进行计算，也可用结构力学的方法计算。当桁架有节间荷载作用时［图 7-6（a）］，可按刚接桁架用计算软件求解，也可先把所有节间荷载按该段节间为简支，求出支座反力，再把支座反力反向与节点荷载叠加，按只有节点荷载作用来计算桁架各杆的轴力，然后对有节间荷载的杆件计算局部弯矩。局部弯矩可按弹性支座

上的连续梁进行计算，通常采用简化计算。考虑铰接桁架中轴力是主要内力，设计时取节点负弯矩及中间节间正弯矩为 $M=0.6M_0$，但一个节间内二者不同时出现 $0.6M_0$，其中一个为 $0.6M_0$时，另一个为 $0.4M_0$。而端节间正弯矩为 $M=0.8M_0$，其中 M_0 为将上弦节间视为简支梁所得跨中弯矩，如当在节间中点仅作用一集中荷载 Q 时，$M_0=Qa/4$。弦杆端节点按铰接 $M=0$ 或取悬臂负弯矩 M_e [图 7-6 (b)]。

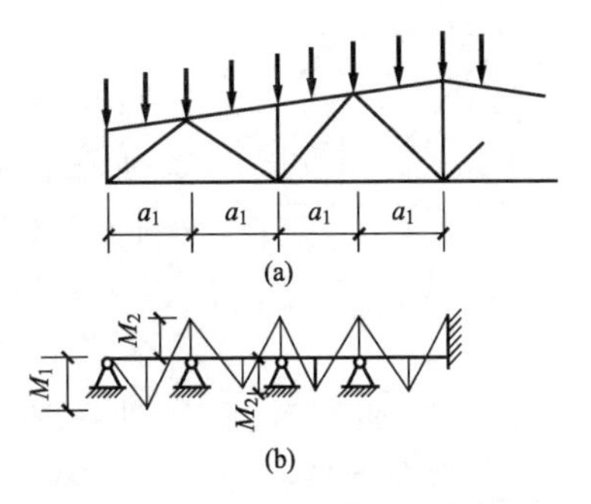

图 7-6 上弦杆局部弯矩计算简图

(a) 上弦荷载作用；(b) 上弦简化弯矩图

应进行桁架内力组合对比分析，求出各杆件的最不利内力。受拉（压）构件的最不利内力是最大轴心拉（压）力。受拉为主并可能受压的杆件，如梯形桁架跨中的一些腹杆，在满跨荷载作用时受拉，但在半跨荷载作用时可能受压。这些杆件的最不利内力为最大轴心拉力和可能最大轴心压力。压杆比拉杆长细比限制更严，且整体稳定承载力一般小于强度承载力，因此最大压力虽小于最大拉力，但也应作为最不利内力。对于拉（压）弯杆件，还应考虑最大正或负弯矩的不利组合。

5. 桁架杆件的计算长度

（1）桁架平面内的计算长度。理想铰接节点桁架杆件在桁架平面内的计算长度 l_{0x}应等于节点中心间的距离，即杆件的几何长度 l。实际桁架的节点接近于刚接，相邻杆件将约束该杆件端部转动，从而提高其整体稳定承载力。计算 l_{0x}时可适当折减 l 来考虑杆端的约束作用，尤其是当相邻杆件有较多截面相对较大（指桁架平面内的线刚度值相对较大）的拉杆时。相邻杆件中的压杆本身也有失稳弯曲趋向，只有当其截面较粗、长细比较小而受力有较多富裕时，对杆件才有一定的嵌固约束作用，否则对杆件的约束影响不大。普通桁架弦杆和单系腹杆在桁架平面内的计算长度及采用相贯焊接连接的钢管桁架构件计算长度系数可按表 7-1 取用。交叉腹杆（图 7-7）桁架平面内计算长度取节点中心到交叉点间的距离，即为 $l_{0x}=0.5l$。

表 7-1　　桁架弦杆和单系腹杆的计算长度 l_0

桁架类别	弯曲方向	弦杆	腹杆	
			支座斜杆和支座竖杆	其他腹杆
普通桁架、单系腹杆	在桁架平面内	l	l	$0.8l$
	在桁架平面外	l_1	l	l
	斜平面	—	l	$0.9l$
平面钢管桁架	平面内	$0.9l$	l	$0.8l$
	平面外	l_1	l	l
立体桁架		$0.9l$	l	$0.8l$

注 1. l 普通桁架为杆件的几何长度（节点中心间距离），采用相贯焊接连接的桁架为杆件的节间长度；
2. l_1 为桁架弦杆平面外无支撑长度；
3. 斜平面系指与桁架平面斜交的平面，适用于构件截面两主轴均不在桁架平面内的单角钢腹杆和双角钢十字形截面腹杆；
4. 普通桁架无节点板的腹杆，其计算长度在任意平面内均取等于几何长度；
5. 对端部缩头或压扁的圆管腹杆，其计算长度取 $1.0l$。

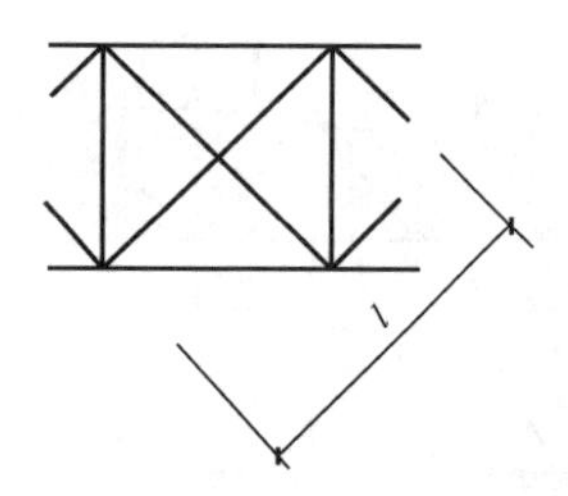

图 7-7 交叉腹杆的计算长度

（2）桁架平面外的计算长度。杆件在桁架平面外的计算长度l_{0y}应取侧向支承点间的距离。弦杆的侧向支承点应是水平支撑、垂直支撑或相应系杆的连接节点。由于弦杆截面比腹杆大，且侧向被支承，腹杆与弦杆的连接节点可认为是腹杆的侧向支承点。同样，连续直通再分主腹杆的中间节点可认为是与之相交的再分次腹杆的侧向支承点。节点板厚度有限，在侧向受力时易发生弯曲，故不考虑杆件在节点处所受到的桁架平面外的嵌固作用而按不动铰接考虑。杆件在桁架平面外的计算长度见表 7-1。

交叉腹杆计算长度的确定与杆件受拉或受压有关，也与杆件断开的情况有关。对于压杆：与它相交的另一斜杆受压，两杆截面相同并在交叉点均不中断时，$l_0=l\sqrt{(1+N_0/N)/2}$，l为节点中心间距离，交叉点不作为节点考虑；N和N_0分别为所计算杆和相交另一杆的内力，均为绝对值。两杆均受压时，$N_0\leqslant N$。当相交另一杆受压，此另一杆在交叉点中断但以节点板搭接时，$l_0=l\sqrt{1+\pi^2N_0/(12N)}$。当相交另一杆受拉，两杆截面相同并在交叉点均不中断时，$l_0=\max\{l\sqrt{[1-3N_0/(4N)]/2},\ 0.5l\}$。当相交另一杆受拉，此拉杆在交叉点中断但以节点板搭接时，$l_0=\max\{l\sqrt{[1-3N_0/(4N)]},\ 0.5l\}$。当此拉杆连续而压杆在交叉点中断但以节点板搭接，若$N_0\geqslant N$或拉杆在桁架平面外的抗弯刚度$EI_y\geqslant\frac{3N_0l^2}{4\pi^2}\left(\frac{N}{N_0}-1\right)$时，取$l_0=0.5l$。当确定交叉腹杆中单角钢杆件斜平面内的长细比时，计算长度应取节点中心至交叉点的距离。对于拉杆，因为压杆不作为它在平面外的支承点，故为$l_0=l$。

受压弦杆的侧向支承点间距l_1时常为弦杆节间长度的两倍［图 7-8（a）］，而弦杆两节间的轴心压力可能不相等（设$N_1>N_2$），用N_1验算弦杆平面外稳定时如果计算长度取用l_1显然过于保守。此时应按下式确定平面外的计算长度。

$$l_{0y}=l_1(0.75+0.25N_2/N_1)\text{ 且 }l_{0y}\geqslant0.5l_1 \tag{7-2}$$

计算时压力取正号，拉力取负号。

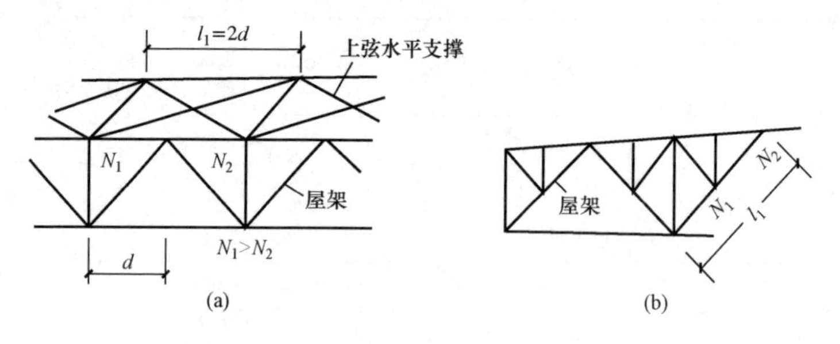

图 7-8 变内力杆件的计算长度

（a）上弦水平支撑；（b）再分腹杆

再分式腹杆的受压主斜杆在桁架平面外的计算长度［图 7-8（b）］，也应按式（7-2）确定。在桁架平面内的计算长度则取节点间的距离。而受拉主斜杆在桁架平面外的计算长度，仍取l_1。

（3）斜平面的计算长度。当腹杆截面为单角钢或双角钢组成的十字形截面时，受压杆件将绕截面最小回转半径 i_{min} 的轴发生整体失稳。杆件弯曲方向既不在桁架平面内，也不垂直桁架平面（桁架平面外），而是在一斜平面内。杆件两端的约束程度介于桁架平面内和平面外之间，杆件的计算长度取为前述 l_{0x} 和 l_{0y} 的平均值，$l_0=0.9l$。

6. 桁架杆件的截面形式

桁架杆件的截面形式应根据用料经济、连接构造简单和具有足够刚度等要求确定。桁架杆件大多是轴心受力杆件，设计时应尽量使其在桁架平面内和平面外的稳定性或长细比相近（$\lambda_x \approx \lambda_y$），这样刚度和稳定性较好，且节省钢材。当有弯矩作用时，则应适当加大弯矩作用方向的截面高度。

重型钢桁架常采用 H 型钢、箱形截面或两槽钢组合截面。

普通钢桁架常采用双角钢组合 T 形截面（图 7-9），少数杆件用双角钢组合十字形截面。受力小的腹杆也可用单角钢截面。T 字钢是一种性能优越且比双角钢组合 T 字形截面省钢的截面形式。T 字钢可由 H 型钢切得。由于不存在双角钢相并的间隙，耐腐性好。双角钢腹杆可直接焊于 T 字钢的腹板两侧而省去节点板。T 字钢弦杆用料比角钢省，可省去缀板等。T 字钢做弦杆和双角钢组合截面做腹杆的桁架比全角钢桁架用钢量可节省 12%～15%。

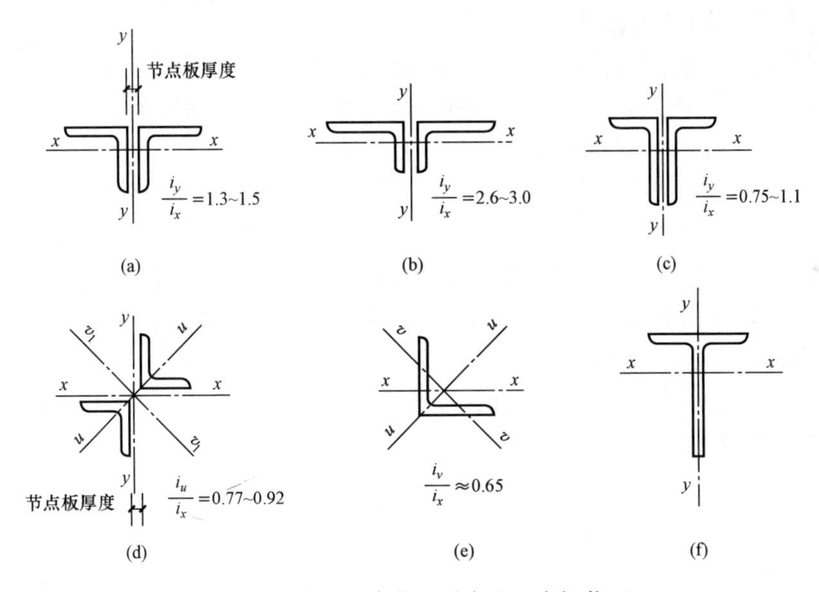

图 7-9　角钢组合截面形式及 T 字钢截面

（a）等边双角钢组合 T 形截面；（b）不等边角钢短肢相并组合 T 形截面；（c）不等边角钢长肢相并组合 T 形截面；（d）双角钢组合十字形截面；（e）单角钢截面；（f）T 字钢

钢管截面材料分布离开几何中心，回转半径 i 各方向相等且值较大，抗扭能力强，用作受压构件比其他型钢截面的用钢量要小，可节约钢材达 20%～30%。圆钢管的绕流条件好，当承受风或波浪荷载时，其阻力可降低约 2/3。露天结构采用封闭圆管壁厚应不小于 4mm。钢管结构的节点通常将腹杆钢管端部切成马鞍形（相贯线切割）与弦杆钢管壁直接焊接，构造简单，连接方便。钢管端部可以密封，有利于耐大气及海水腐蚀，管截面周长最小，所需涂料等维护费用也小。海洋工程钢结构大多采用圆钢管，如固定式采油平台桩基导管架、自升式钻井船的桁架式立柱、平台间大跨度连接桥，以及平台上直升机场支承桁架等杆件。

7. 杆件截面设计

桁架杆件大多为轴心受力构件，当桁架弦杆有节间荷载时，则弦杆为压弯或拉弯构件。这些构件的设计方法已在第四章和第六章有详细介绍，这里不再赘述。普通钢桁架杆件截面设计时还应注意下列问题：

（1）应选用厚度较薄的板件，在相同用钢量时截面具有较大的回转半径，但需满足设计规范中规定的最小截面规格限制。普通钢结构的受力构件钢板厚度宜不小于5mm、钢管壁厚不小于3mm，焊接结构的角钢不小于∟45×4或∟56×36×4，螺栓连接结构不小于∟50×5。

（2）支撑与桁架杆件角钢螺栓连接时，角钢的边长应满足构造要求。受力和安装螺栓常用M20和M16，相应的角钢开孔边最小边长为70mm和63mm。

（3）为减少拼接的设置，桁架弦杆的截面常根据弦杆的最大杆力来选用。只当跨度较大或受角钢供应长度限制而必须进行接长时，可根据节间内力变化在半跨内改变截面。改变截面时宜改变角钢的边长而保持厚度不变，便于拼接。

（4）钢桁架弦杆角钢水平边上连支撑构件的螺栓孔位置若位于竖向节点板范围以内，并距节点板边缘≥100mm时，考虑节点板的补偿作用，计算弦杆的净截面强度时可不计孔对弦杆截面的削弱，否则应考虑其影响。

（5）桁架杆件在桁架平面外和平面内的计算长度之比l_{0y}/l_{0x}有多种情况，当采用双角钢组成的T形截面时，应根据图7-7所示相应截面的i_y/i_x值，选用的截面应尽可能使i_y/i_x与l_{0y}/l_{0x}相接近，以获得经济的截面。例如一般单系腹杆的$l_{0y}/l_{0x}=1/0.8=1.25$，此时宜选用两等边角钢组合T形截面（$i_y/i_x=1.3\sim1.5$）；当弦杆$l_{0y}/l_{0x}\geq2$时，则宜选用两不等边角钢短边相并的T形截面（$i_y/i_x=2.6\sim3.0$）；但当上弦杆承受有节间荷载时，宜采用两个等边角钢或两不等边角钢长边相并的T形截面。支座斜杆$l_{0y}/l_{0x}=1.0$，宜选用两不等边角钢长边相并的T形截面（$i_y/i_x=0.75\sim1.1$）。受拉弦杆往往l_y比l_x大得多，宜采用两不等边角钢短边相并或两等边角钢组成的T形截面。

（6）当桁架竖杆的外伸边需与垂直支撑相连接时，该竖杆宜采用双角钢组合十字形截面，使垂直支撑对该竖杆的连接偏心为最小。桁架跨中的竖杆也宜采用十字形截面，实现左右半跨对称。

（7）单角钢因连接偏心易使构件弯扭失稳，常用于跨度较小的桁架或桁架中受力较小、长度较短的次要腹杆。

（8）为了便于备料，整榀桁架所用的角钢规格品种一般不宜超过5～6种。在选出各杆的截面规格后，可进行调整，以减少规格数量。同一榀桁架中应避免采用边长相同但厚度不同的角钢，以免制作时混用。

桁架杆件的截面设计一般由承载力极限状态（强度、稳定）控制。当受力较小时，也可能由刚度条件（容许长细比）或最小截面尺寸控制。

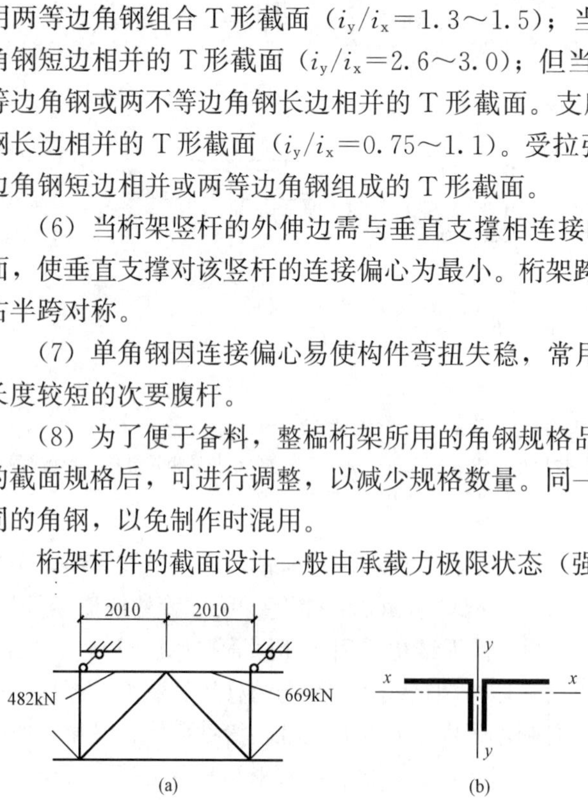

2010 2010

482kN 669kN

x x y y

(a) (b)

图7-10 ［例7-1］图

（a）桁架局部构造；（b）截面形式

【例7-1】 某梯形桁架上弦杆的轴向压力及侧向支承点位置如图7-10所示，上弦杆截面无削弱，钢材为Q235B，节点板厚度为10mm。上弦杆采用双角钢组合T形截面，试选择上弦杆的截面。

解 上弦杆桁架平面内的计算长度为 $l_{0x}=2\ 010\text{mm}$

桁架平面外的计算长度为

$$l_{0y}=l_1(0.75+0.25N_2/N_1)=4\ 020\times(0.75+0.25\times482/669)=3\ 739(\text{mm})$$

$l_{0y}/l_{0x}=3\ 739/2\ 010=1.86$，依 $\lambda_x=\lambda_y$，则应有 $i_y/i_x\approx1.86$，可以选用两不等肢角钢短肢相并或两等肢角钢组合的T形截面。

设 $\lambda=70$，双角钢组合T形截面属于b类，由附录一查得 $\varphi=0.751$。

取强度设计值 $f=215\text{N/mm}^2$，根据所设 λ，截面应该有

$$A=N_1/(\varphi f)=669\times10^3/(0.751\times215)=4\ 143(\text{mm}^2)$$

$$i_x=l_{0x}/\lambda=2\ 010/70=28.7(\text{mm}),\ i_y=l_{0y}/\lambda=3\ 739/70=53.4(\text{mm})$$

根据求出的 A、i_x 及 i_y，并注意到节点板厚 $\delta=10\text{mm}$，由型钢表初选 2∟140×90×10（短肢相并），查得 $A=2\times2\ 230=4\ 460(\text{mm}^2)$，$i_x=25.6\text{mm}$，$i_y=67.7\text{mm}$。

截面验算 $\lambda_x=l_{0x}/i_x=2\ 010/25.6=78.5<[\lambda]=150$

$$\lambda_y=l_{0y}/i_y=3\ 739/67.7=55.2>\lambda_z=3.7b_1/t=3.7\times140/10=51.8$$

$$\lambda_{yz}=\lambda_y[1+0.06(\lambda_z/\lambda_y)^2]=55.2\times[1+0.06(51.8/55.2)^2]=58.1$$

由 $\lambda_{max}=\lambda_x=78.5$，查得 $\varphi=0.698$，则

$$\frac{N_1}{\varphi A}=\frac{669\times10^3}{0.698\times4\ 460}=214.9(\text{N/mm}^2)<f=215\text{N/mm}^2$$

截面无削弱时强度不必验算，所选截面合适。

【例7-2】 桁架承受的荷载及内力如图7-11所示，节点荷载设计值 $P=29.4\text{kN}$。节点板厚度 $\delta=10\text{mm}$，试选择上弦杆截面。

解 （1）初选截面。上弦杆承受有节间荷载，为压弯构件。考虑在同一节间内杆中和节点不同时出现 $0.6M_0$，其中一个为 $0.6M_0$ 时，另一个为 $0.4M_0$。只能是杆件中部正弯矩为 $0.6M_0$ 时，节点处负弯矩为 $0.4M_0$。

$$M_0=Pd/4=29\ 400\times2\ 000/4=1.47\times10^7(\text{N}\cdot\text{mm})$$

$$0.6M_0=8.82\times10^6\text{N}\cdot\text{mm},0.4M_0=5.88\times10^6\text{N}\cdot\text{mm}$$

初选 2∟160×10，$A=2\times31.50=6\ 300(\text{mm}^2)$

截面模量

$$W_{1x}=2\times1.80\times10^5=3.60\times10^5(\text{mm}^3)$$

$$W_{2x}=2\times6.67\times10^4=1.334\times10^5(\text{mm}^3)$$

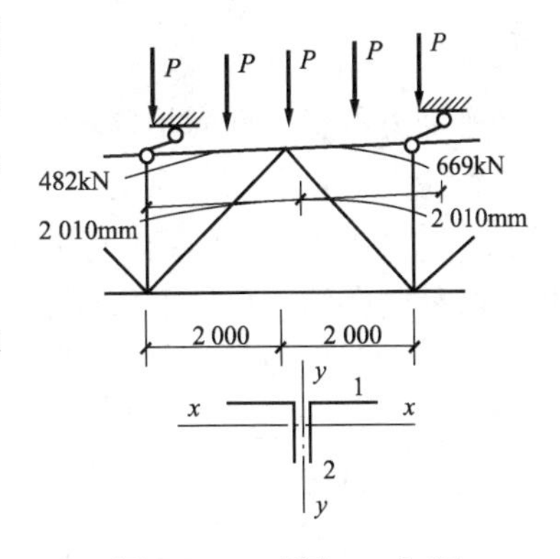

图7-11 ［例7-2］图

$$i_x=49.8\text{mm},\delta=10\text{mm},i_y=69.2\text{mm}$$

查得塑性发展系数 $\gamma_{x1}=1.05$，$\gamma_{x2}=1.2$

$\lambda_x=l_{0x}/i_x=2\ 010/49.8=40.36<[\lambda]=150$，查附录二得 $\varphi_x=0.898$。

（2）强度验算。考虑 $W_{2x}<W_{1x}$，按节点弯矩为 $0.6M_0$ 验算

$$\frac{N}{A}+\frac{M_x}{\gamma_{x2}W_{2x}}=\frac{669\times10^3}{6\ 300}+\frac{8.82\times10^6}{1.2\times1.334\times10^5}=161.3(\text{N/mm}^2)<f=215\text{N/mm}^2$$

强度满足要求。

（3）桁架平面内稳定验算。上弦杆的正弯矩值大，只需计算正弯矩情况。

$$N'_{Ex}=\frac{\pi^2 EA}{1.1\lambda_x^2}=\frac{\pi^2\times 2.06\times 10^5\times 6\ 300}{1.1\times 40.36^2\times 10^3}=7\ 148.5(\text{kN})$$

处于节间的上弦杆相当于两端支承的杆件，杆件承受有端弯矩和横向荷载同时作用，使构件产生反向曲率。

$$\begin{aligned}\beta_{mx}M_x&=\beta_{mqx}M_{qx}+\beta_{m1x}M_1\\&=[1-0.36\times 669/(1.1\times 7\ 148)]\times 1.47\times 10^7+[(0.6+0.4\times 1)\times 5.88\times 10^6]\\&=2.013\times 10^7(\text{N}\cdot\text{mm})\end{aligned}$$

$$\frac{N}{\varphi_x A}+\frac{\beta_{mx}M_x}{\gamma_{x1}W_{1x}(1-0.8N/N'_{Ex})}=\frac{669\times 10^3}{0.898\times 6\ 300}+\frac{2.013\times 10^7}{1.05\times 3.60\times 10^5(1-0.8\times 669/7\ 148.5)}$$

$$=175.8(\text{N/mm}^2)<f=215\text{N/mm}^2$$

还应对正弯矩作用使2点受拉的情况，进行附加验算。

$$\left|\frac{N}{A}-\frac{\beta_{mx}M_x}{\gamma_{x2}W_{2x}(1-1.25N/N'_{Ex})}\right|=\left|\frac{669\times 10^3}{6\ 300}-\frac{2.013\times 10^7}{1.2\times 1.334\times 10^5(1-1.25\times 669/7\ 148.5)}\right|$$

$$=36.2(\text{N/mm}^2)<f=215\text{N/mm}^2$$

桁架平面内的稳定性满足要求。

（4）桁架平面外稳定性验算。由［例7-1］可知平面外的计算长度 $l_{0y}=3\ 739\text{mm}$，则

$$\lambda_y=l_{0y}/i_y=3\ 739/69.2=54.03<[\lambda]=150,\lambda_z=3.9b/t=3.9\times 160/10=62.4>\lambda_y$$

$$\lambda_{yz}=\lambda_z[1+0.16(\lambda_y/\lambda_z)^2]=62.4\times[1+0.16\times(54.03/62.4)^2]=69.9$$

由 λ_{yz}查附录二得 $\varphi_y=0.752$，整体稳定系数 φ_b按简化公式计算

$$\varphi_b=1-0.001\ 7\lambda_y/\varepsilon_k=1-0.001\ 7\times 54.03=0.908,\eta=1,\beta_{tx}=0.85$$

$$\frac{N}{\varphi_y A}+\eta\frac{\beta_{tx}M_x}{\varphi_b W_{1x}}=\frac{669\times 10^3}{0.752\times 6\ 300}+\frac{0.85\times 8.82\times 10^6}{0.908\times 3.60\times 10^5}$$

$$=164.1(\text{N/mm}^2)<f=215\text{N/mm}^2$$

桁架平面外的稳定性满足要求。

讨论 ［例7-2］中的上弦杆除承受有节间荷载外，上弦杆的计算长度和轴心力都与［例7-1］相同。由于存在节间荷载，使得上弦杆的用钢量显著增加。可采用加大檩距或设再分腹杆的办法，可使上弦杆不再承受节间荷载。

8. 角钢桁架的节点设计

角钢桁架一般在节点处设置节点板，把交汇于节点的各杆件都与节点板相连接，形成桁架的节点（图7-12），各杆件把力传给节点板并互相平衡。在节点处连续的杆件把两侧的内力差 ΔN 传给节点板，其余杆件把全部内力 N 传给节点板。当节点上作用有荷载 F 时，则传给节点板的力为 N 或 ΔN 与 F 的合力 N_ϕ（图7-19）。有局部弯矩的杆件则还要传递弯矩

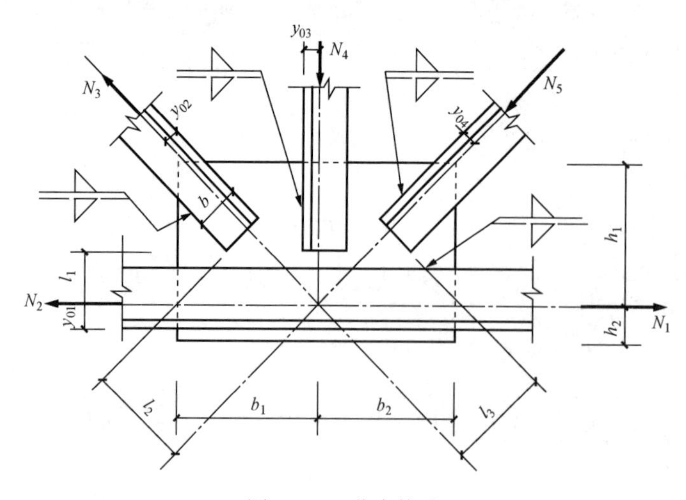

图7-12 节点构造

和剪力。

杆件与节点板的连接通常采用焊接。普通螺栓连接常用于输电线路塔架和一些可装拆的桁架以及安装连接中。高强度螺栓连接在重型桁架中应用较多，可在工地现场进行拼装。本章主要讲述双角钢杆件组成的普通钢桁架的节点设计。

（1）节点板的厚度。钢桁架节点板的应力分布复杂，通常根据桁架各根杆件的最大内力来初选全桁架的节点板厚度，节点板的厚度可参照表 7 - 2 选用，再根据各节点受力情况进行验算。

表 7 - 2　　桁架节点板厚度参考表

桁架腹杆最大轴力或三角形屋架弦杆端节间轴力 N（kN）	≤170	171～290	291～510	511～680	681～910	911～1 290	1 291～1 770	1 771～3 090
中间节点板厚度 t（mm）	6	8	10	12	14	16	18	20

注　本表的适用范围为：

1. 节点板为 Q235 钢，当为其他牌号时，表中数字应乘以 $235/f_y$；
2. 节点板边缘与腹杆轴线之间的夹角应大于 300；
3. 节点板与腹杆用侧焊缝连接，当采用围焊时，节点板的厚度应通过计算确定；
4. 支座节点板的厚度宜较中间节点板增加 2mm。

为保证双角钢组合 T 形或十字形截面的两个角钢能共同受力，在两角钢间应间隔放置填板（缀板），见图 7 - 13。填板与中间节点板同厚，宽度可取 50～80mm，T 形截面或十字形截面的填板长度应分别伸出或缩进角钢背和角钢尖各 10～15mm，角钢与填板依构造用侧面或周围角焊缝连接。压杆和拉杆的填板间距应分别 $l_d \leqslant 40i_1$ 和 $l_d \leqslant 80i_1$，i_1 为一个角钢对 1—1 形心轴的回转半径。受压杆件的两个侧向支承点之间的填板数不得少于两个，十字形截面一横一竖交替布置。

（2）节点设计的一般要求。

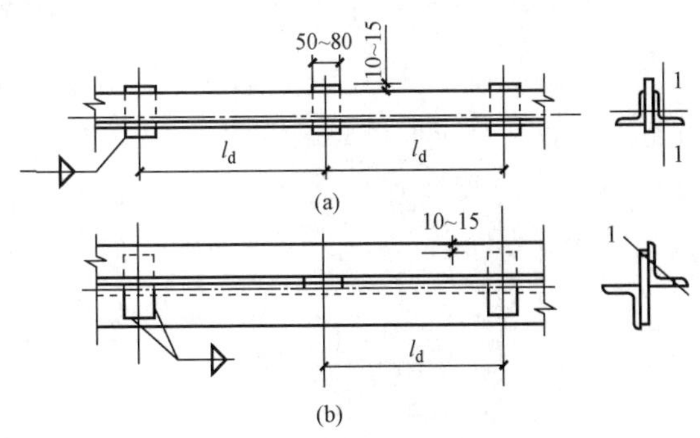

图 7 - 13　双角钢截面杆件的填板
（a）双角钢组合 T 形截面构件；
（b）双角钢组合十字形截面构件

1）各杆件的形心线理论上应与杆件轴线重合，以免产生偏心受力而引起附加弯矩。为方便制作，角钢肢背至轴线（定位尺寸）的距离可取为 5mm 的倍数，取值应使轴线与杆件的形心线间距最小（图 7 - 14）。当弦杆截面有改变时，为方便拼接和安放屋面构件，应使角钢的肢背齐平。此时应取两形心线的中线作为弦杆的共同轴线（图 7 - 14），以减少因两个角钢形心线错开而产生的偏心影响。当轴线变动不超过较大弦杆截面高度的 5%，可不考虑其影响。

2）节点处各杆件边缘间应留一定间隙 c（图 7 - 14），以利拼接和施焊，避免焊缝过分密集而使钢材焊接过热变脆。一般取 $c \geqslant 20$mm；对直接承受动力荷载的焊接桁架，腹杆与弦杆之间的间隙取 $c \geqslant 50$mm。但 c 不宜过大，以免降低节点板刚度和受压稳定性。桁架施工图中采用注明各切断杆件的端距来控制间隙值。相邻角焊缝焊趾间净距应≥5mm。

3）角钢的切断面应与其轴线垂直，为使节点紧凑需要斜切时，只能切肢尖［图 7 - 15

(a)]，切肢背［图 7 - 15（b)］难以机械切割，且焊缝布置很不合理，不应采用。节点板的形状应简单，如采用矩形、梯形［图 7 - 15（c)］等，以制作简单，充分利用材料为原则。节点板的尺寸在绘制施工图时确定。

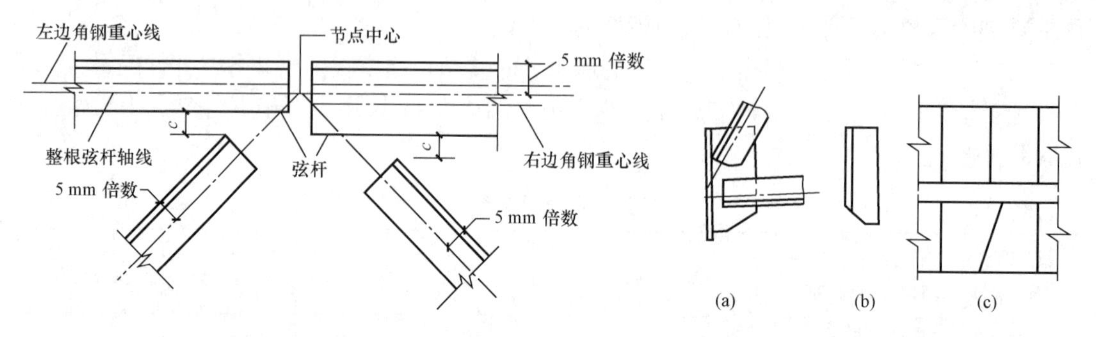

图 7 - 14　节点处各杆件的轴线　　图 7 - 15　角钢及钢板的切割

4）腹杆和端节间弦杆的全部内力传给节点板，节点板外边缘与杆件边线间的扩大角宜≥1∶4～1∶3［15°～20°，见图 7 - 16（b)］，强度用足的杆件宜≥1∶2（约 25°）。扩大角太小［图 7 - 16（a）虚线和（c)］会引起节点板强度不足或产生较大偏心。

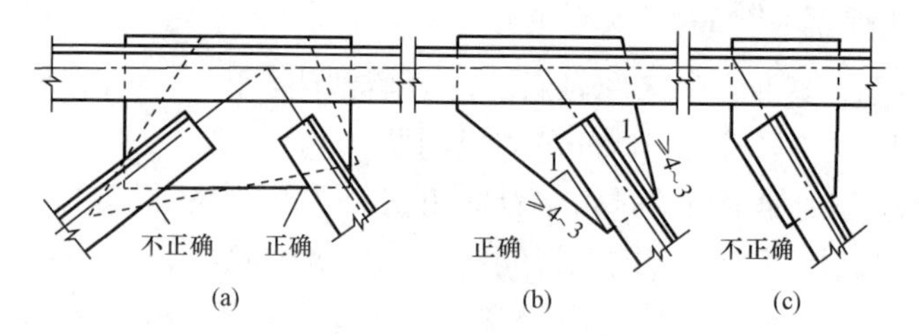

图 7 - 16　节点板扩大角度

（a）两根腹杆节点板切割；（b）一根腹杆节点板正确切割法；（c）不正确切割法

5）在屋架双角钢截面上弦杆上放置檩条或大型屋面板时，角钢的水平伸出边应≥70～90mm。角钢应满足厚度要求（表 7 - 3），以免在集中荷载作用下发生过大的弯曲。当确有困难而不能满足厚度要求时，应设置竖向加劲肋［图 7 - 17（a)］，也可在集中荷载范围设置局部水平盖板，角钢水平边 b≥100mm 或 b≤90mm 时，按图 7 - 16 或图 7 - 17（c）设置。

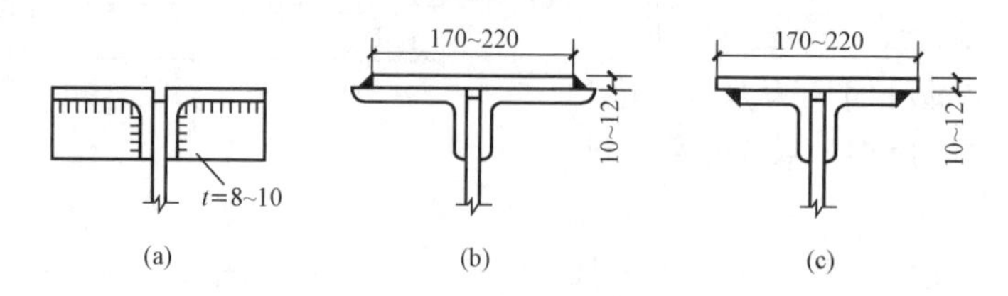

图 7 - 17　上弦杆角钢的加强

（a）加劲肋加强；（b）窄水平盖板加强；（c）宽水平盖板加强

表 7 - 3　不需加强的上弦杆角钢厚度

支承处总集中荷载设计值（kN）		25	40	55	75	100
角钢厚度≥（mm）	Q235 钢	8	10	12	14	16
	Q345、Q390、Q420 钢	7	8	10	12	14

(3) 桁架的节点构造和计算。节点设计宜结合绘制桁架施工图进行。节点的设计步骤为：①按正确角度画出交汇于该节点的各杆轴线。②按比例画出与各轴线相应的角钢轮廓线，并依据杆件间距离要求 c，确定杆端位置。③根据已计算出的各杆件与节点板的连接焊缝尺寸，布置焊缝，并绘于图上。④确定节点板的合理形状和尺寸。应能满足各焊缝的长度需要，沿焊缝长度方向多留约 $2h_f$ 的长度以考虑施焊时的焊口，垂直于焊缝长度方向应留出 10～15mm 的焊缝位置，节点板的长和宽宜取为 10mm 的倍数。钢桁架的节点主要有一般节点、有集中荷载的节点、弦杆的拼接节点和支座节点几种类型。

1) 一般节点。一般节点系指无集中荷载作用和无弦杆拼接的节点，其构造形式如图 7-18 所示。各腹杆杆端与节点板的连接焊缝应按第三章中角钢连接的角焊缝计算。为缩小节点板尺寸，选择的 h_f 应焊缝长度 l_w 最短，必要时可采用 L 形围焊或三面围焊。在一般节点处弦杆角钢不断开，弦杆与节点板的连接焊缝应按相邻节间弦杆的内力差 $\Delta N = N_1 - N_2$ 计算。当所需焊缝长度远小于节点板上焊缝方向的尺寸时，可按构造要求的 h_{fmin} 满焊。

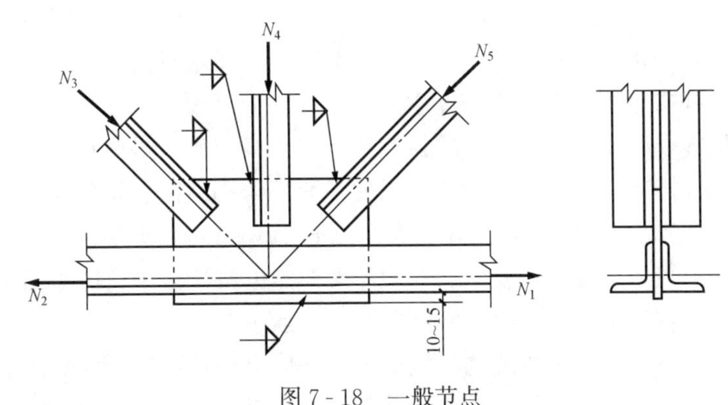

图 7-18 一般节点

2) 有集中荷载的节点。图 7-19 所示的屋架上弦节点，承受由檩条或大型屋面板传来的集中荷载 P 的作用。为了放置上部构件，节点板须缩入上弦角钢背 $\leqslant (0.5\delta + 2)$mm（$\delta$ 为节点板厚度），且 $\leqslant \delta$ 的深度，并用塞焊缝连接。计算采用近似方法，假定其相当于两条焊脚尺寸各为 $h_{f1} = \delta/2$、长度为 l_{w1}（即节点板宽度）的角焊缝，承受 p 力的作用，可忽略屋架坡度的影响，按 p 垂直于焊缝计算，焊缝强度应满足

$$\sigma_f = \frac{p}{\beta_f (2 \times 0.7 h_{f1} l_{w1})} \leqslant f_f^w \tag{7-3}$$

角钢肢尖焊缝承受相邻节间弦杆的内力差 $\Delta N = N_1 - N_2$ 和由其产生的偏心弯矩 $M = (N_1 - N_2)e$（e 为角钢肢尖至弦杆轴线的距离）的共同作用。焊缝强度应满足

$$\sqrt{\left(\frac{6M}{\beta_f \times 2 \times 0.7 h_{f2} l_{w2}^2}\right)^2 + \left(\frac{\Delta N}{2 \times 0.7 h_{f2} l_{w2}}\right)^2} \leqslant f_f^w \tag{7-4}$$

式中 h_{f2}、l_{w2}——角钢肢尖焊缝的焊脚尺寸和计算长度。

当 ΔN 较大，按上式计算的肢尖焊缝强度难以满足要求时，也可采用如图 7-19 (b) 所示方式，将节点板部分伸出上弦角钢背。此时角钢肢背和肢尖的角焊缝共同承受 ΔN 和 P 的合力 N_ϕ 作用。通常 P 较小，N_ϕ 与杆轴线相差较小，可近似取 N_ϕ 沿轴线作用，按第三章中方法计算角钢肢尖和肢背的焊缝。

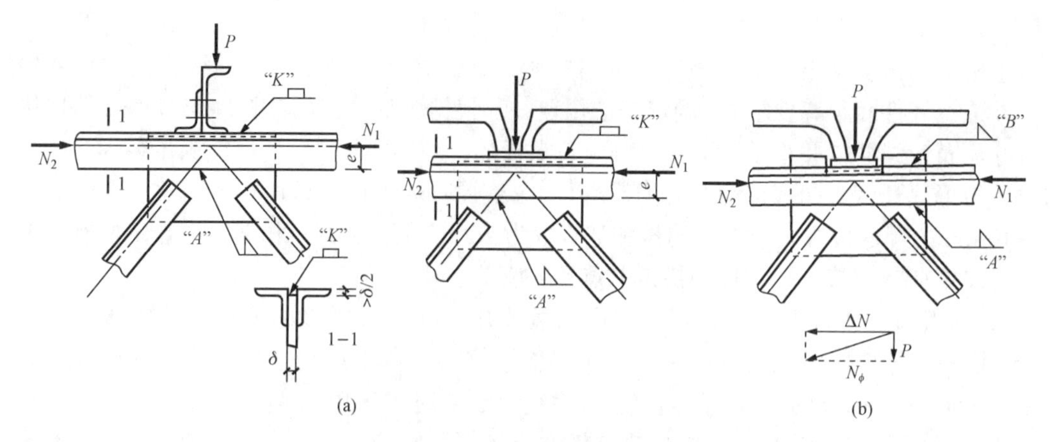

图 7-19 有集中荷载的节点
(a) 塞焊缝做法；(b) 凹槽节点板做法

3）弦杆的拼接节点。弦杆的拼接分工厂拼接和工地拼接两种。工厂拼接是因角钢供应长度不足时，所做的拼接，通常设在内力较小的节间内。工地拼接是在桁架分段制造和运输时的安装接头，弦杆拼接节点多设在跨度中央。

为保证拼接处的强度和刚度，弦杆的拼接应采用拼接角钢。拼接角钢截面取与弦杆截面相同，角钢的直角边棱应切去（图 7-20），以便与弦杆角钢贴紧，将角钢竖肢切去 $\Delta=t+h_f+5$mm（t 为角钢厚度，h_f为焊缝的焊脚尺寸，5mm 为避开弦杆角钢肢尖圆角的余量）。切棱切肢引起的截面削弱节点板可以补偿。屋架屋脊节点的拼接角钢，应采用热弯成型。当屋面坡度较大或角钢肢较宽不易弯折时，宜将竖肢切口后再热弯对焊。

拼接角钢的长度应根据拼接焊缝的长度确定，一般可按被拼接处弦杆的最大内力或偏于安全地按与弦杆等强（宜用于拉杆）计算，并假定 4 条拼接焊缝均匀受力。按等强计算时，接头一侧需要的焊缝计算长度为

$$l_w = \frac{Af}{4 \times 0.7 h_f f_f^w} \tag{7-5}$$

式中 A——弦杆的截面面积。

拼接角钢的总长度为

$$l = 2(l_w + 10) + a \tag{7-6}$$

式中 a——弦杆端头的距离。下弦取 $a=10\sim20$mm，上弦取 $a=30\sim50$mm。

弦杆与节点板的连接焊缝可按较大一侧弦杆内力 N 的 15%与节点两侧弦杆的内力差 ΔN 两者中的较大值计算。当节点处还作用有集中荷载 P 时，则应按两方向力共同作用计算。

工地拼接宜采用图 7-20 所示的连接方式。节点板（和中间竖杆）在工厂焊于左或右半榀桁架，拼接角钢作为单独零件出厂，两半榀屋架在工地拼装时再将其装配焊接，为便于工地拼装，宜设置安装螺栓。

（4）支座节点。桁架与柱的连接分铰接和刚接两种形式。铰接支座节点由节点板、底板、加劲肋和锚栓组成（图 7-21）。加劲肋的作用是分布支座反力，减小底板弯矩和提高节点板的侧向刚度，其轴线与支座反力的作用线应重合。为便于施焊，下弦杆和底板间距离 s 应

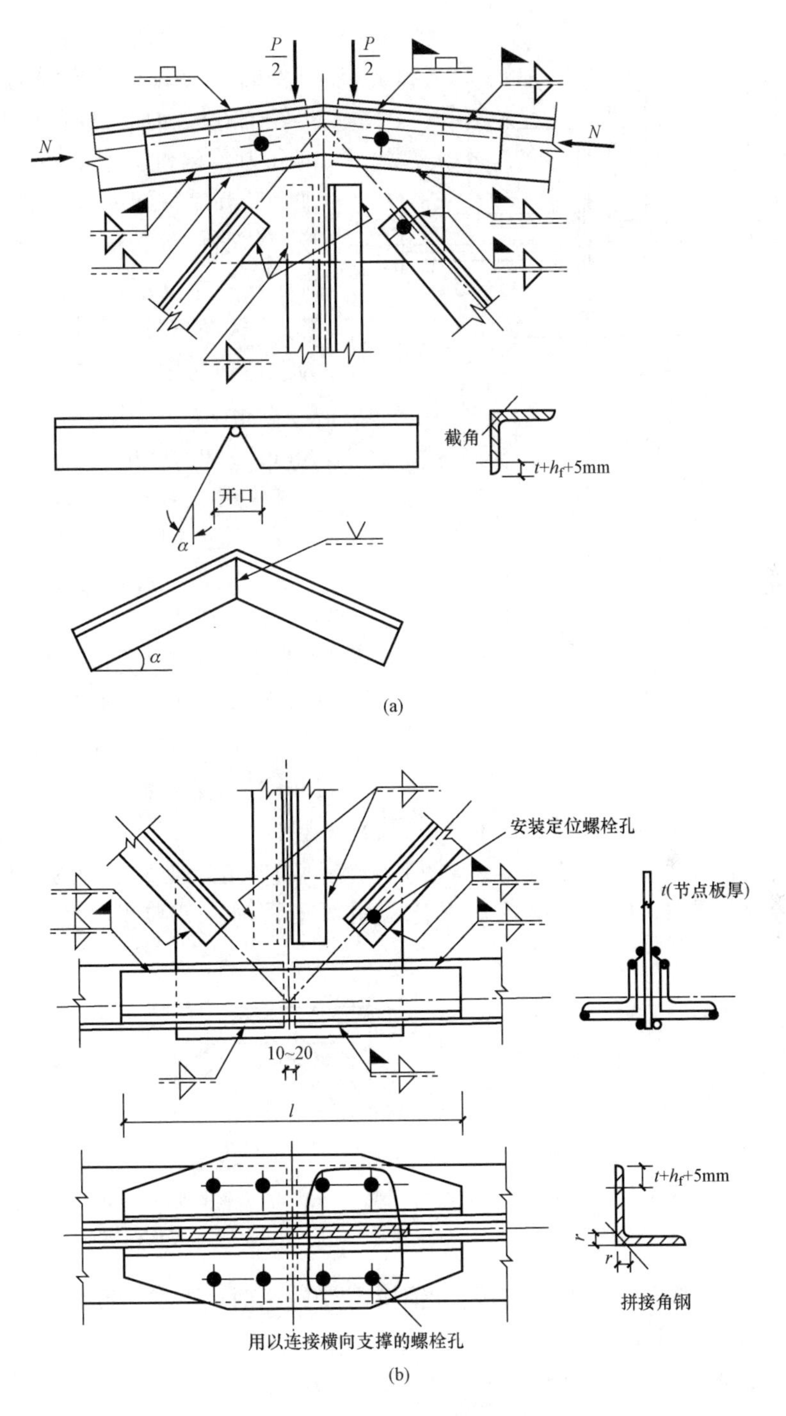

图 7-20　弦杆工地拼接节点

(a) 上弦拼接节点；(b) 下弦拼接节点

不小于下弦角钢水平肢的宽度。锚栓常用 M20～M24，为便于桁架安装，底板上的锚栓孔径应比锚栓直径大 1～1.5 倍或做成 U 形缺口，待桁架调整定位后，用孔径比锚栓直径大 1～2mm 的垫板套进锚栓，并将垫板与底板焊牢。

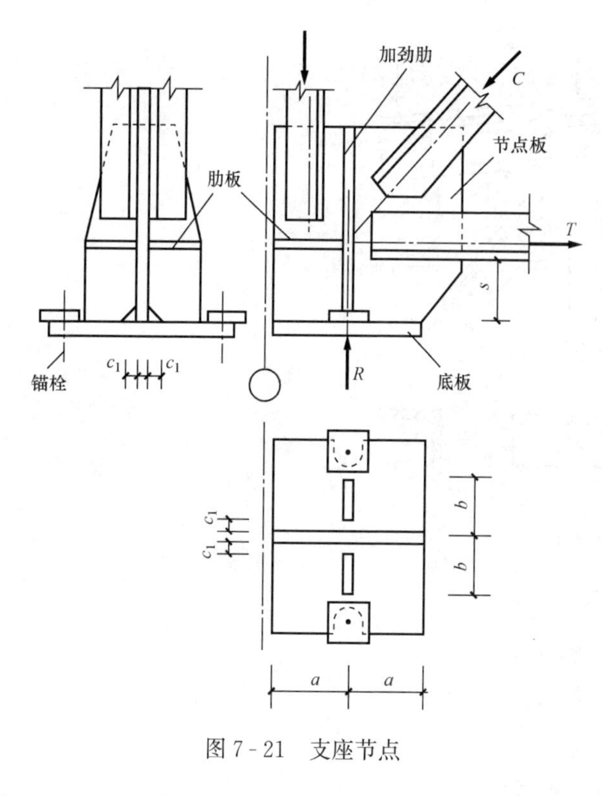

图 7-21 支座节点

支座节点的传力路线：桁架端部各杆件的内力通过杆端焊缝传给节点板，再经节点板和加劲肋间的竖直焊缝将一部分力传给加劲肋，然后通过节点板、加劲肋和底板间的水平焊缝将全部支座反力传给底板，最终传至柱。支座节点可采用第六章铰接柱脚类似方法进行计算。底板的短边尺寸不宜小于 200mm。为使柱顶压力分布均匀，当屋架跨度 $L\leqslant18$mm 或 $L>18$m 时，$t\geqslant16$mm 或 $t\geqslant20$mm。加劲肋的高度应结合节点板的尺寸确定。加劲肋厚度可略小于中间节点板厚度。加劲肋可视为支承于节点板的悬臂梁，可近似地取每块加劲肋承受 1/4 支座反力。加劲肋与节点板间的两条竖直焊缝承受剪力 $V=R/4$、弯矩 $M=Vb_1/4$，焊缝按承受 V 和 M 共同作用计算。加劲肋和节点板与底板间的水平焊缝按承受全部支座反力进行计算。

（5）T 型钢作弦杆的桁架节点。桁架的弦杆和腹杆全部由 T 型钢制成时，其典型节点构造如图 7-22 所示。对于这种桁架，在腹杆端部需要进行较为复杂的切割，增加制造加工难度。桁架的弦杆采用 T 型钢，腹杆采用双角钢时，其典型节点构造如图 7-23 所示。

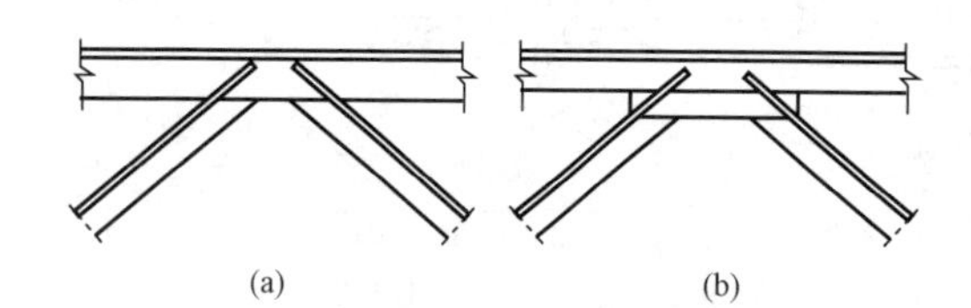

图 7-22 弦杆和腹杆全部为 T 型钢的桁架节点
（a）无节点板；（b）对接节点板

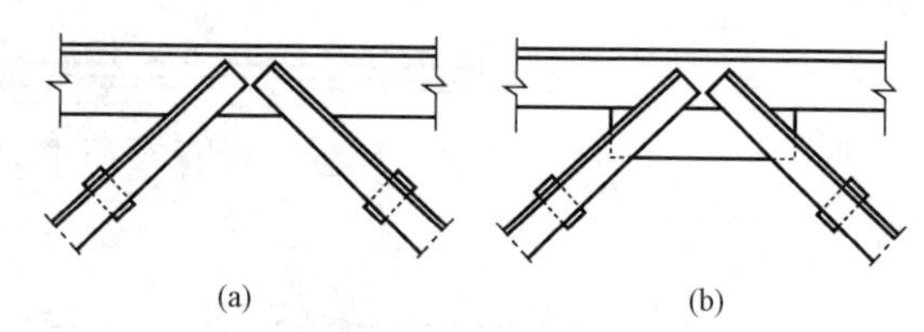

图 7-23 T 型钢作弦杆、双角钢作腹杆的桁架节点
（a）无节点板；（b）对接节点板

双角钢可以直接与 T 型钢腹板连接。当不需要节点板时，可省工省料。

（6）节点处板件的计算

1）根据试验研究，连接节点处的板件承受拉、剪作用时（图 7-24），应按下列公式进行强度验算

$$N/\sum(\eta_i A_i)\leqslant f \tag{7-7}$$

式中 N——作用于板件的拉力；

A_i——第 i 段破坏面的截面积，$A_i=tl_i$，当为螺栓连接时取净截面面积；

t——节点板厚度；

l_i——第 i 破坏段的长度，应取板件中最危险的破坏线的长度（图 7-24）；

η_i——第 i 段的拉剪折算系数，$\eta_i=1/\sqrt{1+2\cos^2\alpha_i}$；

α_i——第 i 段破坏线与拉力轴线的夹角。

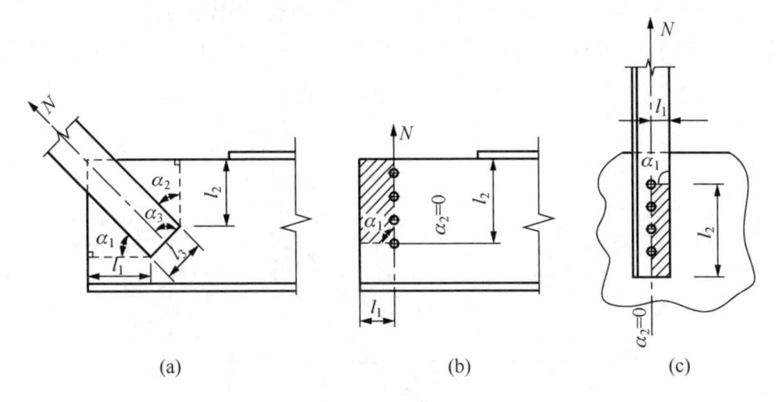

图 7-24 板件的拉、剪撕裂

(a) 焊缝连接；(b) 螺栓连接；(c) 螺栓连接

2）考虑桁架节点板的外形往往不规则，采用式（7-7）计算比较麻烦，角钢桁架节点板的强度除可按式（7-7）计算外，也可用有效宽度法进行计算。有效宽度认为腹杆轴力 N 将通过连接件在节点板内按照某一个应力扩散角度 θ（焊接及单排螺栓时可取 30°，多排螺栓时可取 22°），传至连接件端部与 N 相垂直的一定宽度范围内，该一定宽度称为有效宽度。根据试验研究，节点板的强度也可按下式计算

$$\sigma=N/(b_e t)\leqslant f \tag{7-8}$$

式中 b_e——板件的有效宽度（图 7-25），当用螺栓连接时，应减去孔径。

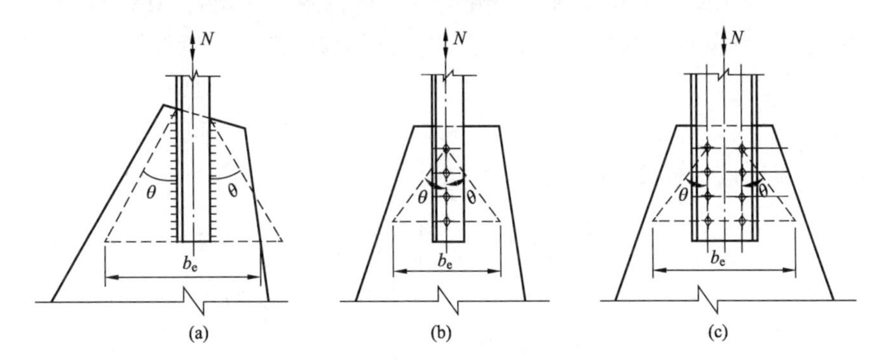

图 7-25 板件的有效宽度

(a) 焊缝连接；(b) 螺栓（铆钉）连接；(c) 螺栓（铆钉）连接

3）根据试验研究，桁架节点板在斜腹杆轴向压力作用下的稳定性可用下列方法进行计算：

对有竖腹杆相连的节点板，当 $c/t\leqslant15\varepsilon_k$ 时（c 为受压腹杆连接肢端面中点沿腹杆轴线方向至弦杆边缘的净距离），可不计算稳定性。否则按附录一中附一-B 要求进行稳定计算。但在任何情况下，$c/t\leqslant22\varepsilon_k$。

对无竖腹杆相连的节点板，当 $c/t\leqslant10\varepsilon_k$ 时，节点板的稳定承载力可取为 $0.8b_e tf$。当 $c/t>10\varepsilon_k$ 时，应按《钢结构设计标准》（GB 50017）附录 G 要求进行稳定计算，且 $c/t\leqslant17.5\varepsilon_k$。

在采用上述方法计算节点板的强度和稳定性时，尚应满足：①节点板边缘与腹杆轴线之间的夹角应不小于15°；②斜腹杆与弦杆的夹角应在30°～60°之间；③节点板的自由边长度 l_f 与厚度 t 之比不得大于 $60\varepsilon_k$，否则应沿自由边设加劲肋予以加强。

【例7-3】 桁架节点各杆内力及截面如图7-26所示，下弦有拼接，节点板厚10mm，钢材为Q235，角焊缝强度设计值 $f_f^w=160N/mm^2$，要求设计节点。

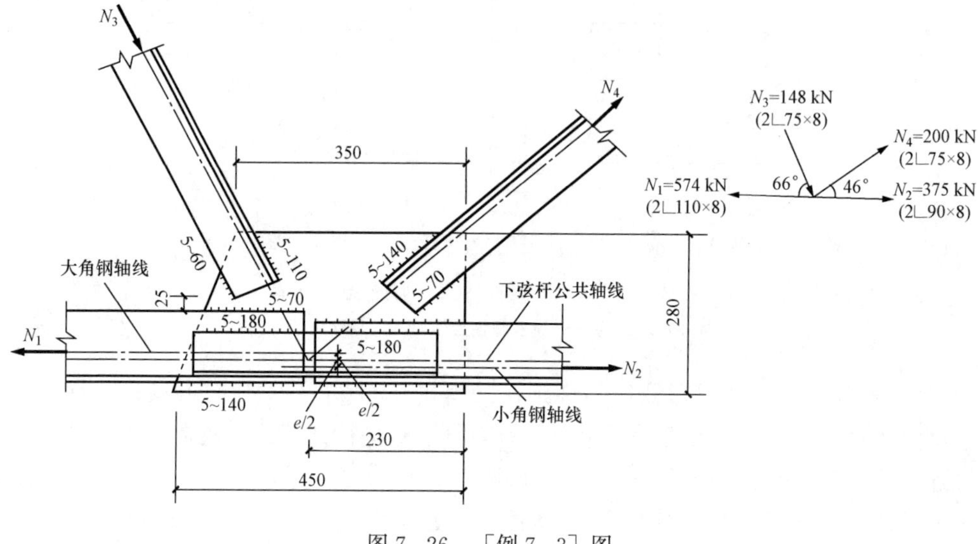

图7-26 ［例7-3］图

解 下弦采用∟90×8的拼接角钢，拼接角钢切棱并按 $\Delta=t+h_f+5=8+5+5=18$ (mm) 切肢。两相邻下弦角钢使肢背外表齐平以便拼接角钢能贴合。两角钢形心线间有间距 e。取二角钢形心线间的中线作为整个下弦的公共轴线，同时得节点偏心弯矩 $M=(N_1+N_2)e/2$。

$e=30.1-25.2=4.9(mm)<110\times5\%=5.5mm$，故计算时对偏心作用不予考虑。

（1）拼接焊缝设计。拼接角钢一侧所需焊缝面积

$$h_f l_w=\frac{N_2}{4\times0.7f_f^w}=\frac{375\times10^3}{4\times0.7\times160}=837(mm^2)$$

采用 $h_f=5mm$，$l_w=837/5=167.4(mm)$，实际用 $180mm>l_w+2h_f=178(mm)$。

拼接角钢长度采用 $2\times180+10=370(mm)$。

（2）连接焊缝设计。

N_3 杆：肢背 $$h_f l_w=\frac{0.7N_3}{2\times0.7f_f^w}=\frac{0.7\times148\times10^3}{2\times0.7\times160}=463(mm^2)$$

采用 $h_f=5mm$，$l_w=463/5=92.5mm$，实际焊缝长度用 $110mm>l_w+2h_f=103mm$。

肢尖 $h_f l_w=0.3\times470/0.7=198(mm^2)$

采用 $h_f=5mm$，$l_w=198/5=40(mm)$，实际用 $60mm>l_w+2h_f=50mm$。

N_4 杆：同理得肢背 $h_f=5mm$，$l_w=125mm$，实际用140mm。

肢尖 $h_f=5mm$，$l_w=54mm$，实际用70mm。

N_1 杆与节点板间的焊缝

肢背 $h_f l_w = \dfrac{0.7(N_1 - N_2)}{2\times0.7 f_f^w} = \dfrac{0.7\times(572-375)\times10^3}{2\times0.7\times160} = 616(\text{mm}^2)$

采用 $h_f = 5\text{mm}$，$l_w = 616/5 = 124(\text{mm})$，实际用 140mm。

肢尖 $h_f l_w = 0.3\times616/0.7 = 264(\text{mm}^2)$

采用 $h_f = 5\text{mm}$，$l_w = 264/5 = 53(\text{mm})$，实际用 70mm。

N_2 杆与节点板间的焊缝理论上不传力，但按节点构造要求，采用与 N_1 杆所用相同的焊缝。

节点板需能框进各杆所需焊缝并各边取较整齐数值（由作图量出），见图 7-25，节点板尺寸确定后，有些焊缝应延长满焊。

9. 钢管桁架节点设计

杆件采用钢管的桁架称为管桁架，杆件可以直接焊接（相贯焊接），省去节点板和填板，用钢量显著低于角钢桁架，杆件密闭，耐腐蚀性能也好，应用日益广泛。本节主要介绍圆钢管平面桁架常用节点设计。在节点处截面尺寸最大者称为主管，其余称为支管。圆钢管的外径与壁厚之比应$\leqslant 100\varepsilon_k^2$，方（矩）形管的最大外缘尺寸与壁厚之比应$\leqslant 40\varepsilon_k$。

平面管桁架节点分为有间隙和有搭接两种类型，分别如图 7-27 和图 7-28 所示。相贯连接节点的管桁架主管的直径和壁厚均不应小于支管。在支管与主管的连接处不得将支管插入主管内。主管与支管或支管轴线间的夹角不宜小于 30°。

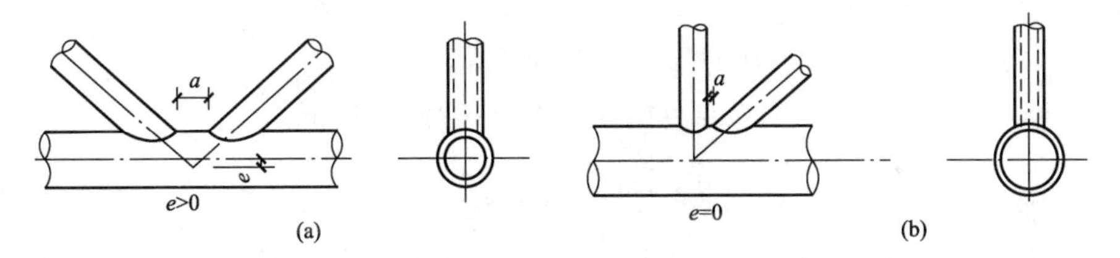

图 7-27 有间隙的 K 形和 N 形管节点

（a）有间隙的 K 形节点；（b）有间隙的 N 形节点

支管与主管的连接节点处，应尽可能避免偏心，偏心不可避免时，宜使偏心满足下式要求

$$-0.55 \leqslant e/d \leqslant 0.25 \qquad (7-9)$$

式中 e——偏心距，符号如图 7-27 所示；

d——圆管主管外径。

采用无加劲相贯焊接节点的钢管桁架，如节点偏心不超过式（7-9）限制时，在计算节点和受拉主管承载力时，可忽略因偏心引起的弯矩的影响，但受压主管应考虑此偏心弯矩 $M=\Delta Ne$。ΔN 为节点两侧主管轴力之差值，e 为偏心矩，符号如图 7-27 所示。

无加劲的相贯连接钢管结构主管节间长度与截面高度（或直径）之比应$\geqslant 12$，支管节间

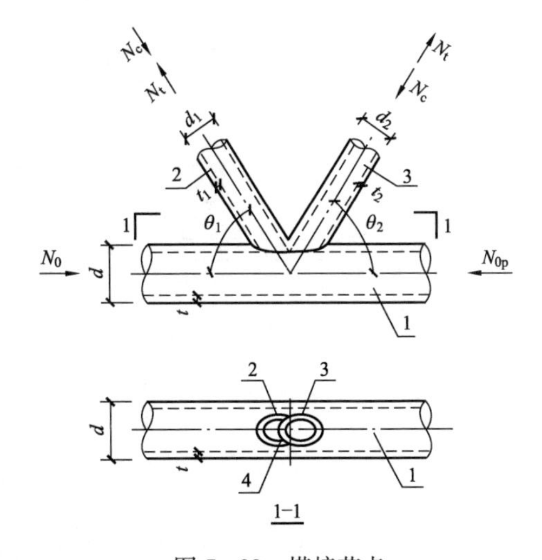

图 7-28 搭接节点

1—主管；2—搭接支管；3—被搭接支管；4—被搭接支管内隐藏部分

长度与截面高度（或直径）之比≥24者，管桁架的节点可视为铰接节点。其他情况的刚度判别应符合《钢结构设计标准》的规定，无斜腹杆的空腹桁架的节点应符合刚接假定。

令 d、d_i 分别表示主管和支管的外径，t、t_i 分别表示主管和支管的壁厚，θ 表示主支管轴线间小于直角的夹角，$\beta=d_i/d$，设计时应 $0.2\leqslant\beta\leqslant1.0$；$d_i/t_i\leqslant60$；$\theta\geqslant30°$。

当支管仅承受轴心力时，支管在无加劲的相贯连接平面节点处的承载力设计值应不小于其轴心力设计值。

平面X形节点（图7-29）的受压支管在管节点处的承载力设计值 N_{cx} 应按下式计算

$$N_{cx}=\frac{5.45}{(1-0.81\beta)\sin\theta}\psi_n t^2 f \quad (7-10)$$

$$\psi_n=1-0.3\sigma/f_y-0.3(\sigma/f_y)^2 \quad (7-11)$$

式中 ψ_n——参数，当节点两侧或者一侧主管受拉时，取 $\psi_n=1$，其余情况按式（7-11）计算；

f——主管钢材的抗拉、抗压和抗弯强度设计值；

f_y——主管钢材的屈服强度；

σ——节点两侧主管轴心压应力的较小绝对值。

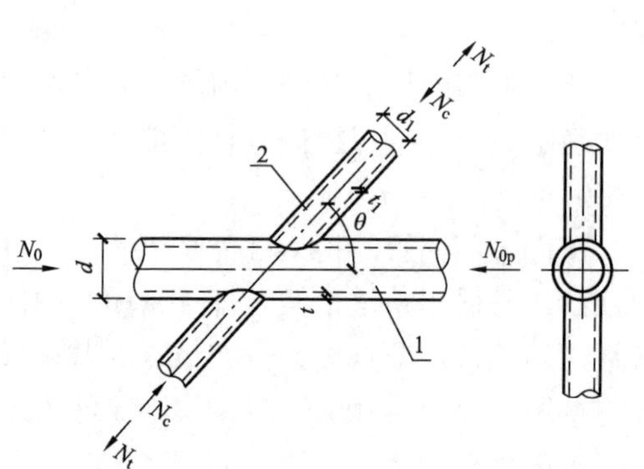

图7-29 X形节点

1—主管；2—支管

平面X形节点受拉支管在管节点处的承载力设计值 N_{tx} 按下式计算

$$N_{tx}=0.78\left(\frac{d}{t}\right)^{0.2}N_{cx} \quad (7-12)$$

平面T形（或Y形）节点（图7-30），受压支管在管节点处的承载力设计值 N_{cT} 按下式计算

$$N_{cT}=\frac{11.51}{\sin\theta}\left(\frac{d}{t}\right)^{0.2}\psi_n\psi_d t^2 f \quad (7-13)$$

式中 ψ_d——参数，当 $\beta\leqslant0.7$ 时，$\psi_d=0.069+0.93\beta$；当 $\beta>0.7$ 时，$\psi_d=2\beta-0.68$。

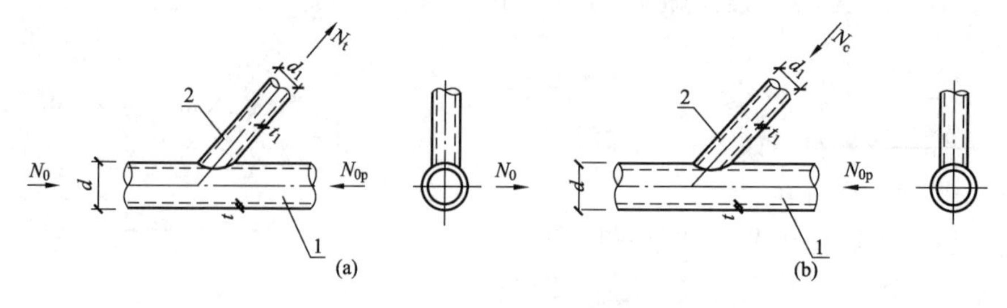

图7-30 T形（或Y形）节点

（a）受拉节点；（b）受压节点

1—主管；2—支管

平面T形（或Y形）节点受拉支管在管节点处的承载力设计值 N_{tT} 按下式计算

当 $\beta\leqslant0.6$ 时 $$N_{tT}=1.4N_{cT} \quad (7-14a)$$

当 $\beta>0.6$ 时 $$N_{tT}=(2-\beta)N_{cT} \quad (7-14b)$$

平面K形间隙节点（图7-31），受压支管在管节点处的承载力设计值N_{cK}按下式计算

$$N_{cK}=\frac{11.51}{\sin\theta_c}\left(\frac{d}{t}\right)^{0.2}\psi_n\psi_d\psi_a t^2 f \tag{7-15}$$

$$\psi_a=1+\left(\frac{2.19}{1+\frac{7.5a}{d}}\right)\left(1-\frac{20.1}{6.5+\frac{d}{t}}\right)(1-0.77\beta)$$

式中　θ_c——受压支管轴线与主管轴线的夹角；

ψ_a——参数；

a——两支管之间的间隙。

平面K形间隙节点受拉支管在管节点处的承载力设计值N_{tK}按下式计算

$$N_{tK}=\frac{\sin\theta_c}{\sin\theta_t}N_{cK} \tag{7-16}$$

式中　θ_t——受拉支管轴线与主管轴线的夹角。

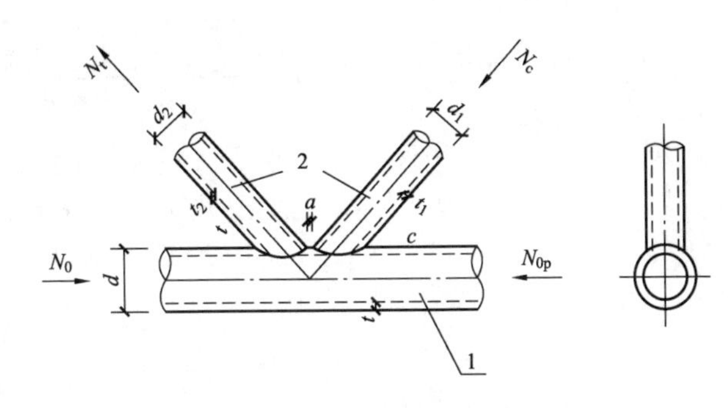

图7-31　平面K形间隙节点

对有间隙的平面KT形节点（图7-32），当竖杆不受力，可按没有竖杆的K形节点计算，受压管支管与受拉支管在主管表面的间隙a取为两斜杆的趾间距；当竖杆受压力时，按下式计算

$$N_1\sin\theta_1+N_3\sin\theta_3\leqslant N_{cK1}\sin\theta \tag{7-17}$$

$$N_2\sin\theta_2\leqslant N_{cK1}\sin\theta \tag{7-18}$$

当竖杆受拉力时，尚应按下式计算

$$N_1\leqslant N_{cK1} \tag{7-19}$$

式中　N_{cK1}——K形节点支管承载力设计值，按式（7-15）计算，但公式中用$\frac{d_1+d_2+d_3}{3d}$代替d_1/d。

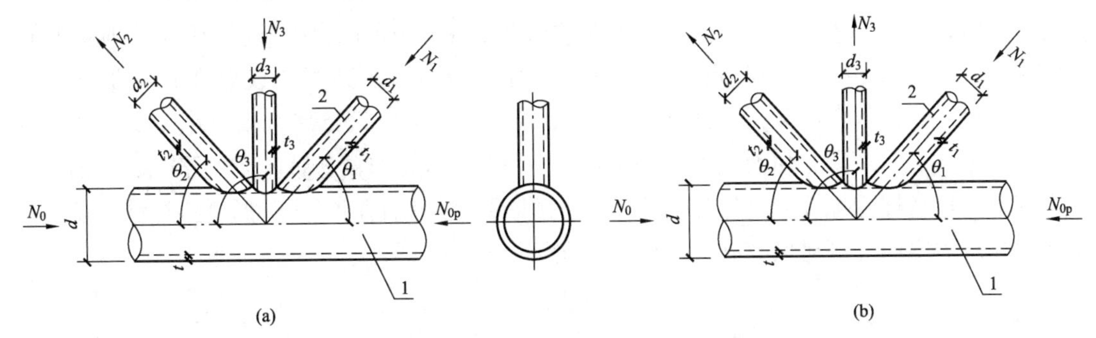

图7-32　平面KT形节点

（a）N_1、N_3受压；（b）N_2、N_3受拉

T、Y、X形、有间隙的K形、平面KT形节点支管在节点处的冲剪承载力设计值N_{si}按照下式进行补充验算

$$N_{si}=\pi\frac{1+\sin\theta_i}{2\sin^2\theta_i}td_i f_v \tag{7-20}$$

非加劲节点相贯焊接节点不能满足承载能力要求时，在节点区域采用管壁大于杆件部分的钢管是提高其承载力有效的方法之一，也是便于制作的首选办法。此外也可以采用其他局部加强措施，如在主管内设实心的或开孔的横向加劲板（图 7-33）；在主管外表面贴加强板（图 7-34）；在主管内设置纵向加劲板（图 7-35）；在主管外周设环肋（图 7-36）等。有限元数值计算结果表明，设置主管内的横向加劲板对提高节点极限承载力有显著作用。

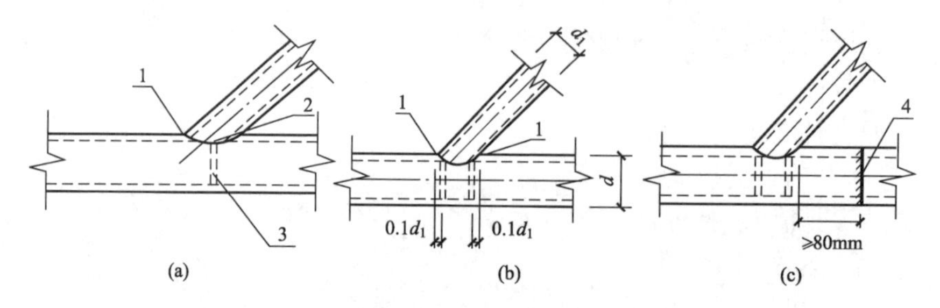

图 7-33　支管为圆管时横向加劲板的位置

1—冠点；2—鞍点；3—加劲板；4—主管拼缝

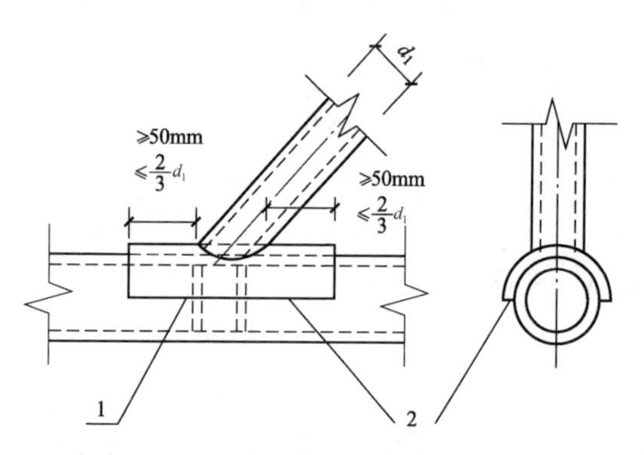

图 7-34　主管外表面贴加强板的加劲方式

1—四周围焊；2—腹板

在主管内设置纵向加劲板［图 7-35（a）］时应使加劲板与主管管壁可靠焊接，当主管孔径较小难以施焊时，可在主管上下开槽后将加劲板插入焊接。纵向加劲板也可伸出主管外部连接支管或其他构件［图 7-35（b）］。在主管外周设环肋（图 7-36）有助提高节点强度，但可能影响外观。这几种节点的承载力计算公式有待研究。

在主管内设置横向加劲板。支管以承受轴力为主时，可在主管内设 1 道或 2 道加劲板［图 7-33（a），（b）］；节点需满足抗弯连接要求时，应设 2 道加劲板。加劲板中面宜垂直主管轴线，设置 1 道加劲板时，加劲板位置宜在支管与主管相贯面的鞍点处，设置 2 道加劲板时，加劲板宜设置在距相贯面冠点 $0.1d_1$ 附近（图 7-33b），d_1 为支管外径。加劲板厚度应≥支管壁厚，不宜小于主管壁厚的 2/3 和主管内径的 1/40；加劲板中央开孔时，环板宽度与板厚的比值不宜大于 $15\varepsilon_k$。加劲板可采用部分熔透焊缝焊接。当加劲板的焊接必须断开主管钢管时，主管的拼接焊缝宜设置在距支管相贯焊缝最外侧冠点 80mm 以外处［图 7-33（c）］。

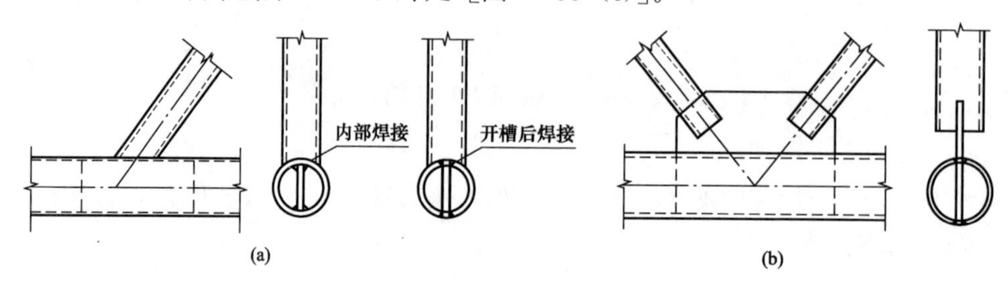

图 7-35　主管内纵向加劲的节点

当$\beta\leqslant0.7$，主管管壁塑性可能成为控制模式，可采用主管表面贴加强板的方法加强，加强板宜包覆主管半圆（图7-34），长度方向两侧均应大于支管最外侧焊缝50mm，但不大于支管直径的2/3，加强板厚度应≥4mm。加强板与主管应采用四周围焊，K形、N形节点焊缝有效高度应不小于腹杆壁厚。焊接前宜在加强板上先钻一个排气小孔，焊后应用塞焊将孔封闭。令λ为加强板厚度与主管壁厚的比值。当支管受压时，节点承载力设计值取相应未加强时节点承载力设计值的（$0.23\lambda^{1.18}\beta^{-0.68}+1$）倍；当支管受拉时，节点承载力设计值取相应未加强时节点承载力设计值的$1.13\lambda^{0.59}$倍。

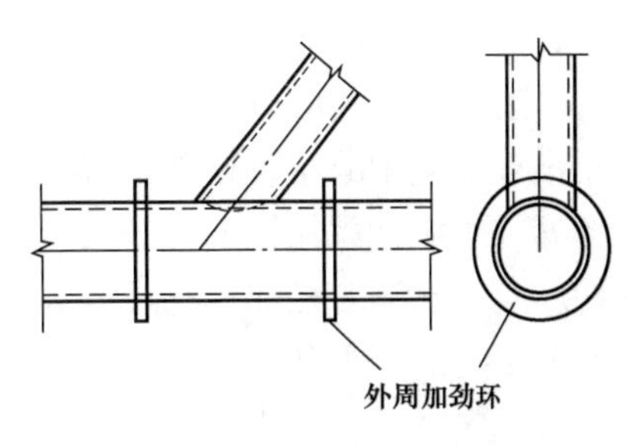

图7-36　主管外周设置加劲环的节点

支管壁厚小于6mm时可不切坡口。有间隙节点在主管表面焊接的相邻支管的间隙a应≤两支管壁厚之和（图7-27）。支管搭接的平面K形或N形节点（图7-28），应确保在搭接的支管之间的连接焊缝能可靠地传递内力。当互相搭接的支管外部尺寸不同时，外部尺寸较小者应搭接在尺寸较大者上；当支管壁厚不同时，较小壁厚者应搭接在较大壁厚者上；承受轴心压力的支管宜在下方。支管与主管的连接可沿全周采用角焊缝，或部分采用对接焊缝另一部分采用角焊缝，其中支管管壁与主管管壁之间的夹角大于或等于120°的区域宜采用对接焊缝或带坡口的角焊缝，应$h_f\leqslant$支管壁厚的2倍，搭接支管周边焊缝宜为2倍支管壁厚。

节点处支管沿周边与主管相焊，支管搭接处的搭接支管沿搭接边与被搭接支管相焊。焊缝承载力应≥节点承载力。T（Y）、X或K形间隙节点及其他非搭接节点中，支管仅受轴力作用时，非搭接支管与主管的连接焊缝可按全周角焊缝进行计算。角焊缝的计算高度沿支管周长取$0.7h_f$，焊缝承载力设计值N_f按下式计算

$$N_f=0.7h_fl_wf_f^w \tag{7-21}$$

式中　l_w——焊缝的计算长度，当$d_i/d\leqslant0.65$时，$l_w=(3.25d_i-0.025d)(0.466+0.534/\sin\theta_i)$；当$0.65<d_i/d\leqslant1$时，$l_w=(3.81d_i-0.389d)(0.466+0.534/\sin\theta_i)$。

10. 桁架的施工图

钢结构施工图主要包括构件布置图、构件和节点详图等，它们是钢结构制造和安装的主要依据。构件布置图是表达各类构件（如柱、吊车梁、屋架、墙架、平台等系统）位置的整体图，主要用于钢结构安装。其内容一般包括平面图、侧面图和必要的剖面图、构件编号、构件表（包括构件编号、名称、数量、单重和详图图号等）及总说明等。构件详图是表达所有单体构件（按构件编号）的详细图，主要用于钢结构制造。节点详图表达复杂节点的详细情况，主要用于钢结构制作和安装。钢结构施工详图通常采用两种比例绘制，杆件的轴线一般可用1∶20~1∶30；节点和杆件截面尺寸用1∶10~1∶15。重要节点大样的比例以清楚地表达节点的细部尺寸为准。附录七为某钢桁架详图，钢桁架详图的主要内容和绘制要点如下：

（1）桁架详图一般应按运输单元绘制，当桁架对称时，可仅绘制半榀桁架。

（2）构件详图应包括桁架的正面图，上、下弦的平面图，必要的侧面图、剖面图、安装节点或特殊零件的大样图。

（3）在图面左上角用合适比例绘制桁架简图。图中左半部应注明杆件的几何长度（mm），右半部注明杆件的轴力设计值（kN）。当梯形和三角形桁架$L\geqslant24$m和$L\geqslant15$m时，为防止挠度值较大，须在制造时起拱。拱度一般取桁架跨度的1/500，并在桁架简图中注明。

（4）应注明各零件（型钢和钢板）的型号和尺寸，包括加工尺寸（宜取为5mm的倍数）、定位尺寸、孔洞位置以及对制作和工地安装要求。定位尺寸主要有：轴线至角钢肢背的距离，节点中心至各杆件杆端和节点板上、下、左、右边缘的距离等。螺栓位置应符合型钢的容许线距和螺栓排列的最大、最小容许距离的要求。对制作和安装的其他要求，包括零件切斜角、孔洞直径和焊缝尺寸等都应注明。工地拼接焊缝要注意标出安装焊缝符号，以适应运输单元的划分和拼装。

（5）应对所有零件进行编号，编号应按构件主次、上下、左右顺序逐一进行。完全相同的零件用同一编号。如果两个零件的形状和尺寸完全一样，仅因开孔位置或因切斜角等原因有所不同，但系镜面对称时，亦采用同一编号，但在材料表中应注明正或反字样，以示区别。有些桁架仅在少数部位的构造略有不同，如与支撑相连的桁架和不与支撑相连的桁架只在螺栓孔上有区别，可在图上螺栓孔处注明所属桁架的编号，它们就可在一张施工图上表达。

（6）材料表应包括各零件的编号、截面规格、长度、数量（正、反）和重量等。材料表的作用不但可归纳各零件以便备料和计算用钢量，同时也可供选择起吊和运输设备时参考。

（7）文字说明应包括钢号和附加条件、焊条型号、焊接方法和质量要求，图中未注明的焊缝和螺栓孔尺寸，防护、运输、安装和制造要求，以及一些不易用图表达的内容。

二、框架柱设计

单层工业厂房框架柱承受轴向力、弯矩和剪力作用，属于压弯构件。其设计原理和方法已在第六章述及，这里仅就其计算和构造的特点加以说明。

1. 柱的计算长度

柱在框架平面内的计算长度应通过对整个框架的稳定分析确定，实际上是一空间体系，而构件内部又存在残余应力，要确定临界荷载比较复杂。单层厂房框架的侧移对内力的影响相对较小，可不必考虑竖向荷载对侧移的二阶效应。对单层工业厂房框架通常采用一阶弹性分析来确定其计算长度。等截面柱在框架平面内的计算长度应等于柱的高度乘以计算长度系数 μ。阶形柱应分段进行计算，各段的计算长度应等于柱各段的几何高度分别乘以各段计算长度系数。

（1）单层等截面框架柱在框架平面内的计算长度。单层厂房等截面框架应按有侧移框架考虑。框架有侧移失稳的变形是反对称的，横梁两端的转角 θ 大小相等方向相同（图7-37）。μ 值取决于柱与基础连接方式以及梁对柱的约束程度，后者用横梁的线刚度与柱的线刚度比值 K_1 表达，对单跨框架 $K_1=I_1H/Il$；对多跨框架 $K_1=(I_1l_1+I_2l_2)/(I/H)$。按弹性稳定理论分析的计算长度系数见表7-4。

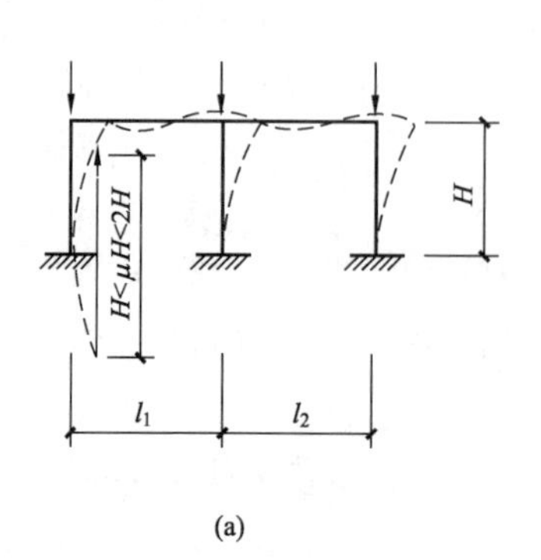

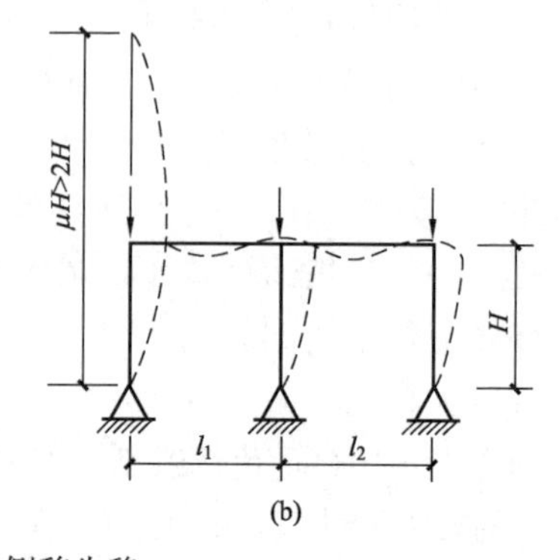

图7-37 有侧移失稳

（a）柱与基础刚接；（b）柱与基础铰接

表 7-4　　单层框架等截面柱的计算长度系数 μ

柱与基础连接方式	相交于柱上端的横梁线刚度之和与柱线刚度的比值 K_1							
	0	0.1	0.3	0.5	1	3	5	≥10
铰接	1.000	0.981	0.949	0.922	0.875	0.791	0.760	0.732
刚接（无侧移）	0.699	0.689	0.671	0.656	0.626	0.568	0.546	0.524
刚接（有侧移）	2.000	1.670	1.400	1.280	1.160	1.060	1.030	1.020

注　1. 与柱铰接的横梁取线刚度为零；

2. 计算格构式柱和桁架式横梁的线刚度时，应考虑缀材或腹杆变形的影响，对惯性矩乘以 0.9 的折减系数。当桁架式横梁高度有变化时，惯性矩按平均高度计算。

（2）厂房阶形柱在框架平面内的计算长度。当厂房柱承受吊车荷载作用时，从经济角度考虑，常采用阶形柱。阶形柱的计算长度是分段确定的，但各段的计算长度系数之间有内在关系。根据柱的上端与横梁的连接是铰接还是刚接，分为图 7-38（b）与图 7-38（d）两种失稳形态。阶形柱的计算长度按有侧移失稳条件确定，单阶柱上与下段柱的计算长度分别为

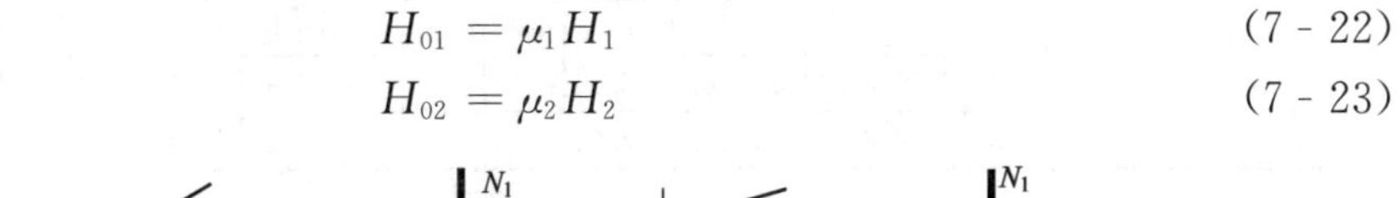

$$H_{01} = \mu_1 H_1 \tag{7-22}$$

$$H_{02} = \mu_2 H_2 \tag{7-23}$$

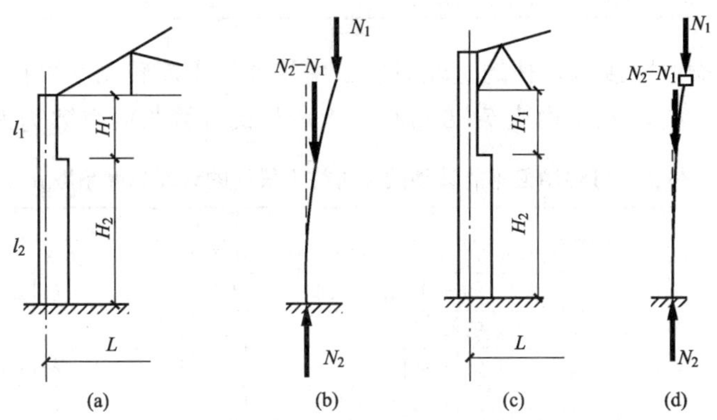

图 7-38　单阶柱的失稳形式

（a）屋架与柱铰接；（b）屋架与柱铰接的计算简图；（c）屋架与柱刚接；（d）屋架与刚铰接的计算简图

通常横梁的线刚度大于上柱的线刚度，研究表明，把横梁的线刚度看作无限大，计算结果可以满足工程要求。计算时可按图 7-38（b）或图 7-38（d）所示的独立柱来确定柱的计算长度系数。

当柱的上端与横梁铰接时，柱的上端能自由移动和自由转动，将柱视为上端自由的独立柱，下段柱的计算长度系数 μ_2 由表 7-5 查得。表中 $K_1=I_1H_2/(I_2H_1)$，为柱上、下段的线刚度之比；上段柱的计算长度系数 $\mu_1=\mu_2/\eta_1$，$\eta_1=H_1\sqrt{N_1I_2/(N_2I_1)}/H_2$，$N_1$ 和 N_2 分别为上段柱和下段柱可能承受的最大轴向压力。

表 7-5　　柱上端为自由的单阶柱下段柱的计算长度系数 μ

简图	η_1	K_1																	
		0.06	0.08	0.10	0.12	0.14	0.16	0.18	0.20	0.22	0.24	0.26	0.28	0.3	0.4	0.5	0.6	0.7	0.8
I_1 H_1 I_2 H_2 $K_1=\frac{I_1}{I_2}\frac{H_2}{H_1}$； $\eta_1=\frac{H_1}{H_2}\sqrt{\frac{N_1}{N_2}\frac{I_2}{I_1}}$； N_1——上段柱的轴向压力； N_2——下段柱的轴向压力	0.2	2.00	2.01	2.01	2.01	2.01	2.01	2.01	2.02	2.02	2.02	2.02	2.02	2.02	2.03	2.04	2.05	2.06	2.07
	0.3	2.01	2.02	2.02	2.02	2.03	2.03	2.03	2.04	2.04	2.05	2.05	2.05	2.06	2.08	2.10	2.12	2.13	2.15
	0.4	2.02	2.03	2.04	2.04	2.05	2.06	2.07	2.07	2.08	2.09	2.09	2.10	2.11	2.14	2.18	2.21	2.25	2.28
	0.5	2.04	2.05	2.06	2.07	2.09	2.10	2.11	2.12	2.13	2.15	2.16	2.17	2.18	2.24	2.29	2.35	2.40	2.45
	0.6	2.06	2.08	2.10	2.12	2.14	2.16	2.18	2.19	2.21	2.23	2.25	2.26	2.28	2.36	2.44	2.52	2.59	2.66
	0.7	2.10	2.13	2.16	2.18	2.21	2.24	2.26	2.29	2.31	2.34	2.36	2.38	2.41	2.52	2.62	2.72	2.81	2.90
	0.8	2.15	2.20	2.24	2.27	2.31	2.34	2.38	2.41	2.44	2.47	2.50	2.53	2.56	2.70	2.82	2.94	3.06	3.16
	0.9	2.24	2.29	2.35	2.39	2.44	2.48	2.52	2.56	2.60	2.63	2.67	2.71	2.74	2.90	3.05	3.19	3.32	3.44
	1.0	2.36	2.43	2.48	2.54	2.59	2.64	2.69	2.73	2.77	2.82	2.86	2.90	2.94	3.12	3.29	3.45	3.59	3.74
	1.2	2.69	2.76	2.83	2.89	2.95	3.01	3.07	3.12	3.17	3.22	3.27	3.32	3.37	3.59	3.80	3.99	4.17	4.34
	1.4	3.07	3.14	3.22	3.29	3.36	3.42	3.48	3.55	3.61	3.66	3.72	3.78	3.83	4.09	4.33	4.56	4.77	4.97
	1.6	3.47	3.55	3.63	3.71	3.78	3.85	3.92	3.99	4.07	4.12	4.18	4.25	4.31	4.61	4.88	5.14	5.38	5.62
	1.8	3.88	3.97	4.05	4.13	4.21	4.29	4.37	4.44	4.52	4.59	4.66	4.73	4.80	5.13	5.44	5.73	6.00	6.26
	2.0	4.29	4.39	4.48	4.57	4.65	4.74	4.82	4.90	4.99	5.07	5.14	5.22	5.30	5.66	6.00	6.32	6.63	6.92
	2.2	4.71	4.81	4.91	5.00	5.10	5.19	5.28	5.37	5.46	5.54	6.63	5.71	5.80	6.19	6.57	6.92	7.26	7.58
	2.4	5.13	5.24	5.34	5.44	5.54	5.64	5.74	5.84	5.93	6.03	6.12	6.21	6.30	6.73	7.14	7.52	7.89	8.24
	2.6	5.55	5.66	5.77	5.88	5.99	6.10	6.20	6.31	6.41	6.51	6.61	6.71	6.80	7.27	7.71	8.13	8.52	8.90
	2.8	5.97	6.09	6.21	6.33	6.44	6.55	6.67	6.78	6.89	6.99	7.10	7.21	7.31	7.81	8.28	8.73	9.16	9.57
	3.0	6.39	6.52	6.64	6.77	6.89	7.01	7.13	7.25	7.37	7.48	7.59	7.71	7.82	8.35	8.86	9.34	9.80	10.24

当柱的上端与横梁刚接时，柱的上端只能自由移动但不能转动，可把柱上端看作可以滑动但不能转动的独立柱，μ_2 可由表 7-6 查得。上段柱的计算长度系数仍为 $\mu_1=\mu_2/\eta_1$。

表 7-6　　柱上端可移动但不能转动的单阶柱下段柱的计算长度系数 μ

简图	η_1	K_1																	
		0.06	0.08	0.10	0.12	0.14	0.16	0.18	0.20	0.22	0.24	0.26	0.28	0.3	0.4	0.5	0.6	0.7	0.8
I_1 H_1 I_2 H_2 $K_1=\frac{I_1}{I_2}\frac{H_2}{H_1}$； $\eta_1=\frac{H_1}{H_2}\sqrt{\frac{N_1}{N_2}\frac{I_2}{I_1}}$； N_1——上段柱的轴向压力； N_2——下段柱的轴向压力	0.2	1.96	1.94	1.93	1.91	1.90	1.89	1.88	1.86	1.85	1.84	1.83	1.82	1.81	1.76	1.72	1.68	1.65	1.62
	0.3	1.96	1.94	1.93	1.92	1.91	1.89	1.88	1.87	1.86	1.85	1.84	1.83	1.82	1.77	1.73	1.70	1.66	1.63
	0.4	1.96	1.95	1.94	1.92	1.91	1.90	1.89	1.88	1.87	1.86	1.85	1.84	1.83	1.79	1.75	1.72	1.68	1.66
	0.5	1.96	1.95	1.94	1.93	1.92	1.91	1.90	1.89	1.88	1.87	1.86	1.85	1.85	1.81	1.77	1.74	1.71	1.69
	0.6	1.97	1.96	1.95	1.94	1.93	1.92	1.91	1.90	1.90	1.89	1.88	1.87	1.87	1.83	1.80	1.78	1.75	1.73
	0.7	1.97	1.97	1.96	1.95	1.94	1.94	1.93	1.92	1.92	1.91	1.90	1.90	1.89	1.86	1.84	1.82	1.80	1.78
	0.8	1.98	1.98	1.97	1.96	1.96	1.95	1.95	1.94	1.94	1.93	1.93	1.93	1.92	1.90	1.88	1.87	1.86	1.84
	0.9	1.99	1.99	1.98	1.98	1.98	1.97	1.97	1.97	1.97	1.96	1.96	1.96	1.96	1.95	1.94	1.93	1.92	1.92
	1.0	2.00	2.00	2.00	2.00	2.00	2.00	2.00	2.00	2.00	2.00	2.00	2.00	2.00	2.00	2.00	2.00	2.00	2.00
	1.2	2.03	2.04	2.04	2.05	2.06	2.07	2.07	2.08	2.08	2.09	2.10	2.10	2.11	2.13	2.15	2.17	2.18	2.20
	1.4	2.07	2.09	2.11	2.12	2.14	2.16	2.17	2.18	2.20	2.21	2.22	2.23	2.24	2.29	2.33	2.37	2.40	2.42
	1.6	2.13	2.16	2.19	2.22	2.25	2.27	2.30	2.32	2.34	2.36	2.37	2.39	2.41	3.48	2.54	2.59	2.63	2.67
	1.8	2.22	2.27	2.31	2.35	2.39	2.42	2.45	2.48	2.50	2.53	2.55	2.57	2.59	2.69	2.76	2.83	2.88	2.93
	2.0	2.35	2.41	2.46	2.50	2.55	2.59	2.62	2.66	2.69	2.72	2.75	2.77	2.80	2.91	3.00	3.08	3.14	3.20
	2.2	2.51	2.57	2.63	2.68	2.73	2.77	2.81	2.85	2.89	2.92	2.95	2.98	3.01	3.14	3.25	3.33	3.41	3.47
	2.4	2.68	2.75	2.81	2.87	2.92	2.97	3.01	3.05	3.09	3.13	3.17	3.20	3.24	3.38	3.50	3.59	3.68	3.75
	2.6	2.87	2.94	3.00	3.06	3.12	3.17	3.22	3.27	3.31	3.35	3.39	3.43	3.46	3.62	3.75	3.86	3.95	4.03
	2.8	3.06	3.14	3.20	3.27	3.33	3.38	3.43	3.48	3.53	3.58	3.62	3.66	3.70	3.87	4.01	4.13	4.23	4.32
	3.0	3.26	3.34	3.41	3.47	3.54	3.60	3.65	3.70	3.75	3.80	3.85	3.89	3.93	4.12	4.27	4.40	4.51	4.61

双阶柱分为上段、中段和下段三部分，相应的计算长度系数为μ_1、μ_2和μ_3。μ_3、$\mu_1=\mu_3/\eta_1$、$\mu_2=\mu_3/\eta_2$，η_1、η_2可由《钢结构设计标准》（GB 50017）表查得或按公式计算。

单层厂房有纵和横向支撑以及屋面等纵向联系构件，把横向框架连接成空间结构，考虑到组成横向框架的单层厂房各阶形柱所承受的吊车竖向荷载差别较大，承受荷载较小的相邻柱会给荷载较大的柱提供侧移约束。根据各类厂房的空间作用大小，按上述方法求出的计算长度系数应乘以表7-7的折减系数，以反映阶形柱在框架平面内承载力的提高。

表7-7　　单阶柱计算长度折减系数

<table>
<tr><th colspan="4">厂房类型</th><th rowspan="2">折减系数</th></tr>
<tr><th>跨数</th><th>纵向温度区段内一个柱列的柱子数</th><th>屋面情况</th><th>厂房两侧是否有通长的屋盖纵向水平支撑</th></tr>
<tr><td rowspan="4">单跨</td><td>≤6</td><td>—</td><td>—</td><td rowspan="2">0.9</td></tr>
<tr><td rowspan="3">>6</td><td rowspan="2">非大型混凝土屋面板的屋面</td><td>无</td></tr>
<tr><td>有</td><td rowspan="3">0.8</td></tr>
<tr><td>大型混凝土屋面板的屋面</td><td>—</td></tr>
<tr><td rowspan="3">多跨</td><td rowspan="3">—</td><td rowspan="2">非大型混凝土屋面板的屋面</td><td>无</td></tr>
<tr><td>有</td><td rowspan="2">0.7</td></tr>
<tr><td>大型混凝土屋面板的屋面</td><td>—</td></tr>
</table>

上述计算长度系数是根据弹性框架稳定理论得到的，单层框架在弹塑性阶段失稳时，仍采用按弹性框架屈曲理论得到的μ值进行计算，这样做是偏于安全的，特别是当横梁按弹性工作设计而柱却允许出现一定塑性，导致柱与梁的线刚度比值降低时。

（3）框架柱在框架平面外的计算长度。厂房柱在框架平面外（沿厂房长度方向）的计算长度，应取阻止框架平面外位移的侧向支承点之间的距离，柱间支撑的节点是阻止框架柱在框架平面外位移的可靠侧向支承点，与此节点相连的纵向构件（如吊车梁、制动结构、辅助桁架、托架、纵梁和刚性系杆等）也可视为框架柱的侧向支承点。通常柱在框架平面外的尺寸较小，侧向刚度较小，在柱脚和连接节点处可视为铰接支承。因此，在框架平面外的计算长度取侧向支承点之间的距离，若无侧向支承时，则为柱的全长（图7-39）。

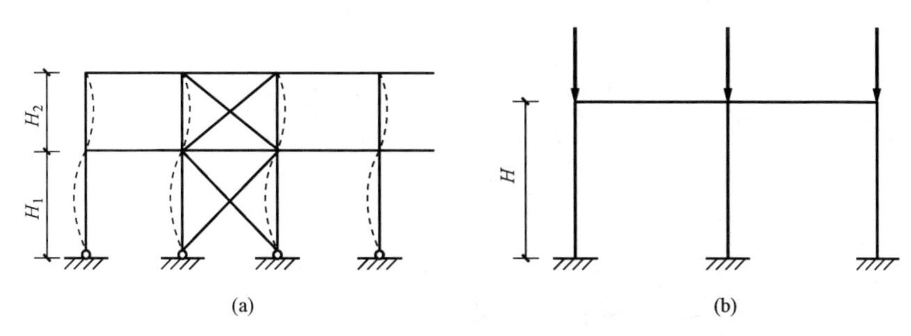

图7-39　框架柱在框架平面外的计算长度

（a）有侧向支承；（b）无侧向支承

2. 柱间支撑

（1）柱间支撑的作用与布置。作用在厂房山墙上的风荷载、吊车纵向刹车力、纵向地震作用等要靠纵向承载体系来承受，纵向承载体系一般由柱和柱间支撑构成。柱间支撑也作为框架柱在框架平面外的支点，减少柱在框架平面外的计算长度。通常称吊车梁以上的柱间支撑为上柱支撑，吊车梁以下部分称为下柱支撑。柱间支撑的刚度比单独柱大得多，为减少温度应力，应在厂房纵向温度单元中部设置上、下柱间支撑。为了传递从屋架下弦横向支撑传来的纵向风载，应在单元两端设上柱支撑。抗震设防为 7 度或 8、9 度时，单元长度大于 120m 或 90m，宜在单元中部 1/3 区段内设置两道上、下柱间支撑。每列柱顶均要布置刚性系杆（图 7 - 40）。

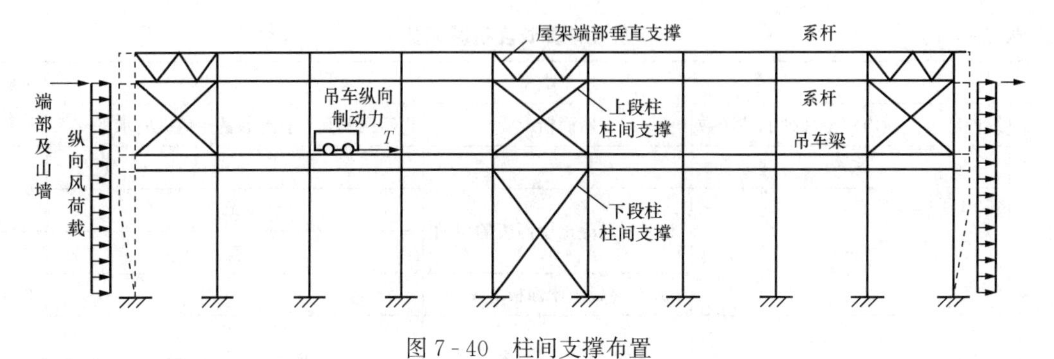

图 7 - 40　柱间支撑布置

（2）柱间支撑的形式和计算。常用的上柱和下柱支撑形式见图 7 - 41 和图 7 - 42。十字形支撑的构造简单、传力直接、节省用料，支撑的倾角应为 35°～55°。柱距较大时上柱支撑可用八字形或 V 形。下柱高度大但柱距小时，下柱支撑高而窄，可用双层十字形；当下柱高度大而刚度要求严格时支撑可以设在相邻两个开间。当柱距较大或十字形妨碍生产空间时，可采用门形或 L 形支撑。

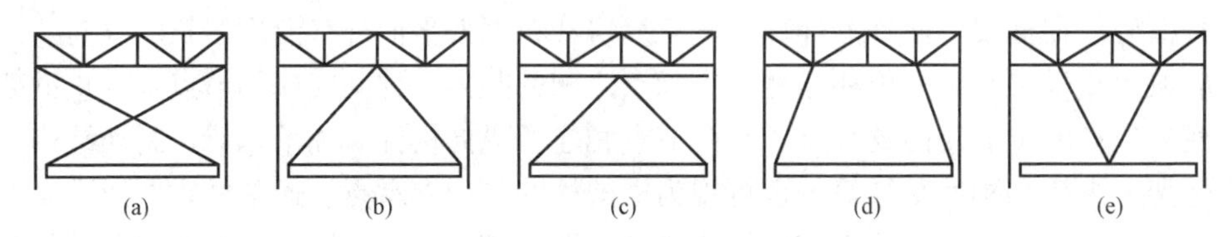

图 7 - 41　上柱支撑形式

（a）十字形；（b）人字形；（c）K 形；（d）八字形；（e）V 形

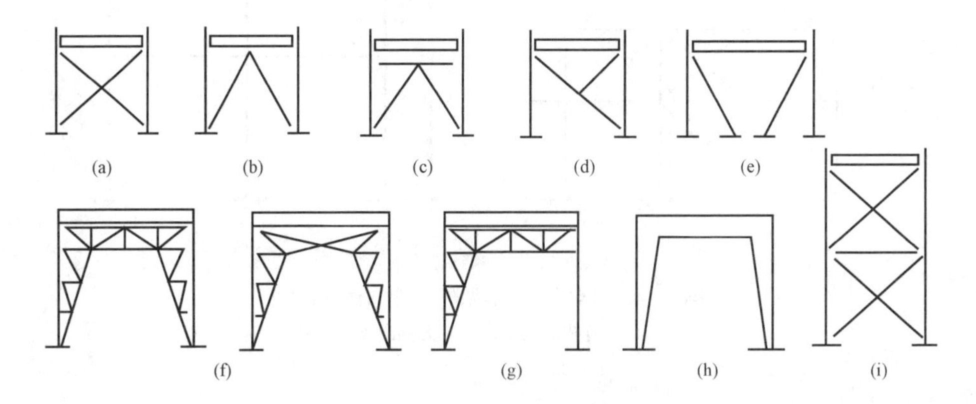

图 7 - 42　下柱支撑形式

（a）单层十字形；（b）人字形；（c）K 形；（d）Y 形；（e）单斜杆形；（f）门形；（g）L 形；（h）刚架形；（i）双层十字形

柱间支撑的截面及连接由计算确定，承受主要荷载有房屋两端或一端（房屋设有中间伸缩缝）的山墙及天窗架端壁传来的纵向风荷载，吊车纵向刹车力（按≤两台吊车计算），纵向地震作用设计值按《建筑抗震设计规范》（GB 50011）确定，不与其他荷载效应组合。柱间支撑内力根据该柱列所受纵向荷载按支承于柱脚基础上的竖向悬臂桁架计算，应考虑支撑系统受力方向的可变性，验算构件的强度和稳定性。支撑的连接可采用焊接或高强螺栓连接。为防止支撑成为吊车梁的中间竖向支点，人字形和八字形类的支撑与吊车梁（或制动结构，辅助桁架）的连接应采用弹簧板连接，仅传递水平力，而不传递竖向力。

三、节点设计

1. 桁架与柱刚结节点设计

屋架与柱采用刚性连接时，常用端板和螺栓连接，如图 7 - 43 所示。上弦节点在负弯矩作用时，由螺栓承受拉力和剪力；正弯矩作用时，压力由端板承压传递（可不作计算），竖向分力由螺栓抗剪承受。下弦节点要将下弦端节间和支座斜杆内力的合力传给柱，通常采用端板下伸与柱上承托刨平顶紧承受合力的竖向分力，水平分力由螺栓承受。若不设承托，螺栓群按水平分力和竖向分力联合作用计算。

承托常用 25～40mm 的厚钢板或 14～16mm 厚的大号角钢。有下降式支座斜杆的屋架，其与柱的刚性连接可仿照上述有上升式支座斜杆的屋架，即连接于柱的侧面，也可将屋架的上弦支座节点直接放在柱顶之上（图 7 - 44），安装方便且稳固。

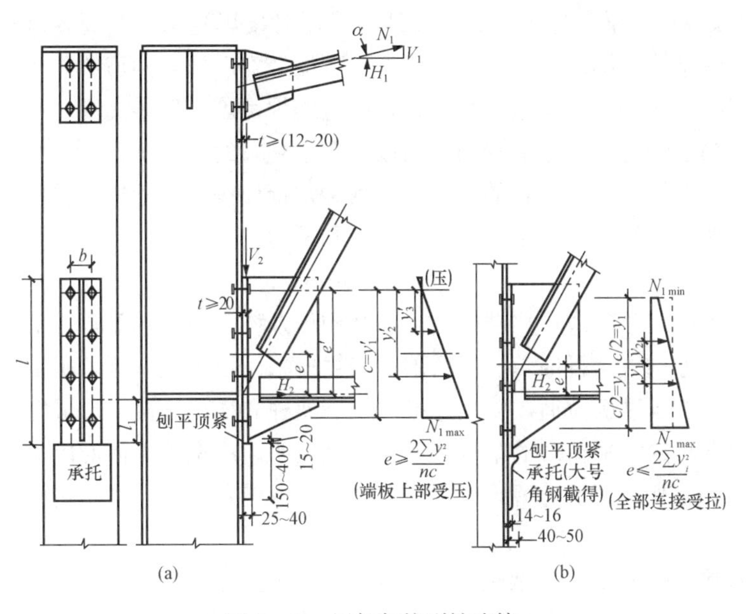

图 7 - 43 屋架与柱刚性连接

（a）屋架与柱刚性连接；（b）角钢承托节点

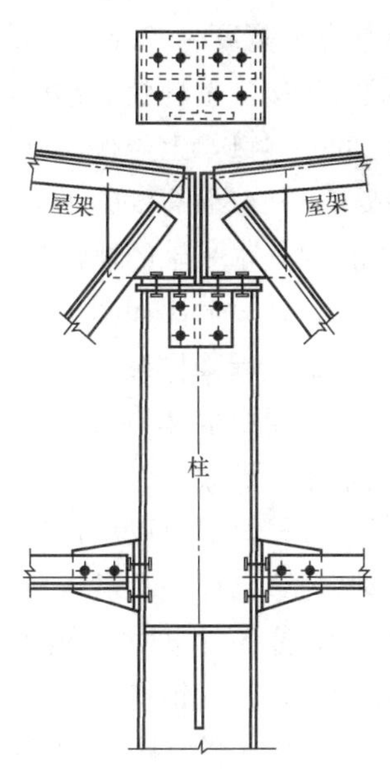

图 7 - 44 下降式屋架与柱刚性连接

2. 肩梁的构造和计算

阶形柱在支承吊车处采用肩梁把上、下柱连接在一起，并承受吊车梁支反力。肩梁通常由上盖板、下盖板、腹板及垫板组成。根据腹板的数量肩梁分为有单壁式和双壁式两种，如图 7 - 45 所示。

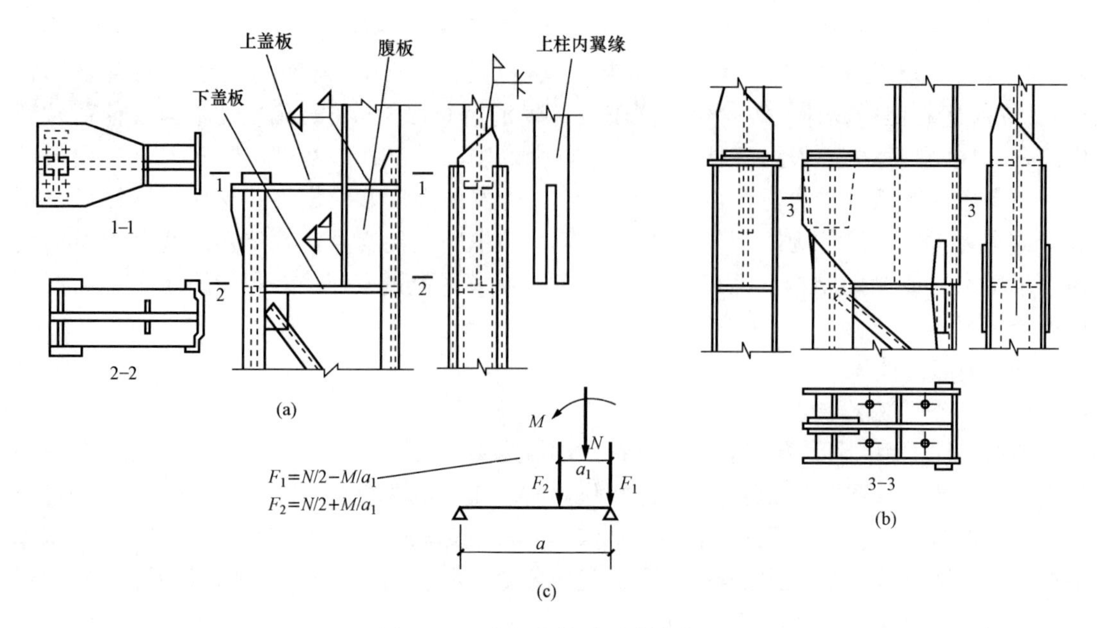

图 7-45 肩梁的构造和计算简图

（a）单壁式肩梁；（b）双壁式肩梁；（c）肩梁的计算简图

单壁式肩梁构造简单，上柱内翼缘应开槽口插入肩梁腹板，用角焊缝连接。大型厂房柱（柱截面宽度≥900mm）常采用双壁式肩梁，外排柱的上柱外翼缘用对接焊缝与下柱屋盖肢腹板拼接，上柱腹板常用角焊缝焊于该范围的上盖板上，将上柱下端加宽后插入两肩梁腹板之间并焊接，上盖板与单壁式肩梁的相同，不要做成封闭式，以免施焊困难。肩梁高度一般取为下柱截面高度的 1/3 左右。为了保证对上柱的嵌固作用以及上下柱段的整体工作，肩梁截面对其水平轴的惯性矩应不小于上柱截面对强轴的惯性矩。肩梁常近似按简支梁进行强度计算，计算简图如图 7-45（c）所示，M、N 为上柱根部的弯矩和轴力。

四、墙架体系

承受由墙体传来的荷载，并传递到基础或厂房框架柱上的结构体系称为墙架体系，一般由横梁、墙架柱、抗风桁架和支撑等构成。目前单层厂房围护墙主要采用压型钢（铝）板等轻型板材，墙可以从顶到基脚用一块压型板拉通，采用连接件与墙架柱和横梁连接，形成能够传递竖向荷载和沿压型板平面方向的水平荷载的结构体系。研究表明，压型板墙体面内刚度大，能传递纵横方向的面内剪力，利用其抗剪薄膜作用（应力蒙皮效应）能使厂房结构体系简化，节约钢材。

当厂房的柱距≥12m 时，通常在柱间设置墙架柱，轻型材料墙体还需再设置墙架横梁，横梁间距根据墙皮材料的尺寸和强度确定。为了减少横梁在竖向荷载下的计算跨度，可在横梁间设置拉条（图 7-46）。

山墙的墙架体系如图 7-47 所示，柱间距宜与纵墙的间距相同，使外墙围护构件尺寸统一。当山墙下部设有大门窗洞口时，应设置加强横梁或桁架。山墙的墙架柱上端宜尽量使其支承于屋架横向支撑节点上。当墙架柱位置与横向支撑节点不重合时，应设置分布梁，把水平荷载传至支撑节点处。在墙架柱之间还可设置柱间支撑，以增强山墙的刚度。

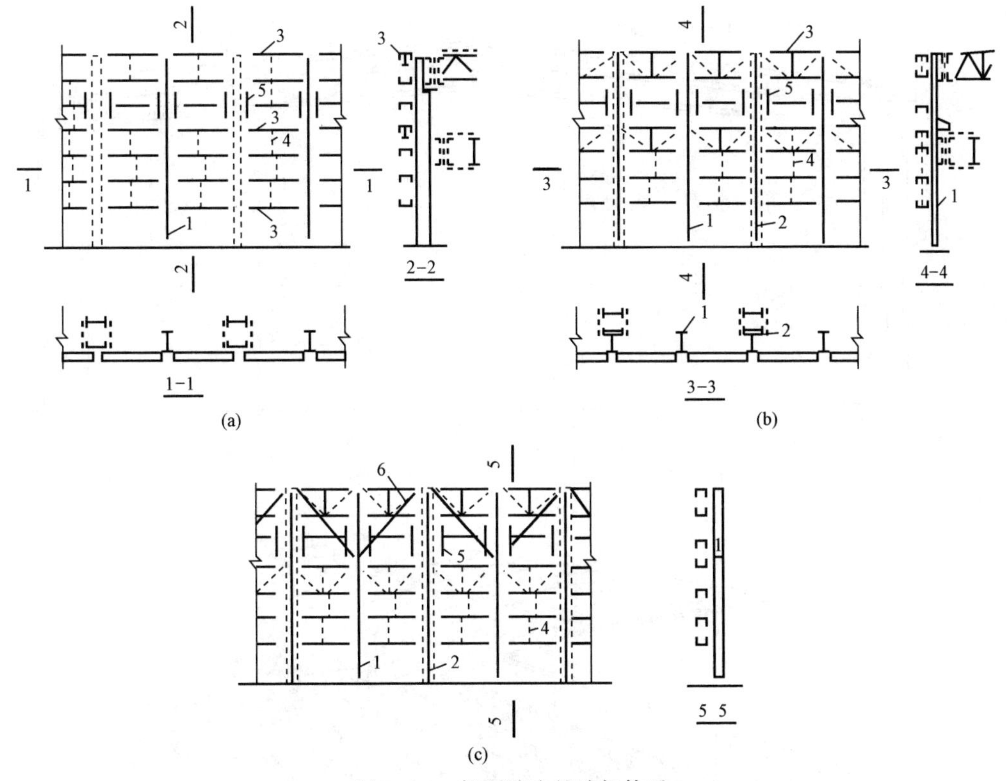

图 7-46　轻型墙皮的墙架体系

（a）无斜拉条墙架；（b）有斜拉条墙架；（c）有斜拉杆墙架

1—墙架柱；2—框架柱；3—墙架横梁；4—拉条；5—窗镶边构件；6—斜拉杆

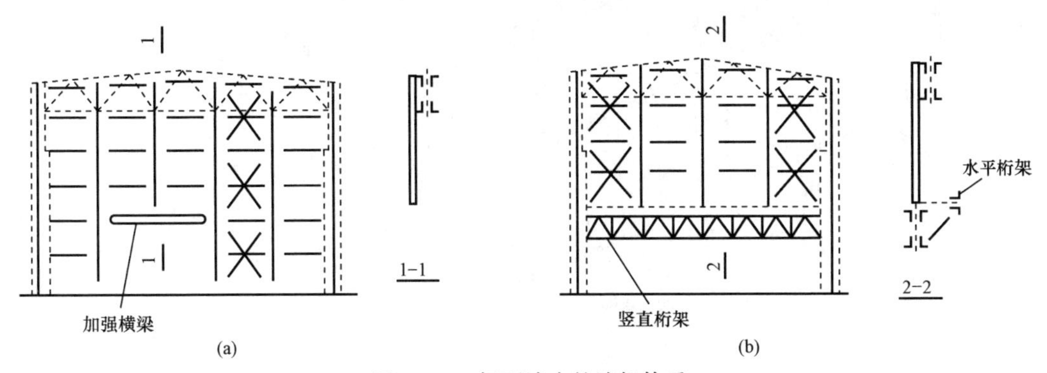

图 7-47　轻型墙皮的墙架体系

（a）加强横梁；（b）加强桁架

第三节　门式刚架轻型房屋钢结构设计

一、门式刚架轻型房屋钢结构的特点和应用

1. 门式刚架轻型房屋钢结构的组成

门式刚架轻型房屋钢结构是指承重结构采用变截面或等截面实腹刚架，围护系统采用轻型钢屋面和轻型外墙的单层房屋，组成如图 7-48 所示。

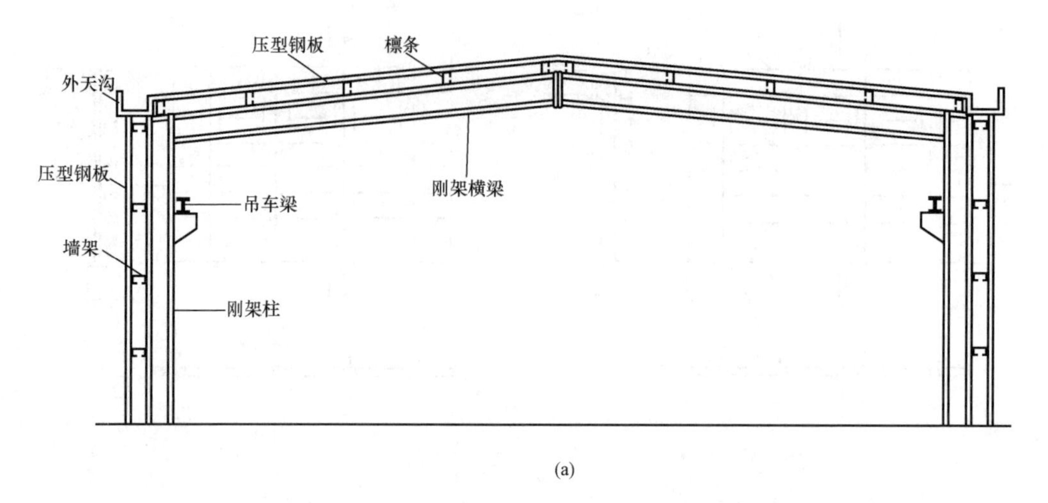

(a)

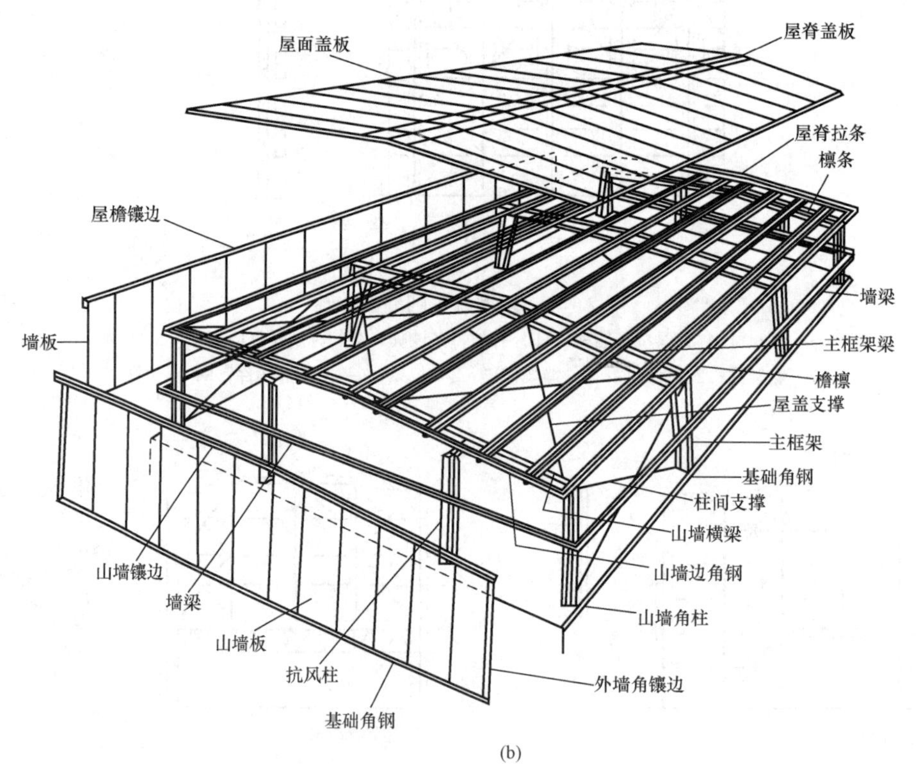

(b)

图 7-48 门式刚架轻型房屋钢结构

(a) 横向剖面图；(b) 门式刚架房屋的组成

2. 门式刚架轻型房屋钢结构的特点

(1) 结构自重轻，基础造价低。门式刚架通常采用轻型围护结构，构件截面尺寸较小，节省建筑空间；构件可根据内力变化而变化截面；构件可利用腹板屈曲后强度进行设计；刚架跨度中部可设上下铰接的摇摆柱，减小横梁的跨度；刚架横梁负弯矩作用区段可布置隅撑，提供侧向支承；支撑轻便，可直接或用水平节点板连接在腹板上，也可采用圆钢拉杆。上述因素使得门式刚架结构自重轻，自重约为同等结构条件下钢筋混凝土结构的 1/20～1/30。通常柱脚铰接，不传递弯矩，传给基础的竖向荷载也小，可采用浅基础，基础费用低，地基承载力较低时更为有利。

（2）外形简洁、美观。门式刚架的框架梁、柱等外露结构，可采用变截面楔形构件，外形轻巧美观。可根据通风、采光的需要设置天窗、通风屋脊和采光带，内外墙面采用彩色压型钢板，颜色丰富多彩，线条规则，建筑造型简洁、美观。

（3）抗震性能好。门式刚架房屋自重轻，水平地震作用小，抗震设防烈度≤7度时，一般不需作抗震验算，特别适宜用于地震区。竖向荷载通常是设计的控制荷载，但当风荷载较大或房屋较高时，风荷载的作用不应忽视。

（4）建造速度快，装拆方便。门式刚架房屋，装配化程度很高，全部构件在工厂制造，施工现场装配。安装可全部采用高强度螺栓连接，方便快速，土建施工量小。采用螺栓连接，拆卸方便，有利于厂房的扩建、改建或拆迁。

（5）柱网布置灵活。以压型金属板作围护材料，柱网布置不受模数限值，柱距主要根据使用要求和经济性来确定。

（6）防腐、运输和安装要求高。构件的板件较薄，构件在外力撞击下易产生局部变形，锈蚀对构件的影响大。运输和安装时应采取保护措施，不宜用于有强侵蚀介质的环境。焊接构件和冷成形构件的板厚度应分别≥3mm 和 1.5mm，屋面及墙面外板和内板的基板厚度应分别≥0.45mm 和 0.35mm。

3. 适用范围

门式刚架的适用范围很广，通常用于仓库、商业建筑、娱乐体育场馆、候车室、展览厅、活动房屋、加层建筑、无桥式吊车或设有起重量≤20t 的 A1～A5 工作级别桥式吊车或 3t 悬挂吊车的单层工业房屋，当有需要并采取可靠技术措施时，悬挂吊车的起重量可达 5t。

二、门式刚架的结构形式与布置

1. 门式刚架的结构形式

在单层房屋钢结构中，常用单跨、双跨或多跨的单、双坡门式刚架，如图 7-49 所示。门式刚架按构件体系可分为实腹式与格构式；按结构选材可分为普通型钢、薄壁型钢和钢管刚架等；按截面形式可分为等截面和变截面刚架，构件按弯矩变化改变截面可以节约钢材，但在构造连接及加工制造方面不如等截面方便。门式刚架的梁、柱常采用实腹焊接工字形截面或轧制 H 形截面。设有桥式吊车时，柱宜采用等截面构件。变截面构件通常改变腹板的高度，做成楔形，也可以改变腹板厚度。结构构件在运输单元内一般不改变翼缘截面，邻接的运输单元可采用不同的翼缘截面。

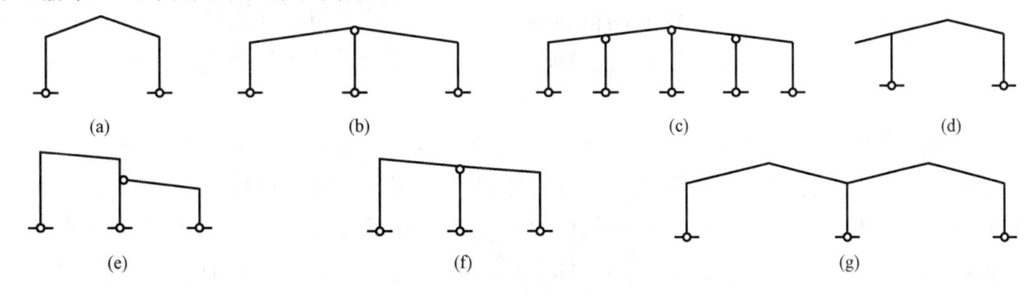

图 7-49　门式刚架的形式

（a）单跨双坡；（b）双跨双坡；（c）四跨双坡；（d）单跨双坡带挑檐；（e）双跨单坡（毗屋）；（f）双跨单坡；（g）双跨四坡

门式刚架的横梁与柱刚接，柱脚多设计为铰接，通常为平板支座，设一对或两对地脚螺栓。当厂房有5t以上桥式吊车时，或当水平荷载较大，檐口标高较高或刚度要求较高时，宜将柱脚设计为刚接。当未设置柱间支撑时，柱脚应设计成刚接，柱应按双向受力进行设计计算。

门式刚架房屋的屋盖宜采用压型钢板屋面板和冷弯薄壁型钢檩条。檩条布置，应考虑天窗、通风屋脊、采光带、屋面材料、檩条供货规格等因素的影响。屋面压型钢板厚度和檩条间距应按计算确定。屋面坡度宜取1/8～1/20，雨水较多地区取较大值。

外墙宜采用冷弯薄壁型钢墙梁和压型钢板墙面板，墙梁宜布置在刚架柱的外侧，墙梁间距与墙板的承载力、基本风压和房屋高度等有关，由计算确定。在门、窗框上端、窗台、檐口及室内地面处均应设置墙梁。外墙也可以采用砌体或采用底部为砌体，上部为轻质材料墙体。

2. 结构布置

（1）刚架结构布置。柱轴线取通过柱下端（较小端）中心的竖向轴线，斜梁的轴线可取通过变截面梁段最小端中心与斜梁上表面平行的轴线。门式刚架跨度取横向刚架柱轴线的间距，宜采用12～48m，我国已建成有跨度达72m单跨门式刚架。高度取室外地面至柱轴线与斜梁轴线交点的高度，檐口高度取室外地面至房屋外侧檩条上缘的高度，最大高度取室外地面至屋盖顶部檩条上缘的高度，房屋宽度和长度分别取房屋侧墙的墙梁外皮和两端山墙的墙梁外皮之间距离。当边柱宽度不等时，柱外侧应平齐。柱距宜采用6～9m。

柱网布置应根据满足使用要求和经济性来确定合理跨度和柱距。门式刚架房屋钢结构的纵向和横向温度区段长度应≤300m和≤150m。当有计算依据时，温度区段可适当放大。当需要设置伸缩缝时，可在搭接檩条的螺栓连接处采用长圆孔并使该处屋面板在构造上允许胀缩，或者设置双柱。吊车梁与柱的连接处宜采用长圆孔。

山墙可设置由斜梁、抗风柱、墙梁及其支撑组成的山墙墙架，或采用门式刚架。抗风柱的布置应与屋面横向水平支撑的节点位置相结合。

（2）门式刚架支撑设计。

1）门式刚架支撑的作用与设置原则。当门式刚架只靠屋面构件、吊车梁和墙梁等纵向构件相连时，结构的整体刚度较弱，在水平荷载作用下沿结构的纵向往往会产生较大的变形，影响结构正常使用，甚至破坏。为了保证结构在纵向几何性能和梁柱构件在刚架平面外的稳定性，必须在每个温度区段或分期建设的区段中，设置能构成空间稳定结构的支撑体系。通常支撑与相邻两刚架的连接采用铰接连接，支撑点可作为梁柱构件平面外的侧向支承点（图7-50）。门式刚架的支撑主要有屋面横向水平支撑及系杆、柱间支撑和水平系杆、隅撑等。

屋面横向水平支撑一般设置在框架梁的上翼缘平面，形成由框架梁上翼缘作为弦杆，檩条和交叉斜杆作为腹杆组成的水平桁架，通过系杆（或檩条）将不设横向水平支撑的框架梁连接起来，使屋盖形成一个整体。屋面横向水平支撑能减小框架梁上翼缘的侧向计算长度，提高框架梁的稳定性，增强屋盖结构的整体刚度和有效地传递由山墙传来的风荷载及屋盖处的地震作用。

在框架梁下翼缘受压区段内的每根檩条处和框架柱中靠近柱上端内翼缘压应力较大的区段，均应设置隅撑（图7-51），作为框架梁和柱的受压翼缘侧向支承，保证刚架斜梁和柱内

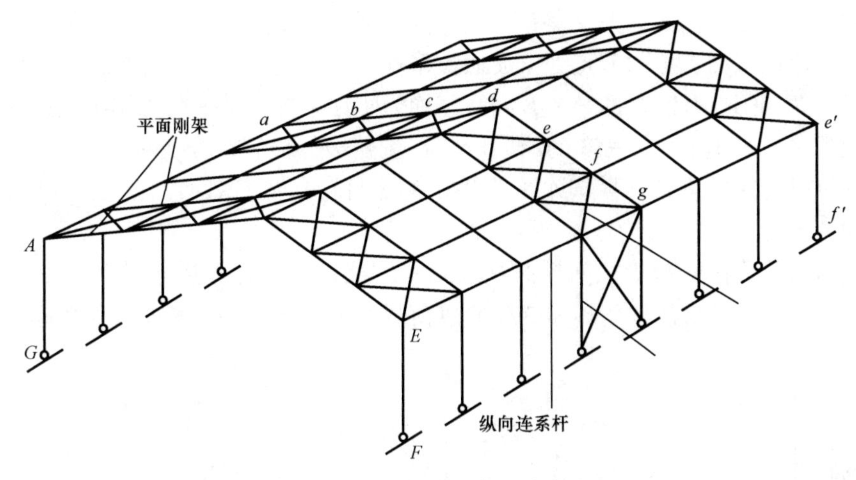

图 7-50 门式刚架的支撑

翼缘平面外的整体稳定性，加强门式刚架的空间刚度。在檐口位置，刚架斜梁与柱内翼缘交点附近的檩条和墙梁处，应各设一道隅撑。隅撑可采用单角钢制作，用单个螺栓连接在刚架构件下（内）翼缘上或附近（距翼缘≤100mm）的腹板上，另一端则与檩条或墙梁腹板采用单个螺栓连接。隅撑与框架梁或柱腹板的夹角不宜小于 45°。

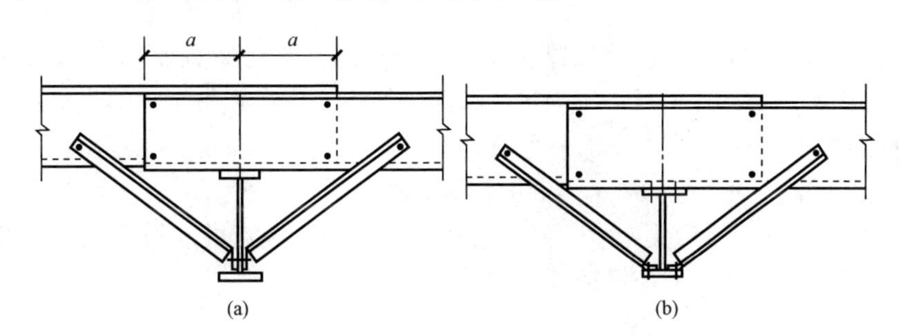

图 7-51 隅撑的连接

（a）与腹板相连；（b）与翼缘相连

隅撑按轴心受压的支撑杆来设计，轴向压力按下式计算，当隅撑成对布置时，每根隅撑的计算轴力可取计算值的 1/2。

$$N = \frac{A_{\mathrm{f}} f}{(60\cos\theta)} \tag{7-24}$$

式中 A_{f}——梁被撑翼缘的截面积；

θ——隅撑与檩条轴线的夹角。

柱间支撑设置在纵向柱列轴线位置。柱间支撑的作用是承受和传递房屋的纵向水平风荷载、吊车纵向水平制动力和纵向水平地震作用，减小柱子的侧向计算长度和保证房屋的纵向刚度和整体刚度。

2）支撑结构布置和计算。

①屋面支撑及系杆。屋面支撑形式可选用圆钢或钢索交叉支撑，通过两端螺帽或中间花篮螺栓使保证其张紧状态，与梁柱腹板连接如图 7-52 所示。当斜梁承受悬挂吊车荷载时，屋面横向支撑应选用型钢交叉支撑。屋面横向交叉支撑节点布置应与抗风柱相对应，应在屋

面梁转折处布置节点。横向水平支撑宜设置在温度区段两端第一或第二个开间和设置柱间支撑的开间，在横向水平支撑的节点处应设通长系杆，其中屋脊和檐口处系杆及当横向支撑布置在温度区段两端第二开间时的第一开间系杆均为刚性系杆，其他可采用柔性系杆。设有带驾驶室且起重量大于 15t 桥式吊车的跨间，应在屋盖边缘设置纵向支撑；在有抽柱的柱列，沿托架长度应设置纵向支撑。横向水平支撑中的竖杆应按压杆设计，檩条可以兼作刚性系杆，但必须满足受力要求。

屋面横向支撑应按支承于柱间支撑柱顶水平桁架设计。计算屋面横向水平支撑的内力时，应考虑由房屋两端抗风柱所传递的纵向风荷载及因阻止框架梁侧向失稳而起支撑作用所应承受的内力。

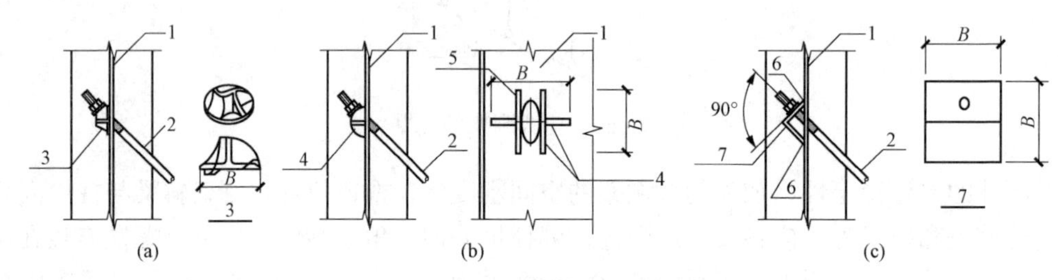

图 7-52 屋面圆钢支撑的连接

(a) 弧形垫块；(b) 弧形垫板；(c) 角钢垫块

②柱间支撑和水平系杆。柱间支撑应设在侧墙柱列，当房屋宽度大于 60m 时，在内柱列宜设置柱间支撑。当有吊车时，每个吊车跨两侧柱列均应设置吊车柱间支撑。无吊车时柱间支撑间距宜取 30～45m；有吊车时柱间支撑宜设在温度区段中部，当温度区段较长时宜设在三分点处，且间距宜不大于 50m。当房屋高度大于柱间距 2 倍时，柱间支撑应分层设置（图 7-53）。当沿柱高有质量集中点、吊车牛腿或低屋面连接点处应设置相应支撑点。在柱间支撑的节点处，沿纵向柱列应设通长的刚性水平系杆。

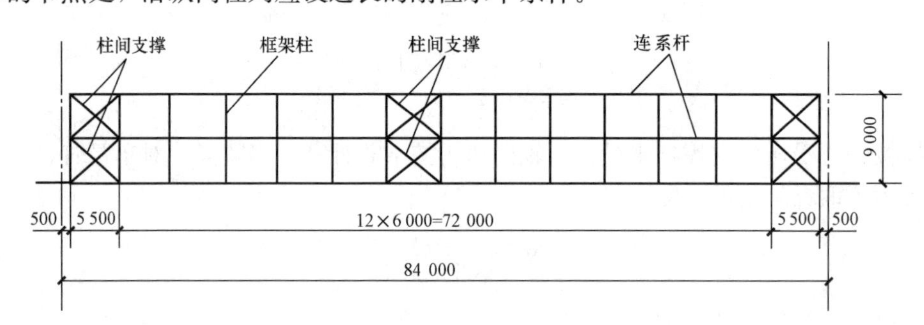

图 7-53 柱间支撑布置

柱间支撑的计算简图可按支承于柱脚基础上的悬臂桁架计算（图 7-54），内力计算时应考虑由横向水平支撑传来的纵向风荷载和为了减小柱的侧向计算长度而起支撑作用所承受的力。当厂房内设置吊车时，应计入吊车纵向制动力。当同一柱列有多道柱间支撑时，纵向水平组合荷载可近似考虑由各道柱间支撑平均承受。交叉支撑通常按拉杆设计［图 7-54 (b)］，可采用圆钢，在两端采取保证圆钢拉紧的构造措施（图 7-55）。水平系杆按压杆设计，常采用钢管或角钢。为了加强门式刚架轻型钢结构厂房的纵向刚度，柱间交叉支撑有时也可按压杆设计［图 7-54 (a)］。

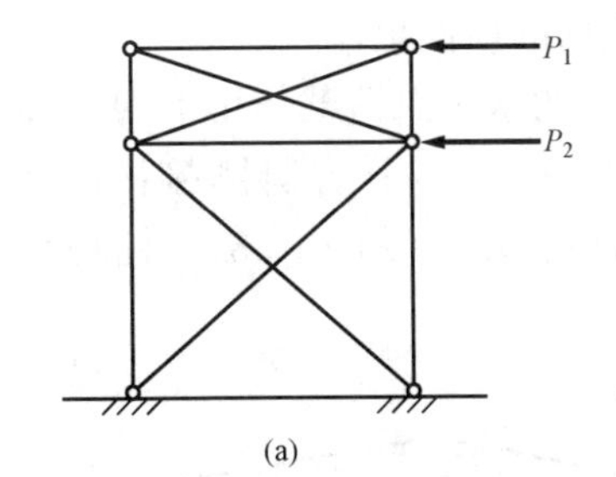

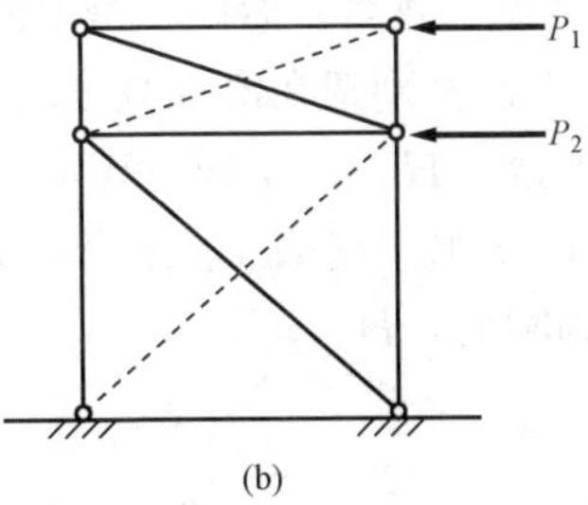

图 7-54　柱间支撑计算简图

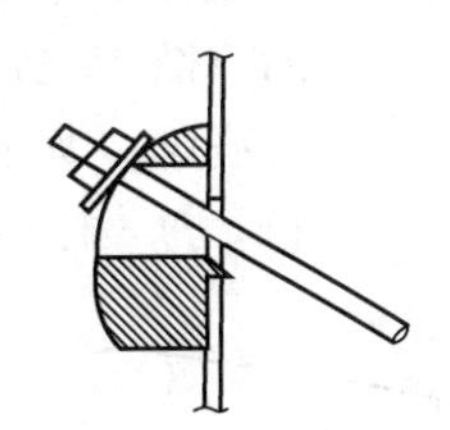

图 7-55　柱间圆钢支撑的连接

3. 门式刚架设计

(1) 荷载计算。

(2) 内力与侧移计算。

1) 变截面门式刚架内力计算。变截面门式刚架有可能在几个截面同时或接近同时出现塑性铰，不宜利用塑性铰出现后的应力重分布；刚架构件的腹板通常较薄，截面发展塑性的潜力不大，故应采用弹性分析方法按平面结构进行内力分析。

门式刚架采用有限元程序内力分析时，宜将构件分为若干段，每段可视为等截面，也可采用楔形单元。手算时可按一般结构力学方法或利用静力计算公式、图表进行计算。

2) 变截面门式刚架侧移计算。

①单跨刚架（图 7-56）。柱顶侧移可采用弹性分析方法计算。当单跨变截面刚架横梁上缘坡度不大于 1∶5 时，在柱顶水平力作用下的侧移 u，可按下列公式计算

柱脚铰接刚架
$$u=\frac{Hh^3}{12EI_c}(2+\xi_t) \tag{7-25a}$$

柱脚刚接刚架
$$u=\frac{Hh^3}{12EI_c}\frac{3+2\xi_t}{6+2\xi_t} \tag{7-25b}$$

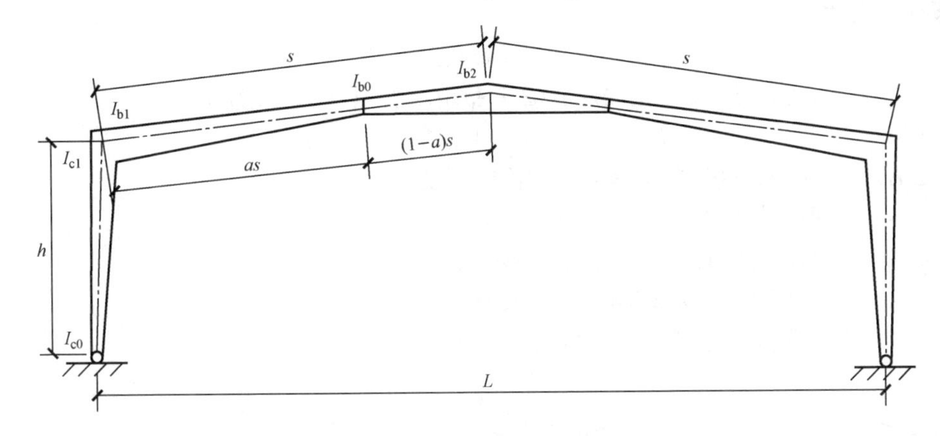

图 7-56　变截面刚架的几何尺寸

式中　ξ_t——刚架柱与刚架梁的线刚度比值，$\xi_t=I_cL/(hI_b)$；

h、L——刚架柱高度和刚架跨度；当坡度＞1∶10 时，L 应取横梁沿坡折线的总长度 $2s$；

I_c、I_b——柱和横梁的平均惯性矩，对于楔形构件：$I_c=(I_{c0}+I_{c1})/2$，I_{c0} 和 I_{c1} 分别为柱小头和大头的惯性矩；对于双楔形横梁：$I_b=[I_{b0}+\alpha I_{b1}+(1-\alpha)I_{b2}]/2$，$I_{b0}$、

I_{b1}和I_{b2}分别为楔形横梁最小截面、檐口和跨中截面的惯性矩；

H——刚架柱顶等效水平力。当计算刚架在沿柱高度均布的水平风荷载作用下的侧移时（图7-57），柱脚铰接：$H=0.67W$，$W=(w_1+w_4)h$；柱脚刚接：$H=0.45W$。当计算刚架在吊车水平荷载P_c作用下的侧移时（图7-58），柱脚铰接：$H=1.15\eta P_c$；柱脚刚接：$H=\eta P_c$。

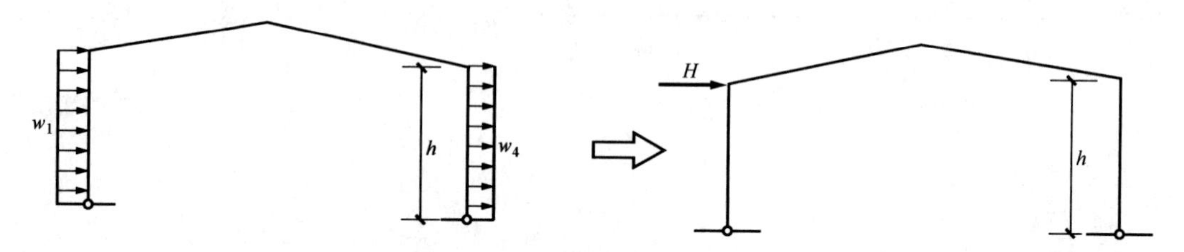

图7-57 刚架在均布风荷载作用下柱顶的等效水平力

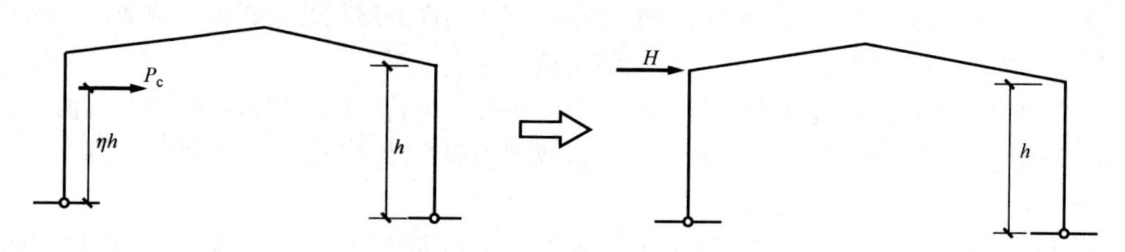

图7-58 刚架在吊车水平荷载作用下柱顶的等效水平力

②两跨和多跨刚架。中间柱为摇摆柱的两跨刚架，柱顶侧移可采用式（7-25）计算，但计算ξ_t时，应以$2s$代替L（图7-59）。当中间柱与横梁刚性连接时，可将多跨刚架视为多个单跨刚架的组合体（每个中柱分为两半，惯性矩各为$I/2$），刚架在柱顶水平荷载作用下的侧移按下式计算：

$$u=H/\sum K_i \tag{7-26}$$

$$K_i=12EI_{ei}/[h_i^3(2+\xi_{ti})],\quad \xi_{ti}=I_{ei}l_i/(h_iI_{bi})$$

$$I_{ei}=(I_l+I_r)/4+I_lI_r/(I_l+I_r)$$

式中 $\sum K_i$——柱脚铰接时各单跨刚架的侧向刚度之和；

h_i——所计算跨两柱的平均高度；

l_i——与所计算柱相连接的单跨刚架梁的长度；

I_{ei}——两柱惯性矩不相同时的等效惯性矩；

I_l、I_r——分别为左、右两柱的惯性矩（图7-60）。

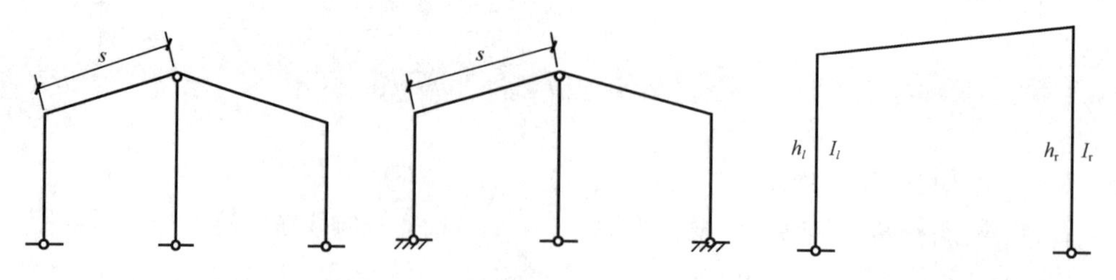

图7-59 有摇摆柱的两跨刚架

图7-60 左右两柱的惯性矩

③等截面门式刚架。等截面门式刚架可采用弹性设计法或塑性设计法。弹性设计可采用上述公式进行内力分析。塑性设计法基于钢材具有良好的塑性性能，当荷载逐渐增大时，在刚架最大弯矩截面会出现塑性铰，随着荷载继续增大，塑性铰处发生转动，但弯矩值不增大，荷载的增长部分由结构其他截面的弯矩增长来保持平衡。结构塑性铰依次出现，每出现一个塑性铰就相当于形成一个构造铰，结构的超静定次数就降低一次。所以对 n 次超静定结构来说，当依次形成 $n+1$ 个塑性铰后，结构就变成破坏机构，就达到承载能力的极限状态。塑性设计能较好地反映结构的实际工作情况，比弹性设计可节省钢材约 10%～20%。结构塑性分析在于确定在一定荷载作用下塑性铰的位置和塑性弯矩值。塑性分析不能采用将各种荷载作用下的内力图相叠加的方法进行计算，应按各种可能的荷载组合分别进行内力分析，找出它们的破坏机构和相应的塑性弯矩值，从中取其最小值。

三、构件截面设计

1. 变截面刚架构件计算

实腹式斜梁应按压弯构件计算在刚架平面内强度和在平面外稳定性。

（1）板件最大宽厚比和屈曲后强度利用。工字形截面构件受压翼缘自由外伸宽度 b 与其厚度 t 之比应满足

$$b/t \leqslant 15\varepsilon_k \tag{7-27}$$

工字形截面梁、柱腹板的计算高度 h_0 与其厚度 t_w 之比应满足：

$$h_0/t_w \leqslant 250\varepsilon_k \tag{7-28}$$

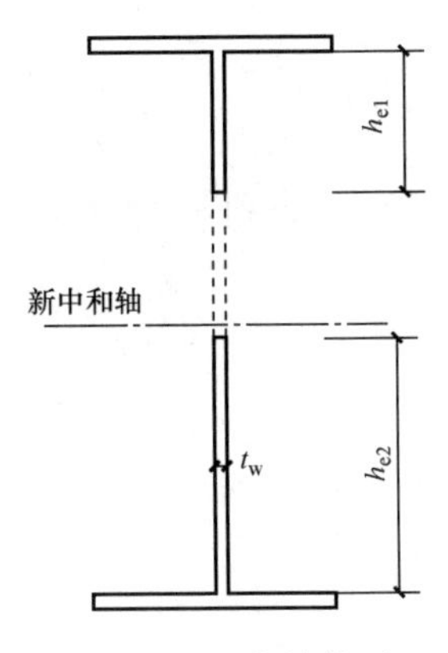

图 7-61　有效截面

焊接工字形截面受弯构件中腹板以受剪为主，翼缘以抗弯为主。增大腹板的高度，可更好地发挥翼缘的抗弯能力。但若在增大腹板高度的同时，根据局部稳定要求增大腹板的厚度，通常并不经济，利用腹板的屈曲后强度是合理的，此时应按有效宽度计算截面特性（图 7-61）。有效宽度应取

$$h_e = \rho h_c \tag{7-29}$$

$$\rho = 1/[(0.243 + \lambda_p^{1.25})^{0.9}] \tag{7-30}$$

$$\lambda_p = h_0/(28.1 t_w \sqrt{k_\sigma}\varepsilon_k) \tag{7-31}$$

$$k_\sigma = 16/[\sqrt{(1+\beta)^2 + 0.112(1-\beta)^2} + (1+\beta)] \tag{7-32}$$

式中　h_c——腹板受压区宽度；

ρ——有效宽度系数，$\rho \leqslant 1.0$ 时按式（7-30）计算；

λ_p——与板件受弯、受压有关的参数，按下式计算，当 $\sigma_1 < f$ 时，计算 λ_p 可用 $\gamma_R \sigma_1$ 代替式（7-31）中的 f_y，抗力分项系数 γ_R 对 Q235 和 Q355 钢取 1.1；

β——截面边缘正应力比值（图 7-61），$|\sigma_2| \leqslant |\sigma_1|$，$\beta = \sigma_2/\sigma_1$；

k_σ——杆件在正应力作用下的凸曲系数。

腹板有效宽度应按下列规则分布（图 7-62）

当截面全部受压时

$$h_{e1} = 2h_e/(5-\beta) \tag{7-33a}$$

$$h_{e2} = h_e - h_{e1} \tag{7-33b}$$

当截面部分受拉时

$$h_{e1} = 0.4h_e \tag{7-34a}$$

$$h_{e2} = 0.6h_e \tag{7-34b}$$

腹板抗剪承载力设计值 V_d 按下式计算

$$V_d = \chi_{tap}\varphi_{ps}h_{w1}t_w f_V \leqslant h_{w0}t_w f_v \tag{7-35}$$

$$\varphi_{ps} = 1/(0.51+\lambda_s^{3.2})^{1/2.6} \leqslant 1.0 \tag{7-36}$$

$$\lambda_s = h_{w1}/(37t_w\sqrt{k_\tau}\varepsilon_k) \tag{7-37}$$

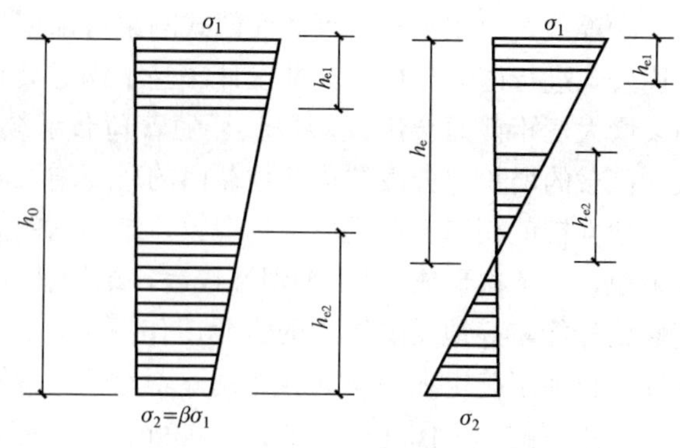

图 7-62　腹板有效宽度分布

式中　h_{w1}、h_{w0}——楔形腹板大端和小端腹板高度。

f_v——钢材抗剪强度设计值。

χ_{tap}——腹板屈曲后抗剪强度的楔率折减系数，$\chi_{tap}=1-0.35\alpha^{0.2}\gamma_p^{2/3}$。

γ_p——腹板区格的楔率，$\gamma_p=(h_{w1}/h_{w0})-1$。

α——区格的长度与高度之比，$\alpha=a/h_{w1}$。

a——加劲肋间距。

λ_s——与板件受剪有关的参数。

k_τ——受剪板件的屈曲系数；当不设横向加劲肋时，取 $k_\tau=5.34\eta_s$；设横向加劲肋时，当 $a/h_{w1}<1$ 时：$k_\tau=4+5.34(a/h_{w1})^2$；当 $a/h_{w1}\geqslant 1$ 时：$k_\tau=\eta_s[5.34+4(a/h_{w1})^2]$。

$$\eta_s = 1-\omega_1\sqrt{\gamma_p} \tag{7-38}$$

$$\omega_1 = 0.41-0.897\alpha+0.363\alpha^2-0.041\alpha^3 \tag{7-39}$$

（2）刚架构件的强度计算和加劲肋设置。工字形截面受弯构件在剪力 V 和弯矩 M 共同作用下的强度应满足下列要求

当 $V\leqslant 0.5V_d$ 时　　$M\leqslant M_e$　　(7-40a)

当 $0.5V_d<V\leqslant V_d$ 时　　$M\leqslant M_f+(M_e-M_f)[1-(2V/V_d-1)^2]$　　(7-40b)

式中　M_f——两翼缘所承担的弯矩，对双轴对称截面：$M_f=A_f(h_0+t_f)f$；

M_e——构件有效截面所承担的弯矩，$M_e=W_e f$；

W_e——构件有效截面最大受压纤维的截面模量；

A_f——构件翼缘截面面积；

h_0、t_f——计算截面的腹板高度和翼缘厚度。

工字形截面压弯构件在剪力 V、弯矩 M 和轴心压力 N 共同作用下的强度应满足下列要求：

当 $V\leqslant 0.5V_d$ 时　　$\dfrac{N}{A_e}+\dfrac{M}{W_e}\leqslant f$　　(7-41a)

当 $0.5V_d<V\leqslant V_d$ 时　　$M\leqslant M_f^N+(M_e^N-M_f^N)[1-(2V/V_d-1)^2]$　　(7-41b)

式中　M_f^N——兼承受压力 N 时两翼缘所能承受的弯矩，对双轴对称截面：$M_f^N=A_f(h_0+t_f)(f-N/A_e)$；

A_e——有效截面面积。

当考虑腹板屈曲后抗剪强度时，在与中柱连接处、较大集中荷载作用处和翼缘转折处应设置横向加劲肋，板幅长度与板幅范围内的大端截面高度比应≤3。

中间加劲肋除承受集中荷载和翼缘转折产生的压力外，还承受拉力场产生的压力 N_s

$$N_s = V - 0.9\varphi_s h_0 t_w f_v \tag{7-42}$$

$$\varphi_s = 1/\sqrt[3]{0.738 + \lambda_s^6} \tag{7-43}$$

式中　V——梁受剪承载力设计值；

φ_s——腹板剪切屈曲稳定系数，$\varphi_s \leqslant 1.0$。

当验算加劲肋稳定性时，其截面应包括每侧宽度 $15\varepsilon_k$ 范围内的腹板面积，计算长度取 h_0。小端截面应验算轴力、弯矩和剪力共同作用下的强度。

(3) 变截面柱在刚架平面内的稳定性计算。

1) 柱在刚架平面内的稳定性计算应满足

$$\frac{N_1}{\eta_t \varphi_x A_{e1}} + \frac{\beta_{mx} M_1}{(1 - N_1/N_{cr}) W_{e1}} \leqslant f \tag{7-44}$$

式中　N_{cr}——欧拉临界力，$N_{cr} = \pi^2 E A_{e1}/\lambda_1^2$；

η_t——参数，当 $\overline{\lambda}_1 \geqslant 1.2$ 时 $\eta_t = 1.0$，当 $\overline{\lambda}_1 < 1.2$ 时 $\eta_t = A_0/A_1 + (1 - A_0/A_1)\overline{\lambda}_1^2/1.44$；

N_1——大端的轴向压力设计值；

A_{e1}——大端的有效截面面积；

W_{e1}——大端的有效截面最大受压纤维的截面模量；

M_1——大端的弯矩设计值，当柱最大弯矩不出现在大头时，M_1 和 W_{e1} 分别取最大弯矩和该弯矩所在截面的有效截面模量；

β_{mx}——等效弯矩系数，有侧移刚架柱的等效弯矩系数 $\beta_{mx} = 1.0$；

λ_1、$\overline{\lambda}_1$——按大端截面计算的长细比和通用长细比，$\lambda_1 = \mu H / i_{x1}$、$\overline{\lambda}_1 = (\lambda_1/\pi)\sqrt{E/f_y}$；

H——楔形变截面柱的高度；

A_0、A_1——小端和大端截面的毛截面面积；

φ_x——杆件轴心受压稳定系数，按《钢结构设计标准》(GB 50017) 方法确定。计算长细比 λ 时，取大端的回转半径。

2) 刚架采用一阶分析时，柱的计算长度计算。门式钢架可采用一阶和二阶两种分析方法。采用一阶分析时，小端铰接的有侧移变截面门式刚架柱计算长度系数 μ 可按下式计算

$$\mu = 2(I_1/I_0)^{0.145}\sqrt{1 + 0.38/K} \tag{7-45}$$

$$K = K_z (I_1/I_0)^{0.29}/(6 i_{c1}) \tag{7-46}$$

式中　I_0、I_1——立柱小端和大端截面的惯性矩。

i_{c1}——柱的线刚度，$i_{c1} = EI_1/H$。

K_z——梁对柱子的转动约束；当梁两端与柱子刚接时，假设梁变形的反弯点出现在梁跨中，取出半跨梁，远端铰支，在近端施加弯矩 M，求出近端的转角 θ，$K_z = M/\theta$；刚架梁近端与柱子简支，$K_z = 0$。刚架梁为一段变截面（图 7-63），$K_z = 3i_1(I_0/I_1)^{0.2}$，$i_1 = EI_1/s$；刚架梁为二段变截面（图 7-64）。

$$1/K_z = 1/[3i_{11}(I_{10}/I_{11})^{0.2}] + (2s_2/s)/[6i_{11}(I_{10}/I_{11})^{0.44}] + (s_2/s)^2/[3i_{11}(I_{10}/I_{11})^{0.712}] + (s_2/s)^2/[3i_{21}(I_{20}/I_{21})^{0.712}], i_{11} = EI_{11}/s_1, i_{21} = EI_{21}/s_2, s = s_1 + s_2。$$

i_{11}、i_{21}——以第 1 段大端截面和第 2 段远端截面惯性矩计算的线刚度。

I_{10}、I_{11}、I_{20}、I_{21}——变截面梁惯性矩。

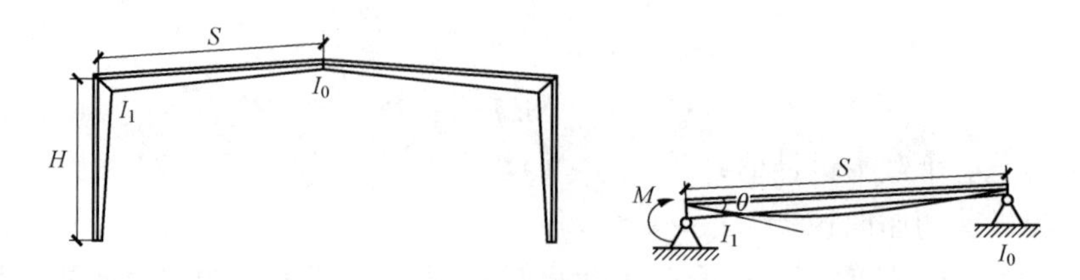

图 7-63 刚架梁为一段变截面及其转动刚度计算模型

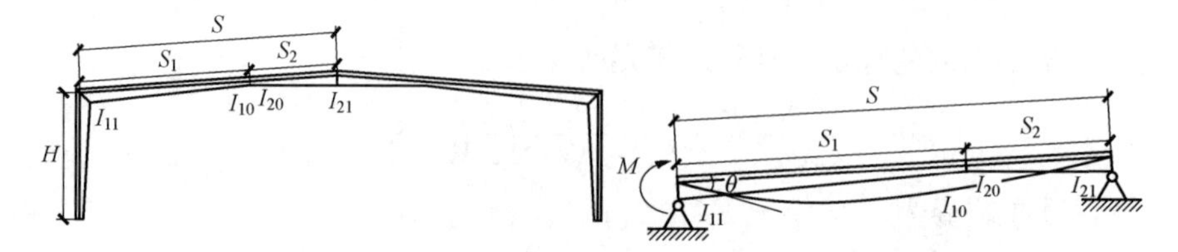

图 7-64 刚架梁为二段变截面及其转动刚度计算模型

多跨刚架的中间柱为摇摆柱时（图 7-65），摇摆柱的计算长度系数 μ 取 1.0。确定梁对刚架柱的转动约束时假设梁远端铰支在摇摆柱的柱顶，且确定的框架柱的计算长度系数应乘以放大系数 η。

$$\eta=\sqrt{1+\sum(N_j/h_j)/[1.1\sum(P_i/H_i)]} \tag{7-47}$$

$$N_j=(\sum_k N_{jk}h_{jk})/h_j, P_i=(\sum_k P_{ik}H_{ik})/H_i$$

式中 N_j、P_i——换算到柱顶的摇摆柱和框架柱的轴压力；

N_{jk}、h_{jk}——第 j 个摇摆柱上第 k 个竖向荷载和其作用的高度；

P_{ik}、H_{ik}——第 i 个柱子上第 k 个竖向荷载和其作用的高度；

h_j、H_i——第 j 个摇摆柱和第 i 个刚架柱高度。

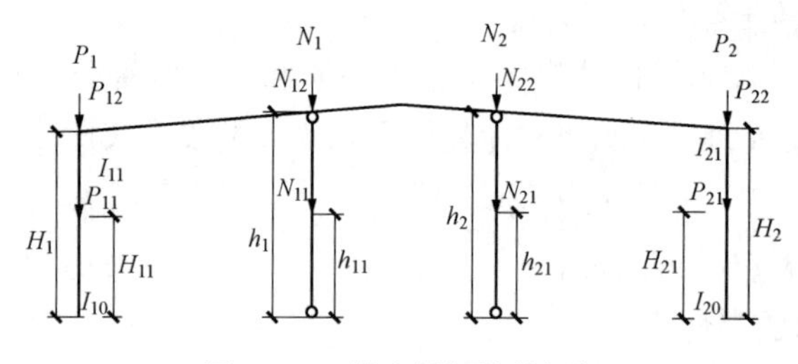

图 7-65 带有摇摆柱的框架

上述 μ 值计算适用于屋面坡度≤1：5，超过此值时应考虑横梁轴向力对柱刚度的不利影响。其他刚架组成情况见《门式刚架轻型房屋钢结构技术规范》（GB 51022）。

3）刚架采用二阶分析时，柱的计算长度计算。当采用计入竖向荷载—侧移效应（$P-u$ 效应）的二阶分析程序计算内力时，应施加假想水平荷载。假想水平荷载应取竖向荷载设计值的 0.5%，分别施加在竖向荷载的作用处。假想荷载的方向与风荷载或地震作用的方向相同。等截面单段柱的计算长度系数可取 1.0；有吊车厂房的二阶或三阶柱各柱段的计算长度系数，应按柱顶无侧移，柱顶铰接的模型确定。有夹层或高低跨，各柱段的计算长度系数可取 1.0；柱脚铰接的单段变截面柱子的计算长度系数 μ_γ 可按下列公式计算

$$\mu_r=(1+0.035\gamma)\sqrt{I_1/I_0}/(1+0.54\gamma) \tag{7-48}$$

式中 γ——变截面柱的楔率，$\gamma=(h_1/h_0)-1$；

h_0、h_1——分别为柱的小端和大端的截面高度；

I_0、I_1——分别为柱的小端和大端截面的惯性矩。

（4）变截面刚架梁的稳定性计算。实腹式刚架斜梁在刚架平面外的计算长度应取侧向支承点间的距离，当侧向支承点间的距离不等时，应取最大受压翼缘侧向支承点间的距离。

承受线性变化弯矩的楔形变截面梁段的稳定性应按下列公式计算

$$\frac{M_1}{\gamma_x \varphi_b W_{x1}} \leqslant f \tag{7-49}$$

$$\varphi_b = 1/(1-\lambda_{b0}^{2n}+\lambda_b^{2n})^{1/n},\quad \lambda_{b0} = (0.55-0.25k_{\sigma b})/(1+\gamma)^{0.2},$$

$$\lambda_b = \sqrt{\gamma_x W_{x1} f_y / M_{cr}},\quad n = 1.51\sqrt[3]{b_1/h_1}/\lambda_b^{0.1}$$

$$k_{\sigma b} = M_0 W_{x1}/(W_{x0} M_1)$$

$$M_{cr} = C_1 \frac{\pi^2 EI_y}{L^2}\left[\beta_{x\eta} + \sqrt{\beta_{x\eta}^2 + \frac{I_{\omega\eta}}{I_y}\left(1+\frac{GJ_\eta L^2}{\pi^2 EI_{\omega\eta}}\right)}\right]$$

$$C_1 = 0.46k_M^2\eta_i^{0.346} - 1.32k_M\eta_i^{0.132} + 1.86\eta_i^{0.023}$$

$$\eta = 0.55 + 0.04(1-k_{\sigma b})\sqrt[3]{\eta_i}$$

$$\beta_{x\eta} = 0.45h_0(1+\gamma\eta)(I_{yT}-I_{yB})/I_y$$

$$I_{\omega0} = I_{yT}h_{sT0}^2 + I_{yB}h_{sB0}^2,\ I_{\omega\eta} = I_{\omega0}(1+\gamma\eta)^2$$

$$J_0 = \sum_{i=1}^{n} b_i t_i^3/3,\ J_\eta = J_0 + \gamma\eta(h_0 - t_f)t_w^3/3$$

式中　φ_b——变截面梁段整体稳定系数，$\varphi_b \leqslant 1.0$；
$k_{\sigma b}$——小端与大端截面压应力的比值；
b_1、h_1——弯矩较大截面的受压翼缘宽度和上、下翼缘中面之间的距离；
h_0——小端截面上、下翼缘中面之间的距离；
W_{x1}——弯矩较大截面受压边缘的截面模量（mm^3）；
M_0、M_1——小端和大端弯矩；
M_{cr}——楔形变截面梁弹性屈曲临界弯矩；
C_1——等效弯矩系数，$C_1 \leqslant 2.75$；
I_y——变截面梁小端绕弱轴惯性矩；
k_M——较小弯矩与较大弯矩比，$k_M = M_0/M_1$；
η——参数；
η_i——惯性矩比，$\eta_i = I_{yB}/I_{yT}$；
I_{yT}、I_{yB}——弯矩最大截面受压翼缘和受拉翼缘绕弱轴的惯性矩；
$\beta_{x\eta}$——截面不对称系数；
γ——变截面梁楔率，$\gamma = (h_1 - h_0)/h_0$；
$I_{\omega0}$、$I_{\omega\eta}$——变截面梁小端截面和等效翘曲惯性矩；
h_{sT0}、h_{sB0}——小端截面上、下翼缘的中面到剪切中心的距离；
J_0、J_η——变截面梁小端截面和等效圣维南扭转常数；
b_i、t_i——组成截面的各块板件的宽度和厚度；
L——梁段平面外计算长度。

（5）变截面柱在刚架平面外的稳定性计算。

变截面柱的平面外稳定性应分段按下列公式计算

$$\frac{N_1}{\eta_{ty}\varphi_y A_{e1} f}+\left(\frac{M_1}{\varphi_b \gamma_x W_{e1} f}\right)^{1.3-0.3k_\sigma}\leqslant 1 \tag{7-50}$$

式中 N_1、M_1——所计算构件段大端截面的轴压力和弯矩；

φ_y——轴心受压构件弯矩作用平面外稳定系数，按《钢结构设计标准》(GB 50017)规定采用，计算长度取侧向支承点间距离，长细比以大端为准；

λ_{1y}——绕弱轴的长细比，$\lambda_{1y}=L/i_{y1}$；

$\bar{\lambda}_{1y}$——绕弱轴的通用长细比，$\bar{\lambda}_{1y}=(\lambda_{1y}/\pi)\sqrt{E/f_y}$；

η_{ty}——参数，当 $\bar{\lambda}_{1y}\geqslant 1.3$ 时，$\eta_{ty}=1.0$，当 $\bar{\lambda}_{1y}<1.3$ 时，$\eta_{ty}=A_0/A_1+(1-A_0/A_1)\bar{\lambda}_{1y}^2/1.69$；

φ_b——稳定系数，计算同式（7-49）。

当斜梁上翼缘承受集中荷载处不设横向加劲肋时，除应按《钢结构设计标准》(GB 50017)的规定验算腹板上边缘正应力、剪应力和局部压应力共同作用时的折算应力外，尚应满足下列要求

$$F\leqslant 15\alpha_m t_w^2 f\sqrt{t_f/t_w}\varepsilon_k \tag{7-51}$$

式中 F——上翼缘所受的集中荷载；

t_f、t_w——分别为斜梁翼缘和腹板的厚度；

α_m——参数，$\alpha_m=1.5-M/(W_e/f)$，且 $\alpha_m\leqslant 1.0$，在斜梁负弯矩区取零；

M——集中荷载作用处的弯矩。

2. 等截面刚架构件计算

构件可采用焊接工字形截面和热轧 H 型钢等。等截面刚架按弹性设计时，可按上述变截面刚架的规定进行设计。等截面刚架按塑性设计时，其构件按《钢结构设计标准》(GB 50017)中塑性设计的规定进行设计。

四、节点设计

节点设计应传力简捷，延性较好，应力集中和约束应力小，便于加工和安装。

1. 斜梁与柱连接和拼接节点

门式刚架横梁与立柱连接节点，可采用端板竖放、平放和斜放三种形式（图 7-66）。斜梁与刚架柱连接节点的受拉侧，宜采用端板外伸式，与斜梁端板连接的柱的翼缘部位应与端板等厚；斜梁拼接时宜使端板与构件外边缘垂直［图 7-66 (d)］，应采用外伸式连接，并使翼缘内外螺栓群中心与翼缘中心重合或接近。连接节点处的三角形短加劲板长边与短边之比宜大于 1.5∶1.0，不满足时可增加板厚。端板螺栓宜成对布置，受压翼缘的螺栓不宜少于两排。

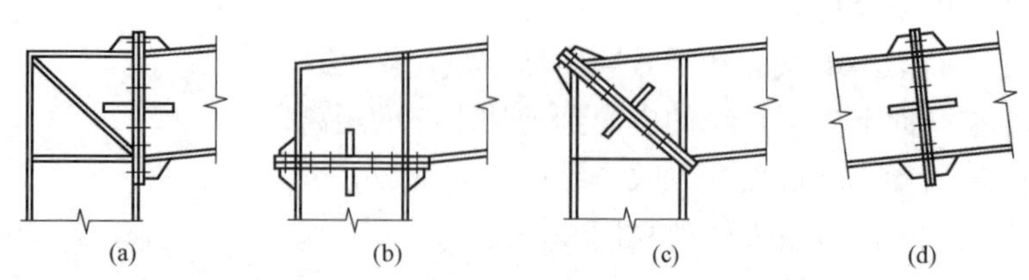

图 7-66 刚架横梁与柱的连接和斜梁拼接节点

(a) 端板竖放；(b) 端板平放；(c) 端板斜放；(d) 斜梁拼接

端板连接节点设计包括连接螺栓设计、端板厚度确定、节点域剪应力验算、端板螺栓处构件腹板强度、端板连接刚度验算。端板连接应按所受最大内力与按能够承受不小于较小被连接截面承载力的一半设计，并取两者的大值。端板的厚度应根据支承条件（图 7-67）按下列公式计算，但不宜小于 16mm 及高强度螺栓直径的 0.8 倍。

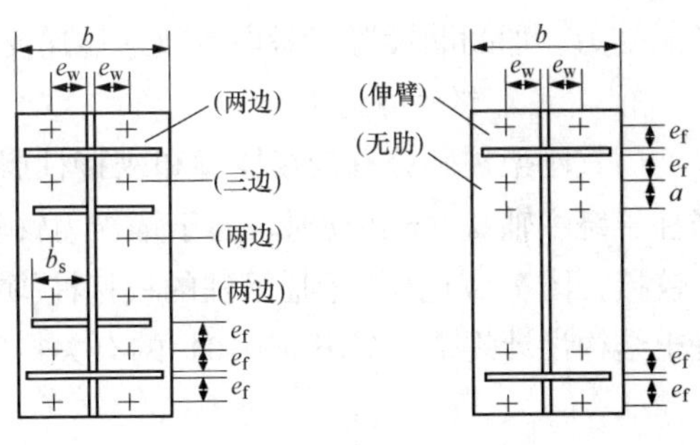

图 7-67 端板的支承条件

伸臂类区格 $$t \geqslant \sqrt{6e_f N_t/(bf)} \tag{7-52}$$

无加劲肋类区格 $$t \geqslant \sqrt{3e_w N_t/[(0.5a+e_w)f]} \tag{7-53}$$

两边支承类区格，当两端板外伸时

$$t \geqslant \sqrt{\frac{6e_f e_w N_t}{[e_w b + 2e_f(e_f+e_w)]f}} \tag{7-54}$$

当两端板平齐时 $$t \geqslant \sqrt{\frac{12e_f e_w N_t}{[e_w b + 4e_f(e_f+e_w)]f}} \tag{7-55}$$

三边支承类区格 $$t \geqslant \sqrt{\frac{6e_f e_w N_t}{[e_w(b+2b_s)+4e_f^2]f}} \tag{7-56}$$

式中 N_t——一个高强度螺栓承受的拉力设计值。

门式刚架斜梁与柱相交节点域（图 7-68），应按下式验算剪切强度，当不能满足时，应加厚腹板或设置斜加劲肋。

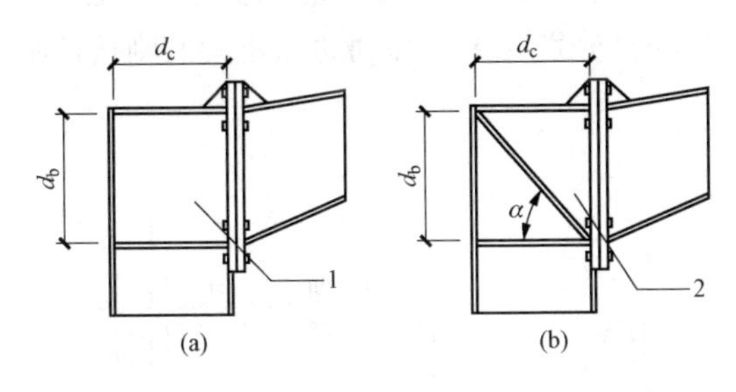

图 7-68 节点域

$$\tau = \frac{M}{d_b d_c t_c} \leqslant f_v \tag{7-57}$$

式中 d_c、t_c——分别为节点域柱腹板的宽度和厚度；

d_b——框架梁端部高度或节点域高度；

M——节点承受的弯矩，多跨刚架中间柱处应取两侧斜梁端弯矩的代数和或柱端弯矩。

门式刚架梁和柱翼缘与端板的连接，当翼缘厚度大于 12mm 时宜采用全熔透对接焊缝，腹板与端板的连接应采用角对接组合焊缝或与腹板等强的角焊缝。在端板螺栓处，应按下式验算腹板强度。当不满足要求时，可设置腹板加劲肋或局部加厚腹板。

当 $N \leqslant 0.4P$ 时 $$\sigma = 0.4P/(e_w t_w) \leqslant f \tag{7-58}$$

当 $N > 0.4P$ 时 $$\sigma = N_{t2}/(e_w t_w) \leqslant f \tag{7-59}$$

式中 N_{t2}——翼缘内第二排一个螺栓的拉力设计值；

P——高强度螺栓的预拉力；

e_w——螺栓中心至腹板表面的距离。

2. 门式刚架框架梁与摇摆柱的连接构造

图 7-69 为框架梁与摇摆柱的连接，柱两端都为铰接。螺栓直径和布置由构造决定，不

考虑受力。加劲肋设置应考虑有效地传递支承反力，按支承反力设计。

3. 门式刚架柱脚构造

门式刚架柱脚分有铰接柱脚和刚接柱脚两种。常用的平板式铰接柱脚如图 7 - 70 所示，当柱子绕主轴 $x—x$ 转动时，由于锚栓力臂较小，且锚栓受力后底板易发生变形，柱脚接近于铰接。图 7 - 71 为用于摇摆柱的铰接柱脚构造。锚栓端部应设置弯钩或锚件，应符合《混凝土结构设计规范》（GB 50010）的有关规定。

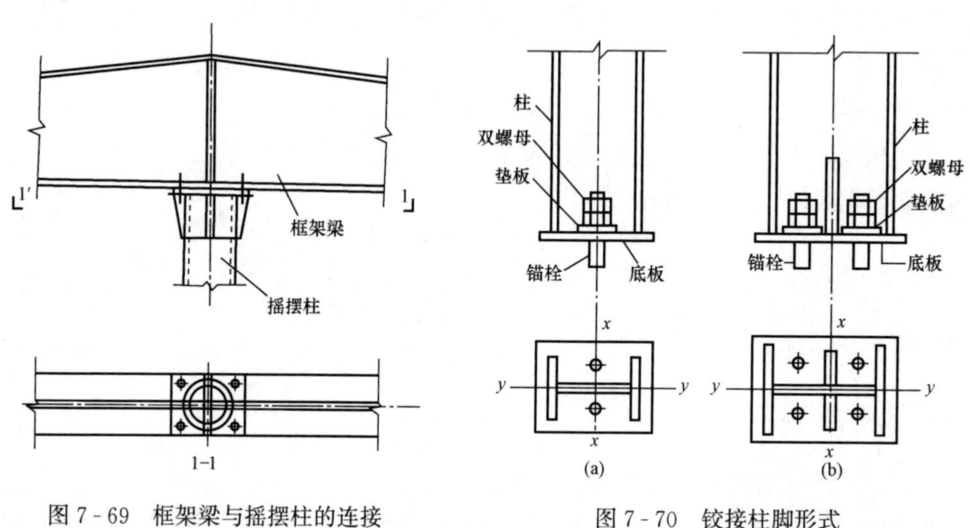

图 7 - 69　框架梁与摇摆柱的连接

图 7 - 70　铰接柱脚形式

刚接柱脚用于设置有桥式吊车的门式刚架或大跨度刚架。刚接柱脚能承受弯矩，至少有四个锚栓对称布置在轴线两侧。图 7 - 72（a）和（b）分别为采用加劲肋和靴梁的刚接柱脚，也可采用埋入式柱脚。

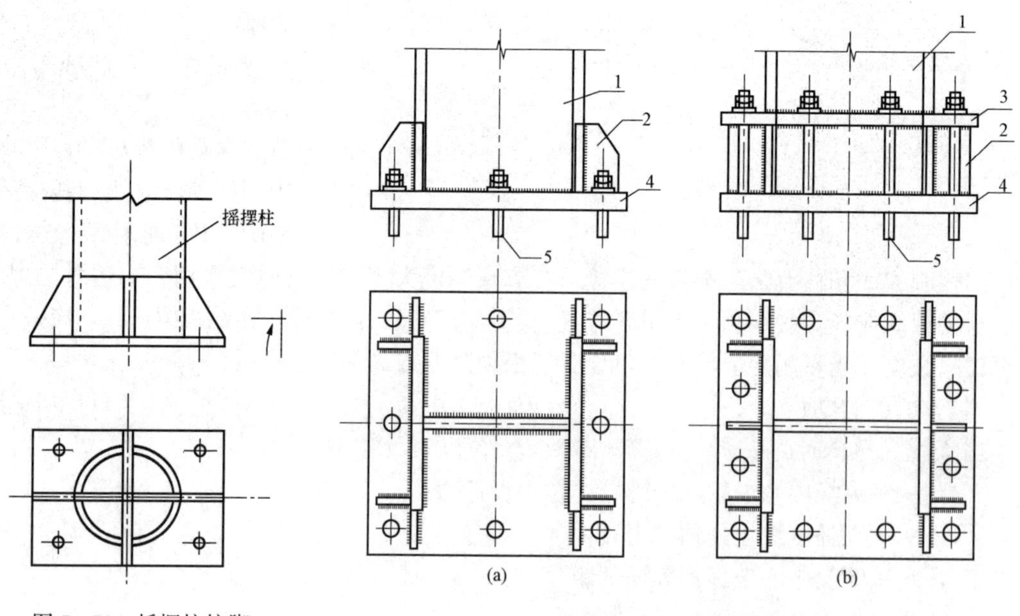

图 7 - 71　摇摆柱柱脚

图 7 - 72　刚接柱脚

（a）带加劲肋；（b）带靴梁

4. 牛腿设计

牛腿的构造要求见图7-73。柱可采用等截面或变截面柱，牛腿可做成等截面或变截面，变截面牛腿的悬臂端截面高度应不小于根部高度的1/2。柱在牛腿上、下翼缘的相应位置处应设置横向加劲肋，在牛腿上翼缘吊车梁支座处应设置垫板，垫板与牛腿上翼缘连接应采用围焊。牛腿与柱连接处按承受剪力V和弯矩M的作用进行设计。

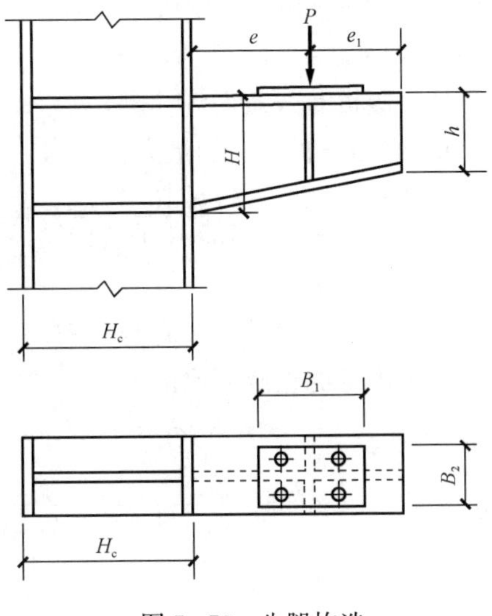

图7-73 牛腿构造

5. 檩托

檩条与刚架斜梁上翼缘的连接处应设置檩托（图7-74），当支承处Z形檩条叠置搭接时，可不设檩托。檩条与檩托应采用螺栓连接，檩条每端应设两个螺栓。位于屋盖坡面顶部的屋脊檩条，可用槽钢和角钢或圆钢相连（图7-75）。

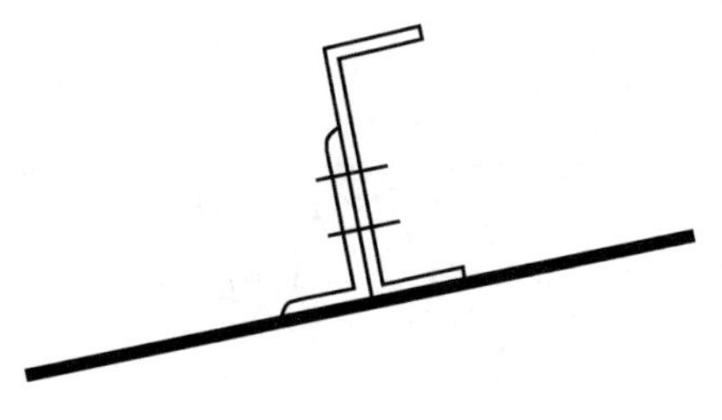

图7-74 檩托

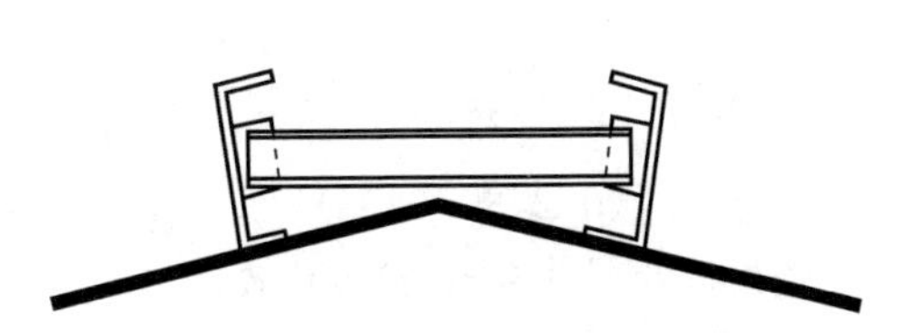

图7-75 屋脊间连系槽钢

【例7-4】 某单跨门式刚架如图7-76（a）所示，柱为焊接工字形截面楔形柱，梁为等截面焊接工字形截面梁，翼缘板为火焰切割边。柱脚铰接，梁截面和柱的大端截面如图7-76（b）所示，柱小端截面如图7-76（c）所示。柱大端截面的内力为：$M_1=73\text{kN}\cdot\text{m}$，$N_1=62.5\text{kN}$，$V_1=28\text{kN}$；柱小端截面的内力为：$N_0=89\text{kN}$，$V_0=43\text{kN}$。钢材为Q235B。在刚架平面外设置单层柱间支撑，侧向支承点位于柱顶和柱底。要求验算刚架柱的强度及整体稳定是否满足设计要求。

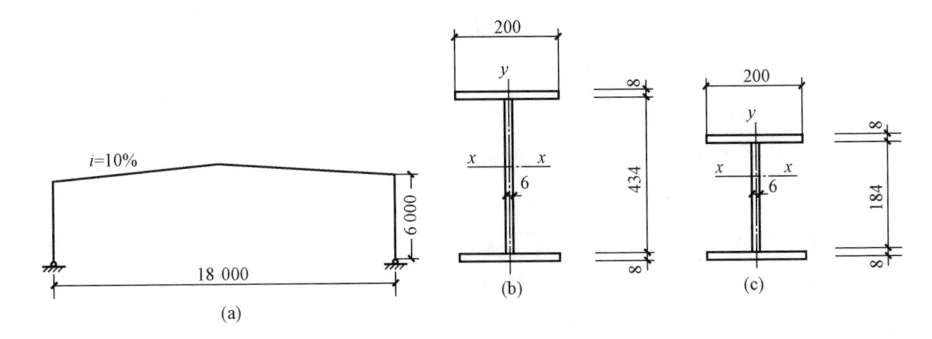

图7-76 单跨门式刚架

解 （1）楔形柱截面的几何参数。

$A_1=5\ 700\text{mm}^2$，$I_{x1}=1.791\ 4\times10^8\text{mm}^4$，$I_{y1}=1.067\times10^7\text{mm}^4$，$W_{x1}=8.743\times10^5$

mm^3，$i_{x1}=184mm$，$i_{y1}=42.8mm$；$A_0=4\ 305mm^2$，$I_{x0}=3.262\ 3\times10^7mm^4$，$I_{y0}=1.067\ 2\times10^7mm^4$，$W_{x0}=3.262\times10^5mm^3$，$W_{y0}=1.067\times10^5mm^3$，$i_{x0}=85mm$，$i_{y0}=49.2mm$。

（2）腹板有效截面计算。

1）大端腹板边缘的最大正应力。

$$\sigma_1=\frac{My}{I_{x1}}+\frac{N}{A_1}=\frac{73\times10^6\times217}{1.791\ 4\times10^8}+\frac{62.5\times10^3}{5\ 700}=88.4+10.96=99.36(N/mm^2)<f=215N/mm^2$$

$$\sigma_2=-88.4+10.96=-77.44(N/mm^2)$$

腹板边缘的正应力比值

$$\beta=\sigma_2/\sigma_1=-77.44/99.36=-0.779<0\ \text{腹板部分受压}$$

$$k_\sigma=\frac{16}{\sqrt{(1+\beta)^2+0.112(1-\beta)^2}+(1+\beta)}$$
$$=\frac{16}{\sqrt{(1-0.779)^2+0.112\times(1+0.779)^2}+(1-0.779)}$$
$$=18.69$$

$\sigma_1<f$，用 $\gamma_R\sigma_1$ 代替式（7-15）中的 f_y，则

$$\lambda_\rho=\frac{h_w/t_w}{28.1\sqrt{k_\sigma}\sqrt{235/(\gamma_R\sigma_1)}}=\frac{434/6}{28.1\times\sqrt{18.69\times235/(1.1\times99.36)}}=0.406$$

$$\rho=1/[(0.243+\lambda_p^{1.25})^{0.9}]=1/[(0.243+0.406^{1.25})^{0.9}]=1.67>1.0$$

取 $\rho=1$，楔形刚架柱大端全截面有效。

2）小头腹板边缘的压应力，柱小头无弯矩作用，则

$$\sigma_0=\frac{89\times10^3}{4\ 305}=20.67(N/mm^2)<f=215N/mm^2,\beta=1,k_\sigma=\frac{16}{\sqrt{2^2}+2}=4$$

$$\lambda_\rho=\frac{184/6}{28.1\sqrt{4\times235/(1.1\times20.67)}}=0.17<0.8$$

$$\rho=1/[(0.243+\lambda_p^{1.25})^{0.9}]=1/[(0.243+0.17^{1.25})^{0.9}]=2.56>1.0$$

取 $\rho=1$，楔形刚架柱小端全截面有效。

（3）楔形柱的计算长度。

1）刚架平面内柱的计算长度。半跨斜梁长度为

$$s=\sqrt{9\ 000^2+900^2}=9\ 044.9(mm)$$

$$i_1=EI_1/s=2.06\times10^5\times1.791\ 4\times10^8/9\ 044.9=4.080\times10^9(N\cdot mm)$$

$$i_{c1}=EI_1/H=2.06\times10^5\times1.791\ 4\times10^8/6\ 000=6.150\ 6\times10^9(N\cdot mm)$$

斜梁为等截面梁，$I_0/I_1=1$

$$K_z=3i_1(I_{b0}/I_{b1})^{0.2}=3\times4.080\times10^9\times1=1.224\times10^{10}$$

$$K=K_Z(I_{b1}/I_{b0})^{0.29}/(6i_{c1})=1.224\times10^{10}\times1/(6\times6.150\ 6\times10^9)=0.332$$

$$\mu=2(I_{c1}/I_{c0})^{0.145}\sqrt{1+0.38/K}$$
$$=2\times[1.791\ 4\times10^8/(3.262\ 3\times10^7)]^{0.145}\sqrt{1+0.38/0.332}=3.749$$

刚架平面内柱的计算长度为 $l_{0x}=\mu h=3.749\times6\ 000=22\ 496(mm)$。

2）刚架平面外柱的计算长度。设置单层柱间支撑，$l_{0y}=6\ 000mm$。

(4) 刚架柱的强度计算。

1) 楔形柱大端强度计算。承受弯矩、剪力和轴线压力共同作用，柱腹板在斜梁下翼缘处设一道加劲肋，不再设加劲肋。

$$\alpha = a/h_{w1} = (6\ 000-217)/434 = 13.325 \quad \gamma_p = (h_{w1}/h_{w0})-1 = (434/184)-1 = 1.359$$

$$\omega_1 = 0.41-0.897\alpha+0.363\alpha^2-0.041\alpha^3$$

$$= 0.41-0.897\times13.325+0.363\times13.325^2-0.041\times13.325^3 = -44.093$$

$$\eta_s = 1-\omega_1\sqrt{\gamma_p} = 1-(-44.093)\sqrt{1.359} = 52.402$$

不设横向加劲肋　　$k_\tau=5.34\eta_s=5.34\times52.402=279.826$

$$\lambda_s = h_{w1}/(37t_w\sqrt{k_\tau}\varepsilon_k) = 434/(37\times6\times\sqrt{279.826}) = 0.117$$

$$\chi_{tap} = 1-0.35\alpha^{0.2}\gamma_p^{2/3} = 1-0.35\times13.325^{0.2}\times1.359^{2/3} = 0.279$$

$$\varphi_{ps} = 1/(0.51+\lambda_s^{3.2})^{1/2.6} = 1/(0.51+0.117^{3.2})^{1/2.6} = 1.295>1.0，取\ \varphi_{ps}=1.0$$

$$V_d = \chi_{tap}\varphi_{ps}h_{w1}t_wf_v = 0.279\times1\times434\times6\times125\times10^{-3} = 90.815\text{kN}<h_{w0}t_wf_v$$

$$= 184\times6\times125\times10^{-3} = 138.0(\text{kN})$$

$$V = 28 < 0.5V_d = 45.408\text{kN}$$

$$\frac{N}{A_e}+\frac{M}{W_e} = \frac{62.5\times10^3}{5\ 700}+\frac{73\times10^6}{8.743\times10^5} = 94.5(\text{N/mm}^2) < f = 215\text{N/mm}^2$$

满足强度要求。

2) 楔形柱小端强度计算。承受剪力和轴线压力共同作用

正应力　　$\sigma_0 = 20.67(\text{N/mm}^2) < f = 215\text{N/mm}^2$

剪应力

$$\tau_{max} = \frac{V_0S}{I_{x0}t_w} = \frac{43\times10^3\times(200\times8\times96+92\times6\times46)}{3.262\ 3\times10^7\times6}$$

$$= 39.3(\text{N/mm}^2) < f_v = 125\text{N/mm}^2$$

满足强度要求。

(5) 刚架柱的整体稳定性验算。

1) 刚架平面内的整体稳定性验算。

$\lambda_x=l_{x1}/i_{x1}=22\ 496/184=122.26$，截面关于 x 轴类别为 b 类，查附录一附表 1-2 得，$\varphi_x=0.423$。

$$\overline{\lambda}_1 = (\lambda_1/\pi)\sqrt{E/f_y} = (122.26/\pi)\times\sqrt{2.06\times10^5/235} = 1\ 152.22>1.2, \eta_t = 1.0$$

$$N_{cr} = \frac{\pi^2EA_{e1}}{\lambda_1^2} = \frac{\pi^2\times2.06\times10^5\times5\ 700\times10^{-3}}{122.26^2} = 775.31(\text{kN})$$

有侧移刚架柱的等效弯矩系数 $\beta_{mx}=1.0$，则

$$\frac{N_1}{\eta_t\varphi_xA_{e1}}+\frac{\beta_{mx}M_1}{(1-N_1/N_{cr})W_{e1}} = \frac{62.5\times10^3}{1\times0.423\times5\ 700}+\frac{1\times73\times10^6}{(1-62.5/775.31)\times8.743\times10^5}$$

$$= 116.7(\text{N/mm}^2) < f = 215\text{N/mm}^2$$

满足要求。

2) 刚架平面外的整体稳定性验算。

$$\lambda_{1y} = L_y/i_{y1} = 6\ 000/42.8 = 140.2, \varphi_y = 0.344$$

$\overline{\lambda}_{1y}=(\lambda_{1y}/\pi)\ \sqrt{E/f_y}=(140.2/\pi)\ \times\sqrt{2.06\times10^5/235}=1\ 321.3>1.3$，$\eta_{ty}=1.0$，小端截面 $M_0=0$，$k_{\sigma b}=0$

双轴对称截面，$\beta_{x\eta}=0$，$\eta_i=1$，$\eta=0.55+0.04(1-k_\sigma)\sqrt[3]{\eta_i}=0.59$，$k_M=M_0/M_1=0$

$$C_1=0.46k_M^2\eta_i^{0.346}-1.32k_M\eta_i^{0.132}+1.86\eta_i^{0.023}=1.86\times1=1.86$$

$$\gamma=(h_1-h_0)/h_0=(442-192)/192=1.302$$

$$J_0=\sum_{i=1}^{n}b_it_i^3/3=(2\times200\times8^3+184\times6^3)/3=81\ 515(\text{mm}^4)$$

$$J_\eta=J_0+\gamma\eta(h_0-t_f)t_w^3/3=81\ 515+1.302\times0.59\times(192-8)\times6^3/3=91\ 692(\text{mm}^4)$$

$$I_{\omega0}=I_{yT}h_{sT0}^2+I_{yB}h_{sB0}^2=1.067\ 2\times10^7\times96^2=9.835\times10^{10}(\text{mm}^6)$$

$$I_{\omega\eta}=I_{\omega0}(1+\gamma\eta)^2=9.835\times10^{10}\times(1+1.302\times0.59)^2=3.075\times10^{11}(\text{mm}^6)$$

$$M_{cr}=C_1\frac{\pi^2EI_y}{L^2}\left[\beta_{x\eta}+\sqrt{\beta_{x\eta}^2+\frac{I_{\omega\eta}}{I_y}\left(1+\frac{GJ_\eta L^2}{\pi^2EI_{\omega\eta}}\right)}\right]$$

$$=1.86\times\frac{\pi^2\times2.06\times10^5\times1.067\times10^7}{6\ 000^2}\times\sqrt{\frac{3.075\times10^{11}}{1.067\times10^7}\left(1+\frac{79\times10^3\times91\ 692\times6\ 000^2}{\pi^2\times2.06\times10^5\times3.075\times10^{11}}\right)}$$

$$=226\ 508\ 090(\text{N}\cdot\text{mm})$$

$$\lambda_b=\sqrt{\gamma_xW_{x1}f_y/M_{cr}}=\sqrt{1.05\times8.743\times10^5\times235/226\ 508\ 090}=0.976$$

$$\lambda_{b0}=(0.55-0.25k_\sigma)/(1+\gamma)^{0.2}=(0.55-0)/(1+1.302)^{0.2}=0.466$$

$$n=1.51\sqrt[3]{b_1/h_1}/\lambda_b^{0.1}=1.51\sqrt[3]{200/442}/0.976^{0.1}=1.162$$

$$\varphi_b=1/(1-\lambda_{b0}^{2n}+\lambda_b^{2n})^{1/n}=1/[(1-0.466^{2\times1.162}+0.976^{2\times1.162})^{1/1.162}]=0.610$$

$$\frac{N_1}{\eta_{ty}\varphi_yA_{e1}f}+\left(\frac{M_1}{\varphi_b\gamma_xW_{e1}f}\right)^{1.3-0.3k_{\sigma b}}=\frac{62.5\times10^3}{1\times0.344\times5700\times215}+\left(\frac{73\times10^6}{0.610\times1.05\times8.743\times10^5\times215}\right)^{1.3}=0.670<1$$

满足要求。

思考题

1. 单层厂房钢结构主要由哪些构件组成？分析各种荷载的传力路径。

2. 单层厂房结构为什么要设置支撑体系？柱、屋盖的支撑有哪几种类型？各种支撑的作用是什么？如何布置？

3. 刚性系杆与柔性系杆有何区别？

4. 三角形、梯形、平行弦桁架各有何特点？各适用于何种情况？

5. 桁架杆件的计算长度在桁架平面内与平面外及斜平面是如何确定的？如何取值？

6. 双角钢组合 T 形截面中的等肢角钢相并、不等肢角钢短肢相并和不等肢角钢长肢相并截面各适用于何种情况？

7. 桁架中哪些杆件在什么情况下受力可能变号？

8. 桁架上弦有节间荷载时，上弦的内力应如何计算？

9. 桁架上弦杆有节间荷载采用 T 形截面时，进行强度和整体稳定性计算的弯矩如何取值？

10. 桁架的节点设计有哪些基本要求？

11. 节点板的厚度应如何确定？

12. 什么情况下桁架节点可按铰接进行计算？什么情况下桁架节点应按刚接进行计算？

13. 桁架内力分析有哪些方法？

14. 门式刚架房屋钢结构有哪些特点？门式刚架有哪些主要的结构形式？

15. 如何确定门式刚架的计算跨度和檐口的计算高度？

16. 变截面门式刚架的内力分析有几种方法？特点是什么？

17. 门式刚架变截面柱在刚架平面内的稳定性计算时技术参数取大端还是小端？平面内的稳定性计算呢？

18. 门式刚架斜梁与框架柱的连接常用哪些形式？各有什么特点？连接构造有哪些要求？如何计算？

19. 单层厂房柱有哪些类型？它们的应用范围如何？

20. 门式刚架轻型钢结构厂房中的隅撑有什么作用？应设置在什么地方？为什么？

21. 墙架体系由哪些构件组成？作用是什么？

22. 门式刚架钢结构房屋常用围护结构有哪些类型？

23. 桁架施工图应表示哪些主要内容？

7-1　某厂房长度为90m，柱距6m，厂房结构跨度分为27、30、33、36、39、42m共6种情况。采用梯形钢屋架，杆件可采用角钢组合截面、矩形或圆形钢管截面。屋架简支承于钢柱顶，钢柱顶板平面尺寸350mm×300mm。屋面坡度分为i=1/8、1/10、1/12、1/14、1/16、1/18、1/20等7种情况。屋面和墙面采用彩色钢板聚苯乙烯夹心板，檩条和墙梁采用冷弯薄壁型钢。钢屋架荷载标准值见表7-8。要求在设计参数中选择1种情况进行钢屋架设计，具体内容包括：选择钢屋架的材料；设计屋架尺寸及腹杆布置；屋盖支撑布置；屋架杆件内力计算和杆件设计；设计节点；绘制屋架施工图及材料表。

表7-8　荷载标准值

荷载类型	序号	荷载名称	荷载标准值（N/m^2）
永久荷载	1	彩色压型钢板聚苯乙烯夹心板自重（斜面）	150
	2	檩条、支撑和屋架自重	300
	3	墙板、墙梁和刚架柱自重（以墙面面积计）	250
	4	檩条、支撑和刚架梁自重	200
可变荷载	5	雪荷载	400
	6	屋面活荷载	300
	7	风荷载（基本风压）	350

注　未注明者为水平投影面。

7-2　某门式刚架简图如图7-77所示，跨度L分为21、24、27、30、36、39、42、45m等8种情况，屋面坡度分为i=1/8、1/10、1/12、1/14、1/16、1/18、1/20等7种情况，刚架间距分为6、8、9m（中至中）三种情况，钢材分为Q235B、Q355、Q390等3种

情况。刚架采用焊接工字形截面，屋面和墙面采用彩色钢板聚苯乙烯夹心板，檩条和墙梁采用冷弯薄壁型钢，檩条间距（水平）1.5～3.6m。刚架柱与斜梁可采用等截面或变截面构件。荷载标准值见表7-8，风荷载体型系数μ_s见图7-77，计算时不考虑高度变化系数。要求在设计参数中选择一种情况进行门式刚架结构设计，具体内容包括：完成计算书一份（内容包括荷载计算、刚架内力分析与组合、刚架梁和柱及节点设计）；绘制梁与柱的施工图及编制材料表。内力分析时内力组合宜考虑永久荷载＋雪荷载、永久荷载＋风荷载、永久荷载＋0.85（雪荷载＋风荷载）几种情况。

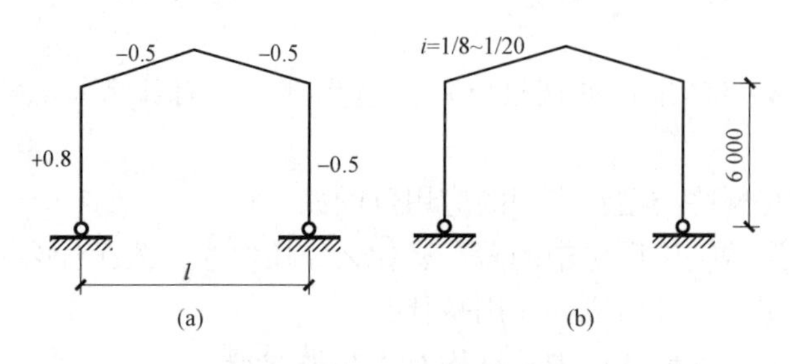

图7-77 某门式刚架简图

（a）刚架简图；（b）风荷载体型系数μ_s

第八章　平面钢闸门

第一节　概　　述

闸门是启闭水工建筑物过水孔口的重要设备之一。按水利水电工程的综合利用需要，它能够全部或局部开启这些孔口，可靠地调节上下游水位和流量，以获得防洪、灌溉、引水发电、通航、过木，以及排除泥沙、冰块或其他漂浮物等效益。因此，闸门的安全和适用，在很大程度上影响着整个水工建筑物的运行效果。

一、闸门的类型

闸门的类型较多，一般可按闸门的工作性质、设置部位及结构型式等加以分类。

1. 按闸门的工作性质可分为

(1) 工作闸门。承担主要工作并能在动水中启闭的闸门。

(2) 事故闸门。当闸门的上、下游水道或其设备发生事故时，能在动水中关闭的闸门，当需要快速关闭时，也称为快速闸门。这种闸门宜在静水中开启。

(3) 检修闸门。当工作闸门或水工建筑物的某一部位或设备需要检修时，用以挡水的闸门。这种闸门宜在静水中启闭。

(4) 施工导流闸门。供截堵经历数年施工期过水孔口用的闸门，一般在动水中关闭。

2. 按闸门设置的部位可分为

(1) 露顶式闸门。设置在开敞式泄水孔口，当闸门关闭孔口挡水时，其门叶顶部高于挡水水位，并需设置三边（两侧和底缘）止水。

(2) 潜孔式闸门。设置在潜没式泄水孔口，当闸门关闭孔口挡水时，其门叶顶部低于挡水水位，需要设置顶部、两侧和底缘四边止水。

为满足工程泄洪排沙或放空水库等需要，可在水工建筑物（如大坝）不同高程设置泄水孔口和闸门。因此，钢闸门按其所处的位置，又可分为表孔闸门、中孔闸门和深孔闸门。在水闸中，因水位差不大，一般均为表孔闸门，其中包括露顶闸门和布置在钢筋混凝土胸墙下的闸门。

3. 按闸门的结构形式和构造特征可分为

(1) 平面形钢闸门。系指挡水面板形状为平面的一类闸门。根据门叶结构的运移方式又可分为：直升式平面闸门；横拉式平面闸门（船闸中采用）；升卧式平面闸门；绕竖轴转动的平面闸门（如船闸中的人字门和一字门）及绕横轴转动的平面闸门（如翻板闸门、舌瓣闸门及盖板闸门）等。本章主要讲述直升式平面钢闸门。

(2) 弧形钢闸门。系指挡水面板形状为弧形的一类钢闸门。又可分为绕横轴转动的弧形闸门（如正向弧形闸门、反向弧形闸门及下沉式弧形闸门）和绕竖轴转动的立轴式弧形闸门（如船闸中的三角门）等。

其中直升式平面钢闸门、弧形钢闸门（绕横轴转动）及人字闸门是水工建筑物和船闸中最常用的几种闸门型式。

二、闸门形式和孔口尺寸

闸门形式的选择，应根据下列因素综合考虑确定：①水利枢纽对闸门运行的要求；②闸门在水工建筑物中的位置、孔口尺寸、上下游水位和操作水头；③泥沙和漂浮物的情况；④启闭机型式、启闭力和脱钩方式；⑤制造、运输、安装、维修和材料供应等条件；⑥技术经济指标等。

闸门的孔口尺寸主要取决于过闸流量，但同时与闸门承受的总水压力、运行条件，以及闸门和启闭机的制造安装水平等密切有关。就闸门本身而言，水头高时，多采用宽高比小的孔口；水头低时，孔口选用宽高比可稍大些。一般说来，单扇门叶所承受的总水压力表征闸门的综合尺度，反映了闸门材料、设计、制造和安装等技术水平。

三、闸门结构设计的基本要求

《水利水电工程钢闸门设计规范》（SL 74）规定钢闸门结构采用容许应力法进行结构验算。闸门结构本身是一个比较复杂的由板、梁、杆等组合而成的空间结构体系，可以使用计算机和结构优化方法进行闸门选型和结构设计。根据平面体系假定的设计方法计算简便，对于中小型闸门按平面体系与按空间体系设计其实际状况与经济效果相差不大，是目前在我国大量应用的设计方法，本章主要介绍这种方法。

设计闸门时，根据具体情况应分别具备下列有关资料：①水利枢纽的功用和水工建筑物的布置；②闸门的孔口尺寸和运用条件；③水文、泥沙、水质、漂浮物和气象方面的情况；④有关闸门的材料、制造、运输和安装等方面的条件；⑤地质、地震和其他特殊要求等。

进行闸门的结构设计，除掌握上述必要的资料和设计方法之外，还应熟悉闸门的结构组成和荷载在闸门结构上的传递路径，从而对闸门结构进行合理的布置和选型。以使所设计的闸门达到技术先进、经济合理和运行安全的要求。

第二节　平面钢闸门的组成和结构布置

一、平面钢闸门的组成

平面钢闸门是由活动的门叶结构、埋固构件和启闭机械三部分组成。

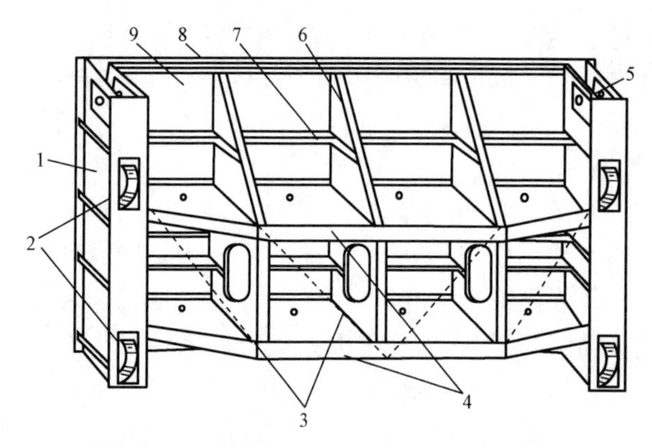

图 8-1　平面钢闸门门叶结构立体示意图

1—边梁；2—主轮；3—纵向联结系；4—主梁；5—吊耳；6—横向隔板；7—水平次梁；8—顶梁；9—面板

（一）门叶结构的组成

门叶结构是用来封闭和开启孔口的活动挡水结构。由承重结构、行走支承以及止水和吊具等组成。图 8-1 和图 8-2 分别为平面钢闸门门叶结构立体示意图和门叶结构总图。

1. 平面钢闸门的承重结构

平面钢闸门的承重结构，一般由以下各部分组成：

（1）面板。用来挡水，直接承受水压并传给梁格。面板通常设在闸门上游面，这样可以避免梁格和行走支承浸没于水中而聚积污物，也可以减

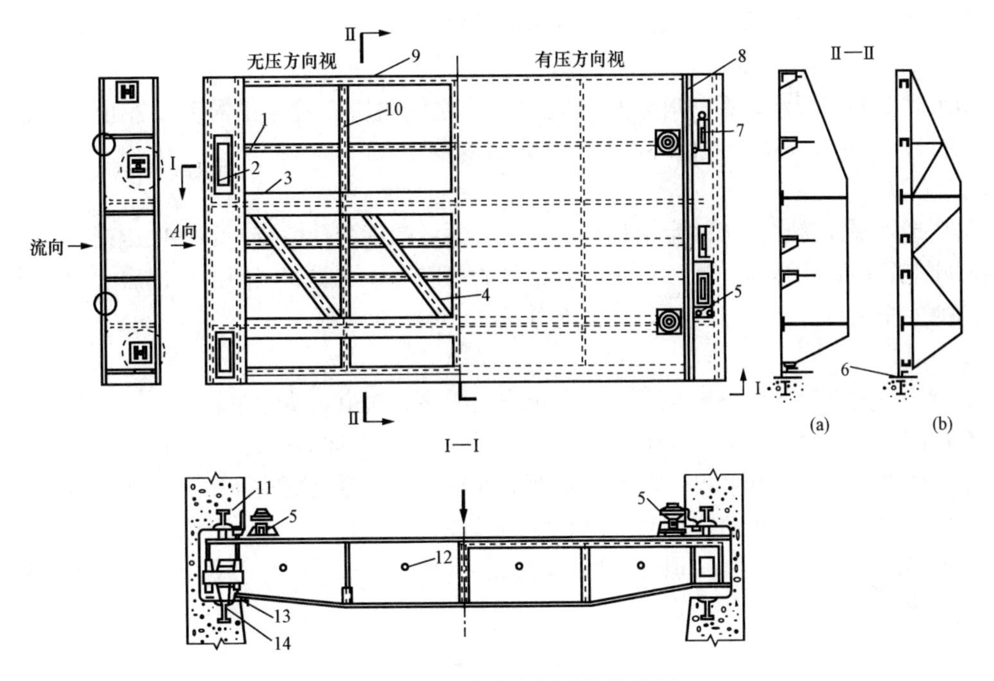

图 8-2 平面钢闸门门叶结构总图

(a) 横向隔板；(b) 横向桁架

1—水平次梁；2—主轮；3—主梁；4—纵向联结系；5—侧轮；6—底止水；7—反轮；8—侧止水；9—顶梁；10—横向联结系（横向隔板）；11—反轮轨道；12—排水孔；13—棱角加固角钢；14—主轮轨道

少因门底过水产生的振动。仅对静水启闭的闸门或当启闭闸门时门底流速较小的闸门，为了设置止水的方便，面板可设在闸门的下游面。

(2) 梁格。由互相正交的梁系（顶梁、底梁、水平次梁、竖立次梁、主梁及边梁等）所组成，用来支承面板并将面板传来的全部水压力传给支承边梁，然后通过设置在边梁上的行走支承把闸门上的水压力传给闸墩。

(3) 横向联结系（又称竖向联结系）。布置在垂直于闸门跨度方向的竖直平面内，以保证闸门横截面的刚度，使门顶和门底不致产生过大的变形。它主要承受由顶梁、底梁和水平次梁传来的水压力并传给主梁。其形式一般有实腹隔板式［图 8-2 剖面Ⅱ—Ⅱ (a)］和桁架式［图 8-2 剖面Ⅱ—Ⅱ (b)］。

(4) 纵向联结系（又称门背联结系）。布置在闸门下游面主梁（或主桁架）的下翼缘（或下弦杆）之间的竖直平面内，它承受闸门部分自重和其他垂直荷载，并增强闸门纵向竖平面的刚度；当闸门受双向水头时还能保证主梁的整体稳定。

2. 行走支承

平面闸门的行走支承（又称支承移动部件）是直接影响闸门安全运行的重要部件。设计时既要保证能将闸门所受的全部水平荷载安全传递给闸墩，又要保证闸门能沿门槽上下顺利移动，并减少移动时的摩擦阻力。行走支承部分包括主行走支承（主轮或主滑块）、侧向支承（侧轮）及反向支承（反轮）装置三部分。安装在闸门边梁上的主行走支承承受闸门全部水平荷载，并通过主轨道将荷载传递到混凝土闸墩中。侧向和反向支承则用以防止闸门沿门槽上下移动时，发生前后碰撞以及歪斜和卡阻等故障。

3. 止水

为了防止闸门漏水，在门叶结构与孔口周围之间的所有缝隙里需要设置止水（也称水封）。最常用的止水是固定在门叶结构上的定型橡皮止水。

4. 吊具

吊具是用来连接启闭机的牵引构件。一般有柔性钢索、劲性拉杆和劲性压杆等。吊具与设在门叶上的吊耳相连接。吊耳位于门叶结构的吊点上，承受着闸门的全部启闭力，直接影响闸门的安全运行，故吊耳虽小，仍需充分重视。

（二）埋固构件

平面闸门的埋设部件一般包括：①主轮或主滑块的轨道，简称主轨；②侧轮和反轮的轨道，简称侧轨和反轨；③止水埋件，其中，顶止水的埋件称为门楣，底止水的埋件称为底槛；④门槽护角、护面和底槛，其作用是保护混凝土不受漂浮物的撞击、泥沙磨损和气蚀剥落。其中，门槽护角常可兼作侧轨和侧止水的埋件。

由上述的结构组成可以知道，在挡水时闸门所承受的水压力是沿着下列路径传递到闸墩上去的，即

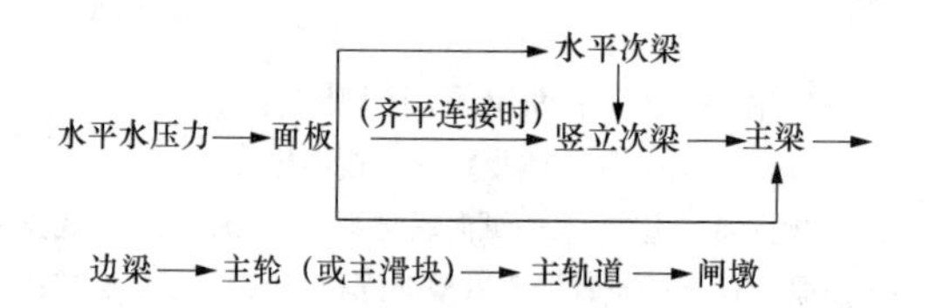

熟悉闸门结构的传力路径，有助于掌握各种构件的受力情况和正确确定各承重构件的计算简图。

（三）闸门的启闭机械

常用的闸门启闭机械有卷扬式、螺杆式和液压式三种。它们又可分为固定式和移动式两类。选择启闭机械形式时，应综合考虑闸门的形式、尺寸和启闭力，以及孔口数量和运行条件等因素。闸门启闭机械的选用，可参考有关资料，本章不予叙述。

二、平面钢闸门的结构布置

平面钢闸门结构布置的主要内容是：确定闸门上需要设置的构件，每种构件需要的数目以及确定每个构件所在的位置等。结构布置是否合理，直接牵涉到能否使闸门达到使用方便、安全耐久、节约材料、构造简单和便于制造等方面的要求。设计时必须统筹考虑，全面安排，并进行必要的方案比较。

（一）主梁的布置

1. 主梁的数目

主梁是闸门的主要承重构件，它的数目取决于闸门的尺寸和水头的大小。平面钢闸门按主梁数目可分为双主梁式和多主梁式。当闸门的跨度 L 比门高 H 大时，宜采用双主梁；而当闸门的高度比跨度大时，则宜采用多主梁。这两种型式的适用范围并无绝对的界限，建议当 $L>1.2H$ 时采用双主梁。双主梁式闸门结构简单，受力明确，制造和安装也比较省工。在大跨度的露顶式闸门中常采用双主梁式。

2. 主梁的位置

对主梁间距的布置应考虑下列因素：

（1）主梁宜按等荷载要求布置，这样每根主梁所需的截面尺寸相同，便于制造。

（2）主梁间距应适应制造、运输和安装的条件。

（3）主梁间距应满足行走支承布置的要求。

（4）底主梁到底止水的距离应符合底缘布置的要求。对于实腹式主梁的工作闸门和事故闸门，一般应使底主梁的下翼缘到底止水边缘连线的倾角不应小于30°，以免启门时水流冲击底主梁和在底主梁下方产生负压，而导致闸门振动。当闸门支承在非水平底槛上时，其夹角可适当增减，当不能满足30°要求时，应对门底部采取补气措施。对于部分利用水柱的平面闸门，其上游倾角不应小于45°，宜采用60°，如图8-3所示。

双主梁式闸门的主梁（图8-4）位置应对称于静水压力合力P的作用线，在满足上述底缘布置要求的前提下，两主梁的间距b值宜尽量放大些，并注意上主梁到门顶的距离c不宜太大，一般不超过$0.45H$，且不宜大于3.6m。以减小竖向联结系的上悬臂高度，并保证其有足够的刚度。

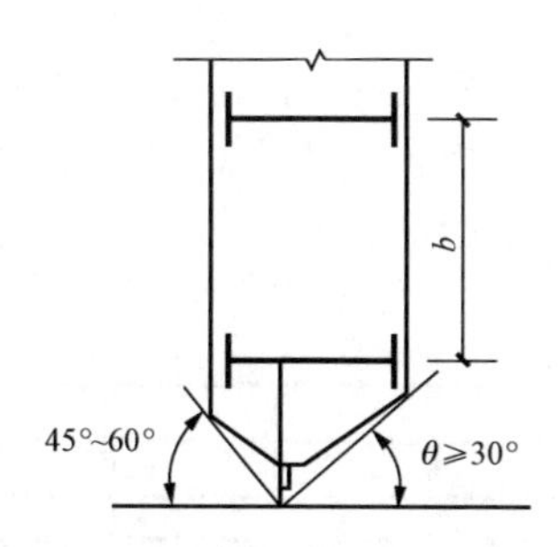

图8-3　闸门底缘的布置要求

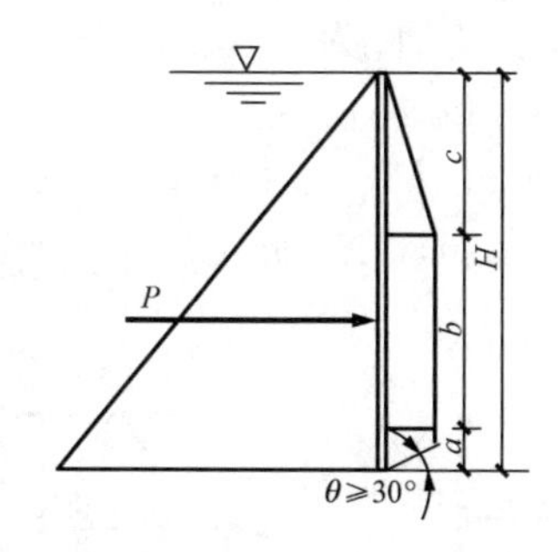

图8-4　双主梁闸门的主梁布置图

多主梁式闸门的主梁位置，可根据各主梁等荷载的原则来确定。等荷载方法就是将面板上所承受的水压力图形（三角形或梯形）按主梁的数目n分成面积相等的几等分，然后将主梁布置在各等分面积的形心处。具体做法有：图解法和数解法两种。下面按数解法进行计算。

假定水面至门底的距离为H，主梁的数目为n，第k（$k=1, 2, \cdots, n$）根主梁至水面的距离为y_k，对于露顶闸门［图8-5（a）］有

$$y_k = \frac{2H}{3\sqrt{n}}[k^{1.5} - (k-1)^{1.5}] \tag{8-1}$$

对于潜孔闸门［图8-5（b）］有

$$y_k = \frac{2H}{3\sqrt{n+m}}[(k+m)^{1.5} - (k+m-1)^{1.5}] \tag{8-2}$$

$$m = \frac{na^2}{H^2 - a^2}$$

式中　a——水面至门顶止水的距离。

在实际工程中，由于考虑其他因素，主梁的位置在按上述等荷载原则确定后，常需稍加调整，以致各主梁的荷载就不一定完全相等。当差别不大时，一般仍可按等荷载设计，各主梁截面决定于其中荷载最大者；当荷载相差较大时，则需分别进行设计。

（二）梁格的布置形式

梁格的布置应考虑钢面板厚度的经济合理性和梁格制造省工等要求，尽量使面板各区格

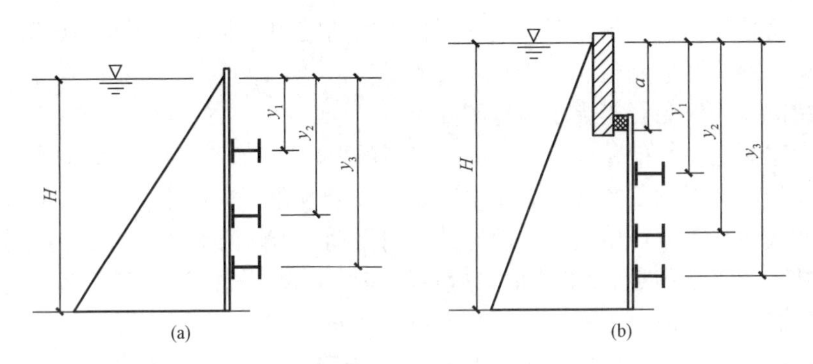

图 8-5 主梁位置

（a）露顶闸门；（b）潜孔闸门

的计算厚度接近相等，并使面板与梁格的总用钢量最少。根据闸门跨度的大小，可以将闸门梁格的布置分为以下三种形式。

（1）简式梁格［图 8-6（a）］。在主梁之间不设次梁，面板直接支承在主梁上，面板上的水压力直接通过主梁传给两侧的边梁。简式梁格制造省工，传力简捷，但主梁间距较大时需要较厚的面板，故仅适用于跨度较小而门高较大的闸门。

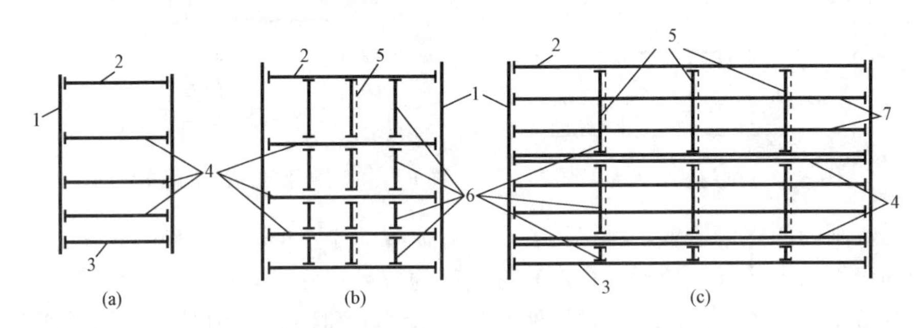

图 8-6 梁格布置图

（a）简式；（b）普通式；（c）复式

1—边梁；2—顶梁；3—底梁；4—主梁；5—横向联结系；6—竖直次梁；7—水平次梁

（2）普通式梁格［图 8-6（b）］。当闸门的跨度较大时，主梁间距将随之增大。为了减小面板厚度，可在主梁之间布置竖直次梁，来增加对面板的支承，这时闸门面板所受的水压力，将先通过竖直次梁传给主梁，然后再传给支承边梁。

（3）复式梁格［图 8-6（c）］。当主梁的跨度和间距更大时，为了使面板仍能保持经济合理的厚度，宜在竖直次梁之间再设置水平次梁。这种复式梁格适用于跨度较大的露顶闸门。

为了充分利用钢面板的强度，梁格布置时宜采用面板区格的长短边之比大于 1.5，并将长边布置在沿主梁轴线方向上。为使各区格面板的计算厚度接近，水平次梁的间距应随水压力的变化布置成上疏下密，其间距一般为 400～1200mm。竖立次梁通常按等间距布置，并需与主梁和竖向联结系的形式和布置相配合。当竖向联结系采用隔板时，竖向隔板可兼作竖立次梁，通常不需再设竖立次梁。当竖向联结系采用桁架式时，竖立次梁兼作上弦杆。当主梁采用桁架式时，竖立次梁应布置在主桁架的节点上。

（三）梁格连接形式

梁格的连接形式如图 8-7 所示有如下形式。

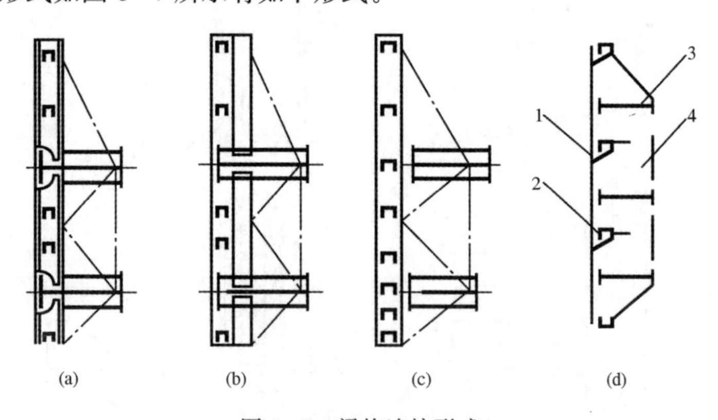

图 8-7　梁格连接形式

（a）齐平连接；（b）降低连接；（c）层叠连接；（d）实腹隔板式齐平连接

1—开孔；2—水平次梁；3—主梁；4—横向隔板

（1）齐平连接［图 8-7（a）］。水平次梁、竖直次梁与主梁的上翼缘表面齐平，都直接与面板相连，也称为等高连接。其优点是：梁格与面板形成刚强的整体，面板为四边支承，受力条件好；可以把部分面板作为梁截面的一部分，以减少梁格的用钢量。这种连接型式的缺点是：水平次梁遇到竖直次梁时，水平次梁需要断开再与竖直次梁连接。因此，构件多，接头多，制造费工。所以现在一般采用横向隔板兼作竖直次梁，如图 8-7（d）所示。由于横向隔板截面尺寸较大且强度富裕较多，故可以在隔板上预留开孔，使水平次梁直接从孔中穿过并连接于孔壁，使水平次梁成为连续梁，从而改善了水平次梁的受力条件，也简化了接头的构造。

（2）降低连接［图 8-7（b）］。这种连接形式是主梁与水平次梁直接与面板相连，而竖直次梁则离开面板降低到水平次梁下游，使水平次梁可以在面板与竖直次梁之间穿过而成为连续梁。此时面板为两边支承，面板和水平次梁都可以看作为主梁截面的一部分，参加主梁的整体抗弯。

（3）层叠连接［图 8-7（c）］。这种连接形式是水平次梁与竖直次梁直接与面板相连，主梁放在竖直次梁后面。它的优点是面板四边支承在梁系上，受力条件好。更主要的是改善了竖直次梁的受力条件，使它成为连续梁，而且简化了它与主梁的连接构造。但是，由于重要受力构件主梁没有与面板直接相连，使得闸门的整体刚度和抗振性能都有所削弱；同时，这种层叠连接还增加了闸门的总厚度，从而也要相应加大门槽宽度和边梁的尺寸。因此这种连接型式在平面闸门中很少采用。

从上述讨论可以看出，平面闸门一般宜采用齐平连接。

（四）边梁的布置

边梁的截面形式有单腹式和双腹式两种，如图 8-8 所示。

单腹式边梁构造简单，便于与主梁相连接，但抗扭刚度差，这对于闸门因弯曲变形、温度胀缩及其他力作用而在边梁中产生扭矩的情况是不利的。单腹式边梁主要适用于滑道式支承的闸门，对于悬臂轮式的小型定轮闸门也可以采用单腹式边梁，但必须在边梁腹板内侧的

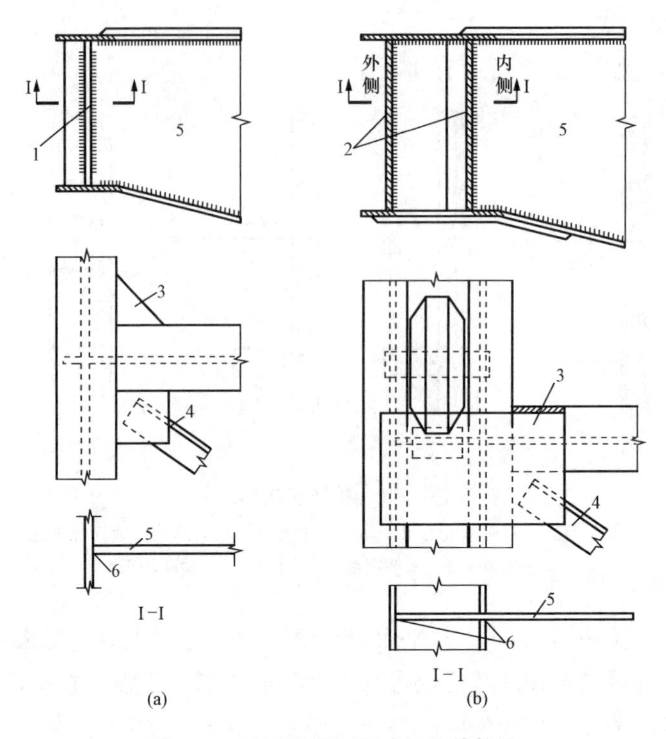

图 8-8 边梁的截面形式及连接构造

(a) 单腹板边梁的节点连接；(b) 双腹板边梁的节点连接

1—单腹板边梁；2—双腹板边梁；3—扩大节点板；4—纵向联结系斜杆；

5—主梁腹板；6—K 形坡口焊缝

两主梁之间增加一道轮轴支承板。

双腹式边梁的抗扭刚度大，也便于设置滚轮和吊轴，但构造复杂且用钢量较多，截面内部的焊接也较困难。双腹式边梁广泛用于定轮闸门中。

第三节 平面钢闸门的结构设计

一、钢面板的设计

对于四边固定支承的面板（图 8-9），根据理论分析和实验研究可知，在均布荷载作用下最大弯矩发生在面板支承长边的中点 A 处。但是当该点的应力达到所用钢材的屈服点 f_y 时，面板的承载能力还远远没有耗尽，随着荷载的增加，支承边上其他各点的弯矩都随之增加，而使面板上、下游面逐步达到屈服点。此时，面板仍然能够承受继续增大的荷载。试验表明，当荷载增加到 A 点面板初始屈服时所对应的设计荷载的 3.5～4.5 倍时，面板跨中部分才进入弹塑性阶段。这说明钢面板在使用过程中有很大的强度储备。因此，在强度计算中，容许面板在高峰应力 A 点附近的局部小范围进入弹塑性阶段工作，故将面板的容许应力 $[\sigma]$ 乘以大于 1 的弹塑性调整系数 α 予以提高。

（一）初选面板厚度

钢面板是支承在梁格上的弹性薄板，在静水压力作用下，面板的应力由两部分组成：一是局部弯曲应力，即矩形薄板本身的弯曲应力；二是整体弯曲应力，即面板兼作主

（次）梁翼缘参加梁系弯曲的整体弯曲应力。初选面板厚度 t 时，由于主（次）梁的截面尚未确定，面板参加主（次）梁的整体弯曲应力尚未求得，故面板的厚度可先按面板支承长边中点 A 的最大局部弯曲应力强度条件来计算（图 8-9），计算式为

$$\sigma_{\max} = kpa^2/t^2 \leqslant \alpha[\sigma] \quad (8-3)$$

$$t \geqslant a\sqrt{\frac{kp}{\alpha[\sigma]}}$$

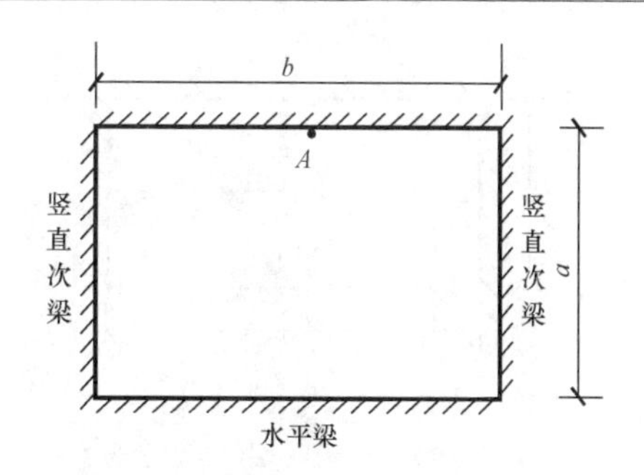

图 8-9　四边固定支承面板

式中　k——弹性薄板支承长边中点（A）的弯应力系数，可按支承情况由附录三查得；

p——面板计算区格中心的水压力强度（$p=rhg=0.0098h\text{N/mm}^2$，$h$ 为区格中心的水头，m）；

a——面板计算区格的短边长度，mm，从面板与主（次）梁的连接焊缝位置算起；

b——面板计算区格的长边长度，mm，从面板与主（次）梁的连接焊缝位置算起；

α——弹塑性调整系数，当 $b/a \leqslant 3$ 时，$\alpha=1.5$，当 $b/a>3$ 时，$\alpha=1.4$；

$[\sigma]$——钢材的抗弯容许应力，N/mm^2，见表 1-8。

面板的支承情况实际上为双向连续板，根据试验研究，面板的中间区格在水压力作用下，因其在各支承边上的倾角都接近于零，为简化计算，故可当作四边固定支承板计算。对于顶底梁截面比较小的顶、底部区格，因面板在刚度较小的顶梁和底梁处会产生较大倾角，接近于简支边，故可当作三边固定另一边简支的矩形板计算。

钢面板厚度的计算需与水平次梁间距的布置同时进行。将从下到上每个区格的闸门面板的厚度初选之后，若各个区格之间的板厚相差较大，应当调整区格竖向间距（即水平次梁位置），再次试选，最终使各区格所需的板厚大致相等，这样既节约材料，又便于订货与制造。为了节约钢材，钢面板宜选用较薄的钢板，但一般不应小于 6mm，通常采用 8～16mm。

（二）面板参加主（次）梁整体弯曲时的折算应力强度验算

在按式（8-3）选定面板厚度，并在主（次）梁截面选定后，考虑到面板本身在局部弯曲的同时还随着主（次）梁受整体弯曲的作用，则面板为双向受力状态，故应按第四强度理论验算面板的折算应力。

（1）当面板的边长比 $b/a>1.5$，且长边 b 沿主梁轴线方向时（图 8-10），只需按下式验算面板 A 点在上游面的折算应力

$$\sigma_{zh} = \sqrt{\sigma_{my}^2 + (\sigma_{mx}-\sigma_{0x})^2 - \sigma_{my}(\sigma_{mx}-\sigma_{0x})} \leqslant 1.1\alpha[\sigma] \quad (8-4)$$

$$\sigma_{my} = k_y pa^2/t^2,\quad \sigma_{mx} = \nu\sigma_{my}$$

式中　σ_{my}——垂直于主（次）梁轴线方向面板支承长边中点的局部弯曲应力［图 8-10（b）］；

σ_{mx}——面板区格沿主（次）梁轴线方向的局部弯曲应力［图 8-10（b）］，其中 ν 为钢材泊松比，取 $\nu=0.3$；

σ_{0x}——对应于面板验算点的主（次）梁上翼缘的整体弯曲应力；

k_y——面板区格支承长边中点的弯应力系数，可按附录三查得；

α——弹塑性调整系数，当 $b/a \leqslant 3$ 时，$\alpha=1.5$；当 $b/a>3$ 时，$\alpha=1.4$。

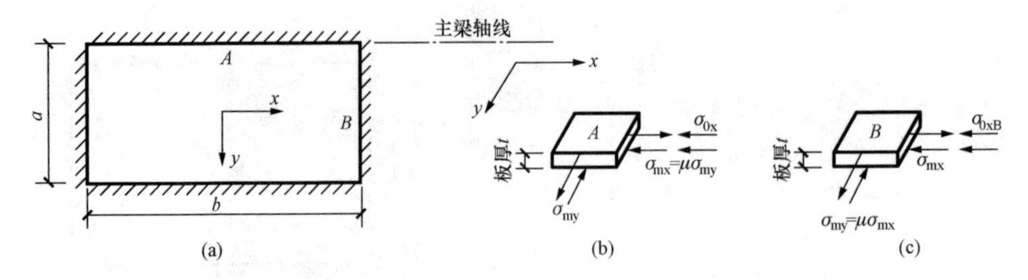

图 8-10 当面板的 $b/a>1.5$ 且长边沿主梁轴线方向时的面板应力状态

(a) 面板区格；(b) 长边中点 A 处应力状态；(c) 短边中点 B 处应力状态

σ_{my}，σ_{mx}，σ_{0x}均取绝对值，不带正负号。式中其他符号同前。

(2) 当面板的边长比 $b/a\leqslant1.5$ 或面板长边方向与主（次）梁轴线垂直时（图 8-11），面板在 B 点下游面的应力值（$\sigma_{mx}+\sigma_{0xB}$）较大，这时虽然 B 点下游面的双向应力为同号，但还是可能比 A 点上游面更早地进入塑性状态，故还应按下式验算 B 点下游面在同号平面应力状态下的折算应力。

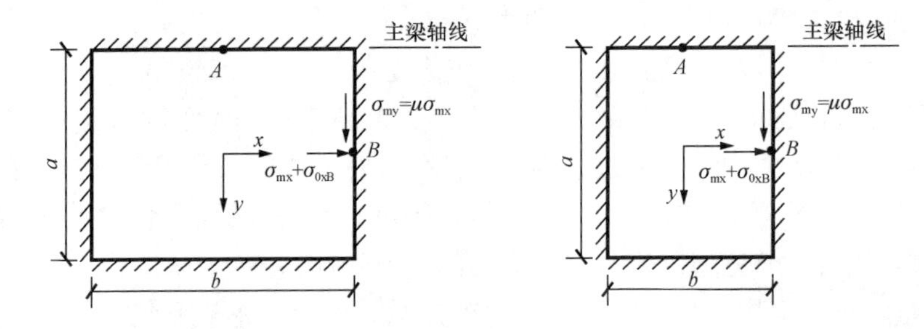

图 8-11 当面板的 $b/a\leqslant1.5$ 或面板长边方向与主梁轴线垂直时的面板应力状态

$$\sigma_{zh}=\sqrt{\sigma_{my}^2+(\sigma_{mx}+\sigma_{0xB})^2-\sigma_{my}(\sigma_{mx}+\sigma_{0xB})}\leqslant1.1\alpha[\sigma] \quad (8-5)$$

$$\sigma_{mx}=kpa^2/t^2,\quad \sigma_{my}=\mu\sigma_{mx}$$

式中 σ_{mx}——面板在 B$\sigma_{my}=\mu\sigma_{mx}$点沿主梁轴线方向的局部弯应力，$k$ 值对图 8-11（a），取附录三中的 k_x，对图 8-11（b）取附录三中的 k_y；

σ_{my}——面板在 B 点垂直于主梁轴线方向的局部弯曲应力，$\mu=0.3$；

σ_{0xB}——对应于面板验算点（B 点）主梁上翼缘的整体弯曲应力。因剪力滞后效应考虑整体弯曲应力沿面板宽度分布不均影响后，计算式为

$$\sigma_{0xB}=(1.5\xi_1-0.5)\frac{M}{W} \quad (8-6)$$

式中 ξ_1——面板兼作主（次）梁上翼缘工作的有效宽度系数，见表 8-1，式（8-6）的适用条件为 $\xi_1\geqslant1/3$；

M——对应于面板验算点 B 处主梁截面的弯矩；

W——对应于面板验算点 B 处主梁上翼缘处的截面抵抗矩。

σ_{my}，σ_{mx}，σ_{0xB}均采用绝对值，不带正负号；其他符号同前。

（三）面板与梁格的连接计算

当水压力作用下面板弯曲时，由于梁格之间互相移近受到约束，在面板与梁格之间的连接角焊缝将产生垂直于焊缝方向的侧拉力。经分析计算，每毫米焊缝长度上的侧拉力的近似

计算式为

$$N_t = 0.07t\sigma_{max}(\text{N/mm}) \tag{8-7}$$

式中　σ_{max}——厚度为 t 的面板中的最大弯应力，计算时 t 以 mm 为单位，σ_{max} 可取用 $[\sigma]$。

由于面板作为主梁的翼缘，当主梁弯曲时，面板与主梁之间的连接焊缝还承受沿焊缝长度方向作用的水平剪力，主梁轴线一侧的焊缝每单位长度内的剪力为 T，则

$$T = \frac{VS}{2I}$$

已知角焊缝容许剪应力为 $[\tau_l^h]$，则面板与梁格连接焊缝的焊脚尺寸 h_f 的近似计算式为

$$h_f \geqslant \sqrt{N_t^2 + T^2}/(0.7[\tau_l^h]) \tag{8-8}$$

面板与梁格的连接焊缝应采用连续焊缝，一般焊缝焊脚尺寸 h_f 不应小于 6mm。

二、次梁设计

（一）次梁的荷载与计算简图

梁格所受的荷载主要是从面板传来的静水压力，其分配方式与梁格布置的型式和面板的支承情况有关。

1. 梁格为降低连接时次梁的荷载和计算简图

图 8-12 所示的降低连接，水平次梁是支承在竖直次梁上的连续梁，由面板传给水平次梁的水压力，其作用范围按面板区格的中线划分［图 8-12（a）、（b）］，水平次梁所承受的均布荷载计算式为

$$q = p\frac{a_{上} + a_{下}}{2}(\text{N/mm}) \tag{8-9}$$

式中　p——所计算水平次梁水压力面积中心的水压强度，亦可近似地取该次梁轴线上的水压力强度，N/mm²；

$a_{上}$、$a_{下}$——分别为所计算的水平次梁轴线到上、下相邻梁轴线之间的距离。

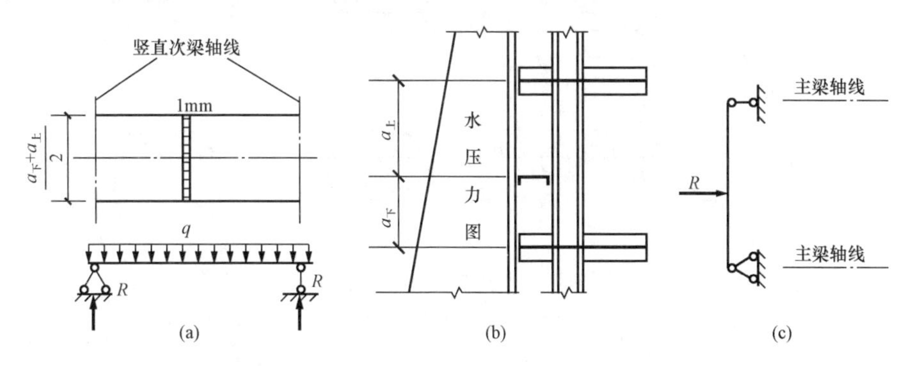

图 8-12　梁格为降低连接时次梁的计算简图
（a）水平次梁计算简图；（b）水平次梁水压力图；（c）竖直次梁计算简图

竖直次梁为支承在主梁上的简支梁，承受由水平次梁传来的集中荷载 R，R 为水平次梁边跨内侧支座反力。其计算简图如图 8-12（c）所示。

2. 梁格为齐平连接时次梁的荷载和计算简图

如图 8-13 所示的齐平连接，水平次梁和竖直次梁同时支承着面板，面板为四边支承板，面板传给梁格的水压力，按梁格夹角的平分线来划分各梁所负担水压力作用的范围。例

如当水平次梁的跨度大于竖直次梁的跨度时，水平次梁［如图 8-13（a）中的 AB 梁］所负担的水压力作用面积为六边形（图中阴影部分）。该六边形面积上作用的水压力，换算到水平次梁上的荷载分布图为梯形［图 8-13（b）、（d）］，其中跨中的荷载集度为 $q=p\frac{a_{上}+a_{下}}{2}$，该式的计算及各项取值同式（8-9）。当水平次梁为在竖直次梁处断开后再连接于竖直次梁上时，水平次梁应按简支梁计算，如图 8-13（b）所示。当采用实腹隔板代替竖直次梁时，水平次梁是在实腹隔板预留的孔中穿过并通过支承加劲肋支承于隔板上，这时水平次梁应按连续梁计算，如图 8-13（d）所示。

竖直次梁为支承在主梁上的简支梁，如图 8-13（c）所示。它们除承受由水平次梁传来的集中荷载外，还承受由面板直接传来的分布水压力。如图 8-13（a）所示，竖直次梁上作用的分布水压力面积为有一个对角线与梁轴线相垂直的正方形，该正方形面积上的水压力换算到竖直次梁上的荷载分布图为三角形，其上、下两个三角形顶点处的荷载集度 $q_{上}$、$q_{下}$ 分别为

$$q_{上}=a_{上}\,p_{上}\,(\mathrm{N/mm})$$
$$q_{下}=a_{下}\,p_{下}\,(\mathrm{N/mm}) \qquad (8-10)$$

式中　$a_{上}$、$a_{下}$——分别为水平次梁轴线到上、下相邻梁轴线间的距离［图 8-13（a）］；

$p_{上}$、$p_{下}$——分别为上、下两个正方形形心处的水压强度，$\mathrm{N/mm^2}$。

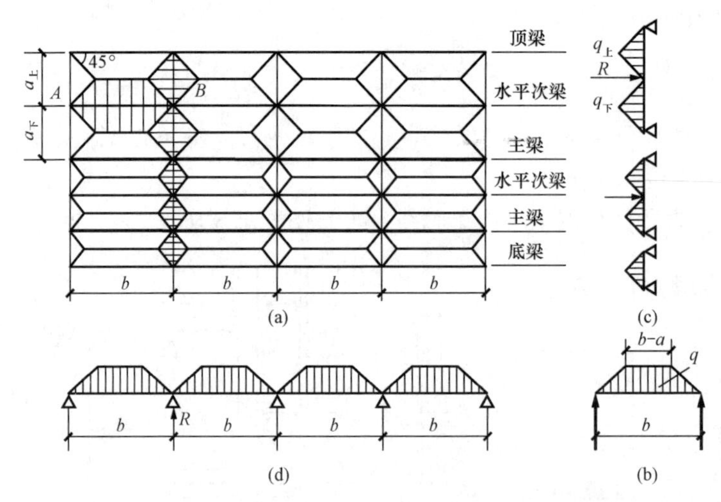

图 8-13　梁格为齐平连接时次梁的荷载和计算简图

（a）梁格布置图；（b）、（d）水平次梁计算简图；（c）竖直次梁计算简图

（二）次梁的截面设计

次梁所受荷载不大，通常都采用轧制型钢。轧制型钢梁的设计，可按下列步骤进行：

（1）已知计算简图，进行内力计算。简支梁和连续梁的内力计算，可利用《建筑结构静力计算手册》的表格求得，或按一般结构力学方法计算。

（2）按弯应力强度条件求所需的截面模量，计算式为

$$W\geqslant M_{\max}/[\sigma] \qquad (8-11)$$

根据需要的截面模量 W 和满足刚度要求的最小梁高 $h_{\min}$，从附录二型钢表中选合适的型钢。

闸门中的水平次梁，一般常采用槽钢或角钢，它们宜肢尖朝下与面板相连［图 8-14(a)］，以免因上部形成凹槽积水积淤而加速钢材腐蚀。竖直次梁则常采用工字型钢［图 8-14(b)］或实腹隔板。

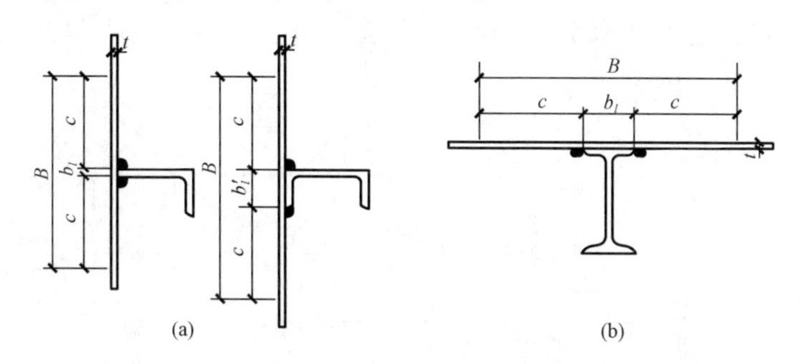

图 8-14　次梁截面形式及面板兼作梁翼缘的有效宽度

(a) 水平次梁；(b) 竖直次梁

(3) 截面验算。

弯应力
$$\sigma = M/W_{min} \leqslant [\sigma] \tag{8-12}$$

剪应力
$$\tau = \frac{VS}{It} \leqslant [\tau] \tag{8-13}$$

挠度验算
$$w = \beta \frac{ql^4}{100EI} \leqslant [w] \tag{8-14}$$

式中　M——所验算截面的弯矩；

W_{min}——M 所在位置次梁计算截面的最小截面模量；

V——所验算截面的剪力；

S——V 所在位置次梁计算截面的中和轴以上（或以下）部分对中和轴的面积矩；

I——V 所在位置次梁计算截面对中和轴的惯性矩；

t——腹板的厚度；

l——次梁的跨度；

β——连续梁的最大挠度系数，两跨连续梁为 0.521，三跨连续梁为 0.677，四跨连续梁为 0.632，五跨连续梁为 0.644。

当次梁直接焊于面板时，焊缝两侧的面板在一定的宽度（称有效宽度）内可以兼作次梁的翼缘参加次梁的抗弯工作。进行次梁截面验算时的计算截面，应包括面板参加次梁工作的有效宽度。

面板参加次梁工作的有效宽度 B 可按下列两式计算，然后取用两式算得的较小值。

1) 考虑面板兼作梁翼缘在受压时不致失稳而限制的有效宽度（图 8-14），计算式为

$$B = b_l + 2c \tag{8-15}$$

式中　c——梁肋每侧可利用的面板有效宽度；$c=30t\sqrt{235/f_y}$

b_l——梁肋宽度，当梁另有上翼缘时，为该上翼缘宽度。

2) 考虑面板沿宽度上应力分布不均匀而折算的有效宽度（图 8-15），计算式为

$$B = \xi_1 b \text{ 或 } B = \xi_2 b \tag{8-16}$$

$$b = \frac{b_1 + b_2}{2}$$

式中 b_1、b_2——分别为次梁与两侧相邻梁的轴线间距；

ξ_1、ξ_2——有效宽度系数，可按表 8 - 1 查用。ξ_1 适用于梁的正弯矩图为抛物线的梁段，如在均布荷载作用下的简支梁或连续梁的跨中部分；ξ_2 适用于负弯矩图可近似地取为三角形的梁段，如连续梁的支座部分或悬臂梁的悬臂部分。

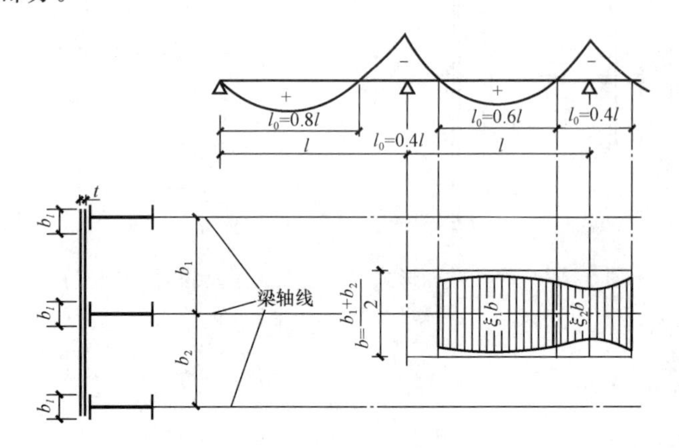

图8 - 15 面板因沿宽度上的应力分布不均，在参加次梁工作时的折算有效宽度示意图

表 8 - 1　　面板的有效宽度系数 ξ_1 和 ξ_2

l_0/b	0.5	1.0	1.5	2.0	2.5	3	4	5	6	8	10	12
ξ_1	0.20	0.40	0.58	0.70	0.78	0.84	0.90	0.94	0.95	0.97	0.98	1.00
ξ_2	0.16	0.30	0.42	0.51	0.58	0.64	0.71	0.77	0.79	0.83	0.86	0.92

注　l_0 为主（次）梁弯矩零点之间的距离，对于简支梁 $l_0=l$ ［l 为主（次）梁的跨度（图 8 - 15）］；对于连续梁的边跨和中间跨的正弯矩段，可近似地分别取 $l_0=0.8l$ 和 $l_0=0.6l$；对于连续梁的负弯矩段可近似地取 $l_0=0.4l$。

三、主梁设计

（一）主梁的形式

主梁是平面钢闸门中的主要承重构件，根据闸门的跨度和水头大小，主梁的形式有实腹式和桁架式之分。跨度小水头低的小型闸门，为便于制造，主梁可采用型钢梁；而对于中等跨度（5～10m）的闸门常采用实腹式组合梁。为缩小门槽宽度和节约钢材，也常采用变截面高度的主梁，如图 8 - 16（a）所示。对于大跨度的露顶闸门，主梁可采用桁架式。主桁架的节间应取偶数，以便闸门所有杆件都对称于跨中，并便于布置主桁架之间的联结系。为避免弦杆承受节间集中荷载，宜使竖直次梁的间距与主桁架节间尺寸相一致，一般为 1～2m。桁架的高度一般为桁架跨度的$\frac{1}{5}\sim\frac{1}{8}$，如图 8 - 16（b）所示。

（二）主梁的荷载和计算简图

主梁承受面板直接传来的分布水压力和竖直次梁传来的集中荷载。由于这些集中荷载的作用点在主梁跨度上比较分散，为计算方便起见，当主梁为实腹梁时，可将主梁上的作用荷载近似地换算为均布荷载计算［图 8 - 16（a）］，误差很小。当主梁按等荷载原则布置时，每根主梁所受的均布荷载集度 q（kN/m）为

$$q = P/n \tag{8 - 17}$$

式中　P——闸门单位跨度上作用的总水压力，kN/m；

　　　n——主梁的数目。

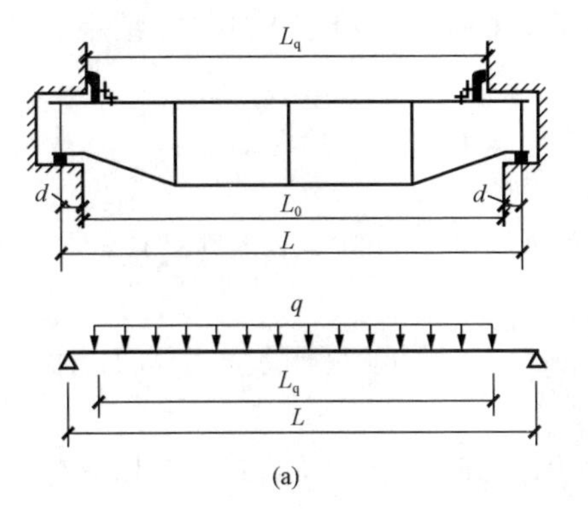

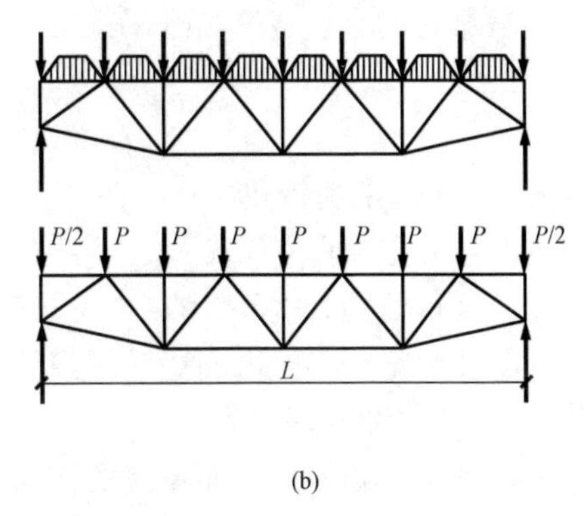

图 8-16　主梁的荷载及计算简图

（a）实腹梁；（b）桁架梁

如果主梁不是按等荷载布置，则可按与水平次梁荷载计算相似的方法，近似取相邻主梁间距和的一半法，求出各主梁的荷载，最后按承受荷载最大的主梁进行设计。

主梁的计算简图如图 8-16（a）所示。计算跨度 L 为闸门行走支承中心线之间的距离

$$L = L_0 + 2d \tag{8-18}$$

式中　L_0——闸门孔口宽度；

　　　d——行走支承中心线到闸墩侧壁的距离，根据跨度和水头大小，一般取 $d=(0.15\sim0.4)$m。

主梁的荷载跨度 l_q 等于两侧止水之间的距离。当侧止水布置在闸门的下游面而面板设在上游面时，还应考虑闸门侧向水压力对主梁引起的轴向压力。计算简图如图 8-17 所示，此时主梁应按压弯构件设计。

当主梁采用桁架式时，可将水压力化为节点荷载 $P=qb$（b 为桁架的节间长度），然后按一般结构力学方法求解桁架的杆件内力并选择截面。但对于直接与面板相连的上弦杆，在选择截面时，还必须考虑面板传来的水压力对上弦杆引起的局部弯曲，如图 8-16（b）所示。

（三）主梁设计特点

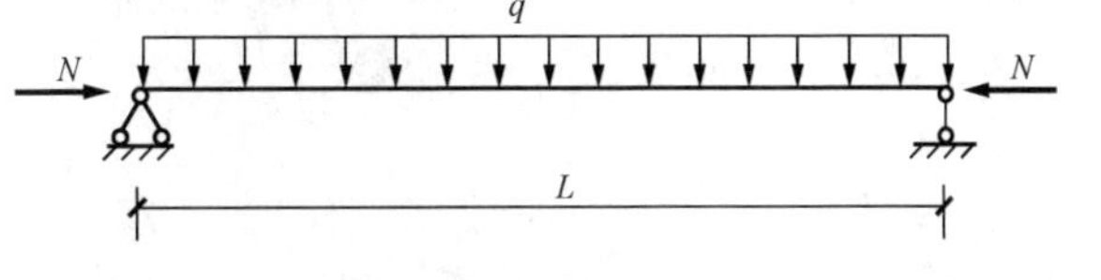

图 8-17　闸门受侧向水压力时主梁的计算简图

（1）对于钢闸门主梁而言，除主要承受水压力产生的弯矩外，其下翼缘还兼作纵向联结系（或称起重桁架）的弦杆，还需承受一部分门重产生的应力，故在选择主梁截面时，需预先考虑门重的影响，而将容许应力［σ］乘以 0.9，然后根据主梁的最大弯矩 M_{max}，计算主梁需要的截面模量 $W=M_{max}/0.9[\sigma]$。再根据下列有关公式及强度、刚度和稳定性等综合要求初选主梁截面，计算式为

$$h_{min} = 0.96 \times 0.23[\sigma]L/E[w/L]$$

$$h_{ec} = 3.1W^{2/5}$$

$$t_w = \sqrt{h}/11$$

$$A_1 = \frac{W}{h_0} - \frac{1}{6}t_w h_0$$

上列各式中符号的物理意义见第五章。

（2）当主梁直接与钢面板相连时，部分面板可作为主梁上翼缘的一部分参加其抗弯工作。面板可被利用的有效宽度与水平次梁中的规定基本相同，可按下式计算结果的较小值取用，即

$$B \leqslant b_1 + 2c, B = \xi_1 b$$

式中 b_1——主梁的上翼缘宽度；

b——每根主梁承受荷载面的宽度，或取主梁的平均间距（多主梁时）。

其他符号及取值同式（8-15）和式（8-16）。

（3）为防止主梁变形过大而影响闸门的正常使用，应限制主梁的挠度不超过最大容许相对挠度值 $[w/L]$，见表 5-3。

（4）为保证主梁腹板稳定而设置的横向加劲肋，其间距应与横向联结系相配合，当横向联结系采用实腹隔板时，则隔板可兼作横向加劲肋。

（5）由于主梁与面板焊牢，所以主梁的整体稳定性得到了保证，设计时不必对此验算。

四、横向联结系和纵向联结系的设计

（一）横向联结系

横向联结系（竖向联结系）的作用是：承受次梁（包括顶、底梁）传来的水压力，并将它传给主梁。当水位变更等原因而引起各主梁的受力不均时，横向联结系可以均衡主梁的受力并且保证闸门横截面的刚度。

横向联结系的布置，应对称于闸门的中心线，一般布置 1～3 道，视闸门的跨度而定，其间距不宜超过 4～5m，数目宜取单数。对于一般的直升式闸门，横向联结系通常按等间距布置。当闸门的支承采用悬臂式滚轮时（见第四节），由于边梁的内腹板偏离悬臂式滚轮的中心约有几十厘米，故在靠近边梁处联结系常取较小的间距。

横向联结系的形式应根据主梁的高度、间距和数目而定。当主梁高度和间距不大时，采用实腹式的竖向隔板为好。一般多主梁式闸门，大都采用竖向隔板。对于主梁高度及间距都较大的双主梁闸门，为节约钢材，也常采用桁架式横向联结系——称为横向桁架（或竖向桁架）。在一些小型多主梁闸门中，当主梁截面很小时，也可考虑不设横向联结系。设计横向联结系时，通常只考虑由面板和次梁传来的水压力，而不考虑门重和使闸门扭转的偶然力。

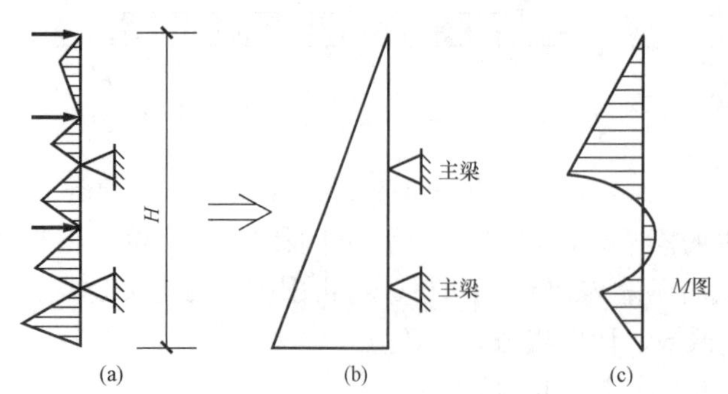

图 8-18 横隔板的计算简图
（a）横隔板的作用荷载；（b）横隔板的作用荷载简化图；
（c）横隔板的弯矩图

实腹式隔板支承在主梁上，承受面板和次梁传来的水压力，计算时，为简便起见可将作用在其上的集中荷载和分布荷载［图 8-18（a）］用三角形（露顶门）或梯形的分布荷载（潜孔闸门）代替，这样，对于双主梁式闸门横隔板即为受三角形［图 8-18（b）］或梯形水压力的双悬臂梁。

横隔板的应力一般较小，可不必计算，其尺寸按构造要求及稳定条件决定，隔板的高度与主梁高度相同，其腹板厚度一般采用 8～12mm，前翼缘可利用面板，不必另行设置；后翼缘可采用扁钢，

宽度取100～200mm，厚度取10～12mm，隔板应直接与面板和主梁焊牢，与主梁连接处要注意避开主梁的翼缘焊缝，应将隔板切角，若水平次梁支承在隔板上，则应在次梁处设置支承加劲肋，以使水平次梁的支座反力可靠地传递到横隔板腹板上。为减轻门重，可在隔板中间开孔，孔边用扁钢镶固，如图8-19（b）所示。

横向桁架是支承在主梁上的双悬臂桁架，其上弦杆为闸门的竖直次梁，承受顶、底梁和水平次梁传来的节点荷载，当上弦杆直接与面板连接时，上弦节间还承受面板传来的分布水压力。计算时可按杠杆原理先将节间荷载分配到节点上，并与直接作用在节点上的荷载相加，最后得到如图8-20所示的计算简图，横向桁架的上弦杆应按压弯构件设计。

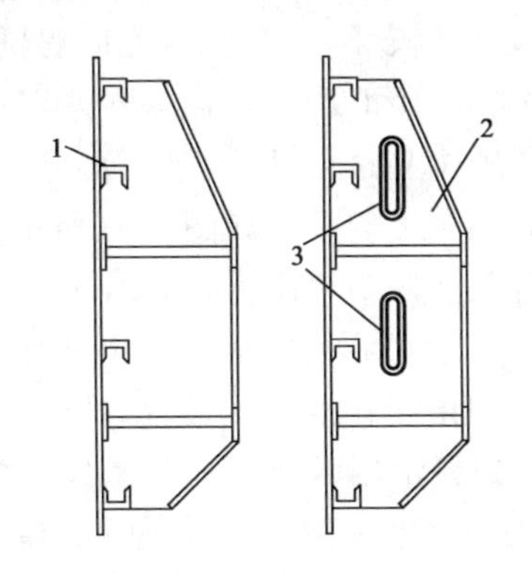

图8-19 横隔板的构造

1—水平次梁；2—横隔板；3—孔边扁钢镶固

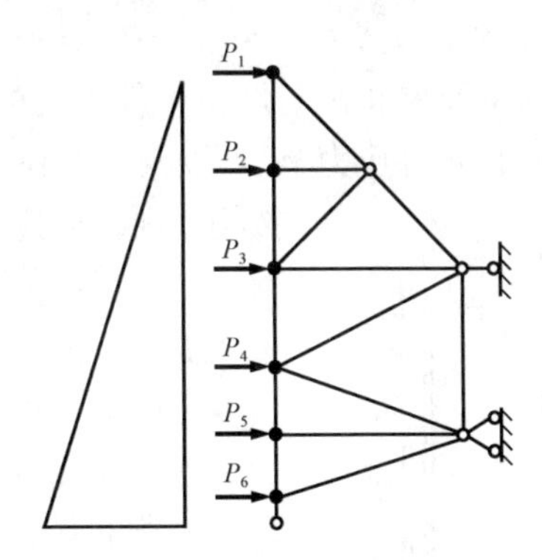

图8-20 竖向桁架计算简图

（二）纵向联结系

纵向联结系（又称门背联结系或起重桁架）位于闸门各主梁下翼缘之间的竖平面内（图8-21）。它的主要作用是：承受闸门上的竖向力（闸门的自重、门顶的水柱重以及门底的下吸力等）；保证闸门在竖向平面内的刚度；另外与主梁构成封闭的空间体系以承受偶然的作用力对闸门产生的扭矩。

纵向联结系多为桁架式，如图8-21所示。它的弦杆即为上、下主梁的下翼缘或主桁架的下弦杆，它的竖杆即为横向桁架的下弦或横隔板的下翼缘，只有斜杆是另设的。该桁架被支承在闸门两侧的边梁上。计算时，首先由附录四的公式初算出闸门自重G，然后根据闸门的重心位置按杠杆原理分配给上游面和下游面，则下游面纵向联结系所承受的部分门重为$G_1=G\dfrac{c_1}{h}$（图8-21），式中，c_1为闸门重心离开上游面板的距离，h为门厚。该项荷载G_1可以看成沿桁架跨度方向均匀分布，则作用在纵向联结系每个节点上的集中荷载为$P_1=G_1/n$，其中n为桁架节间的数目。纵向联结系一般按简支在边梁上的平面桁架计算。若主梁两端的高度改变，使纵向联结系位于曲折面上时，可近似地将其所在的折面展开为平面，其中的杆件按实际杆长计算。对于兼用的杆件，如弦杆和竖

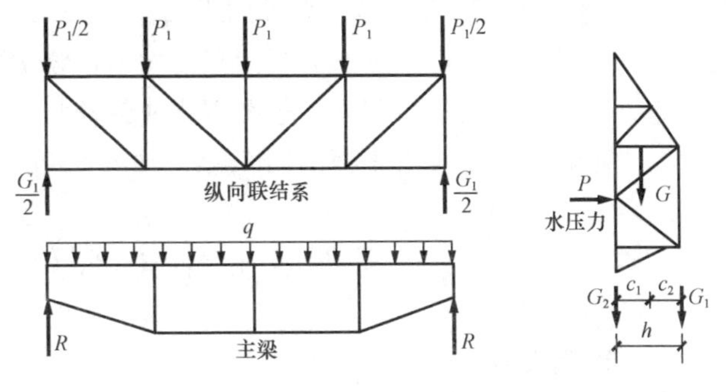

图8-21 纵向联结系的计算简图

杆，由于双重受力的作用，若出现同号内力，应叠加验算；若出现异号应力时，应分别验算。当选择斜杆截面时，考虑闸门可能因偶然扭转使斜杆出现压力，建议按压杆容许长细[λ]=150来校核。另外，在计算纵向联结系所承担的部分门重 G_1 时，考虑到闸门重心偏向上游面板侧的情况，可近似初定为 $G_1=(0.3\sim0.4)G$。

五、边梁设计

支承边梁是位于闸门两边并支承在滑块或滚轮等行走支承上的竖向梁，主要承受由主梁等水平梁传来的水压力产生的弯矩，以及由纵向联结系和吊耳传来的门重和启门力等竖向力产生的拉力或压力。边梁所受的荷载（图8-22）一般有主梁和水平次梁（包括顶、底梁）的边跨传来的水压力 P_1，P_2，…，行走支承的反力 R_1、R_2；在竖直方向有闸门自重 $G/2$，启闭闸门时支承和止水与埋固构件之间的摩阻力 $T_{zd}/2$ 和 $T_{zs}/2$，门底过水时的下吸力 P_x，有时还有门顶水柱压力 W_s，以及作用在边梁顶端吊耳上的启门力 $T/2$ 等。边梁的尺寸通常按构造要求确定，然后进行强度验算。如图8-8所示，边梁的截面高度与主梁端部的高度相等，腹板厚度为8～14mm，翼缘厚度应比腹板加厚2～6mm，其上翼缘可利用钢面板不再另行设置。单腹式支承边梁的下翼缘宽度一般由布置滑块或滚轮的要求而定，不宜小于200～300mm。双腹式边梁常用两条下翼缘，分别焊在两块腹板上，每条下翼缘可分别采用宽度为100～200mm的扁钢做成。为了便于在两块腹板之间施焊和安装滚轮，两块腹板之间的距离不宜太小，其间距不应小于300～400mm。同时，为了提高双腹式支承边梁的抗扭刚度，应在其下翼缘的敞开处设置缀板或缀条，并在两腹板间相隔一定距离设置横隔板。

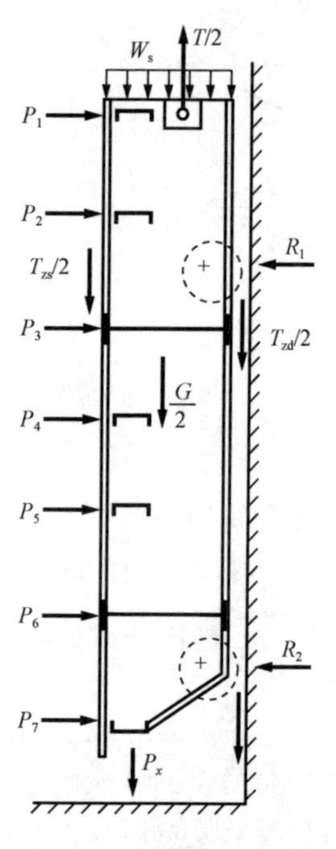

图8-22 边梁荷载简图

单腹式边梁通常为沿闸门全高连续的实腹梁。主梁或水平次梁与边梁采用等高连接，主梁端部的腹板可直接用K形对接焊缝焊在边梁的腹板上［图8-8（a）］，也可用连接角钢和螺栓与边梁的腹板相连。双腹式边梁的外腹板，应沿闸门全高制成整块的，而内腹板则在与主梁连接处断开，可用K形焊缝焊接在主梁腹板上，这样，主梁的腹板就能伸入边梁内部，而与边梁的外腹板用K形焊缝相连，如图8-8（b）所示。

边梁的强度可按拉弯或压弯构件进行验算。当闸门处于开启过程时，应按拉弯构件计算；当闸门关闭时，则应按压弯构件计算。当行走支承采用滚轮或滑块时，边梁是支承在滚轮或滑块上的双悬臂简支梁；当采用沿边梁全长布置的滑动式支承时，边梁如同弹性基础梁，其内力较小，一般不需验算，而只要按构造要求选择其截面尺寸。

边梁需要验算的危险截面一般在主梁或轮轴与边梁的连接处。如果边梁的翼缘或腹板直接承受水压，还应验算由于板的局部弯应力和上述的边梁所引起的应力，按折算应力校核。

第四节 平面钢闸门的零部件设计

一、行走支承

平面钢闸门行走支承的形式，应根据工作条件、荷载和跨度选定。工作闸门和事故闸门宜采用滚轮或滑道支承。检修闸门和启闭力不大的工作闸门，可采用钢或铸铁等材料制造的滑块支承。工作闸门和事故闸门的滑道支承，宜根据工作条件和地区特点，选用压合胶木、填充聚四氟乙烯板材、钢基铜塑复合板或其他高比压低摩阻材料。常用的滚轮支承有简支轮、悬壁轮、多滚轮和台车等类型。一般多采用简支轮；当荷载不大时，可采用悬壁轮；当支承跨度较大时，可采用台车或其他形式支承，以保证轮子与轨道的接触良好；当荷载较大时，也可采用多滚轮。

（一）滑道式支承

1. 胶木滑道

胶木滑块式支承简称胶木滑道。胶木是一种用多层桦木片浸渍酚醛树脂后、经过加热加压制作成的胶合层压木。它具有较低的摩擦系数、较高的抗压强度、良好的加工性能及较好的防水性和耐久性。但胶木的摩擦系数尚不够稳定，受制造工艺的影响很大。当压合胶木有一定量的横向压紧力时，其顺纹承压强度可以达到 $160N/mm^2$，它与光滑的不锈钢轨道之间的摩擦系数仅为 0.06～0.17（在清水中）。一般说来，胶木滑块所受的单位长度压力（压强）越大，则摩擦系数越小。

胶木滑道支承的型式有装配式和嵌镶式两种。前者一般用于较小的闸门，而后者过去常用于大中型工作闸门。嵌镶式压合胶木滑块，是将总宽度为 100～150mm 的三条胶木压入宽度稍小的铸钢夹槽中，如图 8-23（a）、（b）所示。三条胶木的总宽度应比夹槽的宽度大 1.3%～1.7%，这样可以使胶木受到足够的横向夹紧力，以提高承压面的强度。在压入夹槽前的胶木含水率不应大于 5%，压入后的胶木表面在加工前应比槽顶高出 2～4mm［图 8-23（a）］，然后再将胶木的工作表面加工到比槽顶低 2～4mm，表面加工粗糙度应达到 $Ra=3.2\mu m$［图 8-23（b）］，用螺栓将钢夹槽固定到梁上。

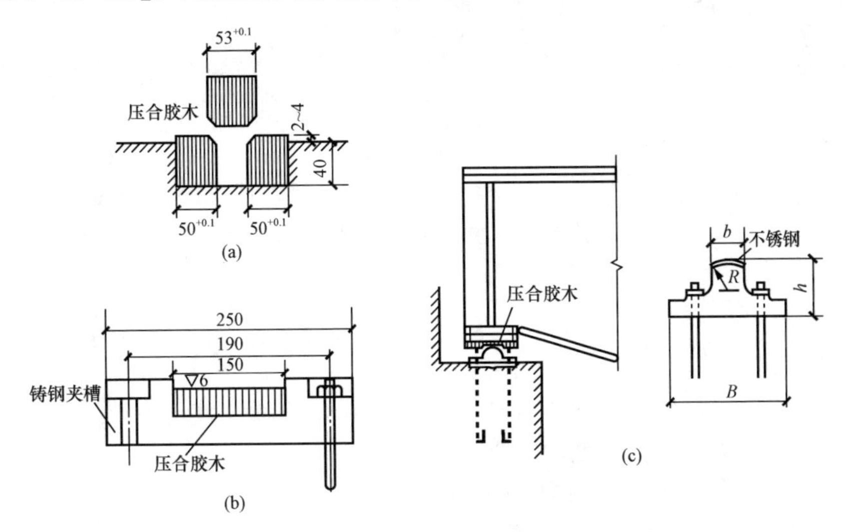

图 8-23　胶木滑道图

（a）胶木滑道尺寸配合；（b）胶木滑道构造图；（c）胶木滑道装配图

支承胶木滑块的钢轨表面通常做成圆弧形［图 8-23（c）］。为减少摩阻力，在钢轨表面上堆焊一层 3～5mm 厚的不锈钢，然后加工到 6～7 级光洁度，加工后的不锈钢厚度应不小于 2～3mm。轨头设计宽度 b 和轨顶圆弧半径 R，应按胶木与轨面之间单位长度上的支承压

力 q 由表 8-2 来决定。工程使用经验建议该支承压力 q 宜选用 1.5～3.5kN/mm；如超过 3.5kN/mm，应对材料、制造等做专门研究。

表 8-2　胶木滑道轨道的轨头设计尺寸

支承压力 q（kN/mm）	1.0 以下	1.0～2.0	2.0～3.5
轨顶圆弧半径 R（mm）	100	150	200
轨头设计宽度 b（mm）	25	35	40

注　b 值不得与滑块中间的一条胶木同宽。

钢轨底面宽度 B［图 8-23（c）］应根据混凝土的容许承压强度决定。钢轨高度应不小于 $B/3$。

胶木滑块与轨道弧面之间的最大接触应力的计算式为

$$\sigma_{max} = 104\sqrt{q/R} \leqslant [\sigma_j] \tag{8-19}$$

式中　q——滑块单位长度上的计算荷载，N/mm；

R——轨道工作表面的曲率半径，mm；

$[\sigma_j]$——胶木容许接触应力，$[\sigma_j]=500\text{N/mm}^2$。

式（8-19）是取胶木顺纹方向弹性模量 $E=3\ 100\text{N/mm}^2$ 和泊松比 $\nu=0.475$，按弹性理论推导而得。

此外，还需要计算铸钢夹槽由于胶木侧压力引起的弯应力、剪应力和拉应力。如图 8-24 所示的夹槽，当胶木以公盈尺寸压入夹槽以后，在槽壁产生的侧压力 P 的计算式为

$$P = E_j\varepsilon h\,(\text{N/mm}) \tag{8-20}$$

式中　E_j——胶木沿层压方向的弹性模量，可取 $E_j=2\ 500\sim3\ 500\text{N/mm}^2$；

ε——胶木宽度的公盈量与夹槽宽度之比，一般为 1.3%～1.7%；

h——夹槽深度，mm。

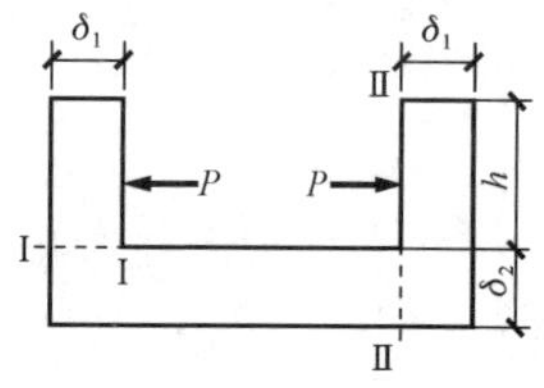

图 8-24　胶木滑道的铸钢夹槽

由于侧压力 P 的作用，使夹槽 Ⅰ—Ⅰ 断面承受悬臂弯矩的作用，并使Ⅱ—Ⅱ断面承受偏心拉力作用（图 8-24），需做如下验算：

Ⅰ—Ⅰ 断面
$$\sigma_{zh} = \sqrt{\sigma_{M1}^2 + 3\tau^2} \leqslant [\sigma] \tag{8-21}$$

Ⅱ—Ⅱ 断面
$$\sigma_{max} = \sigma_{M2} + \sigma_t \leqslant [\sigma] \tag{8-22}$$

式中　σ_{M1}，σ_{M2}——夹槽分别在Ⅰ—Ⅰ断面和Ⅱ—Ⅱ断面上的最大弯应力；

τ——夹槽在Ⅰ—Ⅰ断面的剪应力；

σ_t——夹槽在Ⅱ—Ⅱ断面上的轴向拉应力。

2. 复合材料滑道

对于孔口尺寸较大和设计水头较高的闸门，启闭过程中由于高速水流引起的闸门振动、冲击，以及门槽埋件的安装误差所造成的卡阻等，若采用压合胶木作为支承滑道，其较高的摩阻力常需要很大容量的启闭机械。鉴于近年来工程塑料的飞速发展，若选用高强度低摩擦性能的复合材料作为闸门的支承滑道，则可以简化闸门支承结构，降低运行摩阻力，从而减小闸门启闭机容量，达到降低工程造价的目的。

平面钢闸门中常用的复合材料滑道，主要有钢基铜塑复合材料滑道和增强聚四氟乙烯复合材料滑道两类，两类复合材料滑道均为高强度低摩擦新型滑道材料。钢基铜塑复合材料以填充改性聚甲醛的铜塑复合层为减摩抗磨工作表层，钢基体起主要承压作用，而塑料层只起到磨合和润滑作用。其特点为：承载能力高、耐磨性能好，抗刨削能力强，滑动速度高，摩擦系数小。增强聚四氟乙烯滑道是一种以钢材为原料，将聚四氟乙烯注射并填充在钢板基材上的复合减磨材料，摩擦系数可降到0.04，不黏也不吸水。该复合材料表层为聚四氟乙烯，底层为钢板，中间层为金属网，使填充的聚四氟乙烯与钢板牢固结合成复合层。其机械性能基本取决于钢板，而摩擦磨耗性能则取决于表面填充的聚四氟乙烯层。

复合材料滑道自身带有夹槽效应，可去掉采用其他传统材料滑道时所必需的夹槽，简化了结构；直接用螺栓将滑道固定在闸门上，既简化了安装、拆卸、更换程序，同时也降低了安装、维护成本。

（二）滚轮支承

如图8-25所示，轮式支承可分为定轮和台车两种类型。定轮沿门高的位置应按等荷载布置［图8-25（a）、（b）］，而且最好在闸门的每边只布置两个定轮，以便使各轮受力均等。当轮子荷载过大，轮压超过1500～2500kN，以致难于布置和制造时，可改用台车［图8-25（c）］，使闸门每边的支点仍保持2个，相应的轮子数可增加到4个以上，仍能达到各轮受力相等的要求。由于台车构造复杂，重量很大，占门重的20%～25%，故在工程实践中，仅当闸门跨度大于12～14m时才采用台车。在门高很大的多主梁式闸门中，为了减小轮压，也可布置成每边多于2个定轮的多滚轮式，但在轮轴的构造上需采用相应的偏心轴（图8-28）装置进行调整，使各滚轮踏面在同一平面上。

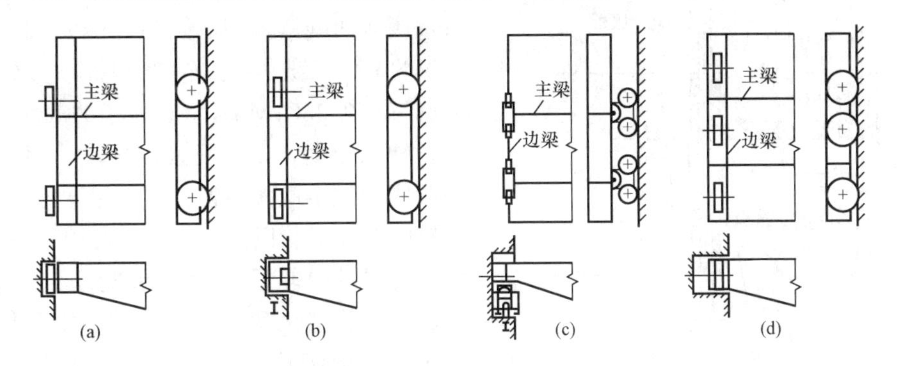

图8-25　平面闸门轮式支承的型式

（a）悬臂轮；（b）简支轮；（c）台车轮；（d）多滚轮

定轮式支承按照它同支承边梁的连接方式可分为：

（1）悬臂式。用悬臂轴将轮子装在双腹式边梁的外侧，如图8-25（a）所示。悬臂轴的位置必须同主梁错开而布置在主梁的上方和下方。如图8-26所示为悬臂轮的一般构造。悬臂轮的优点是轮子安装和检修比较方便，所需门槽深度较小，但悬臂轴增大了边梁外侧腹板的支承压力并使边梁受扭，悬臂轴的弯矩也较大，因此，一般情况只用于水头和孔口均较小的闸门。

（2）简支轮［图8-25（b）］。用简支轴将轮子装在双腹式边梁的腹板之间。简支轮的位置也必须同主梁错开，而且轮缘同主梁腹板之间需留有一定间隙。图8-27所示为简支轮的一般构造，适用于孔口或水头较大的闸门。这种简支轴避免了上述悬臂轴的缺点，在工程上使用较多。我过目前最大轮压已超过 4 000kN。

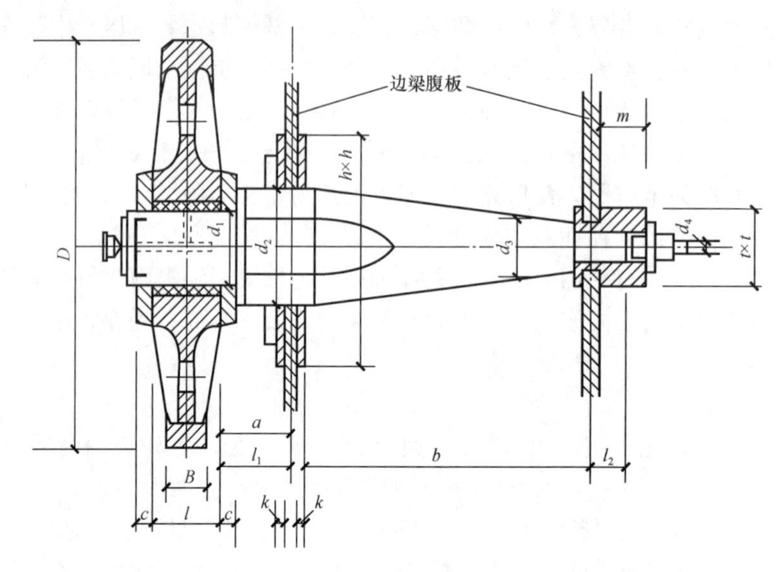

图 8 - 26 悬臂轮

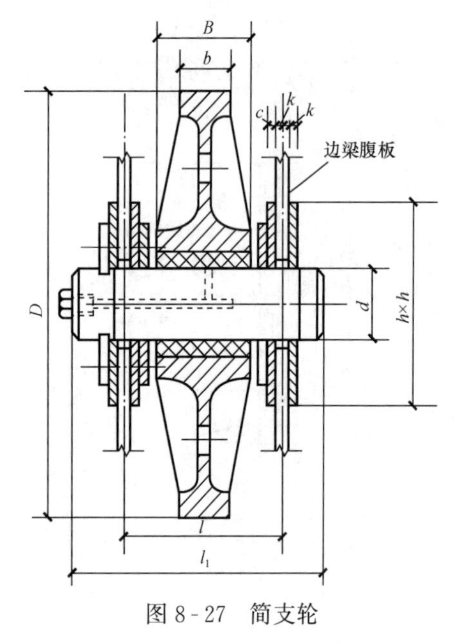

图 8 - 27 简支轮

滚轮的材料，对小型闸门常采用铸铁。当轮压较大（超过 200kN）时，铸铁轮子的尺寸就显得太大，必须采用碳钢或合金钢。轮压在 1 200kN 以下时，可选用普通碳素铸钢，如 ZG35 和 ZG45 等；超过 1200kN 则可选用合金铸钢，如 ZG50Mn2、ZG35CrMo、ZG35CrMnSi 等。轮子的表面还可根据需要进行硬化处理，以提高表面硬度。表面硬化深度，一般取为发生最大接触应力处深度的 2 倍。

滚轮的轮缘形状以圆柱形为最常用（图 8 - 27），轮子的主要尺寸是轮径 D 和轮缘宽度 b。这些尺寸是根据轮缘与轨道之间接触应力的强度条件来确定的。对于圆柱形滚轮与平面轨道的接触是线接触，其接触应力的计算式为

$$\sigma_{\max} = 0.418\sqrt{\frac{PE}{bR}} \leqslant 3.0 f_{y} \quad (8-23)$$

式中 P——一个轮子的计算压力，N，它等于设计轮压乘以不均匀系数 1.1；

b、R——分别为轮缘宽度和轮半径，$R=D/2$，mm；

E——材料的弹性模量 N/mm^2；当互相接触的两种材料其弹性模量不同时，应采用合成弹性模量 $E=\dfrac{2E_1E_2}{E_1+E_2}$ 来计算。

为便于选择轮径 D 和轮缘宽 b，可将上列的线接触应力换算为滚轮直径面积上的承压应力来计算，即

$$\sigma_{\varphi}=\frac{P}{Db}\leqslant 25.8\frac{f_y^2}{E}=[\sigma_{\varphi}] \tag{8-24}$$

式中　f_y——互相接触的两种材料的屈服强度中之较小值，N/mm^2；

$[\sigma_{\varphi}]$——折算径向容许压应力，N/mm^2，并无实际物理意义，可按表 8-3 查得。

表 8-3　铸钢折算径向容许压应力

铸钢	ZG25	ZG35	ZG45	ZG55 ZG35CrMnSi	ZG50Mn2	ZG35CrMo
f_y (N/mm^2)	235	275	315	345	440	540
$[\sigma_{\varphi}]$ (N/mm^2)	7.2	9.3	12.2	14.3	24.4	35.8

轮子直径 D 通常为 300～1 000mm，轮缘宽度 b 通常为 80～150mm。$D/d\approx4-6$。

为了减少滚轮转动时的摩阻力，在滚轮的轴孔内还要装设滑动轴承或滚动轴承。滑动轴承也叫轴衬或轴套。轴套要有足够的耐压耐磨性能，并能保持润滑。滚轮的滑动轴套，根据工作条件可选用钢基铜复合板材料、青铜合金材料或其他高比压低摩阻材料的轴套。胶木轴套在多年的工程使用中，经常会出现诸如抱轴、轴套脱落等问题，不再推荐采用。

轴和轴套间压力的传递也是接触应力的形式，计算式为

$$\sigma_{cg}=\frac{P}{db_1}\leqslant[\sigma_{cg}] \tag{8-25}$$

式中　P——滚轮的计算压力，N，包括不均匀系数；

d——轴的直径，mm；

b_1——轴套的工作长度，mm；

$[\sigma_{cg}]$——滑动轴套的容许压力，N/mm^2，见附录六。

轮轴常用 45 号优质碳素钢或硬质 Q275 钢做成。轮轴的直径 d 与轮径 D 之比一般为 0.15～0.30。在决定轴径 d 时，应根据轮轴的布置（悬臂式或简支式）来验算弯曲应力和剪应力。轴在轴承板连接处（图 8-26 或图 8-27），还应验算轮轴与轴承板之间的紧密接触局部承压应力，计算式为

$$\sigma_{cj}=\frac{N}{d\sum t}\leqslant[\sigma_{cj}] \tag{8-26}$$

式中　N——轴承板所受的压力，$N=P/2$；

$\sum t$——轴承板叠总厚度，mm；

$[\sigma_{cj}]$——紧密接触局部承压容许应力，见表 1-11。

为了使滚轮（尤其多滚轮）安装位置正确，轮轴可采用偏心轴（图 8-28），它是一根两端支承中心在同一轴线上，而与滚轮接触的中段轴线偏离 5～10mm（可得调整幅度 10～20mm）的偏心轴，安装时利用偏心轴的转动，可以调整轮子到正确的位置，然后再将轮轴固定在边梁腹板上。

（三）平面钢闸门的导向装置——侧轮和反轮

闸门启闭时，为了防止闸门在闸槽中因左右倾斜而被卡住或前后碰撞，并减少门下过水时的振动，需设置导向装置——侧轮和反轮，如图 8-29 所示。

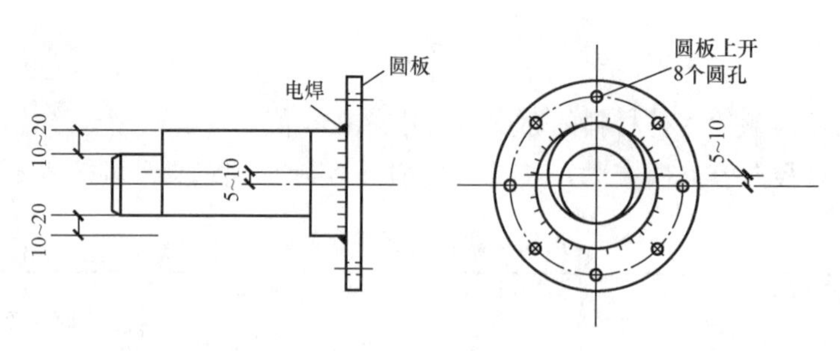

图 8-28　偏心轴

侧轮设在闸门的两侧，每侧上下各一个，侧轮的间距应尽量大些，以承受因闸门左右倾斜时引起的反力。在深孔闸门中，由于孔口上部有胸墙的影响，侧轮应设在闸门两侧的闸槽内，如图 8-29（a）所示。在露顶闸门中侧轮可设在孔口之间闸门边部的构件上［图 8-29（b）］，侧轮与其轨道间的空隙为 10～20mm。

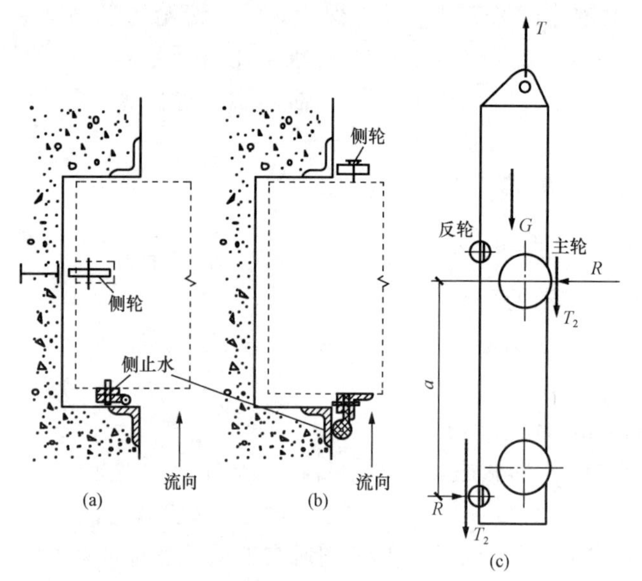

图 8-29　平面闸门的侧轮及反轮
（a）潜孔闸门侧轮与侧止水布置；
（b）露顶闸门侧轮与侧止水布置；（c）主反轮布置

反轮设在与主轮相反的一面，承受因偏心拉力（启闭力）作用下闸门发生前后倾斜时的反力 R，如图 8-29（c）所示。反轮与其轮道间的空隙为 15～30mm。对于高压闸门，为了减少振动，常把反轮安装在板式弹簧上，或把反轮安装在具有橡皮垫块的缓冲车架上，使反轮紧贴在轨道上。在中小型闸门中，常利用悬臂式主轮兼作反轮，可不必另设反轮，也可采用反滑块代替反轮，以减小门槽宽度，并便于布置侧止水。

二、止水装置

（一）止水的作用与要求

止水装置的作用是在闸门关闭时，能将门叶与闸孔周界的间隙密封不漏水，故又称水封。

止水装置一般安装在闸门门叶上，便于维修更换，也可装设在埋设件上，但应对此提供维修更换的条件。止水按照装设的部位不同，可分为顶止水、侧止水、底止水和节间止水四种。露顶式闸门中仅有侧止水和底止水，潜孔闸门上还有顶止水。为便于制造、运输和安装，对于高孔口的平面闸门，常将闸门门叶分成多节，节间用螺栓或其他活动结构连接起来，因此还要设置节间止水。

止水材料要求富有弹性并有足够的强度。最常用的止水材料为橡皮，其次是木材和金属。止水橡皮一般可选用定型产品，侧止水和顶止水（图 8-30）常用 P 形橡皮（或 Ω 形），底止水一般用条形橡皮。布置闸门四周的止水轮廓线时，应注意各部位止水装置的连续性和严密性。

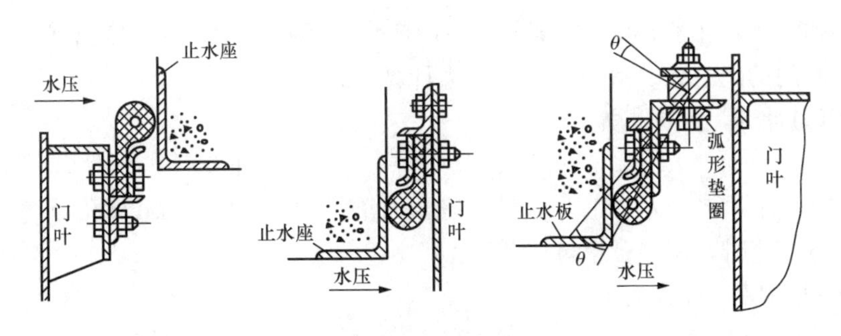

图 8-30　顶止水

（二）止水的装置

1. 平面钢闸门的侧、顶止水

侧止水和顶止水一般采用定型 P 形橡皮，它们用垫板和压板夹紧后再用螺栓固定到门叶上［图 8-30，图 8-31（b）］，螺栓直径一般为 16～20mm，间距宜小于 150mm。止水橡皮的设置方向，应根据水压方向而定，一般要求止水橡皮在受到水压后，能使其圆头压紧在止水座上。为了达到较好的止水效果，应考虑一定的预压缩量，一般顶、侧止水的预压量为 2～4mm。

顶、侧止水装置中的垫板，主要用来垫起 P 形橡皮的圆头，使其获得好的止水效果，并保证止水面平直，故垫板一般采用稍厚钢板。顶止水装置中的压板（图 8-30），除用来夹紧止水橡皮外，尚起到防止止水橡皮在启闭过程中翻卷的作用。压板的厚度，不宜小于 10mm，小型闸门可适当减薄。止水压板在靠橡皮头外的边棱，应该磨圆，以免橡皮受水压变形时被压板的棱角割破。

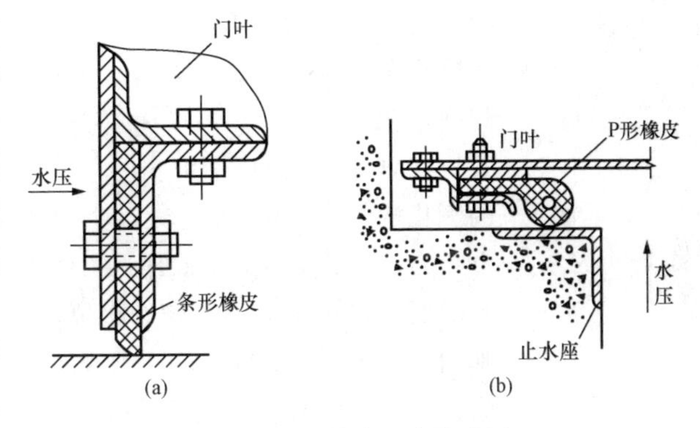

图 8-31　橡皮止水构造图
（a）条形底止水；（b）P 形侧止水

2. 底止水

平面闸门的底止水橡皮是利用压板和螺栓直接固定在门叶面板上的［图 8-31（a）］，一般都采用条形橡皮。为达到较好的止水效果，一般靠闸门自重压缩止水橡皮 3～5mm。底止水的压板一般采用角钢，并用螺栓固定在门叶底部的次梁上。

三、启闭力和吊耳

（一）启闭力

闸门启闭力的计算，对于确定启闭机械的容量、牵引构件的尺寸，以及对闸门吊耳的设计等都是必要的。计算启闭力时，一般先计算闭门力，确定闸门是否加重再计算启门力和持住力。

1. 动水中启闭的闸门

此类闸门特别是深孔闸门，在水压力作用下，由于摩阻力大，有时仅靠自重不能关闭，因此，必须分别计算闭门力和启门力。在确定闸门启闭力时，除考虑闸门自重外，还要考虑由于水压力作用而在滚轮或滑道支承处产生的摩阻力 T_{zd}，止水摩阻力 T_{zs}，闭门时门底的上

托力 P_t，启闭时由于门底水流形成部分真空而产生的下吸力 P_x。有时还有门顶止水柱压力 W_s 等。平面闸门的闭门力、持住力和启门力计算公式如下：

（1）闭门力计算，计算式为

$$T_{闭} = n_T(T_{zd} + T_{zs}) - n_G G + P_t(\text{kN}) \tag{8-27}$$

式（8-27）中，计算结果为“正”值时，需要加重（加重方式有加重块、水柱或机械下压力等）；为“负”值时，依靠自重可以关闭。

（2）持住力计算，计算式为

$$T_{持} = n'_G G + G_j + W_s + P_x - P_t - (T_{zd} + T_{zs})(\text{kN}) \tag{8-28}$$

（3）启门力计算，计算式为

$$T_{启} = n_T(T_{zd} + T_{zs}) + P_x + n'_G G + G_j + W_s(\text{kN}) \tag{8-29}$$

式中 n_T——摩擦阻力安全系数，可取 $n_T=1.2$；

n_G——计算闭门力用的闸门自重修正系数，可采用 0.9～1.0；

n'_G——计算持住力和启门力用的闸门自重修正系数，可取 1.0～1.1；

G——闸门自重，kN；见附录四；

W_s——作用在闸门上的水柱压力，kN；

G_j——加重块重量，kN；

P_t——上托力，$P_t=\gamma HDB$，kN；

γ——水的容重，kN/m^3；

H——门底水头，m；

D——底止水到上游面的间距，m；

B——两侧止水间距，m；

P_x——下吸力，$P_x=PD_2B$，kN；

D_2——闸门底止水至主梁下翼缘的距离，m；

P——闸门底缘 D_2 部分的平均下吸强度，一般按 $20kN/m^2$ 计算，对溢流坝顶闸门、水闸闸门和坝内明流底孔闸门，当下游流态良好，通气充分时，可不计下吸力；

T_{zd}——支承摩擦阻力，kN，可按如下情况计算：滑动轴承的滚轮摩擦阻力，$T_{zd}=\dfrac{W}{R}(f_1 r+f_k)$；滚动轴承的滚轮摩擦阻力，$T_{zd}=\dfrac{Wf_k}{R}\left(\dfrac{R_1}{d}+1\right)$；滑动支承摩阻力，$T_{zd}=f_2 W$；

W——作用在闸门上的总水压力，kN；

r——滚轮轴半径，mm；

R_1——滚轮轴承的平均半径，mm；

R——滚轮半径，mm；

d——滚轮轴承滚柱直径，mm；

f_1、f_2、f_3——滑动摩擦系数，计算持住力时应取小值，计算启门力、闭门力时应取大值，其值可查附录五表 5-1；

f_k——滚动摩擦力臂，mm，钢对钢 $f_k=1mm$；

T_{zs}——止水摩擦阻力，kN，$T_{zs}=f_3 P_{zs}$；

P_{zs}——作用在止水上的总水压力，kN。

2. 静水中启闭的闸门

静水中开启的闸门，其启闭力计算除计入闸门自重和加重外，尚应考虑一定的水位差引起的闸门摩擦阻力。露顶式闸门和电站尾水闸门可采用不大于 1m 的水位差；潜孔式闸门，可采用 1～5m 的水位差。对有可能发生淤泥、污物堆积等情况，尚应酌情增加。

（二）吊耳

吊耳位于闸门的吊点上，是闸门与启闭设备的吊具，如动滑轮组、钢丝绳索具、螺杆或活塞杆的吊头等相连接的重要部件，承受着闸门的全部启闭力，直接影响闸门的安全运行，故吊耳虽小，仍需充分重视。

在闸门上可布置单吊点或双吊点，根据闸门的孔口大小，宽高比，门型和启闭机布置等因素，综合考虑确定。一般当闸门宽高比大于 1.0 时，宜采用双吊点。直升式平面闸门的吊耳，一般布置在横隔板或边梁的顶部，并应尽量设在闸门重心线上，以免闸门悬挂时发生歪斜。吊耳多数是用一块或两块钢板做成，设轴孔与吊轴相连接，如图 8-32 所示。

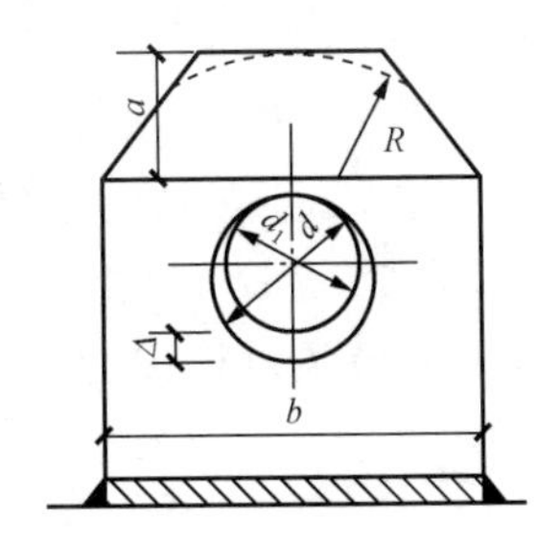

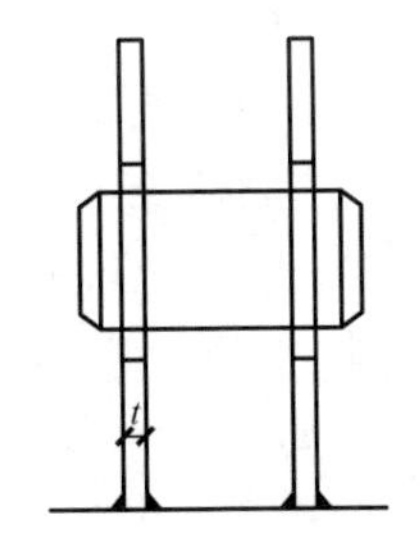

图 8-32　吊耳的构造

吊轴的强度验算与前述的轮轴相同，也需要按机械零件的容许应力验算其弯应力和剪应力。当吊轴直径为 d 时，则吊耳板的尺寸的各初选式为

$$b=(2.4\sim2.6)d$$
$$t\geqslant b/20$$
$$a=(0.9\sim1.05)d$$
$$\Delta=d-d_1\leqslant0.02d$$

吊耳板孔壁的强度计算式如下

1. 孔壁的局部紧接承压应力

$$\sigma_{cj}=\frac{N}{dt}\leqslant[\sigma_{cj}] \tag{8-30}$$

式中　N——一块吊耳板上所受的荷载，该荷载按启门力计算时，应乘以因受力不均而引起的超载系数 1.1～1.2；

d——吊轴直径；

t——吊耳板的厚度（当有轴承板时，应为轴承板厚度）；

$[\sigma_{cj}]$——局部紧接承压容许应力（表 1-11）。

为调整吊耳孔位置而采用轴承板时，则每块吊耳板两侧的两块轴承板的总厚度应不小于 $1.2t$。

2. 孔壁拉应力

孔壁拉应力的近似弹性力学中的拉美（G Lame）验算式为

$$\sigma_k=\sigma_{cj}\frac{R^2+r^2}{R^2-r^2}\leqslant[\sigma_k] \tag{8-31}$$

式中　R、r——分别为吊耳板孔中心到板边的最近距离和轴孔半径（$r=d/2$）（图 8-32），R 取 $b/2$ 和 $a+d/2$ 中的较小值；

$[\sigma_k]$——孔壁容许拉应力（表 1-11）。

第五节　平面钢闸门的埋设部件

平面钢闸门的埋件一般包括主轨、侧轨和反轨、止水座、底槛、门楣、护角及护面等。设计上述各种埋件时，应该统一考虑，全面安排，尽可能采取兼任与合并的办法，以减少埋件数量，达到简化制造、安装和降低造价的目的。闸门埋件一般采用二期混凝土安装，当条件容许或施工需要时，可采用预制门槽安装。

本节主要介绍主轨的计算，其他埋件则属于选用性质，一般不做计算。

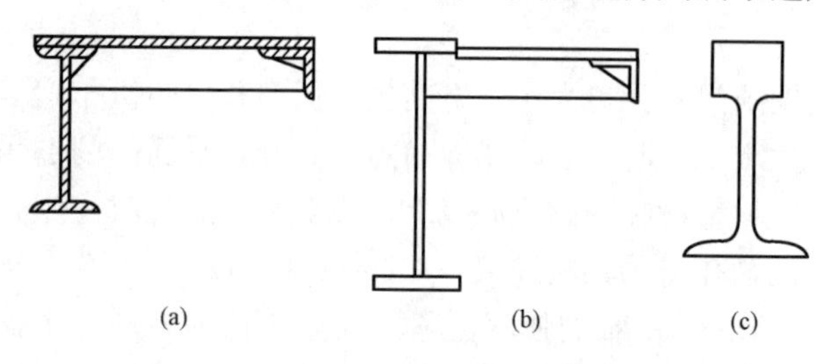

图 8-33　轨道形式

（a）轧制工字钢轨道；（b）焊接工字钢轨道；（c）重型钢轨、起重钢轨轨道

一、主轨道

（一）定轮闸门主轨

1. 形式。根据轮压大小可采用图 8-33 所示的不同形式。轮压在 200kN 以下时，可采用轧成工字钢［图 8-33（a）］；轮压在 200～500kN 时，轨道可用三块钢板焊成如图 8-33（b）所示的截面或用重型钢轨、起重钢轨［图 8-33（c）］；轮压在 500kN 以上时，需要采用铸钢轨。为了提高轨道的侧向刚度，常把主轨轮道与门槽的护角角钢连接起来，如图 8-33 所示。

2. 强度计算

（1）轨道与滚轮的接触应力，见式（8-23）。

（2）在滚轮压力作用下的主轨应力：在滚轮作用下，轨道应验算下列各项，如图 8-34 所示。

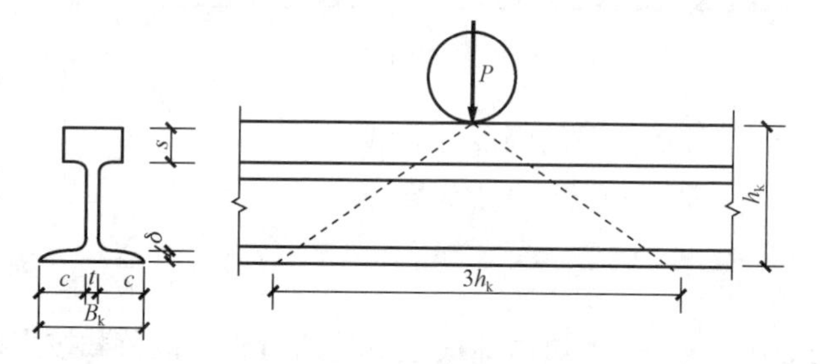

图 8-34　滚轮的轨道受力图

1）轨道底板混凝土承压应力，计算式为

$$\sigma_h = \frac{P}{3h_k B_k} \leqslant [\sigma_h] \tag{8-32}$$

当相邻两滚轮中心距小于 $3h_k$，计算式为

$$\sigma_h = \frac{P}{B_k L} \leqslant [\sigma_h] \tag{8-33}$$

式中　P——滚轮的荷载，N；

h_k——轨道高度，mm；

B_k——轨道底板宽度，mm；

L——相邻两滚轮的中心距，mm；

$[\sigma_h]$——混凝土的容许承压应力，MPa（见附录六）。

2）轨道横断面弯曲应力，计算式为

$$\sigma = \frac{M}{W_k} = \frac{3Ph_k}{8W_k} \leqslant [\sigma] \tag{8-34}$$

式中　W_k——轨道截面抵抗矩，mm^3；

M——轨道最大弯矩，N·mm，$M=\frac{3}{8}Ph_k$；

$[\sigma]$——轨道材料抗弯容许应力，N/mm^2。

3）轨道颈部的局部承压应力，计算式为

$$\sigma_{cd}=\frac{P}{3st}\leqslant[\sigma_{cd}] \tag{8-35}$$

式中　s——颈部至轨面的距离，mm；

t——颈部厚度，mm；

$[\sigma_{cd}]$——局部承压容许应力，N/mm^2。

4）轨道底板弯曲应力，计算式为

$$\sigma=3\sigma_h\frac{c^2}{\delta^2}\leqslant[\sigma] \tag{8-36}$$

式中　c——底板悬臂段长度，mm；

δ——底板厚度，mm；

$[\sigma]$——轨道材料抗弯容许应力，N/mm^2。

（二）胶木滑道支承轨道

如图 8-35 所示，胶木滑道支承轨道应验算下列各项：

（1）轨道底板的混凝土承压应力，计算式为

$$\sigma_h=q/B_k\leqslant[\sigma_h] \tag{8-37}$$

式中　q——胶木滑道单位长度荷载，N/mm。

B_k 尺寸轨道底板宽度，mm。

（2）轨道底板弯曲应力，计算式为

$$\sigma=3\sigma_h\frac{c^2}{\delta^2}\leqslant[\sigma] \tag{8-38}$$

式中　$[\sigma]$——抗弯容许应力，N/mm^2。

c、δ 尺寸如图 8-35 所示。

为了便于把闸门引入闸槽，常将轨道的上端做成斜坡形，如图 8-36 所示，即把轨道上端的腹板切割去一个三角形部分，再将剩余的部分弯折对接。

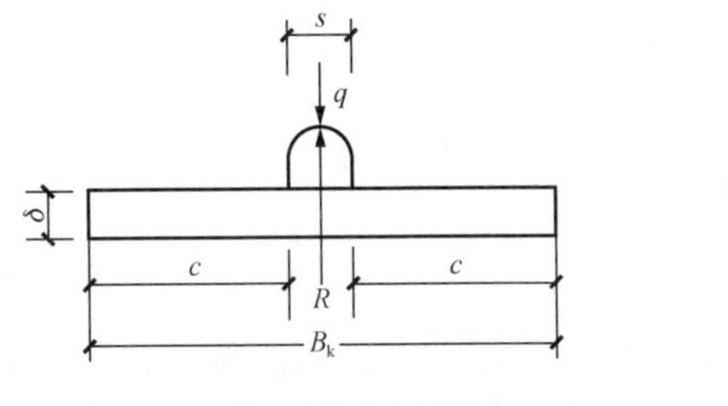

图 8-35　胶木滑道支承轨道

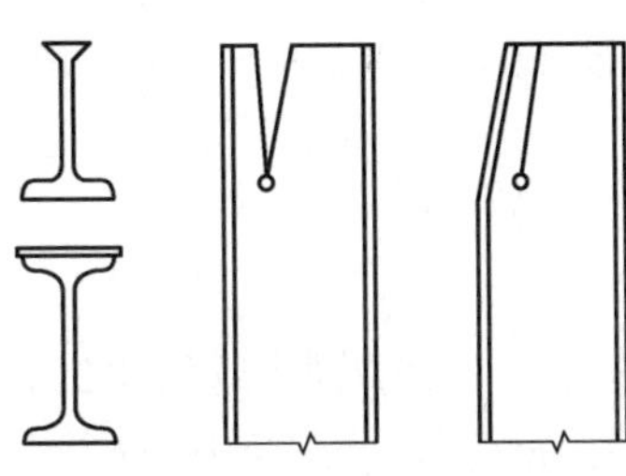
图 8-36　轨道上端构造

二、止水座

在门体止水橡皮紧贴于混凝土的部位，应埋设表面光滑平整的钢质止水座，以满足止水橡皮与之贴紧后不漏水，并减少橡皮滑动时的磨损。对于重要的工程，在钢质止水座的表面

再焊一条不锈钢条，如图 8－37 所示。

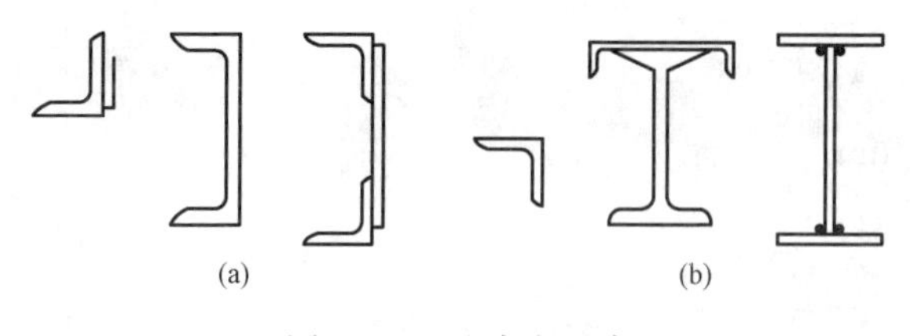

图 8－37　止水座型式

（a）侧止水底座；（b）底止水底座

在潜孔闸门中，与顶止水相接触的胸墙护面板如图 8－38 所示。电站进水口利用水柱下降的事故闸门及其他需要借助门顶水柱压力才能关闭的闸门，护面板的竖直段需要适当加高。如图 8－39 所示，因为只有当闸门的顶止水与护面板的竖直段紧贴不漏水时才能产生完全的门顶水柱压力。为了避免护面板耗费钢材过多，根据试验成果表明，只要闸门的上游边留有足够的供水净空 S_0（图 8－39），闸门下游边的净空（$S_1+\Delta$）适当的小（图 8－39 中，$S_0 \geqslant 5S_1$，$\Delta=10\text{mm}$ 或 $\Delta \approx S_1$），则关闭闸门时，闸门顶部的水位就可以得到及时的补充。这时护面板的竖直段高度 h 仅需为孔口高度 H 的 0.05～0.1 倍，但不得小于 300mm。这样就可以利用水柱压力迅速关闭闸门。

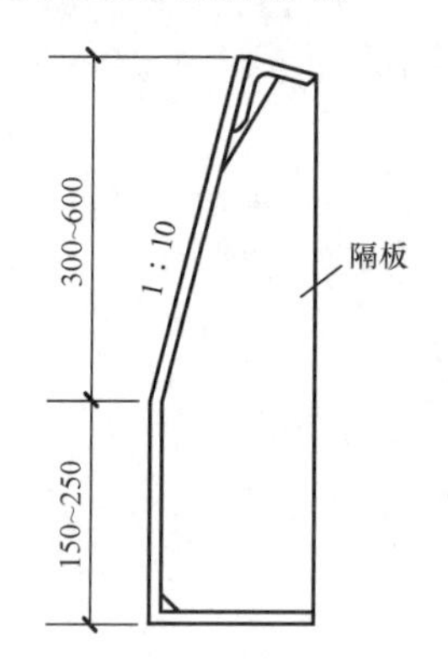

图 8－38　潜孔闸门胸墙护面板形式

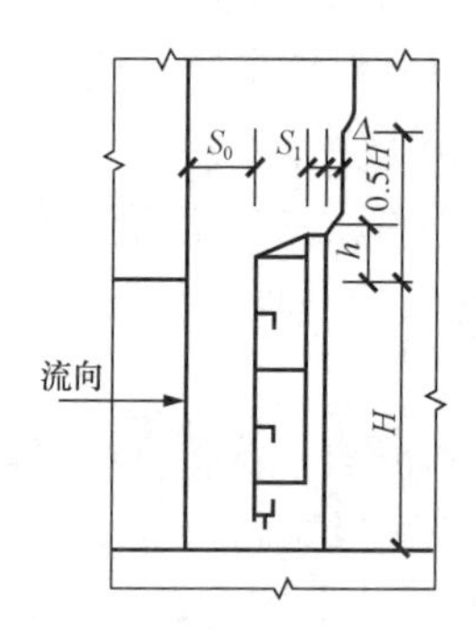

图 3－39　形成门顶水柱压力时的门槽布置图

第六节　设计例题——露顶式平面钢闸门设计

一、设计资料

（1）闸门型式。露顶式平面钢闸门

（2）孔口尺寸（宽×高）。10m×6.0m。

（3）上游水位。▽9.0。

（4）下游水位。无。

（5）闸底高程。▽3.0。

（6）启闭方式。电动固定式启闭机。

（7）材料。钢结构：Q235B；焊条：E43 型；行走支承：简支轮，材料为 ZG45；止水橡皮：侧止水用 P 形橡皮，底止水用条形橡皮；混凝土强度等级：C20。

（8）制造条件。金属结构制造厂制造，手工电弧焊，满足Ⅲ级焊缝质量检验标准。

（9）规范。《水利水电工程钢闸门设计规范》（SL 74）。

二、闸门结构的形式及布置

1. 闸门尺寸的确定（图 8-40）

闸门高度：考虑风浪所产生的水位超高为 0.2m，故

闸门高度=6.0+0.2=6.2(m)

闸门的荷载跨度为两侧止水的间距（露顶式闸门，侧止水布置在上游闸墙侧壁处）：$L_q=10.0$m。

闸门计算跨度为

$$L=L_0+2d=10+2\times0.2=10.4(\text{m})$$

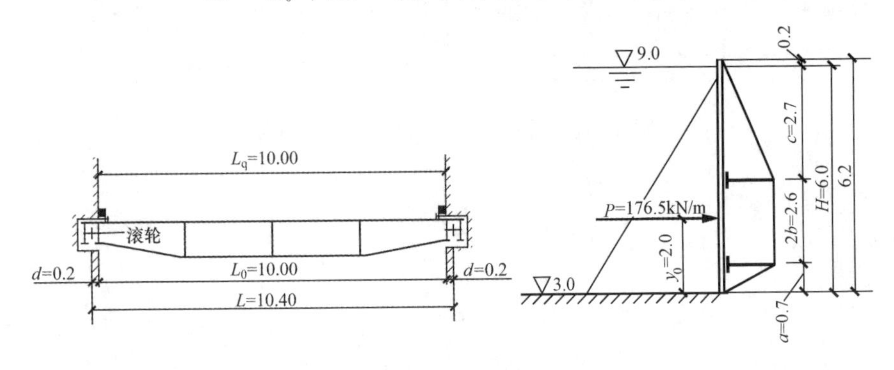

图 8-40 闸门主要尺寸（单位：m）

2. 主梁的形式

主梁的形式应根据水头和跨度大小而定，本闸门属中等跨度，为了便于制造和维护，决定采用实腹式组合梁。

3. 主梁的布置

根据闸门的高跨比，决定采用双主梁。为使 2 根主梁在设计时所受的水压力相等，2 根主梁的位置应对称于水压力合力的作用线 $y_c=H/3=2.0$m（图 8-40），并要求上悬臂 $c\leqslant0.45H$，且使底主梁到底止水的距离尽量符合底缘布置要求（即 $\alpha\geqslant30°$）和满足底主轮安装要求（$a\geqslant D+60$mm）。

初步假定闸门支承主滚轮直径 D 为 600mm，取下主梁轴线到门底的距离为

$$a=0.7\text{m}=700\text{mm}>D+60\text{mm}=660\text{mm}(\text{满足底轮布置空间要求})$$

则双主梁间距为 $2b=2(y_c-a)=2\times(2.0-0.7)=2.6(\text{m})$

上主梁到水面的悬臂长度为 $c=H-2b-a=6.0-2.6-0.7=2.7(\text{m})\leqslant0.45H$

4. 梁格的布置和形式

梁格采用复式布置和齐平连接，水平次梁穿过横隔板上的预留孔并被横隔板所支承。水平次梁为连续梁，其间距应上疏下密，以使面板各区格所需要的厚度大致相等，梁格布置的具体尺寸如图 8-41 所示。

5. 联结系的布置和形式

（1）横向联结系。根据主梁的跨度，决定布置 3 道横隔板，其间距为 2.5m，横隔板兼作竖直次梁。

（2）纵向联结系。采用斜杆式桁架，布置在 2 根主梁下翼缘的竖平面内。

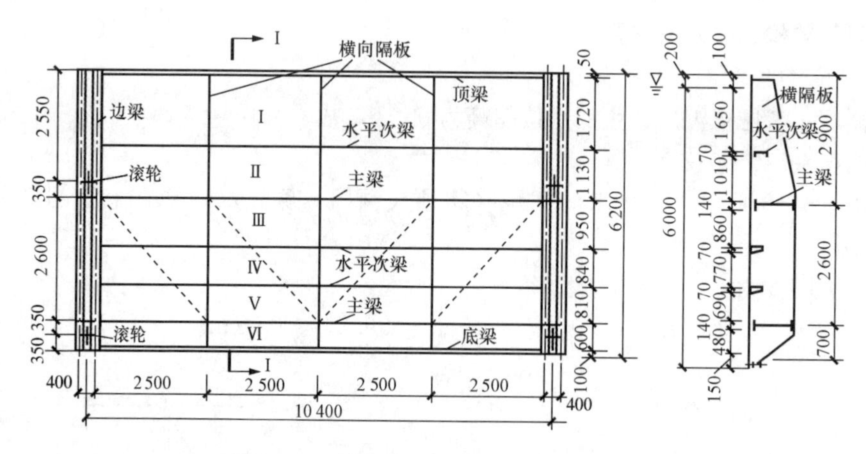

图 8-41 梁格布置尺寸图（单位：mm）

6. 边梁与行走支承

边梁采用双腹式，行走支承采用简支定轮。

三、面板设计

根据《水利水电工程钢闸门设计规范》(SL 74) 关于面板的计算，先估算面板厚度，在主（次）梁截面选择之后再验算面板的局部弯曲与主梁整体弯曲的折算应力。

1. 估算面板厚度

初步布置梁格尺寸如图 8-41 所示，面板厚度按公式 (8-3) 计算

$$t = a\sqrt{\frac{kp}{\alpha[\sigma]}}$$

当 $b/a \leqslant 3$ 时，$\alpha = 1.5$，则 $t = a\sqrt{\dfrac{kp}{1.5\times160}} = 0.065a\sqrt{kp}$

当 $b/a > 3$ 时，$\alpha = 1.4$，则 $t = a\sqrt{\dfrac{kp}{1.4\times160}} = 0.067a\sqrt{kp}$

现将计算结果列于表 8-4。

表 8-4 计算结果

区格	a (mm)	b (mm)	b/a	k	p (N/mm²)	$\sqrt{kp}$	t (mm)
Ⅰ	1650	2490	1.51	0.568	0.007	0.064	6.76
Ⅱ	1010	2490	2.47	0.5	0.021	0.102	6.70
Ⅲ	860	2490	2.90	0.5	0.031	0.125	7.20
Ⅳ	770	2490	3.23	0.5	0.040	0.142	7.33
Ⅴ	690	2490	3.61	0.5	0.048	0.155	7.17
Ⅵ	480	2490	5.19	0.75	0.055	0.203	6.53

注 1. 面板边长 a、b 都从面板与梁格的连接焊缝算起，主梁上翼缘宽度取 140mm

2. 区格Ⅰ、Ⅵ中系数按三边固定一边简支查得。

根据表 8-4 计算结果，选用面板 $t=8$mm。

2. 面板与梁格的连接焊缝计算

面板局部弯曲时产生的垂直于焊缝长度方向的横拉力 N_t 按式 (8-7) 计算，已知面板

厚度为 t=8mm，并且近似地取板中最大弯应力 $\sigma_{max}=[\sigma]=160\text{N/mm}^2$，则

$$N=0.07t\sigma_{max}=0.07\times8\times160=89.6(\text{N/mm})$$

面板与主梁连接焊缝方向单位长度内的剪力为（主梁的最大剪力 V 及相应的截面特性 S 及 I_0 见后）。

$$T=\frac{VS}{2I_0}=\frac{441\times10^3\times620\times8\times306}{2\times1617\times10^6}=207(\text{N/mm})$$

由式（8-8）计算面板与主梁连接的焊缝厚度

$$h_f\geqslant\sqrt{N_t^2+T^2}/(0.7[\tau_t^h])=\sqrt{89.6^2+207^2}/0.7\times110=2.93(\text{mm})$$

考虑焊缝最小尺寸限制，取面板与梁格的连接焊缝取其最小厚度 h_f=6mm。

四、水平次梁、顶梁和底梁的设计

1. 荷载与内力计算

水平次梁和顶、底梁都是支承在横隔板上的连续梁，它们承受的水压力的计算式为

$$q=p\frac{a_上+a_下}{2}$$

计算结果列于表 8-5。

根据表 8-5 计算结果，水平次梁计算荷载取 36.30kN/m，水平次梁为四跨连续梁，跨度为 2.5m，如图 8-42。水平次梁边跨中的正弯矩为

$$M_{次中}=0.077ql^2=0.077\times36.3\times2.5^2=17.47(\text{kN}\cdot\text{m})$$

表 8-5　　**计 算 结 果**

梁号	梁轴线处水压强度 p (kN/m²)	梁间距	$\frac{a_上+a_下}{2}$ (m)	$q=p\frac{a_上+a_下}{2}$ (kN/m)	备注
1（顶梁）	—	—	—	3.68′	顶梁荷载按下图计算 $R_1=\frac{\frac{1.57\times15.4}{2}\times\frac{1.57}{3}}{1.72}$ =3.68（kN/m）；图中标注：15.4kN/m²，0.15m，1.57m，1.72m，R_1，R_2
		1.72			
2	15.4		1.425	21.95	
		1.13			
3（上主梁）	26.5		1.040	27.56	
		0.95			
4	35.8		0.895	32.04	
		0.84			
5	44.0		0.825	36.30	
		0.81			
6（下主梁）	51.9		0.705	36.59	
		0.60			
7（底梁）	57.8	0.10	0.400	23.12	

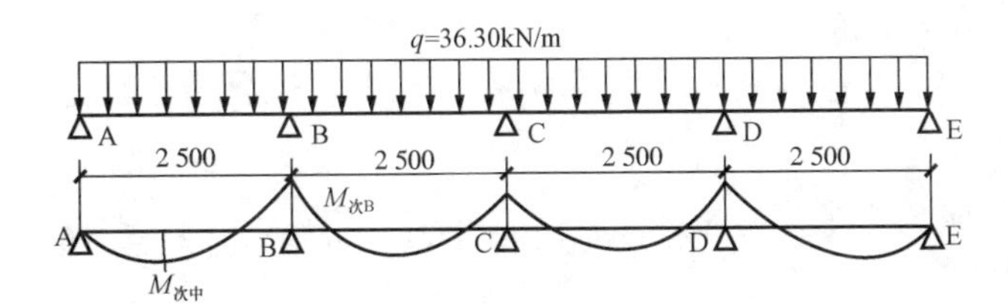

图 8-42　水平次梁计算简图

支座 B 处的负弯矩为

$$M_{次B}=0.107ql^2=0.107\times36.3\times2.5^2=24.276(\text{kN}\cdot\text{m})$$

2. 截面选择

$$W=M/[\sigma]=24.276\times10^6/160=151\ 725(\mathrm{mm}^3)$$

考虑利用面板作为次梁截面的一部分，初选[18a 由附录二附表 2-5，查得

$A=2\ 570\mathrm{mm}^2, W_x=141\ 000\mathrm{mm}^3, I_x=12\ 730\ 000\mathrm{mm}^4; b_1=68\mathrm{mm}, d=7\mathrm{mm}$。

面板参加次梁翼缘工作的有效宽度分别按式（8-15）及式（8-16）计算，然后取其中较小值

式（8-15）中 $B\leqslant b_1+60t=68+60\times8=548(\mathrm{mm})$

式（8-16）中 $B=\xi_1 b$（对跨间正弯矩段）

$B=\xi_2 b$（对支座负弯矩段）

按 5 号梁计算，该梁平均间距 $b=(a_{上}+a_{下})/2=(840+810)/2=825(\mathrm{mm})$。对于第一跨中正弯矩段，弯矩零点之间的距离 $l_0=0.8l=0.8\times2\ 500=2\ 000(\mathrm{mm})$，对于支座负弯矩段，弯矩零点之间的距离取为 $l_0=0.4\times l=0.4\times2\ 500=1\ 000(\mathrm{mm})$，根据 l_0/b 查表 8-1：由 $l_0/b=2\ 000/825=2.424$ 得 $\xi_1=0.76$，则 $B=\xi_1 b=627\mathrm{mm}$；由 $l_0/b=1\ 000/825=1.212$ 得 $\xi_2=0.35$，则 $B=\xi_2 b=289\mathrm{mm}$。对第一跨中选用 $B=548\mathrm{mm}$，则水平次梁的组合截面面积为（图 8-43）$A=2\ 570+548\times8=6\ 954(\mathrm{mm}^2)$

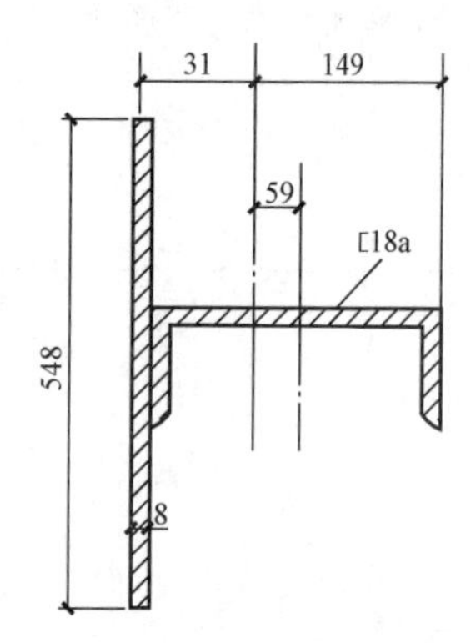

图 8-43 次梁的计算截面

组合截面形心到槽钢中心线的距离

$$e=\frac{548\times8\times94}{6\ 954}=59(\mathrm{mm})$$

跨中组合截面的惯性矩及截面模量为

$$I_{次中}=12\ 730\ 000+2\ 570\times59^2+548\times8\times35^2$$
$$=54.5\times10^7(\mathrm{mm}^4)$$

$$W_{\min}=\frac{I_{次中}}{y_{\max}}=\frac{54.5\times10^7}{149}=3\ 657\ 718(\mathrm{mm}^3)$$

对支座选用 $B=289\mathrm{mm}$，则 $A=2\ 570+289\times8=48\ 820\mathrm{mm}^2$

组合截面形心到槽钢中心线的距离

$$e=\frac{289\times8\times94}{4\ 882}\approx45(\mathrm{mm})$$

支座处的截面参数为

$$I_{次B}=12\ 730\ 000+2\ 570\times45^2+289\times8\times49^2=23\ 485\ 362\mathrm{mm}^4$$

$$W_{\min}=\frac{23\ 485\ 362}{135}=173\ 966\mathrm{mm}^3$$

3. 水平次梁的强度验算

支座 B（图 8-42）处弯矩最大，而截面模量较小，故只需验算支座 B 处截面的抗弯强度

$$\sigma_{次}=\frac{M_{次B}}{W_{\min}}=\frac{2.427\ 6\times10^7}{173\ 966}=139.54(\mathrm{N/mm^2})<[\sigma]=160\mathrm{N/mm^2}$$

满足强度要求。

轧成梁的剪应力一般很小，故不再验算。

4. 水平次梁的挠度验算

水平次梁为受均布荷载的四跨连续梁，最大挠度发生在边跨，可按式（8-14）计算

$$\frac{w}{l}=\frac{\beta q l^3}{100EI}=0.632\times\frac{36.3\times 2\ 500^3}{100\times 2.06\times 10^5\times 54.7\times 10^7}$$

$$=3.181\times 10^{-5}<\left[\frac{w}{l}\right]=\frac{1}{250}=0.004$$

满足刚度要求。

5. 顶梁和底梁

顶梁和底梁也采用与中间次梁相同的截面，也选用[18a。

五、主梁设计

（一）已知条件

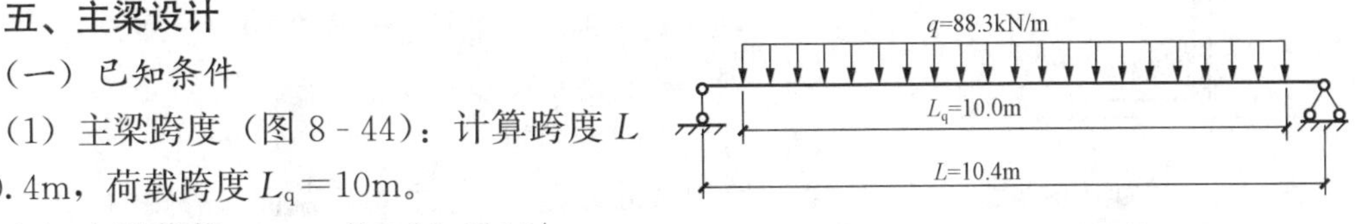

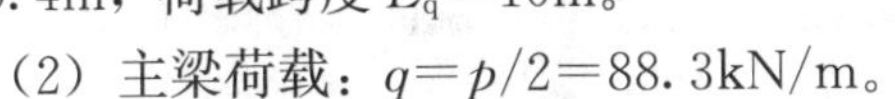

图 8-44 主梁计算简图

（1）主梁跨度（图 8-44）：计算跨度 $L=10.4$m，荷载跨度 $L_q=10$m。

（2）主梁荷载：$q=p/2=88.3$kN/m。

（3）横隔板间距：2.5m。

（4）主梁容许挠度：$\left[\frac{w}{L}\right]=\frac{1}{600}$。

（二）主梁设计

1. 截面选择

（1）主梁的内力计算。

$$M_{max}=\frac{q\times l_q}{2}\left(\frac{L}{2}-\frac{l_q}{4}\right)=\frac{88.3\times 10}{2}\times\left(\frac{10.4}{2}-\frac{10}{4}\right)=1\ 192(\text{kN}\cdot\text{m})$$

$$V_{max}=qL_q/2=\frac{1}{2}\times 88.3\times 10\approx 441(\text{kN})$$

（2）主梁需要的截面抵抗矩计算，初取钢材 Q235B 的容许应力 $[\sigma]=160\text{N/mm}^2$（初估翼缘板厚为第一组钢材 $t\leqslant 16$mm），考虑闸门自重引起的附加应力影响，取容许应力为 $0.9[\sigma]=144\text{N/mm}^2$，则所需的截面抵抗矩为

$$W=M_{max}/0.9[\sigma]=1192\times 10^6/144=8278\times 10^3(\text{mm}^3)$$

（3）腹板高度 h_0 选择。为减小门槽宽度，主梁沿跨度采取变梁高形式；则按刚度要求的最小梁高为

$$h_{min}=0.96\times 0.23\frac{[\sigma]\times 0.9L}{E[w/L]}=0.96\times 0.23\times\frac{160\times 0.9\times 10.4\times 10^3}{2.06\times 10^5\times(1/600)}=963(\text{mm})$$

经济梁高 $h_{ec}=3.1w^{2/5}=3.1\times 8\ 278^{2/5}\approx 114\text{cm}=1\ 140(\text{mm})$

选取的梁高 h 一般应大于 h_{min}，但比 h_{ec} 稍小。现选用主梁腹板高度 $h_0=1\ 000$mm。

（4）腹板厚度选择。由经验公式 $t_w=\sqrt{h_0}/3.5=\sqrt{1\ 000}/3.5=9.04$(mm)，选用 $t_w=10$mm。

（5）翼缘截面选择。每个翼缘所需截面积为

$$A_1=\frac{W}{h_0}-\frac{1}{6}t_w h_0=\frac{8\ 278\times 10^3}{1\ 000}-\frac{1}{6}\times 10\times 1\ 000=6611.3(\text{mm}^2)$$

下翼缘选用 $t_1=20$mm，则需要 $b_1=A_1/t_1=330.6$mm，选用 $b_1=340$mm［在 $\left(\frac{1}{2.5}\sim\frac{1}{5}\right)h=400\sim 200$mm 之间］。

上翼缘的部分面积可利用面板，故只需设置较小的上翼缘板同面板相连，选用 $t_1=20$mm，$b_1=140$mm。

面板兼作主梁上翼缘的有效宽度 B 可按下列二者计算，然后取其较小值

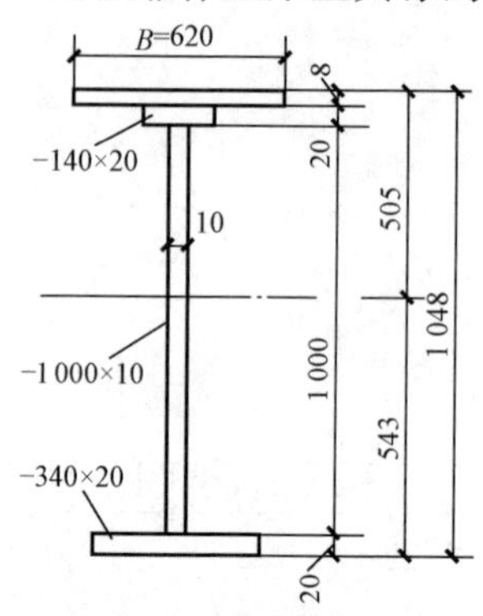

图 8-45 主梁跨中截面

$$B = b_1 + 60t = 140 + 60 \times 8 = 620(\text{mm})$$

下主梁与相邻两水平次梁的平均间距较小，其值为

$$b = \frac{a_{上} + a_{下}}{2} = \frac{810 + 600}{2} = 705(\text{mm})$$

由 L/b=10 400/705=14.75，查表 8-1 得 $\xi_1=1.0$，则 $B=\xi_1 b=705\text{mm}$，故面板可以利用的有效宽度为 $(620, 705)_{\min}=620\text{mm}$，则主梁上翼缘总面积为

$$A_1 = 140 \times 20 + 620 \times 8 = 7\ 760(\text{mm}^2)$$

（6）弯应力强度验算

主梁跨中截面如图 8-45 所示，截面形心距为

$$y_1 = \frac{\sum A_i y_i}{\sum A_i} = \frac{620 \times 8 \times 4 + 140 \times 20 \times 18 + 1\ 000 \times 10 \times 528 + 340 \times 20 \times 1\ 038}{620 \times 8 + 140 \times 20 + 1\ 000 \times 10 + 340 \times 20}$$

$$= \frac{12\ 408\ 640}{24\ 560} = 505(\text{mm})$$

截面惯性矩

$$I = \frac{1}{12} t_w h_0^3 + \sum A_i {y_i}^2$$

$$= \frac{1}{12} \times 10 \times 1\ 000^3 + 620 \times 8 \times 501^2 + 140 \times 20 \times 487^2 + 1\ 000 \times 10 \times 23^2 + 340 \times 20 \times 533^2$$

$$= 467\ 947 \times 10^4(\text{mm}^4)$$

截面抵抗矩为

上翼缘顶边 $W_{\max} = \frac{I}{y_1} = \frac{467\ 947 \times 10^4}{505} = 9\ 266 \times 10^3(\text{mm}^3)$

下翼缘底边 $W_{\min} = \frac{I}{y_2} = \frac{467\ 947 \times 10^4}{543} = 8\ 618 \times 10^3\ (\text{mm}^3)$

弯曲应力 $\sigma = \frac{M_{\max}}{W_{\min}} = \frac{1\ 192 \times 10^6}{8.618 \times 10^6} = 138.32\ (\text{N/mm}^2) > 0.9 \times 150 = 135\text{N/mm}^2$

但在 3%以内，满足要求。

（7）整体稳定与挠度验算。因主梁上翼缘直接同钢面板牢固焊接相连，按《钢结构设计标准》（GB 50017）规定可不必验算其整体稳定性。又因梁高大于按刚度要求的最小梁高，故梁的挠度一般也不必验算。

2. 截面改变

因主梁跨度较大，为节约钢材和减小门槽宽度，降低主梁端部高度，如图 8-46 所示，取主梁支承端腹板高度为

$$h_0^d = 0.6h_0 = 600(\text{mm})$$

梁高开始改变的位置取在邻近支承端的横向隔板下翼缘的外侧（图 8-47），若横隔板的下翼缘宽取为 200mm，则梁高改变位置离开边梁内侧腹板的距离为 2 500−200/2=2 400(mm)。

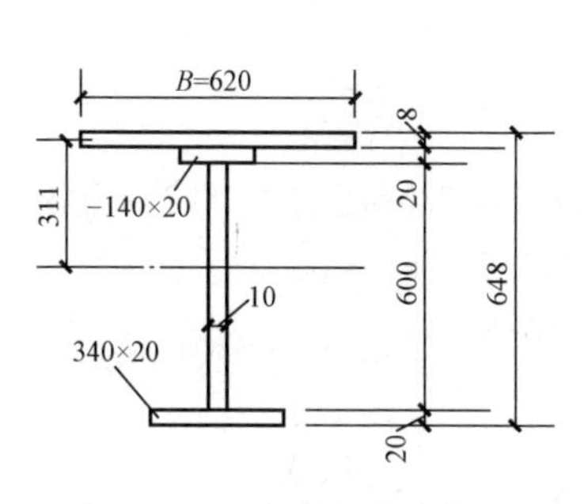

图 8-46　主梁支承端截面

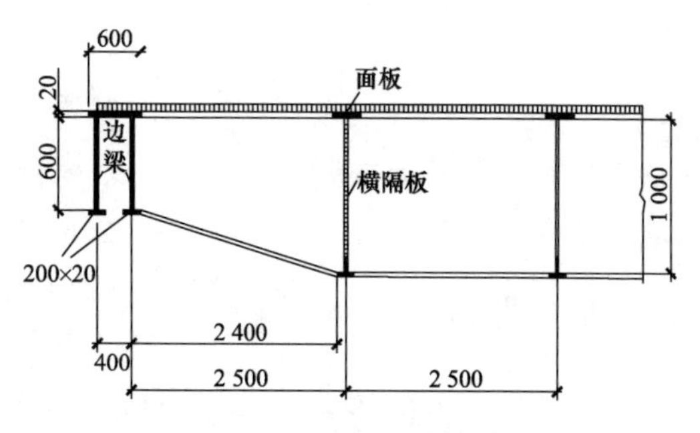

图 8-47　主梁变截面位置图

剪切强度验算：若主梁端部的腹板及翼缘都分别与支承边梁的腹板及翼缘相焊接，可按工字形截面来验算剪应力强度。主梁支承端的截面参数（图 8-47）计算如下：

截面形心距面板上游面的距离为

$$y_1=\frac{\sum A_i y_i}{\sum A_i}=\frac{620\times 8\times 4+140\times 20\times 18+600\times 10\times 328+340\times 20\times 638}{620\times 8+140\times 20+600\times 10+340\times 20}$$

$$=\frac{6\ 376\ 640}{20\ 560}=310(\text{mm})$$

$$I_x=\frac{1}{12}t_w(h_0^d)^3+\sum A_i y_i^2$$

$$=\frac{1}{12}\times 10\times 600^3+620\times 8\times 306^2+140\times 20\times 292^2+600\times 10\times 18^2+340\times 20\times 328^2$$

$$=161\ 669\times 10^4(\text{mm}^4)$$

截面下半部对中和轴的面积矩

$$S=340\times 20\times 328+318\times 10\times 318/2=2\ 736\times 10^3(\text{mm}^3)$$

则 $\tau=\dfrac{V_{\max}S}{I_x t}=\dfrac{4.41\times 10^5\times 2.736\times 10^6}{1.616\ 69\times 10^9\times 10}=74.6(\text{N/mm}^2)<[\tau]=95\text{N/mm}^2$

3. 翼缘焊缝

翼缘焊缝厚度 h_f 按受力最大的支承端截面计算。最大剪力 $V_{\max}=441\text{kN}$，截面惯性矩为

$$I_x=161\ 669\times 10^4\text{mm}^4$$

上翼缘对中和轴的面积矩　$S_1=620\times 8\times 306+140\times 20\times 292=2\ 335\times 10^3(\text{mm}^3)$

下翼缘对中和轴的面积矩　$S_2=340\times 20\times 328=2\ 230\times 10^3(\text{mm}^3)<S_1$

需要　$h_f=\dfrac{VS_1}{1.4I_x[\tau_l^h]}=\dfrac{4.41\times 10^5\times 2.335\times 10^6}{1.4\times 1.616\ 69\times 10^9\times 110}=4.14(\text{mm})$

角焊缝最小厚度　$h_f\geqslant 1.5\sqrt{t_1}=1.5\sqrt{20}=6.7(\text{mm})$

主梁上、下翼缘焊缝全长均取 $h_f=8\text{mm}$。

4. 腹板的加劲肋和局部稳定验算

加劲肋的布置：因为 $h_0/t_w=1\ 000/10=100>80$，故需设置横加劲肋，以保证腹板的局部稳定性。因闸门上已布置的横向隔板的腹板可兼作主梁腹板的横向加劲肋，其间距 $a=2\ 500\text{mm}$。腹板区格划分见图 8-47。

对于梁高都较大的区格，如图 8-47 所示的右侧区格，可按式（5-55）验算，即

$$a \leqslant \frac{615h_0}{\frac{h_0}{t_w}\sqrt{\eta\tau}-765}$$

该区格左边截面的剪力最大，其值为 $V=441-88.3\times2.5=220.25(\text{kN})$

该截面的弯矩 $M=441\times2.7-88.3\times2.5^2/2=914.76(\text{kN}\cdot\text{m})$

腹板边缘的弯曲压应力 $\sigma=\dfrac{My_0}{I_x}=\dfrac{9.1476\times10^8\times477}{4.67947\times10^9}=93.25(\text{N/mm}^2)$

$$\sigma\left(\frac{h_0}{100t_w}\right)^2=93.25\times\left(\frac{100}{100\times1}\right)^2=93.25$$

可由式（5-56）计算或查表 5-8 得弯曲应力影响系数为 $\eta=1.02$，区格左边截面最大剪力产生的腹板平均剪应力为

$$\tau=\frac{V}{h_0t_w}=\frac{2.2025\times10^5}{1000\times10}=22.025(\text{N/mm}^2)$$

则 $$a\leqslant\frac{615h_0}{\frac{h_0}{t_w}\sqrt{\eta\tau}-765}=\frac{615\times1000}{\frac{1000}{10}\sqrt{1.02\times22.025}-765}=\frac{615000}{-291}$$

当主梁腹板横向加劲肋 a 计算公式中的分母为负时，根据《钢结构设计标准》(GB 50017)，横向加劲肋的间距可取两倍腹板高度，即 $a=2h_0=2000\text{mm}$。因闸门上已布置的横向隔板的腹板可兼做主梁腹板的横向加劲肋，如图 8-47，但其间距为 $2500\text{mm}>2h_0$。故需在两道横隔板间增设一道横向加劲肋，则横向加劲肋的间距为 $a=1250\text{mm}<2h_0=2000\text{mm}$，满足局部稳定要求。

剪力最大的区格Ⅰ验算：

该区格的腹板平均高度为 $\bar{h}_0=\dfrac{1}{2}\times(1000+600)=800(\text{mm})$

因 $\bar{h}_0/t_w=800/10=80$，不必验算，也不需另设横向加劲肋。

六、面板参加主（次）梁工作的折算应力验算

主（次）梁截面选定后，还需要按式（8-4）验算面板局部弯曲与主（次）梁整体弯曲共同工作时的折算应力。由图 8-43 可知，因水平次梁的截面很不对称，面板参加水平次梁翼缘整体弯曲的应力 $\sigma_{0x}^{次}$与其参加主梁翼缘工作的整体弯曲应力 $\sigma_{0x}^{主}$要小得多，故只需验算面板参加主梁工作时的折算应力。

由前文的面板计算结果表 8-4 可见，直接与主梁相邻的面板区格，只有区格Ⅲ所需的板厚较大，这意味着该区格的长边中点局部弯曲应力也较大，所以选取图 8-41 中的区格Ⅲ按式（8-4）验算其长边中点的折算应力。

面板区格Ⅲ在长边中点的局部弯曲应力为

$$\sigma_{my}=kpa^2/t^2=0.5\times0.031\times860^2/8^2=179(\text{N/mm}^2)$$

$$\sigma_{mx}=\mu\sigma_{my}=0.3\times179=53.7(\text{N/mm}^2)$$

对应于面板区格Ⅲ的长边中点的主梁弯矩（图 8-44）和弯应力为

$$M=88.3\times5\times3.95-\frac{1}{2}\times88.3\times3.75^2=1123.07(\text{kN}\cdot\text{m})$$

$$\sigma_{0x}=M/W=\frac{1.123\times10^9}{9.266\times10^6}=121.2(\text{N/mm}^2)$$

面板区格Ⅲ的长边中点的折算应力

$$\begin{aligned}\sigma_{th} &= \sqrt{\sigma_{my}^2+(\sigma_{mx}-\sigma_{0x})^2-\sigma_{my}(\sigma_{mx}-\sigma_{0x})} \\ &= \sqrt{179^2+(53.7-121.2)^2-179(53.7-121.2)} \\ &= 220.63(\mathrm{N/mm^2}) \leqslant 1.1a[\sigma] = 1.1\times 1.5\times 160 = 264(\mathrm{N/mm^2})\end{aligned}$$

故面板厚度选用8mm，满足强度要求。

七、横隔板设计

横隔板同时兼作竖直次梁，它主要承受水平次梁、顶梁和底梁传来的集中荷载和面板传来的分布荷载［图8-18（a）］，计算时可把这些荷载用以三角形分布的水压力来代替［图8-18（b）］。横隔板按支承在主梁上的双悬臂梁计算，初步判断每道横隔板在上悬臂的最大负弯矩为控制弯矩，如图8-40所示，其值计算如下

$$M=\frac{1}{2}q\frac{c^2}{3}=\frac{1}{2}\times 2.7\times 9.8\times 2.5\times\frac{2.7^2}{3}=80.37(\mathrm{kN\cdot m})$$

横隔板的腹板选用与主梁腹板相近，采用1 020mm×8mm，上翼缘利用面板，下翼缘采用200mm×10mm的扁钢。上翼缘可以利用的面板的宽度按式$B=\xi_2 b$计算，其中横隔板平均间距$b=2\ 500$mm，按$l_0/b=2\times 2\ 700/2\ 500=2.16$从表8-1查得$\xi_2=0.53$，则$B=0.53\times 2\ 500=1\ 325$(mm)，取整$B=1\ 300$mm，如图8-48所示的截面几何参数为截面形心到腹板中心线的距离

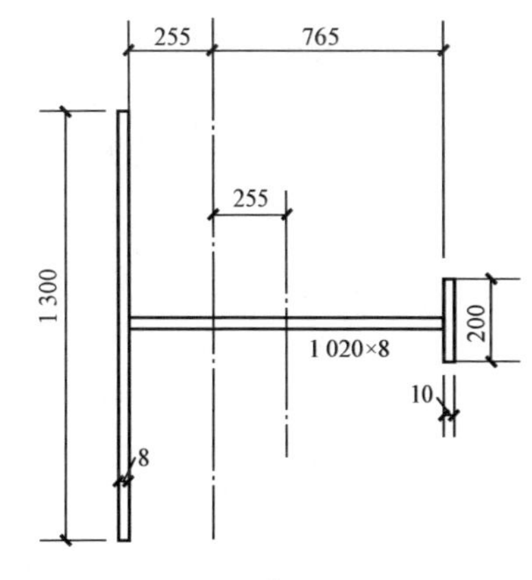

图8-48　横隔板截面

$$e=\frac{1\ 300\times 8\times 514\ 200\times 10\times 515}{1\ 300\times 8+200\times 10+1\ 020\times 8}=210(\mathrm{mm})$$

$$\begin{aligned}I &= \frac{1}{12}\times 8\times 1\ 020^3+1\ 020\times 8\times 210^2 \\ &\quad +1\ 300\times 8\times 259^2+200\times 10\times 770^2 \\ &= 2.95\times 10^9(\mathrm{mm^4})\end{aligned}$$

$$W_{min}=I/y_{max}=2.95\times 10^9/775=3.809\times 10^6(\mathrm{mm^3})$$

弯应力验算

$$\sigma=M/W_{min}=8.05\times 10^7/3.809\times 10^6=21.145(\mathrm{N/mm^2})<[\sigma]=160\mathrm{N/mm^2}$$

横隔板截面高度较大，剪切强度更不必验算。横隔板翼缘角焊缝采用最小焊脚尺寸$h_f=6$mm。

八、纵向联结系设计

纵向联结系承受闸门自重，露顶式平面钢闸门的自重G可按附录四估算，得

$$G=k_z k_c k_g H^{1.43}B^{0.88}\times 9.8=1.0\times 1.0\times 0.13\times 6^{1.43}\times 10^{0.88}\times 9.8=125.31(\mathrm{kN})$$

下游面纵向联结系按承受$0.4G=0.4\times 125.31=50.124$(kN)计算。纵向联结系按支承在边梁上的简支平面桁架设计，其腹杆布置形式如图8-49所示。

节点荷载为$P=50.124/4=12.531$(kN)，杆件内力计算结果如例图8-49所示。

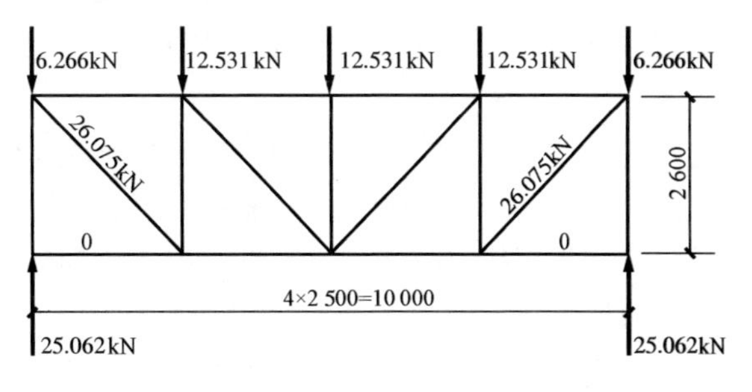

图8-49　纵向联结系计算简图

斜杆承受最大拉力 $N=26.075\text{kN}$，同时考虑闸门偶然扭曲时可能承受压力，故其长细比的限值取与压杆相同，按表 4-3 中的受压联系构件取值，即 $[\lambda]=200$。

选用单角钢 L100×6，由附表 2-7 查得 $A=11.9\text{cm}^2$，$i_{y0}=2.0\text{cm}$。主梁变截面高度范围内的空间斜杆计算长度为

$l_0=0.9\sqrt{2.5^2+0.4^2+2.6^2}=3.27(\text{m})$（0.9 为考虑绕角钢 y_0 轴最小回转半径计算长度系数）

长细比 $\lambda=l_0/i_{y0}=327/2.0=163.5<[\lambda]=200$

拉杆强度验算

$$\sigma=N/A=26\ 075/1190=21.9(\text{N/mm}^2)<0.85[\sigma]=136(\text{N/mm}^2)$$

0.85 为考虑单角钢受力偏心影响的容许应力折减系数（见表 1-6）。

九、边梁设计

边梁的截面形式采用双腹式（图 8-50），边梁的截面尺寸按构造要求确定，截面高度与主梁端部高度相同，取腹板厚度与主梁腹板厚度相同。两腹板中心距为 400mm，上翼缘为 600mm×20mm，下翼缘分为两块，各为 200mm×20mm。

在闸门每侧边梁上各设两只简支轮。下滚轮布置在下主梁与门底缘的中间，上、下滚轮对称于闸门上总的水平水压力合力作用线。其布置尺寸如图 8-51 所示。

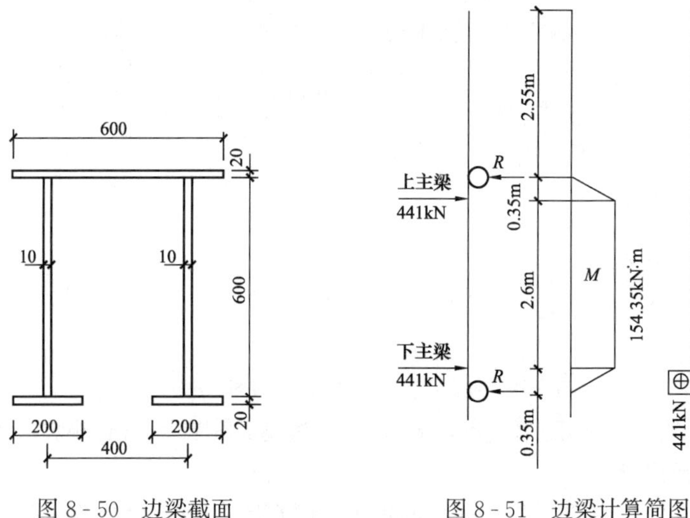

图 8-50 边梁截面　　图 8-51 边梁计算简图

边梁所受的水平荷载主要是主梁传来的支座反力及水平次梁、顶底梁传来的水平荷载。为了简化计算，可假设这些荷载完全由主梁传给边梁。每根主梁作用于边梁的集中荷载 $R=441\text{kN}$。

边梁所受的竖向荷载包括：闸门自重、滚轮摩阻力、止水摩阻力、起吊力等。

如图 8-51，闸门每侧边梁上两只滚轮的位置，按等荷载原则布置，故上下对称于闸门总水压力合力作用线，分别位于上下两根主梁的外侧。

故每只滚轮的压力为 441kN。

边梁最大弯矩 $M_{max}=441\times0.35=154.35(\text{kN}\cdot\text{m})$

最大剪力 $V_{max}=441\text{kN}$

最大轴向力为作用在一个边梁上的起吊力，初估为 130kN（详细计算见后）。在最大弯矩作用的截面上的轴向力，等于起吊力减去一只上滚轮的摩阻力（$T_{zd}/4$，见后面计算），该轴向力为

$$N = 130 - T_{zd}/4 = 130 - 51.744/4 = 117.064(\text{kN})$$

边梁的强度验算

截面面积　$A=2\times600\times10+600\times20+2\times200\times20=32\ 000(\text{mm}^2)$

边梁截面形心轴 x－x 距下翼缘外缘的距离

$$y_0=\frac{\sum A_i\cdot y_i}{A}=\frac{600\times20\times630+2\times600\times10\times320+2\times200\times20\times10}{32\ 000}$$
$$=358.75(\text{mm})$$

面积矩　$S=2\times200\times20\times348.75+2\times338.75\times10\times338.75/2=3\ 937\ 516(\text{mm}^3)$

截面惯性矩

$$I=2\times\frac{1}{12}\times10\times600^3+2\times10\times600\times38.75^2$$
$$+600\times20\times271.25^2+2\times200\times20\times348.75^2$$
$$=223\ 395\times10^4(\text{mm}^4)$$

截面抵抗矩　$W=\frac{223\ 395\times10^4}{358.75}=6\ 227\ 038(\text{mm}^3)$

截面边缘最大应力　$\sigma_{max}=\frac{N}{A}+\frac{M_{max}}{W}=\frac{117\ 064}{32\ 000}+\frac{154.35\times10^6}{6\ 227\ 038}=28.45(\text{N/mm}^2)<0.8$

$[\sigma]=0.8\times160=128$ (N/mm^2)

式中　0.8 为考虑到边梁为闸门的重要受力构件，受力复杂，故将容许应力降低 20%作为考虑受扭等影响的安全储备。以下计算相同。

$$\tau_{max}=\frac{V_{max}S}{It_w}=\frac{441\times10^3\times3\ 937\ 516}{223\ 395\times10^4\times20}=38.86(\text{N/mm}^2)<0.8[\tau]$$
$$=0.8\times95=76(\text{N/mm}^2)$$

腹板与下翼缘连接处折算应力验算

$$\sigma=\frac{N}{A}+\frac{M_{max}}{W}\times\frac{y'}{y}=\frac{117\ 064}{32\ 000}+\frac{154.35\times10^6}{6\ 227\ 038}\times\frac{338.75}{358.75}=27.1(\text{N/mm}^2)$$

$$\tau=\frac{V_{max}S_1}{It_w}=\frac{441\times10^3\times200\times20\times348.750\times2}{223\ 395\times10^4\times20}=27.54(\text{N/mm}^2)$$

$$\sigma_{zh}=\sqrt{\sigma^2+3\tau^2}=\sqrt{27.1^2+3\times27.54^2}=54.86(\text{N/mm}^2)<0.8[\sigma]$$
$$=0.8\times160=128(\text{N/mm}^2)$$

以上验算均满足强度要求。

十、行走支承设计

行走支承采用简支轮，滚轮位置如图 8-51 所示，两只滚轮受力相等，其值均为 $R=441\text{kN}$。

滚轮采用 ZG45 圆柱形滚轮（如图 8-27 所示），初步选取轮子直径为 $D=600\text{mm}$，则根据式（8-24）和表 8-3 的数值，可计算的轮缘宽度为

$$b\geqslant\frac{P}{D[\sigma_\phi]}=\frac{441\ 000\times1.1}{600\times12.2}=66.3(\text{mm})$$

故取滚轮直径为 $D=600\text{mm}$，轮缘宽度 $b=100\text{mm}$。

轮轴和轴套计算：轮轴选用45号优质碳素钢，轮轴直径 d 与轮径 D 之比一般为0.15～0.3。取轮轴直径为 $d=0.2D=120\text{mm}$。轴套采用滑动式轴套，材料选用钢基铜塑复合材料。则根据式（8-25）和附录六中的轴套容许应力值，可计算所需的轴套工作长度为

$$b_1 \geqslant \frac{P}{d[\sigma_{cg}]}=\frac{441\ 000\times 1.1}{120\times 40}=101(\text{mm})$$

取轴套长度为120mm。

轮轴轴承板厚度计算，可根据轮轴与轴承板之间的紧密接触局部承压应力计算。每侧轴承板所受的压力为

$$N=P/2=1.1R/2=1.1\times 441/2=242.55(\text{kN})$$

根据式（8-26）和表1-11中材料的紧密接触局部承压容许应力值，可得所需要的轴承板总厚度

$$\sum t \geqslant \frac{N}{d\times[\sigma_{cj}]}=\frac{242\ 550}{120\times 80}=25(\text{mm})$$

在每块边梁腹板两侧各贴焊一块15mm厚的轴承板。

十一、定轮轨道设计

1. 轨道型式

每只滚轮的轮压为441kN，偏于安全取图8-34所示的重型钢轨，钢材为ZG45。

2. 强度计算

（1）轨道与滚轮的接触应力。圆柱形滚轮与平面轨道的线接触应力，根据式（8-23）与表8-3的数值可得

$$\sigma_{max}=0.418\sqrt{\frac{PE}{bR}}=0.418\sqrt{\frac{1.1\times 441\ 000\times 2.06\times 10^5}{100\times 300}}$$
$$=762.895(\text{MPa})<3.0f_y=3\times 315=945(\text{MPa})$$

满足强度要求。

（2）在滚轮压力作用下的主轨应力。如图8-52所示，在滚轮压力作用下，轨道需验算下列各项：

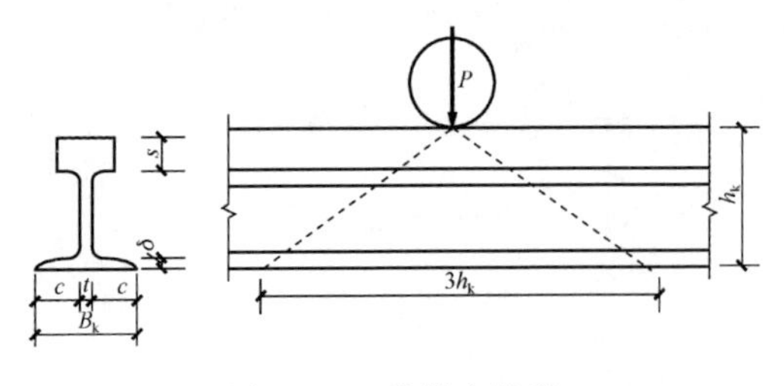

图8-52 滚轮主轨道

轨道底板混凝土承压应力，计算公式为

$$\sigma_h=\frac{P}{3h_kB_k}=\frac{1.1\times 441\ 000}{3h_kB_k}\leqslant[\sigma_k]$$
$$=7(\text{N/mm}^2)$$

$$h_kB_k \geqslant \frac{P}{3[\sigma_k]}=\frac{1.1\times 441\ 000}{3\times 7}$$
$$=23\ 100(\text{mm}^2)$$

取轨道高度 $h_k=250\text{mm}$，轨道底板宽度

$$B_k=200\text{mm}$$

1）轨道横断面弯曲应力，可按式（8-34）计算

$$\sigma=\frac{M}{W_k}=\frac{3Ph_k}{8W_k}=\frac{3\times 1.1\times 441\ 000\times 250}{8W_k}\leqslant[\sigma]=115(\text{MPa})$$

可得轨道截面所需的抵抗矩为

$$W_k \geqslant \frac{3\times 1.1\times 441\ 000\times 250}{8\times 115} = 395\ 462(\text{mm}^3) = 395.462(\text{cm}^3)$$

如图 8-52 所示，取 $s=50\text{mm}$，$t=30\text{mm}$，$c=85\text{mm}$，$\delta=30\text{mm}$。

2）轨道颈部的局部承压应力，可按式（8-35）验算

$$\sigma_{cd} = \frac{P}{3st} = \frac{1.1\times 441\ 000}{3\times 50\times 30} = 107.8(\text{MPa}) < [\sigma_{cd}] = 170\text{MPa}$$

3）轨道底板弯曲应力，可按式（8-36）计算

$$\sigma = 3\sigma_h \frac{c^2}{\delta^2} = 3\frac{P}{3h_k B_k}\frac{c^2}{\delta^2} = \frac{Pc^2}{h_k B_k \delta^2}$$

$$= \frac{1.1\times 441\ 000\times 85^2}{250\times 200\times 30^2} = 77.89(\text{MPa}) < [\sigma] = 115\text{MPa}$$

轨道各项强度验算满足要求。

十二、闸门启闭力和吊耳计算

1. 启闭力计算

（1）启门力按式（8-29）计算，由 $T_启=1.2(T_{zd}+T_{zs})+1.1G+P_x$，闸门自重 $G=125.31\text{kN}$，得

滚轮摩阻力　$T_{zd} = \frac{W}{R}(f_1 r + f_k) = \frac{1\ 764}{300}(0.13\times 60+1) = 51.744\text{kN}$

止水摩阻力　$T_{zs} = f_3 P_{zs} = 2f_3 bHP$

橡皮止水与钢板间摩擦系数 $f_3=0.7$，橡皮止水受压宽度取 $b=0.06\text{m}$，每边侧止水受压长度 $H=6.0\text{m}$。

侧止水平均压强　$p=\frac{1}{2}H\times 9.8=29.4(\text{kN/m}^2)$

故　$T_{zs}=2\times 0.7\times 0.06\times 6\times 29.4=14.82(\text{kN})$

根据《水利水电工程钢闸门设计规范》(SL 74)，当底主梁到底止水的距离符合底缘布置的要求时，即 $\alpha\geqslant 30°$时（图 8-3），以及下游流态良好、通气充分时，可不计下吸力。本闸门满足 $\alpha>30°$的要求，故不计下吸力，$P_x=0$，则闸门启闭力为

$$T_启 = 1.2\times(51.744+14.82)+1.1\times 125.31 = 217.718(\text{kN})$$

（2）闭门力按式（8-27）计算

$$T_闭 = n_T(T_{zd}+T_{zs}) - n_G G = 1.2(51.744+14.82) - 0.9\times 125.31 = -32.9(\text{kN})$$

可见仅靠闸门自重完全可以关闭闸门。

2. 吊轴和吊耳板验算（图 8-53）

吊轴，采用 Q235 钢，由表 1-11 查得 $[\tau]=60\text{N/mm}^2$，采用双吊点，每边起吊力为

$$N = 1.2\times\frac{T_启}{2} = 1.2\times 217.718/2 = 130.63(\text{kN})$$

吊轴每边剪力 $V=N/2=130.63/2=65.315(\text{kN})$

需要吊轴截面积 $A=V/[\tau]=65.315\times 10^3/60=1\ 088.58(\text{mm}^2)$

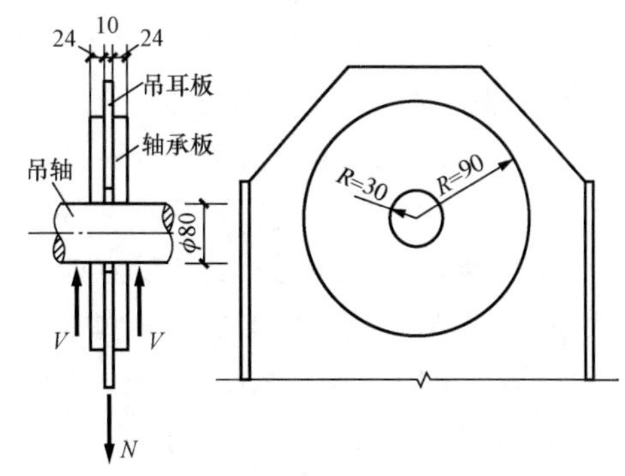

图 8-53　吊轴和吊耳板

又因 $A=\pi d^2/4=0.785d^2$，故吊轴直径为 $d\geqslant\sqrt{A/0.785}=37.2$mm，取吊轴直径为 $d=60$mm。

吊耳板强度验算。按局部承压吊耳板的厚度按式（8-30）计算，由表1-11查得Q235钢的 $[\sigma_{cj}]=80$N/mm^2 故

$$t=\frac{N}{d[\sigma_{cj}]}=\frac{130.63\times10^3}{60\times80}=27.2(\text{mm})$$

为调整吊耳孔位置，决定在边梁腹板上端部的两侧各焊一块轴承板，根据《水利水电工程钢闸门设计规范》(SL 74）要求，两块轴承板的总厚度应不小于 $1.2t=1.2\times27.2=33$(mm)，故取每块轴承板厚为24mm。轴承板采用圆形，其直径取为 $D=3d=3\times60=180$(mm)。

吊耳孔壁拉应力按式（8-31）计算

$$\sigma_k=\sigma_{cj}\frac{R^2+r^2}{R^2-r^2}\leqslant0.8[\sigma_k]$$

$$\sigma_{cj}=\frac{N}{td}=\frac{130.63\times10^3}{48\times60}=45.36(\text{N/mm}^2)$$

吊耳板半径 $R=D/2=90$m，轴孔半径 $r=30$mm，由表1-11查得 $[\sigma_k]=115$N/mm^2，故孔壁拉应力

$$\sigma_k=45.36\times\frac{90^2+30^2}{90^2-30^2}=56.7(\text{N/mm}^2)\leqslant0.8[\sigma_k]=92\text{N/mm}^2$$

满足要求。

思 考 题

1. 根据工作性质闸门可分为哪几种？它们的启闭方式有何区别？

2. 平面钢闸门由哪几部分组成；门叶结构又由哪些构件和部件组成？各组成构（部）件的作用是什么？作用于闸门上的水压力是通过什么途径传至闸墩的？

3. 平面钢闸门主梁的数目和位置如何确定？为什么闸门的跨高比越大，梁的数目宜越少？

4. 梁格的布置形式有几种？各适用于什么情况？

5. 梁格的连接形式有几种？各自的优缺点如何？

6. 单腹式边梁和双腹式边梁各适用于什么情况？

7. 闸门面板的厚度如何确定？面板的强度又如何验算？

8. 如何确定不同梁格连接形式下的次梁计算简图和计算荷载？

9. 面板参加主（次）梁截面工作的有效宽度是如何确定的？

10. 平面闸门主梁的荷载和计算简图如何确定？它有哪些设计特点？

11. 闸门联结系的类型有几种？各自的作用是什么？如何进行布置？

12. 边梁的受力情况和工作特点如何？怎样确定其截面尺寸及进行强度验算？

13. 平面闸门的行走支承有哪两大类？它们的构造形式和计算特点有何区别？

14. 闸门的止水有什么作用？止水的布置有何要求？试画出顶、底及侧止水的安装构造图。

15. 为什么要分别计算闸门的启门力和闭门力？若闭门力大于闸门的自重时，如何采取措施来关闭闸门？

16. 平面闸门的埋设部件有哪些？定轮闸门的主轨和滑道支承的轨道各应如何计算？

第九章　多 层 钢 结 构

多层钢结构建筑通常是指 4 层到 12 层或高度不超过 40m 的钢结构建筑，13～18 层的称为小高层建筑，19～40 层的建筑称为高层建筑，高于 40 层的建筑称为超高层建筑。多层钢结构大量应用于住宅、办公楼、商场和轻工业厂房、构筑物等建筑。

第一节　多层建筑钢结构的组成与结构体系

一、多层建筑钢结构的组成

多层建筑钢结构一般由柱、梁、楼盖结构、支撑结构、墙板或墙架组成，如图 9 - 1 所示。

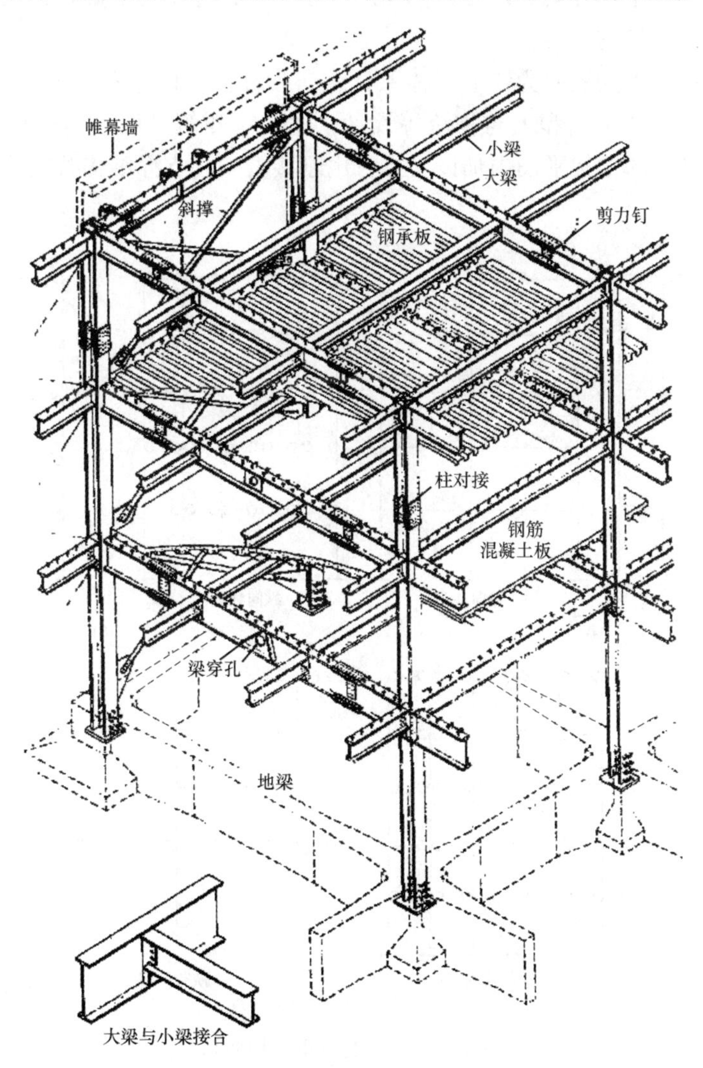

图 9 - 1　多层建筑钢结构的组成

二、多层钢结构建筑的结构体系

多层钢结构建筑通常采用框架类结构体系，常见结构体系有纯框架体系、柱－支撑体系和框架－支撑体系三种，分别见图 9-2。

梁与柱的连接形式分为刚性连接、铰接和半刚性连接。刚性连接简称刚接，受力工程中梁与柱的夹角保持不变。铰接也称为简单连接，梁端能够充分转动。连接的刚度介于刚接和铰接之间时，称为半刚性连接。

纯框架体系中所有梁与柱都做成刚性连接节点，形成纵横两个方向的刚接框架。当梁与柱节点处的夹角会发生改变，不满足刚接要求时，称为半刚接框架。当框架结构产生侧向位移时，竖向荷载会对结构产生附加内力，进一步加大结构变形，这种现象称为 P-Δ 效应，会降低结构的整体稳定性和承载力。纯框架体系延性较好，自振周期较长，抗震性能较好，平面布置灵活，可提供较大的使用空间，构件类型少，易于标准化。

柱—支撑体系中的梁均铰接于柱侧。柱间支撑在纵和横向沿柱高设置，承受大部分水平作用力。柱—支撑体系设计安装简便，侧向刚度较大，构件受力明确，适用于允许双向设置支撑的柱距不大的建筑物。

框架—支撑体系中的横向为纯框架体系，纵向为柱—支撑体系，也称为混合结构体系。在无支撑方向便于生产工艺和人与物流等设计，适用于建筑平面纵向较长和横向较短的建筑。当在梁与柱刚接的框架平面内加设支撑，由刚接框架和支撑结构共同承受水平荷载作用时，称为双重体系。

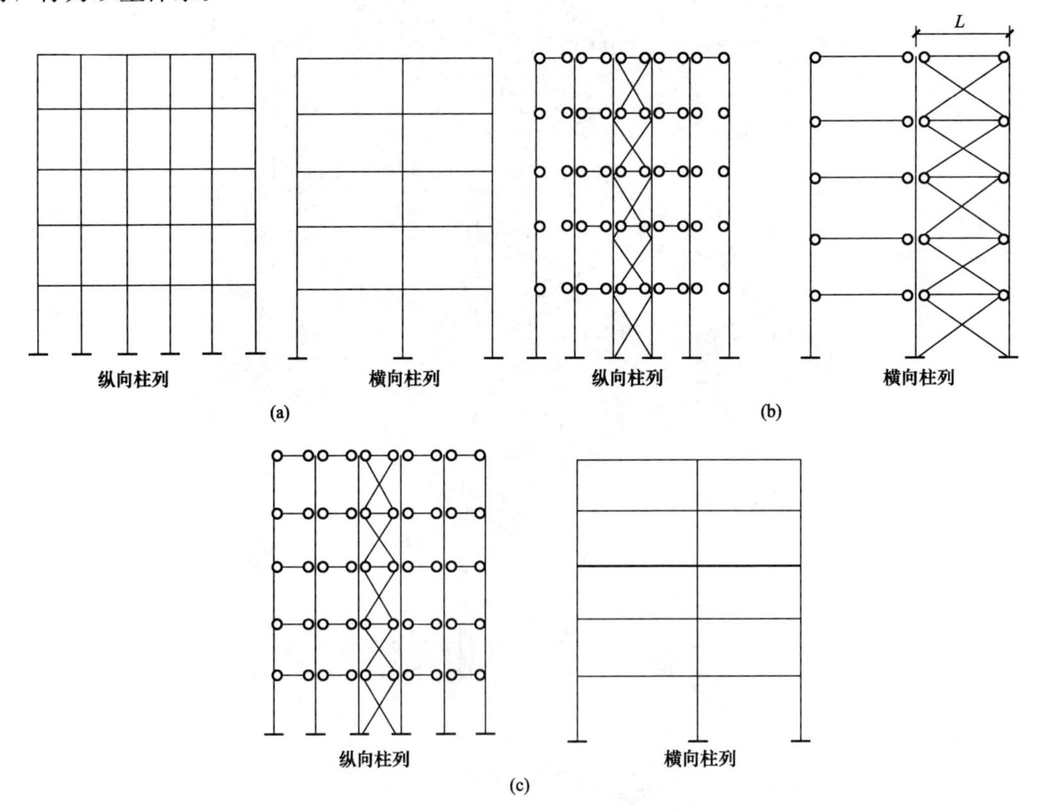

图 9-2 多层建筑钢结构体系

(a) 纯框架结构体系；(b) 柱—支撑体系；(c) 框架—支撑体系

三、多层钢结构的布置原则

多层钢结构建筑的平面及体型宜规则、简单、对称，尽量使结构的抗侧中心与水平荷载合力中心接近，以减小结构受扭转的影响。建筑的纵向和横向刚度宜均匀，使水平地震作用在平面上分布均匀。构件传力明确，减少构件的规格和类型，节点构造简单，建筑平面和竖向不规则的建筑方案（表 9-1 和表 9-2）应按《建筑抗震设计规范》(GB 50011) 中的规定采取加强措施。特别不规则的建筑方案的加强措施应进行专门研究和论证。

表 9-1　平面不规则的类型

不规则类型	定义
扭转不规则	楼层的最大弹性水平位移（或层间位移）大于该楼层两端弹性水平位移（或层间位移）平均值的 1.2 倍
凹凸不规则	结构平面凹进的一侧尺寸大于相应投影方向总尺寸的 30%
楼板局部不连续	楼板的尺寸和平面刚度急剧变化，例如，有效楼板宽度小于该层楼板典型宽度的 50%，或开洞面积大于该层楼面面积的 30%，或较大的楼层错层

表 9-2　竖向不规则的类型

不规则类型	定义
侧向刚度不规则	该层的侧向刚度小于相邻上一层的 70%，或小于其上相邻三个楼层侧向刚度平均值的 80%；除顶层外，局部收进的水平向尺寸大于相邻下一层的 25%
竖向抗侧力构件不连续	竖向抗侧力构件（柱、支撑和剪力墙）的内力由水平转换构件（梁、桁架等）向下传递
楼层承载力突变	抗侧力结构的层间受剪承载力小于相邻上一层的 80%

采用平面刚性楼盖时可在钢梁上翼缘设置栓钉，钢梁与现浇钢筋混凝土楼板或压型钢板一混凝土组合楼板形成组合楼盖，使水平地震作用力通过刚性楼盖实现结构整体协同受力，提高结构的抗震性能。当楼面钢梁与楼板无连接时，应在框架梁之间设水平支撑。当楼面开有大洞时，会降低楼盖平面的刚度，应在开洞周围的柱网区隔内设置水平支撑。楼盖的主梁与次梁应采用等高连接。

当采用柱一支撑结构体系且采用刚性楼盖时，柱间支撑应均匀布置，减小结构刚度中心的偏移，间距应满足设计规范要求。支撑钢柱及支撑沿竖向可以变截面，但应防止层间刚度突变。

第二节　多层钢结构的结构分析

一、多层钢结构结构分析方法

结构在水平风荷载或地震作用下会产生侧移 Δ，侧移引起竖向荷载 P 的偏移将对结构产生附加弯矩，而附加弯矩又使结构的侧移进一步加大，这种由于水平位移导致竖向荷载对结构产生的内力与位移增大的现象称为 P-Δ 效应。当柱子产生侧向挠曲 δ 时，柱子承受的轴向力 P 会产生偏心也将对柱子产生附加弯矩，而附加弯矩又使柱子的挠曲进一步加大，这种由于构件挠曲导致轴向荷载对结构产生的内力与位移增大的现象称为 P-δ 效应。

结构分析可按结构静力学方法进行弹性或弹塑性分析，采用弹性分析结果进行设计时，截面板件宽厚比等级为S1、S2、S3级的构件可有塑性变形发展。内力分析可采用下列三种方法：一阶弹性分析法，不考虑几何非线性对结构力学性能的影响，根据未变形的结构建立平衡条件，按弹性阶段分析结构内力及位移；二阶 P-Δ 弹性分析法，仅考虑结构整体初始缺陷及几何非线性对结构力学性能的影响，根据变形后的结构建立平衡条件，按弹性阶段分析结构内力及位移；直接分析法，直接考虑结构的初始缺陷、残余应力、材料非线性、节点连接刚度等因素，以整个结构体系为对象进行二阶非线性分析。

结构的初始缺陷包含结构整体和构件的初始几何缺陷以及残余应力，框架结构整体初始几何缺陷模式可按最低阶整体屈曲模态采用，可取缺陷代表值的最大值 $\Delta_i = H/250$（图9-3）。框架结构初始几何缺陷代表值可由式（9-1）确定，且不小于 $h_i/1\,000$（图9-3）。

$$\Delta_i = h_i\sqrt{0.2+1/n_s}/(250\varepsilon_k) \tag{9-1}$$

式中 n_s——框架总层数；

Δ_i——所计算楼层的初始几何缺陷代表值，当 $\sqrt{0.2+1/n_s}<2/3$ 或 >1 时，取根号值 $=2/3$ 或 1；

h_i——所计算楼层的高度。

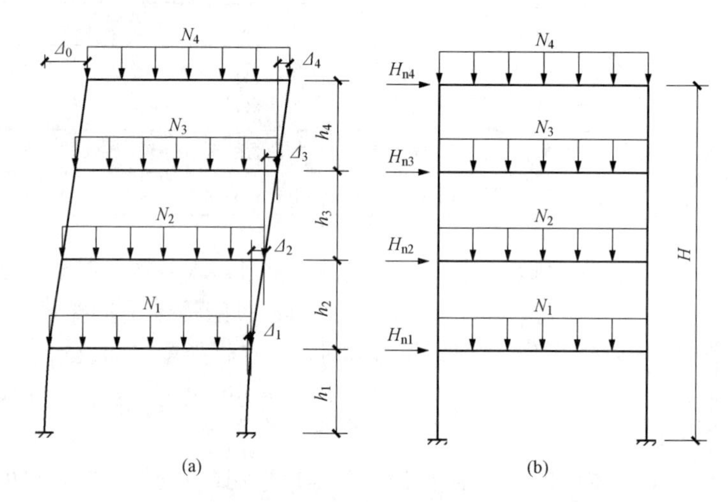

图9-3 框架整体初始几何缺陷代表值及等效水平力

（a）初始几何缺陷代表值；（b）等效水平力

框架结构整体初始几何缺陷代表值可通过在每层柱顶施加假想水平力 H_{ni} 等效考虑，假想水平力可按式（9-2）计算。

$$H_{ni} = G_i\sqrt{0.2+1/n_s}/(250\varepsilon_k) \tag{9-2}$$

式中 G_i——第 i 楼层的总重力荷载设计值。

构件的初始缺陷代表值（包含残余应力）可按式（9-3）计算［图9-4（a）］。

$$\delta_0 = e_0\sin(\pi x/l) \tag{9-3}$$

式中 δ_0——离构件端部 x 处的初始变形值；

e_0——构件中点处的初始变形值。

构件的初始缺陷可采用假想均布荷载 q_0 作用进行等效，q_0 按式（9-4）计算［图9-4（c）］。

$$q_0 = 8N_k e_0 / l^2 \tag{9-4}$$

式中　N_k——构件承受的轴力设计值；

e_0/l——构件初始弯曲缺陷值，当采用二阶 P-Δ 弹性分析时，对于柱子的截面分类分别为 a、b、c、d 类时，e_0/l 值分别取构件综合缺陷代表值 1/400、1/350、1/300、1/250。

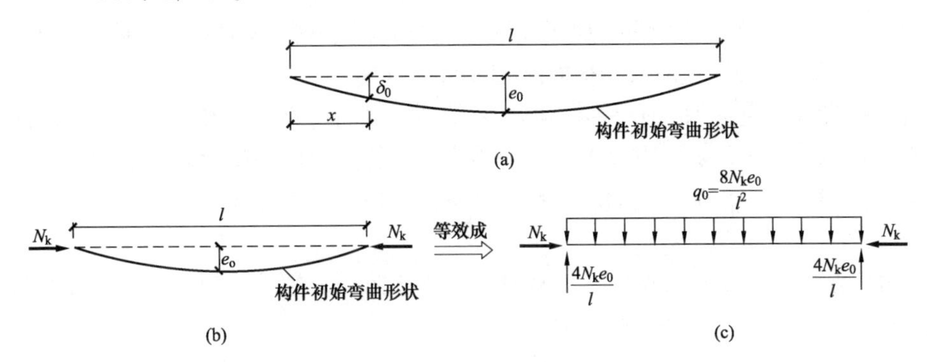

图 9-4　构件的初始缺陷

（a）构件初始弯曲形状；（b）轴心受力的有初始弯曲构件；（c）等效构件

框架结构整体和构件的初始几何缺陷施加方向应考虑荷载的最不利组合，如图 9-5 所示。

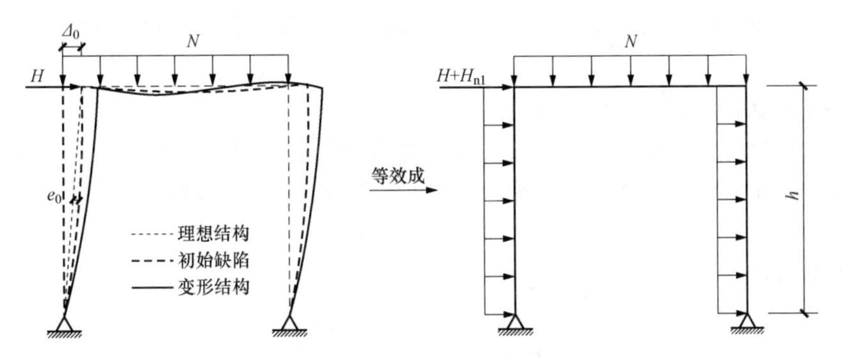

图 9-5　框架结构计算模型

采用仅考虑 P-Δ 效应的二阶弹性分析计算轴心受压构件整体稳定性时，构件计算长度系数可取 1.0。可按近似的二阶理论对一阶弯矩进行放大来考虑。对无支撑框架结构，杆件杆端的弯矩也可采用下列近似公式进行计算：

$$M_{\Delta}^{\mathrm{II}} = M_q + \alpha_i^{\mathrm{II}} M_H \tag{9-5}$$

$$\alpha_i^{\mathrm{II}} = 1/(1-\theta_i^{\mathrm{II}}) \tag{9-6}$$

$$\theta_i^{\mathrm{II}} = \sum(N_i \times \Delta u_i)/\sum(H_i \times h_i) \tag{9-7}$$

式中　M_q——结构在竖向荷载作用下的一阶弹性弯矩；

M_{Δ}^{II}——仅考虑 P-Δ 效应的二阶弯矩；

M_H——结构在水平荷载作用下的一阶弹性弯矩；

α_i^{II}——第 i 层杆件的弯矩增大系数，当 $\alpha_i^{\mathrm{II}}>1.33$ 时，宜增大结构的侧移刚度；

θ_i^{II}——二阶效应系数；

$\sum N_i$——所计算 i 楼层各柱轴心压力设计值之和；

$\sum H_i$——产生层间侧移 Δu 的计算楼层及以上各层的水平力设计值之和；

h_i——所计算 i 楼层的层高；

Δu_i——$\sum H_{ki}$作用下按一阶弹性分析求得的计算楼层的层间侧移。

当 $\theta_{i\max}^{\mathrm{II}} \leqslant 0.1$ 时，宜采用一阶弹性分析；当 $0.1 < \theta_{i\max}^{\mathrm{II}} \leqslant 0.25$ 时，宜采用二阶 P-Δ 弹性分析；当 $\theta_{i\max}^{\mathrm{II}} > 0.25$ 时，宜增大结构的刚度或采用直接分析。

直接分析设计法应考虑二阶 P-Δ 和 P-δ 效应、同时考虑结构和构件的初始缺陷、节点连接刚度和其他对结构稳定性有显著影响的因素，允许材料的弹塑性发展、内力重分布，获得各种设计荷载（作用）下的内力和位移，但不需要按计算长度法进行构件受压稳定承载力验算。

直接分析法不按弹塑性分析时，结构分析应限于第一个塑性铰的形成，对应的荷载水平不应低于荷载设计值，不允许进行内力重分布。

考虑材料弹塑性发展的直接分析法称为二阶弹塑性分析，宜采用塑性铰法或塑性区法。钢材可采用理想弹塑性模型，构件截面应为双轴对称截面或单轴对称截面。塑性铰处截面设计等级应为 S1、S2 级，应保证其有足够的转动能力。允许一个或者多个塑性铰产生，构件的极限状态应根据设计目标及构件在整个结构中的作用来确定。采用塑性铰法进行直接分析设计时，当受压构件所受轴力大于 0.5Af 时，其弯曲刚度应乘以刚度折减系数 0.8。采用塑性区法进行直接分析设计时，应按不小于 1/1000 的出厂加工精度考虑构件的初始几何缺陷，并考虑初始残余应力。

二、多层钢结构的荷载效应和组合

多层钢结构通常主要承受永久荷载、可变荷载和其他作用。永久荷载主要包括建筑物的自重。可变荷载主要包括楼面和屋面使用活荷载、风荷载、雪荷载、积灰荷载。其他作用主要包括地震作用、温度作用等。各种荷载或作用的取值、折减系数、分项系数、荷载组合值系数、动力荷载的动力系数等按《建筑结构荷载规范》（GB 50009）和《建筑抗震设计规范》（GB 50011）采用。施工阶段验算时应根据施工采用设备和布置的具体情况，验算施工荷载对结构的影响。多层房屋钢结构在多遇和罕遇地震下的计算，阻尼比可分别取 0.04 和 0.05。

三、多层钢框架结构分析

1. 结构分析原则

钢框架结构分析宜采用有限元分析程序通过计算机完成。梁柱连接宜采用刚接或铰接。当采用半刚性连接时，节点设计时应保证节点构造符合假定的弯矩 - 转角曲线。

钢框架采用压型钢板 - 混凝土组合楼板或钢筋混凝土楼板时，可假定在楼板平面内为刚性楼板，但当楼板局部不连续、开大面积孔和有较长外伸段时，需考虑楼板在其平面内的变形。在弹性分析中，当楼板与钢梁有可靠连接时，可考虑梁与楼板的共同工作，两侧和一侧有楼板梁的惯性矩 I_b宜乘以放大系数（1.5～2）和 1.2。弹塑性分析时不考虑楼板与梁共同工作。

进行钢框架内力和位移计算时，应考虑梁和柱子的弯曲变形和剪切变形，可不考虑轴向变形；当有混凝土剪力墙时，应考虑剪力墙的弯曲变形，剪切变形、扭转变形和翘曲变形。

宜考虑梁柱连接节点域的剪切变形对内力和位移的影响。

2. 结构分析模型和计算单元选取

多层钢框架的结构分析计算模型主要有平面计算模型、空间计算模型、空间刚性楼面计算模型和空间弹性楼面计算模型等。

（1）当多层框架平面布置规则、质量及刚度沿高度分布均匀、扭转效应影响小时，可采用平面计算模型。将结构拆分为若干个平面子结构，通过刚性楼板连成整体结构，平面子结构只能承受平面内的荷载，在水平荷载作用下，与荷载方向一致的平面子结构通过平面内刚性的楼板协同工作，共同抵抗水平荷载。各平面子结构承受水平力的大小与其抗侧刚度成正比，两个垂直方向的平面子结构各自独立，分别计算。所有平面子结构的相同楼层只有一个平移自由度，N 层结构有 N 个未知量，计算简便。

（2）平面不规则和会产生扭转的结构宜采用空间刚性楼面整体计算模型。每个楼层有三个自由度，即两个平移和一个扭转。所有节点的位移均连续，计算精度较高。

（3）当结构平面和竖向形体不规则，楼板在其平面内形不成无限刚性时，可采用空间弹性楼面整体计算模型，每个节点有 6 个自由度。

在计算模型中，梁和柱宜采用梁单元，能考虑弯曲变形、剪切变形、扭转变形和轴向变形。支撑连接节点为铰接或刚接时，采用杆单元或梁单元。梁柱连接的节点域宜作为单独的剪切单元，也可按以下方法近似考虑而不设剪切单元：①工字形截面柱框架中，梁和柱的计算长度取轴线间的距离；②箱形截面柱框架中，宜将节点区域视作刚域，刚域尺寸取节点域实际尺寸的一半，梁和柱子的计算长度取刚域间净距；③框架 - 支撑结构中，可不考虑梁柱节点域的剪切变形对结构内力和位移的影响。混凝土剪力墙宜采用墙板单元，能考虑弯曲、剪切、轴向、扭转和翘曲变形。当需考虑楼板在自身平面内变形的影响时，楼板宜采用板壳单元。

3. 框架结构的塑性分析

框架结构塑性设计是在荷载作用下，以在构件端部、集中荷载作用处、连接节点或其他位置形成足够数量的“塑性铰”而变成机构，作为结构的承载能力极限状态进行设计。考虑构件截面内塑性的发展及由此引起的内力重分配，可用简单塑性理论进行内力分析。

塑性设计在塑性铰处要达到全截面塑性弯矩，且在内力重分配时能保持全截面塑性弯矩，要求钢材的强屈比 $f_u/f_y \geqslant 1.2$，伸长率 $\delta_5 \geqslant 15\%$，相应于抗拉强度 f_u 的应变 ε_u 不小于 20 倍屈服点应变 ε_y。

4. 地震作用下的结构分析

多层钢结构在地震作用下应作二阶段分析，第一阶段为多遇地震作用下作结构构件承载力、稳定性和结构的层间侧移验算，第二阶段为罕遇地震作用下作结构弹塑性，验算结构的层间侧移和层间侧移延性比。

（1）多遇地震作用下的结构分析。多遇地震作用下作结构构件承载力验算时，应分别计算在结构两个主轴方向的水平地震作用，水平地震作用由该方向的抗侧力构件承担。质量和刚度明显不对称、不均匀的结构，应计算双向水平地震作用，计算模型中应考虑偶然偏心和扭转影响。有斜交抗侧力构件的结构，当斜交角度大于 15°时，应分别计算各抗侧力构件方向的水平地震作用。

单向水平地震作用考虑偶然偏心影响时，将每层质心沿垂直于地震作用方向偏移 e_i，e_i 可按下式计算

方形及矩形平面 $e_i = \pm 0.05L_i$ (9-8a)

其他形式平面 $e_i = \pm 0.17r_i$ (9-8b)

式中 L_i——第 i 层垂直于地震作用方向的多层房屋总长度；

r_i——第 i 层相应质点在楼层平面的转动半径。

对于高度≤40m、质量和刚度沿高度分布较均匀，且以剪切变形为主的结构，结构分析可采用底部剪力法，各楼层可仅取一个自由度。

多层钢框架不满足底部剪力法要求条件时，常采用振型分解反应谱法进行分析，地震影响系数曲线应按《建筑抗震设计规范》(GB 50011) 的规定采用。具有表 9-1 和表 9-2 中多项不规则的多层房屋钢结构以及属于甲类抗震设防类别的多层房屋钢结构，还应采用时程分析法进行补充计算，取不少于 3 条的时程曲线计算结果的平均值与振型分解反应谱法计算结果的较大值。

时程分析法根据动力平衡条件建立方程，地震作用按地面加速度时程曲线输入，可以得到输入时程曲线时段长度内结构构件在每一时刻的变形和内力、塑性发展情况、塑性铰出现的时刻和出现的次序等的时程曲线，如果构件或节点已进入塑性，就根据该构件或节点的力-变形弹塑性关系调整其刚度。地震作用是按地面加速度时程曲线输入的反复作用过程，因而构件或节点的力与变形关系为滞回曲线。时程分析工作量很大，常需采取一些简化处理。

时程分析应按建筑场地类别和设计地震分组选用不少于二组的实际强震记录和一组人工模拟的加速度时程曲线，其平均地震影响系数曲线应与振型分解反应谱法所采用的地震影响系数曲线在统计意义上相符。其加速度时程的最大值可按表 9-3 采用。每条时程曲线的计算所得结构底部剪力不应小于振型分解反应谱法计算结果的 65%，多条时程曲线计算所得结构底部剪力的平均值不应小于振型分解反应谱法计算结果的 80%。当非承重墙体为填充轻质砌块、轻质墙板、外挂墙板时，结构自振周期可乘以 0.9～1.0 的折减系数。

表 9-3 时程分析所用地震加速度时程曲线的最大值 cm/s^2

地震影响	6 度	7 度	8 度	9 度
多遇地震	18	35 (55)	70 (110)	140
罕遇地震	—	220 (310)	400 (510)	620

注 括号内数值分别用于设计基本地震加速度为 $0.15g$ 和 $0.3g$ 的地区。

多层钢框架应以每层柱顶附加假想水平力的方式来计入重力二阶效应。对于工字形柱，宜计入梁柱节点域剪切变形对结构侧移的影响；对于箱形柱、中心支撑框架和高度不超过 50m 的钢结构，其层间位移计算可不计入梁柱节点域剪切变形对结构侧移的影响，近似按框架轴线进行分析。

(2) 罕遇地震作用下的结构分析。甲类抗震设防类别或 7 度Ⅲ、Ⅳ类场地和 8 度时乙类抗震设防类别的多层房屋钢结构宜进行罕遇地震作用下的分析。可采用简化的弹塑性分析方法、静力弹塑性分析方法（也称推覆分析方法）或弹塑性时程分析法，验算结构的位移。

对于楼层侧向刚度无突变的 20 层以下的钢框架，弹塑性层间位移 Δu_p 可按下式计算：

$$\Delta u_p = \eta_p \Delta u_e \tag{9-9a}$$

或

$$\Delta u_p = \mu \Delta u_y = \eta_p \Delta u_y / \xi_y \tag{9-9b}$$

$$\xi_y(i) = V_y(i)/V_e(i) \tag{9-10}$$

式中　Δu_p——弹塑性层间位移；

Δu_y——层间屈服位移；

μ——楼层延性系数；

Δu_e——罕遇地震作用下按弹性分析的层间位移；

ξ_y——楼层屈服强度系数，第 i 层的屈服强度系数 $\xi_y(i)$ 按式（9-10）计算；

$V_y(i)$——按框架的梁、柱实际截面尺寸和材料强度标准值计算的第 i 层抗剪承载力；

$V_e(i)$——罕遇地震标准值作用下按弹性计算的第 i 层楼层剪力；

η_p——弹塑性层间位移增大系数，当 $\xi_y(i) \geqslant$ 相邻层楼层屈服强度系数的 0.8 倍时，可按表 9-4 采用。当≤平均值的 0.5 时，可按表内相应数值的 1.5 倍采用。其他情况可采用内插法取用。

表 9-4　多层均匀框架结构弹塑性层间位移增大系数 η_p

总层数 n 或部位	ξ_y		
	0.3	0.4	0.5
2～4	1.60	1.40	1.30
5～7	1.80	1.65	1.50
8～12	2.20	1.20	1.80

屈服强度系数 ξ_y 沿高度分布是否均匀可通过系数 α 判别，第 i 层的 $\alpha(i)$ 可按下式计算

$$\alpha(i) = 2\xi_y(i)/[\xi_y(i-1) + \xi_y(i+1)] \qquad (9-11a)$$

底层为

$$\alpha(1) = \xi_y(1)/\xi_y(2) \qquad (9-11b)$$

顶层为

$$\alpha(n) = \xi_y(n)/\xi_y(n-1) \qquad (9-11c)$$

当 $\alpha \geqslant 0.8$ 时，判定 ξ_y 沿高度分布均匀，薄弱层可取底层。当 $\alpha < 0.8$ 时，判定 ξ_y 沿高度分布不均匀，薄弱层可取 ξ_y 最小的楼层。

对于层刚度有突变的情况，弹塑性变形的计算应采用静力弹塑性分析法或弹塑性时程分析法。

静力弹塑性分析法也称推覆分析法。采用静力分析方法，计算在罕遇地震作用下结构的最大承载力和极限变形能力。在结构上施加自重和活荷载等产生的竖向荷载、水平地震作用力。分析时竖向荷载保持不变，水平力逐步增大。每增加一个增量步，进行一次结构分析，当构件或节点进入塑性后，要按照该构件或节点的力-变形弹塑性骨架曲线调整其刚度，进入下一个增量步的计算，直到结构达到其极限承载力和极限位移或出现倒塌。根据第一批塑性铰出现时的地震作用大小，此后塑性铰出现的次序和分布状况以及构件中应变的大小等，评估结构是否安全，判断关键构件是否符合抗震性能要求，检查结构是否存在薄弱层，对结构的变形能力和构件的延性进行校核。

弹塑性时程分析时可以采用杆系模型、剪切型层模型、剪弯型层模型或剪弯协同工作等模型。杆系模型计算较精确，可以得到结构构件的时程反应，但工作量大。层模型可以得到各层的时程反应，精度不如杆系模型高，但工作量小，结果简明，易于整理。第二阶段设计的主要目的是从总体上了解结构在大震时的反应，验算结构在大震时是否会倒塌，工程设计时多采用层模型。

多层房屋钢结构的薄弱层（部位）弹塑性层间位移 Δu_p 应符合下式要求

$$\Delta u_p \leqslant [\theta_p]h \tag{9-12}$$

式中 $[\theta_p]$——弹塑性层间位移角限值，多层钢结构为 1/150；

h——层高。

第三节　多层钢结构的结构设计

多层钢结构的楼面板和屋面板常采用压型钢板与钢筋混凝土组合楼板或钢筋混凝土楼板等，应分别按相应楼板的设计方法进行设计。采用不同结构分析方法时的多层钢结构设计方法是不完全相同的。

（1）采用一阶弹性分析方法结构分析时，框架钢构件和节点应按照本书相应章节的有关规定进行设计，稳定性计算时计算长度系数 μ 分别按无支撑和有支撑框架进行计算。

1）无支撑框架。等截面柱的 μ 可按《钢结构设计标准》中附录 E 有侧移框架柱的计算方法确定，也可按下列简化公式计算

$$\mu = \sqrt{\frac{7.5K_1K_2 + 4(K_1 + K_2) + 1.52}{7.5K_1K_2 + K_1 + K_2}} \tag{9-13}$$

式中 K_1、K_2——分别为相交于柱上端、柱下端的横梁线刚度之和与柱线刚度之和的比值。横梁与柱铰接时取横梁线刚度为零。下列情况横梁线刚度应乘以折减系数 α_N：梁远端为铰接或刚接时，$\alpha_N = 0.5$ 或 2/3；当与柱刚接的横梁所受轴压力 N_b 较大时，横梁远端与柱刚接或铰支时，$\alpha_N = 1 - N_b/(4N_{Eb})$ 或 $\alpha_N = 1 - N_b/N_{Eb}$；横梁远端嵌固时，$\alpha_N = 1 - N_b/(N_{Eb})$。对底层框架柱：柱与基础铰接或刚接时，$K_2 = 0$（对平板支座 $K_2 = 0.1$）或 $K_2 = 10$。$N_{Eb} = \pi^2 EI_b/l^2$，I_b 为横梁截面惯性矩，l 为横梁长度。

2）有支撑框架。当支撑结构（支撑桁架、剪力墙等）满足式（9-14）要求时，等截面柱的 μ 可按《钢结构设计标准》(GB 50017) 中附录 E 无侧移框架柱的计算方法确定，也可按简化公式（9-15）计算

$$S_b \geqslant 4.4[(1 + 100/f_y)\sum N_{bi} - \sum N_{0i}] \tag{9-14}$$

$$\mu = \sqrt{\frac{(1 + 0.41K_1)(1 + 0.41K_2)}{(1 + 0.82K_1)(1 + 0.82K_2)}} \tag{9-15}$$

式中 S_b——支撑结构的层侧移刚度，即施加于结构上的水平力与其产生的层间位移角的比值；

$\sum N_{bi}$、N_{0i}——分别是第 i 层层间所有框架柱用无侧移和有侧移框架柱计算长度系数算得的轴压杆稳定承载力之和。

（2）采用仅考虑 P-Δ 效应的二阶弹性分析时，钢构件和节点应按照本书相应章节的有关规定进行设计，稳定性计算时的计算长度系数 μ 取 1.0 或其他认可的值。

（3）采用直接分析设计法进行设计时，计算结果可直接作为结构或构件在承载力和正常使用极限状态下的设计依据，应按下列公式进行构件截面承载力验算。

1）当构件有足够侧向支撑以防止侧向失稳时

$$\frac{N}{Af} + \frac{M_x^{\mathrm{II}}}{M_{cx}} + \frac{M_y^{\mathrm{II}}}{M_{cy}} \leqslant 1 \tag{9-16}$$

式中　M_x^{II}、M_y^{II}——分别为绕 x 轴、y 轴的二阶弯矩设计值；
M_{cx}、M_{cy}——绕 x 轴、y 轴的受弯承载力设计值，板件宽厚比满足与不满足 S2 级要求时，$M_{cx}=W_{px}f$ 与 $M_{cx}=\gamma_x W_x f$，$M_{cy}=W_{py}f$ 与 $M_{cy}=\gamma_y W_y f$；
W_{px}、W_{py}——分别为绕 x 轴、y 轴的塑性毛截面模量；
A——构件的毛截面面积；
γ_x、γ_y——截面塑性发展系数；
W_x、W_y——构件板件宽厚比为 S1～S4 级时，为绕 x 轴、y 轴的毛截面模量；为 S5 级时，为绕 x 轴、y 轴的有效截面模量。

2）当构件可能产生侧向失稳时

$$\frac{N}{Af}+\frac{M_x^{\mathrm{II}}}{\varphi_b M_x f}+\frac{M_y^{\mathrm{II}}}{M_{cy}}\leqslant 1.0 \tag{9-17}$$

式中　φ_b——梁的整体稳定性系数。

钢结构房屋应根据设防分类、烈度和房屋高度采用不同的抗震等级（表 9 - 5）。

表 9 - 5　钢结构房屋的抗震等级

房屋高度	烈度			
	6	7	8	9
≤50m		四	三	二
>50m	四	三	二	一

根据《建筑结构抗震设计规范》（GB 50011），钢框架柱的长细比应满足：一级应≤60 $\sqrt{235/f_y}$；二级应≤80 $\sqrt{235/f_y}$；三级应≤100 $\sqrt{235/f_y}$；四级应≤120 $\sqrt{235/f_y}$。为避免构件发生局部失稳，框架的梁和柱截面的板件宽厚比应不超过表 9 - 6 的限值。

表 9 - 6　板件宽厚比限值

板件名称		抗震等级			
		一级	二级	三级	四级
柱	工字形截面翼缘外伸部分	10	11	12	13
	工字形截面腹板	43	45	48	52
	箱形截面壁板	33	36	38	40
梁	工字形和箱形截面翼缘外伸部分	9	9	10	11
	箱形截面翼缘在腹板间的部分	30	30	32	36
	工字形和箱形截面腹板	$72-120N_b/Af$ ≤60	$72-100N_b/Af$ ≤65	$80-100N_b/Af$ ≤70	$85-120N_b/Af$ ≤70

注　1. N 为构件所受的轴心力设计值，A 为构件的截面面积，N_b/Af 为梁轴压比；
2. 表列数值适用于 Q235 钢材，当采用其他牌号钢材时，应乘以 $\sqrt{235/f_y}$。

【例 9 - 1】　多层框架设计。

1. 设计条件及说明

某行政办公楼，地上 4 层。结构高度为 14.2m。所在地区基本风压为 0.45kN/m²，地面粗糙度 C，基本雪压 0.45kN/m²，抗震设防烈度为 6 度，场地类别为Ⅰ类，安全等级为二级，结构设计使用年限为 50 年。主体结构横向采用钢框架结构，横向承重，主梁沿横向布置；纵向较长，采用钢排架支撑结构。结构的局部平面及横向剖面如图 9-6 所示。本工程主梁和柱子均采用 Q235B 钢材。焊接材料与之相适应，楼板采用压型钢板组合楼板。

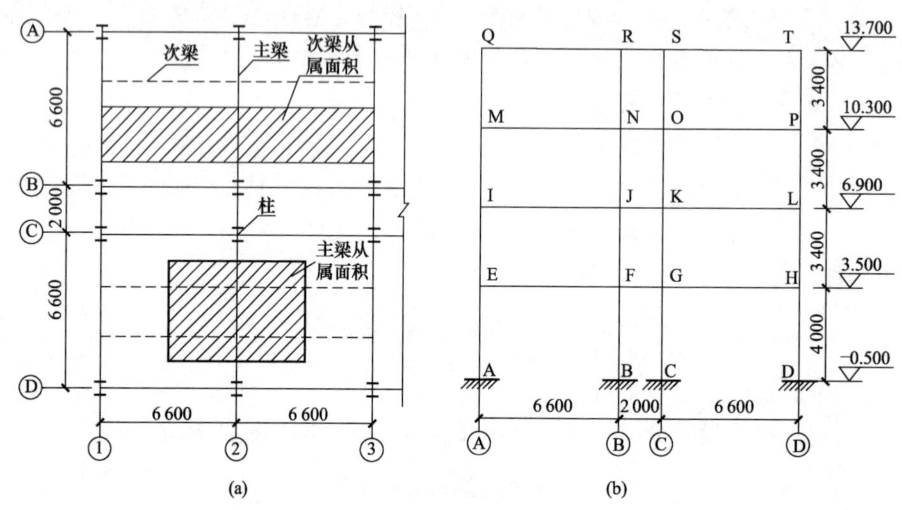

图 9-6 ［例 9-1］多层框架示意图

（a）平面图；（b）剖面图

2. 荷载计算

（1）永久荷载标准值。

1）楼面：1mm 厚压型钢板 0.14kN/m^2；100mm 厚出 C30 钢筋混凝土板 $0.10\times25=2.5$(kN/m^2)；20mm 厚水泥砂浆找平层 $0.02\times20=0.4$(kN/m^2)；5mm 厚楼面装修层 0.1kN/m^2；吊顶及吊挂荷载 0.5kN/m^2。

楼面自重合计：3.64kN/m^2。

2）屋面：1mm 厚压型钢板 0.14kN/m^2；100mm 厚 C30 钢筋混凝土板 $0.10\times25=2.5$(kN/m^2)；40mm 厚细石混凝土防水层 $0.04\times25=1.0$(kN/m^2)；20mm 厚水泥砂浆找平层 $0.02\times20=0.4$(kN/m^2)；膨胀珍珠岩保温层（2%找坡，最薄处 100mm）0.44kN/m^2；20mm 厚水泥砂浆找平层 $0.02\times20=0.4$(kN/m^2)；高分子卷材防水 0.05kN/m^2；吊顶及吊挂荷载 0.5kN/m^2。

屋面自重合计：5.43kN/m^2。

3）内墙：240mm 加气混凝土砌块 $0.24\times7.5=1.8$(kN/m^2)；20mm 粉刷层 $0.02\times17\times2=0.68$(kN/m^2)。

内墙自重荷载合计：2.48kN/m^2。内墙自重（取 3400mm 高）：$2.48\times3.4=8.43$(kN/m^2)。

4）外墙：900mm 高窗下墙体 $0.24\times7.5\times0.9=1.62$(kN/m^2)；钢窗自重 $0.45\times2.5=1.13$(kN/m^2)。

外墙自重合计：2.75kN/m^2。

（2）可变荷载标准值。办公楼楼面 2.0kN/m^2；不上人屋面 0.7kN/m^2。

（3）风压标准值。风压标准值计算公式 $\omega=\beta_z\mu_s\mu_z\omega_0$。基本风压（按 50 年一遇）0.45kN/m^2，地面粗糙度取 C 类，结构高度 $H=14.2\text{m}<15\text{m}$，风载体型系数 μ_s 取 0.74，风振系数 β_z 取 1.0。

（4）雪荷载标准值。基本雪压 0.45kN/m²，准永久分区Ⅲ，雪荷载不与活荷载同时组合，因雪荷载＜活荷载，荷载组合时取活荷载进行组合。

（5）地震作用。抗震设防烈度为 6 度（0.05g），计算中不考虑地震作用，仅从构造上予以考虑。

设计取组合楼板为单向板，次梁以集中荷载传递加载在主梁上，主梁自重和主梁上的墙体按均布荷载作用在主梁上，外墙荷载按集中荷载作用在梁柱节点处。各荷载作用计算简图如图 9-7 所示。

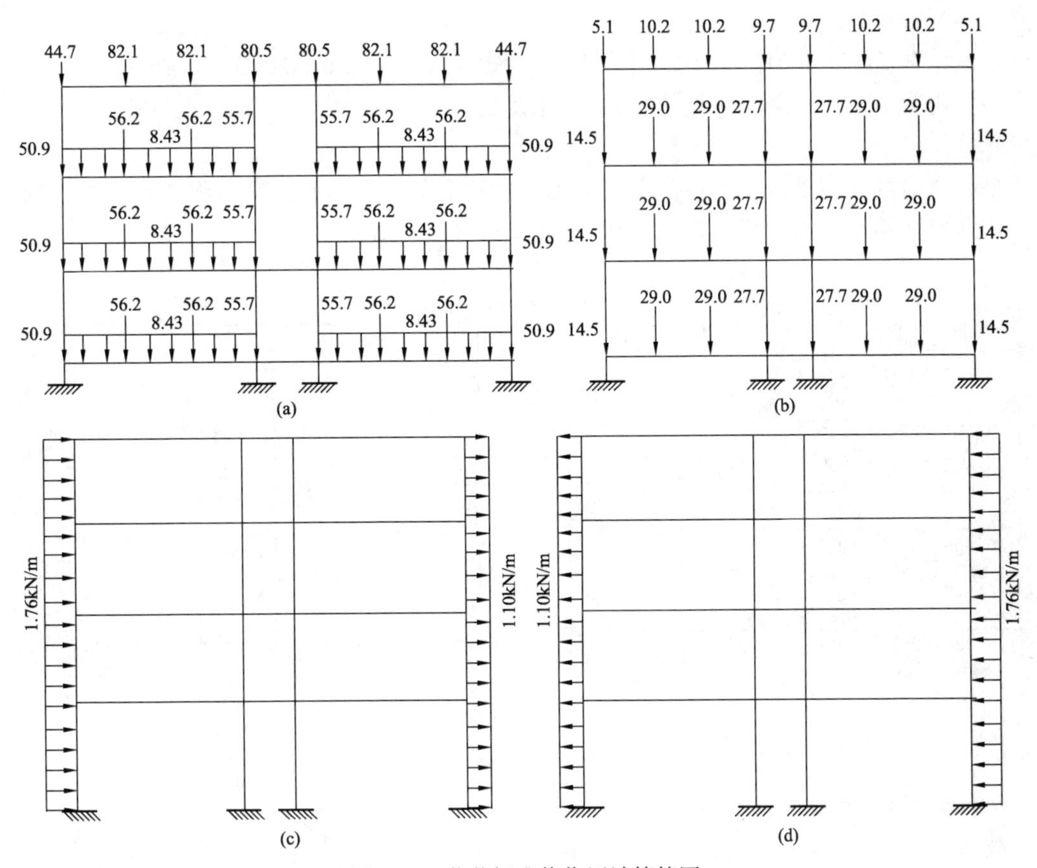

图 9-7　荷载标准值作用计算简图

（a）恒载标准值（kN，kN/m）；（b）活载标准值（kN）；（c）左风标准值；（d）右风标准值

3. 截面初选

（1）主梁。梁上焊接栓钉，楼板采用组合楼板，可视为刚性楼板，主梁整体稳定性有保证，梁只需满足强度、刚度和局部稳定性要求。主次梁均选用工字形截面，并优先选用窄翼缘 H 型钢梁。

主梁跨度为 6 600mm，按高跨比 1/20～1/10，取梁高为 400mm。对跨度为 2 000mm 的主梁，梁高可取 250mm。查《热轧 H 型钢和剖分 T 型钢》（GB/T 11263），6 600mm 和 2 000mm 跨主梁分别选 HN400×20×8×13 和 HN250×125×6×9；6 600mm 跨次梁，选 HN350×175×7×11。

（2）框架柱。估算柱在竖向荷载下的轴力 N，以 1.2N 作为设计轴力按轴心受压构件来确定框架柱的初始截面。假定柱长细比λ，根据H形焊接组合截面的近似回转半径确定截面的轮廓和尺寸。框架柱分上下两段吊装（二层以下与以上各一段），各列柱变一次截面。初选1和2层柱截面为H300×300×8×10，3和4层柱截面为H250×250×8×10。

4. 内力计算

采用框架计算软件计算平面框架结构在各工况下的内力，各荷载标准值作用下内力图如图9-8所示。图中弯矩单位为“kN·m”，轴力、剪力单位为“kN”。正负号：柱右（左）侧受拉为正（负），梁下（上）侧受拉为正（负）；轴力受拉（压）为正（负），剪力以使杆件顺（逆）时针转动为正（负）。

（1）永久荷载标准值作用下内力计算结果。弯矩、剪力和轴力图如图9-8（a）～（c）所示。

（2）可变荷载标准值作用下内力计算结果。全楼层满布的内力计算结果如图9-8（d）～（f）所示。

（3）风荷载作用下内力计算结果。结构和荷载对称，左与右风荷载作用下内力也对称，仅给出左风作用下内力计算结果如图9-8（g）～（i）所示。

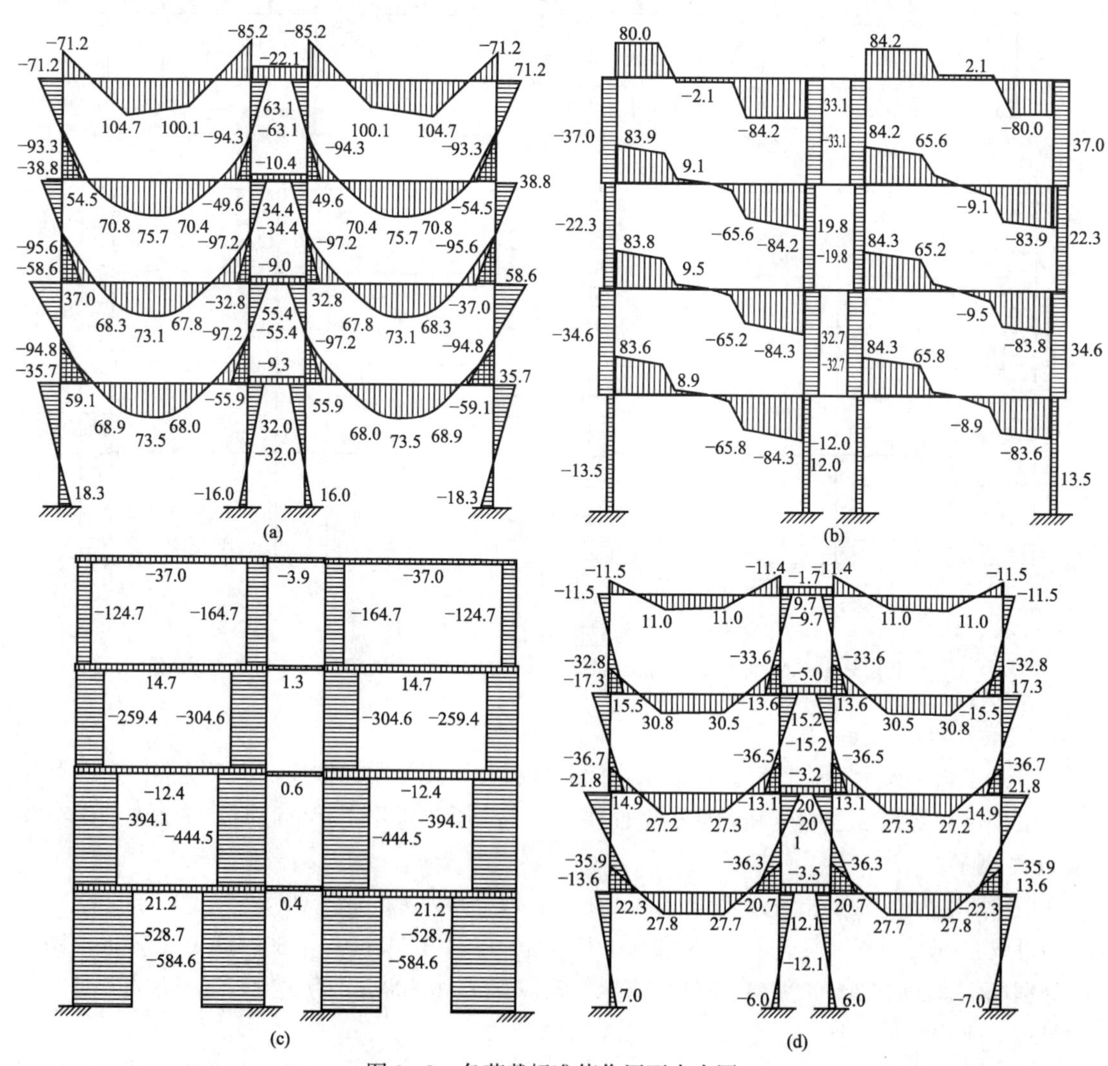

图9-8 各荷载标准值作用下内力图

（a）永久荷载作用下弯矩图；（b）永久荷载作用下剪力图；（c）永久荷载作用下轴力图；（d）可变荷载满布弯矩图

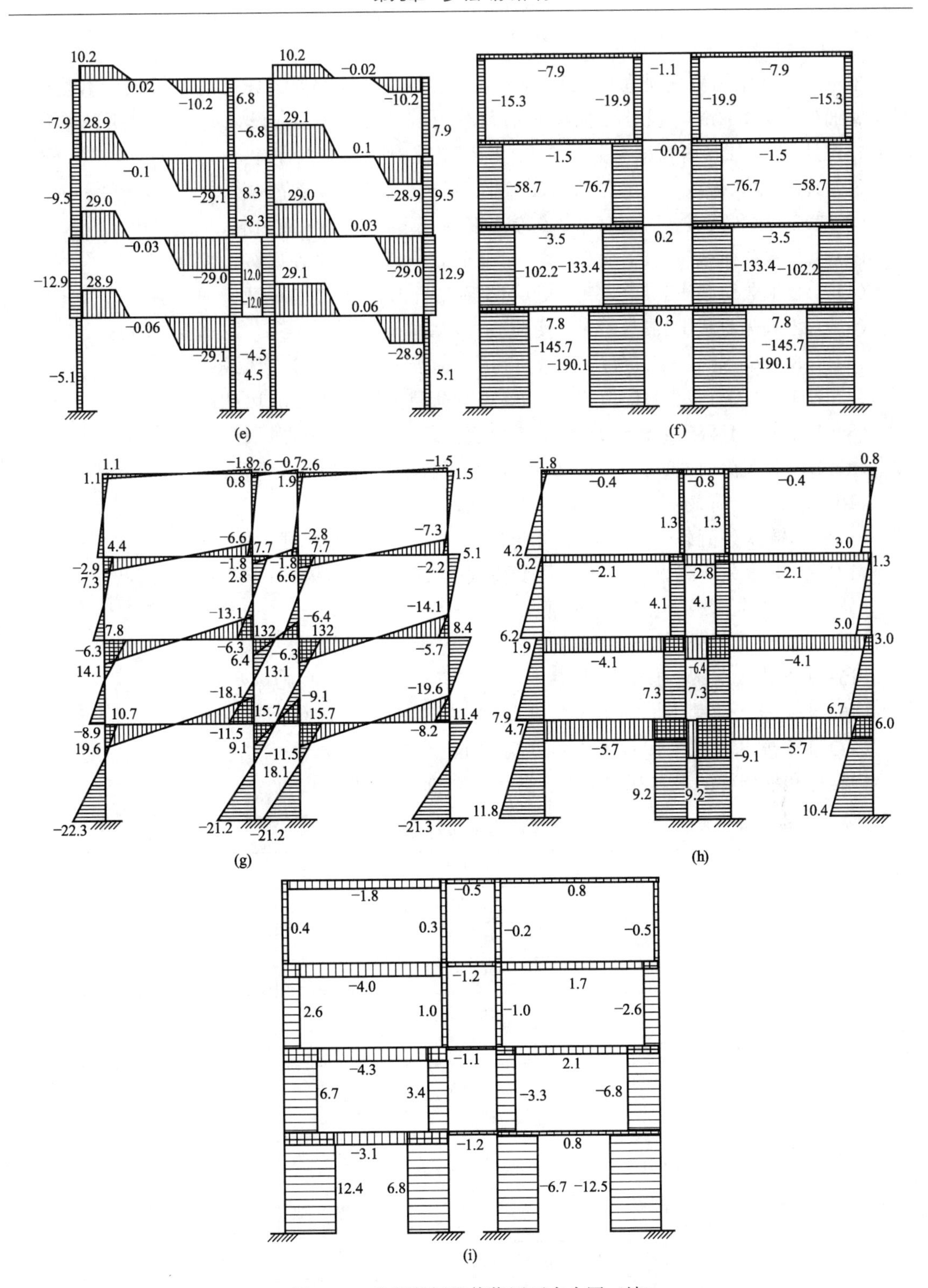

图 9-8 各荷载标准值作用下内力图（续）

（e）可变荷载满布剪力图；（f）可变荷载满布轴力图；（g）左风荷载作用下弯矩图；（h）左风荷载作用下剪力图；（i）左风荷载作用下轴力图

5. 荷载组合

根据《建筑结构荷载规范》(GB 50009)，梁与柱计算都要考虑活荷载折减。本建筑主梁从属面积为29.04m^2，设计楼面梁时活荷载折减系数为0.9；设计底层柱时折减系数为0.85；设计2、3层柱时折减系数为0.9。框架梁柱内力基本组合有：

(1) 1.35永久荷载+1.5×0.7×0.9可变荷载+1.5×0.6左风载；
(2) 1.35永久荷载+1.5×0.7×0.9可变荷载+1.5×0.6右风载；
(3) 1.2永久荷载+1.5×0.9×0.9可变荷载+1.5×0.9左风载；
(4) 1.2永久荷载+1.5×0.9×0.9可变荷载+1.5×0.9右风载；
(5) 1.2永久荷载+1.5×0.9可变荷载；
(6) 1.35永久荷载+1.5×0.7×0.85可变荷载+1.5×0.6左风载；
(7) 1.35永久荷载+1.5×0.7×0.85可变荷载+1.5×0.6右风载；
(8) 1.2永久荷载+1.5×0.9×0.85可变荷载+1.5×0.9左风载；
(9) 1.2永久荷载+1.5×0.9×0.85可变荷载+1.5×0.9右风载；
(10) 1.2永久荷载+1.5×0.85可变荷载；
(11) 1.35永久荷载+1.5×0.7可变荷载+1.5×0.6左风载；
(12) 1.35永久荷载+1.5×0.7可变荷载+1.5×0.6右风载；
(13) 1.2永久荷载+1.5可变荷载；
(14) 1.2永久荷载+1.5左风载；
(15) 1.2永久荷载+1.5右风载；
(16) 1.2永久荷载+1.5×0.9可变荷载+1.5×0.9左风载；
(17) 1.2永久荷载+1.5×0.9可变荷载+1.5×0.9右风载。

框架柱和框架梁的最不利内力组合分别见表9-7和表9-8。

表9-7 框架柱最不利内力组合

构件	组合	组合号	截面位置	M (kN·m)	N (kN)	Q (kN)
柱AE	M_{max}^{+}	9	柱下端	58.7	−818.4	−36.2
	M_{max}^{-}	9	柱上端	−73.8	−818.4	−30.0
	N_{max}	7	柱上端	−70.6	−854.9	−37.9
柱BF	M_{max}^{+}	8	柱上端	73.5	−910.6	32.1
	M_{max}^{-}	8	柱下端	−54.8	−910.6	32.1
	N_{max}	7	柱上端	39.9	−965.0	11.9
柱EI	M_{max}^{+}	4	柱下端	109.1	−606.3	−66.5
	M_{max}^{-}	4	柱上端	−108.1	−606.3	−61.2
	N_{max}	2	柱下端	108.2	−634.7	−65.1
柱FJ	M_{max}^{+}	3	柱上端	109.9	−691.0	63.7
	M_{max}^{-}	3	柱下端	−108.4	−691.0	63.7
	N_{max}	2	柱下端	−84.7	−731.6	49.2

续表

构件	组合	组合号	截面位置	M（kN·m）	N（kN）	Q（kN）
柱 IM	M_{max}^{+}	4	柱下端	68.9	−386.2	−45.1
	M_{max}^{-}	4	柱上端	−73.7	−386.2	−39.9
	N_{max}	2	柱上端	−73.3	−408.0	−40.1
柱 JN	M_{max}^{+}	3	柱上端	70.1	−457.3	39.3
	M_{max}^{-}	3	柱下端	−63.8	−457.3	39.3
	N_{max}	2	柱上端	53.9	−479.8	30.9
柱 MQ	M_{max}^{+}	12	柱下端	91.5	−184.9	−61.0
	M_{max}^{-}	12	柱上端	−109.4	−184.9	−57.6
	N_{max}	12	柱上端	−109.4	−184.9	−57.6
柱 NR	M_{max}^{+}	11	柱上端	97.5	−243.0	53.1
	M_{max}^{-}	11	柱下端	−82.7	−243.0	53.1
	N_{max}	12	柱上端	93.1	−243.4	50.7

表 9-8　　框架梁最不利内力组合

构件	组合	组合号	截面位置	M（kN·m）	N（kN）	Q（kN）
梁 EF	M_{max}^{+}	1	距 E 点 2.7m	127.2	35.8	1.2
	M_{max}^{-}	3	梁右端	−185.3	33.2	−144.3
	V_{max}	1	梁右端	−180.8	33.1	−146.6
梁 FG	M_{max}^{-}	4	梁左端	−27.4	−0.5	12.3
	V_{max}	14	梁右端	−26.4	−1.2	−14.1
梁 IJ	M_{max}^{+}	1	距 I 点 2.8m	125.2	−23.8	−2.2
	M_{max}^{-}	1	梁右端	−177.5	−23.8	−144.9
	V_{max}	1	梁右端	−177.5	−23.8	−144.9
梁 JK	M_{max}^{-}	4	梁左端	−23.4	−0.3	7.3
	V_{max}	15	梁左端	−20.7	−0.6	9.0
梁 MN	M_{max}^{+}	5	跨中	132.2	15.7	−0.3
	M_{max}^{-}	1	梁右端	−165.1	14.8	−141.3
	V_{max}	1	梁右端	−165.1	14.8	−141.3
梁 NO	M_{max}^{-}	4	梁左端	−22.8	0.2	3.9
	V_{max}	14	梁右端	−16.7	−0.2	−4.4
梁 QR	M_{max}^{+}	11	距 Q 点 2.2m	153.0	−59.9	−3.2
	M_{max}^{-}	11	梁右端	−128.6	−59.9	−124.7
	V_{max}	11	梁右端	−128.6	−59.9	−124.7
梁 RS	M_{max}^{-}	12	梁左端	−32.4	−6.8	0.6
	V_{max}	14	梁右端	−27.7	−5.5	−1.2

6. 结构、构件验算

（1）结构侧移验算。运用软件计算得出在风荷载作用下由上往下各层位移分别为 6.5、5.9、4.4、2.5mm。总位移 $6.5<H/500=14\ 200/500=28.4(\text{mm})$，满足规范要求。最大层间侧移（底层）为 $2.5\text{mm}<h/400=4\ 000/400=10(\text{mm})$，满足规范要求。

（2）框架柱验算。框架柱的验算包括强度、整体稳定和局部稳定验算。

1）1、2层柱验算。考虑使截面更开展，按照 S4 级进行设计，取 $\gamma_x=1$。

柱截面选用焊接 H300×300×8×10，截面特性：$A=8\ 240\text{mm}^2$，$I_x=1.408\ 35\times10^8\text{mm}^4$，$I_y=4.501\ 2\times10^7\text{mm}^4$，$i_x=\sqrt{I_x/A}=130.7\text{mm}$，$i_y=\sqrt{I_y/A}=73.9\text{mm}$，$W_x=9.389\times10^5\text{mm}^3$，$W_y=3.001\times10^5\text{mm}^3$。

由表（9-7）得柱最不利内力组合：

组合Ⅰ：$M=109.1\text{kN}\cdot\text{m}$，$N=-606.3\text{kN}$，$V=-66.5\text{kN}$（$M_{\max}$，柱 EI，组合号 4）；

组合Ⅱ：$M=39.9\text{kN}\cdot\text{m}$，$N=-965.0\text{kN}$，$V=11.9\text{kN}$（$N_{\max}$，柱 BF，组合号 7）；

组合Ⅲ：$M=73.5\text{kN}\cdot\text{m}$，$=-910.6\text{kN}$，$V=32.1\text{kN}$（$M$，$N$ 都较大，柱 BF，组合号 8）

①强度验算（截面无削弱）。内力组合Ⅰ为

$$\frac{N}{A_n}+\frac{M_x}{\gamma_x W_{nx}}=\frac{606.3\times10^3}{82.4\times10^2}+\frac{109.1\times10^6}{1.0\times938.9\times10^3}=189.8(\text{N/mm}^2)<f=215\text{N/mm}^2$$

满足要求。

内力组合Ⅱ

$$\frac{N}{A_n}+\frac{M_x}{\gamma_x W_{nx}}=\frac{965.0\times10^3}{82.4\times10^2}+\frac{39.9\times10^6}{1.0\times938.9\times10^3}=159.6(\text{N/mm}^2)<f=215\text{N/mm}^2$$

满足要求。

内力组合Ⅲ

$$\frac{N}{A_n}+\frac{M_x}{\gamma_x W_{nx}}=\frac{910.6\times10^3}{82.4\times10^2}+\frac{73.5\times10^6}{1.0\times938.9\times10^3}=188.8(\text{N/mm}^2)<f=215\text{N/mm}^2$$

满足要求。

②弯矩作用平面内稳定验算。柱计算长度按式（10-14）计算，即 $l_0=\mu l$。

柱 EI
$$k_1=\frac{\sum I_b/l_b}{\sum I_c/l_c}=\frac{1.5\times23\ 700/660}{14\ 083.5/340+8\ 015.3/340}=0.83$$

$$k_2=\frac{\sum I_b/l_b}{\sum I_c/l_c}=\frac{1.5\times23\ 700/660}{14\ 083.5/400+14\ 083.5/340}=0.70$$

由式（9-13）求得 $\mu=1.43$，$\lambda_x=\frac{\mu l}{i_x}=\frac{1.43\times340}{13.07}=37.2$，查得 b 类截面稳定系数 $\varphi_x=0.908$，

$$N'_{Ex}=\frac{\pi^2 EA}{1.1\lambda_x^2}=\frac{\pi^2\times2.06\times10^5\times8\ 240}{1.1\times37.6^2}=10\ 772.7(\text{kN})$$

内力组合Ⅰ　$\beta_{mx}=1-0.36\times N/N_{cr}=1-0.36\times606.3/(10\ 772.7\times1.1)=0.982$

$$\frac{N}{\varphi_x A}+\frac{\beta_{mx}M_x}{\gamma_x W_x(1-0.8N/N'_{Ex})}$$
$$=\frac{606.3\times10^3}{0.908\times82.4\times10^2}+\frac{0.982\times109.1\times10^6}{1.0\times938.9\times10^3\times(1-0.8\times606.3/10\ 772.7)}$$

$$= 200.5(N/mm^2) < f = 215N/mm^2$$

满足要求。

柱 BF，柱脚刚接 $k_2 = 10$，$k_1 = \dfrac{\sum I_b/l_b}{\sum I_c/l_c} = \dfrac{1.5 \times 23\,700/660 + 1.5 \times 4\,080/200}{14\,083.5/400 + 14\,083.5/340} =$ 1.10，查《钢结构设计标准》附录 E 表得 $\mu=1.163$，$\lambda_x = \dfrac{\mu l}{i_x} = \dfrac{1.163 \times 400}{13.07} = 35.6$，查得 b 类截面稳定系数 $\varphi_x = 0.916$

$$N'_{Ex} = \frac{\pi^2 EA}{1.1\lambda_x^2} = \frac{\pi^2 \times 2.06 \times 10^5 \times 8\,240}{1.1 \times 35.6^2} = 12\,017.2(kN)$$

内力组合Ⅱ　　$\beta_{mx} = 1 - 0.36 \times N/N_{cr} = 1 - 0.36 \times 965.0/(12\,017.2 \times 1.1) = 0.974$

$$\frac{N}{\varphi_x A} + \frac{\beta_{mx} M_x}{\gamma_x W_x (1 - 0.8N/N'_{Ex})}$$

$$= \frac{965.0 \times 10^3}{0.916 \times 82.4 \times 10^2} + \frac{0.974 \times 39.9 \times 10^6}{1.0 \times 938.9 \times 10^3 \times (1 - 0.8 \times 965.0/12\,017.2)}$$

$$= 172.1(N/mm^2) < f = 215N/mm^2$$

满足要求。

内力组合Ⅲ　　$\beta_{mx} = 1 - 0.36 \times 910.6/(12\,017.2 \times 1.1) = 0.976$

$$\frac{N}{\varphi_x A} + \frac{\beta_{mx} M_x}{\gamma_x W_x (1 - 0.8N/N'_{Ex})}$$

$$= \frac{910.6 \times 10^3}{0.916 \times 82.4 \times 10^2} + \frac{0.976 \times 73.5 \times 10^6}{1.0 \times 938.9 \times 10^3 \times (1 - 0.8 \times 910.6/12\,017.2)}$$

$$= 201.9(N/mm^2) < f = 215N/mm^2$$

满足要求。

③弯矩作用平面外稳定验算

Q235B 钢 $\varepsilon_k = 1$，$\eta = 1$。有侧移框架，取 $\beta_{tx} = 1.0$。

柱 EI，由 $\lambda_y = \dfrac{340}{7.39} = 46.0$，查得 b 类截面稳定系数 $\varphi_y = 0.874$。

$\varphi_b = 1.07 - \lambda_y^2/44\,000 = 1.07 - 46.0^2/44\,000 = 1.022 > 1$，取 $\varphi_b = 1$

内力组合Ⅰ

$$\frac{N}{\varphi_y A} + \eta \frac{\beta_{tx} M_x}{\varphi_b W_{1x}} = \frac{606.3 \times 10^3}{0.874 \times 82.4 \times 10^2} + 1 \times \frac{1 \times 109.1 \times 10^6}{1.0 \times 938.9 \times 10^3}$$

$$= 200.4(N/mm^2) < f = 215N/mm^2$$

满足要求。

柱 BF，由 $\lambda_y = 400/7.39 = 54.1$，查得 b 类截面稳定系数 $\varphi_y = 0.838$

$\varphi_b = 1.07 - \lambda_y^2/44\,000 = 1.07 - 54.1^2/44\,000 = 1.003 > 1$，取 $\varphi_b = 1$

内力组合Ⅱ

$$\frac{N}{\varphi_y A} + \eta \frac{\beta_{tx} M_x}{\varphi_b W_{1x}} = \frac{965.0 \times 10^3}{0.838 \times 82.4 \times 10^2} + 1 \times \frac{1 \times 39.9 \times 10^6}{1.0 \times 938.9 \times 10^3}$$

$$= 182.2(N/mm^2) < f = 215N/mm^2$$

满足要求。

内力组合Ⅲ

$$\frac{N}{\varphi_y A}+\eta\frac{\beta_{tx}M_x}{\varphi_b W_{1x}}=\frac{910.6\times10^3}{0.838\times82.4\times10^2}+\frac{73.5\times10^6}{1.0\times938.9\times10^3}$$
$$=210.2(\text{N/mm}^2)<f=215\text{N/mm}^2$$

满足要求。

④局部稳定验算按照S4级进行验算。

翼缘：$b_1/t=146/10=14.6<15\varepsilon_k=15$

满足要求。

腹板：

内力组合Ⅰ

$$\sigma_{max}=\frac{N}{A}+\frac{M}{I}\frac{h_0}{2}=\frac{606.3\times10^3}{82.4\times10^2}+\frac{109.1\times10^6}{14\ 083.5\times10^4}\times\frac{280}{2}=182.0(\text{N/mm}^2)$$

$$\sigma_{min}=\frac{N}{A}-\frac{M}{I}\frac{h_0}{2}=\frac{606.3\times10^3}{82.4\times10^2}-\frac{109.1\times10^6}{14\ 083.5\times10^4}\times\frac{280}{2}=-34.9(\text{N/mm}^2)$$

$$\alpha_0=\frac{\sigma_{max}-\sigma_{min}}{\sigma_{max}}=\frac{182.0+34.9}{182.0}=1.19$$

$$\frac{h_0}{t_w}=\frac{280}{8}=35<(45+25\alpha_0^{1.66})\varepsilon_k=(45+25\times1.19^{1.66})\times1=78.4$$

满足要求。

内力组合Ⅱ

$$\sigma_{max}=\frac{N}{A}+\frac{M}{I}\frac{h_0}{2}=\frac{965.0\times10^3}{82.4\times10^2}+\frac{39.9\times10^6}{14\ 083.5\times10^4}\times\frac{280}{2}=156.8(\text{N/mm}^2)$$

$$\sigma_{min}=\frac{N}{A}-\frac{M}{I}\frac{h_0}{2}=\frac{965.0\times10^3}{82.4\times10^2}-\frac{39.9\times10^6}{14\ 083.5\times10^4}\times\frac{280}{2}=77.5(\text{N/mm}^2)$$

$$\alpha_0=\frac{\sigma_{max}-\sigma_{min}}{\sigma_{max}}=\frac{156.8-77.5}{156.8}=0.51$$

$$\frac{h_0}{t_w}=\frac{280}{8}=35<(45+25\times0.51^{1.66})=53.2$$

满足要求。

内力组合Ⅲ

$$\sigma_{max}=\frac{N}{A}+\frac{M}{I}\frac{h_0}{2}=\frac{910.6\times10^3}{82.4\times10^2}+\frac{73.5\times10^6}{14\ 083.5\times10^4}\times\frac{280}{2}=183.6(\text{N/mm}^2)$$

$$\sigma_{min}=\frac{N}{A}-\frac{M}{I}\frac{h_0}{2}=\frac{910.6\times10^3}{82.4\times10^2}-\frac{73.5\times10^6}{14\ 083.5\times10^4}\times\frac{280}{2}=37.4(\text{N/mm}^2)$$

$$\alpha_0=(\sigma_{max}-\sigma_{min})/\sigma_{max}=(183.6-37.4)/183.6=0.80$$

$$\frac{h_0}{t_w}=\frac{280}{8}=35<(45+25\times0.80^{1.66})=62.3$$

满足要求。

2）3、4层柱验算。

柱截面选用焊接H250×250×8×10，其截面特性：$A=6\ 840\text{mm}^2$，$I_x=8.015\ 3\times10^7\text{mm}^4$，$I_y=2.605\ 1\times10^7\text{mm}^4$，$i_x=\sqrt{I_x/A}=108.3\text{mm}$，$i_y=\sqrt{I_y/A}=61.7\text{mm}$，$W_x=$

$6.412\times10^5\text{mm}^3$，$W_y=2.084\times10^5\text{mm}^3$。

由表9-7得柱最不利内力组合：

组合Ⅰ：$M=109.4\text{kN}\cdot\text{m}$，$N=-184.9\text{kN}$，$V=-57.6\text{kN}$（$M_{max}$，柱MQ，组合号12）；

组合Ⅱ：$M=53.9\text{kN}\cdot\text{m}$，$N=-479.8\text{kN}$，$V=30.9\text{kN}$（$N_{max}$，柱JN，组合号2）；

组合Ⅲ：$M=70.1\text{kN}\cdot\text{m}$，$N=-457.3\text{kN}$，$V=39.3\text{kN}$（$M$，$N$都较大，柱JN，组合号3）

①强度验算（截面无削弱）。

内力组合Ⅰ

$$\frac{N}{A_n}+\frac{M_x}{\gamma_x W_{nx}}=\frac{184.9\times10^3}{6.84\times10^3}+\frac{109.4\times10^6}{6.412\times10^5}=197.6(\text{N/mm}^2)<f=215\text{N/mm}^2$$

满足要求。

内力组合Ⅱ

$$\frac{N}{A_n}+\frac{M_x}{\gamma_x W_{nx}}=\frac{479.8\times10^3}{6.84\times10^3}+\frac{53.9\times10^6}{6.412\times10^5}=154.2(\text{N/mm}^2)<f=215\text{N/mm}^2$$

满足要求。

内力组合Ⅲ

$$\frac{N}{A_n}+\frac{M_x}{\gamma_x W_{nx}}=\frac{457.3\times10^3}{6.84\times10^3}+\frac{70.1\times10^6}{6.412\times10^5}=176.2(\text{N/mm}^2)<f=215\text{N/mm}^2$$

满足要求。

②弯矩作用平面内稳定验算。

柱MQ

$$k_1=\frac{\sum I_b/l_b}{\sum I_c/l_c}=\frac{1.5\times23\,700/660}{8\,015.3/340}=2.28,$$

$$k_2=\frac{\sum I_b/l_b}{\sum I_c/l_c}=\frac{1.5\times23\,700/660}{8\,015.3/340+8\,015.3/340}=1.14$$

查《钢结构设计标准》附录E表得$\mu=1.219$，则$\lambda_x=\dfrac{\mu l}{i_x}=\dfrac{1.219\times340}{10.83}=38.3$，查得b类截面稳定系数$\varphi_x=0.905$

$$N'_{Ex}=\frac{\pi^2EA}{1.1\lambda_x^2}=\frac{\pi^2\times2.06\times10^5\times6\,840}{1.1\times38.3^2}=8\,618.5(\text{kN})$$

内力组合Ⅰ　$\beta_{mx}=1-0.36\times184.9/(8\,618.5\times1.1)=0.993$

$$\begin{aligned}&\frac{N}{\varphi_x A}+\frac{\beta_{mx}M_x}{\gamma_x W_x(1-0.8N/N'_{Ex})}\\&=\frac{184.9\times10^3}{0.905\times6.84\times10^3}+\frac{0.993\times109.4\times10^6}{6.412\times10^5\times(1-0.8\times184.9/8\,618.5)}\\&=202.2(\text{N/mm}^2)<f=215\text{N/mm}^2\end{aligned}$$

满足要求。

柱JN

$$k_1=\frac{\sum I_b/l_b}{\sum I_c/l_c}=\frac{1.5\times23\,700/660+1.5\times4\,080/200}{8\,015.3/340+8\,015.3/340}=1.79,$$

$$k_2=\frac{\sum I_b/l_b}{\sum I_c/l_c}=\frac{1.5\times23\,700/660+1.5\times4\,080/200}{14\,083.5/340+8\,015.3/340}=1.30$$

查《钢结构设计标准》附录 E 表得 $\mu=1.236$，则 $\lambda_x=\dfrac{\mu l}{i_x}=\dfrac{1.236\times340}{10.83}=38.8$，查得 b 类截面稳定系数 $\varphi_x=0.904$

$$N'_{Ex}=\frac{\pi^2EA}{1.1\lambda_x^2}=\frac{\pi^2\times2.06\times10^5\times6\ 840}{1.1\times38.8^2}=8\ 397.8(\text{kN})$$

内力组合Ⅱ　　$\beta_{mx}=1-0.36\times479.8/(8\ 397.8\times1.1)=0.981$

$$\frac{N}{\varphi_xA}+\frac{\beta_{mx}M_x}{\gamma_xW_x(1-0.8N/N'_{Ex})}$$
$$=\frac{479.8\times10^3}{0.904\times6.84\times10^3}+\frac{0.981\times53.9\times10^6}{6.412\times10^5\times(1-0.8\times479.7/8\ 397.8)}$$
$$=164.0(\text{N/mm}^2)<f=215\text{N/mm}^2$$

满足要求。

内力组合Ⅲ　　$\beta_{mx}=1-0.36\times457.3/(8\ 397.8\times1.1)=0.983$

$$\frac{N}{\varphi_xA}+\frac{\beta_{mx}M_x}{\gamma_xW_x(1-0.8N/N'_{Ex})}$$
$$=\frac{457.3\times10^3}{0.904\times6.84\times10^3}+\frac{0.983\times70.1\times10^6}{6.412\times10^5\times(1-0.8\times457.3/8\ 397.8)}$$
$$=186.2(\text{N/mm}^2)<f=215\text{N/mm}^2$$

满足要求。

③弯矩作用平面外稳定验算。

$\lambda_y=\dfrac{340}{6.17}=55.1$，查得 b 类截面稳定系数 $\varphi_y=0.833$，$\eta=1.0$，有侧移框架，取 $\beta_{tx}=1.0$。

$\varphi_b=1.07-\lambda_y^2/44\ 000=1.07-55.1^2/44\ 000=1.001>1$，取 $\varphi_b=1$

内力组合Ⅰ

$$\frac{N}{\varphi_yA}+\eta\frac{\beta_{tx}M_x}{\varphi_bW_{1x}}=\frac{184.9\times10^3}{0.833\times68.4\times10^2}+1\times\frac{1\times109.4\times10^6}{1.0\times641.2\times10^3}$$
$$=203.1(\text{N/mm}^2)<f=215\text{N/mm}^2$$

满足要求。

内力组合Ⅱ

$$\frac{N}{\varphi_yA}+\eta\frac{\beta_{tx}M_x}{\varphi_bW_{1x}}=\frac{479.8\times10^3}{0.833\times68.4\times10^2}+1\times\frac{1\times53.9\times10^6}{1.0\times641.2\times10^3}$$
$$=168.3(\text{N/mm}^2)<f=215\text{N/mm}^2$$

满足要求。

内力组合Ⅲ

$$\frac{N}{\varphi_yA}+\eta\frac{\beta_{tx}M_x}{\varphi_bW_{1x}}=\frac{457.3\times10^3}{0.833\times68.4\times10^2}+1\times\frac{1\times70.1\times10^6}{1.0\times641.2\times10^3}$$
$$=189.6(\text{N/mm}^2)<\text{f}=215\text{N/mm}^2$$

满足要求。

④局部稳定验算。按照 S4 级设计。

翼缘：$\dfrac{b}{t}=\dfrac{121}{10}=12.1<15\varepsilon_k=15$，满足要求。

腹板：

内力组合Ⅰ

$$\sigma_{\max}=\frac{N}{A}+\frac{M}{I}\frac{h_0}{2}=\frac{184.9\times10^3}{6.84\times10^3}+\frac{109.4\times10^6}{8.0153\times10^7}\times\frac{230}{2}=184.0(\text{N/mm}^2)$$

$$\sigma_{\min}=\frac{N}{A}-\frac{M}{I}\frac{h_0}{2}=\frac{184.9\times10^3}{6.84\times10^3}-\frac{109.4\times10^6}{8.0153\times10^7}\times\frac{230}{2}=-129.9(\text{N/mm}^2)$$

$$\alpha_0=\frac{\sigma_{\max}-\sigma_{\min}}{\sigma_{\max}}=\frac{184.0+129.9}{184.0}=1.71$$

$$\frac{h_0}{t_w}=\frac{230}{8}=28.8<(45+25\times\alpha_0^{1.66})=45+25\times1.71^{1.66}=105.9$$

满足要求。

内力组合Ⅱ

$$\sigma_{\max}=\frac{N}{A}+\frac{M}{I}\frac{h_0}{2}=\frac{479.8\times10^3}{6.84\times10^3}+\frac{53.9\times10^6}{8.0153\times10^7}\times\frac{230}{2}=147.5(\text{N/mm}^2)$$

$$\sigma_{\min}=\frac{N}{A}-\frac{M}{I}\frac{h_0}{2}=\frac{479.8\times10^3}{6.84\times10^3}-\frac{53.9\times10^6}{8.0153\times10^7}\times\frac{230}{2}=-7.2(\text{N/mm}^2)$$

$$\alpha_0=\frac{\sigma_{\max}-\sigma_{\min}}{\sigma_{\max}}=\frac{147.5+7.2}{147.5}=1.05$$

$$\frac{h_0}{t_w}=\frac{230}{8}=28.8<(45+25\times\alpha_0^{1.66})=45+25\times1.05^{1.66}=72.1$$

满足要求。

内力组合Ⅲ

$$\sigma_{\max}=\frac{N}{A}+\frac{M}{I}\frac{h_0}{2}=\frac{457.3\times10^3}{6.84\times10^3}+\frac{70.1\times10^6}{8.0153\times10^7}\times\frac{230}{2}=167.4(\text{N/mm}^2)$$

$$\sigma_{\min}=\frac{N}{A}-\frac{M}{I}\frac{h_0}{2}=\frac{457.3\times10^3}{6.84\times10^3}-\frac{70.1\times10^6}{8.0153\times10^7}\times\frac{230}{2}=-33.7(\text{N/mm}^2)$$

$$\alpha_0=\frac{\sigma_{\max}-\sigma_{\min}}{\sigma_{\max}}=\frac{167.4+33.7}{167.4}=1.20$$

$$\frac{h_0}{t_w}=\frac{230}{8}=28.8<(45+25\times\alpha_0^{1.66})=45+25\times1.20^{1.66}=78.8$$

满足要求。

（3）框架梁验算。框架梁的验算包括强度、稳定和挠度验算。梁上焊有栓钉铺现浇组合楼板，能阻止梁上翼缘的侧向失稳，梁的整体稳定性有保证。因跨度相同的各层主梁截面相同，可选择最不利内力组合验算。

1）跨度为 6 600mm 的梁。

①局部稳定性验算。

采用热轧 H 钢，HN400×200×8×13

翼缘　$b_1/t=96/13=7.4<9$

腹板　$h_0/t_w=374/8=46.8<65$

均满足 1 级要求，可充分利用塑性。

梁截面特性：$A=8\ 412\text{mm}^2$，$I_x=2.37\times10^8\text{mm}^4$，$I_y=1.74\times10^7\text{mm}^4$，$i_x=168\text{mm}$，$i_y=45.4\text{mm}$，$W_x=1.19\times10^6\text{mm}^3$，$W_y=1.74\times10^5\text{mm}^3$。

②强度验算。

正应力：最不利内力组合：$M=-185.3\text{kN}\cdot\text{m}$，$N=33.2\text{kN}$，$V=-144.3\text{kN}$（$M_{max}$，梁EF，组合号3），按拉弯构件验算。

$$\frac{N}{A_n}+\frac{M}{\gamma_x W_x}=\frac{33.2\times10^3}{8.412\times10^3}+\frac{185.3\times10^6}{1.05\times1.190\times10^6}=152.2(\text{N/mm}^2)<f$$
$$=215\text{N/mm}^2$$

满足要求。

剪应力：最不利内力组合：$M=-180.8\text{kN}\cdot\text{m}$，$N=33.1\text{kN}$，$V=-146.6\text{kN}$（$V_{max}$，梁EF，组合号1）

$$S_x=200\times13\times193.5+187\times8\times187/2=643.0\times10^3(\text{mm}^3)$$
$$\tau=\frac{VS_x}{I_x t_w}=\frac{146.6\times10^3\times643.0\times10^3}{2.370\times10^8\times8}=49.7(\text{N/mm}^2)<f_v=125\text{N/mm}^2$$

满足要求。

③挠度验算。根据电算结果，梁QR在恒荷载下的挠度为8.4mm，在活荷载作用下的挠度为0.9mm，故

$$v_T=8.4+0.9=9.3(\text{mm})<[v_T]=l/400=16.5(\text{mm})$$
$$v_Q=0.9\text{mm}<[v_Q]=l/500=13.2(\text{mm})$$

梁MN在恒荷载下的挠度为5.6mm，在活荷载作用下的挠度为2.4mm，故

$$v_T=5.6+2.4=8.0(\text{mm})<[v_T]=l/400=16.5(\text{mm})$$
$$v_Q=2.4\text{mm}<[v_Q]=l/500=13.2(\text{mm})$$

2）跨度为2 000mm的梁。

①局部稳定性验算。

采用热轧H钢，HN250×125×6×9

翼缘　$b_1/t=59.5/9=6.6<9$

腹板　$h_0/t_w=232/6=38.7<65$

均满足1级要求，可充分利用塑性。

梁截面特性：$A=3787\text{mm}^2$，$I_x=4.08\times10^7\text{mm}^4$，$I_y=2.94\times10^6\text{mm}^4$，$i_x=104\text{mm}$，$i_y=27.9\text{mm}$，$W_x=3.26\times10^5\text{mm}^3$，$W_y=4.7\times10^4\text{mm}^3$。

②强度验算。

正应力：最不利内力组合：$M=-32.4\text{kN}\cdot\text{m}$，$N=-6.8\text{kN}$，$V=0.6\text{kN}$（$M_{max}$，梁RS，组合号12），按压弯构件验算。

$$\frac{N}{A_n}+\frac{M}{\gamma_x W_x}=\frac{-6.8\times10^3}{3.787\times10^3}+\frac{-32.4\times10^6}{1.05\times3.26\times10^5}=-96.5(\text{N/mm}^2)<f=-215\text{N/mm}^2$$

满足要求。

剪应力：最不利内力组合：$M=-26.4\text{kN}\cdot\text{m}$，$N=-1.2\text{kN}$，$V=-14.1\text{kN}$（Vmax，梁FG，组合号14）。

$$S_x=125\times9\times120.5+116\times6\times116/2=175.9\times10^3(\text{mm}^3)$$
$$\tau=\frac{VS_x}{I_x t_w}=\frac{14.1\times10^3\times175.9\times10^3}{4\,080\times10^4\times6}=10.1(\text{N/mm}^2)<f_v=125\text{N/mm}^2$$

满足要求。

③挠度验算

由电算结果得 2000mm 跨梁的挠度均为向上反挠度，最大反挠度 1.4mm<$[v_T]=l/400$ $=5$(mm)，满足要求。

由以上验算可知所选构件截面满足要求。

思考题

1. 多层钢结构有哪几种结构体系？各有何特点？
2. 多层钢结构的布置原则有哪些？
3. 多层钢结构有哪几种分析方法？如何选择？
4. 结构二阶弹性分析和直接分析时，应考虑的初始缺陷包含哪些？
5. 确定框架结构整体初始几何缺陷代表值有哪几种方法？
6. 多层房屋钢结构采用有限元分析程序进行结构分析时，有哪几种计算模型？
7. 结构抗震采用什么设计法？
8. 框架结构的梁与柱连接节点有哪几种类型？各有何特点？
9. 框架柱的计算长度如何计算？
10. 什么是 P-Δ 和 P-δ 效应？
11. 多层有侧移框架柱弯矩作用平面外稳定性计算 β_{tx} 如何取值？

第十章　钢结构的制作安装与防护

第一节　钢 结 构 的 制 作

一、概述

1. 钢结构的施工步骤

钢结构工程在完成设计后进行施工，主要包含加工制作和安装。竣工后结构的几何形态与设计位形之间的偏差应满足《钢结构工程施工质量验收标准》（GB 50205）等标准的要求。竣工后结构在正常使用条件下的结构内力和变形应满足《钢结构设计标准》（GB 50017）等标准的要求。钢结构的设计与加工制作及安装关系紧密，钢结构技术人员只有具备设计和加工制作及安装等方面的系统知识，才能保证钢结构施工阶段和正常使用条件下的安全性和适用性。

钢结构设计出图通常分施工图和施工详图两阶段。通常设计院提供的施工图还不能直接用来加工制作，需要考虑加工工艺，如公差配合、加工余量、焊接控制等因素后，进行深化设计（又称施工详图设计）。深化设计通常由制作单位完成。

施工详图设计是对原设计施工图的构造、细部做法、连接节点的细化和完善，形成可以直接用于工厂制作和现场安装的图纸。施工详图设计是以设计院的施工图、计算书及其他相关资料（包括招标文件、答疑补充文件、技术要求、工厂制作工艺、运输条件，现场施工方案等）为依据，通过运用 BIM 技术，建立三维实体模型，生成构部件定位图、构件图、零部件下料图和报表清单等内容的过程。施工详图设计 BIM 模型应按构件的结构属性建立统一的编码体系（构件编号、零件编号），信息与物联网信息技术相结合，可极大地提高物联网信息采集的效率，为钢结构项目全生命周期的材料采购、生产管理、质量管理、成本管理等业务的工作提供数据支撑。

完成两个阶段设计后，进入施工阶段，一般主要包括准备材料、加工制作、运输、安装四个阶段。应运用 BIM 技术，提高智能建造水平。

2. 钢结构制作的特点

（1）工厂化生产。钢结构的零件和构件的标准化比率高，装配化程度高，一般在工厂制作，现场安装。工厂具有良好的工作条件，有刚度大、平整度高的工作平台，精度较高的工装夹具及高效能的设备，易于保证质量。

（2）产品制作精度要求高。钢结构大多采用钢板和型钢制成，采用焊接和螺栓进行连接，对零件和构件加工的精度要求高。钢结构制作有严格的工艺标准，每道工序应该怎么做，允许误差多大等都有详细规定。特殊构件的加工，要通过工艺试验来确定工艺标准。每道工序的工人都必须按图纸和工艺标准加工，满足制作精度要求。

（3）生产效率高。钢结构在工厂加工，可实现机械化、自动化，劳动生产率高。可少占用施工现场的时间和空间，运用大型设备安装，缩短工期，施工效率高。

3. 钢结构制作的依据

钢结构制作的依据是设计图纸和相关的国家规范、规程和标准，主要有《钢结构工程施工规范》(GB 50755)、《钢结构工程施工质量验收标准》(GB 50205)、《水利水电工程钢闸门设计规范》(SL 74) 等相关标准及钢结构材料、辅助材料的有关标准等。一些专用结构如网架结构、高耸结构、输电杆塔钢结构、压力钢管、水利水电工程启闭机等都有相应的技术规程。当需要修改设计图纸时，必须征得原设计单位同意，并签署设计变更文件。

4. 钢结构制作的工艺流程

完成钢结构的制作需要经过一系列的制作工序。编制工艺流程的原则是提高制作速度、减少劳动量和降低费用，完成符合图纸设计要求的产品。制作单位应根据设计图纸、国家标准和工期等要求，编制工艺流程图。内容包括：成品技术要求；关键零件的加工方法、精度要求、检查方法和检查工具；主要构件的工艺流程、工序质量标准、工艺措施（如组装次序、焊接方法等）；采用的加工设备和工艺设备。编制工艺过程卡，包括零件名称、件号、材料牌号、规格、件数、工序名称和内容、所用设备和工艺装备名称及编号、工时定额等。关键零件还要标注加工尺寸和公差，重要工序要画出工序图。下达到车间。工人则根据工艺流程图、过程卡生产。应运用 BIM 技术，提高制作管理水平。普通钢结构制作的工序即流水作业生产工艺流程，如图 10-1 所示。

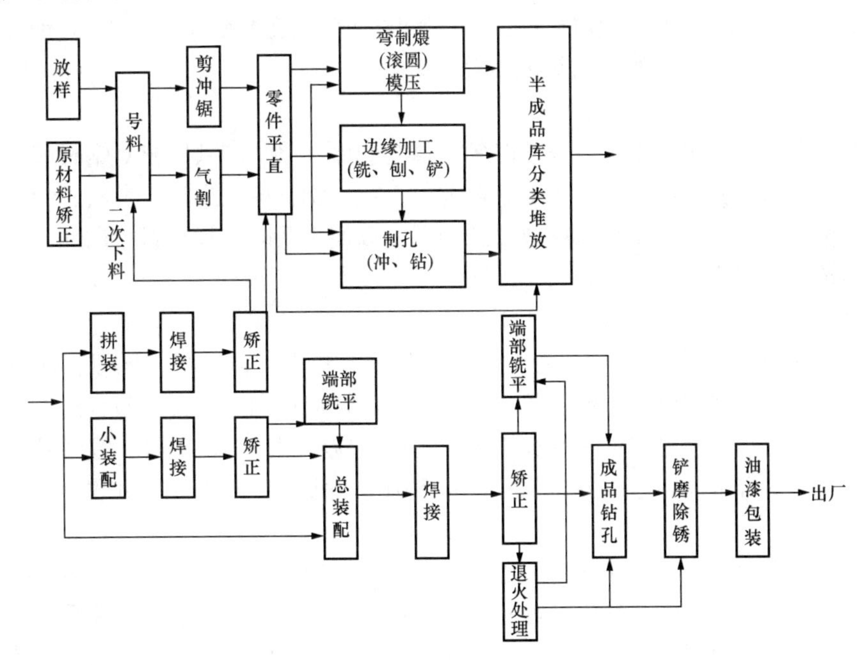

图 10-1　钢结构制作基本流程图

二、原材料准备

1. 材料入库与验收

根据施工图的材料表，计算各种材料的净用量，考虑损耗率，编制材料预算，提交采购。钢材进厂后应由采购员填写“入库交验单”，注明该批材料使用的工程名称、品种、规格、钢号、数量等，经计划员核实签名，连同材料质量保证书提交检验员。检验员进行钢材检验的主要内容有：钢材的数量、品种与订货合同相符；钢材的质量保证书与钢材上打印的记号符合；核对钢材的规格尺寸；钢材表面质量检验。检查材料质保书上所写化学成分、机械性能是否达到技术条件要求，复核钢材表面质量和外观是否符合标准要求。如果全部符合，在入库交验单上填写“合格”，签名后在钢材表面做出检验合格标记入库。凡发现质量保证书上数据不清不全，材质标记模糊，表面质量、外观尺寸不符合有关标准要求时，应按国家有关标准规定进行复验鉴定，经复验鉴定合格后方可入库。进口钢材入关商检报告的内容与设计要求相符时，可不进行抽样复验，如果商检报告的内容与设计要求不完全相符时，应对不相符的项目进行抽样复验。不合格的材料应另作处理。

2. 辅助材料的检验

钢结构用辅助材料包括螺栓、电焊条、焊剂、焊丝等，均应对其化学成分、力学性能及外观进行检验，应符合国家有关标准。

3. 堆放

检验合格的钢材应按品种、牌号、规格分类架空堆放，其底部应垫上道木或其他支承材料，防止底部进水造成钢材锈蚀。露天堆放场地势要高，四周有排水沟，雪后易于清扫。钢材堆放不得造成地基下陷和钢材永久变形。钢材堆放时每隔5～6层放置上下对齐的楞木，其间距以不引起钢材明显的弯曲变形为宜；材料堆放之间应留有运输通道。压型金属板堆放时在长度方向应有5%的坡度，并采取遮雨措施，板上不应堆放重物，压型铝板上禁止堆放铁件。料场应树立相应标牌，标明钢材的规格钢号、数量和材质验收证书编号，标牌应定期检查。

钢材端部应涂区别钢号的不同颜色油漆。

4. 钢材发放

材料要依据“领料单”发放，发放时领料员与仓库保管员应共同核对钢材牌号、规格型号、数量，必要时还要请质检员认可签字后才能发放。钢材应从进场、发料、制成零件和构件、安装就位全过程跟踪记录，可贴或喷二维码，以便于及时查找材料去向和出处。

三、钢结构的制作

1. 放样和号料

放样是按照施工详图，以1∶1的比例在样台板上画出实样，制成样板。样板一般采用变形较小、又可手工剪切成型的薄板状材料制作。放样应根据工艺要求预留制作和安装时的焊接收缩余量及切割、刨边和铣平等加工余量。样板应注明工号、图号、零件号、数量及加工边、坡口部位、弯折线和弯折方向、孔径和滚圆半径等。应采用计算机数字放样，提高加工精度和效率。

号料是以样板为模板，在原材料上划出实样，所划的切割线必须正确清晰，提交下料切割。号料时应核对钢材规格、材质、批号，清除钢板表面污物，尽量使构件受力方向与钢材轧制方向一致。使用的钢材必须平直无损伤及其他缺陷，否则应先矫正或剔除。碳素结构钢或低合金结构钢在环境温度低于－16℃或－12℃时，不应进行冷矫正和冷弯曲。应采用程控自动划线机进行号料，效率和精度高，且节省材料。

2. 切割

完成号料的钢材必须按其所需的形状和尺寸进行下料切割。常用机械切割、气割、等离子切割等方法，钢管通常采用数控相贯线切割机进行切割。

3. 成形加工

成形加工分为热加工和冷加工两大类，主要包括弯曲、卷板（滚圆）、边缘加工、折边和模具压制五种加工方法。

热加工是把钢材加热到一定温度后再进行加工。适用于常温下不能成形、弯曲和矫正的工件。热加工加热温度一般在1000～1100℃，终止温度≥700℃。加热温度在200～300℃时钢材易产生蓝脆，严禁锤打和弯曲，以避免钢材断裂。

冷加工是指钢材在常温下进行的加工。施加超出材料屈服强度的外力，使材料产生要求的永久变形，或外力＞材料的极限强度，使材料的某些部分按要求发生脱离。冷加工会使材料变硬和变脆，但可通过热处理使钢材恢复到正常状态或刨削掉硬化较严重的边缘部分。钢材有低温冷脆性，碳素结构钢和低合金结构钢的环境温度分别低于－16℃和－12℃时不得进行冷矫正和弯曲加工；环境温度分别低于－20℃和－15℃时不得进行剪切和冲孔。

（1）弯曲加工。利用加工设备和工装模具，把板材或型钢弯制成一定形状的工艺方法。冷弯适用于薄板、小型钢；热弯适用于较厚的板及较复杂的构件、型钢，热弯温度应控制在950～1100℃。按加工方法分为压弯、滚弯和拉弯。压弯是采用压力机进行加工，一般适用于V形件和U形件等的加工。滚弯为采用滚圆机进行加工，一般适用于滚制圆筒形和弧形构件。拉弯是采用转臂拉弯机和转盘拉弯机进行加工，主要适用于将长板拉制成弧形构件。

（2）卷板加工。在外力作用下使平钢板的外层纤维伸长，内层纤维缩短而产生弯曲变形的方法。卷板由卷板机（又叫滚圆机、轧圆机）完成。根据材料温度的不同，又分为冷卷和热卷。卷板主要用于焊接圆管柱、管道、气包等。

（3）边缘加工。为了消除切割造成的边缘硬化而将板边刨去2～4mm；为了保证焊缝质量和工艺性焊透而将钢板边刨成坡口；为了装配的准确性及保证压应力的传递，而将钢板边刨直或铣平，均为边缘加工。

常用的边缘加工方法有铲边、刨边、铣边和碳弧气刨边、气割和坡口机加工等多种方法。铲边有手工或风动铲锤铲边，铲边加工精度较低。刨边用刨边机进行，可刨直边和斜边。铣边为端面加工，用铣床或铣边机进行加工。碳弧气刨边设备是气刨枪，碳棒作为电极，与被刨、削的金属间产生电弧，电弧温度达约6 000℃，将金属加热到融化状态，然后用压缩空气把融化的金属吹掉，形成刨边。坡口加工可用坡口加工机、H形钢坡口和弧形坡口专用机械进行加工，效率高、精度高。

（4）折边。把钢构件的边缘压弯成一定角度或一定形状的工艺过程称为折边，常用折边机，配合适当的模具进行。折边通常用于薄板构件，形成较长的弯曲线和小弯曲半径。

（5）模具压制。在压力机上利用模具使钢材成型的加工方法。有冲裁成形（用模具沿封闭线冲切板料）、弯曲成形（用模具使材料弯曲成一定形状）、拉深成形（用模具将板料压制成空心工件，如容器桶等）、压延成形（对钢材进行冷挤压或温热挤压加工）等。

4. 制孔

制孔分为钻孔和冲孔两类。钻孔通常在钻床上进行，钻孔机械有电钻及风钻、立式钻床、摇臂钻床、桁式摇臂钻床、多轴钻床、多维数控钻床等。数控钻孔无需在工件上画线和打样冲眼，钻孔效率和精度高。对于不便在钻床上加工的部件可用电钻、风钻和电磁座钻成孔。钻孔适用性广，孔壁损伤小，孔的精度高。对于密集型的群孔宜采用模板进行套钻，以确保穿孔率。冲孔在冲孔机（冲床）上进行，用于薄钢板和型钢上的孔径≥钢材厚度冲孔。冲孔效率高，但孔的周围产生冷作硬化，孔壁质量较差。地脚螺栓孔的直径超过50mm时也有采用火焰割孔。

5. 矫正

在制作过程中钢构件会产生变形。气割、剪切、冲孔等会引起零件变形；组装焊接等会发生焊接变形；运输和吊运中安放不当或吊点与夹具选择不合理会引起构件变形等。为保证钢结构制作及安装质量，必须对变形进行矫正，包括原材料矫正、零件矫正、组装时的矫正、焊接后的矫正，有的还有热镀锌后的矫正等。矫正主要采用外力或局部加热，使已发生变形的钢材或构件达到平直或设计的几何形状的加工方法。

矫正主要有矫直、矫平、矫形三种形式。矫直是消除材料和构件的弯曲变形；矫平是消除材料和构件的翘曲或凹凸不平；矫形是对构件进行整形。

矫正主要采用机械矫正、火焰矫正、手工矫正和高频热点矫正等方法。机械矫正是在专用机械（如钢板矫平机、型钢矫正机、撑直机、压力机等）上进行矫正，适用于批量较大、形状比较一致的钢材和构件的矫正。其矫正力大，生产率高，质量稳定。火焰矫正是利用火焰产生的高温对构件进行局部加热，利用加热部位的钢材热膨胀受阻，冷却时收缩，使构件达到平直或要求的几何形状，并符合技术标准的工艺方法。火焰矫正常用工具为射吸式焊炬（俗称烘枪、烤枪），加热温度宜控制在600～800℃。火焰矫正较为灵活，可用于变形较大的构件矫正。但火焰的温度、加热的方法等要求高，质量没有机械矫正稳定。手工矫正是采用锤、扳头等进行矫正。它灵活简便、成本低，适用于缺乏或不便使用矫正设备、变形或刚度较小的矫正。高频热点矫正的原理与火焰矫正相同，但它是以高频感应作为热源的热矫正。把通入交流电的高频感应圈靠近钢材，使钢材内部产生感应电流，一般在4～5s钢材的温度可以上升到800℃左右。高频热点矫正生产效率高、操作简便、无污染，适用于尺度大、变形复杂的构件矫正。

6. 组装

组装是按照施工图的要求，把已加工完成的各零件或半成品构件组合装配成为独立的成品构（部）件。根据装配构件的特性和装配程度，可分为部件组装、构件组装、预总装。部件组装是把若干零件装配成为半成品的结构部件。构件组装是把零件或半成品装配成为独立的成品构件。预拼装是在工厂里将多个成品构件按设计要求的空间位置试装成整体。对大型复杂钢结构，因其加工和安装精度要求高，经常需要采取工厂预拼装，在吊装前期将构件的制作偏差进行调整与融合，保证现场安装顺利进行。但实体构件预拼装工作量大，占用场地面积大，应用成本高。建立在计算机三维模型技术上的数字模拟预拼装技术具备可视化效果，且人为容错率低，预拼装精度高，周期短，成本低，便于检测，已被工程界普遍接受。

7. 焊接

钢结构常用的焊接方法有手工电弧焊、气体保护焊、自保护电弧焊、埋弧焊、电渣焊、等离子焊、激光焊、电子束焊、栓焊等。电弧焊是利用电弧高温进行焊接的方法，常用药皮焊条手工电弧焊、自动埋弧焊、半自动与自动CO_2气体保护焊和自保护电弧焊。在某些特殊应用场合，则必须使用电渣焊和栓焊。

手工电弧焊是用手工操作焊条进行的焊接，焊条和焊件形成两个电极，产生高温电弧，熔化焊条和焊件，形成熔池，随着电弧的移动，液态熔池逐步冷却、结晶，形成焊缝。在高温作用下，电焊条钢芯上的药皮熔融成熔渣，覆盖在熔池金属表面，保护高温熔池金属不与空气中氧、氮发生化学反应，并参与熔池的化学反应和渗入合金等，在冷却凝固的金属表面，形成保护渣壳。手工电弧焊的设备简单，使用灵活方便，适应性强，可在室内、室外和高空的全位置焊接，但生产效率较低，劳动强度大，对焊工的操作技能要求高。

气体保护电弧焊又称为熔化极气体电弧焊，以焊丝和焊件作为两个极，两极之间产生高温电弧来熔化焊丝和焊件，同时向焊接区域送入保护气体，使电弧、熔化的焊丝、熔池及附近的母材与周围的空气隔开，焊丝自动送进，在电弧作用下不断熔化，与熔化的母材一起融合，形成焊缝金属。这种焊接法简称GMAW（Gas Metal Arc Welding），根据保护气体分为：CO_2气体保护电弧焊以CO_2作为保护气体；MIG（Metal - Inert - Gas）电弧焊，采用Ar或He等惰性气体作为保护气体；MAG（Metal - Active - Gas）电弧焊，使用CO_2和Ar的混合气体作为保护气体（80%Ar+20%CO_2），它经济性好又有MIG的好性能。气体保护焊可全位置焊接，焊接速度快，熔池小，热影响区窄，工件焊接变形较小，易实现自动化焊接，熔渣较少，电弧气的含氢量较易控制，可减少冷裂纹倾向，焊缝质量好。在工厂制作时常用于中、长度焊缝。

自保护电弧焊称为无气体保护电弧焊。焊丝为药芯焊丝，焊机采用直流电源。与气体保护电弧焊相比抗风性好，风速达10m/s时仍能得到性能优越的焊缝。采用自动焊接，焊接效率高。焊枪轻，不用气瓶，操作方便，但焊丝价格比CO_2保护焊的要高。在海洋平台、超高层建筑钢结构使用较多。

埋弧焊是被可熔化颗粒状焊剂覆盖的高温电弧焊。焊接时向熔池连续不断送进的裸焊丝，既是金属电极，也是填充材料，高温电弧在焊剂层下将焊丝、母材熔化而形成熔池。熔融的焊剂成为熔渣，覆盖在液态金属熔池的表面，作用与手工焊条药皮相同。埋弧焊焊接效率高、节省材料和电能；熔深大；金属飞溅少；焊接过程稳定，焊缝质量好，成型美观，无弧光辐射，工作条件好，劳动强度低，但对接头装配精度要求较高，适用于较长焊缝。

电渣焊是以电流通过熔渣所产生的电阻热作为热源的熔化焊方法，常用于箱形柱横隔板部位的焊接。

对于高强度钢材、特殊构件、厚钢板和异种钢材的焊接，通常要进行焊接工艺试验及评定，确定合适的材料、工艺措施及过程。主要包括焊条和焊剂的选用，坡口形式的确定，焊接方式，电流大小，电压高低，焊接速度，焊接前后顺序，焊前是否要预热，焊后是否要保温以及防止焊接变形的措施等。制作单位首次使用的钢材、首次采用的焊接方法、采用新的焊接材料、首次采用的重要的焊接接头形式、需要进行预热和后热或焊后热处理的构件，都应进行工艺评定，但当该钢材与已评定过的钢材具有同一强度等级和类似的化学成分时，可不进行焊接工艺评定。

焊接的准备工作包括焊缝坡口加工；焊条的烘焙和保温；依工艺要求的构件预热；焊缝处表面锈迹、油污、油漆、镀锌层的去除等。厚钢板T形连接焊接后会产生较大的角变形，不易校正，通常根据实际焊接变形情况预设反变形。

焊工必须有相应的等级证书。焊接过程中必须严格按照工艺试验确定的工艺标准实施。焊接后须根据施工图纸对焊缝的质量等级要求，按有关标准进行焊接检验。焊接检验不合格者，应查清原因，定出修补工艺后方能返修。焊缝同一部位返修次数不宜超过两次。

钢结构制作的发展方向是智能制造，采用计算机控制数控切割技术，提高切割加工精度；通过套料排版优化，合理的切割工艺，提高钢材利用率。针对不同环境和工程特点的焊接机器人研究开发，并应用于钢结构制作和安装，提升钢结构焊接智能化水平。数字模拟预拼装技术，使用高精度管理设备、技术和软件，通过全站仪或三维激光扫描仪进行精密三维测量、计算机模拟预拼装，提高效率拼装，降低实体预拼装成本。构建施工流程、智能化生产线、业务管理一体化信息平台，实现信息共享和协同作业，实时监控，追根溯源，提高施工管理效率，降低施工管理成本。

第二节 钢结构的防护

一、概述

钢结构受到大气中水分、氧和其他腐蚀介质的作用，容易被腐蚀（锈蚀）。腐蚀导致构件有效截面减小，影响结构的可靠性，会造成巨大经济损失。发达国家每年由于腐蚀造成的经济损失约占国民经济总产值的 4%。对钢结构采取防护措施，避免或减小钢结构的腐蚀，具有重要的经济意义。

钢材是一种非燃烧的材料，但它的机械性能，如屈服点、抗拉强度和弹性模量等在高温度时显著降低，通常达 600℃左右，就会丧失承载能力，造成钢结构产生过大的变形而不能使用，甚至倒塌。因此必须根据防火规范要求进行防火设计。

钢结构的防护通常包括防腐、防火和隔热等三个方面。

二、钢结构的防腐

1. 钢结构的防腐方法。自然界中酸雨介质、海洋大气环境、温度、湿度的作用会使钢结构产生腐蚀损伤，影响其安全性和使用年限。钢结构防腐是设计、施工、使用中必须解决的重要问题，影响到钢结构的耐久性、造价、维护费用、使用性能等诸方面。钢结构防腐分为采用耐候钢、覆盖层和阴极保护法三大类。耐候钢是在钢材冶炼过程中加入铜、镍、铬、锡等金属元素，成为高抗腐蚀性能的钢材。覆盖层法是在钢材表面覆盖保护层，把钢材与大气中的腐蚀介质隔离，防止使钢材被有害介质腐蚀。覆盖保护层分为金属和非金属覆盖层两类。

（1）金属覆盖层。常用的方法主要有电镀法、热浸法、喷涂法和包覆层法。

1）电镀（电解沉积）法。是以钢构件作为阴极，浸渍在镀液中，用与覆盖层相同的金属或不溶性的导电良好异种金属、石墨作阳极。接通电源后，镀液中的金属离子以原子形态在阴极（钢构件）表面析出，通过表面扩散组成晶体，形成保护层。电镀的质量与镀液温度、被镀物件的材料、表面状态等有关，必须根据基体材料选择镀层金属材料和电镀工艺以及电镀电流密度。电镀金属覆盖层厚度可控制，电镀过程中无需加热，镀层均匀，表面光洁。

2）热浸法。是把构件浸入低熔点、耐腐蚀、耐热的金属（如铝、锌、锡、铂等）熔液中，在构件表面形成一层金属化合物覆盖层的方法。为改善镀层质量，可在镀锌液中加入 0.2%的铝和少量的镁。热浸锌需酸洗除锈，然后清洗，设计应避免构件有贴合面，避免贴合面的缝隙中酸洗不彻底或酸液洗不净，造成镀锌表面流黄水。然后将钢构件浸入 600℃高温熔化的锌液中，使钢构件表面附着锌层，薄板和厚板的锌层厚度应分别≥65μm 和 86μm。管形构件应该让其两端开敞，防止因锌液高温造成管内空气膨胀使封头板爆裂，若一端封闭锌液流通不畅，易在管内积存。热浸法耐久性好，生产工业化程度高，质量稳定，被大量用于受大气腐蚀较严重且不易维修的室外钢结构中，如输电塔、通信塔等。

3）喷涂法。将丝状或粉状的铝、锌或不锈钢等放入高压喷枪中，把用火焰或电弧熔化的金属喷到被保护件上，形成均匀的覆盖层。用乙炔－氧焰将不断送出的铝（锌）丝融化，用压缩空气吹附到经喷砂除锈的钢构件表面，形成蜂窝状的铝（锌）喷涂层（厚度约 80～100μm），再用环氧封闭漆等涂料填充毛细孔，形成复合涂层。热喷涂是长效防腐蚀方法，对构件形状尺寸几乎不受限制（如葛洲坝的船闸）；局部受热且受约束，不产生热变形。与热浸锌相比，其工业化程度较低，劳动强度大。

4）包覆层法（复合金属）。是将耐蚀性良好的金属（如不锈钢），通过机械外力（碾压）形成包覆在被保护的钢构件表面上的复合金属层或包覆层。

（2）非金属覆盖层。非金属保护层分为无机和有机两种。无机覆盖层有水溶性颜料涂层、水泥涂层和搪瓷。水溶性颜料涂层是根据 Ca（$OH)_2$或 $CaCO_3$在钢铁表面呈微碱性，可临时用于建筑工程中保护钢铁材料。水泥主要用于保护管道内壁。搪瓷是一些熔融矿物混合物，在金属表面渗开时附着于金属表面形成玻璃质层或搪瓷保护层。

有机覆盖层主要有涂料、塑料、树脂和橡胶等。涂料喷涂在构件表面形成薄膜，阻隔腐蚀性介质与钢材接触，抑制或降低腐蚀速度。过去涂料是以油料为主要原料制成的，故称为油漆。现在广泛应用各种有机合成树脂原料，因此油漆也被称为涂料。现主要采用有机高分子胶体混合物的溶液或粉末涂料，能自行产生物理和化学变化，经过一定时间后形成牢固附着于构件表面的保护层。

钢结构防腐涂层系统应由底层、中间层、面层或底层、面层配套组成。底涂层直接喷涂在经除锈处理过的钢材表面，主要起封闭钢材和增加附着力及填平这三种作用；中间涂层主要作用是增加涂层总厚度，提高整个涂层的防腐性能；面涂层的主要作用是装饰和保护作用。

（3）阴极保护法。阴极保护法主要用于水下或地下钢结构。电化学腐蚀指出，置于电解液中的金属，由于表面的电化学不均匀性，会形成无数腐蚀电池，钢材作为腐蚀电池的阳极而失去电子，所以不断遭到腐蚀。阴极保护法是利用外加电源或连接在金属构件上的另一种活泼金属，使钢材由阳极变为阴极或使阴阳极间电位差为零，往构件上不断输送电子，使构件的腐蚀停止而得到保护的一种方法。根据对被保护金属提供阴极电流方法的不同，分为外加直流电源阴极保护法、牺牲阳极阴极保护法和阳极性镀层法。

外加直流电源阴极保护法是把金属构件与直流电源的负极相连，使之成为阴极，正极与辅助阳极相连、构成外加电流阴极保护回路。接通电路，电源便向工件施加阴极电流，其表面的电位就向负的方向变化，即阴极极化。当电位降到腐蚀电池的起始阳极电位时，腐蚀停止。

牺牲阳极阴极保护法是在金属构件上连接电极电位更负的金属或合金，当这两种不同电极电位的金属同处于电解质溶液中，就构成一个大的腐蚀电池，电位更负的金属或合金成为这个大电池的阳极而被腐蚀，称为牺牲阳极，金属构件则成为这个大腐蚀电池的阴极，从而得到保护。

阳极性镀层法是在钢材表面电镀或喷涂上一层比钢材电位更负的金属镀层，如锌、镉等。镀层既起隔离保护作用，又当镀层遭到破坏时，在镀层与钢材组成的腐蚀电池中，镀层为阳极，钢材为阴极，受到阴极极化的作用而受到保护。

采用阴极保护法时在构件周围必须存在导电介质，电流能在所组成的回路中顺利流过。海水、淡水、潮湿的土壤等都能满足导电的要求，构成回路，在这些环境中可以使用阴极保护方法。凡是在腐蚀介质中能够进行阴极极化的材料（如钢材、铜、铝等）都可以用阴极保护法。但形状过于复杂的构件对电流的屏蔽作用很强，难以达到最小电流密度，容易产生腐蚀，不宜采用阴极保护法。

2. 钢结构的防腐蚀设计

钢结构防腐蚀设计的通常步骤为：①确定腐蚀环境；②确定结构的防腐蚀预期寿命；③确定钢结构构件表面的处理方法和等级；④确定防腐蚀方法和具体要求。

《工业建筑防腐蚀设计标准》（GB/T 50046）根据建筑所处环境的腐蚀介质含量和空气相对湿度，把环境对结构的腐蚀性分为强、中、弱和微腐蚀性四个等级。防护层的设计使用年限分为低使用年限（2～5年）、中使用年限（5～10年）、长使用年限（10～15年）和超长使用年限（>15年）。钢结构防腐蚀设计应考虑工程的重要性、所处环境的腐蚀等级、防腐蚀设计年限、施工和维修条件、环保节能等要求。对危及人身安全和维修困难的部位、重要的承重结构和构件应加强防护。除有特殊要求外，不应因考虑锈蚀而加大钢材截面的厚度。

钢结构防腐设计时应考虑下列要求：采用型钢组合杆件的型钢间隙宽度宜满足防护层施工、检查和维修的要求；不同金属材料接触会加速腐蚀时，应在接触部位采用隔离措施；焊条、螺栓、垫圈、节点板等连接构件的耐腐蚀性能，不应低于主材材料，螺栓直径应不低于12mm，不应采用弹簧垫圈，螺栓和螺母及垫圈应采用镀锌等方法防护，安装后再采用与主体结构相同的防腐蚀方案；当腐蚀性等级为高及很高时，不易维修的重要构件宜选用耐候钢制作；设计使用年限大于或等于25年的建筑物，对不易维修的结构应加强防护；避免出现难于检查、清理和涂漆之处，以及能积留湿气和大量灰尘的死角或凹槽；闭口截面构件应沿全长和端部焊接封闭；柱脚在地面以下的部分应采用混凝土包裹；防腐蚀设计应考虑环保节能的要求。

防腐蚀面涂料的选择：酸性介质环境宜选用聚氨酯、聚氯乙烯萤丹、高氯化聚乙烯、乙烯基酯、氯磺化聚乙烯、丙烯酸聚氨酯、聚氨酯沥青、氯化橡胶、氟碳等涂料；弱酸性介质环境可选用环氧、丙烯酸环氧和环氧沥青、醇酸涂料；碱性介质环境宜选用环氧涂料，不得选用醇酸涂料；室外环境可选用丙烯酸聚氨酯、脂肪族聚氨酯、聚氯乙烯萤丹、氟碳、氯磺化聚乙烯、高氯化聚乙烯、氯化橡胶、聚硅氧烷和醇酸等涂料，不应选用环氧、环氧沥青、聚氨酯沥青和芳香族聚氨酯和乙烯基酯等涂料；地下工程宜采用环氧沥青、聚氨酯沥青等涂料；对涂层的耐磨、耐久和抗渗性能要求较高时，宜选用树脂玻璃鳞片涂料；含氟酸介质环境可采用聚氯乙烯含氟萤丹、乙烯基酯树脂涂料，不应采用树脂玻璃鳞片涂料。在有机富锌或无机富锌底涂料上，涂料宜采用环氧云铁或环氧铁红的涂料，不得采用醇酸涂料。

钢结构采用覆盖层法进行防腐时，构件表面除锈质量是影响防腐寿命的关键因素之一，可采用机械除锈和手工除锈。根据不同底涂层，钢构件的除锈等级可按表10-1进行选择。在非液态介质环境的钢材表面防腐蚀涂层配套可按表10-1选用。水工金属结构可按《水工金属结构防腐蚀规范》（SL 105）选用。

表10-1　　钢材表面防腐蚀涂层配套

涂层名称	除锈等级	底层			中间层			面层			涂层总厚度	涂层使用年限（a）		
		涂料名称	遍数	厚度	涂料名称	遍数	厚度	涂料名称	遍数	厚度		强腐蚀	中腐蚀	弱腐蚀
氯化橡胶涂层	≥Sa2或St3	氯化橡胶	2	60	—	—	—	氯化橡胶	3	100	160	—	—	2～5
			3	100					4	100	200	—	2～5	5～10
			3	100					4	140	240	2～5	5～10	10～15
		环氧铁红	2	60	环氧云铁	1	80		2	60	200	2～5	5～10	10～15
			2	60		1	80		3	100	240	5～10	10～15	>15
	Sa2½	环氧富锌	2	70		1	70		2	60	200	2～5	5～10	10～15
			2	70		1	70		3	100	240	5～10	10～15	>15
			2	70		2	110		3	100	280	10～15	>15	>15

续表

涂层名称	除锈等级	底层			中间层			面层			涂层总厚度	涂层使用年限（a）		
		涂料名称	遍数	厚度	涂料名称	遍数	厚度	涂料名称	遍数	厚度		强腐蚀	中腐蚀	弱腐蚀
氯磺化聚乙烯涂层	≥Sa2或St3	氯磺化聚乙烯	2	60	—	—	—	氯磺化聚乙烯	2	60	120	—	—	2～5
			2	60					3	100	160	—	2～5	5～10
			3	100					3	100	200	2～5	5～10	10～15
		环氧铁红	2	60	环氧云铁	1	80		2	60	200	2～5	5～10	10～15
			2	60		1	80		3	100	240	5～10	10～15	>15
	Sa2½	环氧富锌	2	70		1	70		2	60	200	2～5	5～10	10～15
			2	70		1	70		3	100	240	5～10	10～15	>15
			2	70		2	110		3	100	280	10～15	>15	>15
高氯化聚乙烯涂层	≥Sa2或St3	高氯化聚乙烯	2	60	—	—	—	高氯化聚乙烯	2	60	120	—	—	2～5
			2	60					3	100	160	—	2～5	5～10
			3	100					3	100	200	2～5	5～10	10～15
		环氧铁红	2	60	环氧铁红	1	80		2	60	200	2～5	5～10	10～15
			2	60		1	80		3	100	240	5～10	10～15	>15
	Sa2½	环氧富锌	2	70		1	70		2	60	200	2～5	5～10	10～15
			2	70		1	70		3	100	240	5～10	10～15	>15
			2	70		2	110		3	100	280	10～15	>15	>15
高氯化聚乙烯含氟萤丹涂层	≥Sa2或St3	高氯化聚乙烯含氟萤丹	2	70	—	—	—	高氯化聚乙烯含氟萤丹	2	50	120	2～5	5～10	10～15
			2	80					3	80	160	5～10	10～15	>15
	Sa2½		3	120					3	80	200	10～15	>15	>15
			3	120					4	120	240	>15	>15	>15
聚氯乙烯萤丹涂层	Sa2	聚氯乙烯萤丹	2	70	—	—	—	聚氯乙烯萤丹	2	60	130	5～10	5～10	10～15
			3	100					2	60	160	5～10	10～15	>15
			3	100					3	80	180	10～15	>15	>15
		聚氯乙烯含氟萤丹	2	70	—	—	—	聚氯乙烯含氟萤丹	2	60	130	5～10	10～15	>15
			3	100					2	60	160	10～15	>15	>15
			3	100					3	80	180	>15	>15	>15
聚氨酯涂层	≥Sa2或St3	聚氨酯	2	60	—	—	—	聚氨酯	2	60	120	—	—	2～5
			2	60					3	100	160	—	2～5	5～10
			3	100					3	100	200	2～5	5～10	10～15
		环氧铁红	2	60	环氧云铁	1	80		3	100	240	5～10	10～15	>15
			2	60		2	120		3	100	280	10～15	>15	>15
	Sa2½	环氧富锌	2	70		1	70		2	60	200	2～5	5～10	10～15
			2	70		1	70		3	100	240	5～10	10～15	>15
			2	70		2	110		3	100	280	10～15	>15	>15
			2	70		2	150		3	100	320	>15	>15	>15

续表

涂层名称	除锈等级	底层			中间层			面层			涂层总厚度	涂层使用年限（a）		
		涂料名称	遍数	厚度	涂料名称	遍数	厚度	涂料名称	遍数	厚度		强腐蚀	中腐蚀	弱腐蚀
丙烯酸聚氨酯涂层	≥Sa2或St3	丙烯酸聚氨酯	2	60	—	—	—	丙烯酸聚氨酯	2	60	120	—	—	2~5
			2	60					3	100	160	—	2~5	5~10
			3	100					3	100	200	2~5	5~10	10~15
		环氧铁红	2	60	环氧云铁	1	80		3	100	240	5~10	10~15	>15
			2	60		2	120		3	100	280	10~15	>15	>15
	Sa2½	环氧富锌	2	70		1	70		2	60	200	2~5	5~10	10~15
			2	70		1	70		3	100	240	5~10	10~15	>15
			2	70		2	110		3	100	280	10~15	>15	>15
			2	70		2	150		3	100	320	>15	>15	>15
环氧涂层	≥Sa2或St3	环氧铁红	2	60	—	—	—	环氧	2	60	120	—	—	2~5
			2	60					3	100	160	—	2~5	5~10
			3	100					3	100	200	2~5	5~10	10~15
			2	60	环氧云铁	1	80		2	60	200	2~5	5~10	10~15
			2	60		1	80		3	100	240	5~10	10~15	>15
	Sa2½	环氧富锌	2	70		1	70		2	60	200	2~5	5~10	10~15
			2	70		1	70		3	100	240	5~10	10~15	>15
			2	70		2	110		3	100	280	10~15	>15	>15
			2	70		2	150		3	100	320	>15	>15	>15
丙烯酸环氧涂层	≥Sa2或St3	丙烯酸环氧	2	60	—	—	—	丙烯酸环氧	2	60	120	—	—	2~5
			2	60					3	100	160	—	2~5	5~10
			3	100					3	100	200	2~5	5~10	10~15
		环氧铁红	2	60	环氧云铁	1	80		3	100	240	5~10	10~15	>15
			2	60		2	120		3	100	280	10~15	>15	>15
	Sa2½	环氧富锌	2	70		1	70		2	60	200	2~5	5~10	10~15
			2	70		1	70		3	100	240	5~10	10~15	>15
			2	70		2	110		3	100	280	10~15	>15	>15
			2	70		2	150		3	100	320	>15	>15	>15
乙烯基酯涂层	Sa2½	乙烯基酯	2	70				乙烯基酯	2	160	230	2~5	5~10	10~15
醇酸涂层	St2	醇酸底涂料	2	60	—	—	—	醇酸面涂料	2	60	120	—	—	2~5
	≥Sa2或St3		2	60					3	100	160	—	2~5	5~10
			3	100					3	100	200	—	5~10	5~10
丙烯酸涂层	St2	丙烯酸	2	60	—	—	—	丙烯酸	2	60	120	—	—	2~5
	≥Sa2或St3		2	60					3	100	160	—	2~5	5~10
			3	100					3	100	200	—	5~10	5~10

续表

涂层名称	除锈等级	底层			中间层			面层			涂层总厚度	涂层使用年限（a）		
		涂料名称	遍数	厚度	涂料名称	遍数	厚度	涂料名称	遍数	厚度		强腐蚀	中腐蚀	弱腐蚀
氟碳涂层	Sa2½	环氧富锌	2	70	环氧云铁	1	60	氟碳面涂料	2	70	200	5～10	10～15	>15
			2	70		2	100		2	70	240	10～15	>15	>15
			2	70		2	140		2	70	280	>15	>15	>15
			2	70		2	180		2	70	320	>15	>15	>15
			2	70	环氧玻璃鳞片	1	100		2	70	240	10～15	>15	>15
			2	70		2	200		2	70	340	>15	>15	>15

注　1. 表中以面层涂料的品种作为涂层的名称。

2. 聚氨酯和丙烯酸聚氨酯涂料均为脂肪族。

3. 涂层厚度单位均为 μm。

钢结构油漆防腐涂装可采用涂刷法、手工滚涂法、空气喷涂法和高压无气喷涂法。涂层厚度由基本涂层厚度、防护涂层厚度和附加涂层厚度组成。基本涂层厚度指涂料在钢材表面上形成均匀、致密、连续漆膜所需的最薄厚度（包括填平粗糙度波峰所需的厚度）。防护涂层厚度指涂层在使用环境维护周期内受到腐蚀、粉化、磨损等所需的厚度。附加涂层厚度指因以后涂装维修困难和留有安全系数所需的厚度。涂层厚度过大可增强防腐力，但附着力和机械性能都会降低；过薄易产生肉眼看不到的针孔和其他缺陷，达不到隔离环境的要求。钢结构涂装的涂层厚度，应根据环境状态和产品特性来确定，可按表 10 - 1 选用。采用喷锌、铝及其合金时，金属层厚度不宜小于 120μm；采用热镀浸锌时，锌的厚度不宜小于 85μm。室外工程的涂层厚度宜增加 20～40μm。经科学试验或工程实践证明的某些性能优良的涂料品种，其涂层厚度可适当减薄。

在钢结构设计文件中应注明防腐蚀方案，如采用涂（镀）层方案，所要求的钢材除锈等级和所要用的涂料（或镀层）及涂（镀）层厚度，在使用过程中对钢结构防腐蚀进行定期检查和维修的要求。

3. 钢结构的防腐蚀施工

钢结构防护涂装施工应满足国家和地方对环境保护的要求。涂层法施工的第一步是除锈，目的是彻底清除构件表面的铁锈、毛刺、油污等，使构件露出金属光泽的清洁表面，增强涂层与构件间的粘合力和附着力，防止因构件锈蚀而导致涂层的脱落。

常用的除锈方法有人工除锈、喷砂或抛丸除锈、酸洗和酸洗磷化除锈三种。人工除锈是采用钢丝刷、铲刀、砂皮或电动砂轮等简单工具除去构件表面的氧化物和油污等，生产效率低、劳动强度大、影响环境，一般只能除掉疏松的氧化皮、较厚的锈和鳞片状的旧涂层，除锈质量较差。喷砂或抛丸除锈是采用喷砂机或抛丸机将砂（石英砂、铁砂或铁丸）喷击在构件表面，除掉铁锈和油污等杂质，除锈效果好。酸洗和酸洗磷化除锈是用酸性溶液与钢材表面的氧化物发生化学反应，使其溶解于酸溶液中，质量好、工效高，但需要酸洗槽和蒸汽加温冲洗设备，难用于大型构件。酸洗后再进行磷化处理，使钢材表面呈均匀的粗糙状态，增强涂料与钢材的附着力。对于难以进行磷化处理的构件，也可酸洗后喷涂磷化底漆。

钢构件防护涂装的施工，必须按设计文件的规定进行，涂料、涂装道数、涂层厚度均应符合设计要求，相邻二道涂层的施工间隔时间应符合产品说明书要求。金属表面经除锈处理后应及时施涂防腐涂料，一般应在 6h 以内施涂完毕。如金属表面经磷化处理，需经确认钢材表面生成稳定的磷化膜后，方可施涂防腐涂料。

施涂前应校对涂料型号、名称、颜色，检查生产日期，如超过储存期，重新取样检验，质量合格后才能使用。钢构件的底层涂料一般在工厂里进行，待安装结束后再进行面层涂料施工。施涂方法应根据涂料的性质和结构形状等特点确定，刷涂法适用于油性基料的涂料，喷涂法适用于快干性和挥发性强的涂料。顺序一般是先上后下、先难后易、先左后右、先内后外，保证涂层厚度均匀一致，不漏涂、不流坠。施涂饰面涂料，应按设计要求的品种、颜色施涂。涂装遍数、涂层厚度均应符合设计要求。当设计对涂层厚度无要求时，涂层干漆膜总厚度，室外应为150μm，室内应为125μm。

随着涂料工业和涂装技术的发展，新的涂料产品、施工方法和工具不断出现。各种涂料相适应的施工方法可根据涂料产品说明书要求来选择。

三、钢结构的防火

1. 钢结构的防火方法

为防止钢结构在火灾高温作用时失效倒塌，重要的钢结构建筑物，可以采用耐火钢建造，采用普通结构钢制作，必须进行耐火保护。把使钢结构丧失承载能力的温度称为临界温度，从开始受火到达到临界温度所需要的时间称为耐火极限。钢结构防火设计应根据建筑物的耐火等级确定耐火极限，采取耐火保护使得钢结构在火灾时温度升高不超过临界温度，保证结构在火灾中不丧失承载能力。普通钢结构常用的防火保护方法可分为截流法和疏导法两类。

（1）截流法。截流法的原理是截断或阻滞火灾产生的热流量向构件的传输，从而使构件在规定的时间内温升不超过其临界温度。做法是在构件表面设置防火保护层，保护层采用导热系数较小，热容较大的材料，能很好地阻滞火灾热流向构件的传输。截流法又分为喷涂法、包封法、屏蔽法和水喷淋法。

1）喷涂法，是用喷涂机具把防火涂料直接喷涂在构件表面，形成保护层（图10-2）。

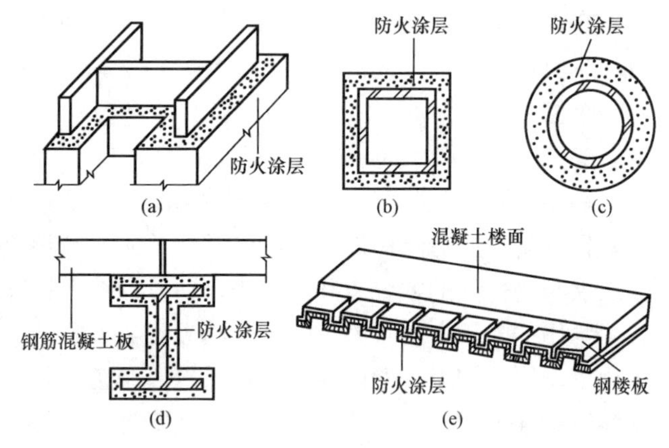

图10-2 防火涂料保护

(a) 工形柱；(b) 箱形柱；(c) 管形构件；(d) 工形梁；(e) 组合楼板

涂层把钢构件屏蔽起来，避免直接暴露在火焰高温中；涂层吸热后部分物质分解放出水蒸气或其他不燃气体，起到消耗热量、降低火焰温度和燃烧速度、稀释氧气的作用；涂层本身多孔轻质和受热后形成碳化泡沫层，减小热量向钢材传递速度，推迟钢材强度降低，从而提高钢结构的耐火极限。防火涂料按防火机理可分为膨胀型（遇火涂层膨胀形成蜂窝状泡沫隔热层）和非膨胀型（遇火涂层基本不发生体积改变）两类；按涂层厚度分为超薄涂型、薄涂型和厚涂型三类。施工可直接喷涂或在钢构件上焊钢丝网后再将防火材料喷涂在钢丝网上形成中空层。喷涂法造价低，施工快，并可做成装饰层，可用于任何钢构件，应用范围广泛。

2）包封法，是用耐火材料把构件包裹起来。常用方法有：①现浇混凝土外包法，可用普通混凝土、轻质混凝土或加气混凝土等。由于混凝土的表层在火灾高温下易于剥落，可在构件表面加敷钢丝网，来限制收缩裂缝并保证外壳的强度，防止爆裂。图10-3（a）为柱子采用混凝土包封的示意图。现浇混凝土外包法防护材料价格低，无接缝，表面装饰方便，耐冲击，还可提高钢构件的防锈性能，但支模、浇筑、养护等施工周期长，用普通混凝土时，自重较大。②砂浆外包法，在钢结构表面采用钢丝网外抹砂浆的方法进行保护［图 10-3（b）、（c）］。可采用石灰、水泥或石膏灰胶泥砂浆，可在砂浆中掺入石棉、岩棉、矿渣棉、蛭石、珍珠岩等，形成耐火砂浆。根据混凝土或砂浆的容重、受力状态和耐火极限等要求来确定包封层厚度。③防火板外包法，用珍珠岩、蛭石、石棉、石膏、石棉水泥、轻质混凝土等制成预制防火板，用粘结剂、螺钉或螺栓固定在钢构件上［图 10-4（a）］。粘贴法的材质、厚度等容易掌控，污染小，易修复，质地好的石棉硅酸钙板可以直接用作装饰层。但这种成型板材不耐撞击，易受潮吸水，降低胶粘剂的粘接强度。图 10-4（b）和图 10-4（c）分别为梁和压型钢板楼板包封的示意图。钢柱可采用混凝土板、石膏板、石棉板、砌块等外包材料；钢梁和压型钢板楼板宜采用石膏板、石棉板等轻质外包材料。当包封层数大于等于两层时，各层板应分别固定，错开板缝，间距离≥400mm。钢结构也可采用岩棉、矿棉等柔性毡状隔热材料包封。

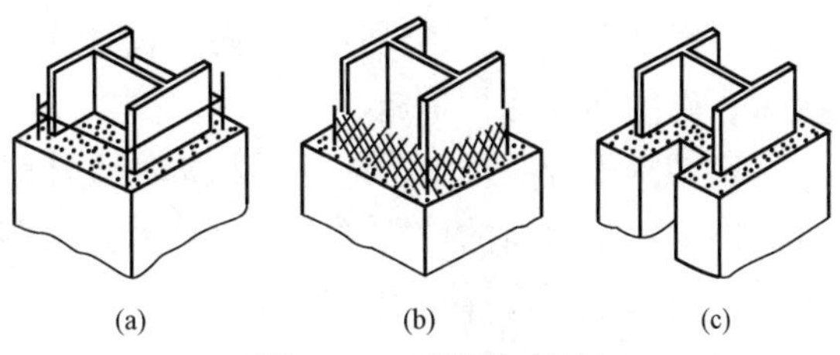

图 10-3　现浇包封法

（a）现浇混凝土耐火保护层；（b）用砂浆做耐火保护层；（c）用矿物纤维做耐火保护层

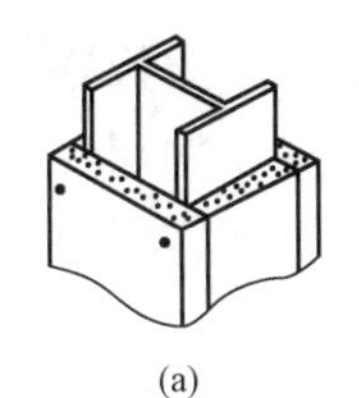
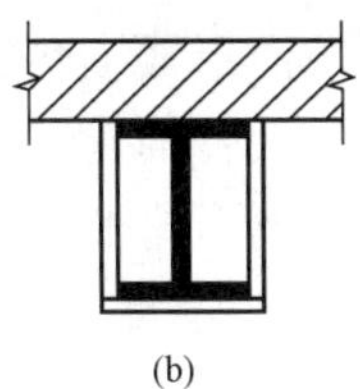
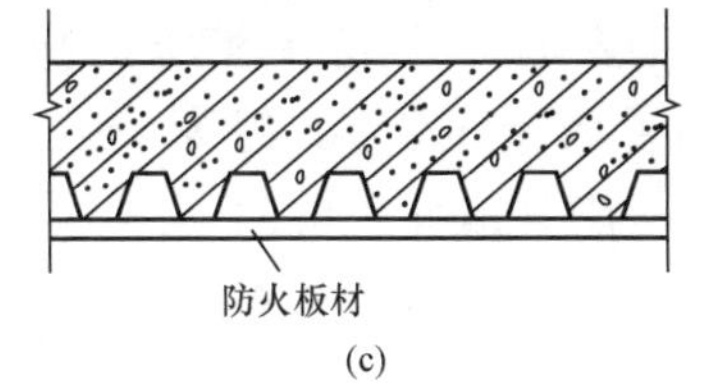

图 10-4　防火板材包封法

（a）柱的包封；（b）梁的包封；（c）压型钢板楼板包封示意图

3）屏蔽法，是把钢构件包在耐火材料组成的吊顶内。用轻质、薄型、耐火材料板制作具有防火性能吊顶（图 10-5）。可采用滑槽式连接，避免防火板的热变形。吊顶的接缝、孔洞处应严密，防止蹿火。吊顶法可省去吊顶空间内的钢构件耐火保护层，但主梁还要做保护层，施工速度快。

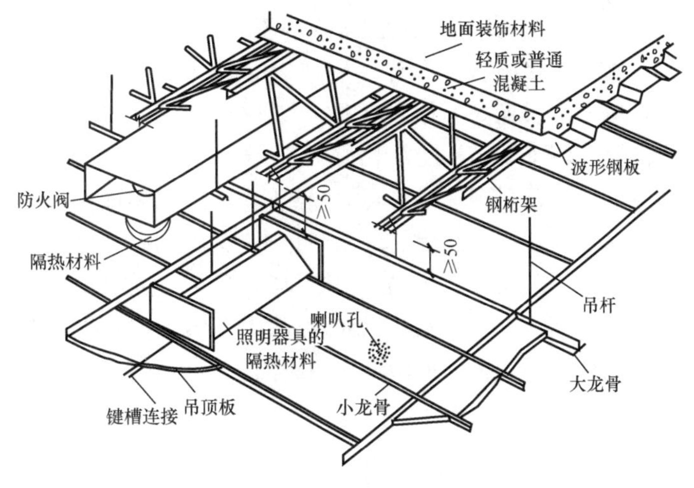

图 10-5　吊顶法示意图

4）水喷淋法。水喷淋法是在结构顶部设喷淋供水管网，火灾时自动启动（或手动）开始喷水，在构件表面形成一层连续流动的水膜，从而起到保护作用。水喷淋法是最有效的防火方法，但造价较高，主要用在公共建筑和人流密集、对人身安全威胁严重的场合。

2. 钢结构的防火设计与施工

钢结构防火设计应根据工程实际，考虑结构类型、耐火极限要求、工作环境等，满足安全可靠、经济合理的原则。钢结构防火设计通常的步骤为：确定工程的耐火等级和构件的耐火极限；确定防火保护措施、材料和厚度。

在钢结构设计文件中，应注明结构的设计耐火等级，构件的设计耐火极限、防火保护措施及其防火保护材料的性能要求。设计耐火极限应满足《建筑设计防火规范》（GB 50016）的要求，当达不到设计耐火极限要求时，应进行防火保护设计，按照《建筑钢结构防火技术规范》（GB 51249）进行抗火性能验算。

选用钢结构防火涂料时，应考虑结构类型、工作环境、耐火极限要求等。裸露钢网架、轻钢屋架、构件截面小且振动挠曲变化大的钢结构，当要求其耐火极限＜1.5h时，宜选用薄涂型防火涂料。装饰要求较高的建筑宜选用超薄型钢结构防火涂料。室内隐蔽钢结构、高层等重要的建筑，当其耐火极限＞1.5h时，宜选用非膨胀型或环氧类膨胀型防火涂料。露天钢结构应选用室外防火涂料。防火涂料应与防腐涂料相容匹配。

超薄涂型钢结构防火涂料涂层厚度≤3mm，高温时膨胀发泡形成隔热层，耐火极限可达0.5～1.5h。薄涂膨胀型防火涂料涂层厚度一般为3～7mm，高温时涂层膨胀，涂层厚度分别为3、5.5、7mm时，耐火极限分别可达0.5、1.0、1.5h。厚涂非膨胀型防火涂料具有粒状表面，密度较小，导热系数低，也称钢结构防火隔热涂料，当厚度分别为15、20、30、40、50mm时，耐火极限可达1.0、1.5、2.0、2.5、3.0h。

防火涂料、涂装前钢材表面除锈及防锈底漆涂装、质量控制及验收等应符合设计和《钢结构防火涂料》（GB 14907）及《钢结构防火涂料应用技术规程》（T/CECS 24）等国家有关标准的要求。

钢构件涂装后4h内如遇大风或下雨时，应加以覆盖，防止沾染尘土和水汽，影响涂层附着力。在堆放、运输和吊装等过程中，应采取防碰损措施，避免涂层损伤。

四、钢结构的隔热

当钢结构处于持久高温工作环境时，应考虑高温作用对结构的影响，按承载力极限状态和正常使用极限状态设计。钢结构的温度超过100℃时，进行钢结构的承载力和变形验算时，应考虑长期高温作用对钢材和钢结构连接性能的影响，应根据不同情况采取防护措施。当高温环境下钢结构的承载力不满足要求时，应采取增大构件截面、采用耐火钢、采取加隔热涂层、热辐射屏蔽或水套等隔热降温措施。当钢结构短时间内可能受到火焰直接作用时，应采用加隔热层、热辐射屏蔽等隔热降温措施。当钢结构可能受到之炽热熔化金属的侵害时，应采用砌块或耐热固体材料做成的隔热层加以保护。当高强度螺栓连接长期受热达150℃以上时，应采用加耐热隔热涂层、热辐射屏蔽等隔热防护措施。

钢结构的隔热保护措施在相应的工作环境下应具有耐久性，并与钢结构的防腐、防火保护措施相容。

第三节 钢结构的安装

一、钢结构的安装流程

钢结构的安装必须按照施工组织设计进行。安装过程中必须保证结构的稳定性和不发生超出规定的永久性变形。一般钢结构的安装流程如图10-6所示。

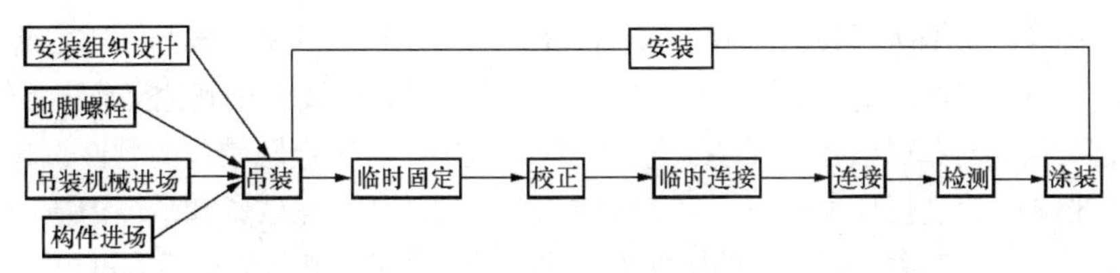

图 10-6　钢结构的安装流程示意图

二、钢结构安装的施工准备

施工准备是技术、计划、经济、质量、安全、现场施工管理性强的综合工作。技术人员应做好施工图纸会审和交底，认真编制施工组织设计，对于大型和特大型工程须认真编制施工大纲、施工组织设计和实施细则。施工大纲是施工组织设计的框架，实施细则是施工组织设计的进一步深化。处理好施工与设计、钢结构吊装与土建施工、钢结构加工和混凝土构件预制的配合。

1. 施工组织设计

钢结构安装的施工组织设计应包括工程概况、工程量统计表、构件平面布置图、施工机具的选择、施工方法、安装顺序、主要安装技术措施、安装质量标准和安全标准、劳动力计划和材料供应以及设备使用计划、工程进度及成本计划表等。应合理安排施工顺序，减少构件的就位和运输，提高机械化施工和装配程度及劳动生产率；尽量减少高空作业，减少现场临时性设施，施工平面图设计合理，节约现场施工用地，劳动力均衡投入，降低施工成本。应掌握安装前后外界环境，如风力、温度、风雪、日照等资料，采取合适的应对措施来防止产生不利影响，保证工期。

2. 施工前的检查

施工前的检查包括钢构件的验收、施工机具和测量器具的检验，以及基础的复测。

钢构件应按施工图和规范要求进行验收。钢构件制作完后，检查和监理等部门应按设计要求和钢结构工程施工质量验收标准的规定，对成品进行检查验收。钢构件出厂时，制作单位应提供产品质量证明书和下列技术文件：①钢结构施工图、设计修改文件，并在施工图中注明修改部位；②所用钢材和辅助材料的质量证明书和试验报告；③高强度螺栓连接的摩擦系数测试资料；④工厂一、二类焊缝检验报告；⑤钢构件几何尺寸检验报告；⑥制作中对问题处理的协议文件；⑦发运构件清单。钢构件进入施工现场后，除了检查构件规格、型号、数量外，还需对运输过程中易产生变形的构件和易损部位进行专门检查，发现问题应及时通知有关单位，做好签证备案手续。对已变形的构件应予以矫正，对有损伤部位要求生产厂修复，并重新检验。

安装前对重要的吊装机械、工具、钢丝绳及其他配件均须进行检验，保证性能可靠。测量仪器及器具要定期到国家标准局指定的检测单位进行检测、标定，保证测量数据的准确性。

对固定钢结构的钢筋混凝土基座面的水平标高、平整度、锚栓水平位置的偏差、锚栓规格和埋设的准确性进行复测，并把复测结果和整改要求交付基座施工单位。

3. 钢结构吊装

常用的吊装设备有塔式起重机、汽车起重机（汽车吊）、履带式起重机（履带吊）。塔式起重机主要用于高层建筑物的结构安装，有行走式、附着式与内爬式几种类型，由提升、行走、变幅、回转等机构及金属结构等组成。塔式起重机提升高度大、动作平稳，但转移、安装与拆卸比较麻烦，行走式还需要铺设轨道。汽车起重机的起重机构和回转台安装在载重汽车底盘或专业的汽车底盘上。底盘两侧设有四个支腿，以增加起重机的稳定性。汽车起重机机动性能好，运行速度快，可与汽车编队行驶，但不能负荷行驶，对工作场地的要求较高。履带起重机操作灵活，使用方便，对施工场地要求不严，但不能在公路上行驶，需要使用其他交通工具转场。

钢结构起吊前应对起吊设备、安装工艺做出明确规定，对稳定性较差的物件，起吊前应进行稳定性验算，必要时应进行临时加固。大型构件和细长构件的吊点位置和吊环构造应符合设计或施工组织设计的要求，对大型或特殊的构件吊装前应进行试吊，确认无误后方可正式起吊。

三、钢结构安装中的施工分析

钢结构在安装过程中，其受力、变形以及整体稳定性等都在发生变化，与结构最终状态差别很大，因此必须紧密结合施工进展进行施工阶段结构分析，为施工安全提供依据。

钢构件在安装中的稳定问题是指构件在工地堆放、起扳、吊装、就位过程中存在的稳定问题，对于平面桁架、截面板件宽厚比较大和长细比较大的构件均应考虑稳定问题。钢结构在相对较为多变的施工状态下，其系统或构件的稳定条件有可能发生较大的变化，与设计考虑的状态可能有很大差别。如结构在吊装过程中支撑体系尚未形成，结构的受力状况与设计条件不同，结构在安装荷载作用下，可能会发生结构整体失稳破坏。在制订吊装等方案时，要充分考虑在吊装等时构件单体稳定和结构整体稳定问题，按照安装工况，进行构件和结构的整体和局部稳定性验算，必要时要根据安装时构件和结构的受力状况，进行临时加固处理，保证安装过程中每一步结构的稳定性。加临时支撑或局部加固时，在构件与临时支撑的接触部位应采取保护措施，以免损伤构件。

大型钢结构安装时常需设置临时安装支柱，待各部件连接形成承载体系后，再拆除安装支柱，称为卸载。施工分析应认真分析这一过程各个阶段的结构承载力和变形情况，采取措施保证施工质量，实现竣工后结构的几何形态与设计位形之间的偏差应满足《钢结构工程施工质量验收标准》（GB 50205）等标准的要求。大型复杂结构会有多个施工安装方案，应进行多方案对比分析，提出经济合理的施工方案，并根据实际安装检测结果指导施工安装。

四、钢结构的安装连接问题

钢结构的现场安装连接主要采用普通螺栓连接、高强度螺栓连接和焊接。结构的安装连接应采用传力可靠、制作方便、连接简单、便于调整的构造形式。

普通螺栓连接主要用作临时性安装螺栓和永久性螺栓连接。钢结构安装时，为了便于构件就位，通常设安装用的临时螺栓。安装临时螺栓或冲钉对孔时，应注意构件垂直度的变化，出现错孔时，严禁擅自扩孔，应分析原因，螺栓孔错位较小者可用铰刀或锉刀修孔。临时安装螺栓的个数由计算确定，每个节点不少于 2 个螺栓，且不少于安装孔总数的 1/3。临时螺栓插入后，用扳手紧固后方可拔出冲钉，冲钉的穿入数量不宜多于临时螺栓的 30%。普通螺栓拧紧后，外露丝扣需不少于 2～3 扣。普通螺栓应有防松措施，如双螺母或弹簧垫圈防松。永久性螺栓是结构上永久性使用的螺栓，每个螺栓不得垫两个以上垫圈，或用大螺母代替垫圈。螺栓拧紧后，外露丝扣应不少于 2～3 扣，并应防止螺母松动。任何安装孔均不得用气割扩孔。

高强度螺栓连接的摩擦面做法及粗糙度必须满足设计要求，还要进行抗滑移系数试验。为了保证高强度螺栓安装质量，高强度螺栓紧固前应对高强度螺栓孔、连接件的移位、不平度、不垂直度、磨光顶紧的贴合情况、板叠摩擦面的处理、连接间隙、孔眼的同心度和临时螺栓的布放等进行检查，要保证摩擦面无污染，以免降低抗滑移系数。在高强度螺栓紧固中应检查高强度螺栓的种类、等级、规格、长度、外观质量，紧固顺序等。高强度螺栓要能自由穿入栓孔、螺栓穿入方向要整齐一致，方便操作。紧固时要分初拧和终拧二次紧固，对于大型节点可分为初拧、复拧和终拧。当天安装的螺栓，要在当天终拧完毕，防止螺纹因污染和生锈引起扭矩系数值发生变化。高强度螺栓紧固完毕后，应检查螺栓有无漏拧、欠拧和超拧。漏拧、欠拧必须全部补拧，超拧必须全部更换。

工地焊接作业条件比工厂焊接条件差，应根据工地条件做焊接工艺试验，并对焊接的全过程进行质量控制。应特别注意克服不良的气候环境和不利的焊接工位的影响，不良的气候环境指雨天、刮风、低温气候。当气温低于0℃时，原则上应停止焊接工作，必须焊接时应把焊缝两侧加热到36℃以上。强风天，应在焊接区周围设置挡风屏。雨天或相对湿度大于80%时，应保证母材的焊接区不残留水分，否则应采用加热方法，把水分彻底清除后才能进行焊接。当采用气体保护焊的环境风速大于2m/s时，原则上应停止施焊，必须焊接时须采用挡风措施或采用抗风式焊机。不利的焊接工位指现场操作结构无法转动，只能仰焊，甚至焊接人员操作困难，应该尽可能改善作业条件，并让高等级的焊工焊接难度较大的部分。现场安装焊接时，应采取定位措施将构件临时固定。

工地焊接的检验同工厂焊缝。钢结构工程安装时应同步实测钢结构安装的准确度，并及时按国家标准进行修正。

五、工程验收

钢结构工程竣工后，应及时进行验收，通常分为交工验收和竣工验收两个阶段进行。钢结构作为主体结构之一应按子分部工程竣工验收，当主体结构均为钢结构时应按分部工程竣工验收。大型钢结构工程可划分成若干个子分部工程进行竣工验收。钢结构分部工程有关安全及功能的检验和见证检测项目及观感质量检验按《钢结构工程施工质量验收标准》（GB 50205）、《水利水电工程钢闸门设计规范》（SL 74）等相关标准执行。

思　考　题

1. 钢结构制作有哪些主要工序？
2. 钢结构制作的依据是什么？
3. 钢材有质量保证书时是否还要进行检验？
4. 常用的焊接方法有哪些？各有什么特点？
5. 常用的边缘加工方法有哪些？
6. 钢结构的防腐原理是什么？
7. 覆盖保护层法分为哪几种方法？各有什么特点？
8. 采用非金属有机涂料的防腐为什么要对钢材除锈？
9. 在设计钢结构时，是否可考虑锈蚀而加大钢构件的截面积。
10. 采用普通钢材制作的钢结构通常使用什么防火措施？
11. 水喷淋法防火主要用于哪些情况？
12. 什么是临界温度和耐火极限？
13. 钢结构开始安装之前，安装单位应作哪几方面的检查和准备工作？
14. 钢结构的放样是否完全按照设计施工图的尺寸进行？
15. 什么是钢结构安装中的稳定问题？
16. 钢结构的现场安装主要有哪几种方法？构造形式选择应考虑哪些因素？

附录一　构件的稳定

附录一-A　轴心受压构件的稳定系数

附表 1-1　　a 类截面轴心受压构件的稳定系数 φ

λ/ε_k	0	1	2	3	4	5	6	7	8	9
0	1.000	1.000	1.000	1.000	0.999	0.999	0.998	0.998	0.997	0.996
10	0.995	0.994	0.993	0.992	0.991	0.989	0.988	0.986	0.985	0.983
20	0.981	0.979	0.977	0.976	0.974	0.972	0.970	0.968	0.966	0.964
30	0.963	0.961	0.959	0.957	0.954	0.952	0.950	0.948	0.946	0.944
40	0.941	0.939	0.937	0.934	0.932	0.929	0.927	0.924	0.921	0.918
50	0.916	0.913	0.910	0.907	0.903	0.900	0.897	0.893	0.890	0.886
60	0.883	0.879	0.875	0.871	0.867	0.862	0.858	0.854	0.849	0.844
70	0.839	0.834	0.829	0.824	0.818	0.813	0.807	0.801	0.795	0.789
80	0.783	0.776	0.770	0.763	0.756	0.749	0.742	0.735	0.728	0.721
90	0.713	0.706	0.698	0.691	0.683	0.676	0.668	0.660	0.653	0.645
100	0.637	0.630	0.622	0.614	0.607	0.599	0.592	0.584	0.577	0.569
110	0.562	0.555	0.548	0.541	0.534	0.527	0.520	0.513	0.507	0.500
120	0.494	0.487	0.481	0.475	0.469	0.463	0.457	0.451	0.445	0.439
130	0.434	0.428	0.423	0.417	0.412	0.407	0.402	0.397	0.392	0.387
140	0.382	0.378	0.373	0.368	0.364	0.360	0.355	0.351	0.347	0.343
150	0.339	0.335	0.331	0.327	0.323	0.319	0.316	0.312	0.308	0.305
160	0.302	0.298	0.295	0.292	0.288	0.285	0.282	0.279	0.276	0.273
170	0.270	0.267	0.264	0.261	0.259	0.256	0.253	0.250	0.248	0.245
180	0.243	0.240	0.238	0.235	0.233	0.231	0.228	0.226	0.224	0.222
190	0.219	0.217	0.215	0.213	0.211	0.209	0.207	0.205	0.203	0.201
200	0.199	0.197	0.196	0.194	0.192	0.190	0.188	0.187	0.185	0.183
210	0.182	0.180	0.178	0.177	0.175	0.174	0.172	0.171	0.169	0.168
220	0.166	0.165	0.163	0.162	0.161	0.159	0.158	0.157	0.155	0.154
230	0.153	0.151	0.150	0.149	0.148	0.147	0.145	0.144	0.143	0.142
240	0.141	0.140	0.139	0.137	0.136	0.135	0.134	0.133	0.132	0.131

附表 1-2　　b 类截面轴心受压构件的稳定系数 φ

λ/ε_k	0	1	2	3	4	5	6	7	8	9
0	1.000	1.000	1.000	0.999	0.999	0.998	0.997	0.996	0.995	0.994
10	0.992	0.991	0.989	0.987	0.985	0.983	0.981	0.978	0.976	0.973
20	0.970	0.967	0.963	0.960	0.957	0.953	0.950	0.946	0.943	0.939
30	0.936	0.932	0.929	0.925	0.921	0.918	0.914	0.910	0.906	0.903
40	0.899	0.895	0.891	0.886	0.882	0.878	0.874	0.870	0.865	0.861

续表

λ/ε_k	0	1	2	3	4	5	6	7	8	9
50	0.856	0.852	0.847	0.842	0.837	0.833	0.828	0.823	0.818	0.812
60	0.807	0.802	0.796	0.791	0.785	0.780	0.774	0.768	0.762	0.757
70	0.751	0.745	0.738	0.732	0.726	0.720	0.713	0.707	0.701	0.694
80	0.687	0.681	0.674	0.668	0.661	0.654	0.648	0.641	0.634	0.628
90	0.621	0.614	0.607	0.601	0.594	0.587	0.581	0.574	0.568	0.561
100	0.555	0.548	0.542	0.535	0.529	0.523	0.517	0.511	0.504	0.498
110	0.492	0.487	0.481	0.475	0.469	0.464	0.458	0.453	0.447	0.442
120	0.436	0.431	0.426	0.421	0.416	0.411	0.406	0.401	0.396	0.392
130	0.387	0.383	0.378	0.374	0.369	0.365	0.361	0.357	0.352	0.348
140	0.344	0.340	0.337	0.333	0.329	0.325	0.322	0.318	0.314	0.311
150	0.308	0.304	0.301	0.297	0.294	0.291	0.288	0.285	0.282	0.279
160	0.276	0.273	0.270	0.267	0.264	0.262	0.259	0.256	0.253	0.251
170	0.248	0.246	0.243	0.241	0.238	0.236	0.234	0.231	0.229	0.227
180	0.225	0.222	0.220	0.218	0.216	0.214	0.212	0.210	0.208	0.206
190	0.204	0.202	0.200	0.198	0.196	0.195	0.193	0.191	0.189	0.188
200	0.186	0.184	0.183	0.181	0.179	0.178	0.176	0.175	0.173	0.172
210	0.170	0.169	0.167	0.166	0.164	0.163	0.162	0.160	0.159	0.158
220	0.156	0.155	0.154	0.152	0.151	0.150	0.149	0.147	0.146	0.145
230	0.144	0.143	0.142	0.141	0.139	0.138	0.137	0.136	0.135	0.134
240	0.133	0.132	0.131	0.130	0.129	0.128	0.127	0.126	0.125	0.124
250	0.123	—	—	—	—	—	—	—	—	—

附表 1-3　　**c 类截面轴心受压构件的稳定系数 φ**

λ/ε_k	0	1	2	3	4	5	6	7	8	9
0	1.000	1.000	1.000	0.999	0.999	0.998	0.997	0.996	0.995	0.993
10	0.992	0.990	0.988	0.986	0.983	0.981	0.978	0.976	0.973	0.970
20	0.966	0.959	0.953	0.947	0.940	0.934	0.928	0.921	0.915	0.909
30	0.902	0.896	0.890	0.883	0.877	0.871	0.865	0.858	0.852	0.845
40	0.839	0.833	0.826	0.820	0.813	0.807	0.800	0.794	0.787	0.781
50	0.774	0.768	0.761	0.755	0.748	0.742	0.735	0.728	0.722	0.715
60	0.709	0.702	0.695	0.689	0.682	0.675	0.669	0.662	0.656	0.649
70	0.642	0.636	0.629	0.623	0.616	0.610	0.603	0.597	0.591	0.584
80	0.578	0.572	0.565	0.559	0.553	0.547	0.541	0.535	0.529	0.523
90	0.517	0.511	0.505	0.499	0.494	0.488	0.483	0.477	0.471	0.467
100	0.462	0.458	0.453	0.449	0.445	0.440	0.436	0.432	0.427	0.423
110	0.419	0.415	0.411	0.407	0.402	0.398	0.394	0.390	0.386	0.383
120	0.379	0.375	0.371	0.367	0.363	0.360	0.356	0.352	0.349	0.345
130	0.342	0.338	0.335	0.332	0.328	0.325	0.322	0.318	0.315	0.312

续表

λ/εk	0	1	2	3	4	5	6	7	8	9
140	0.309	0.306	0.303	0.300	0.297	0.294	0.291	0.288	0.285	0.282
150	0.279	0.277	0.274	0.271	0.269	0.266	0.263	0.261	0.258	0.256
160	0.253	0.251	0.248	0.246	0.244	0.241	0.239	0.237	0.235	0.232
170	0.230	0.228	0.226	0.224	0.222	0.220	0.218	0.216	0.214	0.212
180	0.210	0.208	0.206	0.204	0.203	0.201	0.199	0.197	0.195	0.194
190	0.192	0.190	0.189	0.187	0.185	0.184	0.182	0.181	0.179	0.178
200	0.176	0.175	0.173	0.172	0.170	0.169	0.167	0.166	0.165	0.163
210	0.162	0.161	0.159	0.158	0.157	0.155	0.154	0.153	0.152	0.151
220	0.149	0.148	0.147	0.146	0.145	0.144	0.142	0.141	0.140	0.139
230	0.138	0.137	0.136	0.135	0.134	0.133	0.132	0.131	0.130	0.129
240	0.128	0.127	0.126	0.125	0.124	0.123	0.123	0.122	0.121	0.120
250	0.119	—	—	—	—	—	—	—	—	—

附表 1-4　　d 类截面轴心受压构件的稳定系数 φ

λ/εk	0	1	2	3	4	5	6	7	8	9
0	1.000	1.000	0.999	0.999	0.998	0.996	0.994	0.992	0.990	0.987
10	0.984	0.981	0.978	0.974	0.969	0.965	0.960	0.955	0.949	0.944
20	0.937	0.927	0.918	0.909	0.900	0.891	0.883	0.874	0.865	0.857
30	0.848	0.840	0.831	0.823	0.815	0.807	0.798	0.790	0.782	0.774
40	0.766	0.758	0.751	0.743	0.735	0.727	0.720	0.712	0.705	0.697
50	0.690	0.682	0.675	0.668	0.660	0.653	0.646	0.639	0.632	0.625
60	0.618	0.611	0.605	0.598	0.591	0.585	0.578	0.571	0.565	0.559
70	0.552	0.546	0.540	0.534	0.528	0.521	0.516	0.510	0.504	0.498
80	0.492	0.487	0.481	0.476	0.470	0.465	0.459	0.454	0.449	0.444
90	0.439	0.434	0.429	0.424	0.419	0.414	0.409	0.405	0.401	0.397
100	0.393	0.390	0.386	0.383	0.380	0.376	0.373	0.369	0.366	0.363
110	0.359	0.356	0.353	0.350	0.346	0.343	0.340	0.337	0.334	0.331
120	0.328	0.325	0.322	0.319	0.316	0.313	0.310	0.307	0.304	0.301
130	0.298	0.296	0.293	0.290	0.288	0.285	0.282	0.280	0.277	0.275
140	0.272	0.270	0.267	0.265	0.262	0.260	0.257	0.255	0.253	0.250
150	0.248	0.246	0.244	0.242	0.239	0.237	0.235	0.233	0.231	0.229
160	0.227	0.225	0.223	0.221	0.219	0.217	0.215	0.213	0.211	0.210
170	0.208	0.206	0.204	0.202	0.201	0.199	0.197	0.196	0.194	0.192
180	0.191	0.189	0.187	0.186	0.184	0.183	0.181	0.180	0.178	0.177
190	0.175	0.174	0.173	0.171	0.170	0.168	0.167	0.166	0.164	0.163
200	0.162	—	—	—	—	—	—	—	—	—

附录一 - B　桁架节点板在斜腹杆轴向压力作用下的稳定计算

1. 计算简图

计算简图如附图 1 - 1 所示。

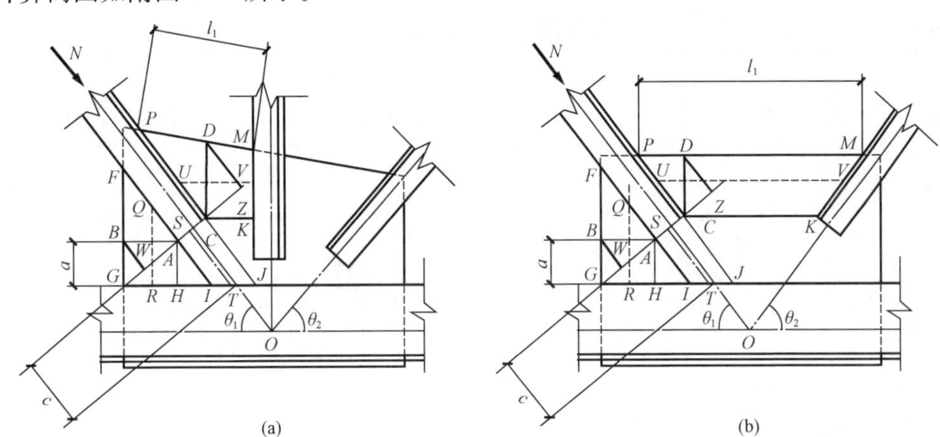

附图 1 - 1　节点板稳定计算简图

(a) 有竖杆时；(b) 无竖杆时

2. 基本假定

(1) 计算简图中 B - A - C - D 为节点板失稳时的屈折线，其中$\overline{BA}$平行于弦杆，$\overline{CD}\perp\overline{BA}$；

(2) 在斜腹杆轴向压力 N 的作用下，BA 区（$FBGHA$ 板件），AC 区（$AIJC$ 板件）和 CD 区（$CKMP$ 板件）同时受压，当其中某一区先失稳后，其他区即相继失稳，为此要分别计算各区的稳定。

3. 计算方法

BA 区
$$\frac{b_1}{b_1+b_2+b_3}N\sin\theta_1\leqslant l_1t\varphi_1f \quad (附 1 - 1)$$

AC 区
$$\frac{b_2}{b_1+b_2+b_3}N\leqslant l_2t\varphi_2f \quad (附 1 - 2)$$

CD 区
$$\frac{b_3}{b_1+b_2+b_3}N\cos\theta_1\leqslant l_3t\varphi_3f \quad (附 1 - 3)$$

式中　t——节点板厚度；

N——受压斜腹杆的轴向力；

l_1，l_2，l_3——分别为屈折线$\overline{BA}$，$\overline{AC}$，$\overline{CD}$的长度；

φ_1，φ_2，φ_3——分别为各受压区板件的轴心受压稳定系数，可按 b 类截面查取；其相应的长细比分别为：$\lambda_1=2.77\,\overline{QR}/t$，$\lambda_2=2.77\,\overline{ST}/t$，$\lambda_3=2.77\,\overline{UV}/t$；

$\overline{QR}$，$\overline{ST}$，$\overline{UV}$——分别为三区受压板件的中线长度，其中$\overline{ST}=c$；

b_1，b_2，b_3——各屈折线段在有效宽度线（即$\overline{AC}$线的延长线）上的投影长度。

对 $l_f/f>60\sqrt{235/f_y}$且沿自由边加劲的无竖腹杆节点板（l_f 为节点板自由边的长度），亦可用上述方法进行计算，只是仅需验算$\overline{BA}$区和$\overline{AC}$区而不必验算$\overline{CD}$区。

附录二　型钢和螺栓规格及截面特性

附表 2-1　　**轧制薄钢板规格及尺寸表**

类别	厚度 (mm)	宽度 (mm)												
		500	600	710	750	800	850	900	950	1 000	1 100	1 250	1 420	1 500
		长度 (mm)												
热轧钢板	0.8，0.9				1 500	1 500	1 500	1 500	1 500					
		1 000	1 200	1 420	1 800	1 600	1 700	1 800	1 900	1 500				
		1 500	1 420	2 000	2 000	2 000	2 000	2 000	2 000	2 000				
	1.0，1.12				1 000			1 000						
	1.2，1.5	1 000	1 200	1 000	1 500	1 500	1 500	1 500	1 500					
	1.4，1.5	1 500	1 420	1 420	1 800	1 600	1 700	1 800	1 900	1 500				
	1.6，1.8	2 000	2 000	2 000	2 000	2 000	2 000	2 000	2 000	2 000				
	2.0，2.2							1 000						
	2.5，2.8	500	600	1 000	1 500	1 500	1 500	1 500	1 500	1 500	2 200	2 500	2 800	
		1 000	1 200	1 420	1 800	1 600	1 700	1 800	1 900	2 000	3 000	3 000	3 000	3 000
		1 500	1 500	2 000	2 000	2 000	2 000	2 000	2 000	3 000	4 000	4 000	4 000	4 000
	3.0，3.2				1 000			1 000					2 800	
	3.5，3.8				1 500	1 500	1 500	1 500	1 500	2 000	2 200	2 500	3 000	3 000
	4.0	500	600	1 420	1 800	1 600	1 700	1 800	1 900	3 000	3 000	3 000	3 500	3 500
		1 000	1 200	2 000	2 000	2 000	2 000	2 000	2 000	4 000	4 000	4 000	4 000	4 000
冷轧钢板	0.8，0.9		1 200	1 420	1 500	1 500	1 500	1 500						
		1 000	1 800	1 800	1 800	1 800	1 800	1 800		1 500	2 000	2 000		
		1 500	2 000	2 000	2 000	2 000	2 000	2 000		2 000	2 200	2 500		
	1.0，1.1，1.2	1 000	1 200	1 420	1 500	1 500	1 500						2 800	2 800
	1.4，1.5，1.6	1 500	1 800	1 800	1 800	1 800	1 800	1 800			2 000	2 000	3 000	3 000
	1.8，2.0	2 000	2 000	2 000	2 000	2 000	2 000	2 000		2 000	2 200	2 500	3 500	3 500
	2.2，2.5	500	600											
	2.8，3.0	1 000	1 200	1 420	1 500	1 500	1 500							
	3.2，3.5	1 500	1 800	1 800	1 800	1 800	1 800	1 800		2 000				
	3.8，4.0	2 000	2 000	2 000	2 000	2 000	2 000							

注　经供需双方协议，可以供应比表中更长、更宽的各种厚度的钢板。

附表 2-2　　**轧制厚钢板规格及尺寸表**

钢板厚度(mm)	钢板宽度(m)									
	0.6～1.2	>1.2～1.5	>1.5～1.6	>1.6～1.7	>1.7～1.8	>1.8～2.0	>2.0～2.2	>2.2～2.5	>2.5～2.8	>2.8～3.0
	最大长度(m)									
4.5～5.5	12	12	12	12	12	6	—	—	—	—
6～7	12	12	12	12	12	10	—	—	—	—
8～10	12	12	12	12	12	12	9	9	—	—
11～15	12	12	12	12	12	12	9	8	8	8
16～20	12	12	12	10	10	9	8	7	7	7
21～25	12	11	11	10	9	8	7	6	6	6
26～30	12	10	9	9	9	8	7	6	6	6
32～34	12	9	8	7	7	7	7	7	6	5
36～40	10	8	7	7	6.5	6.5	5.5	5.5	5	—
42～50	9	8	7	7	6.5	6	5	4	—	—
52～60	8	6	6	6	5.5	5	4.5	4	—	—

注　1. 钢板厚度大于 4～6mm 时，其厚度间隔为 0.5mm；钢板厚度大于 6～30mm 时，其厚度间隔为 1.0mm；钢板厚度大于 30～60mm 时，其厚度间隔为 2.0mm。

2. 经供需双方协议，可以供应比表中更长、更宽的各种厚度的钢板。

附表 2-3　　**普通工字钢**

符号　h——高度；
b——翼缘宽度；
t_w——腹板厚；
t——翼缘平均厚度；
I——惯性矩；
W——截面模量；

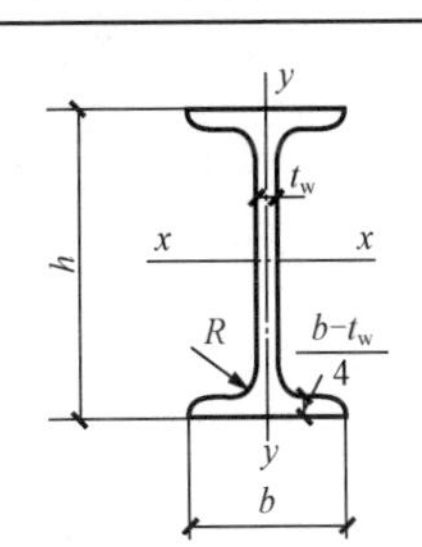

i——回转半径；
S——半截面的静力矩。
长度：型号 10～18，长 5～19m；
型号 20～63，长 6～9m。

型号	尺寸(mm) h	b	t_w	t	R	截面面积 (cm²)	质量 (kg/m)	x—x 轴 I_x (cm⁴)	W_x (cm³)	i_x (cm)	I_x/S_x (cm)	y—y 轴 I_y (cm⁴)	W_y (cm³)	i_y (cm)
10	100	68	4.5	7.6	6.5	14.3	11.2	245	49	4.14	8.59	33	9.7	1.52
12.6	126	74	5.0	8.4	7.0	18.1	14.2	488	77	5.19	10.8	47	12.7	1.61
14	140	80	5.5	9.1	7.5	21.5	16.9	712	102	5.76	12.0	64	16.1	1.73
16	160	88	6.0	9.9	8.0	26.1	20.5	1130	141	6.58	13.8	93	21.2	1.89
18	180	94	6.5	10.7	8.5	30.6	24.1	1660	185	7.36	15.4	122	26.0	2.00
20 a	200	100	7.0	11.4	9.0	35.5	27.9	2 370	237	8.15	17.2	158	31.5	2.12
20 b		102	9.0			39.5	31.1	2 500	250	7.96	16.9	169	33.1	2.06
22 a	200	110	7.5	12.3	9.5	42.0	33.0	3 400	309	8.99	18.9	225	40.9	2.31
22 b		112	9.5			46.4	36.4	3 570	325	8.78	18.7	239	42.7	2.27

续表

符号 h——高度；

b——翼缘宽度；

t_w——腹板厚；

t——翼缘平均厚度；

I——惯性矩；

W——截面模量；

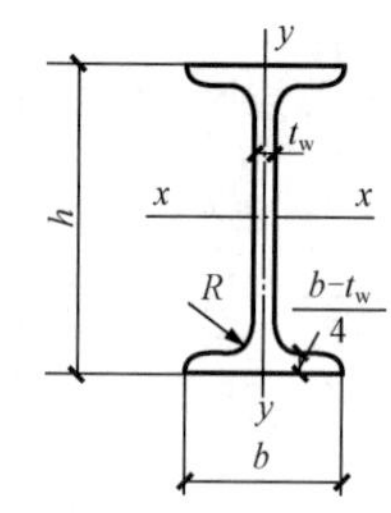

i——回转半径；

S——半截面的静力矩。

长度：型号 10～18，长 5～19m；

型号 20～63，长 6～9m。

型号	尺寸（mm）					截面面积（cm^2）	质量（kg/m）	x—x 轴				y—y 轴		
	h	b	t_w	t	R			I_x（cm^4）	W_x（cm^3）	i_x（cm）	I_x/S_x（cm）	I_y（cm^4）	W_y（cm^3）	i_y（cm）
25 a	250	116	8.0	13.0	10.0	48.5	38.1	5 020	402	10.18	21.6	280	48.3	2.40
25 b		118	10.0			53.5	42.0	5 280	423	9.94	21.3	309	52.4	2.40
28 a	280	122	8.5	13.7	10.5	55.4	43.4	7 110	508	11.3	24.6	345	56.6	2.49
28 b		124	10.5			61.0	47.9	7 480	534	11.1	24.2	379	61.2	2.49
32 a	320	130	9.5	15.0	11.5	67.0	52.7	11 080	692	12.8	27.5	460	70.8	2.62
32 b		132	11.5			73.4	57.7	11 620	726	12.6	27.1	502	76.0	2.61
32 c		134	13.5			79.9	62.8	12 170	760	12.3	26.8	544	81.2	2.61
36 a	360	136	10.0	15.8	12.0	76.3	59.9	15 760	875	14.4	30.7	552	81.2	2.69
36 b		138	12.0			83.5	65.6	16 530	919	14.1	30.3	582	84.3	2.64
36 c		140	14.0			90.7	71.2	17 310	962	13.8	29.9	612	87.4	2.60
40 a	400	142	10.5	16.5	12.5	86.1	67.6	21 720	1 090	15.9	34.1	660	93.2	2.77
40 b		144	12.5			94.1	73.8	22 780	1 140	15.6	33.6	692	96.2	2.71
40 c		146	14.5			102	80.1	23 850	1 190	15.2	33.2	727	9.6	2.65
45 a	450	150	11.5	18.0	13.5	102	80.4	32 240	1 430	17.7	38.6	855	114	2.89
45 b		152	13.5			111	87.4	33 760	1 500	17.4	38.0	894	118	2.84
45 c		154	15.5			120	94.5	35 280	1 570	17.1	37.6	948	122	2.79
50 a	500	158	12.0	20	14	119	93.6	46 470	1 860	19.7	42.8	1 120	142	3.07
50 b		160	14.0			129	102	48 560	1 940	19.4	42.4	1 170	146	3.01
50 c		162	16.0			139	109	50 640	2 080	19.1	41.8	1 220	151	2.96
56 a	560	166	12.5	21	14.5	135	106	65 590	2 324	22.0	47.7	1 370	165	3.18
56 b		168	14.5			146	115	68 510	2 447	21.6	47.2	1 487	174	3.16
56 c		170	16.5			158	124	71 440	2 551	21.3	46.7	1 558	183	3.16
63 a	630	176	13.0	22	15	155	122	93 920	2 981	24.6	54.2	1 701	193	3.31
63 b		178	15.0			167	131	98 080	3 164	24.2	53.5	1 812	204	3.29
63 c		190	17.0			180	141	102 250	3 298	23.8	52.9	1 925	214	3.27

附表 2-4　**热轧轻型工字钢**

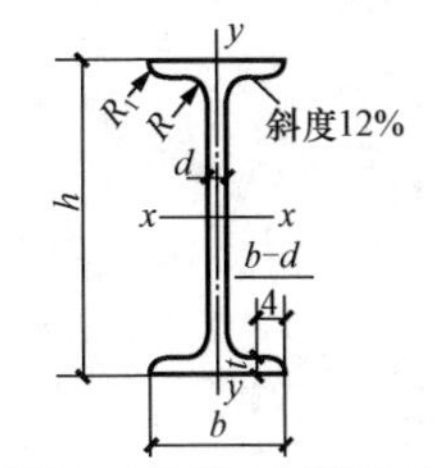

符号　I——惯性矩；
W——截面模量；
i——回转半径；
S——半截面的面积矩。

型号	尺寸(mm)						截面面积 (cm^2)	质量 (kg/m)	$x—x$				$y—y$		
	h	b	d	t	R	R_1			I_x (cm^4)	W_x (cm^3)	i_x (cm)	S_x (cm^3)	I_y (cm^4)	W_y (cm^3)	i_y (cm)
I10	100	55	4.5	7.2	7.0	2.5	12.0	9.46	198	39.7	4.06	23.0	17.9	6.49	1.22
I12	120	64	4.8	7.3	7.5	3.0	14.7	11.5	350	58.4	4.88	33.7	27.9	8.72	1.38
I14	140	73	4.9	7.5	8.0	3.0	17.4	13.7	572	81.7	5.73	46.8	41.9	11.5	1.55
I16	160	81	5.0	7.8	8.5	3.5	20.2	15	873	109	6.57	62.3	58.6	14.5	1.70
I18	180	90	5.1	8.1	9.0	3.5	23.4	18.4	1 290	143	7.42	81.4	82.6	18.4	1.88
I18a	180	100	5.1	8.3	9.0	3.5	25.4	19.9	1 430	159	7.51	89.8	114	22.8	2.12
I20	200	100	5.2	8.4	9.5	4.0	26.8	21.0	1 840	184	8.28	104	115	23.1	2.07
I20a	200	110	5.2	8.6	9.5	4.0	28.9	22.7	2 030	203	8.37	114	155	28.2	2.32
I22	220	110	5.4	8.7	10.0	4.0	30.6	24.0	2 550	232	9.13	131	157	28.6	2.27
I22a	220	120	5.4	8.9	10.0	4.0	32.8	25.8	2 790	254	9.22	143	206	34.3	2.50
I24	240	115	5.6	9.5	10.5	4.0	34.8	27.3	3 460	289	9.97	163	198	34.5	2.37
I24a	240	125	5.6	9.8	10.5	4.0	37.5	29.4	3 800	317	10.1	178	360	41.6	2.63
I27	270	125	6.0	9.8	11.0	4.5	40.2	31.5	5 010	371	11.2	210	260	41.5	2.54
I27a	270	135	6.0	10.2	11.0	4.5	43.2	33.9	5 500	407	11.3	229	337	50.0	2.80
I30	300	135	6.5	10.2	12.0	5.0	46.5	36.5	7 080	472	12.3	268	337	49.9	2.69
I30a	300	145	6.5	10.7	12.0	5.0	49.9	39.2	7 780	518	12.5	292	436	60.1	2.95
I33	330	140	7.0	11.2	13.0	5.0	53.8	42.4	9 840	597	13.5	339	419	59.9	2.79
I36	360	145	7.5	12.3	14.0	6.0	61.9	48.6	13 380	743	14.7	423	516	71.1	2.89
I40	400	155	8.0	13.0	15.0	6.0	71.4	56.1	18 930	947	16.3	540	666	85.9	3.05
I45	450	160	8.6	14.2	16.0	7.0	83.0	65.2	27 450	1 220	18.2	699	807	101	3.12
I50	500	170	9.5	15.2	17.0	7.0	97.8	76.8	39 290	1 570	20.0	905	1 040	122	3.26
I55	550	180	10.3	16.5	18.0	7.0	114	89.8	55 150	2 000	22.0	1 150	1 350	150	3.44
I60	600	190	11.1	17.8	20.0	8.0	132	104	75 450	2 510	23.9	1 450	1 720	181	3.60
I65	650	200	12	19.2	22.0	9.0	153	120	101 400	3 120	25.8	1 800	2 170	217	3.77
I70	700	210	13	20.8	24.0	10.0	176	138	134 600	3 840	27.7	2 230	2 730	260	3.94
I70a	700	210	15	24.0	24.0	10.0	202	158	152 700	4 360	27.5	2 550	3 240	309	4.01
I70b	700	210	17.5	28.2	24.0	10.0	234	184	175 370	5 010	27.4	2 940	3 910	373	4.09

附表 2-5　　　　普 通 槽 钢

符号　同普通工字型钢

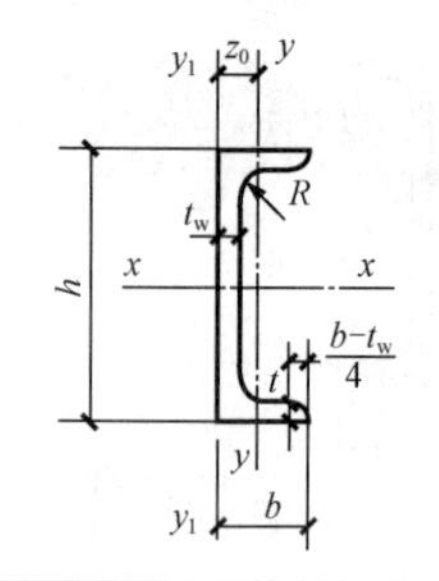

长度　型号　5～8，长 5～12m；
　　　型号　10～18，长 5～19m；
　　　型号　20～40，长 6～19m。

型号	尺寸（mm）					截面面积	质量	x—x 轴			y—y 轴			y_1-y_1 轴	z_0
	h	b	t_w	t	R	(cm^2)	(kg/m)	I_x (cm^4)	W_x (cm^3)	i_x (cm)	I_y (cm^4)	W_y (cm^3)	i_y (cm)	I_y (cm^4)	(cm)
5	50	37	4.5	7.0	7.0	6.9	5.4	26	10.4	1.94	8.3	3.55	1.10	20.9	1.35
6.3	63	40	4.8	7.5	7.5	8.4	6.6	51	16.1	2.45	11.9	4.50	1.18	28.4	1.36
8	80	43	5.0	8.0	8.0	10.2	8.0	101	25.3	3.15	16.6	5.79	1.27	37.4	1.43
10	100	48	5.3	8.5	8.5	12.7	10.0	198	39.7	3.95	25.6	7.8	1.41	55	1.52
12.6	126	53	5.5	9.0	9.0	15.7	12.4	391	62.1	4.95	38.0	10.2	1.57	77	1.59
14 a	140	58	6.0	9.5	9.5	18.5	14.5	564	80.5	5.52	53.2	13.0	1.70	107	1.71
14 b		60	8.0			21.3	16.7	609	87.1	5.35	61.1	14.1	1.69	121	1.67
16 a	160	63	6.5	10.0	10.0	21.9	17.2	866	108	6.28	73.3	16.3	1.83	144	1.80
16 b		65	8.5			25.1	19.7	934	117	6.10	83.4	17.5	1.82	161	1.75
18 a	180	68	7.0	10.5	10.5	25.7	20.2	1 273	141	7.04	98.6	20.0	1.96	190	1.88
18 b		70	9.0			29.3	23.0	1 370	152	6.84	111	21.5	1.95	210	1.84
20 a	200	73	7.0	11.0	11.0	28.8	22.6	1 780	178	7.86	128	24.2	2.11	244	2.01
20 b		75	9.0			32.8	25.8	1 914	191	7.64	144	25.9	2.09	268	1.95
22 a	220	77	7.0	11.5	11.5	31.8	25.0	2 394	218	8.67	158	28.2	2.23	298	2.10
22 b		79	9.0			36.2	28.4	2 571	234	8.42	176	30.0	2.21	326	2.03
25 a	250	78	7.0	12.0	12.0	34.9	27.5	3 370	270	9.82	175	30.6	2.24	322	2.07
25 b		80	9.0			39.9	31.4	3 530	282	9.40	196	32.7	2.22	353	1.98
25 c		82	11.0			44.9	35.3	3 690	295	9.07	218	35.9	2.21	384	1.92
28 a	280	82	7.5	12.5	12.5	40.0	31.4	4 765	340	10.9	218	35.7	2.33	388	2.10
28 b		84	9.5			45.6	35.8	5 130	366	10.6	242	37.9	2.30	428	2.02
28 c		86	11.5			51.2	40.2	5 496	393	10.3	268	40.3	2.29	463	1.95
32 a	320	88	8.0	14.0	14.0	48.7	38.2	7 598	475	12.5	305	46.5	2.50	552	2.24
32 b		90	10.0			55.1	43.2	8 144	509	12.1	336	49.2	2.47	593	2.16
32 c		92	12.0			61.5	48.3	8 690	543	11.9	374	52.6	2.47	643	2.00
36 a	360	96	9.0	16.0	16.0	60.9	47.8	11 870	660	14.0	455	63.5	2.73	818	2.44
36 b		98	11.0			68.1	53.4	12 650	703	13.6	497	66.8	2.70	880	2.37
36 c		100	13.0			75.3	59.1	13 430	746	13.4	536	70.0	2.67	948	2.34
40 a	400	100	10.5	18.0	18.0	75.0	58.9	17 580	879	15.3	592	78.8	2.81	1 068	2.49
40 b		102	12.5			83.0	65.2	18 640	932	15.0	640	82.5	2.78	1 136	2.44
40 c		104	14.5			91.0	71.5	19 710	986	14.7	688	86.2	2.75	1221	2.42

附表 2 - 6　　**热轧轻型槽钢**

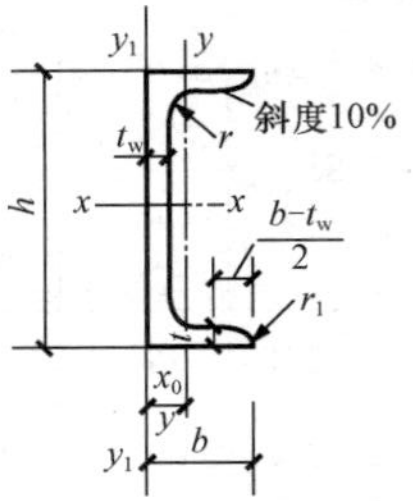

符号　I——截面惯面矩；
W——截面模量；
S——半截面面积矩；
i——截面回转半径。

型号	尺寸 (mm)						截面面积 (cm^2)	每米质量 (kg/m)	截面特征										
										x—x 轴				y—y 轴				y_1—y_1 轴
	h	b	t_w	t	r	r_1			x_0 (cm)	I_x (cm^4)	W_x (cm^3)	S_x (cm^3)	i_x (cm)	I_y (cm^4)	W_{ymax} (cm^3)	W_{ymin} (cm^3)	i_y (cm)	I_{y1} (cm^4)
[5	50	32	4.4	7.0	6.0	2.5	6.16	4.84	1.16	22.8	9.1	5.6	1.92	5.6	4.8	2.8	0.95	13.9
[6.5	65	36	4.4	7.2	6.0	2.5	7.51	5.70	1.24	48.6	15.0	9.0	2.54	8.7	7.0	3.7	1.08	20.2
[8	80	40	4.5	7.4	6.5	2.5	8.98	7.05	1.31	89.4	22.4	13.3	3.16	12.8	9.8	4.8	1.19	28.2
[10	100	46	4.5	7.6	7.0	3.0	10.94	8.59	1.44	173.9	34.8	20.4	3.99	20.4	14.2	6.5	1.37	43.0
[12	120	52	4.8	7.8	7.5	3.0	13.28	10.43	1.54	303.9	50.6	29.6	4.78	31.2	20.2	8.5	1.53	62.8
[14	140	58	4.9	8.1	8.0	3.0	15.65	12.28	1.67	491.1	70.2	40.8	5.60	45.4	27.1	11.0	1.70	89.2
[14a	140	62	4.9	8.7	8.0	3.0	16.98	13.33	1.87	544.8	77.8	45.4	5.66	57.5	30.7	13.3	1.84	116.9
[16	160	64	5.0	8.4	8.5	3.5	18.12	14.22	1.80	747.0	93.4	54.1	6.42	63.3	35.1	13.8	1.87	122.2
[16a	160	68	5.0	9.0	8.5	3.5	19.54	15.34	2.00	823.3	102.9	59.4	6.49	78.8	39.4	16.4	2.01	157.1
[18	180	70	5.1	8.7	9.0	3.5	20.71	16.25	1.94	1 086.3	120.7	69.8	7.24	86.0	44.4	17.0	2.04	163.6
[18a	180	74	5.1	9.3	9.0	3.5	22.23	17.45	2.14	1 190.7	132.3	76.1	7.32	105.4	49.4	20.0	2.18	206.7
[20	200	76	5.2	9.0	9.5	4.0	23.40	18.37	2.07	1 522.0	152.2	87.8	8.07	113.4	54.9	20.5	2.20	213.3
[20a	200	80	5.2	9.7	9.5	4.0	25.16	19.75	2.28	1 672.4	167.2	95.9	8.15	138.6	60.8	24.2	2.35	269.3
[22	220	82	5.4	9.5	10.0	4.0	26.72	20.97	2.21	2 109.5	191.8	110.4	8.89	150.6	68.0	25.1	2.37	281.4
[22a	220	87	5.4	10.2	10.0	4.0	28.81	22.62	2.46	2 327.3	211.6	121.1	8.99	187.1	76.1	30.0	2.55	361.3
[24	240	90	5.6	10.0	10.5	4.0	30.64	24.05	2.42	2 901.1	241.8	138.8	9.73	207.6	85.7	31.6	2.60	387.4
[24a	240	95	5.6	10.7	10.5	4.0	32.89	25.82	2.67	3 181.2	265.1	151.3	9.83	253.6	95.0	37.2	2.78	488.5
[27	270	95	6.0	10.5	11.0	4.5	35.23	27.66	2.47	4 163.3	308.4	177.6	10.87	261.8	105.8	37.3	2.73	477.5
[30	300	100	6.5	11.0	12.0	5.0	40.47	31.77	2.52	5 808.3	387.2	224.0	11.98	326.6	129.8	43.6	2.84	582.9
[33	330	105	7.0	11.7	13.0	5.0	46.52	36.52	2.59	7 984.1	483.9	280.9	13.10	410.1	158.3	51.8	2.97	722.2
[36	360	110	7.5	12.6	14.0	6.0	53.37	41.90	2.68	10 815.5	600.9	349.6	14.24	513.5	191.3	61.8	3.10	898.2
[40	400	115	8.0	13.5	15.0	6.0	61.53	48.30	2.75	15 219.6	761.0	444.3	15.73	642.3	233.1	73.4	3.23	1 109.2

注　轻型槽钢的通常长度为 [5～[8，为 5～12m；[10～[18，为 5～19m；[20～[40，为 6～19m。

附表 2-7 等边角钢

角钢型号	单角钢										双角钢							
	圆角 R (mm)	重心距 z_0 (mm)	截面面积 (cm²)	质量 (kg/m)	惯性矩 I_x (cm⁴)	截面模量(cm³)		回转半径(cm)			i_y，当 a 为下列数值(cm)							
						W_x^{max}	W_x^{min}	i_x	i_{x0}	i_{y0}	6mm	8mm	10mm	12mm	14mm	16mm	18mm	20mm
20×3	3.5	6.0	1.13	0.89	0.4	0.67	0.29	0.59	0.75	0.39	1.08	1.16	1.25	1.34	1.43	1.52	1.62	1.71
20×4		6.4	1.46	1.14	0.5	0.78	0.36	0.58	0.73	0.38	1.11	1.19	1.28	1.37	1.46	1.55	1.65	1.74
25×3	3.5	7.3	1.43	1.12	0.81	1.12	0.46	0.76	0.95	0.49	1.28	1.36	1.44	1.53	1.61	1.70	1.79	1.88
25×4		7.6	1.86	1.46	1.03	1.36	0.59	0.74	0.93	0.48	1.30	1.38	1.46	1.55	1.64	1.73	1.82	1.91
30×3	4.5	8.5	1.75	1.37	1.46	1.72	0.68	0.91	1.15	0.59	1.47	1.55	1.63	1.71	1.80	1.88	1.97	2.06
30×4		8.9	2.28	1.79	1.84	2.06	0.87	0.90	1.13	0.58	1.49	1.57	1.66	1.74	1.82	1.91	2.00	2.09
36×3		10.0	2.11	1.65	2.59	2.58	0.99	1.11	1.39	0.71	1.71	1.75	1.86	1.95	2.03	2.11	2.20	2.28
36×4		10.4	2.76	2.16	3.29	3.16	1.28	1.09	1.38	0.70	1.73	1.81	1.89	1.97	2.05	2.14	2.22	2.31
36×5		10.7	3.38	2.65	3.95	3.70	1.56	1.08	1.36	0.70	1.74	1.82	1.91	1.99	2.08	2.16	2.25	2.34
40×3	5	10.9	2.36	1.85	3.58	3.30	1.23	1.23	1.55	0.79	1.85	1.93	2.01	2.09	2.18	2.26	2.34	2.43
40×4		11.3	3.09	2.42	4.60	4.07	1.60	1.22	1.54	0.79	1.88	1.96	2.04	2.12	2.20	2.29	2.37	2.46
40×5		11.7	3.79	2.98	5.53	4.73	1.96	1.21	1.52	0.78	1.90	1.98	2.06	2.14	2.23	2.31	2.40	2.49
45×3		12.2	2.66	2.09	5.17	4.24	1.58	1.40	1.76	0.90	2.06	2.14	2.21	2.29	2.37	2.45	2.54	2.62
45×4		12.6	3.49	2.74	6.65	5.28	2.05	1.38	1.74	0.89	2.08	2.16	2.24	2.32	2.40	2.48	2.56	2.65
45×5		13.0	4.29	3.37	8.04	6.19	2.51	1.37	1.72	0.88	2.11	2.18	2.26	2.34	2.42	2.50	2.59	2.67
45×6		13.3	5.08	3.98	9.33	7.0	2.95	1.36	1.70	0.88	2.12	2.20	2.28	2.36	2.44	2.53	2.61	2.70

续表

角钢型号	单角钢										双角钢							
	圆角 R (mm)	重心距 z_0 (mm)	截面面积 (cm²)	质量 (kg/m)	惯性矩 I_x (cm⁴)	截面模量(cm³)		回转半径(cm)			i_y，当 a 为下列数值(cm)							
						W_x^{max}	W_x^{min}	i_x	i_{x0}	i_{y0}	6mm	8mm	10mm	12mm	14mm	16mm	18mm	20mm
3	5.5	13.4	2.97	2.33	7.18	5.36	1.96	1.55	1.96	1.00	2.26	2.33	2.41	2.49	2.56	2.64	2.73	2.81
4		13.8	3.90	3.06	9.26	6.71	2.56	1.54	1.94	0.99	2.28	2.35	2.43	2.51	2.59	2.67	2.75	2.84
50×5		14.2	4.80	3.77	11.21	7.89	3.13	1.53	1.92	0.98	2.30	2.38	2.45	2.53	2.61	2.70	2.78	2.86
6		14.6	5.69	4.46	13.05	8.94	3.68	1.52	1.91	0.98	2.32	2.40	2.48	2.56	2.64	2.72	2.80	2.89
3	6	14.8	3.34	2.62	10.2	6.89	2.48	1.75	2.20	1.13	2.49	2.57	2.64	2.71	2.80	2.88	2.96	3.04
56×4		15.3	4.39	3.45	13.2	8.63	3.24	1.73	2.18	1.11	2.52	2.59	2.67	2.75	2.82	2.90	2.98	3.06
5		15.7	5.41	4.25	16.0	10.2	3.97	1.72	2.17	1.10	2.54	2.62	2.69	2.77	2.85	2.93	3.01	3.09
8		16.8	8.37	6.57	23.6	14.0	6.03	1.68	2.11	1.09	2.60	2.67	3.75	2.83	2.96	3.00	3.08	3.16
4	7	17.0	4.98	3.91	19.0	11.2	4.13	1.96	2.46	1.26	2.80	2.87	2.94	3.02	3.09	3.17	3.25	3.33
5		17.4	6.14	4.82	23.2	13.3	5.08	1.94	2.45	1.25	2.82	2.89	2.97	3.04	3.12	3.20	3.28	3.36
63×6		17.8	7.29	5.72	27.1	15.2	6.0	1.93	2.43	1.24	2.84	2.91	2.99	3.06	3.14	3.22	3.30	3.38
8		18.5	9.51	7.47	34.5	18.6	7.75	1.90	2.40	1.23	2.87	2.95	3.02	3.10	3.18	3.26	3.35	3.43
10		19.3	11.66	9.15	41.1	21.3	9.39	1.88	2.36	1.22	2.91	2.99	3.07	3.15	3.23	3.31	3.39	3.48
4	8	18.6	5.57	4.37	26.4	14.2	5.14	2.18	2.74	1.40	3.07	3.14	3.21	3.28	3.36	3.44	3.52	3.60
5		19.1	6.87	5.40	32.2	16.8	6.32	2.16	2.73	1.39	3.09	3.17	3.24	3.31	3.39	3.47	3.54	3.62
70×6		19.5	8.16	6.41	37.8	19.4	7.48	2.15	2.71	1.38	3.11	3.19	3.26	3.34	3.41	3.49	3.57	3.65
7		19.9	9.42	7.40	43.1	21.6	8.59	2.14	2.69	1.38	3.13	3.21	3.28	3.36	3.43	3.51	3.59	3.67
8		20.3	10.7	8.37	48.2	23.8	9.68	2.12	2.68	1.37	3.15	3.23	3.30	3.38	3.46	3.54	3.62	3.70

续表

角钢型号	单角钢										双角钢							
	圆角 R (mm)	重心距 z_0 (mm)	截面面积 (cm^2)	质量 (kg/m)	惯性矩 I_x (cm^4)	截面模量(cm^3)		回转半径(cm)			i_y，当 a 为下列数值(cm)							
						W_x^{max}	W_x^{min}	i_x	i_{x0}	i_{y0}	6mm	8mm	10mm	12mm	14mm	16mm	18mm	20mm
5		20.4	7.37	5.82	40.0	19.6	7.32	2.33	2.92	1.50	3.30	3.37	3.45	3.52	3.58	3.66	3.73	3.81
6		20.7	8.80	6.90	47.0	22.7	8.64	2.31	2.90	1.49	3.31	3.38	3.46	3.53	3.60	3.68	3.76	3.84
75×7	9	21.1	10.2	7.98	53.6	25.4	9.93	2.30	2.89	1.48	3.33	3.40	3.48	3.55	3.63	3.71	3.78	3.86
8		21.5	11.5	9.03	60.0	27.9	11.2	2.28	2.88	1.47	3.35	3.42	3.50	3.57	3.65	3.73	3.81	3.89
10		22.2	14.1	11.1	72.0	32.4	13.6	2.26	2.84	1.46	3.38	3.46	3.53	3.61	3.69	3.77	3.85	3.93
5		21.5	7.91	6.21	48.8	22.7	8.34	2.48	3.13	1.60	3.49	3.56	3.63	3.71	3.78	3.86	3.93	4.01
6		21.9	9.40	7.38	57.3	26.1	9.87	2.47	3.11	1.59	3.51	3.58	3.65	3.72	3.80	3.88	3.96	4.04
80×7	9	22.3	10.9	8.52	65.6	29.4	11.4	2.46	3.10	1.58	3.53	3.60	3.67	3.75	3.83	3.90	3.98	4.06
8		22.7	12.3	9.66	73.5	32.4	12.8	2.44	3.08	1.68	3.55	3.62	3.69	3.77	3.85	3.93	4.00	4.08
10		23.5	15.1	11.9	88.4	37.6	15.6	2.42	3.04	1.56	3.59	3.66	3.74	3.81	3.89	3.97	4.05	4.13
6		24.4	10.6	8.35	82.8	33.9	12.6	2.79	3.51	1.80	3.91	3.98	4.05	4.13	4.20	4.27	4.35	4.43
7		24.8	12.3	9.66	94.8	38.2	14.5	2.78	3.50	1.78	3.93	4.00	4.07	4.15	4.22	4.30	4.37	4.45
90×8	10	25.2	13.9	10.9	106	42.1	16.4	2.76	3.48	1.78	3.95	4.02	4.09	4.17	4.24	4.32	4.39	4.47
10		25.9	17.2	13.5	129	49.7	20.1	2.74	3.45	1.76	3.98	4.05	4.13	4.20	4.28	4.36	4.44	4.52
12		26.7	20.3	15.9	149	56.0	23.6	2.71	3.41	1.75	4.02	4.10	4.17	4.25	4.32	4.40	4.48	4.56

续表

角钢型号	单角钢										双角钢							
	圆角 R (mm)	重心距 z_0 (mm)	截面面积 (cm^2)	质量 (kg/m)	惯性矩 I_x (cm^4)	截面模量(cm^3)		回转半径(cm)			i_y，当 a 为下列数值(cm)							
						W_x^{max}	W_x^{min}	i_x	i_{x0}	i_{y0}	6mm	8mm	10mm	12mm	14mm	16mm	18mm	20mm
6		26.7	11.9	9.37	115	43.1	15.7	3.10	3.90	2.00	4.30	4.37	4.44	4.51	4.58	4.66	4.73	4.81
7		27.1	13.8	10.8	132	48.6	18.1	3.09	3.89	1.99	4.31	4.39	4.46	4.53	4.61	4.68	4.76	4.83
8		27.6	15.6	12.3	148	53.7	20.5	3.08	3.88	1.98	4.34	4.41	4.48	4.56	4.63	4.70	4.78	4.86
100×10	12	28.4	19.3	15.1	179	63.2	25.1	3.05	3.84	1.96	4.38	4.45	4.52	4.60	4.67	4.75	4.83	4.90
12		29.1	22.8	17.9	209	71.9	29.5	3.03	3.81	1.95	4.41	4.49	4.56	4.63	4.71	4.79	4.87	4.95
14		29.9	26.3	20.6	236	79.1	33.7	3.00	3.77	1.94	4.45	4.53	4.60	4.68	4.75	4.83	4.91	4.99
16		30.6	29.6	23.3	262	89.6	37.8	2.98	3.74	1.94	4.79	4.56	4.64	4.72	4.80	4.87	4.95	5.03
7		29.6	15.2	11.9	177	59.9	22.0	3.41	4.30	2.20	4.72	4.79	4.86	4.92	5.01	5.08	5.16	5.23
8		30.1	17.2	13.5	199	64.7	25.0	3.40	4.28	2.19	4.75	4.82	4.89	4.96	5.03	5.10	5.18	5.26
110×10	12	30.9	21.3	16.7	242	78.4	30.6	3.38	4.25	2.17	4.78	4.86	4.93	5.00	5.07	5.15	5.22	5.30
12		31.6	25.2	19.8	283	89.4	36.0	3.35	4.22	2.15	4.81	4.89	4.96	5.03	5.11	5.19	5.26	5.34
14		32.4	29.1	22.8	321	99.2	41.3	3.32	4.18	2.14	4.85	4.93	5.00	5.07	5.15	5.23	5.31	5.38
8		33.7	19.7	15.5	297	88.1	32.5	3.88	4.88	2.50	5.34	5.41	5.48	5.55	5.62	5.69	5.77	5.84
125×10		34.5	24.4	19.1	362	105	40.0	3.85	4.85	2.48	5.38	5.45	5.52	5.59	5.66	5.74	5.81	5.89
12		35.3	28.9	22.7	423	120	41.2	3.83	4.82	2.46	5.41	5.48	5.56	5.63	5.70	5.78	5.85	5.93
14	14	36.1	33.4	26.2	482	133	54.2	3.80	4.78	2.45	5.45	5.52	5.60	6.67	5.74	5.82	5.89	5.97
10		38.2	27.4	21.5	515	135	50.6	4.34	5.46	2.78	5.98	6.05	6.12	6.19	6.27	6.34	6.41	6.49
140×12		39.0	32.5	25.5	604	155	59.8	4.31	5.43	2.76	6.02	6.09	6.16	6.23	6.31	6.38	6.45	6.53
14		39.8	37.6	29.5	689	173	68.7	4.28	5.40	2.75	6.05	6.12	6.20	6.27	6.34	6.42	6.49	6.57
16		40.6	42.5	33.4	770	190	77.5	4.26	5.36	2.74	6.09	6.16	6.24	6.31	6.38	6.46	6.53	6.61

续表

角钢型号	单角钢										双角钢							
	圆角 R (mm)	重心距 z_0 (mm)	截面面积 (cm²)	质量 (kg/m)	惯性矩 I_x (cm⁴)	截面模量(cm³)		回转半径(cm)			i_y，当 a 为下列数值(cm)							
						W_x^{max}	W_x^{min}	i_x	i_{x0}	i_{y0}	6mm	8mm	10mm	12mm	14mm	16mm	18mm	20mm
10	16	43.1	31.5	24.7	779	180	66.7	4.98	6.27	3.20	6.78	6.85	6.92	6.99	7.06	7.13	7.21	7.28
160×12		43.9	37.4	29.4	917	208	79.0	4.95	6.24	3.18	6.82	6.89	6.96	7.02	7.10	7.17	7.25	7.32
14		44.7	43.3	34.0	1 048	234	90.9	4.92	6.20	3.16	6.85	6.92	6.99	7.07	7.14	7.21	7.29	7.36
16		45.5	49.1	38.5	1 175	258	103	4.89	6.17	3.14	6.89	6.96	7.03	7.10	7.18	7.25	7.32	7.40
12		48.9	42.2	33.2	1 321	271	101	5.59	7.05	5.58	7.63	7.70	7.77	7.84	7.91	7.98	8.05	8.12
180×14		49.7	48.9	38.4	1 514	305	116	5.56	7.02	3.56	7.66	7.73	7.81	7.87	7.95	8.02	8.09	8.16
16		50.5	55.5	43.5	1 701	338	131	5.54	6.98	3.55	7.70	7.77	7.84	7.91	7.98	8.06	8.13	8.20
18		51.3	62.0	48.6	1 875	365	146	5.50	6.94	3.51	7.73	7.80	7.87	7.94	8.02	8.09	8.16	8.24
14	18	54.6	54.6	42.9	2 104	387	145	6.20	7.82	3.98	8.47	8.53	8.60	8.67	8.75	8.82	8.89	8.96
16		55.4	62.0	48.7	2 366	428	164	6.18	7.79	3.96	8.50	8.57	8.64	8.71	8.78	8.85	8.92	9.00
200×18		56.2	69.3	54.4	2 621	467	182	6.15	7.75	3.94	8.54	8.61	8.67	8.75	8.82	8.89	8.96	9.03
20		56.9	76.5	60.1	2 867	503	200	6.12	7.72	3.93	8.56	8.64	8.71	8.78	8.85	8.92	9.00	9.07
24		58.7	90.7	71.2	3 338	570	236	6.07	7.64	3.90	8.65	8.73	8.80	8.87	8.92	9.00	9.07	9.14

附表 2-8 不等边角钢

角钢型号	单角钢										双角钢									
	圆角 R (mm)	重心距(mm)		截面面积 (cm^2)	质量 (kg/m)	惯性矩(cm^4)		回转半径(cm)			i_{y1}，当 a 为下列数(cm)					i_{y2}，当 a 为下列数(cm)				
		z_x	z_y			I_x	I_y	i_x	i_y	i_{y0}	6mm	8mm	10mm	12mm	14mm	6mm	8mm	10mm	12mm	14mm
25×16×3	3.5	4.2	8.6	1.16	0.91	0.22	0.70	0.44	0.78	0.34	0.84	0.93	1.02	1.11	1.20	1.40	1.48	1.57	1.65	1.74
25×16×4		4.6	9.0	1.50	1.18	0.27	0.88	0.43	0.77	0.34	0.87	0.96	1.05	1.14	1.23	1.42	1.51	1.60	1.68	1.77
32×20×3		4.9	10.8	1.49	1.17	0.46	1.53	0.55	1.01	0.43	0.97	1.05	1.14	1.22	1.32	1.71	1.79	1.88	1.96	2.05
32×20×4		5.3	11.2	1.94	1.52	0.57	1.93	0.54	1.00	0.42	0.99	1.08	1.16	1.25	1.34	1.74	1.82	1.91	1.99	2.08
40×25×3	4	5.9	13.2	1.89	1.48	0.93	3.08	0.70	1.28	0.54	1.13	1.21	1.30	1.38	1.47	2.06	2.14	2.22	2.31	2.39
40×25×4		6.3	13.7	2.47	1.94	1.18	3.93	0.69	1.26	0.54	1.16	1.24	1.32	1.41	1.50	2.09	2.17	2.26	2.34	2.42
45×28×3	5	6.4	14.7	2.15	1.69	1.34	4.45	0.79	1.44	0.61	1.23	1.31	1.39	1.47	1.56	2.28	2.36	2.44	2.52	2.60
45×28×4		6.8	15.1	2.81	2.20	1.70	5.69	0.78	1.42	0.60	1.25	1.33	1.41	1.50	1.59	2.30	2.38	2.46	2.55	2.63
50×32×3	5.5	7.3	16.0	2.43	1.91	2.02	6.24	0.91	1.60	0.70	1.38	1.45	1.53	1.61	1.69	2.49	2.56	2.64	2.72	2.81
50×32×4		7.7	16.5	3.18	2.49	2.58	8.02	0.90	1.59	0.69	1.40	1.48	1.56	1.64	1.72	2.52	2.59	2.67	2.75	2.84
56×36×3	6	8.0	17.8	2.74	2.15	2.92	8.88	1.03	1.80	0.79	1.51	1.58	1.66	1.74	1.83	2.75	2.83	2.90	2.98	3.06
56×36×4		8.5	18.2	3.59	2.82	3.76	11.4	1.02	1.79	0.79	1.54	1.62	1.69	1.77	1.85	2.77	2.85	2.93	3.01	3.09
56×36×5		8.8	18.7	4.41	3.47	4.49	13.9	1.01	1.77	0.78	1.55	1.63	1.71	1.79	1.88	2.80	2.87	2.96	3.04	3.12
63×40×4	7	9.2	20.4	4.06	3.18	5.23	16.5	1.14	2.02	0.88	1.67	1.74	1.82	1.90	1.97	3.09	3.16	3.24	3.32	3.40
63×40×5		9.5	20.8	4.99	3.92	6.31	20.0	1.12	2.00	0.87	1.68	1.72	1.83	1.91	2.00	3.11	3.19	3.27	3.35	3.43
63×40×6		9.9	21.2	5.91	4.64	7.29	23.4	1.11	1.98	0.86	1.70	1.78	1.86	1.94	2.03	3.13	3.21	3.29	3.37	3.45
63×40×7		10.3	21.5	6.80	5.34	8.24	26.5	1.10	1.96	0.86	1.73	1.80	1.88	1.97	2.05	3.15	3.23	3.30	3.39	3.48

续表

角钢型号	单角钢 圆角 R (mm)	重心距(mm) z_x	重心距(mm) z_y	截面面积 (cm²)	质量 (kg/m)	惯性矩(cm⁴) I_x	惯性矩(cm⁴) I_y	回转半径(cm) i_x	回转半径(cm) i_y	回转半径(cm) i_{y0}	双角钢 i_{y1}，当 a 为下列数(cm) 6mm	8mm	10mm	12mm	14mm	i_{y2}，当 a 为下列数(cm) 6mm	8mm	10mm	12mm	14mm
70×45×4	7.5	10.2	22.4	4.55	3.57	7.55	23.2	1.29	2.26	0.98	1.84	1.92	1.99	2.07	2.15	3.40	3.48	3.56	3.62	3.69
70×45×5		10.6	22.8	5.61	4.40	9.13	27.9	1.28	2.23	0.98	1.86	1.94	2.01	2.09	2.17	3.41	3.49	3.57	3.64	3.72
70×45×6		10.9	23.2	6.65	5.22	10.6	32.5	1.26	2.21	0.98	1.88	1.95	2.03	2.11	2.20	3.43	3.51	3.58	3.66	3.75
70×45×7		11.3	23.6	7.66	6.01	12.0	37.2	1.25	2.20	0.97	1.90	1.98	2.06	2.14	2.22	3.45	3.53	3.61	3.69	3.77
75×50×5	8	11.7	24.0	6.12	4.81	12.6	34.9	1.44	2.39	1.10	2.05	2.13	2.20	2.28	2.36	3.60	3.68	3.76	3.83	3.91
75×50×6		12.1	24.4	7.26	5.70	14.7	41.1	1.42	2.38	1.08	2.07	2.15	2.22	2.30	2.38	3.63	3.71	3.78	3.86	3.94
75×50×8		12.9	25.2	9.47	7.43	18.5	52.4	1.40	2.35	1.07	2.12	2.19	2.27	2.35	2.43	3.67	3.75	3.83	3.91	3.99
75×50×10		13.6	26.0	11.6	9.10	22.0	62.7	1.38	2.33	1.06	2.16	2.23	2.31	2.40	2.48	3.72	3.80	3.88	3.96	4.03
80×50×5	8	11.4	26.0	6.37	5.00	12.8	42.0	1.42	2.56	1.10	2.02	2.09	2.17	2.24	2.32	3.87	3.95	4.02	4.10	4.18
80×50×6		11.8	26.5	7.56	5.93	14.9	49.5	1.41	2.55	1.08	2.04	2.12	2.19	2.27	2.34	3.90	3.98	4.06	4.14	4.21
80×50×7		12.1	26.9	8.72	6.85	17.0	56.2	1.39	2.54	1.08	2.06	2.13	2.21	2.28	2.37	3.92	4.00	4.08	4.15	4.23
80×50×8		12.5	27.3	9.87	7.74	18.8	62.8	1.38	2.52	1.07	2.08	2.15	2.23	2.31	4.39	3.94	4.02	4.10	4.18	4.26
90×56×5	8	12.5	29.1	7.21	5.66	18.3	60.4	1.59	2.90	1.23	2.22	2.29	2.37	2.44	2.52	4.32	4.40	4.47	4.55	4.62
90×56×6		12.9	29.5	8.56	6.72	21.4	71.0	1.58	2.88	1.23	2.24	2.32	2.39	3.46	2.54	4.34	4.42	4.49	4.57	4.65
90×56×7		13.3	30.0	9.83	7.76	24.4	81.0	1.57	2.86	1.22	2.26	2.34	2.41	2.49	2.56	4.37	4.55	4.52	4.60	4.68
90×56×8		13.6	30.4	11.2	8.78	27.1	91.0	1.56	2.85	1.21	2.28	2.35	2.43	2.50	2.59	4.39	4.47	4.55	4.62	4.70

续表

角钢型号	单角钢										双角钢									
	圆角 R (mm)	重心距(mm)		截面面积 (cm^2)	质量 (kg/m)	惯性矩(cm^4)		回转半径(cm)			i_{y1}，当 a 为下列数(cm)					i_{y2}，当 a 为下列数(cm)				
		z_x	z_y			I_x	I_y	i_x	i_y	i_{y0}	6mm	8mm	10mm	12mm	14mm	6mm	8mm	10mm	12mm	14mm
100×63×6	10	14.3	32.4	9.62	7.55	30.9	99.1	1.79	3.21	1.38	2.49	2.56	2.63	2.71	2.78	4.78	4.85	4.93	5.00	5.08
100×63×7		14.7	32.8	11.1	8.72	35.3	113	1.78	3.20	1.38	2.51	2.58	2.66	2.73	2.80	4.80	4.87	4.95	5.03	5.10
100×63×8		15.0	33.2	12.6	9.88	39.4	127	1.77	3.18	1.37	2.52	2.60	2.67	2.75	2.83	4.82	4.89	4.97	5.05	5.13
100×63×10		15.8	34.0	15.5	12.1	47.1	154	1.74	3.15	1.35	2.57	2.64	2.72	2.79	2.87	4.86	4.94	5.02	5.09	5.18
100×80×6		19.7	29.5	10.6	8.35	61.2	107	2.40	3.17	1.72	3.30	3.37	3.44	3.52	3.59	4.54	4.61	4.69	4.76	4.84
100×80×7		20.1	30.0	12.3	9.66	70.1	123	2.39	3.16	1.72	3.32	3.39	3.46	3.54	3.61	4.57	4.64	4.71	4.79	4.86
100×80×8		20.5	30.4	13.9	10.9	78.6	138	2.37	3.14	1.71	3.34	3.41	3.48	3.56	3.64	4.59	4.66	4.74	4.81	4.88
100×80×10		21.3	31.2	17.2	13.5	94.6	167	2.35	3.12	1.69	3.38	3.45	3.53	3.60	3.68	4.63	4.70	4.78	4.85	4.94
110×70×6		15.7	35.1	10.6	8.35	42.9	133	2.01	3.54	1.54	2.74	2.81	2.88	2.97	3.03	5.22	5.29	5.36	5.44	5.51
110×70×7		16.1	35.7	12.3	9.66	49.0	153	2.00	3.53	1.53	2.76	2.83	2.90	2.98	3.05	5.24	5.31	5.39	5.46	5.54
110×70×8		16.5	36.2	13.9	10.9	54.9	172	1.98	3.51	1.53	2.78	2.85	2.93	3.00	3.07	5.26	5.34	5.41	5.49	5.56
110×70×10		17.2	37.0	17.2	13.5	65.9	208	1.96	3.48	1.51	2.81	2.89	2.96	3.04	3.12	5.30	5.38	5.46	5.53	5.61
125×80×7	11	18.0	40.1	14.1	11.1	74.4	228	2.30	4.02	1.76	3.11	3.18	3.25	3.32	3.40	5.89	5.97	6.04	6.12	6.20
125×80×8		18.4	40.6	16.0	12.6	83.5	257	2.28	4.01	1.75	3.13	3.20	3.27	3.34	3.42	5.92	6.00	6.07	6.15	6.22
125×80×10		19.2	41.4	19.7	15.5	101	312	2.26	3.98	1.74	3.17	3.24	3.31	3.38	3.46	5.96	6.04	6.11	6.19	6.27
125×80×12		20.0	42.2	23.4	18.3	117	364	2.24	3.95	1.72	3.21	3.28	3.35	3.43	4.50	6.00	6.08	6.15	6.23	6.31

续表

角钢型号	单角钢										双角钢									
	圆角 R	重心距(mm)		截面面积	质量	惯性矩(cm^4)		回转半径(cm)			i_{y1}，当 a 为下列数(cm)					i_{y2}，当 a 为下列数(cm)				
	(mm)	z_x	z_y	(cm^2)	(kg/m)	I_x	I_y	i_x	i_y	i_{y0}	6mm	8mm	10mm	12mm	14mm	6mm	8mm	10mm	12mm	14mm
140×90×8	12	20.4	45.0	18.0	13.2	121	366	2.59	4.50	1.98	3.49	3.56	3.63	3.70	3.77	6.58	6.65	6.72	6.79	6.88
140×90×10		21.2	45.8	22.3	17.5	146	445	2.56	4.47	1.96	3.52	3.59	3.66	3.74	3.81	6.62	6.69	6.77	6.84	6.92
140×90×12		21.9	46.6	26.4	20.7	170	522	2.54	4.44	1.95	3.55	3.62	3.70	3.77	3.85	6.66	6.74	6.81	6.89	6.97
140×90×14		22.7	47.4	30.5	23.9	192	594	2.51	4.42	1.94	3.59	3.67	3.74	3.81	3.89	6.70	6.78	6.85	6.93	7.01
160×100×10	13	22.8	52.4	25.3	19.9	205	669	2.85	5.14	2.19	3.84	3.91	3.98	4.05	4.12	7.56	7.63	7.70	7.78	7.85
160×100×12		23.6	53.2	30.1	23.6	239	785	2.82	5.11	2.17	3.88	3.95	4.02	4.09	4.16	7.60	7.67	7.75	7.82	7.90
160×100×14		24.3	54.0	34.7	27.2	271	896	2.80	5.08	2.16	3.91	3.98	4.05	4.12	4.20	7.64	7.71	7.79	7.86	7.94
160×100×16		25.1	54.8	39.3	30.8	302	1 003	2.77	5.05	2.16	3.95	4.02	4.09	4.17	4.24	7.68	7.75	7.83	7.91	7.98
180×110×10	14	24.4	58.9	28.4	22.3	278	956	3.13	5.80	2.42	4.16	4.23	4.29	4.36	4.44	8.47	8.56	8.63	8.71	8.78
180×110×12		25.2	59.8	33.7	26.5	325	1 125	3.10	5.78	2.40	4.19	4.26	4.33	4.40	4.47	8.53	8.61	8.68	8.76	8.83
180×110×14		25.9	60.6	39.0	30.6	370	1 287	3.08	5.75	2.39	4.22	4.29	4.36	4.43	4.51	8.57	8.65	8.72	8.80	8.87
180×110×16		26.7	61.4	44.1	34.6	412	1 443	3.06	5.72	2.38	4.26	4.33	4.40	4.47	4.55	8.61	8.69	8.76	8.84	8.91
200×125×12		28.3	65.4	37.9	29.8	483	1 571	3.57	6.44	2.74	4.75	4.81	4.88	4.95	5.02	9.39	9.47	9.54	9.61	9.69
200×125×14		29.1	66.2	43.9	34.4	551	1 801	3.54	6.41	2.73	4.78	4.85	4.92	4.99	5.06	9.43	9.50	9.58	9.65	9.73
200×125×16		29.9	67.0	49.7	39.0	615	2 023	3.52	6.38	2.71	4.82	4.89	4.96	5.03	5.09	9.47	9.54	9.62	9.69	9.77
200×125×18		30.6	67.8	55.5	43.6	677	2 238	3.49	6.35	2.70	4.85	4.92	4.99	5.07	5.13	9.51	9.58	9.66	9.74	9.81

附表 2-9　　**H 型钢**

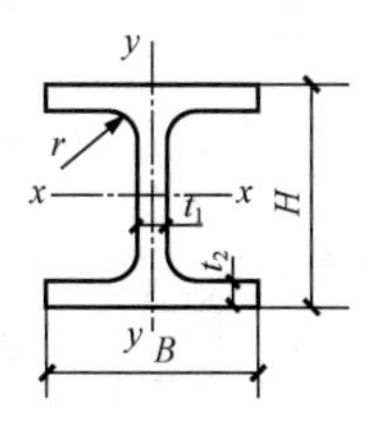

符号　H——高度；
t_1——腹板厚度；
r——工艺圆角；
B——宽度；
t_2——翼缘厚度。

类别	型号（高度×宽度）（mm×mm）	截面尺寸（mm）					截面面积（cm^2）	理论质量（kg/m）	惯性矩（cm^4）		惯性半径（cm）		截面模数（cm^3）	
		H	B	t_1	t_2	r			I_x	I_y	i_x	i_y	W_x	W_y
HW	100×100	100	100	6	8	8	21.59	16.9	386	134	4.23	2.49	77.1	26.7
	125×125	125	125	6.5	9	8	30.00	23.6	843	293	5.30	3.13	135	46.9
	150×150	150	150	7	10	8	39.65	31.1	1 620	563	6.39	3.77	216	75.1
	175×175	175	175	7.5	11	13	51.43	40.4	2 918	983	7.53	4.37	334	112
	200×200	200	200	8	12	13	63.53	49.9	4 717	1 601	8.62	5.02	472	160
		200	204	12	12	13	71.53	56.2	4 984	1 701	8.35	4.88	498	167
	250×250	244	252	11	11	13	81.31	63.8	8 573	2 937	10.27	6.01	703	233
		250	250	9	14	13	91.43	71.8	10 689	3 648	10.81	6.32	855	292
		250	255	14	14	13	103.93	81.6	11 340	3 875	10.45	6.11	907	304
	300×300	294	302	12	12	13	106.33	83.5	16 384	5 513	12.41	7.20	1 115	365
		300	300	10	15	13	118.45	93.0	20 010	6 753	13.00	7.55	1 334	450
		300	305	15	15	13	133.45	104.8	21 135	7 102	12.58	7.29	1 409	466
	350×350	338	351	13	13	13	133.27	104.6	27 352	9 376	14.33	8.39	1 618	534
		344	348	10	16	13	144.01	113.0	32 545	11 242	15.03	8.84	1 892	646
		344	354	16	16	13	164.65	129.3	34 581	11 841	14.49	8.48	2 011	669
		350	350	12	19	13	171.89	134.9	39 637	13 582	15.19	8.89	2 265	776
		350	357	19	19	13	196.39	154.2	42 138	14 427	14.65	8.57	2 408	808
	400×400	388	402	15	15	22	178.45	140.1	48 040	16 255	16.41	9.54	2 476	809
		394	398	11	18	22	186.81	146.6	55 597	18 920	17.25	10.06	2 822	951
		394	405	18	18	22	214.39	168.3	59 165	19 951	16.61	9.65	3 003	985
		400	400	13	21	22	218.69	171.7	66 455	22 410	17.43	10.12	3 323	1 120
		400	408	21	21	22	250.69	196.8	70 722	23 804	16.80	9.74	3 536	1 167
		414	405	18	28	22	295.39	231.9	93 518	31 022	17.79	10.25	4 518	1 532
		428	407	20	35	22	360.65	283.1	12 089	39 357	18.31	10.45	5 649	1 934
		458	417	30	50	22	528.55	414.9	19 093	60 516	19.01	10.70	8 338	2 902
		*498	432	45	70	22	770.05	604.5	30 473	94 346	19.89	11.07	12 238	4 368

续表

类别	型号（高度×宽度）（mm×mm）	截面尺寸（mm）					截面面积（cm^2）	理论质量（kg/m）	惯性矩（cm^4）		惯性半径（cm）		截面模数（cm^3）	
		H	B	t_1	t_2	r			I_x	I_y	i_x	i_y	W_x	W_y
HM	* 500×500	492	465	15	20	22	257.95	202.5	115 559	33 531	21.17	11.40	4 698	1 442
		502	465	15	25	22	304.45	239.0	145 012	41 910	21.82	11.73	5 777	1 803
		502	470	20	25	22	329.55	258.7	150 283	43 295	21.35	11.46	5 987	1 842
	150×100	148	100	6	9	8	26.35	20.7	995.3	150.3	6.15	2.39	134.5	30.1
	200×150	194	150	6	9	8	38.11	29.9	2 586	506.6	8.24	3.65	266.6	67.6
	250×175	244	175	7	11	13	55.49	43.6	5 908	983.5	10.32	4.21	484.3	112.4
	300×200	294	200	8	12	13	71.05	55.8	10 858	1 602	12.36	4.75	738.6	160.2
	350×250	340	250	9	14	13	99.53	78.1	20 867	3 648	14.48	6.05	1 227	291.9
	400×300	390	300	10	16	13	133.25	104.6	37 363	7 203	16.75	7.35	1 916	480.2
	450×300	440	300	11	18	13	153.89	120.8	54 067	8 105	18.74	7.26	2 458	540.3
	500×300	482	300	11	15	13	141.17	110.8	57 212	6 756	20.13	6.92	2 374	450.4
		488	300	11	18	13	159.17	124.9	67 916	8 106	20.66	7.14	2 783	540.4
	550×300	544	300	11	15	13	147.99	116.2	74 874	6 756	22.49	6.76	2 753	450.4
		550	300	11	18	13	165.99	130.3	88 470	8 106	23.09	6.99	3 217	540.4
	600×300	582	300	12	17	13	169.21	132.8	97 287	7 659	23.98	6.73	3 343	510.6
		588	300	12	20	13	187.21	147.0	112 827	9 009	24.55	6.94	3 838	600.6
		594	302	14	23	13	217.09	170.4	132 179	10 572	24.68	6.98	4 450	700.1
HN	100×50	100	50	5	7	8	11.85	9.3	191.0	14.7	4.02	1.11	38.2	5.9
	125×60	125	60	6	8	8	16.69	13.1	407.7	29.1	4.94	1.32	65.2	9.7
	150×75	150	75	5	7	8	17.85	14.0	645.7	49.4	6.01	1.66	86.1	13.2
	175×90	175	90	5	8	8	22.90	18.0	1 174	97.4	7.16	2.06	134.2	21.6
	200×100	198	99	4.5	7	8	22.69	17.8	1 484	113.4	8.09	2.24	149.9	22.9
		200	100	5.5	8	8	26.67	20.9	1 753	133.7	8.11	2.24	175.3	26.7
	250×125	248	124	5	8	8	31.99	25.1	3 346	254.5	10.23	2.82	269.8	41.1
		250	125	6	9	8	36.97	29.0	3 868	293.5	10.23	2.82	309.4	47.0
	300×150	298	149	5.5	8	13	40.80	32.0	5 911	441.7	12.04	3.29	396.7	59.3
		300	150	6.5	9	13	46.78	36.7	6 829	507.2	12.08	3.29	455.3	67.6
	350×175	346	174	6	9	13	52.45	41.2	10 456	791.1	14.12	3.88	604.4	90.9
		350	175	7	11	13	62.91	49.4	12 980	983.8	14.36	3.95	741.7	112.4
	400×150	400	150	8	13	13	70.37	55.2	17 906	733.2	15.95	3.23	895.3	97.8
	400×200	396	199	7	11	13	71.41	56.1	19 023	1 446	16.32	4.50	960.8	145.3
		400	200	8	13	13	83.37	65.4	22 775	1 735	16.53	4.56	1 139	173.5

续表

类别	型号(高度×宽度)(mm×mm)	截面尺寸（mm）					截面面积(cm²)	理论质量(kg/m)	惯性矩（cm⁴）		惯性半径（cm）		截面模数（cm³）	
		H	B	t_1	t_2	r			I_x	I_y	i_x	i_y	W_x	W_y
HN	450×200	446	199	8	12	13	82.97	65.1	27 146	1 578	18.09	4.36	1 217	158.6
		450	200	9	14	13	95.43	74.9	31 973	1 870	18.30	4.43	1 421	187.0
	500×200	496	199	9	14	13	99.29	77.9	39 628	1 842	19.98	4.31	1 598	185.1
		500	200	10	16	13	112.25	88.1	45 685	2 138	20.17	4.36	1 827	213.8
		506	201	11	19	13	129.31	101.5	54 478	2 577	20.53	4.46	2 153	256.4
	550×200	546	199	9	14	13	103.79	81.5	49 245	1 842	21.78	4.21	1 804	185.2
		550	200	10	16	13	149.25	117.2	79 515	7 205	23.08	6.95	2 891	480.3
	600×200	596	199	10	15	13	117.75	92.4	64 739	1 975	23.45	4.10	2172	198.5
		600	200	11	17	13	131.71	103.4	73 749	2 273	23.66	4.15	2 458	227.3
		606	201	12	20	13	149.77	117.6	86 656	2 716	24.05	4.26	2 860	270.2
	650×300	646	299	10	15	13	152.75	119.9	107 794	6 688	26.56	6.62	3 337	447.4
		650	300	11	17	13	171.21	134.4	122 739	7 657	26.77	6.69	3 777	510.5
		656	301	12	20	13	195.77	153.7	144 433	9 100	27.16	6.82	4 403	604.6
	700×300	692	300	13	20	18	207.54	162.9	164 101	9 014	28.12	6.59	4 743	600.9
		700	300	13	24	18	231.54	181.8	193 622	10 814	28.92	6.83	5 532	720.9
	750×300	734	299	12	16	18	182.70	143.4	155 539	7 140	29.18	6.25	4 238	477.6
		742	300	13	20	18	214.04	168.0	191 989	9 015	29.95	6.49	5 175	601.0
		750	300	13	24	18	238.04	186.9	225 863	10 815	30.80	6.74	6 023	721.0
		758	303	16	28	18	284.78	223.6	271 350	13 008	30.87	6.76	7 160	858.6
	800×300	792	300	14	22	18	239.50	188.0	242 399	9 919	31.81	6.44	6 121	661.3
		800	300	14	26	18	263.50	206.8	280 925	11 719	32.65	6.67	7 023	781.3
	850×300	834	298	14	19	18	227.46	178.6	243 858	8 400	32.74	6.08	5 848	563.8
		842	299	15	23	18	259.72	203.9	291 216	10 271	33.49	6.29	6 917	687.0
		850	300	16	27	18	292.14	229.3	339 670	12 179	34.10	6.46	7 992	812.0
		858	301	17	31	18	324.72	254.9	389 234	14 125	34.62	6.60	9 073	938.5
	900×300	890	299	15	23	18	266.92	209.5	330 588	10 273	35.19	6.20	7 429	687.1
		900	300	16	28	18	305.82	240.1	397 241	12 631	36.04	6.43	8 828	842.1
		912	302	18	34	18	360.06	282.6	484 615	15 652	36.69	6.59	10 628	1 037
	1000×300	970	297	16	21	18	276.00	216.7	382 977	9 203	37.25	5.77	7 896	619.7
		980	298	17	26	18	315.50	247.7	462 157	11 508	38.27	6.04	9 432	772.3
		990	298	17	31	18	345.30	271.1	535 201	13 713	39.37	6.30	10 812	920.3
		1 000	300	19	36	18	395.10	310.2	626 396	16 256	39.82	6.41	12 528	1 084
		1 008	302	21	40	18	439.26	344.8	704 572	18 437	40.05	6.48	13 980	1 221

续表

类别	型号（高度×宽度）（mm×mm）	截面尺寸（mm）					截面面积（cm^2）	理论质量（kg/m）	惯性矩（cm^4）		惯性半径（cm）		截面模数（cm^3）	
		H	B	t_1	t_2	r			I_x	I_y	i_x	i_y	W_x	W_y
HT	100×50	95	48	3.2	4.5	8	7.62	6.0	109.7	8.4	3.79	1.05	23.1	3.5
		97	49	4	5.5	8	9.38	7.4	141.8	10.9	3.89	1.08	29.2	4.4
	100×100	96	99	4.5	6	8	16.21	12.7	272.7	97.1	4.10	2.45	56.8	19.6
	125×60	118	58	3.2	4.5	8	9.26	7.3	202.4	14.7	4.68	1.26	34.3	5.1
		120	59	4	5.5	8	11.40	8.9	259.7	18.9	4.77	1.29	43.3	6.4
	125×125	119	123	4.5	6	8	20.12	15.8	523.6	186.2	5.10	3.04	88.0	30.3
HT	150×75	145	73	3.2	4.5	8	11.47	9.0	383.2	29.3	5.78	1.60	52.9	8.0
		147	74	4	5.5	8	14.13	11.1	488.0	37.3	5.88	1.62	66.4	10.1
	150×100	139	97	3.2	4.5	8	13.44	10.5	447.3	68.5	5.77	2.26	64.4	14.1
		142	99	4.5	6	8	18.28	14.3	632.7	97.2	5.88	2.31	89.1	19.6
	150×150	144	148	5	7	8	27.77	21.8	1 070	378.4	6.21	3.69	148.6	51.1
		147	149	6	8.5	8	33.68	26.4	1 338	468.9	6.30	3.73	182.1	62.9
	175×90	168	88	3.2	4.5	8	13.56	10.6	619.6	51.2	6.76	1.94	73.8	11.6
		171	89	4	6	8	17.59	13.8	852.1	70.6	6.96	2.00	99.7	15.9
	175×175	167	173	5	7	13	33.32	26.2	1 731	604.5	7.21	4.26	207.2	69.9
		172	175	6.5	9.5	13	44.65	35.0	2 466	849.2	7.43	4.36	286.8	97.1
	200×100	193	98	3.2	4.5	8	15.26	12.0	921.0	70.7	7.77	2.15	95.4	14.4
		196	99	4	6	8	19.79	15.5	1 260	97.2	7.98	2.22	128.6	19.6
	200×150	188	149	4.5	6	8	26.35	20.7	1 669	331.0	7.96	3.54	177.6	44.4
	200×200	192	198	6	8	13	43.69	34.3	2 984	1 036	8.26	4.87	310.8	104.6
	250×125	244	124	4.5	6	8	25.87	20.3	2 529	190.9	9.89	2.72	207.3	30.8
	250×175	238	173	4.5	8	13	39.12	30.7	4 045	690.8	10.17	4.20	339.9	79.9
	300×150	294	148	4.5	6	13	31.90	25.0	4 342	324.6	11.67	3.19	295.4	43.9
	300×200	286	198	6	8	13	49.33	38.7	7 000	1 036	11.91	4.58	489.5	104.6
	350×175	340	173	4.5	6	13	36.97	29.0	6 823	518.3	13.58	3.74	401.3	59.9
	400×150	390	148	6	8	13	47.57	37.3	10 900	433.2	15.14	3.02	559.0	58.5
	400×200	390	198	6	8	13	55.57	43.6	13 819	1 036	15.77	4.32	708.7	104.6

附表 2-10　**剖分 T 型钢**

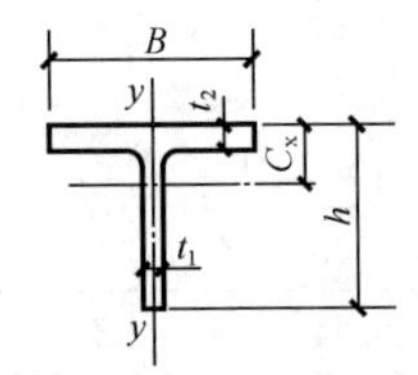

类别	型号（高度×宽度）(mm×mm)	截面尺寸（mm）					截面面积 (cm²)	理论质量 (kg/m)	惯性矩 (cm⁴)		惯性半径 (cm)		截面模数 (cm³)		重心 C_x	对应H型钢系列型号
		h	B	t_1	t_2	r			I_x	I_y	i_x	i_y	W_x	W_y		
TW	50×100	50	100	6	8	8	10.79	8.47	16.7	67.7	1.23	2.49	4.2	13.5	1.00	100×100
	62.5×125	62.5	125	6.5	9	8	15.00	11.8	35.2	147.1	1.53	3.13	6.9	23.5	1.19	125×125
	75×150	75	150	7	10	8	19.82	15.6	66.6	281.9	1.83	3.77	10.9	37.6	1.37	150×150
	87.5×175	87.5	175	7.5	11	13	25.71	20.2	115.8	494.4	2.12	4.38	16.1	56.5	1.55	175×175
	100×200	100	200	8	12	13	31.77	24.9	185.6	803.3	2.42	5.03	22.4	80.3	1.73	200×200
		100	204	12	12	13	35.77	28.1	256.3	853.6	2.68	4.89	32.4	83.7	2.09	
	125×250	125	250	9	14	13	45.72	35.9	413.0	1 827	3.01	6.32	39.6	146.1	2.08	250×250
		125	255	14	14	13	51.97	40.8	589.3	1 941	3.37	6.11	59.4	152.2	2.58	
	150×300	147	302	12	12	13	53.17	41.7	855.8	2 760	4.01	7.20	72.2	182.8	2.85	300×300
		150	300	10	15	13	59.23	46.5	798.7	3 379	3.67	7.55	63.8	225.3	2.47	
		150	305	15	15	13	66.73	52.4	1 107	3 554	4.07	7.30	92.6	233.1	3.04	
	175×350	172	348	10	16	13	72.01	56.5	1 231	5 624	4.13	8.84	84.7	323.2	2.67	350×350
		175	350	12	19	13	85.95	67.5	1 520	6 794	4.21	8.89	103.9	388.2	2.87	
	200×400	194	402	15	15	22	89.23	70.0	2 479	8 150	5.27	9.56	157.9	405.5	3.70	400×400
		197	398	11	18	22	93.41	73.3	2 052	9 481	4.69	10.07	122.9	476.4	3.01	
		200	400	13	21	22	109.35	85.8	2 483	1 122	4.77	10.13	147.9	561.3	3.21	
		200	408	21	21	22	125.35	98.4	3 654	1 192	5.40	9.75	229.4	584.7	4.07	
		207	405	18	28	22	147.70	115.9	3 634	1 553	4.96	10.26	213.6	767.2	3.68	
		214	407	20	35	22	180.33	141.6	4 393	1 970	4.94	10.45	251.0	968.2	3.90	
TM	75×100	74	100	6	9	8	13.17	10.3	51.7	75.6	1.98	2.39	8.9	15.1	1.56	150×100
	100×150	97	150	6	9	8	19.05	15.0	124.4	253.7	2.56	3.65	15.8	33.8	1.80	200×150
	125×175	122	175	7	11	13	27.75	21.8	288.3	494.4	3.22	4.22	29.1	56.5	2.28	250×175
	150×200	147	200	8	12	13	35.53	27.9	570.0	803.5	4.01	4.76	48.1	80.3	2.85	300×200
	175×250	170	250	9	14	13	49.77	39.1	1 016	1 827	4.52	6.06	73.1	146.1	3.11	350×250
	200×300	195	300	10	16	13	66.63	52.3	1 730	3 605	5.10	7.36	107.7	240.3	3.43	400×300
	225×300	220	300	11	18	13	76.95	60.4	2 680	4 056	5.90	7.26	149.6	270.4	4.09	450×300
	250×300	241	300	11	15	13	70.59	55.4	3 399	3 381	6.94	6.92	178.0	225.4	5.00	500×300
		244	300	11	18	13	79.59	62.5	3 615	4 056	6.74	7.14	183.7	270.4	4.72	
	275×300	272	300	11	15	13	74.00	58.1	4 789	3 381	8.04	6.76	225.4	225.4	5.96	550×300
		275	300	11	18	13	83.00	65.2	5 093	4 056	7.83	6.99	232.5	270.4	5.59	
	300×300	291	300	12	17	13	84.61	66.4	6 324	3 832	8.65	6.73	280.0	255.5	6.51	600×300
		294	300	12	20	13	93.61	73.5	6 691	4 507	8.45	6.94	288.1	300.5	6.17	
		297	302	14	23	13	108.55	85.2	7 917	5 289	8.54	6.98	339.9	350.3	6.41	

续表

类别	型号（高度×宽度）（mm×mm）	截面尺寸（mm）					截面面积（cm²）	理论质量（kg/m）	惯性矩（cm⁴）		惯性半径（cm）		截面模数（cm³）		重心 C_x	对应H型钢系列型号
		h	B	t_1	t_2	r			I_x	I_y	i_x	i_y	W_x	W_y		
TN	50×50	50	50	5	7	8	5.92	4.7	11.9	7.8	1.42	1.14	3.2	3.1	1.28	100×50
	62.5×60	62.5	60	6	8	8	8.34	6.6	27.5	14.9	1.81	1.34	6.0	5.0	1.64	125×60
	75×75	75	75	5	7	8	8.92	7.0	42.4	25.1	2.18	1.68	7.4	6.7	1.79	150×75
	87.5×90	87.5	90	5	8	8	11.45	9.0	70.5	49.1	2.48	2.07	10.3	10.9	1.93	175×90
	100×100	99	99	4.5	7	8	11.34	8.9	93.1	57.1	2.87	2.24	12.0	11.5	2.17	200×100
		100	100	5.5	8	8	13.33	10.5	113.9	67.2	2.92	2.25	14.8	13.4	2.31	
	125×125	124	124	5	8	8	15.99	12.6	206.7	127.6	3.59	2.82	21.2	20.6	2.66	250×125
		125	125	6	9	8	18.48	14.5	247.5	147.1	3.66	2.82	25.5	23.5	2.81	
	150×150	149	149	5.5	8	13	20.40	16.0	390.4	223.3	4.37	3.31	33.5	30.0	3.26	300×150
		150	150	6.5	9	13	23.39	18.4	460.4	256.1	4.44	3.31	39.7	34.2	3.41	
	175×175	173	174	6	9	13	26.23	20.6	674.7	398.0	5.07	3.90	49.7	45.8	3.72	350×175
		175	175	7	11	13	31.46	24.7	811.1	494.5	5.08	3.96	59.0	56.5	3.76	
	200×200	198	199	7	11	13	35.71	28.0	1 188	725.7	5.77	4.51	76.2	72.9	4.20	400×200
		200	200	8	13	13	41.69	32.7	1 392	870.3	5.78	4.57	88.4	87.0	4.26	
	225×200	223	199	8	12	13	41.49	32.6	1 863	791.8	6.70	4.37	108.7	79.6	5.15	450×200
		225	200	9	14	13	47.72	37.5	2 148	937.6	6.71	4.43	124.1	93.8	5.19	
	250×200	248	199	9	14	13	49.65	39.0	2 820	923.8	7.54	4.31	149.8	92.8	5.97	500×200
		250	200	10	16	13	56.13	44.1	3 201	1 072	7.55	4.37	168.7	107.2	6.03	
		253	201	11	19	13	64.66	50.8	3 666	1 292	7.53	4.47	189.9	128.5	6.00	
	275×200	273	199	9	14	13	51.90	40.7	3 689	924.0	8.43	4.22	180.3	92.9	6.85	550×200
		275	200	10	16	13	58.63	46.0	4 182	1 072	8.45	4.28	202.9	107.2	6.89	
	300×200	298	199	10	15	13	58.88	46.2	5 148	990.6	9.35	4.10	235.3	99.6	7.92	600×200
		300	200	11	17	13	65.86	51.7	5 779	1 140	9.37	4.16	262.1	114.0	7.95	
		303	201	12	20	13	74.89	58.8	6 554	1 361	9.36	4.26	292.4	135.4	7.88	
	325×300	323	299	10	15	12	76.27	59.9	7 230	3 346	9.74	6.62	289.0	223.8	7.28	650×300
		325	300	11	17	13	85.61	67.2	8 095	3 832	9.72	6.69	321.1	255.4	7.29	
		328	301	12	20	13	97.89	76.8	9 139	4 553	9.66	6.82	357.0	302.5	7.20	
	350×300	346	300	13	20	13	103.11	80.9	1 126	4 510	10.45	6.61	425.3	300.6	8.12	700×300
		350	300	13	24	13	115.11	90.4	1 201	5 410	10.22	6.86	439.5	360.6	7.65	
	400×300	396	300	14	22	18	119.75	94.0	1 766	4 970	12.14	6.44	592.1	331.3	9.77	800×300
		400	300	14	26	18	131.75	103.4	1 877	5 870	11.94	6.67	610.8	391.3	9.27	
	450×300	445	299	15	23	18	133.46	104.8	2 589	5 147	13.93	6.21	790.0	344.3	11.72	900×300
		450	300	16	28	18	152.91	120.0	2 922	6 327	13.82	6.43	868.5	421.8	11.35	
		456	302	18	34	18	180.03	141.3	3 434	7 838	13.81	6.60	1 002	519.0	11.34	

附表 2-11　**热轧无缝钢管**

符号　I——截面惯性矩；
W——截面模量；
i——截面回转半径。

尺寸 (mm)		截面面积	每米质量	截面特性			尺寸 (mm)		截面面积	每米质量	截面特性		
d	t	A (cm^2)	(kg/m)	I (cm^4)	W (cm^3)	i (cm)	d	t	A (cm^2)	(kg/m)	I (cm^4)	W (cm^3)	i (cm)
32	2.5	2.32	1.82	2.54	1.59	1.05	57	3.0	5.09	4.00	18.61	6.53	1.91
	3.0	2.73	2.15	2.90	1.82	1.03		3.5	5.88	4.62	21.14	7.42	1.90
	3.5	3.13	2.46	3.23	2.02	1.02		4.0	6.66	5.23	23.52	8.25	1.88
	4.0	3.52	2.76	3.52	2.20	1.00		4.5	7.42	5.83	25.76	9.04	1.86
38	2.5	2.79	2.19	4.41	2.32	1.26		5.0	8.17	6.41	27.86	9.78	1.85
	3.0	3.30	2.59	5.09	2.68	1.24		5.5	8.90	6.99	29.84	10.47	1.83
	3.5	3.79	2.98	5.70	3.00	1.23		6.0	9.61	7.55	31.69	11.12	1.82
	4.0	4.27	3.35	6.26	3.29	1.21	60	3.0	5.37	4.22	21.88	7.29	2.02
42	2.5	3.10	2.44	6.07	2.89	1.40		3.5	6.21	4.88	24.88	8.29	2.00
	3.0	3.68	2.89	7.03	3.35	1.38		4.0	7.04	5.52	27.73	9.24	1.98
	3.5	4.23	3.32	7.91	3.77	1.37		4.5	7.85	6.16	30.41	10.14	1.97
	4.0	4.78	3.75	8.71	4.15	1.35		5.0	8.64	6.78	32.94	10.98	1.95
45	2.5	3.36	2.62	7.56	3.36	1.51		5.5	9.42	7.39	35.32	11.77	1.94
	3.0	3.96	3.11	8.77	3.90	1.49		6.0	10.18	7.99	37.56	12.52	1.92
	3.5	4.56	3.58	9.89	4.40	1.47	63.5	3.0	5.70	4.48	26.15	8.24	2.14
	4.0	5.15	4.04	10.93	4.86	1.46		3.5	6.60	5.18	29.79	9.38	2.12
50	2.5	3.73	2.93	10.55	4.22	1.68		4.0	7.48	5.87	33.24	10.47	2.11
	3.0	4.43	3.48	12.28	4.91	1.67		4.5	8.34	6.55	36.50	11.50	2.09
	3.5	5.11	4.01	13.90	5.56	1.65		5.0	9.19	7.21	39.60	12.47	2.08
	4.0	5.78	4.54	15.41	6.16	1.63		5.5	10.02	7.87	42.52	13.39	2.06
	4.5	6.43	5.05	16.81	6.72	1.62		6.0	10.84	8.51	45.28	14.26	2.04
	5.0	7.07	5.55	18.11	7.25	1.60	68	3.0	6.13	4.81	32.42	9.54	2.30
54	3.0	4.81	3.77	15.68	5.81	1.81		3.5	7.09	5.57	36.99	10.88	2.28
	3.5	5.55	4.36	17.79	6.59	1.79		4.0	8.04	6.31	41.34	12.16	2.27
	4.0	6.28	4.93	19.76	7.32	1.77		4.5	8.98	7.05	45.47	13.37	2.25
	4.5	7.00	5.49	21.61	8.00	1.76		5.0	9.90	7.77	49.41	14.53	2.23
	5.0	7.70	6.04	23.34	8.64	1.74		5.5	10.80	8.48	53.14	15.63	2.22
	5.5	8.38	6.58	24.96	9.24	1.73		6.0	11.69	9.17	56.68	16.67	2.20
	6.0	9.05	7.10	26.46	9.80	1.71							

续表

尺寸 (mm)		截面面积	每米质量	截面特性		
d	t	A (cm²)	(kg/m)	I (cm⁴)	W (cm³)	i (cm)
70	3.0	6.31	4.96	35.50	10.14	2.37
	3.5	7.31	5.74	40.53	11.58	2.35
	4.0	8.29	6.51	45.33	12.95	2.34
	4.5	9.26	7.27	49.89	14.26	2.32
	5.0	10.21	8.01	54.24	15.50	2.30
	5.5	11.14	8.75	58.38	16.68	2.29
	6.0	12.06	9.47	62.31	17.80	2.27
73	3.0	6.60	5.18	40.48	11.09	2.48
	3.5	7.64	6.00	46.26	12.67	2.46
	4.0	8.67	6.81	51.78	14.19	2.44
	4.5	9.68	7.60	57.04	15.63	2.43
	5.0	10.68	8.38	62.07	17.01	2.41
	5.5	11.66	9.16	66.87	18.32	2.39
	6.0	12.63	9.91	71.43	19.57	2.38
76	3.0	6.88	5.40	45.91	12.08	2.58
	3.5	7.97	6.26	52.50	13.82	2.57
	4.0	9.05	7.10	58.81	15.48	2.55
	4.5	10.11	7.93	64.85	17.07	2.53
	5.0	11.15	8.75	70.62	18.59	5.52
	5.5	12.18	9.56	76.14	20.04	2.50
	6.0	13.19	10.36	81.41	21.42	2.48
83	3.5	8.74	6.86	69.10	16.67	2.81
	4.0	9.93	7.79	77.64	18.71	2.80
	4.5	11.10	8.71	85.76	20.67	2.78
	5.0	12.25	9.62	93.56	22.54	2.76
	5.5	13.39	10.51	101.04	24.35	2.75
	6.0	14.51	11.39	108.22	26.08	2.73
	6.5	15.62	12.26	115.10	27.74	2.71
	7.0	16.71	13.12	121.69	29.32	2.70
89	3.5	9.40	7.38	86.05	19.34	3.03
	4.0	10.68	8.38	96.68	21.73	3.01
	4.5	11.95	9.38	106.92	24.03	2.99
	5.0	13.19	10.36	116.79	26.24	2.98
	5.5	14.43	11.33	126.29	28.38	2.96
	6.0	15.65	12.28	135.43	30.43	2.94
	6.5	16.85	13.22	144.22	32.41	2.93
	7.0	18.03	14.16	152.67	34.31	2.91
95	3.5	10.06	7.90	105.45	22.20	3.24
	4.0	11.44	8.98	118.60	24.97	3.22
	4.5	12.79	10.04	131.31	27.64	3.20
	5.0	14.14	11.10	143.58	30.23	3.19
	5.5	15.46	12.14	155.43	32.72	3.17
	6.0	16.78	13.17	166.86	35.13	3.15
	6.5	18.07	14.19	177.89	37.45	3.14
	7.0	19.35	15.19	188.51	39.69	3.12
102	3.5	10.83	8.50	131.52	25.79	3.48
	4.0	12.32	9.67	148.09	29.04	3.47
	4.5	13.78	10.82	164.14	32.18	3.45
	5.0	15.24	11.96	179.68	35.23	3.43
	5.5	16.67	13.09	194.72	38.18	3.42
	6.0	18.10	14.21	209.28	41.03	3.40
	6.5	19.50	15.31	223.35	43.79	3.38
	7.0	20.89	16.40	236.96	46.46	3.37
114	4.0	13.82	10.85	209.35	36.73	3.89
	4.5	15.48	12.15	232.41	40.77	3.87
	5.0	17.12	13.44	254.81	44.70	3.86
	5.5	18.75	14.72	276.58	48.52	3.84
	6.0	20.36	15.98	297.73	52.23	3.82

续表

尺寸(mm)		截面面积	每米质量	截面特性		
d	t	A (cm^2)	(kg/m)	I (cm^4)	W (cm^3)	i (cm)
114	6.5	21.95	17.23	318.26	55.84	3.81
	7.0	23.53	18.47	338.19	59.33	3.79
	7.5	25.09	19.70	357.58	62.73	3.77
	8.0	26.64	20.91	376.30	66.02	3.76
121	4.0	14.70	11.54	251.87	41.63	4.14
	4.5	16.47	12.93	279.83	46.25	4.12
	5.0	18.22	14.30	307.05	50.75	4.11
	5.5	19.96	15.67	333.54	55.13	4.09
	6.0	21.68	17.02	359.32	59.39	4.07
	6.5	23.38	18.35	384.40	63.54	4.05
	7.0	25.07	19.68	408.80	67.57	4.04
	7.5	26.74	20.99	432.51	71.49	4.02
	8.0	28.40	22.29	455.57	75.30	4.01
127	4.0	15.46	12.13	292.61	46.08	4.35
	4.5	17.32	13.59	325.29	51.23	4.33
	5.0	19.16	15.04	357.14	56.24	4.32
	5.5	20.99	16.48	388.19	61.13	4.30
	6.0	22.81	17.90	418.44	65.90	4.28
	6.5	24.61	19.32	447.92	70.54	4.27
	7.0	26.39	20.72	476.63	75.06	4.25
	7.5	28.16	22.10	504.58	79.46	4.23
	8.0	29.91	23.48	531.80	83.75	4.22
133	4.0	16.21	12.73	337.53	50.76	4.56
	4.5	18.17	14.26	375.42	56.45	4.55
	5.0	20.11	15.78	412.40	62.02	4.53
	5.5	22.03	17.29	448.50	67.44	4.51
	6.0	23.94	18.79	483.72	72.74	4.50
	6.5	25.83	20.28	518.07	77.91	4.48
	7.0	27.71	21.75	551.58	82.94	4.46
	7.5	29.57	23.21	584.25	87.86	4.45
	8.0	31.42	24.66	616.11	92.65	4.43

尺寸(mm)		截面面积	每米质量	截面特性		
d	t	A (cm^2)	(kg/m)	I (cm^4)	W (cm^3)	i (cm)
140	4.5	19.16	15.04	440.12	62.87	4.79
	5.0	21.21	16.65	483.76	69.11	4.78
	5.5	23.24	18.24	526.40	75.20	4.76
	6.0	25.26	19.83	568.06	81.15	4.74
	6.5	27.26	21.40	608.76	86.97	4.73
	7.0	29.25	22.96	648.51	92.64	4.71
	7.5	31.22	24.51	687.32	98.19	4.69
	8.0	33.18	26.04	725.21	103.60	4.68
	9.0	37.04	29.08	798.29	114.04	4.64
	10	40.84	32.06	867.86	123.98	4.61
146	4.5	20.00	15.70	501.16	68.65	5.01
	5.0	22.15	17.39	551.10	75.49	4.99
	5.5	24.28	19.06	599.95	82.19	4.97
	6.0	26.39	20.72	647.73	88.73	4.95
	6.5	28.49	22.36	694.44	95.13	4.94
	7.0	30.57	24.00	740.12	101.39	4.92
	7.5	32.63	25.62	784.77	107.50	4.90
	8.0	34.68	27.23	828.41	113.48	4.89
	9.0	38.74	30.41	912.71	125.03	4.85
	10	42.73	33.54	993.16	136.05	4.82
152	4.5	20.85	16.37	567.61	74.69	5.22
	5.0	23.09	18.13	624.43	82.16	5.20
	5.5	25.31	19.87	680.06	89.48	5.18
	6.0	27.52	21.60	734.52	96.65	5.17
	6.5	29.71	23.32	787.82	103.66	5.15
	7.0	31.89	25.03	839.99	110.52	5.13
	7.5	34.05	26.73	891.03	117.24	5.12
	8.0	36.19	28.41	940.97	123.81	5.10
	9.0	40.43	31.74	1 037.59	136.53	5.07
	10	44.61	35.02	1 129.99	148.68	5.03

续表

尺寸 (mm)		截面面积	每米质量	截面特性			尺寸 (mm)		截面面积	每米质量	截面特性		
d	t	A (cm^2)	(kg/m)	I (cm^4)	W (cm^3)	i (cm)	d	t	A (cm^2)	(kg/m)	I (cm^4)	W (cm^3)	i (cm)
159	4.5	21.84	17.15	652.27	82.05	5.46	194	5.0	29.69	23.31	1 326.54	136.76	6.68
	5.0	24.19	18.99	717.88	90.30	5.45		5.5	32.57	25.57	1 447.86	149.26	6.67
	5.5	26.52	20.82	782.18	98.39	5.43		6.0	35.44	27.82	1 567.21	161.57	6.65
	6.0	28.84	22.64	845.19	106.31	5.41		6.5	38.29	30.06	1 684.61	173.67	6.63
	6.5	31.14	24.45	906.92	114.08	5.40		7.0	41.12	32.28	1 800.08	183.57	6.62
	7.0	33.43	26.24	967.41	121.69	5.38		7.5	43.94	34.50	1 913.64	197.28	6.60
	7.5	35.70	28.02	1 026.65	129.14	5.36		8.0	46.75	36.70	2 025.31	208.79	6.58
	8.0	37.95	29.79	1 084.67	136.44	5.35		9.0	52.31	41.06	2 243.08	231.25	6.55
	9.0	42.41	33.29	1 197.12	150.58	5.31		10	57.81	45.38	2 453.55	252.94	6.51
	10	46.81	36.75	1 304.88	164.14	5.28		12	68.61	53.86	2 853.25	294.15	6.45
168	4.5	23.11	18.14	772.96	92.02	5.78	203	6.0	37.13	29.15	1 803.07	177.64	6.97
	5.0	25.60	20.10	851.14	101.33	5.77		6.5	40.13	31.50	1 938.81	191.02	6.95
	5.5	28.08	22.04	927.85	110.46	5.75		7.0	43.10	33.84	2 072.43	204.18	6.93
	6.0	30.54	23.97	1 003.12	119.42	5.73		7.5	46.06	36.16	2 203.94	217.14	6.92
	6.5	32.98	25.89	1 076.95	128.21	5.71		8.0	49.01	38.47	2 333.37	229.89	6.90
	7.0	35.41	27.79	1 149.36	136.83	5.70		9.0	54.85	43.06	2 586.08	254.79	6.87
	7.5	37.82	29.69	1 220.38	145.28	5.68		10	60.63	47.60	2 830.72	278.89	6.83
	8.0	40.21	31.57	1 290.01	153.57	5.66		12	72.01	56.52	3 296.49	324.78	6.77
	9.0	44.96	35.29	1 425.22	169.67	5.63		14	83.13	65.25	3 732.07	367.69	6.70
	10	49.64	38.97	1 555.13	185.13	5.60		16	94.00	73.79	4 138.78	407.76	6.64
180	5.0	27.49	21.58	1 053.17	117.02	6.19	219	6.0	40.15	31.52	2 278.74	208.10	7.53
	5.5	30.15	23.67	1 148.79	127.64	6.17		6.5	43.39	34.06	2 451.64	223.89	7.52
	6.0	32.80	25.75	1 242.72	138.08	6.16		7.0	46.62	36.60	2 622.04	239.46	7.50
	6.5	35.43	27.81	1 335.00	148.33	6.14		7.5	49.83	39.12	2 789.96	254.79	7.48
	7.0	38.04	29.87	1 425.63	158.40	6.12		8.0	53.03	41.63	2 955.43	269.90	7.47
	7.5	40.64	31.91	1 514.64	168.29	6.10		9.0	59.38	46.61	3 279.12	299.46	7.43
	8.0	43.23	33.93	1 602.04	178.00	6.09		10	65.66	51.54	3 593.29	328.15	7.40
	9.0	48.35	37.95	1 772.12	196.90	6.05		12	78.04	61.26	4 193.81	383.00	7.33
	10	53.41	41.92	1 936.01	215.11	6.02		14	90.16	70.78	4 758.50	434.57	7.26
	12	63.33	49.72	2 245.84	249.54	5.95		16	102.04	80.10	5 288.81	483.00	7.20

附表 2-12

冷弯薄壁卷边槽钢

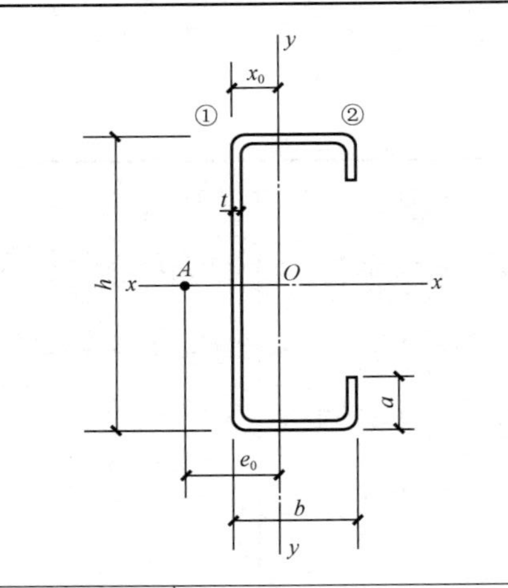

序号	截面代号	尺寸（mm）				截面面积	每米质量	x_0	x—x			y—y				y_1—y_2	e_0	I_t	I_w	k	W_{w1}	W_{w2}	U_y
		h	b	a	t	(cm²)	(kg/m)	(cm)	I_x (cm⁴)	i_y (cm)	W_x (cm³)	I_y (cm⁴)	i_y (cm)	W_{ymax} (cm³)	W_{ymin} (cm³)	I_{y1} (cm⁴)	(cm)	(cm⁴)	(cm⁴)	(cm⁻¹)	(cm³)	(cm³)	(cm⁵)
1	C80×2.0	80	40	15	2.0	3.47	2.72	1.452	34.16	3.14	8.54	7.79	1.50	5.36	3.06	15.10	3.36	0.046 2	112.9	0.012 6	16.03	15.74	21.25
2	C100×2.5	100	50	15	2.5	5.23	4.11	1.706	81.34	3.94	16.27	17.19	1.81	10.08	5.22	32.41	3.94	0.109 0	352.8	0.010 9	34.47	29.41	67.77
3	C120×2.5	120	50	20	2.5	5.98	4.70	1.706	129.40	4.65	21.57	20.96	1.87	12.28	6.36	38.36	4.08	0.124 6	660.9	0.008 5	51.04	48.36	103.53
4	C120×3.0	120	60	20	3.0	7.65	6.01	2.106	170.68	4.72	28.45	37.36	2.21	17.74	9.59	71.31	4.87	0.229 6	1 153.2	0.008 7	75.68	68.84	166.06
5	C140×3.0	140	60	20	3.0	8.25	6.48	1.964	245.42	5.45	35.06	39.49	2.19	20.11	9.79	71.33	4.61	0.247 6	1 589.8	0.007 8	92.69	79.00	245.42
6	C160×3.0	160	70	20	3.0	9.45	7.42	2.224	373.64	6.29	46.71	60.42	2.53	27.17	12.65	107.20	5.25	0.283 6	3 070.5	0.006 0	135.49	109.92	447.56
7	C140×2.0	140	50	20	2.0	5.27	4.14	1.59	154.03	5.41	22.00	18.56	1.88	11.68	5.44	31.86	3.87	0.070 3	794.79	0.005 8	51.44	52.22	—
8	C140×2.2	140	50	20	2.2	5.76	4.52	1.59	167.40	5.39	23.91	20.03	1.87	12.62	5.87	34.53	3.84	0.092 9	852.46	0.006 5	55.98	56.84	—

续表

序号	截面代号	尺寸（mm）				截面面积 (cm²)	每米质量 (kg/m)	x_0 (cm)	$x-x$			$y-y$				y_1-y_1	e_0 (cm)	I_t (cm⁴)	I_w (cm⁴)	k (cm⁻¹)	W_{w1} (cm³)	W_{w2} (cm³)	U_y (cm⁵)
		h	b	a	t				I_x (cm⁴)	i_y (cm)	W_x (cm³)	I_y (cm⁴)	i_y (cm)	W_{ymax} (cm³)	W_{ymin} (cm³)	I_{y1} (cm⁴)							
9	C140×2.5	140	50	20	2.5	6.48	5.09	1.58	186.78	5.39	26.68	22.11	1.85	13.96	6.47	38.38	3.80	0.135 1	931.89	0.007 5	62.56	63.56	—
10	C160×2.0	160	60	20	2.0	6.07	4.76	1.85	236.59	6.24	29.57	29.99	2.22	16.19	7.23	50.83	4.52	0.080 9	1 596.28	0.004 4	76.92	71.30	—
11	C160×2.2	160	60	20	2.2	6.64	5.21	1.85	257.57	6.23	32.20	32.45	2.21	17.53	7.82	55.19	4.50	0.107 1	1 717.82	0.004 9	83.82	77.55	—
12	C160×2.5	160	60	20	2.5	7.48	5.87	1.85	288.13	6.21	36.02	35.96	2.19	19.47	8.66	61.49	4.45	0.155 9	1 887.71	0.005 6	93.87	86.63	—
13	C180×2.0	180	70	20	2.0	6.87	5.39	2.11	343.93	7.08	38.21	45.18	2.57	21.37	9.25	75.87	5.17	0.091 6	2 934.34	0.003 5	109.50	95.22	—
14	C180×2.2	180	70	20	2.2	7.52	5.90	2.11	374.90	7.06	41.66	48.97	2.55	23.19	10.02	82.49	5.14	0.121 3	3 165.62	0.003 8	119.44	103.58	—
15	C180×2.5	180	70	20	2.5	8.48	6.66	2.11	420.20	7.04	46.69	54.42	2.53	25.82	11.12	92.08	5.10	0.176 7	3 492.15	0.004 4	133.99	115.73	—
16	C200×2.0	200	70	20	2.0	7.27	5.71	2.00	440.04	7.78	44.00	46.71	2.54	23.32	9.35	75.88	4.96	0.096 9	3 672.33	0.003 2	126.74	106.15	—
17	C200×2.2	200	70	20	2.2	7.96	6.25	2.00	479.87	7.77	47.99	50.64	2.52	25.31	10.13	82.49	4.93	0.128 4	3 963.82	0.003 5	138.26	115.74	—
18	C200×2.5	200	70	20	2.5	8.98	7.05	2.00	538.21	7.74	53.82	56.27	2.50	28.18	11.25	92.09	4.89	0.187 1	4 376.18	0.004 1	155.14	129.75	—
19	C220×2.0	220	75	20	2.0	7.87	6.18	2.08	574.45	8.54	52.22	56.88	2.69	27.35	10.50	90.93	5.18	0.104 9	5 313.52	0.002 8	158.43	127.32	—
20	C220×2.2	220	75	20	2.2	8.62	6.77	2.08	626.85	8.53	56.99	61.71	2.68	29.70	11.38	98.91	5.15	0.139 1	5 742.07	0.003 1	172.92	138.93	—
21	C220×2.5	220	75	20	2.5	9.73	7.64	2.07	703.76	8.50	63.98	68.66	2.66	33.11	12.65	110.51	5.11	0.202 8	6 351.05	0.003 5	194.18	155.94	—

附表 2-13

冷弯薄壁卷边 Z 型钢

尺寸（mm）				截面面积	每米质量	θ	x—x			y_1—y_1			x—x				y—y				I_{x1y1}	I_t	I_w	k	W_{w1}	W_{w2}
h	b	a	t	(cm^2)	(kg/m)		I_{x1} (cm^4)	i_{x1} (cm)	W_{x1} (cm^3)	I_{y1} (cm^4)	i_{y1} (cm)	W_{y1} (cm^3)	I_x (cm^4)	i_x (cm)	W_{x1} (cm^3)	W_{x2} (cm^3)	I_y (cm^4)	i_y (cm)	W_{y1} (cm^3)	W_{y2} (cm^3)	(cm^4)	(cm^4)	(cm^4)	(cm^{-1})	(cm^3)	(cm^3)
100	40	20	2.0	4.07	3.19	24°1′	66.04	3.84	12.01	17.02	2.05	4.36	70.70	4.17	15.93	11.94	6.36	1.25	3.36	4.42	23.93	0.054 2	325.0	0.008 1	49.97	29.16
100	40	20	2.5	4.98	3.91	23°46′	72.10	3.80	14.42	20.02	2.00	5.17	84.63	4.12	19.18	14.47	7.49	1.23	4.07	5.28	28.45	0.103 8	381.9	0.010 2	62.25	35.03
120	50	20	2.0	4.87	3.82	24°3′	106.97	4.69	17.83	30.23	2.49	6.17	126.06	5.09	23.55	17.40	11.14	1.51	4.83	5.74	42.77	0.064 9	785.2	0.005 7	84.05	43.96
120	50	20	2.5	5.98	4.70	23°50′	129.39	4.65	21.57	35.91	2.45	7.37	152.05	5.04	28.55	21.21	13.25	1.49	5.89	6.89	51.30	0.124 6	930.9	0.007 2	104.68	52.94
120	50	20	3.0	7.05	5.54	23°36′	150.14	4.61	25.02	40.88	2.41	8.43	175.92	4.99	33.18	24.80	15.11	1.46	6.89	7.92	58.99	0.211 6	1 058.9	0.008 7	125.37	61.22
140	50	20	2.5	6.48	5.09	19°25′	186.77	5.37	26.68	35.91	2.35	7.37	209.19	5.67	32.55	26.34	14.48	1.49	6.69	6.78	60.75	0.135 0	1 289.0	0.006 4	137.04	60.03
140	50	20	3.0	7.65	6.01	19°12′	217.26	5.33	31.04	40.83	2.31	8.43	241.62	5.62	37.76	30.70	16.52	1.47	7.84	7.81	69.93	0.229 6	1 468.2	0.007 7	164.94	69.51
160	60	20	2.5	7.48	5.87	19°59′	288.12	6.21	36.01	58.15	2.79	9.90	323.13	6.57	44.00	34.95	23.14	1.76	9.00	8.71	96.32	0.155 9	2 634.3	0.004 8	205.98	86.28
160	60	20	3.0	8.85	6.95	19°47′	336.66	6.17	42.08	66.66	2.74	11.39	376.76	6.52	51.48	41.08	26.56	1.73	10.58	10.07	111.51	0.265 6	3 019.4	0.005 8	247.41	100.15
160	70	20	2.5	7.98	6.27	23°46′	319.13	6.32	39.89	87.74	3.32	12.76	374.76	6.85	52.35	38.23	32.11	2.01	10.53	10.86	126.37	0.166 3	3 793.3	0.004 1	238.87	106.91
160	70	20	3.0	9.45	7.42	23°34′	373.64	6.29	46.71	101.10	3.27	14.76	437.72	6.80	61.33	45.01	37.03	1.98	12.39	12.58	146.86	0.283 6	4 365.0	0.005 0	285.78	124.26
180	70	20	2.5	8.48	6.66	20°22′	420.18	7.04	46.69	187.74	3.22	12.76	473.34	7.47	57.27	44.88	34.58	2.02	11.66	10.86	143.18	0.176 7	4 907.9	0.003 7	294.53	119.41
180	70	20	3.0	10.05	7.89	20°11′	492.61	7.00	54.73	101.11	3.17	14.76	553.83	7.42	67.22	52.89	39.89	1.99	13.72	12.59	166.47	0.301 6	5 652.2	0.004 5	353.32	138.92

附表 2-14 **冷弯薄壁斜卷边 Z 型钢**

序号	截面代号	截面尺寸(mm)				截面面积 A (cm^2)	每米质量 (kg/m)	θ (°)	$x_1—x_1$			$y_1—y_1$			$x—x$				$y—y$		$y—y$		I_{x1y1} (cm^4)	I_t (cm^4)	I_w (cm^4)	k (cm^{-1})	W_{w1} (cm^3)	W_{w2} (cm^3)
		h	b	c	t				I_{x1} (cm^4)	i_{x1} (cm)	W_{x1} (cm^3)	I_{y1} (cm^4)	i_{y1} (cm)	W_{y1} (cm^3)	I_x (cm^4)	i_{x1} (cm)	W_{x1} (cm^3)	W_{x2} (cm^3)	I_y (cm^4)	i_y (cm)	W_{y1} (cm^3)	W_{y2} (cm^3)						
1	Z140×2.0	140	50	20	2.0	5.392	4.233	21.99	162.07	5.48	23.15	39.37	2.70	6.23	185.96	5.87	29.26	27.67	15.47	1.69	6.22	8.03	59.19	0.071 9	968.9	0.005 3	53.36	67.41
2	Z140×2.2	140	50	20	2.2	5.909	4.638	22.00	176.81	5.47	25.26	42.93	2.70	6.81	202.93	5.86	32.00	30.09	16.81	1.69	6.80	9.04	64.64	0.095 3	1 050.3	0.005 9	58.34	73.57
3	Z140×2.5	140	50	20	2.5	6.676	5.240	22.02	198.45	5.45	28.35	48.15	2.69	7.66	227.83	5.84	36.04	33.61	18.77	1.68	7.65	10.68	72.66	0.139 1	1 167.2	0.006 8	65.68	82.60
4	Z160×2.0	160	60	20	2.0	6.192	4.861	22.10	246.83	6.31	30.85	60.27	3.12	8.24	283.68	6.77	38.98	37.11	23.42	1.95	8.15	10.11	90.73	0.082 6	1 900.7	0.004 1	78.75	90.38
5	Z160×2.2	160	60	20	2.2	6.789	5.329	22.11	269.59	6.30	33.70	65.80	3.11	9.01	309.89	6.76	42.66	40.42	25.50	1.94	8.91	11.34	99.18	0.109 5	2 064.7	0.004 5	86.18	98.70
6	Z160×2.5	160	60	20	2.5	7.676	6.025	22.13	303.09	6.28	37.89	73.93	3.10	10.14	348.49	6.74	48.11	45.25	28.54	1.93	10.04	13.29	111.64	0.159 9	2 301.9	0.005 2	97.16	110.91
7	Z180×2.0	180	70	20	2.0	6.992	5.489	22.19	356.62	7.14	39.62	87.42	3.54	10.51	410.32	7.66	50.04	47.90	33.72	2.20	10.34	12.46	131.67	0.093 2	3 437.7	0.003 2	111.10	119.13
8	Z180×2.2	180	70	20	2.2	7.669	6.020	22.19	389.84	7.13	43.32	95.52	3.53	11.50	448.59	7.65	54.80	52.22	36.76	2.19	11.31	13.94	144.03	0.123 7	3 740.3	0.003 6	121.66	130.18
9	Z180×2.5	180	70	20	2.5	8.676	6.810	22.21	438.84	7.11	48.76	107.46	3.52	12.96	505.09	7.63	61.86	58.57	41.21	2.18	12.76	16.25	162.31	0.180 7	4 719.8	0.004 1	137.30	146.42
10	Z200×2.0	200	70	20	2.0	7.392	5.803	19.31	455.43	7.85	45.54	87.42	3.44	10.51	506.90	8.28	54.52	52.61	35.94	2.21	11.32	13.81	146.94	0.098 6	4 348.7	0.002 9	132.47	129.17
11	Z200×2.2	200	70	20	2.2	8.109	6.365	19.31	498.02	7.84	49.80	95.52	3.43	11.50	554.35	8.27	59.92	57.41	39.20	2.20	12.39	15.48	160.76	0.130 8	4 733.4	0.003 3	145.15	141.17
12	Z200×2.5	200	70	20	2.5	9.176	7.203	19.31	560.92	7.82	56.09	107.46	3.42	12.96	624.42	8.25	67.42	64.47	43.96	2.19	13.98	18.11	181.18	0.191 2	5 293.3	0.003 7	163.95	158.85
13	Z220×2.0	220	75	20	2.0	7.992	6.274	18.30	592.79	8.61	53.89	103.58	3.60	11.75	652.87	9.04	63.38	61.42	43.50	2.33	13.08	15.84	181.66	0.106 6	6 260.3	0.002 6	166.31	152.62
14	Z220×2.2	220	75	20	2.2	8.769	6.884	18.30	648.52	8.60	58.96	113.22	3.59	12.86	714.28	9.03	69.44	67.08	47.47	2.33	14.32	17.73	198.80	0.141 5	6 819.4	0.002 8	182.31	166.86
15	Z220×2.5	220	75	20	2.5	9.926	7.792	18.31	730.93	8.58	66.45	127.44	3.58	14.50	805.09	9.01	78.43	75.41	53.28	2.32	16.17	20.72	224.18	0.206 8	7 635.0	0.003 2	206.07	187.86

附表 2-15　**螺栓的有效截面面积**

公称直径	12	14	16	18	20	22	24	27	30
螺纹间距 p(mm)	1.75	2.0	2.0	2.5	2.5	2.5	3.0	3.0	3.5
螺栓有效直径 d_c(mm)	10.36	12.12	14.12	15.65	17.65	19.65	21.19	24.19	26.72
螺栓有效截面积 A_e(mm^2)	84	115	157	193	245	303	353	459	561
公称直径	33	36	39	42	45	48	52	56	60
螺纹间距 p(mm)	3.5	4.0	4.0	4.5	4.5	5.0	5.0	5.5	5.5
螺栓有效直径 d_c(mm)	29.72	32.25	35.25	37.78	40.78	43.31	47.31	50.84	54.84
螺栓有效截面积 A_e(mm^2)	694	817	976	1 121	1 306	1 473	1 758	2 030	2 362
公称直径	64	68	72	76	80	85	90	95	100
螺纹间距 p(mm)	6.0	6.0	6.0	6.0	6.0	6.0	6.0	6.0	6.0
螺栓有效直径 d_c(mm)	58.37	62.37	66.37	70.37	74.37	79.37	84.37	89.37	94.37
螺栓有效截面积 A_e(mm^2)	2 676	3 055	3 460	3 889	4 344	49 485	5 591	6 273	6 995

附表 2-16　**锚栓规格**

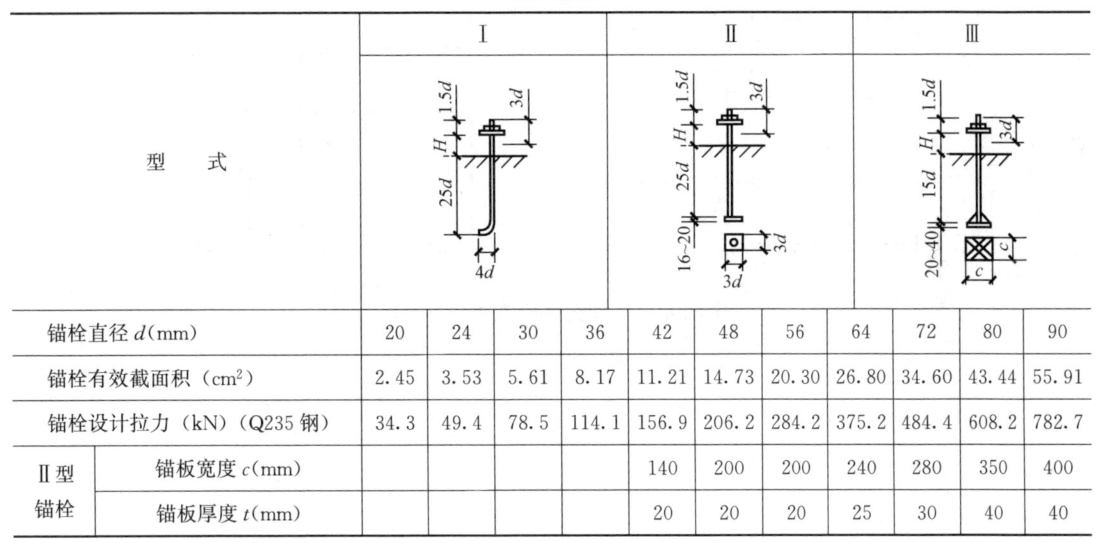

		Ⅰ				Ⅱ			Ⅲ			
型式												
锚栓直径 d(mm)		20	24	30	36	42	48	56	64	72	80	90
锚栓有效截面积（cm^2）		2.45	3.53	5.61	8.17	11.21	14.73	20.30	26.80	34.60	43.44	55.91
锚栓设计拉力（kN）（Q235 钢）		34.3	49.4	78.5	114.1	156.9	206.2	284.2	375.2	484.4	608.2	782.7
Ⅱ型锚栓	锚板宽度 c(mm)					140	200	200	240	280	350	400
	锚板厚度 t(mm)					20	20	20	25	30	40	40

附表 2-17　**角钢上螺栓线距表**　mm

单行排列	角钢肢宽	40	45	50	56	63	70	75	80	90	100	110	125
	线距 e	25	25	30	30	35	40	40	45	50	55	60	70
	钉孔最大直径	11.5	13.5	13.5	15.5	17.5	20	22	22	24	24	26	26
双行错排	角钢肢宽	125	140	160	180	200	双行并列	角钢肢宽			160	180	200
	e_1	55	60	70	70	80		e_1			60	70	80
	e_2	90	100	120	140	160		e_2			130	140	160
	钉孔最大直径	24	24	26	26	26		钉孔最大直径			24	24	26

附表 2-18　　工字钢和槽钢上螺栓线距表　　mm

腹板	工字钢型号	12	14	16	18	20	22	25	28	32	36	40	45	50	56	63
	线距 a_{min}	40	45	45	45	50	50	55	60	60	65	70	75	75	75	75
	槽钢型号	12	14	16	18	20	22	25	28	32	36	40				
	线距 a_{min}	40	45	50	50	55	55	55	60	65	70	75				
翼缘	工字钢型号	12	14	16	18	20	22	25	28	32	36	40	45	50	56	63
	线距 a_{min}	40	40	50	55	60	65	65	70	75	80	80	85	90	95	95
	槽钢型号	12	14	16	18	20	22	25	28	32	36	40				
	线距 a_{min}	30	35	35	40	40	45	45	45	50	56	60				

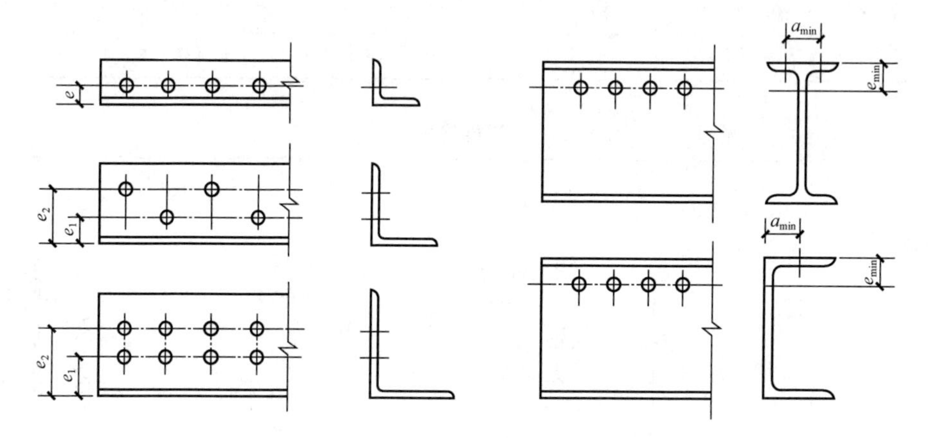

附图 2-1　型钢螺栓连接构造要求

附录三　矩形弹性薄板承受均载的弯应力系数 k

附表 3-1　　四边固定矩形弹性薄板受均载的弯应力系数 k（$\mu=0.3$）

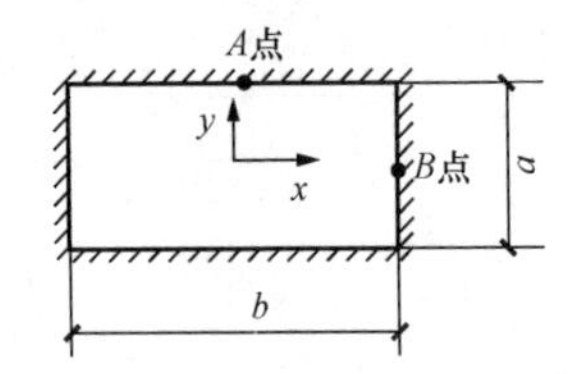

验算点 \ b/a	1.0	1.1	1.2	1.3	1.4	1.5	1.6	1.7	1.8	1.9	2.0	2.5	∞
支承长边中点 k_y（A 点）	0.308	0.349	0.383	0.412	0.436	0.454	0.468	0.479	0.487	0.493	0.497	0.500	0.500
支承短边中点 k_x（B 点）	0.308	0.323	0.332	0.338	0.341	0.342	0.343	0.343	0.343	0.343	0.343	0.343	0.343

附表 3-2　　三边固定一边简支矩形弹性薄板受均载的弯应力系数 k（$\mu=0.3$）

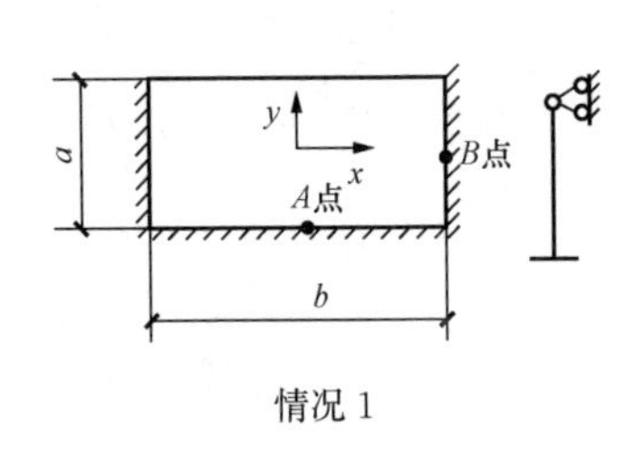

情况 1

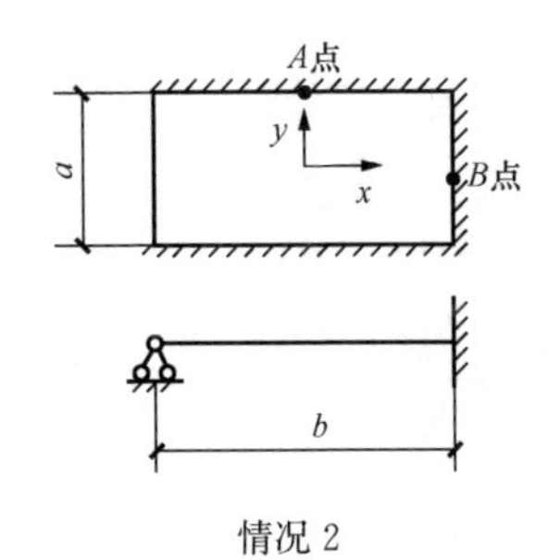

情况 2

情况 1			情况 2		
验算点 \ b/a	支承长边中点（A 点）k_y	支承短边中点（B 点）k_x	验算点 \ b/a	支承长边中点（A 点）k_y	支承短边中点（B 点）k_x
1.0	0.328	0.360	1.0	0.360	0.328
1.25	0.472	0.425	1.25	0.448	0.341
1.5	0.565	0.455	1.5	0.473	0.341
1.75	0.632	0.465	1.75	0.489	0.341
2.0	0.683	0.470	2.0	0.500	0.342
2.5	0.732	0.470	2.5	0.500	0.342
3.0	0.740	0.471	3.0	0.500	0.342
∞	0.750	0.472	∞	0.500	0.342

附表 3-3 两相邻边简支另两相邻边固定矩形弹性薄板受均载的弯应力系数 k（$\mu=0.3$）

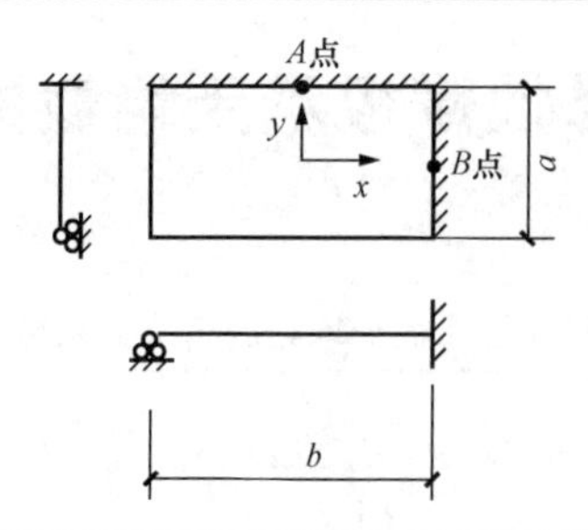

验算点	b/a										
	1.0	1.1	1.2	1.3	1.4	1.5	1.6	1.7	1.8	1.9	2.0
支承长边中点（A点）k_y	0.407	0.459	0.506	0.549	0.585	0.616	0.640	0.662	0.680	0.695	0.708
支承短边中点（B点）k_y	0.407	0.425	0.441	0.452	0.459	0.463	0.467	0.468	0.470	0.471	0.472

附录四　钢闸门自重估算公式

1. 露顶式平面闸门

当 $5m \leqslant H \leqslant 8m$ 时

$$G = K_z K_c K_g H^{1.43} B^{0.88} \times 9.8(kN) \quad (附4-1)$$

式中　H，B——分别为孔口高度及宽度，m；

K_z——闸门行走支承系数；对滑动式支承 $K_z=0.81$；对于滚轮式支承 $K_z=1.0$；对于台车式支承 $K_z=1.3$；

K_c——材料系数：闸门用普通碳素钢时 $K_c=1.0$；用低合金钢时 $K_c=0.8$；

K_g——孔口高度系数；当 $H<5m$ 时，$K_g=0.156$；$5m<H<8m$ 时，$K_g=0.13$；当 $H>8m$ 时，按下列计算

$$G = 0.012 K_z K_c H^{1.65} B^{1.85} \times 9.8(kN) \quad (附4-2)$$

其他符号意义、数值同前。

2. 潜孔式平面滑动闸门

$$G = 0.022 K_1 K_2 K_3 A^{1.34} H_s^{0.63} \times 9.8(kN) \quad (附4-3)$$

式中　K_1——闸门工作性质系数：对工作门与事故门 $K_1=1.1$；对检修门 $K_1=1.0$；

K_2——孔口高宽比修正系数：当 $H/B \geqslant 2$ 时，$K_2=0.93$；$H/B<1$ 时，$K_2=1.1$；其他情况 $K_2=1.0$；

K_3——水头修正系数：当 $H_s<70m$ 时，$K_3=1.0$；当 $H_s \geqslant 70$，$K_3=\left(\frac{H_s}{A}\right)^{1/4}$；

A——孔口面积，m^2；

H_s——设计水头，m。

3. 潜孔式平面滚轮闸门

$$G = 0.073 K_1 K_2 K_3 A^{0.93} H_s^{0.79} \times 9.8(kN)$$

式中　K_1——意义同前，对于工作门与事故门 $K_1=1.0$；对于检修门与导流门 $K_1=0.9$；

K_3——意义同前，当 $H_s<60m$ 时，$K_3=1.0$；$H_s \geqslant 60m$ 时，$K_3\left(\frac{H_s}{A}\right)^{1/4}$。

其他符号意义、数值同前。

附录五 材料的摩擦系数

附表 5-1 材料的摩擦系数表

种类	材料及工作条件	系数值	
		最大	最小
滑动摩擦系数	（1）钢对钢（干摩擦）	0.5～0.6	0.15
	（2）钢对铸铁（干摩擦）	0.35	0.16
	（3）钢对木材（有水时）	0.65	0.3
	（4）胶木滑道，胶木对不锈钢在清水中（1）、（2）		
	压强 $q>2.5$kN/mm	0.10～0.11	0.06
	压强 $q=2.5\sim2.0$kN/mm	0.11～0.13	0.065
	压强 $q=2.0\sim1.5$kN/mm	0.13～0.15	0.075
	压强 $q<1.5$kN/mm	0.17	0.085
	（5）钢基铜塑三层复合材料滑道及增强聚四氟乙烯板滑道对不锈钢，在清水中（1）		
	压强 $q>2.5$kN/mm	0.09	0.04
	压强 $q=2.5\sim2.0$kN/mm	0.09～0.11	0.05
	压强 $q=2.0\sim1.5$kN/mm	0.11～0.13	0.05
	压强 $q=1.5\sim1.0$kN/mm	0.13～0.15	0.06
	压强 $q>1.0$kN/mm	0.15	0.06
滑动轴承摩擦系数	（1）钢对青铜（干摩擦）	0.30	0.16
	（2）钢对青铜（有润滑）	0.25	0.12
	（3）钢基铜塑复合材料对镀铬钢（不锈钢）	0.12～0.14	0.05
止水摩擦系数	（1）橡皮对钢	0.70	0.35
	（2）橡皮对不锈钢	0.50	0.20
	（3）橡塑复合止水对不锈钢	0.20	0.05
滚动摩擦力臂	（1）钢对钢	1mm	
	（2）钢对铸铁	1mm	

注 1. 工件表面粗糙度：轨道工作面应达到 $Ra=1.6\mu m$；胶木（填充聚四氟乙烯）工作面应达到 $Ra=3.2\mu m$；

2. 表中胶木滑道所列数值适用于事故闸门和快速闸门，当用于工作门时，尚应根据工作条件专门研究。

附录六　轴套的容许压力及混凝土的容许应力

附表 6 - 1　　**轴套的容许压力**　　N/mm²

轴和轴套的材料	符号	径向承压
钢对 10－1 铸锡磷青铜	$[\sigma_{cg}]$	40
钢对 9 - 4 铸铝铁青铜		50
钢对钢基铜塑复合材料		40

附表 6 - 2　　**混凝土的容许应力**　　N/mm²

应力种类	符号	混凝土标号				
		C15	C20	C25	C30	C40
承　压	$[\sigma_h]$	5	7	9	11	14

参 考 文 献

[1] 陈绍蕃．钢结构设计原理．3版．北京：科学出版社，2005.
[2] 陈绍蕃．钢结构稳定设计指南．3版．北京：中国建筑工业出版社，2013.
[3] 陈绍蕃，顾强．钢结构．上册　钢结构基础．3版．北京：中国建筑工业出版社，2014.
[4] 陈绍蕃，郭成喜．钢结构．下册　房屋建筑钢结构设计．3版．北京：中国建筑工业出版社，2014.
[5] 沈祖炎，等．钢结构学．北京：中国建筑工业出版社，2005.
[6] 沈祖炎，等．房屋钢结构设计．北京：中国建筑工业出版社，2008.
[7] Leonard Spiegel George F. Limbrunner. Applied Structural Steel Design. 4th ed. 北京：清华大学出版社，2005.